光照水电站枢纽建筑物由碾压混凝土坝、坝身泄洪系统、右岸引水系统及地面厂房等组成

北盘江光照水电站枢纽全貌

光照碾压混凝土重力坝（高 200.5m）

南盘江天生桥二级水电站重力坝（坝高 60.7m）

重庆郁江马岩洞水电站重力坝（坝高 70m）

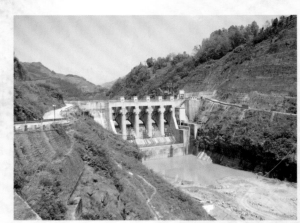

乌江索风营水电站重力坝（坝高 115.8m）

乌江思林水电站重力坝（坝高 124m）

思林水电站大坝俯视

北盘江毛家河水电站重力坝（坝高 75m）

乌江索沙沱水电站重力坝（坝高 101m）

洪渡河石垭子水电站重力坝（坝高 134.5m）

清水河格里桥水电站重力坝（坝高 124m）

果多水电站重力坝（坝高 93m）

北盘江马马崖一级水电站重力坝（坝高 109m）

四川大渡河枕头坝一级水电站闸坝（坝高 86.5m）

三岔河普定水电站拱坝（坝高 75m）

甘肃黑河龙首水电站拱坝（坝高 80m）

清水河大花水水电站拱坝（坝高 134.5m）

四川木里河立洲水电站拱坝（坝高 132m）

云南洗马河赛珠水电站拱坝（坝高 68m）

北盘江善泥坡水电站拱坝（坝高 110m）　　　　新疆石门子水电站拱坝（坝高 109m）

高山峡谷岩溶地区
水电工程实践技术丛书

峡谷地区碾压混凝土筑坝技术与实践

范福平　龙起煌　罗洪波　张细和　等　著

中国水利水电出版社
www.waterpub.com.cn

内 容 提 要

碾压混凝土筑坝技术自 20 世纪 80 年代以来,在我国的研究和应用得到了快速发展。本书主要阐述和总结了中国电建集团贵阳勘测设计研究院有限公司在碾压混凝土筑坝技术方面的勘测、枢纽布置与结构设计、施工设计、安全监测、材料性能研究及技术创新的经验和成果,系统介绍贵阳院在碾压混凝土筑坝方面的相关技术。

本书共 10 章。内容包括:综述,碾压混凝土重力坝设计,碾压混凝土拱坝设计,碾压混凝土配合比设计,碾压混凝土性能研究与应用,碾压混凝土温度控制与防裂,碾压混凝土坝施工设计,碾压混凝土坝安全监测技术,碾压混凝土质量控制,碾压混凝土生产试验、性能测试及原位试验等。

本书可供从事水利水电工程建设、设计、科研、施工、监理的广大工程技术人员阅读参考,也可作为大专院校相关专业师生的参考资料。

图书在版编目(C I P)数据

峡谷地区碾压混凝土筑坝技术与实践 / 范福平等著
. -- 北京 : 中国水利水电出版社,2015.12
(高山峡谷岩溶地区水电工程实践技术丛书)
ISBN 978-7-5170-3908-2

Ⅰ. ①峡… Ⅱ. ①范… Ⅲ. ①峡谷-碾压土坝-混凝土坝-研究 Ⅳ. ①TV642.2

中国版本图书馆CIP数据核字(2015)第310910号

书 名	高山峡谷岩溶地区水电工程实践技术丛书 **峡谷地区碾压混凝土筑坝技术与实践**
作 者	范福平 龙起煌 罗洪波 张细和 等 著
出版发行	中国水利水电出版社 (北京市海淀区玉渊潭南路 1 号 D 座 100038) 网址:www.waterpub.com.cn E-mail:sales@waterpub.com.cn 电话:(010)68367658(发行部)
经 售	北京科水图书销售中心(零售) 电话:(010)88383994、63202643、68545874 全国各地新华书店和相关出版物销售网点
排 版	中国水利水电出版社微机排版中心
印 刷	北京嘉恒彩色印刷有限责任公司
规 格	184mm×260mm 16 开本 33.25 印张 788 千字 4 插页
版 次	2015 年 12 月第 1 版 2015 年 12 月第 1 次印刷
印 数	0001—2000 册
定 价	**120.00 元**

"高山峡谷岩溶地区水电工程实践技术丛书"
编 辑 委 员 会

《峡谷地区碾压混凝土筑坝技术与实践》
主 要 编 写 人 员 名 单

序一

    碾压混凝土坝是世界坝工史上的重大创新。我国碾压混凝土筑坝技术从20世纪80年代开始，通过引进、消化、吸收和再创新，在坝体结构、混凝土材料、施工组织、质量检测等方面的研究取得了举世瞩目的成果，碾压混凝土筑坝技术日趋成熟。我国已建成的碾压混凝土坝近200座，从碾压混凝土重力坝发展至碾压混凝土拱坝，从中低坝发展到高坝，乃至200m级特高坝，我国碾压混凝土筑坝技术已处于世界前列。

    贵阳院从20世纪80年代开始碾压混凝土筑坝技术的探索和研究，以"金包银"方式对天生桥二级电站大坝进行碾压混凝土筑坝技术初步尝试的；对普定电站大坝进行碾压混凝土筑坝技术全面系统地研究，采用二级配碾压混凝土防渗、三级配碾压混凝土为主体的大坝结构，诱导缝作为坝体结构分缝型式，变态混凝土作为碾压混凝土施工质量保障措施之一，建成了当时世界上最高的贵州普定水电站碾压混凝土重力拱坝，坝高75m，开创了我国碾压混凝土拱坝筑坝技术的先河。通过不断地探索和实践，碾压混凝土筑坝技术从温和的南方应用到高寒高温差的西北地区，坝体分缝型式不断创新，从诱导缝发展到周边短缝＋诱导缝，材料应用不断扩展，从高掺粉煤灰到磷矿渣或铁矿石加石粉等复合掺技术，进而发展到三级配碾压混凝土防渗、四级配碾压混凝土为主体，以及全断面2.5级配碾压混凝土。2001年设计建成了西北高寒地区首座碾压混凝土龙首拱坝（坝高80m），2007年设计建成了当时国内最高的碾压混凝土大花水拱坝（坝高134.5m），2010年设计建成了当时世界最高的碾压混凝土重力坝——光照大坝（坝高200.5m）。至2014年，中国电建集团贵阳勘测设计研究院设计、监理碾压混凝土坝达 24 座，其中设计 21 座，监理 3 座，碾压混凝土筑坝技术得到水电建设行业高度认可和赞赏。

本书全面系统总结了贵阳院碾压混凝土筑坝技术的发展，并对碾压混凝土坝在枢纽布置、大坝结构、材料分区、碾压混凝土性能、温度控制与防裂、安全监测、质量检测等方面进行详细的介绍，不仅是贵阳院碾压混凝土技术成果的展示，也是我国碾压混凝土筑坝技术成就的重要组成部分。

衷心希望本书能对广大水电工作者同行有所帮助，通过本书的总结和工程实践，使我国碾压混凝土筑坝技术迈向更高的台阶，取得更大的成绩。

2015 年 8 月 6 日

（马洪琪：中国工程院院士）

序二

　　我国碾压混凝土筑坝技术始于 20 世纪 80 年代，中国电建集团贵阳勘测设计研究院（以下简称贵阳院）碾压混凝土筑坝技术紧跟时代步伐，从天生桥二级（坝索）初步尝试，以承担"八五"国家重点科技攻关项目课题，建成了当时世界上最高的贵州普定水电站碾压混凝土重力拱坝（坝高 75m），开创了我国碾压混凝土拱坝筑坝技术的先河。2001 年设计建成了西北高寒地区首座碾压混凝土龙首拱坝（坝高 80m）和监理石门子拱坝（坝高 110m），2007年设计建成了当时国内最高的碾压混凝土大花水拱坝（坝高 134.5m），2010年设计建成了当时世界最高的碾压混凝土重力坝——光照大坝（坝高 200.5m）。

　　贵阳院碾压混凝土筑坝历经 30 余年，见证了我国改革开放和市场经济的发展历程，也见证了贵阳院勘测设计科研人员的艰苦努力、敢为人先和无私奉献。曾经参与和见证贵阳院碾压混凝土筑坝技术发展的人员，部分陆续走上更重要的领导工作岗位，有的已离开我们，他们曾经为贵阳院碾压混凝土筑坝技术的发展呕心沥血，作出了重要贡献。他们的研究成果和职业精神留给了工程、留给了贵阳院。作为贵阳院碾压混凝土筑坝技术的参与者和见证者，谨向他们致以崇高的敬意！

　　贵阳院碾压混凝土筑坝技术成就凝聚了几代人的心血，所形成的碾压混凝土配合比设计、大坝结构、施工工艺、温度控制、安全监测、质量控制等技术成果仍处于国际先进水平，部分处于领先水平；先后获得各级各类科技将 30 余项，其中包括国家科技进步一等奖、国家科技进步二等奖，全国优秀勘测设计金奖和铜奖等国家、省部级奖 25 项，并获国家优质工程金质奖，2012 年国际 RCC 工程里程碑奖；取得知识产权 24 项，其中实用新型专利 20项。贵阳院的碾压混凝土筑坝技术成果和经验已广泛应用于其他同类工程，对促进我国水电行业碾压混凝土技术的发展起到了积极作用。

贵阳院通过在坝体结构型式、原材料及配合比、运输入仓手段、碾压施工工艺、质量检测方法、材料性能等方面持续、深入的研究，使碾压混凝土筑坝技术日趋成熟，从碾压混凝土重力坝发展至碾压混凝土拱坝，从中低坝发展到高坝，乃至200m级特高坝，取得了举世瞩目的成就，极大地提升了贵阳院碾压混凝土筑坝技术的能力和水平，时至今日，已建成投产的碾压混凝土重力坝和拱坝工程规模仍居国内首位，部分工程堪称碾压混凝土工程的经典之作。

目前，贵阳院已设计、监理碾压混凝土坝达24座，其中设计21座，监理3座，建成时间最长的达20余年，经过蓄水、长时间运行，状态良好，基本达到预想的目标要求。虽然在过程中有部分缺陷和瑕疵，但不影响大坝的整体性能和安全性。开展碾压混凝土筑坝技术的系统总结，回顾工程建设的历史，记载工程技术创新及其发展轨迹，用于交流推广、应用传承，为水电事业的发展留下宝贵的技术财富，具有重要的现实意义和价值，值得倡导。在此，也向本书作者的辛勤与付出表示感谢！

本书主要编撰贵阳院碾压混凝土筑坝技术发展过程中比较有代表性的内容，体现了碾压混凝土筑坝技术发展的历程和科技进步，其中的经验和教训，都是非常宝贵的财富，也是贵阳院开展水电建设和碾压混凝土筑坝技术的重要组成部分，可供从事水利水电工程及坝工的专业技术人员、工程的建设者及其管理者参阅和借鉴。

2015 年 6 月

（潘继录：中国电建集团贵阳勘测设计研究院有限公司总经理）

碾压混凝土（RCC）筑坝技术是世界筑坝史上的一次重大技术革新。碾压混凝土筑坝技术将常态混凝土坝结构和碾压土石坝施工等优点集于一体，以其施工速度快、工期短、投资省、质量安全可靠、机械化程度高、施工简单、适应性强、绿色环保等优势，备受世界坝工界青睐，显示出蓬勃发展的强大优势，给大坝建设注入了一股清风和活力，体现了又好又快的发展方向。

碾压混凝土筑坝技术是集科研、设计、施工、质量控制等多方面的系统工程，碾压混凝土的通仓薄层浇筑，改变了枢纽布置和坝工结构的设计理念，枢纽布置不但要满足碾压混凝土快速施工、简化大坝布置入手，还需要从大坝结构、温度应力、整体性能等方面进行深化研究，采用碾压混凝土筑坝对设计是一种促进，设计的理念上必须创新和超前，大坝的布置应结合碾压混凝土自身特点和施工，力求简单，发挥碾压混凝土的优势。

我国碾压混凝土筑坝技术从该技术引进、消化开始，坚持不断创新，建成的碾压混凝土坝 100 多座，碾压混凝土方量数千万立方米。通过在坝体结构型式、原材料及配合比、运输入仓手段、碾压施工工艺、质量检测方法、材料性能等方面研究，使碾压混凝土筑坝技术日趋成熟，从碾压混凝土重力坝发展至碾压混凝土拱坝，从中低坝发展到高坝，乃至 200m 级特高坝，取得了举世瞩目的成就，我国碾压混凝土筑坝技术已处于世界前沿。

中国电建集团贵阳勘测设计研究院有限公司（以下简称贵阳院）碾压混凝土筑坝技术从天生桥二级（坝索）初步尝试，到承担"八五"国家重点科技攻关项目"普定碾压混凝土拱坝筑坝新技术研究"课题，建成了当时世界上最高的贵州普定水电站碾压混凝土重力拱坝，坝高 75m，开创了我国碾压混凝土拱坝筑坝技术的先河。2001 年设计建成了西北高寒地区首座碾压混凝土龙首拱坝（坝高 80m）和监理了石门子拱坝（坝高 109m）；2007 年设计建成了当时国内最高的碾压混凝土大花水拱坝（坝高 134.5m）；2010 年设计建成了当时世界最高的碾压混凝土重力坝——光照大坝（坝高 200.5m）。

至 2014 年，贵阳院设计、监理碾压混凝土坝达 24 座，其中设计 21 座，监理 3 座，成立了"贵州省碾压混凝土坝工程技术研究中心"，得到水电建设行业高度认可和赞赏。

全书共分 10 章。第 1 章介绍了碾压混凝土筑坝技术的发展，贵阳院在碾压混凝土筑坝技术方面主要成就和关键技术，并展望碾压混凝土筑坝技术的前景。第 2 章介绍了碾压混凝土重力坝的设计经验，总结和提出了枢纽布置基本原则，大坝结构、材料分区、防渗排水、层间结合、分缝止水、廊道布置等设计和实践成果。第 3 章介绍了碾压混凝土拱坝的设计经验，总结和提出了枢纽布置基本原则，大坝结构、材料分区、防渗排水、层间结合、分缝止水、交通布置等设计和实践成果。第 4 章介绍了碾压混凝土配合比设计经验和方法，重点介绍水泥、掺合料、外加剂、骨料等性能及研究成果，碾压混凝土和变态混凝土的设计方法。第 5 章介绍了碾压混凝土性能研究与应用经验和成果，重点介绍新型掺合料的研究应用，低热高性能碾压混凝土、四级配碾压混凝土、变态混凝土的研究和应用。第 6 章介绍了碾压混凝土温度控制与防裂设计经验，重点介绍温度控制与防裂设计的研究、方法和措施，不同地域和气候条件下的措施。第 7 章介绍了碾压混凝土坝施工设计，重点对施工导流、砂石料与混凝土生产系统、运输与入仓工艺、仓面规划及各种混凝土施工的经验进行总结。第 8 章介绍了碾压混凝土坝安全监测技术，重点对重力坝、拱坝监测进行分析，对各种监测设备安装埋设要点、监测资料分析进行总结。第 9 章介绍了碾压混凝土质量控制经验，对原材料、拌和生产、仓面、养护和保护、质量管理和评定方法进行总结。第 10 章介绍了碾压混凝土钻孔取芯、压水试验及原位试验成果，重点对碾压混凝土生产试验、钻孔取芯、现场压水试验、芯样性能试验、原位抗剪断试验、初期钻孔试验进行总结和分析。

本书前言由范福平执笔，第 1 章由崔进执笔，第 2 章由龙起煌执笔，第 3 章由罗洪波执笔，第 4 章由张细和执笔，第 5 章由张细和、谭建军执笔，第 6 章由罗敏执笔，第 7 章由卢昆华执笔，第 8 章由蒋剑执笔，第 9 章由卢昆华执笔，第 10 章由张细和执笔。全书由范福平、龙起煌、陈宏、陈能平、曾正宾、颜义忠审稿，范福平、龙起煌统稿。

我国碾压混凝土筑坝技术居世界领先水平，与我国水利水电工程建设的科研、设计、咨询、监理、施工等广大人员的不断努力和创新分不开，贵阳院作为水利水电工程建设的一支生力军，对我国碾压混凝土筑坝技术的探索和发展，作出了自己应有的贡献。本书系统总结贵阳院在碾压混凝土筑坝技术方面的经验、成果，通过对碾压混凝土筑坝技术的探讨，对碾压混凝土原材料、枢纽布置和结构设计、施工设计、温度控制与防裂、安全监测、科学研究、典型工程实例进行剖析和总结，坚持把工程安全和质量放在第一的重要位置，使碾压混凝土筑坝技术更具有生命力、更加安全可靠。

贵阳院碾压混凝土筑坝技术汇集了几辈勘测、设计、科研和施工人员的智慧成果，得到了众多科研单位和院校的支持，在本书编撰过程中，引用了参与人员和参与单位的成果，参阅了大量与碾压混凝土筑坝技术相关的文献和资料，未能全部列出，谨此表示衷心的感谢！

在本书编撰过程中，尽管做了很大努力，由于工程建设原因，部分技术和成果受限于当时的认识水平和分析研究，随着技术不断地发展创新，书中难免有片面、遗漏和错误，敬请读者批评指正。

作　者

2015 年 6 月

目录

第1章 综 述

1.1 碾压混凝土筑坝技术概述

碾压混凝土筑坝是近几十年发展起来的新型筑坝技术，该技术是基于土石坝施工方法中的一种干硬性混凝土坝的施工方法，即采用振动碾对干硬性混凝土通过在坝体分层铺筑、碾压成型的工艺。将常态混凝土坝结构和碾压土石坝施工等优点集于一体，具有节约水泥用量、温控措施简单、填筑施工速度快、节能环保和工程造价低等优点。1980 年在日本岛地川采用碾压混凝土筑坝技术建成了世界上第一座碾压混凝土重力坝，20 世纪 90 年代后期，南非建成了 Knellpoort 坝（世界上第一座碾压混凝土拱坝）和 Woledans 坝。

我国的碾压混凝土筑坝技术研究始 20 世纪 80 年代初，1986 年在福建大田坑口建成我国第一座碾压混凝土重力坝。"七五"期间，结合科技攻关，又相继建成了铜街子、沙溪口、天生桥二级、岩滩等碾压混凝土重力坝及围堰，取得了可喜的成果。"八五"国家重点科技攻关项目普定碾压混凝土拱坝的建成，开创了我国碾压混凝土拱坝筑坝技术的先河。

经过 30 多年设计、科研、施工和管理等各方面人员的不断研究、实践和改进创新，使我国碾压混凝土筑坝技术具有结构设计安全可靠、温控措施简单、低水泥用量、富胶材料、高掺粉煤灰、薄层摊铺、全断面碾压连续上升施工等特点，形成了一整套完整的碾压混凝土坝设计和施工技术体系。碾压混凝土坝发展成为一种技术成熟、经济优越、施工快速、节能环保的筑坝技术，为我国水电建设乃至国民经济作出了卓越的贡献。

1.2 我国碾压混凝土筑坝技术发展

我国碾压混凝土筑坝技术从该技术引进、消化开始，坚持不断创新，建成的碾压混凝土坝近 200 座，碾压混凝土方量数千万立方米。通过在坝体结构型式、原材料及配合比、运输入仓手段、碾压施工工艺、质量检测方法、材料性能等方面研究，使碾压混凝土筑坝技术日趋成熟，从碾压混凝土重力坝发展至碾压混凝土拱坝，从中低坝高发展到高坝，乃至 200m 级特高坝，取得了举世瞩目的成就，我国碾压混凝土筑坝技术已处于世界前沿。

目前国内碾压混凝土发展状况如下：

（1）碾压混凝土从重力坝发展拱坝，从厚拱坝发展至薄拱坝，大坝体型与常态混凝土坝基本相同。目前国内碾压混凝土坝中重力坝约占 70%，拱坝约占 30%。

（2）初期建造的碾压混凝土坝高多为 50~80m，自水口、岩滩两座 100m 级高坝采用碾压混凝土筑坝以后，相继建成了江垭、棉花滩、大朝山等高坝，碾压混凝土重力坝坝高已发展至 200m 级，如龙滩大坝（216.5m）、光照大坝（200.5m）。碾压混凝土拱坝自国内首座碾压混凝土拱坝——普定拱坝（坝高 75m）以来，相继建成了龙首（80m）、石门子（110m）、招徕河（107m）、沙牌（122m）、大花水（134.5m）、蔺河口（100m）等高坝，目前已发展至 150m 级，如万家口子（167.5m）、象鼻岭（141.5m）。目前国内已建成碾压混凝土重力坝 80 余座，拱坝 20 余座。

（3）从坝身不开设廊道到开设多层灌浆、交通及监测廊道，从谨慎布设泄水孔口到布置几千至上万立方米每秒泄量的泄水建筑物。

（4）坝体防渗体系从"外包常态混凝土（金包银）"发展到由"变态混凝土＋二级配碾压混凝土"甚至"变态混凝土＋三级配碾压混凝土"防渗体系，大大简化了防渗体系，有利于简化施工程序及降低工程投资；使碾压混凝土工程量在大坝混凝土所占比重为 50%~60% 提高到 80%~90%。

（5）碾压混凝土筑坝技术从我国在南方地区应用，发展到西北高寒高震等地区乃至全国，适用范围及条件大大扩展。

发展至今，实现了碾压混凝土坝的结构体型、坝高、坝身孔口布置、建设地点等基本不受碾压混凝土筑坝材料本身限制，只要坝址地形地质具备建刚性坝条件、骨料性能满足要求、水泥粉煤灰等原材料采购运输方便，均可以修建碾压混凝土坝，从而使碾压混凝土筑坝技术得到广泛的应用。

1.3　贵阳院碾压混凝土坝的设计与建设成就

中国电建集团贵阳勘测设计研究院（以下简称"贵阳院"）碾压混凝土筑坝技术从天生桥二级（坝索）初步尝试，到承担"八五"国家重点科技攻关项目"普定碾压混凝土拱坝筑坝新技术研究"课题，建成了当时世界上最高的贵州普定水电站碾压混凝土重力拱坝，坝高75m，开创了我国碾压混凝土拱坝筑坝技术的先河，获得国家科技进步一等奖。2001年设计建成了西北高寒地区首座碾压混凝土龙首拱坝（坝高80m）和监理了石门子拱坝（110m），其中龙首电站2004年获全国优秀工程设计铜奖、获贵州省优秀工程设计一等奖，依托两拱坝完成的"高寒地区碾压混凝土拱坝筑坝技术研究"2004年获中国电力科学技术奖二等奖。2007年设计建成了当时国内最高的碾压混凝土大花水拱坝，获得中国电力优质工程奖、贵州省第十六次优秀工程设计二等奖。2010年设计建成了当时世界最高的碾压混凝土重力坝光照大坝，坝高200.5m，获2011年全国优秀水利水电工程勘测设计金质奖，2012年度全国工程建设项目优秀工程设计一等奖，2012年获得国际大坝协会 RCC 工程里程碑奖，"光照 200m 级高碾压混凝土重力坝筑坝技术研究"获贵州省科学技术进步奖二等奖。

至 2013 年，贵阳院设计、监理碾压混凝土坝达 24 座，其中设计 21 座，监理 3 座，成立了"贵州省碾压混凝土坝工程技术研究中心"，得到水电建设行业高度认可和赞赏。贵阳院完成的碾压混凝土筑坝设计的代表性工程简述如下。

1. 天生桥二级重力坝

天生桥二级（坝索）水电站位于贵州省安龙县与广西壮族自治区隆林县交界的南盘江上。坝顶全长 469.96m，最大坝高 60.7m，沿坝轴线分成 26 个坝段。在溢流坝和左岸重力坝采用碾压混凝土筑坝，这两个坝段的混凝土量为 26 万 m^3，其中碾压混凝土量 13 万 m^3，碾压混凝土量占此两坝段混凝土总量的 50％左右。建成后的天生桥二级碾压混凝土坝如图 1.3.1 所示。

图 1.3.1　天生桥二级碾压混凝土重力坝（坝高 60.7m）

天生桥二级碾压混凝土重力坝主要有以下技术特点：

（1）天生桥二级（坝索）碾压混凝土坝坝体采用"金包银"（外部常态混凝土，内部碾压混凝土）型式，外部常态混凝土上游面厚 2.5m，下游面厚 1.0m；坝体碾压混凝土使用 $R_{90}200W4$ 或 $R_{90}150W4$，基础垫层采用 $R_{90}200W6$ 常态混凝土。

（2）按 15m 间距分设永久横缝，溢流坝和左岸重力坝分为 15 个坝段。坝体碾压混凝土横缝，采用切缝机或模板、钻孔成缝，在切缝机形成的缝内插入厚 3mm 的镀锌铁板，在 3～6 号、8～9 号和 16～17 号坝段的表层常态混凝土中分设了横缝，采取了并缝措施，设并缝钢筋、应力释放孔，用来改善横缝里端部的应力集中状态，阻止常态混凝土中的横缝继续向坝体碾压混凝土内发展贯通。

（3）为加强碾压混凝土的层间结合，在碾压混凝土层面的上游 1～2m 范围内，铺水泥砂浆或厚度约 5cm 的细骨料常态混凝土，以此增强碾压混凝土层面胶结能力。

（4）碾压混凝土中掺用 DH₄ 缓凝减水型外加剂。

天生桥二级是贵阳院筑坝设计中首次采用碾压混凝土，从碾压混凝土坝防渗设计、材料分区设计、分缝结构设计、原材料及配合比的优选等方面进行了大量研究、探索和创新，目前大坝（含碾压混凝土坝段）渗漏较小，结构安全，运行良好。通过天生桥二级水电站碾压混凝土重力坝成功建设，对碾压混凝土材料有了深刻的认识，积累了碾压混凝土筑坝技术的第一手宝贵的资料，为贵阳院碾压混凝土筑坝技术的发展和推广应用奠定了良好的基础。

2. 普定拱坝

普定水电站位于贵州省普定县三岔河，装机容量 75MW。普定碾压混凝土拱坝为定圆心、变半径、变中心角的等厚、双曲非对称拱坝。最大坝高 75m，弧长 165.671m，右岸设 30m 的重力墩，坝顶总长 195.671m。坝顶宽 6.3m，坝底宽 28.2m，坝体厚高比 0.376。坝身布置泄洪建筑物，由 4 表孔（12.5m×11m）和 1 中孔（3m×4m）组成，最大下泄流量 5260m³/s。建成后的普定碾压混凝土坝如图 1.3.2 所示。

图 1.3.2　普定碾压混凝土拱坝（坝高 75m）

普定碾压混凝土拱坝主要有以下技术特点：

（1）首次采用高掺粉煤灰和低水泥用量的碾压混凝土筑坝材料。对降低工程造价、减少温度控制措施极为有利，并对节能减排、环境保护作出贡献。"碾压混凝土材料优选研究"经评定达到当时国内领先水平。

（2）首次利用二级配碾压混凝土做防渗体取消"金包银"，成功地实现了碾压混凝土拱坝整体薄层通仓全断面碾压浇筑。"碾压混凝土坝防渗材料的研究"达到当时国内领先水平。

（3）首次采用诱导缝作为温度应力释放缝。在筑坝中首次提出采用坝体碾压混凝土施工过程中埋设诱导板形成诱导缝释放温度应力。"碾压混凝土拱坝诱导缝研究"达到当时国内领先水平。

（4）通过碾压混凝土变形及损伤特性试验研究，建立了碾压混凝土层面的本构关系和破坏准则，使我国碾压混凝土坝的设计理论跃上了一个新台阶。"普定碾压混凝土拱坝层面抗剪特性研究"达到当时国际先进水平。

（5）优选出了具有高效减水及强缓凝性的复合外加剂，以提高混凝土的可碾性、密实性和抗渗性。

（6）通过粉煤灰质量、气泡特性、水灰比、粉煤灰掺量、龄期等对碾压混凝土抗冻耐久性影响的系统研究发现："采用优质粉煤灰、将含气量控制在 5% 左右、降低水灰比、适当控制粉煤灰的掺量和延长碾压混凝土的养护时间，可大大提高和改善碾压混凝土的抗冻耐久性。可以证明碾压混凝土这项新的筑坝技术，不但适宜于气候温和的南方地区，也可推广运用到较寒冷的北方地区。""碾压混凝土抗冻耐久性的研究"达到当时国际领先水平。

"普定碾压混凝土拱坝设计"于 1996 年获全国第七届优秀工程设计金奖，"普定碾压混凝土拱坝筑坝新技术研究"获得 1998 年获国家科学技术进步一等奖，在国内外有较高的知名度。

3. 龙首拱坝

龙首水电站位于甘肃省张掖市黑河，装机容量 52MW。结合枢纽各建筑物的布置特点，龙首拦河大坝平面上布置为混合坝型，由左岸重力坝、河床拱坝和右岸推力墩组成。最大坝高 80m，左岸重力坝最高 54.5m，右岸推力墩最大坝高 31.5m，左岸重力坝最大长度 47.16m，河床拱坝最大坝顶弧长 140.84m，右岸推力墩最大长度 29.32m，整个大坝坝顶全长 217.32m。坝顶厚度 5.0m，坝底厚度 13.5m，厚高比 0.17。坝体混凝土量为 19.73 万 m³。

河床拱坝布置 3 个中孔（5m×5.5m）和 2 个表孔（10m×7m），左岸重力坝布置 1 个冲沙孔（3m×4m），最大下泄流量 3090m³/s。建成后的龙首碾压混凝土坝如图 1.3.3 所示。

根据国内外碾压混凝土筑坝技术的新发展，结合西北地区的地理、气候、材料等具体条件，大胆创新，勇于突破，在龙首水电站从结构设计，技术标准，引进新材料、新工艺等诸方面，做了大胆的突破和尝试，使龙首拱坝在设计技术上，成为当时世界领先水平的碾压混凝土拱坝。龙首碾压混凝土大坝主要技术特点：

（1）充分利用坝址地形地质特点，采用新型坝型及枢纽布置。根据坝址地形地质条件，结合工程的挡水、泄洪冲沙、引水发电、灌溉等功能要求，充分利用的基岩线呈倒品字地形，布置上采用了拱坝、重力坝、推力墩结合的"三接头坝"。

（2）高寒高震地区碾压混凝土拱坝的新结构。龙首高薄拱坝实现了首次在碾压混凝土薄拱坝开设多个泄水、廊道等孔口和周边缝＋诱导缝的复杂结构设计。坝身最大泄洪流量达 3090m³/s，布设 3 中孔、2 表孔；灌浆、监测及交通廊道 2 层。为在碾压混凝土拱坝中布设孔口的结构设计、应力分析、施工组织等方面积累了大量经验。

（3）西北高寒地区碾压混凝土筑坝材料性能选择研究。通过大量试验，采取在混凝土中添加抗冻剂、原材料加温、仓面搭暖棚等技术，确保了混凝土拌和物不结冰冻坏；采取掺高强缓凝高效减水剂以延长碾压混凝土的凝结时间，仓面喷雾、覆盖湿麻袋等综合措

图 1.3.3　龙首碾压混凝土拱坝（坝高 80m）

施，确保保证拌和物可碾性好，层面结合良好。研究了碾压混凝土绝热温升热传导、弹模和徐变变化、极限拉伸、多轴强度等性能，从而了解及解决了寒冷气候条件下物理力学性能发展情况、抗冻耐久性能。

（4）高寒峡谷地区碾压混凝土施工的特殊措施研究。西北高寒地区冬季寒冷，夏季干旱高热，年温差、月温差、日温差大对碾压混凝土施工极为不利；峡谷地区对碾压混凝土汽车入仓道路布设不利，很难发挥快速施工的优势。通过大量研究采取了掺外加剂、营造仓面"小气候"，平移错撤法及往返错撤法摊铺拌和物，严格混凝土覆盖时间、碾压时间等综合措施解决了低温、高温高蒸发等极端气象条件问题。结合坝址区地形地质特点及枢纽布置情况，大坝混凝土采用自卸汽车、固定式缆机、真空溜管等联合入仓浇筑方式，实现大坝混凝土快速施工，工程提前完工发电。

（5）高寒地区碾压混凝土拱坝现场质量控制研究。实现了高寒地区修建碾压混凝土拱坝具有质量控制更严、施工工艺更细致、原位观测及信息反馈更及时等特殊要求。

依托龙首、石门子拱坝完成的"高寒地区碾压混凝土拱坝筑坝技术研究"，2004 年度获中国电力科学技术奖二等奖；龙首水电站设计获得全国第十一次优秀工程设计铜奖、获贵州省优秀工程设计一等奖。

目前大坝廊道、下游坝面渗漏小，坝体结构安全，运行良好，为碾压混凝土在高寒高震地区应用奠定了坚实的基础。

4. 大花水拱坝

大花水水电站位于清水河干流的中游，电站装机 200MW，总库容 2.765 亿 m³。拦河大坝为碾压混凝土抛物线双曲拱坝＋左岸重力坝。坝顶高程 873.00m，坝底高程 740.00m，最大坝高 134.5m。坝顶宽 7.00m，坝底拱冠厚 23.00m，拱端厚 25.0m，厚高比 0.171，坝顶中心弧长 198.43m。重力坝最大坝高 73.0m，上游面铅直，下游坡比 1：0.8，顶部宽 20.0m，底宽 78.40m。

泄洪建筑物主要由拱坝坝身 3 个溢流表孔＋2 个泄洪中孔组成，中孔孔口尺寸 6m×7m（宽×高），表孔孔口尺寸 13.5m×8m（宽×高），最大下泄流量 5964m³/s。建成后的大花水碾压混凝土坝如图 1.3.4 所示。

图 1.3.4 大花水碾压混凝土拱坝（坝高 134.5m）

大花水碾压混凝土拱坝主要有以下技术特点：

（1）解决了修建在狭窄河谷复杂地形、地质下，高、薄碾压混凝土拱坝的体型设计等关键技术问题，采用在主河床上的碾压混凝土拱坝和左岸古河槽上的重力坝，开展组合结构设计及受力状况研究。

（2）解决了狭窄河谷高碾压混凝土拱坝坝身泄洪建筑物布置及结构设计问题，使其结构布置简单、受力明确，在满足安全和泄洪消能的条件下，达到实现碾压混凝土快速施工的目的。

5．索风营重力坝

索风营水电站位于贵州省中部修文、黔西两县，乌江中游六广河河段，电站装机容量 600MW。索风营碾压混凝土重力坝为全断面碾压型式，大坝由左右非溢流坝和溢流坝段组成，共分 9 个坝段。最大坝高 115.8m；坝顶宽 8m，最大底宽 97.0m，坝顶全长 164.58m。坝体碾压混凝土总方量 52.48 万 m³。

泄水建筑物由 5 孔开敞式坝身溢流表孔组成，采用 X 形宽尾墩＋台阶坝面形式。表孔尺寸 13m×19m（宽×高），总下泄洪量 15956m³/s，单宽流量为 245m³/(s•m)。索风营碾压混凝土坝如图 1.3.5 所示。

索风营碾压混凝土重力坝主要有以下技术特点：

（1）首次研究提出 X 型宽尾墩，并在碾压混凝土坝身采用 X 型宽尾墩＋台阶坝面新

图 1.3.5　索风营碾压混凝土重力坝（坝高 115.8m）

型消能工，使消力池长度缩短 1/3 左右，泄洪消能率达 90％以上，有效地解决了大流量洪水对下游的冲刷问题。

（2）采用氧化镁微膨胀剂碾压混凝土施工，突破夏季高温季节不能大规模施工的"禁区"，提高了碾压混凝土的抗裂性能，解决了大坝强约束区常见的混凝土贯穿性裂缝问题。

（3）非溢流坝上部用三级配碾压混凝土直接防渗。

《X 型宽尾墩消能技术研究与应用》2008 年获陕西省科学技术一等奖；索风营工程 2008 年获贵州省优秀工程设计一等奖，2011 年获中国土木工程詹天佑奖。

6. 光照重力坝

光照水电站位于贵州省关岭县和晴隆县交界的北盘江中游，总库容 32.45 亿 m³，总装机容量 1040MW。大坝为全断面碾压混凝土重力坝，坝顶高程 750.50m，最大坝高 200.5m，坝体上、下游坝坡分别为 1：0.25 和 1：0.75，坝顶宽度 12m，坝体最大底宽 159.05m。坝顶全长 410m，左、右岸非溢流坝段分别长 163m 和 156m，河床溢流坝和底孔坝段长 91m，共分 20 个坝段。坝体碾压混凝土总方量 242 万 m³。

泄水建筑物由坝身 3 个表孔和 1 个底孔组成，表孔孔口尺寸 16m×20m（宽×高），底孔孔口尺寸 4m×6m（宽×高），总下泄洪量为 9857m³/s。光照碾压混凝土坝如图 1.3.6 所示。

光照碾压混凝土重力坝主要有以下技术特点：

（1）在碾压混凝土坝身采用窄缝挑流消能工形式，水舌在空中纵向拉开，消能效果好，降低了泄槽抗冲磨的设计难度。

（2）200m 级高碾压混凝土坝防渗设计。根据坝前作用水头的大小分别采用了不同的防渗组合形式：坝体 710m 高程至坝顶采用三级配碾压混凝土及其上游面 0.50m 厚变态混

图 1.3.6　光照碾压混凝土重力坝（坝高 200.5m）

凝土直接防渗；710～615m 高程坝体采用二级配碾压混凝土及其上游面 0.80m 厚变态混凝土组合防渗；615m 高程以下坝体采用二级配碾压混凝土及其上游面 1.00m 厚变态混凝土组合防渗。

（3）大坝碾压混凝土最大开仓面积达 21300m²，实现上坝强度最高达到 22.25 万 m³/月，采用了全仓面、不间断、立体循环大规模斜层碾压技术。混凝土输送皮带机布置在左岸山体隧洞中，有效降低了外界气温和热辐射对混凝土温度回升的影响。通过较简单、实用、经济的施工方法和手段，解决了大仓面通仓碾压及高强度的入仓问题，较国内同等规模的工程在碾压混凝土入仓和碾压工艺方面有较好的参考价值。

（4）光照工程成功将 Ⅱ 级粉煤灰用于 200m 级高碾压混凝土坝，不仅节约了大量的材料和运输成本，保证了施工过程中粉煤灰料源的供应及连续性，效益显著，同时也为我国高碾压混凝土坝的材料应用和设计提供了有益的尝试。

（5）砂石系统生产出来的人工砂中粉含量偏低（仅 14％～15％），经研究采取以 2％～3％粉煤灰替代石粉，改善混凝土和易性及可碾性，效果良好。

光照大坝最大坝高 200.5m，碾压混凝土总量约为 280 万 m³，浇筑仅用两年，充分体现了碾压混凝土筑坝技术的先进性及合理性。大坝混凝土取芯缝面折断率 1.30％，下闸蓄水后运行表明，光照大坝运行良好，碾压混凝土应用于 200m 级高大坝得到有效可靠的实践。

依托光照世界级高碾压混凝土坝的设计与建设，光照水电站工程 2011 年获全国优秀水利水电工程勘测设计金质奖，2012 年度获全国工程建设项目优秀工程设计一等奖，2012 年获得国际大坝协会 RCC 工程里程碑奖和国家优质工程奖，2015 年获国家优秀工程设计金奖。

7. 思林重力坝

乌江思林水电站位于贵州省思南县境内的乌江中游河段，为乌江干流规划梯级电站的第八级，电站装机容量 1000MW，总库容 15.93 亿 m³。拦河大坝为全断面碾压混凝土重力坝。由河床溢流坝段和两岸挡水坝段组成，坝顶全长 310m，坝顶高程 452.00m，最大坝高 124m，坝顶宽 14.0m，上游面垂直，下游坝坡 1：0.70。思林碾压混凝土坝如图 1.3.7 所示。

图 1.3.7　思林碾压混凝土重力坝（坝高 124m）

泄洪建筑物由 7 孔开敞式坝身溢流表孔组成，采用 X 型宽尾墩＋台阶坝面＋消力池的联合消能型式，表孔孔口尺寸 13m×21.5m（宽×高），最大下泄流量 32584m³/s。

思林碾压混凝土坝主要有以下技术特点：

（1）枢纽布置紧凑、建筑物设计各具特色，大坝采用碾压混凝土重力坝、坝身泄洪消能系统，发电厂房布置于右岸地下，通航建筑物靠近坝体左岸布置，两条导流隧洞左右分岸布置，克服了坝址岩溶地质复杂、河谷地形狭窄泄洪量大等不利因素，各建筑物相对独立又互为联系，减少了施工和运行干扰。

（2）较好地解决了狭窄河谷大泄量泄洪消能，且满足通航水力学条件。工程坝址河谷地形狭窄，泄水建筑物采用 7 表孔＋X 型宽尾墩＋台阶坝面＋戽式消力池的综合泄洪消能系统，最大泄流能力达到 32584m³/s，最大单宽流量达到 358m³/s，属国内大单宽流量。通航建筑物过坝傍岸布置，在最高通航流量 4420m³/s 以下时，枢纽下游河道流态满足引航道口门区的水力学条件。

8. 沙沱重力坝

乌江沙沱水电站位于贵州省沿河县城上游约 7km 处，总库容 9.21 亿 m³，电站装机 1120MW。坝顶高程 371.00m，河床最低建基面高程 270m，最大坝高 101m，基础最宽处 83.39m，坝顶宽 10m。从左到右依次为，左岸挡水坝段、厂房取水坝段、电梯井坝段、溢流坝段、右岸升船机坝段和右岸挡水坝段。坝顶全长 631.00m，其中左岸挡水坝段长 162.05m，取水坝段长 130.10m，电梯井坝段长 13.85m，溢流坝段长 143.00m，升船机坝段长 48.50mm，右岸挡水坝段长 133.50m。

坝体基本断面为：坝体上游面从坝顶至 310m 高程为垂直，310m 高程至坝基为 1:0.15 斜坡，下游坝坡为 1:0.75，起坡点高程为 356.167m。最低坝底高程 270.00m，最大坝高 101.00m，相应坝底宽 83.39m。沙沱碾压混凝土坝如图 1.3.8 所示。

图 1.3.8 沙沱碾压混凝土重力坝（坝高 101m）

沙沱碾压混凝土重力坝主要有以下技术特点：

（1）四级配碾压混凝土的应用。在国内外首次采用四级配碾压混凝土筑坝技术，经过近 3 年的科研攻关，重点解决了四级配碾压混凝土配合比参数、摊铺与碾压、防骨料分离措施、层间缝面处理、温控防裂等四级配筑坝关键技术，是碾压混凝土筑坝技术的一项突破。四级配碾压混凝土具有碾压层厚大（层厚 50cm，最大骨料粒径达 12cm）、胶凝材料用量少、施工快速和降低温控措施费用的特点。四级配碾压混凝土在沙沱水电站大坝的首次成功应用，使我国碾压混凝土筑坝技术跃上一个新的台阶，并为国内同类工程提供借鉴经验。从现场检测和安全监测成果来看，施工质量可控，大坝受力状态良好。

（2）双超碾压混凝土在围堰上的应用。根据工程实际情况在下游围堰堰体首次进行了双超（超径超贫）碾压混凝土。采用上下游变态混凝土防渗＋内部双超碾压混凝土；混凝土粒径最大达 65cm，胶凝材料最少为 50kg/m³（水泥 25kg/m³）；堰体内部不设冷却水管，横缝间宽度为 40m。从现场检测和取芯试验成果来看，双超碾压混凝土本体的抗剪断参数、容重、抗压强度、抗拉强度、抗渗性能、极限拉伸值和 VC 值等参数基本可以满足设计要求；芯样采集率相对较低，双超碾压混凝土层间结合不良，但考虑上游变态混凝土起防渗作用，双超碾压混凝土仅作为坝体支撑材料，且由于其断面较一般混凝土重力坝大很多，可以满足坝体层间稳定要求。运行期监测资料表明，双超碾压混凝土围堰受力状态良好，运行正常，完建两年来未发现堰体出现裂缝。

9. 马马崖一级重力坝

马马崖一级水电站位于贵州省关岭县与兴仁县交界，是北盘江干流（茅口以下）水电梯级开发的第二级，电站装机容量558MW（含生态机组18MW），总库容1.695亿 m³。拦河大坝为全断面碾压混凝土重力坝，坝顶全长250.20 m，坝顶高程592.00m，坝底高程483m，最大坝高109m。坝顶宽12.00m，上游坝坡为1∶0.25，下游坝坡为1∶0.75。马马崖一级碾压混凝土坝如图1.3.9所示。

图1.3.9　马马崖一级碾压混凝土重力坝（坝高109m）

泄洪建筑物主要由3个坝身溢流表孔及1个放空底孔组成，采用X型宽尾墩＋台阶坝面＋戽式消力池的联合消能型式，表孔孔口尺寸14.5m×19m（宽×高），设计最大下泄流量为10866m³/s。

马马崖一级碾压混凝土坝主要有以下技术特点：

（1）枢纽布置紧凑，工程成功克服了坝址河谷地形狭窄、岩溶地质复杂、坝基地质缺陷、泄洪量大等不利因素，坝体结构设计简洁、方便运行，有利坝体混凝土填筑的快速施工。

（2）首个全断面采用三级配和超高掺粉煤灰的百米级高坝。大坝最大坝高109m，全断面采用三级配碾压混凝土作为主防渗体，碾压混凝土采用超高掺粉煤灰技术（掺量达70%），不仅节约水泥用量，降低成本，还节能环保，经济效益和社会效益显著。

10. 赛珠拱坝

赛珠水电站位于云南省禄劝县，是洗马河干流规划中的第二个梯级电站，总库容为167万 m³，电站总装机容量102MW。赛珠拱坝坝顶高程1826.00m，坝底最低高程1758.00m，最大坝高68.0m。坝顶宽7.00m，坝底厚14.05m，厚高比0.206。拱坝碾压混凝土量约为9万 m³。

泄洪建筑物主要由拱坝坝身4个溢流表孔＋1个泄洪底孔组成，底孔孔口尺寸3m×4m（宽×高），表孔孔口宽7m，最大下泄流量502m³/s。建成后的赛珠碾压混凝土坝如图1.3.10所示。

图 1.3.10　赛珠碾压混凝土拱坝（坝高 68m）

赛珠碾压混凝土拱坝主要有以下技术特点：碾压混凝土大坝全断面采用 2.5 级配碾压混凝土自身防渗，大坝河床建基面基础不设常态混凝土垫层，采用常态混凝土找平后即铺筑碾压混凝土。通过简化坝体断面设计，充分发挥了碾压混凝土快速施工的特点。

11. 善泥坡拱坝

善泥坡水电站位于北盘江干流中游河段，电站装机 185.5MW，总库容 0.85 亿 m^3。拦河大坝为碾压混凝土抛物线双曲拱坝。坝顶高程 888.00m，最大坝高 110.0m。坝顶宽 6.00m，坝底厚 23.50m，厚高比 0.214，坝顶中心弧长 204.29m。善泥坡碾压混凝土坝如图 1.3.11 所示。

泄洪建筑物主要由坝身 3 个溢流表孔＋2 个泄洪中孔组成，表孔尺寸 14m×10m（宽×高），中孔尺寸 6m×7.5m（宽×高），最大下泄流量 6294m^3/s。

善泥坡碾压混凝土坝主要有以下技术特点：

（1）善泥坡坝址地处北盘江干流中游狭谷河段，两岸边坡高达 400m，坝肩开挖设计和施工布置难度大。结合实际情况，两坝肩采取全断面贴壁窑洞式开挖技术，窑洞最大跨度 23.5m，最大高度 117.4m，属国内规模最大的坝肩窑洞式开挖。通过这项技术，拱坝与两岸山体浑然一体，极大减小了开挖规模，减少了工程建设对自然的破坏，实现了工程效益与环境保护的和谐与双赢。

（2）泄水建筑物采用 3 表孔＋2 中孔坝身立体泄洪布置方式，通过控制各孔水舌型状和水流落点，实现了水流空中碰撞和落点分散，解决了狭窄河谷高坝大量泄洪消能问题，最大泄量约 6300m^3/s，为同类坝型之最。

12. 立洲拱坝

立洲水电站为四川木里河水电规划"一库六级"的第六个梯级，电站采用混合式开发，装机容量 355MW（包含 10MW 生态机组），多年平均发电量为 15.46 亿 kW·h，水库总库容 1.897 亿 m^3，具有季调节性能，开发任务以发电为主，兼顾下游生态用水。

大坝坝顶高程为 2092.0m，最大坝高 132.0m。坝顶宽 7.0m，坝底厚 26.0m，厚高比

0.196，坝顶中心弧长 201.82m，坝体基本呈对称布置。立洲碾压混凝土坝如图 1.3.12 所示。

图 1.3.11　善泥坡碾压混凝土拱坝（坝高 110m）

图 1.3.12　立洲碾压混凝土拱坝（坝高 132m）

泄水建筑物由 2 个溢流表孔和 1 个中孔组成，各孔口以河床中心线径向对称布置，表孔布置在中孔两侧。表孔堰顶高程 2080.00m，孔口尺寸 8m×8m（宽×高），最大下泄流量 1100m³/s。中孔进口高程 2030.0m，布置在两个表孔中间，孔口设置检修闸门，孔口尺寸 5m×8m（宽×高），出口设置弧形工作闸门，孔口尺寸 5m×6m（宽×高），最大下泄流量 865m³/s。

立洲碾压混凝土坝主要有以下技术特点：

（1）立洲大坝坝址河谷极为狭窄，两岸均为高陡岩壁，碾压混凝土拱坝施工布置困难，工程较好地利用了导流洞施工支洞、帷幕灌浆洞、上坝交通、河床基坑等作为入仓道路，实现碾压混凝土快速施工，节省了工程投资。

（2）坝址昼夜温差大，蒸发量大，左、右岸日照差异大，对于碾压混凝土施工质量、温度控制及防裂提出了较高的要求，通过采取优选原材料、严格控制温度、加强过程质量控制等措施，有效保证了工程质量。

（3）在碾压混凝土高拱坝中，表孔首次采用跌流＋宽尾墩消能工结构，下泄水舌横向收缩、垂向及纵向扩散，效果显著，呈现典型的收缩射流流态，合理利用下游河道的纵向空间。使表孔水舌位于水垫塘中前部，既可减少与中孔水舌（位于水垫塘中后部）重叠，水流横向缩窄减小了对下游岸坡的冲刷和消力塘宽度要求，从而减少了两岸坡的开挖。

13.　象鼻岭拱坝

象鼻岭水电站位于贵州省威宁县与云南省会泽县交界的牛栏江上，系牛栏江河流规划梯级中的第三级水电站。象鼻岭水电站为二等大（2）型工程，水库正常蓄水位 1405m，总库容 2.63 亿 m³，电站装机容量 240MW，多年平均发电量 9.30 亿 kW·h。

象鼻岭拱坝为双曲抛物线不等厚碾压混凝土拱坝，坝顶高程 1409.50m，最大坝高 141.5m，坝顶长 434.46m，坝顶宽 8.00m，坝底厚 35～38m，厚高比 0.247。象鼻岭碾压混凝土坝见图 1.3.13 所示。

图 1.3.13　象鼻岭碾压混凝土拱坝效果图（坝高 141.5m）

泄水建筑物由 3 个溢流表孔和 2 中孔组成，主要承担宣泄水库各种频率的洪水及冲沙的任务。表孔堰顶高程 1397.00m，孔口尺寸 12m×8m（宽×高），采用挑流消能；中孔进口底板高程为 1335.00m，出口断面尺寸 4m×6m（宽×高），最大总泄流量 3841m³/s。

象鼻岭碾压混凝土坝主要有以下技术特点：

（1）象鼻岭碾压混凝土拱坝坝址为典型宽缓河谷，两岸坡度约 40°～58°，坝顶弧长 434.46m，弧高比达到了 3 以上，比已建成几座碾压混凝土拱坝弧高比大 40%～60% 以上，拱向荷载分配比例较低。

（2）象鼻岭拱坝混凝土骨料为玄武岩（其特点是线膨胀系数高），属国内较早采用玄武岩作为碾压混凝土骨料的拱坝。同时坝体设置诱导缝及横缝多（6 条）、混凝土方量大（约 64 万 m³）、昼夜温差大（约 15℃）等特点，温控防裂难度大。

（3）象鼻岭拱坝由于坝顶长度相对较长，碾压混凝土施工仓面大（整体最大约 5800m²），因此对混凝土拌和系统、运输和入仓能力要求高。

象鼻岭电站目前正在建设之中，计划 2016 年年底完成大坝浇筑，2017 年年初蓄水。

1.4 碾压混凝土筑坝关键技术发展与展望

碾压混凝土筑坝技术发展至今取得了丰硕的成果，日趋成熟，但仍有较多技术难题有待探讨和发展，从以下几方面总结目前碾压混凝土筑坝关键技术发展和展望。

1. 碾压混凝土坝结构设计关键技术

碾压混凝土坝结构设计与常态混凝土坝的体型尺寸设计基本相同，但仍有较小差别，主要有三方面的不同：① 碾压混凝土重力坝需要核算沿层面的抗滑稳定极限承载能力，碾压混凝土特高拱坝尤其需重视此问题，影响到碾压混凝土建坝高度规模；② 坝体防渗体系不同，影响到碾压混凝土建坝高度规模；③ 防裂型式不同。

（1）碾压混凝土层间结合问题。高碾压混凝土重力坝的碾压层面结合黏结力对坝体的抗滑稳定至关重要，为了提高碾压层面结合性能，应注意以下三点：

1）尽可能逐层连续铺筑、及时碾压或覆盖，混凝土从拌和楼至碾压时间不超过 2h 为宜，上一层碾压混凝土铺筑覆盖时间控制 4～8h 以内为宜，当超过以上时间应根据浇筑时碾压混凝土初凝特性、气象特点等进行适当处理。

2）碾压混凝土含足够的胶浆含量，对胶浆含量影响较大的是粉煤灰、砂中粒径小于 0.16mm 的石粉含量，确保拌和物有较好的和易性，实践中应根据工程特点开展大量的室内配合比和现场生产性试验加以论证确定粉煤灰掺量、石粉含量，既满足混凝土强度等级要求、抗裂要求，又有较好可碾性。

3）选择合理高效外加剂，增加碾压混凝土初凝时间、可碾性。

碾压混凝土以碾压时层面能泛出适当量的浆体来层间胶结能力进行现场质量控制，采用钻孔芯样分析碾压层面的折断率、层间表观和抗剪断检测试验进行评价。

国内大量工程试验、实践证明，碾压混凝土层面完全满足 100～200m 级碾压混凝土重力坝层间抗滑稳定、碾压混凝土拱坝层间抗剪断能力要求，目前建成的 200m 级龙滩、光照碾压混凝土重力坝，150m 级大花水碾压混凝土拱坝运行良好。而 250m、300m 级及以上碾压混凝土重力坝和 200m、250m、300m 级及以上碾压混凝土拱坝的层间结合是否能满足要求，还需要广大设计技术人员进一步试验、论证、实践。

（2）坝体防渗体系。早期修建碾压混凝土坝，坑口首次采用沥青混凝土防渗，其他较多工程采用常态混凝土作为防渗体，所谓"金包银"，但在施工中出现常态混凝土与碾压结合胶结不良现象，同时施工极为复杂。在普定拱坝首次采用了变态混凝土与富胶凝材料二级配碾压混凝土组合式防渗体，通常变态混凝土位于上游坝面，一般为 30～80cm，二级配富胶凝材料碾压混凝土厚度为坝高的 1/15～1/20。从建成的工程经验来看，目前组合防渗体防渗能力能达到 W9～W12，完全满足 200m 级高特高坝的要求，对于更高规模的大坝防渗体系仍需进一步研究。

同时，组合式防渗体仍有不足之处，如二级配富胶凝材料碾压混凝土与下游大体积三级配碾压混凝土，仍有拌和楼转换频繁、施工车辆必须严格区分运料、仓面分区控制困难等问题，在洗马河赛珠电站（高 68m）首次采用了坝体全断面采用 2.5 级配碾压混凝土防渗取得了良好效果；同时，在索风营、光照大坝上部 50m 以内采用了三级配防渗，取得了一定试验数据及经验，在马马崖 100m 级高重力坝得到了应用。所以在中、高坝采用更高级配的碾压混凝土防渗是下一步的研究方向。

（3）大坝防裂设计。碾压混凝土坝一般不设纵缝，视地形地质条件、坝体结构、温度控制、坝体应力、施工条件等因素设置横缝。缝面成型办法一般有分区浇筑、切割机造缝、预埋分缝器。是否采用分区浇筑、分多少区涉及因素较多，总体来说对于碾压混凝土坝尽量少分区、不分区，但对于切割机造缝、预埋分缝器成缝的情况，需要根据工程结构、气象特点，选择合理的分缝间距、缝面断开比例（指某条缝切割机造缝、预埋分缝器成缝的面积与整个缝面的面积比），必要时还根据不同高程结构、浇筑时段气象特点选择缝面断开比例。碾压混凝土重力坝分缝间距考虑满足温度控制、施工干扰小，一般在 30～50m，碾压混凝土拱坝分缝间距一般在 40～60m，必要时可提高但需要采取其他必要的温控措施。

2．碾压混凝土温度控制关键技术

从热学性能、温控标准、温控措施三个方面介绍碾压混凝土温度控制关键技术。

（1）碾压混凝土热学性能特点。

1）碾压混凝土水泥用量少、粉煤灰掺量高，其绝热温升比常规混凝土少，最高温度常发生于数周乃至数月后，晚于常规混凝土，其温度分布较为均匀。

2）碾压混凝土胶凝材料少，与常态混凝土相比，徐变度一般要小，不利于温度应力与防裂。

3）碾压混凝土极限拉伸值 90d 龄期一般在 $(0.6～0.8) \times 10^{-4}$，一般比常态混凝土略低，混凝土抗拉能力低。

从以上可以看出，碾压混凝土热学性能有绝热温升低有利的条件，同时有徐变度、极限拉伸值相对较低不利条件，在进行温控标准、温控措施确定时要充分考虑这一点。

（2）温控标准。温控标准一般控制混凝土的基础温差、内外温差、上下层温差，中低坝温控标准确定时可依据规范规定，综合考虑碾压混凝土横缝布置及结构、热学性能指标（极限拉伸值）等特点，高坝应采用三维有限元仿真分析确定。

（3）温控措施。大坝碾压混凝土施工采取的温控措施主要有原材料选取及优化混凝土配合比、控制混凝土施工层间间隔时间及层厚、降低混凝土出机口温度、控制混凝土运输及浇筑过程中的温度回升、表面养护与保护、通水冷却等。

3. 碾压混凝土原材料及配合比关键技术

碾压混凝土配合比设计特点：低水泥用量、高掺掺合料、中胶凝材料、高石粉含量、掺缓凝减水剂和引起剂，采用合理 VC 值的技术路线，改善碾压混凝土拌和物性能使可碾性、液化泛浆、层间结合、密实性、抗渗等性能满足设计、施工要求。

（1）碾压混凝土水胶比。根据统计表明国内碾压混凝土坝内部三级配碾压混凝土水胶比一般在 0.47～0.60，二级配防渗区一般在 0.42～0.55。水胶比与混凝土设计指标（抗压、抗冻、抗渗等）、极限拉伸值和原材料的品质有关。

根据统计表明国内碾压混凝土坝单位用水量一般在三级配 75～106kg/m³，二级配 83～110kg/m。用水量与骨料种类、颗粒级配、石粉含量、掺合料品质、VC 值等有关。

胶凝材料的水泥一般采普通硅酸盐和中热硅酸盐水泥，三级配胶凝材料一般为 150～190kg/m³，二级配为 190～220kg/m³。据统计，国内碾压混凝土坝胶凝材料的用量为 173kg/m³，其中包括水泥 79kg/m³ 和粉煤灰 79kg/m³。胶凝材料用量与设计指标（抗冻等级、极限拉伸值）、骨料种类、掺合料品质等因素有关。

（2）砂石料。碾压混凝土砂石料可以是天然料、人工开采料；岩性方面灰岩、玄武岩、花岗岩、砂岩、板岩、流纹岩、辉绿岩等均得到了工程实践应用。

（3）砂率。砂率的大小直接影响碾压混凝土的施工性能、强度剂耐久性，人工骨料三级配碾压混凝土砂率一般在 32%～34%，二级配碾压混凝土砂率在 36%～38%。影响砂率主要因素包括骨料种类与品质、颗粒级配、粒型、石粉含量。

（4）掺合料。碾压混凝土掺合料一般采用粉煤灰，三级配碾压混凝土掺量一般在 55%～65% 范围，二级配碾压混凝土一般在 50%～55% 范围，粉煤灰掺量主要与粉煤灰品质、碾压混凝土设计指标（含设计龄期）有关。对于温控问题突出、粉煤灰采购成本低的工程，粉煤灰仍有继续提高掺量的研究和实践，如贵州芙蓉江的沙阡重力坝（粉煤灰掺量 70%）、北盘江马马崖一级重力坝（粉煤灰掺量 70%）等。

目前国内少数工程采用了磷矿渣与凝灰岩混磨掺合料、锰铁矿渣与石粉掺合料、矿渣与石粉掺合料等，对于部分工程与生产粉煤灰厂家距离远、价格高情况，选择这些掺合料也是一种较为经济合理的方法。

（5）外加剂。外加剂是改善混凝土也是最重要的措施之一，可以有效地改善混凝土的和易性和施工性能，降低单位用水量，减小胶凝材料，有利于温控和提高耐久性，一般以萘系高效缓凝减水剂和引气剂为主。

（6）石粉含量。碾压混凝土存在一定比例的石粉可明显改善可碾性和层间结合，能发挥微集料作用充填骨料，通过大量工程试验表明，石粉含量占砂的 17%～22% 为最有优，特别是 0.08mm 以下的微颗粒能够有效增加活性胶凝材料在混凝土骨料层面的分布，充分发挥活性胶凝材料的胶结作用，使碾压混凝土碾压密实泛浆良好，改善混凝土的微观结构。当砂石骨料石粉含量不足时，可外掺石粉、粉煤灰替代或调整砂率。但是要注意石粉含量过高，会对混凝土的干缩性能产生不利影响。

（7）VC 值。VC 值的大小对碾压混凝土可碾性、层间结合性能有显著的影响，根据工程实践证明，出机口 VC 值一般控制在 1～5s，仓面 VC 值一般控制在 3～8s。根据大量试验结果表明，如果采用改变用水量来调整 VC 值，则 VC 值每增减 1s，用水量相应增加约 1.5kg/m³，显然增加用水量可能造成胶凝材料增加、泌水等情况，既不经济也对混凝土质量控制不利，所以 VC 值的控制应重点采用动态调整外加剂掺量比例。

4. 碾压混凝土施工关键技术

碾压混凝土一个重要的优点就是全断面整体、快速上升，坝体混凝土动辄几十、几百万方，工期紧，为了达到碾压混凝土连续、高强度、快速施工的目的和满足质量要求，必须从原材料供应、碾压混凝土生产、运输、入仓及碾压工艺等环节作科学统筹安排，针对工程特点采取合理的施工技术。主要包括以下几个方面：①合理的拌和楼选型及科学高效生产运行管理；②碾压混凝土运输及入仓技术；③碾压混凝土仓面组织及碾压工艺技术；④特殊条件下碾压混凝土施工技术。

（1）合理的拌和楼生产能力及科学高效生产运行管理。碾压混凝土生产拌和楼（站）生产能力往往由浇筑强度、仓面面积、预冷混凝土所占比例控制，另外往往还要承担常态混凝土拌制，都要充分考虑。目前国内混凝土（包括碾压、常态混凝土）月生产、浇筑能力达 32 万 m³，最大仓面面积 2 万余 m²。

碾压混凝土拌和楼系统由搅拌主机、物料称量系统、物料输送系统、物料储存系统和控制系统等 5 大系统和其他附属设施组成，必须科学、精心组织确保各系统高效生产运行才能保证拌和楼的生产能力，国内水电工程由于拌和系统某些环节设计缺陷、运行故障等原因造成拌和能力不足，影响整个工程进度屡见不鲜。

（2）碾压混凝土运输及入仓技术。碾压混凝土运输及入仓技术包括直接入仓和组合式入仓，直接入仓主要有汽车、皮带布料机、塔带机，组合式入仓有汽车（或皮带机、塔带机）＋负压溜槽（或满管溜筒）等。

碾压混凝土运输入仓方案选择受坝址处岸坡的地形地质条件、枢纽布置特点、坝高及施工布置、施工成本等多个因素的影响。因此合理选择碾压混凝土坝施工的运输入仓方式，充分发挥碾压混凝土快速、高强度施工的特点，具有重要意义。

（3）碾压混凝土碾压工艺技术。碾压混凝土碾压工艺技术包括卸料和平仓，变态混凝土施工，碾压和振动，层间结合，造缝等。

碾压混凝土按条带铺料，卸料采用一车一点的方式，卸料高度控制为 1.2m。铺料厚度一般为 35cm，压实后 30cm，采用退铺法依次卸料，铺筑方向与坝轴线平行。平仓做到随卸料随平仓，平仓时铲刀从料堆一侧浅插推料，依次将料堆摊平，以减少骨料分离。

摊铺好的条带及时进行碾压，碾压方向平行于坝轴线。碾压遍数一般按无振 2 遍＋有振 6～8 遍＋无振 2 遍进行碾压，有振碾压遍数通过试验确定。振动碾行走速度控制在 1～1.5km/h。碾压作业条带清楚，走偏误差控制在 20cm 范围内，相邻碾压条带必须重叠 15～20cm；同一条带分段碾压时，接头部位重叠碾压 2.4～3m；2 条碾压条带间因作业形成的高差，采用无振慢速碾压 1～3 遍做压平处理。每次碾压作业开始，对局部粗骨料集中的仓面，及时派人分散粗骨料，或采用小型反铲分 2 次摊铺，1 次碾压，以消除局部骨料集中和架空。

随着四级配碾压混凝土的应用和加快碾压混凝土快速施工要求，碾压混凝土碾压层厚需要由目前较为成熟的 30cm 向 50cm、80cm 甚至 100cm 发展，但需要解决选择合适的碾压设备（振动频率、振幅、激振力、自重等参数）满足碾压混凝土密实度、层间结合等要求，还需要大量的试验、工程实践去摸索研究。

变态混凝土有拌和楼机拌法和现场注浆法。变态混凝土入仓或注浆完成后，立即用高频振捣器插入振捣，振捣器插入深度大于 50cm，以保证振捣器插入下层混凝土深度不小于 15cm，确保层间结合质量。

坝体设置的横缝，一般重力坝采用切缝机切制或人工打孔，拱坝采用成缝器成缝。切缝机切制采用先碾后再切的方式成缝；人工打孔在混凝土碾压层完毕后立即进行或在层间间歇内完成。成缝器由成对的诱导板连接而成，在规定设置横缝的位置，将诱导板成对地捆在一起，埋在碾压混凝土层内，利用成对诱导板之间的缝隙形成薄弱环节，当发生较大的拉应力时，在此薄弱处开裂，形成有规则的裂缝。诱导缝细部结构主要由止浆片、镀锌铁皮、诱导板、灌浆管路系统和排气管组成。

（4）特殊气象条件下碾压混凝土施工技术。碾压混凝土施工特殊气象条件一般指高温或降雨，我国《水工碾压混凝土施工规范》（DL/T 5112—2000）规定：在降雨强度小于 3mm/h 的条件下，可采取措施继续施工；当降雨强度达到超过 3mm/h 时，应停止拌和，并迅速完成尚未进行的卸料、平仓和碾压作业，刚碾完的仓面应采取防雨保护和排水措施。恢复施工前，应严格处理已损失灰浆的碾压混凝土，并按对丁进行层、缝面处理。当日平均气温高于 25℃时，应大幅削减层间间隔实践，采取防高温、防日晒和调节仓面局部小气候等措施，以防止混凝土在运输、摊铺和碾压时，表面水分迅速蒸发散失。

1）高温高寒条件下碾压混凝土施工措施。采取措施一般有以下 4 个方面：原材料、制冷（高寒时，加热）系统采取更为严格温控措施；改善和延长混凝土拌和物的初凝时间；采用斜层平推铺筑法或台阶浇筑法新工艺；对碾压混凝土的仓面进行覆盖或喷雾（高寒时，搭暖棚）。

2）降雨条件下碾压混凝土施工措施。调整碾压混凝土拌和物用水量，减小降雨对可碾性的影响，当降雨强度超过 8mm/h 时，应停止施工，因为此时的雨滴粒径一般都大于 3mm，使得表明包裹的砂浆剥离；施工各环节如运输、平仓、碾压，下一工序尚未开始前采用防雨设施；当降雨停止碾压施工的仓面恢复施工时，应排除仓内积水，根据间隔时间采取相应的层面处理措施处理。

5. 碾压混凝土质量控制关键技术

大坝碾压混凝土质量控制主要包括原材料控制、施工动态过程控制、质量检查三个方面。

（1）碾压混凝土原材料主要包括选择优质水泥、粉煤灰、骨料，高效减水缓凝剂，合理的配合比等。

粉煤灰的各项质量指标中，特别注意对烧失量的检测和控制，烧失量是粉煤灰在混凝土中的有害成分，烧失量大时会明显提高粉煤灰的需水比，同时其吸附作用会降低引气效果，并对混凝土的微观力学结构不利。

在骨料中石粉含量是必测指标，根据检测含量动态调整碾压混凝土的砂率，以保证混凝土的和易性不受影响。

（2）混凝土出机口拌和物 VC 良好的碾压混凝土工作性能表现为骨料分离少，具有较好的稠度和可碾性，碾压后能够充分泛浆，达到良好的层间结合效果。机口混凝土生产质量控制人员与仓面施工现场之间建立了有效的联络机制，随时关注环境温度、天气状况、施工方法、仓面情况等的改变，及时调整机口混凝土的 VC 值。

（3）混凝土的外观是对混凝土拌和物的整体评价，包括混凝土的分离、骨料的级配、混凝土的颜色，骨料裹浆情况、和易性的粗略判断。

（4）控制碾压混凝土的摊铺碾压层间间隔时间，确保在下一层覆盖时已碾压完成未初凝保证结合良好。一旦超过了层间覆盖控制时间，就采取铺一层水泥净浆或砂浆等进行处理，然后才能铺筑上一层混凝土并应及时碾压。

目前针对碾压混凝土施工全过程动态质量控制系统随着信息采集、管理等科学技术发展必将取得更快的发展。对混凝土从原材料、配合比确定、拌和系统、运输及入仓、碾压施工、质量检测等进行全程控制，提供各方面的数据和信息，确保各环节中、工序不出现严重问题，一旦有偏差在下一环节或工序中必须调整纠偏，为达到较为理想的碾压混凝土施工质量控制提供了科学的决策依据。

我国碾压混凝土筑坝技术的发展方兴未艾，以其节省工程投资、加快施工进度、节能环保等优点发挥其卓越作用，广大水电工程建设者有必要从工程实践中总结创新，继续将其发扬光大，为我国水电建设乃至国民经济建设作出更大的贡献。

第2章 碾压混凝土重力坝设计

2.1 概述

碾压混凝土筑坝是将干硬性混凝土利用振动碾对大坝实施分层压实的一种混凝土施工技术，突破了传统的大坝混凝土柱状浇筑法对大坝浇筑速度和仓面面积的限制，具有施工简便、机械化程度高、施工速度快、工期短、投资省和温控相对简单等优点。1979年中国开始碾压混凝土施工方法研究，1986年建成我国第一座碾压混凝土坝——福建坑口坝（坝高56.8m）。之后，我国的碾压混凝土筑坝技术发展很快。近20多年来通过对碾压混凝土坝的材料性能、大坝布置和结构、施工技术等的系统研究和实践，碾压混凝土筑坝技术取得了巨大的成就和丰富的经验。建成了沙牌、大花水等百米级碾压混凝土拱坝以及龙滩和光照200m级的高碾压混凝土重力坝，形成了一套具有中国特色的碾压混凝土筑坝技术，积累了丰富的经验。

贵阳院结合国内外碾压混凝土技术的应用和发展，积极开展碾压混凝土筑坝技术的研究与实践。1986年结合天生桥二级水电站大坝（坝高60.7m）的设计，开始碾压混凝土筑坝技术的尝试。20世纪90年代，贵阳院将碾压混凝土筑坝技术拓展到拱坝设计中，1994年建成了当时世界最高、中国第一座碾压混凝土拱坝——普定拱坝（坝高75m），开创了中国碾压混凝土拱坝筑坝技术的先河。之后，相继完成了龙首、索风营、大花水、光照等具有代表性的碾压混凝土坝设计，其中大花水和光照分别为目前世界上已建成最高的碾压混凝土拱坝和重力坝。另外还参与了福建溪柄、新疆石门子及喀腊塑克水利枢纽、湖北招徕河等碾压混凝土大坝监理等。

截至2014年，贵阳院主要完成设计或正在进行设计的碾压混凝土重力坝共12座（表2.1.1），其中已建（投入运行）的有8座，在建的有4座。

通过上述等工程的建设与实践，为碾压混凝土坝设计与施工积累了许多有益的经验，对碾压混凝土筑坝技术的发展起到了积极的推动作用。

表 2.1.1　　　贵阳院设计的碾压混凝土重力坝工程统计表（截至 2014 年）

序号	坝名	建设地点	河流	坝高/m	坝型	坝体混凝土量/万 m³		库容/亿 m³	装机容量/MW	建成年份
						碾压	总量			
1	光照	贵州晴隆	北盘江	200.5	重力坝	242.0	280.0	32.45	1040	2009
2	石垭子	贵州务川	洪渡河	134.5	重力坝	62.25	68.80	3.49	140	2011
3	思林	贵州思南	乌江	124	重力坝	72.0	98.0	15.93	1000	2010
4	格里桥	贵州开阳	清水河	124	重力坝	39.8	45.5	0.774	150	2010
5	索风营	贵州修文	乌江	115.8	重力坝	44.70	55.48	2.01	600	2006
6	沙沱	贵州沿河	乌江	101	重力坝	123.99	178.5	9.21	1120	2013
7	马马崖一级	贵州关岭	北盘江	109	重力坝	47.12	70.18	1.693	540	在建
8	果多		扎曲	93	重力坝	50.1	83.9	0.827	160	在建
9	枕头坝一级	四川峨眉	大渡河	86.5	闸坝	43.1	168.5	0.435	720	在建
10	毛家河	贵州水城	北盘江	75	重力坝	28.0	39.0	0.12	180	在建
11	马岩洞	重庆彭水	郁江	70	重力坝	11.3	15.1	0.296	66	2010
12	天生桥二级	贵州安龙	南盘江	60.7	重力坝	13.08	49.38	0.26	1320	1986

2.2　枢纽布置及基本经验

碾压混凝土重力坝设计中，首先要进行枢纽布置设计，一般来说，可修建常态混凝土重力坝的坝址，也可修建碾压混凝土重力坝，后者与其他坝型相比往往具有更强的竞争力。但对于某一具体工程是否采用碾压混凝土重力坝，需根据坝址区地形地质条件、建筑物布置条件、施工布置条件、建筑材料供应及投资等与其他坝型进行综合比较后确定。

碾压混凝土重力坝枢纽设计需要根据工程开发任务和枢纽功能要求，确定枢纽中应有哪些水工建筑物，合理规划布置挡水建筑物、泄水建筑物、引水发电系统、通航建筑物及其他建筑物，以适应坝址地形、地质条件，满足枢纽泄洪、发电、排沙、供水、航运、排漂、过鱼、旅游、施工导流和交通等各项功能，避免各建筑物运行上的相互干扰。另外，应结合碾压混凝土坝的施工特点，减少各建筑物施工的相互干扰，为碾压混凝土快速施工创造条件。

碾压混凝土重力坝枢纽设计中，力求全面分析和掌握坝址区的水文、泥沙、地形、地质、地震、天然建筑物材料状况、综合利用要求、运用要求、施工条件等各种基本资料，通过对选定坝址及坝线上各种可行的布置方案进行研究和风险评估，并从技术、经济、环境等方面进行综合比较，确定风险水平低、技术可行、经济合理、环境适应的枢纽布置和建筑物设计方案。

2.2.1　坝址和坝线选择

坝址和坝线的选择主要根据河道地形、地质和河势等条件综合研究决定。

碾压混凝土重力坝坝址一般选在地质条件相对较好、覆盖层相对较薄的狭窄河谷处，如索风营、思林、光照水电站坝址。图2.2.1为索风营水电站枢纽布置图。但有些工程为了能在河床中布置泄水建筑物、发电厂房和通航建筑物等，有时需要选择在河谷较宽处，如沙沱水电站坝址（图2.2.2）。坝址要选择在河道较为顺直的河段，对有通航建筑物的枢纽，要选择上下游引航道能顺畅布置的河段。另外，坝址两岸山体要雄厚，深沟切割少，尤其是高坝。

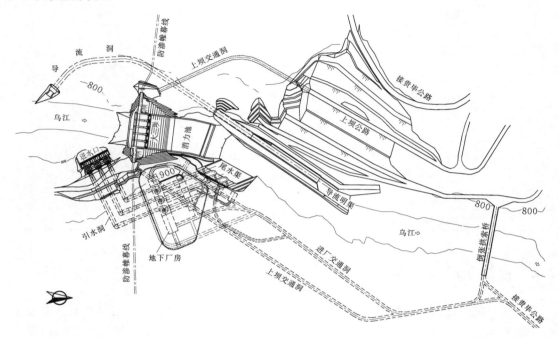

图 2.2.1　索风营水电站枢纽布置图

碾压混凝土重力坝不宜修建在活动断层上，坝基岩石要坚硬，岩体完整，构造要简单。坝址基岩卸荷风化不能太深，以免加大开挖和混凝土工程量；断层、裂隙、节理不能太密集，否则会增加处理难度和工程量。坝基岩体内有夹泥层等软弱结构面，尤其是存在缓倾下游的软弱结构面时，对大坝抗滑稳定较为不利，应尽量避开。若不能避开，则需研究确定采用恰当的处理方案进行处理。另外，还应关注坝址和库岸的边坡稳定，近坝库区不能存在大体积的潜在不稳定体。

在水文地质方面，坝基和水库应是不渗漏的，或经可能的防渗处理后，渗漏能减少到允许的范围以内。没有一点地质缺陷的坝址是不可能的，但要选择地基缺陷较少、经过采取一定的处理措施后可满足要求的坝址。对于地质条件复杂且难以处理或处理工程量太大的坝址只能放弃，另选其他坝址或改用其他坝型。

坝轴线一般为直线，与河流流向基本正交。有时为适应和满足河床段和岸坡段坝基的地质条件，使大坝两端坝头放在较好的基岩上，坝线可与河流流向有一定程度斜交，或采用折线布置，将坝头部分适当转向上游或下游，以避开地质条件较差的部位，如天生桥二级碾压混凝土坝两岸坝头均采用了折线形式。

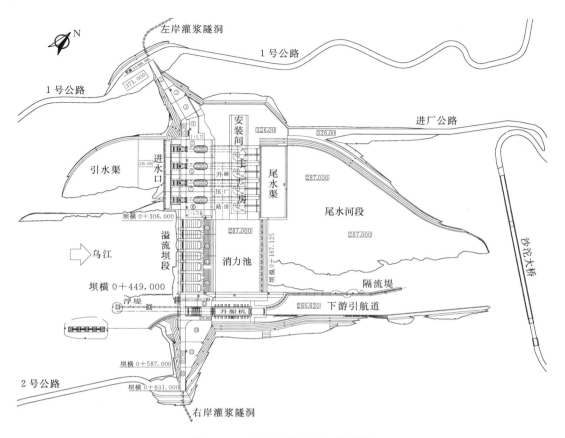

图 2.2.2 沙沱水电站枢纽布置图

2.2.2 枢纽布置的基本原则

枢纽布置设计十分重要，相对于建筑物设计而言是战略性的，枢纽布置既与各建筑物设计、施工条件、工程量、造价和工期有关，而且与电站的运行、下游消能防冲、通航等有密切关系。

碾压混凝土重力坝枢纽布置研究的重点是解决各建筑物在平面布置上的矛盾，施工期和运行期在空间上的相互影响。枢纽布置需要根据工程的自然条件、枢纽功能要求、施工条件等进行多方案的综合技术经济比较确定。

对于工程规模较大的大、中型水电工程来说，建设工期对工程投资效益有决定性影响。如何发挥碾压混凝土快速施工的特点是枢纽布置的关键因素之一，因此碾压混凝土重力坝枢纽布置和施工布置应重点研究有利于碾压混凝土快速施工的设计方案，为实现碾压混凝土快速施工创造条件。

碾压混凝土重力坝枢纽布置要符合以下基本要求和原则：

（1）满足开发目标和任务的要求。

（2）适应枢纽工程区地形地质条件。

（3）正确处理发电、防洪、供水、航运、防沙等之间的关系。

（4）运行方便，易于检查、维护，能够发挥预期的各项效益。

（5）建筑物布置协调，结构选型合理，工程建设投资省。

（6）便于碾压混凝土施工，易于保证施工安全和施工质量、缩短建设工期。

（7）少占耕地，环境友好，能够最大限度减少对地表的破坏。

2.2.3　枢纽布置的基本经验

总结已建碾压混凝土重力坝枢纽工程设计和建设的经验，归纳出以下几点：

（1）枢纽中的大坝、泄水建筑物、引水发电系统和其他建筑物，结合地形地质条件，根据其重要性、型式、施工条件和运行管理等，按照既协调紧凑、又互不干扰的原则进行布置。

（2）施工工期是枢纽布置方案比选的主要考虑因素之一。因此枢纽布置要便于碾压混凝土快速施工、有利于缩短工期、提前发挥效益。在枢纽布置、建筑物设计和施工进度计划中要研究提前蓄水发电的可能性。

（3）泄量大、水头高的重力坝枢纽，泄水建筑物的布置要优先考虑主河床坝身泄洪，或以坝身泄洪为主，必要时辅以泄洪洞或岸边溢洪道。在允许的条件下，尽可能扩大表孔规模、增大单宽泄量，避免另外设置泄洪洞或岸边溢洪道。当下游水垫较深、岩体抗冲刷能力较强时，一般采用挑流消能方式；当消能区岩体抗冲能力较弱或存在边坡稳定，以及因水流雾化引起的其他问题难以解决时，则应研究采取底流和戽流消能方式。

（4）碾压混凝土坝枢纽引（输）水系统布置应以减少建筑物间施工干扰为原则，枢纽布置中应尽量将碾压混凝土坝与引（输）水发电建筑物分开布置。窄河谷高坝枢纽，宜优先考虑岸边式厂房布置型式，在具备地下洞室工程的地质条件下，优先采用地下厂房。当厂坝不能分开布置需采用河床式厂房时，宜考虑采用坝后式厂房；引（输）水管道宜用坝内水平埋管或坝后背管式。

（5）岸边式厂房的输水系统进出水口宜与大坝分开布置，河床式厂房输水系统进出水口布置要避免受到坝身泄洪孔口和岸边泄洪洞的影响，尤其尾水出口要避开下游的冲刷和淤积的不利影响。坝式进水口宜布置在坝体上游部分。

（6）施工布置是枢纽布置的重要组成部分。导流建筑物、缆机平台、施工道路、施工期通航、料场和渣场的选择、施工设施和施工营地等的布置方案要与主体建筑物统筹规划，避免相互干扰，要有利于施工。

（7）通航或规划通航河道上，要研究通航建筑物的布置和型式。通航建筑物应尽量远离枢纽泄洪消能区而靠岸边布置，并与施工导流和施工期通航统筹规划。要充分考虑通航建筑物上下游引航道口门区的水流条件和泥沙淤积问题，必要时设置防沙、冲沙和排沙设施。

（8）对于多泥沙河流，要研究水库泥沙淤积问题。研究采取必要的防沙、排沙措施，特别是电站进水口的防淤问题，研究水库采取的排沙运行方式。

（9）泄洪、发电、航运等建筑物分散布置形式，可简化坝体结构，减小施工干扰，有利于发挥碾压混凝土快速施工的优势。碾压混凝土重力坝、地下或岸边厂房，围堰一次拦断河床、隧洞导流、坝体缺口度汛成为高山峡谷区高碾压混凝土坝枢纽的典型布置型式。

2.2.4 碾压混凝土重力坝建筑物布置

碾压混凝土重力坝的建筑物布置与枢纽功能要求、地形地质条件、河谷宽窄程度、大坝上下游水位差以及开发方式等密切相关。

水头高、流量大的重力坝，当河谷较窄，一般在主河床仅布置泄水建筑物，通航建筑物布置在岸边（有航运要求时），厂房布置在地下或岸边。例如，索风营、思林、光照水电站均采用了河床布置泄水建筑物、厂房布置在岸边地面或地下的型式。图 2.2.3 为光照水电站的枢纽布置方式。若河谷较宽，可在河床中布置泄水建筑物及厂房，根据需要，也可两岸分开布置厂房、一岸厂房或主河床厂房，例如，沙沱水电站采用河床一岸坝后厂房。对于宽河谷、两岸岩体风化强烈及地基条件较差的坝址，岸坡坝段可采用土石坝或面板堆石坝等混合布置型式。

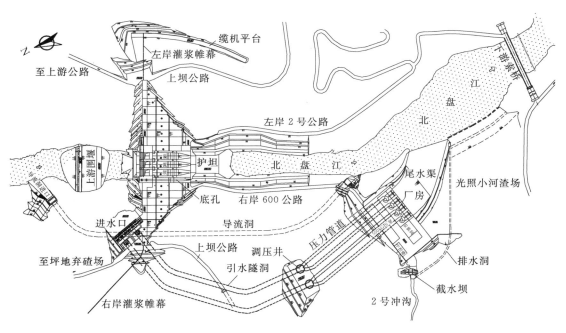

图 2.2.3 光照水电站枢纽布置图

1. 泄水建筑物布置

碾压混凝土重力坝枢纽首选坝身泄水方式。当坝址河谷狭窄，建筑物布置紧张，或者大坝下游岩体抗冲刷能力弱或两岸山体稳定性差时，为保证大坝泄洪安全，需要将洪水输送到远离坝脚的下游时，则采用岸边泄水设施（岸边溢洪道或泄洪洞）。

在进行高坝枢纽泄水建筑物设计时，以下布置原则可供参考：

（1）尽量利用水库调洪削峰能力，减少枢纽泄洪流量，降低泄洪规模。

（2）在常遇洪水条件下，要具备多种泄水组合，提高运行调度的灵活性；在校核洪水情况下，要有一定的超泄能力，增强泄洪可靠性。孔口布置要避免对坝体结构的不利影响。

（3）对于多泥沙河流，要重视泥沙淤积对枢纽的不利影响。布置一定数量的底孔或深孔，满足水库泥沙调度和降低库水位的要求。

（4）当下游消能区岩体抗冲刷能力不足时，要尽可能采用较低的单宽流量。消能区的地质缺陷尤其是岸坡坡脚的地质缺陷，要进行加固处理。

（5）窄河谷，要限制下泄水流的入水宽度，避免直接冲刷岸坡；宽河谷，要防止下泄水流集中使岸边回流过大，避免回流淘刷岸坡。

（6）要增大坝下游消能区水体厚度，尽可能利用水垫消能；泄洪雾化严重时，采取避让和保护措施。高速水流不可避免时，应研究空化、空蚀问题和采取掺气减蚀等措施。

（7）为提高消能率，保证良好的运行条件，要结合工程实际，研究采用实用的新型消能工。

2. 引水发电建筑物布置

引水发电系统通常由进水建筑物（进水口）、引水建筑物（明渠、引水隧洞、压力前池、调压室、压力钢管）和厂区建筑物组成。碾压混凝土重力坝枢纽中，引水发电系统的布置型式较为灵活，需要根据工程的地形、地质条件、开发方式、装机规模、泄洪建筑物的布置等综合考虑确定。表 2.2.1 为贵阳院已建和在建的部分碾压混凝土重力坝枢纽中发电厂房和进水口型式。

表 2.2.1　　　部分已建、在建碾压混凝土重力坝枢纽发电厂房和进水口型式

序号	工程名称	所在地	装机容量/MW	进水口型式	厂房型式	主厂房尺寸（长×宽×高）/(m×m×m)	额定水头/m	水轮机型式	首台机组发电
1	光照	贵州省关岭、晴隆县交界，北盘江	1040 (260×4)	岸塔式	岸边式	146.8×28.1×66.85	135	混流	2008
2	索风营	贵州省修文县，乌江	600 (20×3)	岸塔式	地下式	135.5×24×58.405	69	混流	2006
3	沙沱	贵州省沿河县，乌江	1120 (280×4)	坝式	坝后式	212.8×35.5×80.03	64	混流	2013
4	思林	贵州省思林县，乌江	1000 (250×4)	岸塔式	地下式	177.8×28.4×73.5	64	混流	2010
5	石垭子	贵州省思林县，乌江	140 (70×2)	坝式	地下式	99×17.5×42.98	109	混流	2011
6	格里桥	贵州省思林县，乌江	150 (75×2)	岸塔式	地面式	66×23.70×67.15	84	混流	2010
7	马马崖一级	贵州省关岭、晴隆县交界，北盘江	480 (160×3)	岸塔式	地下式	140×23.3×67	69	混流	在建

碾压混凝土重力坝枢纽中，引水发电系统布置总体可分为引水式厂房和坝后式厂房两类。

3. 引水式厂房布置

（1）特点和适用条件。厂房与大坝之间有一定距离，发电用水通过引水建筑物引入厂房。相对于其他厂房型式，引水式厂房的位置可选余地较大，布置更为灵活，厂房可以布置在地面，也可以布置在地下。引水式厂房与枢纽其他建筑物的布置和施工干扰小，便于大坝碾压混凝土施工，厂房可先于大坝、导流等建筑物施工，工期安排灵活。当河谷较

窄、边坡较陡无条件布置坝后式厂房时，一般优先考虑采用引水式厂房。例如，索风营、思林、石垭子、马马崖一级等碾压混凝土重力坝枢纽，均采用地下厂房；光照、格里桥等采用引水式岸边地面厂房。

（2）引水式厂房进水口布置。重力坝枢纽中，引水式厂房的进水口可采用坝式、岸式或塔式布置。坝式进水口与坝后式厂房的进水口相同，布置在挡水坝段上，引水道相对较短，但与大坝施工干扰较大。岸式或塔式进水口与大坝分开布置，施工干扰小。

采用坝式进水口布置的引水式工程，有时为满足进水口宽度要求或减少坝后明管长度，坝线可采用折线型。塔式进水口与大坝分离，大坝轴线选择较为灵活，可以布置在地质条件较好的部位，可采用全断面碾压混凝土，加快坝体施工进度。光照、索风营、思林、石垭子、马马崖一级水电站的进水口均采用岸塔式。某水电站具备布置坝式进水口的地形条件，但地质条件较差，虽然坝式进水口引水管道长度比塔式进水口缩短 138.2m，但地质缺陷使坝基处理困难，若在左岸挡水坝段布置压力钢管，无法采用全断面碾压混凝土，影响大坝施工进度，经综合技术经济比较后，最终选定塔式进水口布置。

（3）引水式厂房的厂区布置。引水式厂房可分为引水式地下厂房和引水式地面厂房两类。地下厂房按其在输水道的位置，分为首部式、中部式和尾部式。首部式地下厂房靠近进水口，压力管道采用竖井或斜井通到地下厂房，由于压力管道较短，一般不需要设置引水调压室，水头损失小。当采用单机单洞，主厂房内不需要布置进水阀，可减小厂房宽度。尾部式地下厂房布置在输水线路的尾部，引水线路长，一般需要设置引水调压室，多用于引水式或混合式开发的水电站。中部式地下厂房布置在输水线路的中部，一般仅在引水或尾水隧洞设调压室。

坝式开发方式的碾压混凝土重力坝枢纽，在地质条件允许的情况下，地下厂房一般采用首部开发方式。在满足围岩稳定和防渗要求的前提下，厂房位置尽量靠近进水口，以缩短引水道的长度。例如，思林水电站，地下厂房采用了首部开发的布置方式。若采用首部开发的布置方式，由于厂房距库区较近，需做好防渗排水系统的设计。此外，首部开发地下厂房距大坝较近，开关站、进厂交通洞口等应注意避开泄洪雾化区的影响。

4. 坝后式厂房布置

坝后式厂房引水管路短，水头损失小，枢纽布置紧凑，当地形条件适宜时，也适用于中、高水头采用坝式开发方式的水电站。如沙沱水电站等采用了坝后式厂房的布置型式。

坝后式厂房厂区布置与河道地形、地质条件，泄洪建筑物、导流建筑物布置密切相关。坝后式厂房一般与溢流坝段相邻，布置时应注意设置导流隔墙，以免泄洪时影响电站尾水出流。

按泄洪建筑物和厂房位置关系，坝后式厂房有以下两种布置型式：

（1）厂房、泄洪设施分别布置在河床两侧。当坝址河谷较宽，可同时布置溢流坝和非溢流坝时，一般将厂房、泄洪设施分别布置在河床两侧。这种布置型式简洁紧凑、施工方便。这种布置方式一般将厂房主机间靠河床中间，安装场靠岸边，可以减少开挖。当河谷宽度不足时，靠岸边的机组段或安装场在基岩上开挖形成。另外，也可将厂房部分机组段布置在岸边台地上，可提前开工，有利于电站提前发挥效益。由于坝后式厂房的施工受导流建筑物的影响较大，当厂房控制发电工期时，其位置选择需考虑导流建筑物位置和施工进度。

（2）厂房布置在河床中部，河床两侧布置泄洪设施。当河谷较窄，河床无法同时布置厂房和泄洪建筑物，而两岸又有合适的地形布置泄洪设施时，可以将厂房布置在河床中部，其两侧布置泄洪设施。

5. 其他建筑物布置

（1）排沙建筑物的布置。排沙建筑物与枢纽其他建筑物存在必然联系，相互影响。多沙河流上泄水建筑物一般均有泄水和排沙的双重作用，只是泄水与排沙的侧重不同。排沙孔（洞）进口高程一般较低，既承担异重流排沙和汛期排沙，还可减少过机泥沙含量和粗颗粒泥沙对水轮机的磨损。为达到汛期降低水位泄洪冲沙效果，一般需设置具有一定泄流能力的低位孔口。

中、低碾压混凝土重力坝，当上游来沙量少，且进水口无排沙需要时，为减少对大坝碾压混凝土施工的干扰，加快施工进度，经论证可不设排沙建筑物。

碾压混凝土坝的排沙建筑物宜结合大坝布置。排沙建筑物在平面布置上应尽可能位于河道主流或处于河弯凸岸处，借助有利的排沙流势，并靠近取水口。同时布置应相对集中，结合取水建筑物（电站引水、供水、灌溉等）可采用上、下重叠或近于重叠的布置型式，以保证泄水建筑物前的冲刷漏斗是有效、连片和稳定的。

排沙建筑物进口底板高程与其他取水建筑物的进口高差，除满足结构需要的最小尺寸3倍洞径外，还取决于排沙的要求。例如，以排泄异重流泥沙为主时，进口高程应根据坝前产生异重流的水沙分布而定，其高差相对较大。若以泄流排沙为主，则依据汛期运用水位进行布置。

泄水排沙建筑物规模首先应满足汛期泄洪的需要，其次应满足调节用水的需要，即水库达到冲淤平衡后，回水位不得影响上一级电站的尾水位，在规定的断面泥沙淤积高程应小于该断面的控制高程，借助汛期冲沙，使水库增加的库容达到年内动态平衡并满足调节用水的需要，同时保证在汛期泄流冲刷作用下，下游河道的冲淤变化相对稳定。

一些工程为了提高排、冲沙效果，不仅设置汛期运行排沙最低水位，还有冲沙最小流量要求。

排沙建筑物的另外一个作用是保证电站进水口的"门前清"，减少泥沙对水轮机的磨损。泥沙磨损和空蚀结合，可以对水轮机产生很大的破坏作用。因此，在枢纽总体布置和电站进水口设计时，需要提出防止或减少泥沙进入电站进水口的措施。

电站进水口经常采用的防沙排沙措施包括"正向排沙、侧向取水"，在进水口附近设置排沙底孔或排沙廊道。对于高水头电站，设置排沙底孔或排沙洞是减少粗沙过机的有效措施。排沙底孔一般布置在电站进水口的下部或者两侧，利用泄洪在电站进水口前形成冲沙漏斗。冲沙漏斗越大，越有利于拦截粗沙，减少粗沙过机。图2.2.4为天生桥二级冲沙设施布置示意图，在进水口坝段前设有拦沙坎和多孔变断面排沙廊道，廊道上游侧开13个进水孔，集沙廊道末端接冲沙闸，通过两道防线，大大减少了进水口的泥沙进入量，有效解决了少量进入泥沙的排沙问题，保持电站进水口前门前清，效果良好。

（2）放空设施的布置。枢纽工程设置放空建筑物是降低库水位或放空水库，一方面是

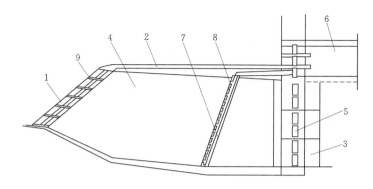

图 2.2.4　天生桥二级水电站进水口冲沙设施布置示意图
1—分沙坎；2—导水墙；3—取水坝；4—沉沙池；5—进水口；6—冲沙闸；
7—多孔变断面排沙廊道；8—进沙孔；9—拦沙坎

为了大坝或其他建筑物检修的需要，另一方面是为了公共安全和保证公众利益。从保持长期安全运行，方便维护管理而言，高碾压混凝土重力坝通常设置泄水底孔或中孔，起到降低库水位或放空水库的作用。通常可结合施工导流、下游供水、泄洪排沙要求设置放空设施，做到一洞多用。

大型水库工程应考虑在特殊情况下，具有迅速降低库水位和低水位运行的要求及条件，以利于保证下游地区安全。

（3）生态流量下放措施。引水式、混合式开发的水电站不同程度存在河道减水甚至断流的问题，坝式开发的水电站有时也因调峰运行而出现河道减水或断流现象。随着工程的建设，水库下游水位、流量将发生变化，对河流水域生态环境存在较显著的干扰。从水库初期蓄水到工程运行阶段，都需要考虑生态流量的维护问题。

维持水生生态系统稳定所需最小水量一般不小于河道控制断面多年平均流量的 10%（当河段多年平均流量大于 80m³/s 时，可取 5%），当河流生态系统有更多、更高需求时，应进一步研究加大生态流量的比重。

生态流量泄放设施选型和布置，可根据情况具体分析。引水式电站和抽水蓄能电站通常设置专门泄水管道泄放生态流量。大中型水电站水库初期蓄水、调峰运行时段的泄水措施，通常需要多个专业协同研究，提出解决方案。贵阳院工程生态流量泄放主要有如下几种形式：

1）利用导流洞，设置永久性生态流量下放小机组，在下闸蓄水时投入运行，确保生态流量的下放，并充分利用水能。如马马崖一级工程。

2）在坝体较低高程处，埋设生态流量下放管道及控制闸阀。如石桠子工程。

3）下闸蓄水初期，利用设在导流洞闸门上的闸阀孔下放生态流量，运行期利用机组发电或其他泄水建筑物下放。此形式对闸门要求过高，且施工运行不便，一般较少采用。

2.2.5　碾压混凝土重力坝枢纽典型工程实例

1. 主河床泄洪，岸边地面厂房——光照工程

主河床布置泄洪设施，发电建筑物为岸边地面厂房的这种泄洪、发电建筑物分散布置

方式，已成为峡谷高碾压混凝土重力坝枢纽的典型布置。其枢纽布置特点为坝体仅布置泄水建筑物，结构简单；主河槽泄洪，下游水垫消能，有利于水流衔接；大坝和厂房分散、独立，施工相互干扰小，便于发挥大坝碾压混凝土快速施工的优势，泄洪对发电运行影响较小；有利于缩短工程建设周期、提前发挥工程效益。

光照水电站位于贵州省关岭县和晴隆县交界的北盘江中游，坝址控制流域面积13548km²，坝址多年平均流量258m³/s，水库正常蓄水位745m，总库容32.45亿m³，为不完全多年调节水库，电站装机4台，装机容量1040MW。枢纽布置采用碾压混凝土重力坝＋坝身泄水建筑物＋右岸引水发电系统的枢纽布置方案，碾压混凝土重力坝最大坝高200.5m。大坝设计洪水标准采用1000年一遇，相应入库洪峰流量10400m³/s，校核洪水标准采用5000年一遇，相应入库洪峰流量11900m³/s。泄水建筑物布置在河床坝段，由3个表孔和1个放空底孔组成，最大下泄流量9857m³/s，泄水孔口均采用鼻坎挑流消能；引水发电系统布置在右岸，岸边地面厂房，采用两洞四机供水方式。枢纽布置如图2.2.3和图2.2.5所示。

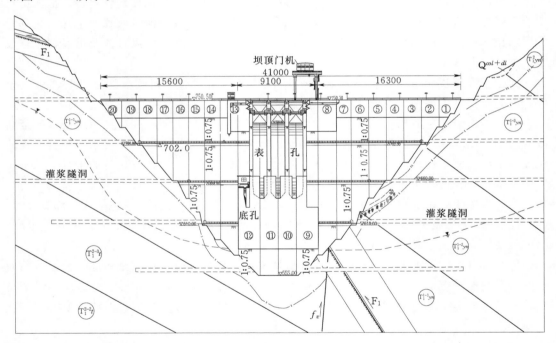

图2.2.5 光照水电站大坝下游立视图

光照工程可研阶段推荐坝型为常态混凝土重力坝，随着碾压混凝土筑坝技术的发展，加之该坝型具有施工速度快、投资省的优点，在招标设计阶段开展了转碾压混凝土重力坝的研究，并通过审批改为碾压混凝土重力坝。转坝型可节省工程静态投资约5500万元，缩短工期1年6个月，效益十分明显。

根据枢纽区地形地质条件及枢纽各建筑物布置的适宜性，拟定了4个枢纽布置方案进行比选。各比较方案中，混凝土重力坝、坝身表孔泄洪和左岸通航建筑物布置不变，主要是引水发电系统布置形式不同。4个方案的厂房布置为：右岸地下厂房（4号冲沟处）、右岸地面厂房（2 号冲沟处）、右岸地面厂房（4 号冲沟处）、坝身取水坝后厂房。经比较认为：右岸引水系统 2 号冲沟地面厂房枢纽方案从地形地质、枢纽布置及水力学、施工、运行等条件优势突出，工期与投资方面也较优。尤其重要的是，厂坝分开布置可减少相互间施工干扰，有利于发挥碾压混凝土坝采用大仓面快速施工优势。因此推荐采用混凝土重力坝、坝身表孔泄洪、右岸引水系统、2 号冲沟地面厂房的枢纽布置方案。

光照水电站地处高山峡谷，河床狭窄，上下游水位差和泄量都比较大，如何选择其消能方式和解决好下泄水流对下游的冲刷问题，是光照工程泄水建筑物设计的关键。根据工程下游河道狭窄、水垫深度不足等特点，为进一步减少对下游河道冲刷，通过分析与水力学模型试验研究，光照表孔最终选择窄缝挑流消能形式，窄缝方案由于下泄水流纵向长度拉开较大，在减少冲坑深度、冲坑后堆砂高度等方面优势明显。

2. 主河床泄洪，岸边地下厂房——索风营工程

主河床布置泄洪设施，发电建筑物为岸边地下厂房的这种泄洪、发电建筑物分散布置方式，应用亦较广泛，其枢纽布置特点基本同岸边地面厂房型式。

索风营水电站位于贵州省修文县、黔西县交界的乌江中游六广河段，其上、下游分别与已建的东风水电站和乌江渡水电站衔接。工程以发电为主，在电力系统中承担调峰、调频、事故备用等任务。水库正常蓄水位 837m，水库总库容 2.012 亿 m^3，为日调节水库，电站装机容量 600MW。枢纽由碾压混凝土重力坝、坝身泄洪表孔、消力池、右岸引水系统及地下厂房等组成，大坝由左右岸挡水坝段和河床溢流坝段组成，最大坝高 115.8m。枢纽布置如图 2.2.6 所示，大坝上游立视如图 2.2.7 所示。

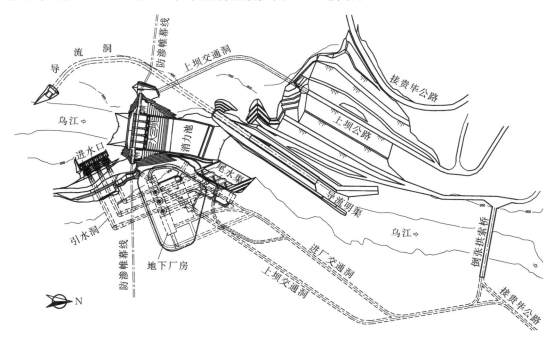

图 2.2.6　索风营水电站枢纽布置图

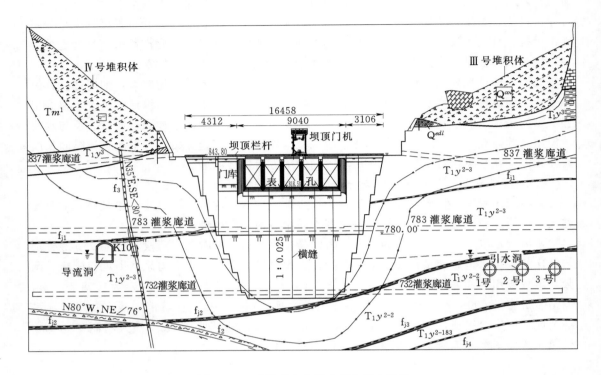

图 2.2.7　索风营水电站大坝上游立视图

3. 河床布置泄水建筑物和坝后厂房，岸边布置通航建筑物——沙沱工程

沙沱水电站坝址较宽阔，枢纽工程采用河床布置泄水建筑物和坝后厂房，岸边布置通航建筑物的枢纽布置。这种枢纽布置较好地利用了地形条件，结构较简单；坝身泄水、排沙，可以较好地实现机组进水口"门前清"，下游利用导水墙将厂房尾水与泄洪消能建筑物分开；发电与航运建筑物分散布置，施工和运行的干扰小。

沙沱水电站枢纽由左右岸非溢流坝、泄水建筑物、坝身取水及坝后厂房和通航建筑物等组成。枢纽开发以发电为主，其次航运，兼顾防洪等综合效益，水库正常蓄水位 365m，总库容 9.21 亿 m^3，电站装机容量 1120MW（4×280 MW），通航建筑物为垂直升船机，过船吨位 350t。混凝土重力坝最大坝高 101m，坝身溢洪表孔布置在河床主河槽内，厂房布置在河床左侧坝后滩地上，通航建筑物靠右岸布置，并对下游右岸河道做适当整治和疏浚，以保证下游引航道口门区的水流流态平顺，纵横向流速满足通航要求。沙沱水电站枢纽布置和大坝下游立视分别如图 2.2.8 和图 2.2.9 所示。

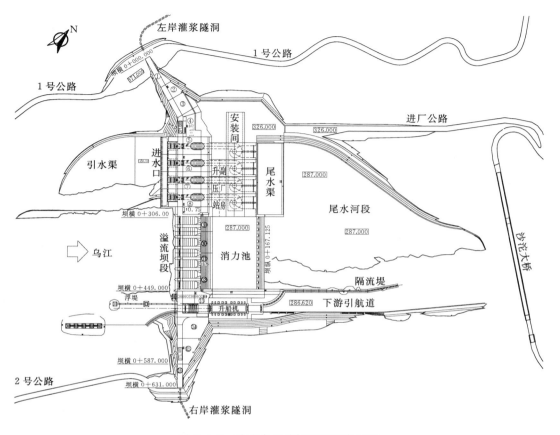

图 2.2.8　沙沱水电站枢纽平面布置图

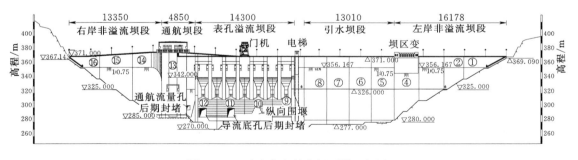

图 2.2.9　沙沱水电站大坝下游立视图

2.3　泄洪消能

2.3.1　泄洪消能布置特点

碾压混凝土重力坝由于其浇筑施工主要是采用大仓面分层碾压方式，为适应并充分发挥其施工速度快的特点，其泄洪消能布置也与常规混凝土重力坝有所区别。其泄水建筑物布置主要有以下特点：

（1）泄水建筑物布置相对独立，尽可能减少与大坝碾压混凝土施工的干扰。

（2）泄水建筑物一般采用常态混凝土，坝身泄水孔口布置要尽可能减少对碾压施工的影响，尤其要防止竖向影响范围过大，这对快速碾压施工极为重要；平面上集中布置。如采用表孔集中布置。

（3）泄水建筑物结构及材料分区要相对简单，并尽可能实现常态与碾压混凝土同步浇筑，防止分开浇筑带来的施工冷缝或薄弱结合面。如采用台阶溢流坝面等。

2.3.2　泄洪消能布置方式

泄洪消能方式的选择，应根据地形地质条件、泄流条件、运行方式、下游水深及河床抗冲能力、下游水位衔接、泄洪雾化及其对其他建筑物的影响等，通过技术经济比较选定。

碾压混凝土重力坝枢纽泄洪主要有坝身和岸边两种泄洪方式。一般来说，应首选坝身泄洪方式。当坝址河谷狭窄，建筑物布置紧张，或者大坝下游岩体抗冲刷能力弱或两岸山体稳定性差，为保证大坝泄洪安全，需要将洪水输送到远离坝脚的下游时，则采用岸边泄水设施，如岸边溢洪道或泄洪洞等。

1. 坝身泄洪及消能工布置

坝身泄水主要型式有表孔、中孔、深孔或底孔。开敞式溢流表孔具有泄洪能力大、超泄能力强、便于排污、闸门开启和检修方便等优点，一般用表孔承担泄洪任务；中孔、深孔主要用于泄洪、冲排沙，底孔一般用来放空水库，并在施工期承担导流或向下游供水任务。为便于碾压混凝土施工，一般应尽量减少坝身孔口的层数，中孔、深孔或底孔多采用平底型式。

碾压混凝土重力坝坝身泄洪的消能工型式与常态混凝土重力坝基本相同，可因地制宜选用。消能工型式包括挑流、消力池、挑流＋消力池、宽尾墩＋消力池、宽尾墩＋戽式消力池、台阶坝面与宽尾墩＋消力池（戽）等。

挑流消能适用于岩石地基的高中水头枢纽，坝身表孔泄洪一般先考虑采用挑流消能。例如，光照碾压混凝土重力坝表孔采用不同挑角的挑坎窄缝式挑流消能（图 2.3.1）。为了提高消能效率，挑流消能常与其他消能方式结合，形成联合消能工型式，使泄流水舌能在空中自身消能，并沿河床纵向拉开。

设有船闸等对流态有严格要求枢纽，或当大坝下游河道地质条件较差或两岸存在不稳定地质体时，为避免挑流带来的冲刷破坏，坝身泄水建筑物可采用底流等消能方式。如索风营、思林、沙沱水电站采用了宽尾墩＋台阶坝面＋消力池的底流消能型式。

索风营大坝下游左岸沿河分布有一规模较大的堆积体，泄洪及雾化对堆积体的稳定影响较大，经技术经济比较并通过水力学模型试验研究后决定采用"宽尾墩＋台阶坝面＋消力池"的底流消能方式，如图 2.3.2 所示。

沙沱枢纽右岸布置有通航建筑物，大坝下游航道通航时对水流流速和波浪等流态有严格控制，因此其泄水表孔采用底流消能方式，如图 2.3.3 所示。

对于碾压混凝土重力坝，为了简化溢流面施工，加快施工进度，溢流坝面常采用台阶形式。在不改变"宽尾墩＋戽式消力池"消能工水力特性的基础上，形成了"宽尾墩＋

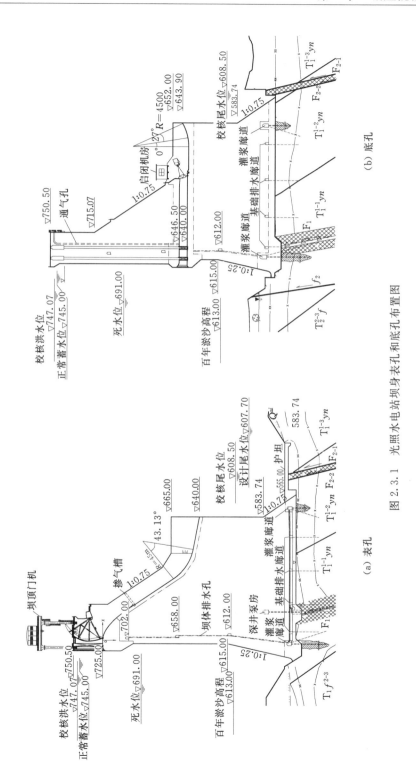

（a）表孔

（b）底孔

图 2.3.1　光照水电站坝身表孔和底孔布置图

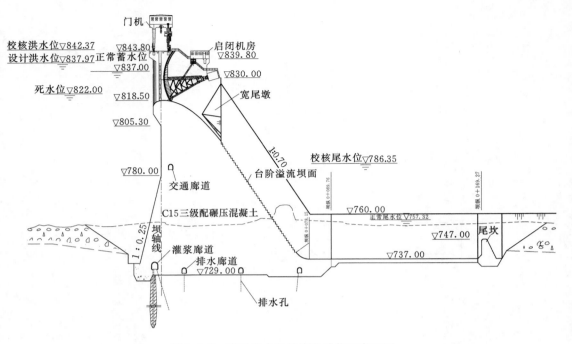

图 2.3.2　索风营水电站表孔消能工布置图

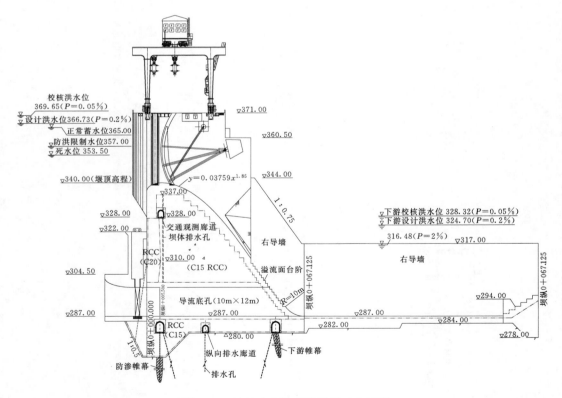

图 2.3.3　沙沱水电站表孔消能工布置图

台阶式溢流面＋底式消力池"联合消能工。索风营、思林、沙沱等水电站都采用了台阶式溢流面联合消能工。索风营水电站还首次研究并采用了 X 形宽尾墩,与台阶式溢流面和消力池一起使用,消能率更高,效果更好。

2. 岸边溢洪道、泄洪洞及消能工布置

岸边溢洪道布置需要考虑自然地形条件、工程特点、枢纽布置、施工及运行条件、经济指标等。一般当坝址具有合适布置岸边溢洪道的地形地质条件,开挖工程量小且无高边坡稳定问题时,可研究岸边溢洪道布置方案,如需要也可辅以坝身孔口泄水的方式。

岸边溢洪道出口一般采用挑流消能。如果挑流引起的冲刷、雾化可能威胁到两岸边坡的稳定,或下游的冲刷淤积对大坝安全和电站正常运行影响较大时,需要研究采取其他消能方式,如底流消能或联合消能工。

碾压混凝土重力坝枢纽采用岸边泄洪洞一般仅作为辅助泄洪设施。深山峡谷地区修建的大坝,常采用隧洞导流,导流任务完成后,将导流洞改建成排沙洞、放空洞、尾水洞、灌溉洞、发电洞等,其中把导流洞改建成泄洪洞经济效益最大。以往导流洞改建泄洪洞大都采用洞外消能方式,但由于导流洞出口低、水头大、流速高,不仅易造成洞内磨蚀和空蚀破坏,还易造成出口与下游水面衔接困难、改建施工期紧张和高水头闸门制造困难,为此国内外一些工程开展了洞内消能工的研究并应用于工程实践,已取得了一些成功经验。

贵阳院设计的碾压混凝土重力坝枢纽泄水建筑物布置特征见表 2.3.1。

表 2.3.1　　　　　　　　部分碾压混凝土重力坝枢纽泄水建筑物特征表

序号	工程名称	坝高/m	校核洪水洪峰流量/(m³·s⁻¹)	泄洪消能方式	泄水建筑物型式(孔数—宽×高,m)	校核洪水下泄流量	
						泄流量/(m³·s⁻¹)	单宽流量/(m³·s⁻¹)
1	光照	200.5	11900	坝身表孔,窄缝挑流	表孔:3—16×20 放空底孔:1—4×6	9857 799 不泄洪	205 —
2	索风营	115.8	16300	坝身表孔 X 形宽尾墩＋台阶坝面＋消力池	表孔:5—13×19	15956	245
3	沙沱	101.0	32400	坝身表孔 Y 形宽尾墩＋台阶坝面＋消力池	表孔:7—15×23	32035	305
4	思林	124.0	33700	坝身表孔 X 形宽尾墩＋台阶溢面＋消力池	表孔:7—13×21.5	32584	358
5	石垭子	134.5	11000	坝身表孔,半圆锥挑流	表孔:3—12×20.5	8894	247
6	格里桥	124.0	7150	坝身表孔,挑流	表孔:3—12×17	7043	196
7	马马崖一级	109.0	11300	坝身表孔 X 形宽尾墩＋台阶坝面＋消力池	表孔:3—14.5×19 放空底孔:1—3×4	10866 379 不泄洪	250

2.3.3　泄水建筑物布置设计

1. 溢流坝布置设计

碾压混凝土重力坝和常态混凝土重力坝的溢流坝断面体型设计基本相同,溢流坝段的基本断面为梯形(或截顶三角形),根据水流情况,修改为实用断面。溢流表孔的堰面曲线包括堰顶上游曲线段、堰顶下游曲线段、斜线段和反弧段组成,堰面曲线反弧段后与护坦或挑流鼻坎相连，各段间通常采用切线连接。开敞式溢流堰堰面曲线的设计可参考《混凝土重力坝设计规范》附录 A。为使水流平顺和减小负压，避免空蚀，溢流表面需考虑表面平整和抗冲耐磨的要求，在修建碾压混凝土坝时，通常是在溢流表孔上游面、堰顶和溢流面均采用一定厚度的常态混凝土包裹。溢流坝上游坝坡根据坝体稳定和强度条件与非溢流坝段同样原理确定，一般无特殊要求时，可与非溢流坝段坡度相同，这样使两种坝段连接时坝内止水设备和廊道布置均可简化，而且可以避免在个别坝段上由于承受不平衡侧向水压力而产生侧向拉应力。因此，设计非溢流坝段的断面时，应与溢流坝段统一考虑，碾压混凝土重力坝在体型上应力求简单。

贵阳院部分碾压混凝土重力坝工程的溢流坝上、下游坝坡见表 2.3.2。根据经验，上游坝坡宜采用 1∶0～1∶0.25，下游坝坡宜采用 1∶0.6～1∶0.8。碾压混凝土溢流坝闸墩等设计与常态混凝土重力坝相同。

表 2.3.2　　　　　　　　部分碾压混凝土重力坝溢流坝上、下游坝坡

工程名称	光照	索风营	沙沱	思林	石垭子	格里桥	马马崖一级
上游坝坡	1∶0.25	1∶0.25	1∶0.15	垂直	1∶0.20	1∶0.15	1∶0.25
下游坝坡	1∶0.75	1∶0.70	1∶0.75	1∶0.70	1∶0.72	1∶0.70	1∶0.75

2. 宽尾墩和台阶溢流面

"宽尾墩"和"台阶溢流面"在混凝土重力坝中可单独使用，但"宽尾墩＋台阶溢流面"是碾压混凝土重力坝发展过程中的新增产物。碾压混凝土重力坝溢流表孔的消能，除常用的泄洪消能型式外，国内水东、大朝山碾压混凝土坝设计中采用了台阶式消能工，泄洪运行中两座坝的单宽流量分别到达 108m³/(s·m) 和 200m³/(s·m)，泄洪后检查，混凝土表面均完好无损。贵阳院在索风营、思林等坝的设计中也采用了这种台阶坝面泄洪消能形式，单宽流量分别到达 245m³/(s·m) 和 358m³/(s·m)，运行良好。

台阶溢流面与宽尾墩联合的消能工，是在宽尾墩消能工的基础上，适应碾压混凝土快速施工和大面积通仓浇筑的需要，开发出的新型溢流面型式。特别是在在大单宽流量、深尾水条件下，是值得推荐的一种经工程实践证明合理的泄洪消能布置。该型式将下游溢流面做成台阶面并在施工中一次成型，形成永久过流结构，取代以往在坝面先形成台阶再浇筑约 3m 厚的高强度等级混凝土防冲层（两次成型的施工工艺），达到缩短工期节约投资的目的。

与台阶溢流面配套使用的宽尾墩目前有两种形式，即 Y 形和 X 形宽尾墩。较早工程如大朝山等采用 Y 形宽尾墩，X 形宽尾墩是在索风营工程率先研究并使用，其消能率更高，如图 2.3.4 所示。

（1）X 形宽尾墩体型及布置原则。X 形宽尾墩体型及其在堰面上相对位置主要根据以下原则确定：第一，宽尾墩不能对堰面的过流能力产生太大影响；第二，宽尾墩在台阶坝面所形成的纵向拉开水舌要适应不同下泄流量范围与消力池消能的要求；第三，宽尾墩底部体型要满足台阶面消能，以及台阶面与宽尾墩本身防空蚀破坏的要求。

Y 形与 X 形宽尾墩体型比较如图 2.3.5 所示。对 X 形宽尾墩体型图 2.3.5（b）进行划分后发现，上述三条原则其实就是对 X 形宽尾墩体型上、中、下三部分设计原则的具

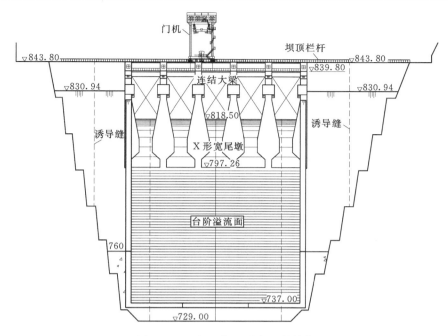

图 2.3.4　索风营 X 形宽尾墩结构

体要求。其中第一条对上部顶面 123 的设计提出了要求；第二条对 2354 面的设计提出了要求；第三条对 456 面及 456 面与堰面上的 7 点之间的位置关系提出了具体要求。

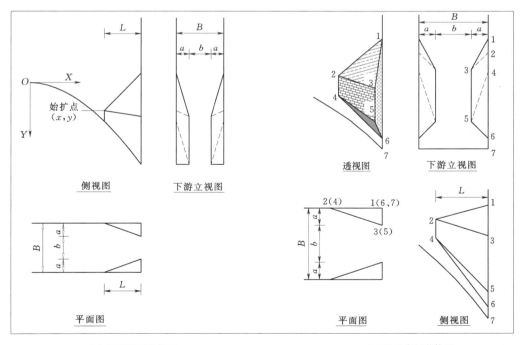

（a）Y 形宽尾墩体型　　　　　　　　　　　　（b）X 形宽尾墩体型

图 2.3.5　宽尾墩体型详图

（2）联合消能工的适宜应用范围。碾压混凝土重力坝的台阶溢流面为永久过流结构，宽尾墩使水流收缩形成射流并纵向拉开，墩后水舌下缘沿台阶形成滑行流。台阶溢流面对宽尾墩产生的纵向拉开片状水舌下缘具有摩阻作用，可降低水舌下缘的流速，同时相邻闸孔间的闸墩后坝面无水区，可向水舌下缘的台阶漩涡区通气，起到防止水流空化的作用。碾压混凝土重力坝采用宽尾墩联合消能工的适宜应用范围如下：

1）对于高坝，表孔溢流坝段的单宽流量（以消力池宽度计，下同）范围为 $100\sim 260\text{m}^3/\text{s}$。

2）对于中坝，表孔溢流坝段的单宽流量的适用范围为 $80\sim 140\text{m}^3/\text{s}$。

3）表征下游尾水水深程度的参数 h_d/P_d 的范围为 $0.28\sim 0.85$。h_d 为下游水位与消力池底板高程之差，P_d 为堰顶与池底板间的高差（下游侧有效坝高）。

台阶高度应根据碾压混凝土施工工艺和水力学条件合理选定。台阶高度应为碾压混凝土每层厚度的倍数，通常为 $0.6\sim 1.2\text{m}$，台阶宽度按坝下游面的坡比依台阶高度按比例确定。布置在宽尾墩末端第一级台阶的高度，可适当高于坝面上的台阶高度，以使出宽尾墩水舌下缘形成掺气空腔；为使水流在坝面上衔接平顺，第一级台阶高度不宜超过 2.0m。根据施工和结构需要，台阶可布置在坝下游坡平均线内侧（内凹型）或外侧（外凸型）。为防止因长期受水流或漂浮物冲击产生局部破损，台阶边缘宜做成 45°倒角斜面。

溢流面台阶末端可取消反弧段，沿下游坝坡面一直做到池底板，也可在台阶末端与池底板间用小半径圆弧连接。

台阶可采用变态混凝土。变态混凝土中水泥浆的水灰比应不大于大坝碾压混凝土的水胶比；台阶混凝土的力学指标应与常态混凝土 $C_{90}25$ 相当。变态混凝土的范围应大于台阶宽度，以确保上下层面的结合。台阶变态混凝土内可不设钢筋。当台阶过流频繁，有漂浮物从表孔排出，或处于寒冷地区等情况时，也可在台阶内配构造钢筋。

部分碾压混凝土坝台阶溢流面的尺寸见表 2.3.3。

表 2.3.3 部分碾压混凝土坝工程溢流面台阶尺寸

名称	大朝山	索风营	沙沱	思林
宽尾墩型式	Y 形	X 形	X 形	X 形
台阶尺寸（高×宽）/(cm×cm)	100×70	120×84	120×90	120×84
第一级台阶宽度	200	176	200	191.5

碾压混凝土重力坝采用宽尾墩台阶溢流面联合消能，应通过水工模型试验验证，必要时还应进行专门研究。

3. 消力池

当泄水建筑物采用底流消能时，宜设置消力池进行消能。

消力池的形式和轮廓尺寸必须考虑下游水深（t）与第二共轭水深（h_2）的适应情况进行选择和设计，当然还要考虑建筑物本身情况（体型、水头、流量）以及河床的地质情况。消力池的底板高程一般应满足 $t\geq h_2$，当不满足时可考虑降低池底高程或在消力池末端设高尾坎，消力池长度可按有关水力学公式进行初步计算。但较重要和复杂的工程消力池需通过水工模型试验最终确定。

对于宽尾墩＋台阶面联合消能的工程而言，一般大、中单宽泄洪时，台阶面消能作用都比较小，其消能还是以宽尾墩＋消力池为主，虽然一些尾水深度较大的工程可能不需要消力池。但对于大部分宽尾墩＋消力池联合消能的工程，消力池不但是必需的，而且消力池体型的合理性也非常重要。

表 2.3.4 是贵阳院已建或在建工程以宽尾墩＋消力池为主要消能工的消力池特征参数。从表中可以看出，随着单宽流量、尾水深度的变化，不同工程消力池长度、尾坎形式、尾坎高度等体型采用不同型式。

表 2.3.4　　　　　　　部分宽尾墩＋消力池联合消能工程的消力池参数

工程名称	单宽流量/ $[m^3/(s \cdot m^{-1})]$	尾水深度/m	尾坎高度/m	底板厚度/m	池长/m	尾坎型式
索风营	245	49.4	10.0	2.0	99	直墙
思林	358	57.7	7.5	3.0	64	戽式
沙沱	305	41.3	8.5	4.0	100	戽式

另外，消力池底板可结合基础条件、检修条件、底板厚度等情况，研究采用透水底板还是采用不透水底板。当基础岩基条件较好和检修条件允许时，可考虑采用相对简单的透水式底板。

4. 挑流消能工

中、高水头的泄水建筑物，可用挑流鼻坎形式将水流抛射到空中，让水舌在较远处落入河槽。挑流消能目的一是将水流尽量挑离建筑物，二是利用水舌在空中和下游水垫中消能，同时要求冲刷坑不危及建筑物的安全。挑流消能工程量少，对具有一定水头的泄水建筑物，且下游地质条件较好，下游建筑物对泄流雾化控制和对尾水波动要求不高时，采用此种消能方式比较经济。

挑流消能工的形式很多，挑流鼻坎有连续鼻坎、差动鼻坎、贴角鼻坎和舌形鼻坎等，泄槽有等宽和窄缝，应根据坝址的地形地质条件和工程要求并通过水力学模型试验选择。

光照工程水头高、洪量大，地质条件相对较好，因此采用挑流消能方式。由于河谷狭窄，为减少水流冲刷两岸和能量集中，泄流表孔采用了窄缝挑流消能工形式。结合地形地质特点，石垭子水电站大坝表孔采用了燕尾墩挑流消能工新型式。

5. 抗冲磨材料与分区

高速水流泄水建筑物过流面一般可采用钢衬或抗冲耐磨材料或高强度混凝土等，根据水头、流速、含沙量、结构复杂程度等综合研究确定。从国内一些工程泄水建筑物的破坏情况分析，很大一部分是由于抗冲磨混凝土分区不当造成的，主要表现为以下几个方面：

（1）结构表层抗冲磨混凝土与相邻的大体积混凝土强度等级级差过大，造成两种混凝土变形、温升等特性差异较大，从而使接触面容易脱开。一般建议两种混凝土强度等级差控制在 15 以内为宜。

（2）表层抗冲磨混凝土与相邻的大体积混凝土分开浇筑，结合面质量难以控制。建议有条件时最好一起浇筑；当必须分开浇筑时，要严格控制结合面的结合质量（如加强凿毛处理、布置连接插筋、涂缝面黏结剂等）。

抗冲磨、材料分区主要经验：

1）混凝土抗冲磨材料。掺硅粉混凝土、HF 混凝土、环氧胶泥涂层等。

2）混凝土分区。在过流面设置 50～100cm 厚的抗冲磨混凝土。当与过流面相连的泄水建筑物结构不大时，亦可全部采用抗冲磨混凝土。

3）抗冲磨混凝土施工。一种方法是表层抗冲磨混凝土与本体混凝土分开浇筑，连接缝面设插筋和凿毛等处理。另一种方法是表层抗冲磨混凝土与本体混凝土同步浇筑，不存在缝面问题。

贵阳院设计的部分工程抗冲磨混凝土材料及浇筑方式见表 2.3.5。

表 2.3.5　　　　　　部分碾压混凝土重力坝泄水建筑物抗冲磨材料特性

工程名称	总泄量 /(m³·s⁻¹)	单宽流量 /(m³·s⁻¹)	最大流速 /(m·s⁻¹)	含沙量 /(kg·m⁻³)	消能方式	抗冲磨材料	浇筑方式
索风营表孔	15956	245	27.29	0.609	X 形宽尾墩＋台阶溢流面＋消力池	C25 混凝土	与坝体混凝土同步浇筑
光照表孔	9857	205	37.01	2.085	窄缝挑流消能	C40HF 混凝土	与坝体混凝土同步浇筑
思林表孔	32584	358	18.11	0.154	X 形宽尾墩＋台阶溢流面＋消力池	溢流面 C25、消力池 C30 混凝土	与坝体混凝土同步浇筑
沙沱表孔	32035	305	19.28	0.204	X 形宽尾墩＋台阶溢流面＋消力池	C30 混凝土	与坝体混凝土同步浇筑
马马崖一级	10866	250	26.04	0.3	X 形宽尾墩＋台阶溢流面＋消力池	C30 混凝土	与坝体混凝土同步浇筑

2.3.4　碾压混凝土重力坝泄水建筑物工程实例

索风营大坝为全断面碾压混凝土重力坝，坝址河谷狭窄，洪水流量大，泄洪布置困难，其泄水建筑物为坝身表孔形式，采用了 X 形宽尾墩＋台阶溢流面＋消力池的联合消能工，X 形宽尾墩在索风营工程的首次应用，消能效果良好。本节简要介绍索风营水电站泄水建筑物的布置设计。

1. 工程概况

索风营水电站位于贵州省修文县、黔西县交界的乌江中游六广河段，其上、下游分别与已建的东风水电站和乌江渡水电站衔接，距贵阳市 82km，交通极为方便。工程以发电为主，在电力系统中承担调峰、调频、事故备用等任务。水库正常蓄水位 837m，死水位 822m，水库总库容 2.012 亿 m³，为日调节水库；电站装机 3 台，总装机容量 600MW，保证出力 166.9MW，年平均发电量 20.11 亿 kW·h。

工程枢纽由碾压混凝土重力坝、坝身泄洪系统、右岸引水系统及地下厂房等组成。索风营工程为 II 等大（2）型工程，主要建筑物大坝、泄洪及引水发电系统按 2 级建筑物设计，大坝校核洪水标准为 1000 年一遇，相应入库洪峰流量 16300m³/s，最大下泄流量 15956m³/s。

大坝由左右岸挡水坝段和河床溢流坝段组成，坝顶全长 164.58m，其中左、右岸挡水坝段长度分别为 46.82m 和 34.76m，河床溢流坝段长 83m。坝顶高程 843.80m，最大坝高 115.8m，最大底宽 97m。挡水坝段上游面 780m 高程以下为 1∶0.25 的坝坡、下游面坝坡 1∶0.70，坝顶宽 8m。

泄水建筑物采用溢流表孔型式，共设 5 个泄洪表孔，每孔净宽 13m，闸墩厚 3m，堰顶高程 818.5m，堰面采用 WES 曲线，经斜线段后与反弧段相连，后接消力池。表孔设 5 扇 13m×19m（宽×高）的弧形工作闸门和一扇平板检修闸门。闸墩采用新型 X 形宽尾墩，与台阶溢流坝面和消力池进行联合消能。溢流表孔布置如图 2.3.6 示。

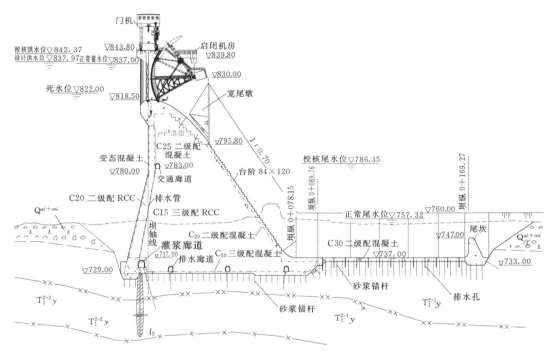

图 2.3.6　溢流表孔剖面图

2. 溢流面及闸墩

泄洪表孔布置在河床部位，每孔净宽 13m，闸墩宽 3.0m，溢流前沿总宽 83m，堰顶高程 818.50m，堰上设 13m×19m（宽×高）的弧形工作闸门各一扇，5 孔共用一扇平板检修闸门，闸墩间在弧门支座上部设置一道横向联系梁。溢流堰面按幂曲线与下游坝坡 1∶0.85 相接，溢流堰原点上游用三圆弧与上游坡相接；下游采用底部留缺口的 X 形宽尾墩和台阶溢流面＋消力池的消能方式。

（1）堰面体型。堰面曲线原点与坝轴线重合，堰顶原点上游曲线采用三段圆弧，三段弧与上游坝面交点高程为 815.78m。表孔堰顶下游曲线采 WES 幂曲线，曲线方程为 $y=0.03918x^{1.85}$。堰面曲线从堰顶距下游 26.54m 处起为 1∶0.85 的斜线段，从堰顶距下游 30.25m 处起往下游为台阶溢流坝面，总体坡度为 1∶0.7。

（2）闸墩体型。根据水工模型试验，表孔闸墩中墩墩头半径采用 1.5m 的半圆，为减少两边孔水流侧收缩，边墩墩头与中墩不同，长度比中墩向上游长出 2.2m，厚度为 5.4m，墩头为不对称状，外侧为半径 2.2m 的 1/4 圆弧，内侧采用 1/4 椭圆曲线。表孔闸墩墩头体型如图 2.3.7 所示。

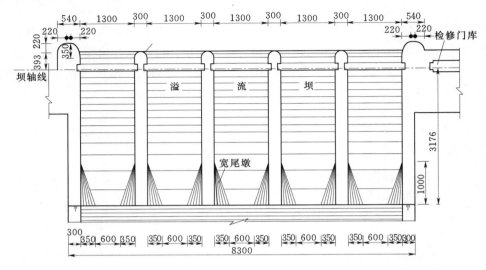

图 2.3.7　表孔闸墩平面布置图（单位：cm）

（3）宽尾墩体型。经研究表孔出口闸墩采用 X 形宽尾墩，即在 Y 形墩基础上，在宽尾墩下部靠溢流面处也开口，开口形式与上部基本相同，该型式宽尾墩过流断面形如 X 形，其结构尺寸采用了水工模型试验的成果，闸墩下游立视如图 2.3.8 所示。

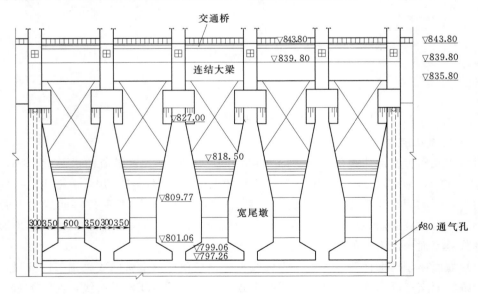

图 2.3.8　表孔闸墩下游立视图（单位：cm）

该体型具有以下优点：①小流量过流时，台阶坝面大面积过水，充分发挥台阶坝面的消能作用；②大流量过流时，下部开口过一部分水流，宽尾墩中上部过一部分水流，下部水流对上部宽尾墩纵向拉开的水舌产生一定的上托作用，既可减小宽尾墩过流时台阶坝面出现的负压，又可避免水流集中对台阶坝面的冲蚀作用；③减小了宽尾墩纵向拉开水舌下落时对消力池底板的冲击力；④出宽尾墩片状水舌流量减小，对下游岸坡的雾化影响也相应减弱。

X 形宽尾墩出口水流最小宽度为 6m，宽尾墩平面长度为 10m，收缩比为 6/13＝0.46。宽尾墩结构如图 2.3.9 所示。

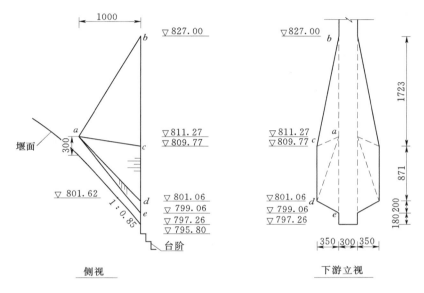

图 2.3.9　宽尾墩结构图（高程：m，尺寸：cm）

3. 台阶

台阶溢流面起始桩号为坝纵 0＋030.25m，上接坡度为 1∶0.85 的斜坡堰面，为内陷式台阶。第一级台阶高度为 1.46m，以后各级台阶高均为 1.20m，台阶宽度为 0.84m，共 47 级台阶，末级台阶面高程 740.60m，后经半径 8.44m 的反弧段与消力池底板 737m 高程相连。台阶溢流面采用变态混凝土。

为边孔泄流时台阶面掺气和补气，在第一级台阶两侧导墙内分别设置直径为 80cm 的通气孔，通气孔下部高程为 795.80m，与第一级台阶面同高。

4. 消力池

消力池起始桩号为坝纵 0＋089.76m，末端桩号为坝纵 0＋179.99m，消力池中心线长度 90.23m。由 45.65m 长直线段、31.86m 长圆弧段、12.72m 长尾坎段组成。消力池净宽 77m，消力池池底高程 737.00m，底板按透水衬砌设计，厚度 2m。消力池两侧 760m 高程以下为垂直边墙，厚度 2.5m，760～785m 高程采用混凝土贴坡护面，厚度 1.0m。消力池尾坎顶高程 747.00m，高 10m，顶宽 3m，下游坡 1∶0.5，上游面垂直。

消力池垂直水流方向设 5 条缝，顺水流方向设 3 条缝。消力池底板和边墙分缝面不做任何处理，尾坎分缝设塑料止水带，防止消力池检修时下游水倒灌。

消力池底板及边墙均设置排水孔。底板排水孔直径 ϕ76mm，间排距 600cm×600cm，呈方形布置，孔深 5m，孔内布置 ϕ60mm 塑料盲管。边墙排水孔直径 ϕ56mm，间排距 300cm×300cm，呈方形布置，孔深 5.5m，孔内布置 ϕ40mm 塑料盲管。

消力池底板设置锚杆，锚杆直径 ϕ25mm，长 9m，外露 1m，深入基岩 8m，间排距 300cm×300cm，呈梅花形布置。锚杆与底板钢筋焊接。

建成后的索风营 X 形宽尾墩如图 2.3.10 所示。

图 2.3.10　索风营水电站 X 形宽尾墩照片

2.4　大坝基本断面设计

2.4.1　概述

基本断面设计是重力坝设计的核心内容，关系着重力坝设计的安全性与经济性。

在以往的重力坝安全设计中，一般采用单一的安全系数法，该法概念简单，易于理解。当阻滑力与作用力的比值大于某一个规定的经验数值时即认为安全，经过大量的工程实践，证明该种方法是安全可靠的。随着计算机及试验技术的发展和普及，对材料抗力特性、荷载作用及其作用效应、结构破坏过程及破坏机理等方面的研究不断深化与完善，以数理统计及概率分析为基础的分项系数极限状态设计方法应用于大坝安全设计，同时有限元计算技术也已经在大中型水电工程中得到广泛应用，目前形成了一套以传统材料力学法为主，有限元复核验证的重力坝安全评价体系。

目前的重力坝安全设计体系已经具有足够的安全度，通过重力坝设计规范对安全准则的控制，实际上已经达到了在承受设计荷载时坝体处于线弹性受力状态的目的。

碾压混凝土重力坝与常态混凝土重力坝在计算理论上区别不大，由于碾压混凝土施工的特点，在设计时有两个比较重要的区别。一是碾压混凝土坝采用的成层施工方法使得碾压层间存在薄弱环节，需要核算碾压层间抗滑稳定；二是碾压混凝土坝采用大仓面施工，横缝采用诱导缝切缝方式，不需要接缝灌浆，不需要核算坝段的侧向稳定，坝体从施工开始即已经形成联合受力，应力整体性较好。

碾压混凝土重力坝的断面设计需要综合考虑坝基地质条件及坝体材料特性，考虑到碾压混凝土重力坝与常态混凝土重力坝在断面设计上主要区别在坝体材料特性上，因此本节着重探讨关于大坝安全设计内容及控制标准、与碾压混凝土重力坝相关的层间抗滑稳定、抗剪断参数取值等问题。

2.4.2　大坝安全设计内容及控制标准

2.4.2.1　大坝安全设计需注意的因素

随着人类对水能资源的开发利用，目前全球已建成大坝约 845000 座，其中我国已建成 85000 多座，居于世界首位，作为蓄水工程主体的大坝，一旦失事将带来巨大的生命及财产损失。例如我国的河南 75·8 垮坝事故、青海沟后坝、福建梅花拱坝失稳事故等，大坝安全问题已引起了普遍关注。虽然与其他坝型相比，重力坝的失事率最低，安全性较高，但有据可查的失事记录也有约 10 座。最早的是卡法拉坝（Kafara），约公元前 2650—2460 年在埃及开罗东南 30km 处修建，坝高 12m，坝顶长度 108m，由上下游两道干砌石墙间填以土石料构成，建成不久即遭洪水漫顶，冲毁了坝的中段。西班牙的潘提斯坝（Puentes）建造于 1785—1791 年，坝高 50m，河床覆盖层很厚，由于对地基的作用和要求的无知，将坝建在木桩的桩基上，运行 11 年后，坝基逐渐被渗水潜蚀而导致溃决。法国的布伊泽（Bouzey）浆砌石坝，坝高 22m，坝顶长度 528m，由于坝基接缝间扬压力作用，1884 年第一次决口，整个大坝向下游移动达 34cm，1895 年第二次决口，失事分析认为，这是由于设计安全度不足以承受坝内高渗透压力所致，砂石基础开裂导致第一次失事，薄弱的砂浆施工缝导致了第二次失事，失事前在 5m 厚的断面上水平裂缝已发展到 3.5m 长，然后突然决口。美国的贝以莱斯坝（Bayless）混凝土重力坝，坝高 16m，建成于 1909 年，由加筋混凝土和碾压土支墩构成。水库蓄水初期，混凝土坝就产生裂缝，致使坝基受到过大压力。1910 年第一次失事，坝底左半部分产生 50cm 滑移，1911 年第二次大面积滑坡失事，同时右半部某些部分倾覆，主要原因为断面设计不当，混凝土与基岩黏结力弱或左半部基岩有软弱夹层，而右半部基岩较硬所致。

从以上失事的重力坝案例来看，重力坝安全稳定需注意的主要因素为：荷载考虑的充分性、坝体应力分布的安全性、坝基条件的稳定性，对于碾压混凝土重力坝还应该注意坝体接缝的可靠性。重力坝安全设计准则是大坝结构在规定荷载作用下，满足预期功能而进行设计的依据，其目的是安全可靠、耐久适用、经济合理。

归纳起来，碾压混凝土重力坝的安全设计需满足以下几点：

（1）计算荷载及工况组合不能缺漏。

（2）混凝土材料强度满足设计抗拉、抗压、抗剪强度。

（3）坝基承载力满足设计抗压强度要求。

（4）坝基浅层、深层抗滑稳定满足安全要求。

（5）坝体层间满足应力及稳定要求。

2.4.2.2　大坝安全设计计算内容及控制标准

重力坝的作用荷载经过几百年的实践研究，已比较明朗，其组合也比较明确，《混凝土重力坝设计规范》（SL 319—2005），把荷载分为基本荷载和特殊荷载两类，见表2.4.1，在本节中不再作深入探讨。

表 2.4.1　　　　　　　　　　重 力 坝 承 受 的 荷 载

基 本 荷 载	特 殊 荷 载
1）坝体及其上永久设备自重； 2）正常蓄水位或设计洪水位时大坝上游面、下游面的静水压力（选取一种控制情况）； 3）扬压力； 4）淤沙压力； 5）正常蓄水位或设计洪水位时的浪压力； 6）冰压力； 7）土压力； 8）设计洪水位时的动水压力； 9）其他出现机会较多的荷载	1）校核洪水位时大坝上游面、下游面的静水压力； 2）校核洪水位时的扬压力； 3）校核洪水位时的浪压力； 4）校核洪水位时的动水压力； 5）地震荷载； 6）其他出现机会很少的荷载

根据2.4.2.1对重力坝设计主要安全因素的分析，碾压混凝土重力坝材料力学法安全设计体系主要计算内容有坝基深层抗滑稳定、坝基浅层抗滑稳定、碾压层（缝）面抗滑稳定、坝踵应力、坝趾应力、坝体应力。有限单元法的安全设计准则也主要参考安全系数法进行，一般采用超载法及降强法对重力坝的安全度进行评价。重力坝设计规范对安全系数法、概率极限状态设计法及有限元法三种计算方法的安全控制标准分别规定如下。

1. 安全系数法的安全标准（表2.4.2、表2.4.3）

表 2.4.2　　　　　　　坝基面和碾压层面的抗滑稳定安全系数 K'

荷载组合		K'
基本组合（正常蓄水位工况）		≥3.0
特殊组合	（1）校核工况	≥2.5
	（2）地震工况	≥2.3

注　碾压混凝土重力坝碾压层面的抗滑稳定计算应采用抗剪断公式。

表 2.4.3　　　　　　　坝踵、坝趾和坝体应力控制标准

	坝 基 面	坝 体 截 面
运用期	在各种荷载组合下（地震荷载除外），坝踵垂直应力不应出现拉应力，坝趾垂直应力应小于坝基容许压应力	1）坝体上游面的垂直应力不出现拉应力（计扬压力）； 2）坝体最大主压应力，应不大于混凝土的容许压应力值
施工期	坝趾垂直应力可允许有小于0.1MPa的拉应力	1）坝体任何截面上的主压应力应不大于混凝土的容许压应力； 2）在坝体的下游面，可允许有不大于0.2MPa的主拉应力

注　1. 混凝土的允许应力应按混凝土的极限强度除以相应的安全系数确定。坝体混凝土抗压安全系数，基本组合应不小于4.0；特殊组合（不含地震情况）应不小于3.5。

　　2. 在地震荷载作用下，坝踵、坝趾的垂直应力和坝体上游面的应力应符合《水工建筑物抗震设计规范》（SL 203）的要求。

2. 概率极限状态设计法的安全标准

采用极限状态表达式，按承载能力极限状态和正常使用极限状态进行计算和验算。安全控制标准为考虑各分项系数后的作用力值不大于抗力值。

对持久状况，考虑承载能力和正常使用两种极限状态；对短暂状况和偶然状况，考虑承载能力极限状态，短暂状况可根据需要考虑正常使用极限状态。

承载能力极限状态计算包括坝体及坝基强度计算、坝体与坝基接触面抗滑稳定计算、坝体层面抗滑稳定计算、坝基深层抗滑稳定计算。进行承载能力极限状态验算时，应按材料的标准值和作用的标准值或代表值分别计算基本组合和偶然组合。

正常使用极限状态验算包括：坝踵垂直应力不出现拉应力（计扬压力）、坝体上游面的垂直应力不出现拉应力（计扬压力）、短期组合下游坝面的垂直拉应力不大于 100kPa。核算坝踵应力和坝体上游面的垂直应力时，应按作用的标准值计算作用的长期组合。

3. 有限单元法安全标准

鉴于有限单元法存在局部应力集中问题，因此在应力控制的具体数值上未作明确规定，主要针对坝基、坝体应力的上游面拉应力区宽度进行了规定：对于坝基上游面，计入扬压力时，拉应力区宽度宜小于坝底宽度的 0.07 倍（垂直拉应力分布宽度/坝底面宽度）或坝踵至帷幕中心线的距离；对于坝体上游面，计入扬压力时，拉应力区宽度宜小于计算截面宽度的 0.07 倍或计算截面上游面至排水孔（管）中心线的距离。

2.4.3　基本断面设计

碾压混凝土重力坝断面设计的最高目标是在坝体断面能够满足稳定和应力要求的前提下，整个坝体的混凝土方量最小。不同坝段均可以通过优化设计实现最优断面，但作为碾压混凝土重力坝，除坝体需满足结构布置等要求外，在体型上应力求简单，方便施工，这就要求大坝各坝段的上、下游坡度及折坡点尽量统一，因此碾压混凝土重力坝的坝体断面设计重点是基本断面设计。其设计参考流程是：①确定坝体基本断面顶点；②通过优化设计初步确定坝体上、下游坝坡及折坡点，坝体上游坝坡优化范围一般为 0～0.30，下游坝坡优化范围为 0.5～0.9；③复核坝基深层、浅层抗滑稳定。

从贵阳院坝高超过 100m 的碾压混凝土重力坝工程实践上看，三角形断面的顶点大部分选择在上游最高水位位置，下游坝坡范围为 0.70～0.75，上游坝坡 0～0.25，如图 2.4.1 所示。

2.4.4　大坝稳定及应力分析

碾压混凝土重力坝的大坝稳定应力计算分析理论与常态混凝土重力坝相同，《混凝土重力坝设计规范》（SL 319—2005）也明确地提出了具体的计算方法，在此不作讨论。

碾压混凝土坝采用分层碾压施工，大坝存在大量的水平施工缝，这些水平施工缝如果处理不当，可能成为碾压混凝土坝的渗漏通道及抗滑稳定相对薄弱面，因此在确定碾压混凝土重力坝基本断面时，碾压层面应力及抗滑稳定分析是一项重要内容，也是与常态混凝土重力坝基本断面设计最大的一项区别。因此，本节重点对碾压层间抗滑稳定进行讨论。

2.4.4.1　碾压混凝土强度参数

碾压混凝土强度参数是大坝断面设计中的关键基础资料，其选择的合理性对断面设计

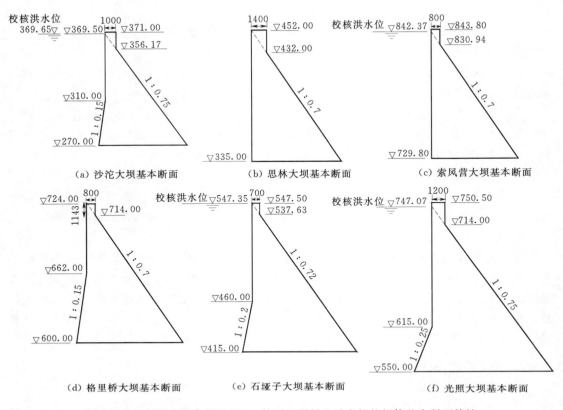

图 2.4.1 贵阳院坝高超过 100m 的碾压混凝土重力坝的坝体基本断面特性

有着重要意义，结合坝体断面设计的应力及稳定控制标准，设计中用到的有两组重要混凝土强度参数：混凝土抗压强度参数、混凝土抗剪断强度参数。这些参数可以从有关规范、室内试验、现场碾压试验或工程原位试验等获得。从设计而言，应对参数获得途径（包括施工、试验的一些过程、条件方法等）有所了解，只有这样才能在进行设计时有的放矢，采用的参数更加切合工程实际，从而使设计可靠、合理。这里主要列出混凝土强度几个概念：强度标准值、强度设计值、混凝土强度等级、混凝土验收强度、混凝土配制强度。

《水工混凝土结构设计规范》（DL/T 5057—2009）规定："材料强度标准值：结构或构件设计时，采用的材料强度的基本代表值。按符合规定质量的材料强度的概率分布的某一分位值确定"，"材料强度设计值：材料强度标准值除以材料性能分项系数后的值"。

国家标准《混凝土强度检验评定标准》（GBJ 107—87）规定：混凝土强度等级应按立方体抗压强度标准值划分，混凝土强度等级采用符号 C 与立方体抗压强度标准值（以 N/mm^2 计）表示，如 C15。立方体抗压强度标准值系指对按标准方法制作和养护的边长为 150mm 的立方体试件，在 28d 龄期，用标准试验方法测得的抗压强度总体分布中的一个值，强度低于该值的百分率不超过 5%。

对于大体积混凝土，强度标准值的保证率取得太高，会导致水泥用量大量增加，造成浪费并加大混凝土温度控制的难度。因此《水利水电工程结构可靠度设计统一标准》（GB

50199—94）规定："水工结构大体积混凝土的强度和岩基、围岩强度标准值可采用概率分布的 0.2 分位值"，即大体积混凝土强度等级体系采用国标规定的混凝土强度等级标准，但考虑到大坝混凝土施工期较长，常态混凝土强度标准值仍采用 90d 龄期强度，保证率80%；考虑到碾压混凝土前期强度低，后期增长较多特点，碾压混凝土强度标准采用180d 龄期强度，保证率 80%。

《水工混凝土施工规范》（DL/T 5144—2001）规定：

验收批混凝土强度平均值和最小值应同时满足下列要求：

$$m_{f_{cu}} \geqslant f_{cu,k} + Kt\sigma_0, f_{c,\min} \geqslant 0.85 f_{cu,k}(\leqslant C_{90}20), f_{cu,\min} \geqslant 0.90 f_{cu,k}(>C_{90}20)$$

混凝土配制强度按下式计算：$f_{cu,0} = f_{cu,k} + t\sigma$

式中　$m_{f_{cu}}$——混凝土强度平均值，MPa；

　　　$f_{cu,k}$——混凝土设计龄期强度标准值，MPa；

　　　K——合格判定系数，根据验收批统计组数 n 值，按该规范表 11.5.6 选取；

　　　t——概率度系数；

　　　σ_0——验收批混凝土强度标准差，MPa；

　　$f_{cu,\min}$——n 组强度中的最小值，MPa；

　　　$f_{cu,0}$——混凝土的配制强度，MPa。

混凝土强度标准差 σ_0 几乎在任何时候都是未知的，在没有可靠历史资料时，可按经验选取，戴镇潮在《混凝土强度的标准差和变异系数》一文中给出了混凝土强度标准差 σ 的评估参考值（表 2.4.4）。

表 2.4.4　　　混凝土强度标准差 σ 的评估参考值表

强度平均值 f_μ/MPa		10	20	30	40	50	60
不同控制水平的强度标准差 σ/MPa	优秀	1.5	2.1	2.8	3.4	4.1	4.7
	良好	2.2	3.2	4.1	5.1	6.1	7.0
	普通	2.9	4.2	5.5	6.8	8.1	9.3

混凝土抗压强度主要用于坝体计算截面的最大压应力控制，由于混凝土强度等级是采用 28d 龄期、保证率为 95%、150mm 立方体标准试件抗压强度标准值进行定义的，而大坝作为大体积混凝土，龄期为 90d 或 180d，保证率为 80%，因此需要进行保证率转换、尺寸效应转换、龄期转换。转换过程为：立方体标准试件抗压强度标准值 $\xrightarrow{混凝土强度等级公式}$ 立方体标准试件抗压强度均值 $\xrightarrow{尺寸效应及龄期效应}$ 大体积混凝土抗压强度均值 $\xrightarrow{混凝土强度等级公式}$ 大体积混凝土抗压强度标准值，混凝土强度等级公式：$f_c = \mu_{f_{cu}}(1.0 - t\delta_{f_{cu}})$，其中 f_c 为混凝土抗压强度标准值，t 为对应概率的概率度系数，$\mu_{f_{cu}}$ 为混凝土抗压强度平均值，$\delta_{f_{cu}}$ 为混凝土抗压强度变异系数。相关的混凝土强度转换项目及数值见混凝土抗压强度转换系数值见表 2.4.5，相应的抗压强度标准值计算见表 2.4.6。

表 2.4.5   混凝土抗压强度转换系数值表

项　目		数值
尺寸效应	大体积混凝土与棱柱体强度修正系数	0.867
	20cm 棱柱体与立方体强度修正系数	0.8
	20cm 立方体与 15cm 立方体强度修正系数	0.95
龄期效应	28d 与 90d 强度增长系数	1.2
	28d 与 180d 强度增长系数	1.7
保证率系数	保证率为 95% 的概率度系数	1.645
	保证率为 90% 的概率度系数	1.282
	保证率为 85% 的概率度系数	1.037
	保证率为 80% 的概率度系数	0.842
变异系数修正系数	大体积混凝土与棱柱体换算修正系数	0.109
变异系数 （常态混凝土/碾压混凝土）	C7.5 混凝土变异系数	0.24/0.22
	C10 混凝土变异系数	0.22/0.20
	C15 混凝土变异系数	0.20/0.18
	C20 混凝土变异系数	0.18/0.16
	C25 混凝土变异系数	0.16/0.14
	C30 混凝土变异系数	0.14

表 2.4.6   碾压混凝土抗压强度标准值计算表

大坝混凝土强度等级	C5	C7.5	C10	C15	C20	C25
15cm 立方体试件抗压强度变异系数 $\delta_{f_{cu}}$	0.24	0.22	0.20	0.18	0.16	0.14
15cm 立方体试件抗压强度均值 $\mu_{f_{cu}}$	8.26	11.75	14.90	21.31	27.14	32.48
大坝碾压混凝土抗压强度均值 μ_{f_c}	9.25	13.16	16.69	23.87	30.40	36.38
大坝碾压混凝土变异系数 δ_{f_c}	0.264	0.246	0.228	0.210	0.194	0.177
按保证率 80% 计算大坝混凝土抗压强度标准值 f_{ck}	7.19	10.43	13.49	19.65	25.43	30.96
大坝碾压混凝土抗压强度标准值采用值 f_{ck}	7.2	10.4	13.5	19.6	25.4	31.0

注　大体积混凝土与棱柱体变异系数换算修正公式为 $\delta_{f_c}=\sqrt{1+0.109^2}\delta_{f_{cu}}$。

2.4.4.2　碾压混凝土层面抗剪断参数

碾压混凝土的抗剪断参数是碾压层面抗滑稳定分析的关键参数，其影响因素众多，其中与混凝土强度等级、碾压覆盖时间、层面处理工艺关系较大。

光照大坝碾压混凝土层面抗剪断参数试验研究得出下列结论：

（1）层面抗剪（断）强度参数随混凝土强度等级提高而增大。

（2）相同强度等级的二级配与三级配碾压混凝土层面抗剪（断）强度参数差异不大。

（3）碾压混凝土层面（接触面）是个弱面，多数剪切破坏面为沿层面破坏。

（4）相同强度等级的碾压混凝土，现场试验不处理的层面间隔时间超过 6h 后其抗剪断参数明显降低；间隔 6h 铺砂浆或铺净浆的层面抗剪（断）强度参数值均较高，但铺净浆的强度参数略高于铺砂浆的强度参数。

《混凝土重力坝设计规范》（DL 5108—1999）中，根据国内已建工程的数据统计，给出混凝土层面抗剪断参数见表 2.4.7。

表 2.4.7　　　　　　　　　　　混凝土层面抗剪断参数表

序号	类别名称	特征	抗剪断参数均值和标准值			
			μf_c	f'_{ck}	$\mu c'_c$ /MPa	C'_{ck} /MPa
1	碾压混凝土（层面黏结）	贫胶凝材料配比 180d 龄期	1.0～1.1	0.82～1.00	1.27～1.50	0.89～1.05
		富胶凝材料配比 180d 龄期	1.1～1.3	0.91～1.07	1.73～1.96	1.21～1.37
2	常态混凝土（层面黏结）	90d 龄期 C10～C20	1.3～1.5	1.08～1.25	1.6～2.0	1.16～1.45

注　胶凝材料小于 $130kg/m^3$ 为贫胶凝材料；大于 $160kg/m^3$ 为富胶凝材料；在 $130～160\ kg/m^3$ 之间为中等胶凝材料。

表 2.4.7 给出了不同胶凝材料用量混凝土的相应抗剪断参数均值和标准值，为了使碾压层间的抗剪断参数值更高，在碾压混凝土配合比设计时，需要尽量增加胶凝材料的用量。从贵阳院工程的实践上看，在胶凝材料的用量上也是倾向于采用高粉煤灰掺量的富胶凝材料，表 2.4.8 列出贵阳院碾压混凝土重力坝典型工程层面抗剪断参数计算取值统计情况。

表 2.4.8　　　贵阳院碾压混凝土重力坝典型工程层面抗剪断参数计算取值表

工程名称	混凝土强度等级	胶凝材料用量/($kg \cdot m^{-3}$)			f_k	C_k/MPa	备注
		水泥用量	粉煤灰用量	合计			
索风营	$C_{90}15$	64	96	160	0.91	0.97	
沙沱	$C_{90}15$	63.4	95	158.4	0.75	0.81	
格里桥	$C_{90}15$	61.9	92.8	164.7	0.90	1.0	
思林	$C_{90}15$	66	100	166	0.90	0.95	
光照	$C_{90}15$	60.8	91.2	152.0	0.9	0.47	反演值
	$C_{90}20$	71.2	87.1	158.3	1.0	1.04	反演值
	$C_{90}25$	84.5	84.5	169.0	1.1	1.23	反演值

注　为了与设计抗剪断指标对应，本表胶凝材料用量为设计推荐配合比数据。

从表 2.4.8 中可以看出：

（1）贵阳院碾压混凝土重力坝坝体内部碾压混凝土抗剪断参数设计龄期基本采用 90d。

（2）碾压层间抗剪断参数除光照（坝高 200.5m）按不同高程分区采用不同混凝土强度等级外，其余均采用 C15 碾压混凝土。

（3）设计配合比胶凝材料用量均较高，在 152～166 kg/m^3。

（4）对于 $C_{90}15$，f_k 取值除沙沱采用 0.75 外，其余均在 0.90 左右；C_k 取值除沙沱为 0.81MPa 外，其余均在 0.95MPa 以上，通过光照的层间抗滑稳定反演分析，C_k 值取 0.47MPa 即可以满足要求。各工程实际的层间抗剪断参数取值比规范推荐的参数低，计算表明，层间抗剪断参数即使取较低值，层间抗滑稳定仍有较大的安全裕度。

（5）光照层间抗滑稳定反演分析表明，随着坝高的增加，碾压层间的抗剪断参数值需要达到标准明显提高。坝体低高程层间抗剪断参数 f_k 为 1.1 时，C_k 值需要达到 1.23MPa，在规范建议参考值以内。可见，强度等级较高的碾压混凝土抗剪断参数规范建议值仍可满足 200m 级乃至更高坝设计的要求。

2.4.4.3 碾压混凝土现场试验检测参数与分析

为进一步验证大坝碾压混凝土计算参数的合理性及施工质量的可靠性，工程实施阶段一般均进行现场钻孔取芯试验检测，钻孔取芯是检查大坝混凝土浇筑质量和碾压层面结合情况的重要手段，通过钻孔取芯及试验获得与实际施工方法相配套的参数成果，对验证设计参数的取值和经验积累具有重要意义。以下通过光照大坝与沙沱大坝的钻孔取芯试验成果与设计参数的比较分析，对设计参数取值的合理性进行评价，进一步提高对有关参数的认识。

1. 光照大坝钻孔取芯成果

光照水电站大坝碾压混凝土先后 3 次钻孔取芯累计进尺 1234.78m，芯样采取率 98.67%、芯样获得率为 97.8%、芯样优良率达到 93.0%、芯样合格率为 98.65%。整长芯样 10m 以上的 13 根，其中单根 $\phi150mm$ 完整最长混凝土芯样 15.33m，达到国内外碾压混凝土芯样长度的领先水平。钻孔取芯钻遇层面及缝面共计 4184 个，断裂 117 个，层缝面折断率 2.79%，其中钻遇缝面 410 个，缝面断裂 13 个，缝面折断率 3.17%；钻遇层面 3774 个，断裂 104 个，层面折断率 2.76%。表明大坝碾压混凝土层缝面结合情况良好。芯样外观检查，芯样表面光滑致密，结构密实，骨料分布均匀，胶结情况良好，碾压混凝土整体质量较好。大坝碾压混凝土钻孔压水检查共进行 258 段次，100% 的试段透水率小于 1Lu，78.07% 的试段透水率小于 0.1Lu，其中最大值 0.54Lu，最小值 0.00Lu。混凝土整体抗渗性能良好。光照大坝碾压混凝土芯样压实度达 99.66% 以上（表 2.4.9）。

表 2.4.9　　　　　光照大坝碾压混凝土压实度、容重检测成果统计表

工程部位	单位	检测项目	组数	最大值	最小值	平均值	合格率/%
高程 600.00m 以下坝体内部碾压混凝土 RⅠ $C_{90}25W8F100$	试验检测中心	压实容重/(kg·m⁻³)	562	2524	2418	2476	—
		压实度/%	562	100	97.2	99.5	—
	施工单位	压实容重/(kg·m⁻³)	5787	2599	2323	2481	100
		压实度/%	5787	100	97.5	99.9	100
高程 600.00~680.00m 坝体内部碾压混凝土 RⅡ $C_{90}20W6F100$	试验检测中心	压实容重/(kg·m⁻³)	288	2567	2426	2484	—
		压实度/%	329	100	97.5	99.6	—
	施工单位	压实容重/(kg·m⁻³)	17964	2534	2441	2485	100
		压实度/%	17964	100	98.1	99.80	100
高程 680.00m 以上坝体内部碾压混凝土 RⅢ $C_{90}15W6F50$	试验检测中心	压实容重/(kg·m⁻³)	134	2547	2470	2505	—
		压实度/%	134	100	98.2	99.6	—
	施工单位	压实容重/(kg·m⁻³)	6838	2529	2462	2501.5	100
		压实度/%	6838	135	96	104.3	100

续表

工程部位	单位	检测项目	组数	最大值	最小值	平均值	合格率/%
上游面高程 660.00m 以下 防渗混凝土 RⅣ C₉₀25W12F150	试验检测中心	压实容重/(kg·m⁻³)	81	2521	2411	2461	—
		压实度/%	81	100	98.4	99.8	—
	施工单位	压实容重/(kg·m⁻³)	3042	2538	2406	2454	100
		压实度/%	3042	100	98.4	100	100
上游面高程 660.00m 以上 防渗混凝土 RⅤ C₉₀20W10F100	试验检测中心	压实容重/(kg·m⁻³)	5	2547	2488	2506	—
		压实度/%	5	100	100	100	—
	施工单位	压实容重/(kg·m⁻³)	1186	2481	2453	2467	100
		压实度/%	1186	100	98.6	100	100

现场试验检测中心对芯样力学性能进行了检测试验，第 1～3 次芯样力学性能及耐久性试验成果分别见表 2.4.10～表 2.4.13。检测成果表明，抗压强度、抗渗等级和弹性模量等力学性能合格，但极限拉伸值与设计指标有一定差距，结合同类工程芯样检测成果分析，极限拉伸值差异符合一般规律。

表 2.4.10　　　　　　　　光照大坝碾压混凝土第 1 次芯样性能试验成果表

设计 强度等级	试验 项目	抗压强度/MPa		抗拉强度/MPa		极限拉伸/10⁻⁴		抗压弹模/GPa		渗透系数/10⁻⁶ 90d 后		容重/(kg·m⁻³)
		28～90d	90d 以上	28～90d	90d 以上	28～90d	90d 以上	28～90d	90d 以上	本体	层间	
C₉₀25W12F150	最小值	18.9	—	1.79	2.65	0.51	0.82	24.6	—	0.7	0.7	2316
	最大值	33.6	—	2.50	2.71	0.73	0.84	42.8	—	12.0	8.4	2520
	平均值	26.3	—	2.06	2.68	0.62	0.83	34.5	—	4.2	3.1	2441
	组数	18	—	13	2	13	2	16	—	15	10	22
C₉₀25W8F100	最小值	—	26.2	—	1.85	—	0.50	—	24.7	0.9	0.3	2445
	最大值	—	33.3	—	3.21	—	0.91	—	46.6	11.0	12.9	2565
	平均值	—	29.7	—	2.36	—	0.69	—	36.5	3.7	4.2	2491
	组数	—	14	—	16	—	16	—	14	24	30	19
C₉₀20W6F100	最小值	16.6	20.6	1.52	1.83	0.42	0.51	26.8	34.4	1.2	0.7	2466
	最大值	29.5	21.9	2.05	2.11	0.59	0.63	38.8	38.1	9.3	14.0	2531
	平均值	21.7	21.2	1.75	2.00	0.48	0.57	32.1	36.2	5.4	7.0	2489
	组数	11	3	13	4	13	4	12	3	7	7	31

表 2.4.11　　　　　光照大坝碾压混凝土第 2 次芯样性能试验成果表

设计强度等级	试验项目	抗压强度/MPa		抗拉强度/MPa		极限拉伸/10^{-4}		抗压弹模/GPa		渗透系数/10^{-6} 90d 后		容重/(kg·m^{-3})
		28～90d	90d以上	28～90d	90d以上	28～90d	90d以上	28～90d	90d以上	本体	层间	
C$_{90}$25W12F150	最小值	—	28.0	—	1.44	—	0.53	—	30.5	1.2	0.3	2360
	最大值	—	41.0	—	1.90	—	0.69	—	38.2	5.5	17.2	2445
	平均值	—	32.2	—	1.65	—	0.61	—	33.1	2.6	6.9	2405
	组数	—	6	—	6	—	6	—	6	11	13	6
C$_{90}$25W8F100	最小值	23.3	25.6	0.95	0.95	0.95	0.96	26.2	25.5	0.7	0.7	2438
	最大值	31.0	41.2	2.04	2.04	2.04	1.92	34.8	42.0	6.2	10.1	2511
	平均值	26.7	31.6	1.44	1.33	1.44	1.33	29.7	29.3	3.6	4.3	2479
	组数	6	6	6	6	6	6	6	6	12	12	9
C$_{90}$20W6F100	最小值	—	20.6	—	1.06	—	0.45	—	20.4	0.5	0.2	2478
	最大值	—	36.7	—	1.68	—	0.63	—	37.9	10.0	17.2	2534
	平均值	—	28.0	—	1.31	—	0.54	—	28.5	6.6	6.1	2510
	组数	—	9	—	9	—	9	—	9	18	18	9
C$_{90}$15W6F50	最小值	16.9	18.2	0.86	0.91	0.45	0.43	24.2	20.3	0.3	0.9	2459
	最大值	28.0	34.8	1.59	1.68	0.64	0.62	36.5	34.4	17.2	17.2	2598
	平均值	21.9	22.0	1.16	1.12	0.52	0.50	30.1	27.5	5.4	4.9	2539
	组数	9	8	12	6	12	6	9	9	14	16	18

表 2.4.12　　　　　光照大坝碾压混凝土第 3 次芯样性能试验成果表

设计强度等级	试验项目	抗压强度/MPa		抗拉强度/MPa		极限拉伸/10^{-4}		抗压弹模/GPa		渗透系数/10^{-6} 90d 后		容重/(kg·m^{-3})
		28～90d	90d以上	28～90d	90d以上	28～90d	90d以上	28～90d	90d以上	本体	层间	
C$_{90}$20W6F100	最小值	—	26.2	—	1.83	—	0.51	—	34.4	0.7	1.0	2448
	最大值	—	35.3	—	2.11	—	0.63	—	38.1	6.4	8.8	2480
	平均值	—	32.0	—	2.00	—	0.57	—	36.2	3.0	3.7	2463
	组数	—	6	—	4	—	4	—	3	12	12	6
C$_{90}$15W6F50	最小值	—	19.6	—	1.20	—	0.48	—	27.4	1.5	2.0	2485
	最大值	—	27.0	—	1.80	—	0.61	—	32.5	15.2	17.5	2556
	平均值	—	23.7	—	1.35	—	0.53	—	29.7	5.8	6.5	2528
	组数	—	9	—	9	—	9	—	9	18	19	9

表 2.4.13　　　　　　光照大坝碾压混凝土现场钻孔取芯层面抗剪断试验参数

	碾压混凝土芯样等级	f' （芯样层间，90d 龄期以上）	C'/MPa （芯样层间，90d 龄期以上）
第一次 钻孔取芯	$C_{90}25W12F150$ 二级配	1.505	1.938
	$C_{90}25W8F100$ 三级配	1.506	1.676
	$C_{90}20W6F100$ 三级配	1.289	1.289
	$C_{90}25W8F100$ 三级配 （变态混凝土）	1.591 （不足 90d 龄期）	2.108 （不足 90d 龄期）
第二次 钻孔取芯	$C_{90}25W12F150$ 二级配	1.539	1.890
	$C_{90}20W10F100$ 二级配	1.328	1.598
	$C_{90}20W6F100$ 三级配	1.253	1.560
	$C_{90}15W6F50$ 三级配	1.100	1.246
第三次 钻孔取芯	$C_{90}20W10F100$ 二级配	1.28	1.74
	$C_{90}15W6F50$ 三级配	1.13	1.47

2. 沙沱大坝钻孔取芯成果

沙沱大坝共进行了两次钻孔取芯及压水试验。第一次大坝混凝土取芯共布置 13 个孔，其中：二级配碾压混凝土布置 3 个取芯压水试验孔、三级配碾压混凝土布置 4 个取芯压水试验孔、基础廊道 6 个 $\Phi219\text{mm}$ 取芯孔。第二次取芯共布置 12 个孔，其中：上游防渗区布置了 3 个取芯压水试验孔、坝体内部布置了 3 个取芯压水试验孔、大坝基础廊道布置了 4 个 $\Phi219\text{mm}$ 取芯孔、四级配碾压混凝土区布置了 2 个。

第一次 13 个取芯孔共钻孔 322.64m，芯样总长 321.26m，芯样获得率 99.6%，最长芯样为 17.08m。第二次 10 个取芯孔共钻孔 304.09m，芯样总长 300.21m，平均获得率 98.7%，C15 三级配最长芯样为 18.66m，C15 四级配最长芯样为 18.54m，C20 三级配最长芯样为 18.94m，10m 以上的芯样有 11 根。芯样共穿过层面、缝面、基岩面等结合面 1578 个，结合面折断数 18 个，占结合面的 1.1%。外观表明，芯样表面总体光滑，骨料分布均匀、结构密实、胶结良好。

混凝土芯样容重检测成果统计见表 2.4.14，混凝土芯样物理力学性能检测成果统计见表 2.4.15，芯样抗剪试验成果统计见表 2.4.16。

表 2.4.14　　　　　　沙沱大坝碾压混凝土芯样容重检测成果统计表

部位及孔号	标号、级配	含水率/%	湿容重/(kg·m⁻³)	干容重/(kg·m⁻³)
4 号、J4-1-1	C15（三）	0.21	2522	2516
5 号、J5-11	C20（二）	0.26	2475	2468
	C20（二）	0.19	2488	2483
10 号、J10-1-1	C15（三）	0.28	2495	2488
	C20（二）	0.26	2467	2460

部位及孔号	标号、级配	含水率/%	湿容重/(kg·m⁻³)	干容重/(kg·m⁻³)
11 号、J11-11	C15（三）	0.37	2488	2479
	C20（二）	0.21	2459	2454
12 号、J12-1-1	C15（三）	0.28	2475	2468
	C20（二）	0.25	2480	2474
14 号、J14-1-1、J14-1-2	C15（三）	0.28	2500	2493
	C20（二）	0.20	2486	2488
15 号、J15-1-1	C15（三）	0.30	2490	2483

表 2.4.15　　　　沙沱大坝碾压混凝土芯样物理力学性能检测成果统计表

部位孔号	强度等级（级配）	轴心抗压强度/MPa		抗压弹性模量/GPa	极限拉伸值/10⁻⁶	抗拉强度/MPa	抗拉弹模/GPa	抗渗	抗冻
		实测	换算						
4 号、J4-1-1	C15（三）	17.9	23.1	44.3	62	1.85	36.9	＞W6	＞F50
5 号、J5-1-1	C20（二）	19.3	24.9	39.3	66	2.43	40.1	＞W6	＞F100
11 号、J11-1-1	C15（三）	15.3	19.7	32.1	53	1.88	32.7	＞W6	＞F50
	C20（二）	19.1	24.6	38.5	68	2.60	39.2	＞W6	＞F100
14 号、J14-1-1 J14-1-2	C15（三）	18.7	24.1	37.1	55	1.81	37.8	＞W6	＞F50
	C20（二）	24.1	31.1	39.8	65	2.51	40.5	＞W6	＞F100

表 2.4.16　　　　沙沱大坝碾压混凝土芯样抗剪试验成果统计表

芯样编号	抗剪断强度指标（自然状态）		抗剪强度（摩擦强度）指标（自然状态）		说　明
	tanφ	C/MPa	tanφ	C/MPa	
J4-1-1	1.62	1.93	0.69	0.73	C15（三）
J5-1-1	1.36	2.38	0.66	0.74	C20（二）
J11-1-1	1.58	1.88	0.67	0.74	C15（三）
J11-1-1	1.34	2.35	0.70	0.78	C20（二）
J14-1-1	1.70	2.03	0.72	0.77	C15（三）
J14-1-2	1.45	2.54	0.74	0.79	C20（二）
C5-1-1	1.63	2.02	0.86	0.60	C20 常态齿槽混凝土层面
C5-1-2	1.69	2.09	0.89	0.62	C25 常态齿槽与基岩混凝土结合面
C5-1-3	1.57	2.34	0.90	0.71	C25 常态齿槽与基岩混凝土结合面
C10-1-1	1.65	2.40	0.87	0.67	C25 常态齿槽与基岩混凝土结合面

　　钻孔压水试验表明，最大透水率 0.7Lu，最小透水率 0。其中坝体内部碾压混凝土透水率在 0.0～0.7Lu 之间，平均为 0.43Lu；大坝防渗区透水率在 0.1～0.5Lu 之间，平均为 0.26Lu。

碾压混凝土芯样三级配湿容重平均值为 2495kg/m³，略低于 2500kg/m³ 的理论容重，实测湿容重的最小值达到理论容重的 99.0%；二级配碾压混凝土湿容重平均为 2476kg/m³，略低于 2480kg/m³ 的理论容重，实测湿容重的最小值达到理论容重的 99.1%。

芯样抗压强度、耐久性能试验结果满足设计要求；芯样二级配试件的极限拉伸满足设计要求，三级配碾压混凝土芯样极限拉伸值为 55×10^{-6}，略低于 60×10^{-6} 的设计指标；芯样试件 $\tan\varphi$、C（MPa）指标均较为理想。

3. 取芯试验检测成果与设计参数的对比分析

从取芯检测成果可以看出，混凝土的容重基本上在 2450～2500kg/m³，而在重力坝设计时，采用水工混凝土结构设计规范建议的大体积混凝土容重为 2400kg/m³。用容重 2400kg/m³ 计算的坝体压应力偏小，坝体及坝基抗滑稳定成果偏保守，但由于一般大坝的抗压强度不是坝体断面的控制因素，且两者数值相差不大，因此对计算成果的结论影响不大。

为了进一步复核设计抗剪断参数的合理性，对光照和沙沱大坝碾压混凝土设计抗剪断参数与钻孔取芯检测抗剪断参数进行比较，见表 2.4.17。为安全计，钻孔取芯检测抗剪断参数取试验成果的低值。从对比表中可以看出，钻孔取芯的抗剪断参数均远超设计参数。虽然钻孔取芯的样本较少，但也表明采用富胶凝材料后在目前的施工工艺水平上，已经很好地解决了坝体层间抗滑稳定问题，且随着对层面处理的程度加强，碾压混凝土重力坝层间抗滑稳定一般不会成为坝体断面设计的控制因素。

表 2.4.17　光照、沙沱大坝碾压混凝土设计与钻孔取芯抗剪断参数对比表

| 工程名称 | 混凝土等级 | 状况 | 胶凝材料用量/(kg·m⁻³) | | | f_k | C_k /MPa | 备　注 |
			水泥用量	粉煤灰用量	合计			
光照	$C_{90}15$	设计	60.8	91.2	152.0	0.9	0.47	抗剪断参数为反演值
		施工	55	82	137	1.10	1.246	抗剪断参数为取芯试验成果
	$C_{90}20$	设计	71.2	87.1	158.3	1.0	1.04	抗剪断参数为反演值
		施工	68	82	150	1.253	1.289	抗剪断参数为取芯试验成果
	$C_{90}25$	设计	84.5	84.5	169.0	1.1	1.23	抗剪断参数为反演值
		施工	83	83	166	1.506	1.676	抗剪断参数为取芯试验成果
沙沱	$C_{90}15$	设计	63.4	95	158.4	0.75	0.81	抗剪断参数为设计采用值
		施工	54	99	153	1.58	1.88	抗剪断参数为取芯试验成果

2.4.4.4　计算实例

1. 光照大坝

光照碾压混凝土重力坝最大坝高为 200.5m，是一座 200m 级的高碾压混凝土重力坝，碾压层间抗滑稳定计算尤为重要。随着坝高的不断增大，设计要求的层面抗剪断强度也随之增加。为此，对碾压混凝土层面不同抗剪断参数进行了对比，并按大坝钻孔取芯试验参数值对大坝进行了层间抗滑稳定和坝体应力的计算。计算工况及相应计算水位见表 2.4.18。

表 2.4.18 计算工况及相应水位

计算情况		上游水位/m	下游水位/m	设计状况
基本组合 1	正常蓄水位	745.00	583.50	持久状况
基本组合 2	库空情况	—	—	短暂状况
偶然组合 1	校核洪水位	747.07	608.50	偶然状况
偶然组合 2	正常+地震	745.00	583.50	偶然状况

由于光照大坝高度大，坝体碾压混凝土强度等级根据坝高的不同采用了 C25、C20、C15 三种碾压混凝土，其中高程 556.5～600m 采用 C25 碾压混凝土；高程 600～680m 采用 C20 碾压混凝土；高程 680～750.5m 采用 C15 碾压混凝土。扣除河床基础垫层常态混凝土，碾压混凝土最低高程为 556.5m。经分析计算，控制大坝稳定和断面尺寸的荷载组合是正常蓄水位情况，该荷载组合下，大坝各高程碾压混凝土层面的抗滑稳定安全系数满足 $K=3.0$ 时，对碾压混凝土层面抗剪断强度参数设计要求值进行了反演计算分析（表2.4.19）。分析分别选择了 557～685m 高程之间的 15 个高程面分别进行稳定及强度极限承载力计算。

表 2.4.19 光照大坝挡水断面层面抗剪强度参数设计反演值

混凝土层面至正常蓄水位高度/m	层面高程/m	C'/MPa			最大压应力/MPa
		$f'=0.9$	$f'=1.0$	$f'=1.1$	
60	685	0.41	0.34	0.27	1.71
65	680	0.47	0.40	0.32	1.81
80	665	0.63	0.54	0.45	2.15
90	655	0.81	0.71	0.54	2.37
100	645	0.84	0.73	0.62	2.60
110	635	0.93	0.81	0.69	2.83
130	615	1.11	0.97	0.83	3.29
145	600	1.20	1.04	0.89	3.31
150	595	1.22	1.06	0.91	3.33
170	575	1.40	1.22	1.05	3.49
175	570	1.45	1.28	1.11	3.54
180	565	1.51	1.33	1.16	3.59
185	560	1.55	1.37	1.19	3.64
187	558	1.58	1.40	1.22	3.66
188	557	1.59	1.41	1.23	3.68

对比光照碾压混凝土层间抗剪断参数的室内试验值、现场碾压试验值、大坝取芯试验值和设计反演值，在相应坝高位置的碾压混凝土层面抗剪断参数现场取芯试验值均大于其他值（表 2.4.20）。由此可见，大坝碾压混凝土层间抗滑稳定和强度均能满足要求。

表 2.4.20　　　　　　　　　　光照碾压混凝土层面不同情况抗剪断参数

坝高段	最大坝高/m	室内试验值		现场碾压试验值		大坝碾压混凝土取芯试验值		设计反演值	
		f'	C'/MPa	f'	C'/MPa	f'	C'/MPa	f'	C'/MPa
高程 680m 以上	70.5	1.237	1.130	1.00	0.70	1.100	1.246	0.90	0.47
高程 600～680m	150.5	1.017	1.100	1.170	1.19	1.253	1.289	1.00	1.04
高程 600m 以下	193.5	1.128	1.309	1.22	1.23	1.506	1.676	1.10	1.23

为进一步复核光照大坝坝体层间抗滑稳定的安全性，根据光照大坝钻孔取芯试验成果进行了坝体层间抗滑稳定计算。由于碾压混凝土坝层间结合面是薄弱面，且钻孔取芯时光照大坝混凝土龄期均已超过 90d，因此计算时采用试验成果中的芯样龄期超过 90d 的层间抗剪断参数，根据表 2.4.13，分别取 C25、C20、C15 三种三级配碾压混凝土抗剪断参数的低值作为计算参数，即取 C25：$f'=1.506$，$C'=1.676$；C20：$f'=1.253$，$C'=1.289$；C15：$f'=1.100$，$C'=1.246$。根据所选取的三种混凝土抗剪断参数，每种混凝土选取三个高程面进行大坝混凝土层间抗滑稳定承载能力极限状态计算，计算成果见表 2.4.21。从计算成果可以看出光照大坝坝体层间抗滑稳定在各工况各高程均满足规范要求，且有较大余度。

表 2.4.21　　　光照大坝碾压混凝土层面抗滑稳定承载能力极限状态计算成果表

层面至正常蓄水位高度/m	层面高程/m	正常水位		库空情况		校核水位		地震情况	
		$\gamma_0 \Psi S(\cdot)$	$R(\cdot)/\gamma_{d1}$	$\gamma_0 \Psi S(\cdot)$	$R(\cdot)/\gamma_{d1}$	$\gamma_0 \Psi S(\cdot)$	$R(\cdot)/\gamma_{d1}$	$\gamma_0 \Psi S(\cdot)$	$R(\cdot)/\gamma_{d1}$
25	720	3563.17	12987.25	0.00	13998.46	3446.07	12903.52	1590.95	12910.35
130	700	11263.17	26098.39	0.00	28600.14	10378.16	25983.31	9399.24	24551.78
145	680	23363.17	43686.16	0.00	48278.79	21050.25	43539.90	21183.40	38837.53
150	660	39863.17	72939.40	0.00	80829.16	35462.34	72747.26	36943.39	60568.86
170	630	72863.17	118973.64	0.00	133156.18	64092.97	118718.36	68038.11	93859.31
175	600	116523.85	180747.97	0.00	200380.08	101447.42	174304.25	108639.43	137595.09
180	595	125228.00	236822.52	0.00	260684.83	108428.47	224431.72	116618.81	181696.87
185	575	164087.63	296063.38	0.00	329796.83	137789.51	272005.76	151929.98	223701.97
188	557	202028.42	343460.49	0.00	399921.52	166180.07	319239.95	186173.50	257983.64

注　表中数据除高程外其余单位为 kN。

为验证扬压力折减系数计算取值的合理性，对光照碾压混凝土坝层间渗压进行了监测，在溢流坝段坝右 0+014.25m 断面，沿高程 571m、582m、597m、614m、640m 布置渗压计，每个高程布设 3 只，第一只布置在变态混凝土，其余两只布置在二级配防渗碾压混凝土内。水平间距分别约为 2.5m、4m。光照大坝层间渗压计 2010 年 5 月份监测成果见表 2.4.22。

表 2.4.22　　　　　　　　光照大坝层间渗压计监测成果表

设计编号	埋设桩号/m	埋设高程/m	测值水头/m	观测日期	上游水头（库水位704.61m）/m	对应比例/%
PB5-3	坝右 0+014.25、坝纵 0-009.75	571.13	51.12	2010-05-29	133.48	38.30
PB5-4	坝右 0+014.25、坝纵 0-007.25	571.17	5.05	2010-05-29	133.44	3.78
PB5-5	坝右 0+014.25、坝纵 0-003.25	571.28	-0.24	2010-05-29	133.33	-0.18
PB5-6	坝右 0+014.32、坝纵 0-006.86	582.76	111.12	2010-05-29	121.85	91.19
PB5-7	坝右 0+014.33、坝纵 0-004.23	582.71	112.71	2010-05-29	121.9	92.46
PB5-8	坝右 0+014.43、坝纵 0-000.33	582.85	1.72	2010-05-29	121.76	1.41
PB5-9	坝右 0+014.25、坝纵 0-003.00	597.20	92.74	2010-05-29	107.41	86.34
PB5-10	坝右 0+014.25、坝纵 0+000.00	597.15	60.55	2010-05-29	107.46	56.35
PB5-11	坝右 0+014.25、坝纵 0+003.50	597.18	60.95	2010-05-29	107.43	56.73
PB5-12	坝右 0+014.28、坝纵 0+000.93	614.73	-0.72	2010-05-29	89.88	-0.80
PB5-13	坝右 0+014.24、坝纵 0+003.40	614.62	-0.25	2010-05-29	89.99	-0.28
PB5-14	坝右 0+014.22、坝纵 0+006.24	614.37	-0.11	2010-05-29	90.24	-0.12
PB5-15	坝右 0+14.25、坝纵 0+001.0	640.67	23.63	2010-05-29	63.94	36.96
PB5-16	坝右 0+014.25、坝纵 0+003.50	640.67	-0.20	2010-05-29	63.94	-0.31
PB5-17	坝右 0+014.25、坝纵 0+007.50	640.62	-1.68	2010-05-29	63.99	-2.63

根据监测资料分析，高程 640m、610m、571m 的渗压计监测显示坝体层间渗压处于正常状态；高程 582m 的层间渗压在二级配防渗碾压混凝土内仍较高，但间隔 4m 后就已经得到了大量削减，仅为上游水头的 1.41%，说明渗压水头在二级配碾压混凝土区域得到有效拦截；而高程 597m 的层间渗压读数一直到最后一只渗压计仍然较高，达上游水头的 56.73%，虽然渗压计仍未到排水孔位置，为复核层间渗压的抗滑稳定安全性，为偏安全计，取坝体内部渗透压力强度系数 $\alpha_3 = 0.57$ 进行稳定分析，计算成果见表 2.4.23。从计算成果可以看出，光照大坝坝体层间抗滑稳定在各工况各高程仍然均满足规范要求。

表 2.4.23　　　　　光照大坝碾压混凝土层面抗滑稳定复核表 （$\alpha_3 = 0.57$）

层面至正常蓄水位高度/m	层面高程/m	正常水位		库空情况		校核水位		地震情况	
		$\gamma_0\psi S(\cdot)$	$R(\cdot)/\gamma_{d1}$	$\gamma_0\psi S(\cdot)$	$R(\cdot)/\gamma_{d1}$	$\gamma_0\psi S(\cdot)$	$R(\cdot)/\gamma_{d1}$	$\gamma_0\psi S(\cdot)$	$R(\cdot)/\gamma_{d1}$
25	720	3563.17	12192.72	0.00	13998.46	3446.07	12043.20	1590.95	12527.80
130	700	11263.17	23611.61	0.00	28600.14	10378.16	23382.14	9399.24	23354.44
145	680	23363.17	38567.89	0.00	48278.79	21050.25	38258.63	21183.40	36373.18
150	660	39863.17	63041.84	0.00	80829.16	35462.34	62608.66	36943.39	55803.37
170	630	72863.17	100969.03	0.00	133156.18	64092.97	100389.67	68038.11	85190.43
175	600	116523.85	151259.52	0.00	200380.08	101447.42	146123.47	108639.43	123396.95
180	595	125228.00	198550.37	0.00	260684.83	108428.47	189075.92	116618.81	163269.54
185	575	164087.63	247934.65	0.00	329796.83	137789.51	230710.42	151929.98	200528.88
188	557	202028.42	289101.61	0.00	399921.52	166180.07	272599.03	186173.50	231810.85

注　表中除高程外其余数据单位为 kN。

2. 沙沱大坝

沙沱水电站拦河坝最大坝高 101.00m，属高碾压混凝土重力坝。坝体碾压混凝土强度等级采用 $C_{90}15$，碾压混凝土最低高程为 270.00m，因而碾压混凝土层间抗滑稳定分析分别选择了 350.00m、340.00m、320.00m、300.00m、280.00m 五个典型高程面进行坝体抗滑稳定和强度承载能力极限状态计算。为安全计，计算中忽略上游 $C_{90}20$ 防渗混凝土的有利因素，即层面均认为是 $C_{90}15$ 碾压混凝土。

碾压混凝土抗剪断参数取值一般应通过现场试验确定。考虑到抗剪断强度特别是黏聚力的不均匀性和其他不确定因素，坝体 $C_{90}15$ 碾压混凝土层面的抗剪断参数标准值，参考类似工程和《混凝土重力坝设计规范》（DL 5108—1999）表 D3 中略低于贫胶凝材料配比 90d 龄期碾压混凝土层间的抗剪断参数标准值进行选取，取值为：摩擦系数 $f_K = 0.75$，黏聚力 $C_k = 0.81$MPa，抗压强度标准值取值为 17.3MPa。不同高程碾压层面的抗滑稳定和强度承载能力极限状态计算结果见表 2.4.24，大坝上下游面拉应力正常使用极限计算结果见表 2.4.25。从计算结果可知，碾压混凝土层间抗滑稳定和强度均能满足要求，而且还有一定的富裕度。

表 2.4.24　　　　沙沱大坝坝体层间抗滑及坝下游面抗压承载能力极限状态计算

高程 /m	设计状况	作用组合	考虑情况	接触面抗滑稳定/kN			坝趾抗压承载能力/kPa		
				$\gamma_0 \psi S(\cdot)$	$R(\cdot)/\gamma_d$	判断	$\gamma_0 \psi S(\cdot)$	$R(\cdot)/\gamma_d$	判断
350	持久状况	基本组合	正常蓄水位	1227.94	5432.26	√	488.32	6407.41	√
	短暂状况	基本组合	施工期	0.00	5859.11	√	121.20	6407.41	√
	偶然状况	偶然组合	校核洪水位	1681.83	5299.93	√	663.67	6407.41	√
340	持久状况	基本组合	正常蓄水位	3227.94	8833.50	√	583.02	6407.41	√
	短暂状况	基本组合	施工期	0.00	9652.45	√	−36.21	6407.41	√
	偶然状况	偶然组合	校核洪水位	3777.08	8681.17	√	770.59	6407.41	√
320	持久状况	基本组合	正常蓄水位	10227.94	18017.29	√	1082.02	6407.41	√
	短暂状况	基本组合	施工期	0.00	19889.86	√	−76.19	6407.41	√
	偶然状况	偶然组合	校核洪水位	10273.46	16889.86	√	1125.91	6407.41	√
300	持久状况	基本组合	正常蓄水位	21227.94	30905.29	√	1649.73	6407.41	√
	短暂状况	基本组合	施工期	0.00	33983.66	√	64.51	6407.41	√
	偶然状况	偶然组合	校核洪水位	17425.53	26437.89	√	1411.07	6407.41	√
280	持久状况	基本组合	正常蓄水位 1	36372.90	45353.85	√	2038.19	6407.41	√
	持久状况	基本组合	正常蓄水位 2	36051.87	44745.73	√	2007.79	6407.41	√
	短暂状况	基本组合	施工期	0.00	52480.67	√	272.60	6407.41	√
	偶然状况	偶然组合	校核洪水位	25200.22	38923.76	√	1625.20	6407.41	√

注　应力以压为"＋"，拉为"－"，√表示能满足规范要求，以下同。

表 2.4.25 沙沱大坝上下游面拉应力正常使用极限状况

高程/m	设计状况	作用组合	主要考虑情况	上游正应力 σ_{yu}/kPa	下游正应力 σ_{yd}/kPa	判断
350	持久状况	长期组合	正常蓄水位	333.90	300.31	√
	短暂状况	短期组合	施工期	654.36	81.64	√
340	持久状况	长期组合	正常蓄水位	396.01	360.04	√
	短暂状况	短期组合	施工期	909.53	−24.39	√
320	持久状况	长期组合	正常蓄水位	440.07	678.64	√
	短暂状况	短期组合	施工期	1344.87	−51.32	√
300	持久状况	长期组合	正常蓄水位	466.77	1041.02	√
	短暂状况	短期组合	施工期	1657.73	43.47	√
280	持久状况	长期组合	正常蓄水位1	461.03	1288.56	√
	持久状况	长期组合	正常蓄水位2	442.88	1269.59	√
	短暂状况	短期组合	施工期	1929.47	183.68	√

　　为进一步复核沙沱大坝坝体层间抗滑稳定的安全性，根据沙沱大坝钻孔取芯试验成果进行了坝体层间抗滑稳定计算分析。由于碾压混凝土坝层间结合面是薄弱面，且取芯时沙沱大坝混凝土龄期均已超过90d，因此计算时采用试验成果中的芯样龄期超过90d的层间抗剪断参数，根据表2.4.16，分别取 $C_{90}20$、$C_{90}15$ 两种混凝土抗剪断参数的低值作为计算参数，即取 $C_{90}20$：$f'=1.34$，$C'=2.35$MPa；$C_{90}15$：$f'=1.58$，$C'=1.88$MPa。根据所选取的两种混凝土抗剪断参数，由于截面大部分为 $C_{90}15$ 混凝土，且 $C_{90}15$ 混凝土参数较低，因此全部按照 $C_{90}15$ 混凝土进行五个高程面大坝混凝土层间抗滑稳定承载能力极限状态计算，计算成果见表2.4.26。从计算成果可以看出，沙沱大坝坝体层间抗滑稳定在各工况下，各高程均满足规范要求，且有较大富裕度。

表 2.4.26 沙沱大坝碾压混凝土层面抗滑稳定承载力极限状态复核计算成果表

高程/m	设计状况	作用组合	考虑情况	接触面抗滑稳定/kN		
				$\gamma_0 \psi S(\cdot)$	$R(\cdot)/\gamma_d$	判断
350	持久状况	基本组合	正常蓄水位	1227.94	12419.30	√
	短暂状况	基本组合	施工期	0.00	13089.30	√
	偶然状况	偶然组合	校核洪水位	1681.83	12211.60	√
340	持久状况	基本组合	正常蓄水位	3227.94	20128.81	√
	短暂状况	基本组合	施工期	0.00	21473.38	√
	偶然状况	偶然组合	校核洪水位	3777.08	19878.71	√
320	持久状况	基本组合	正常蓄水位	10227.94	40470.79	√
	短暂状况	基本组合	施工期	0.00	37687.21	√
	偶然状况	偶然组合	校核洪水位	10273.46	38043.34	√

续表

高程 /m	设计状况	作用组合	考虑情况	接触面抗滑稳定/kN		
				$\gamma_0\psi S(\cdot)$	$R(\cdot)/\gamma_d$	判断
300	持久状况	基本组合	正常蓄水位	21227.94	68539.44	√
	短暂状况	基本组合	施工期	0.00	54642.31	√
	偶然状况	偶然组合	校核洪水位	17425.53	58837.29	√
280	持久状况	基本组合	正常蓄水位	36372.90	98358.62	√
	短暂状况	基本组合	施工期	0.00	73412.60	√
	偶然状况	偶然组合	校核洪水位	25200.22	85093.66	√

2.4.5　大坝变形监测成果反馈与分析

监测成果的反馈与分析是验证和提高设计水平的有效手段。按规范要求，重力坝坝体内布置应力变形监测仪器。由于材料力学法计算成果中无法考虑地基因素，在与监测成果的对应性上较差，因此只讨论有限元计算成果与监测成果的反馈对比。

碾压混凝土重力坝的建设是一个系统工程，系统内部的各组成部分之间存在着必然的联系。坝基及坝体适应性、防渗体系、施工过程控制、筑坝材料性能等都将影响着大坝的整体安全度，在以往的数值模拟中主要存在如下缺陷：

（1）研究成果的单一性。在进行数值分析时，往往针对单项进行专门研究，如温度分析、渗流分析、应力应变与稳定分析等，目标较为单一。施工期的温度仿真计算主要为温控设计服务，渗流分析主要为防渗体系设置服务，应力分析主要为坝体、坝基处理服务。在进行单项分析研究中，边界条件往往又做了简化和假定，忽略了它们之间的相互作用。渗流场、应力场、温度场三者之间是否有相互影响，影响多大？这些在单项研究中无法给出答案。

（2）研究成果的静态性。在以往的计算中，研究项目偏于静态。初始条件一般为前期资料，在完成分析后就不再调整。当现场的地质揭露情况、结构体型或者气象等外界条件发生重大改变时，往往不能为设计和施工提供有力的技术支持和指导。

（3）研究成果的单向性。事物的发展总是在一定的理论基础上，不断地通过实践反馈，改进理论，然后再应用到实践中，接受实践的检验，如此循环。在以往的计算中，计算成果在定性方面做得较为成功，但是现场的监测成果能否与计算参数和假定对应？如何进一步验证计算成果的可靠性？如何通过现场监测成果的反馈寻求更合理的计算模式，进一步改进计算水平？施工过程中哪些因素对整个系统的影响情况较为敏感？这些问题需要有更多的反馈系统来解决。

为此，光照工程针对大坝开展了以设计、施工及运行全过程的仿真计算分析研究。通过研究，了解和掌握光照高碾压混凝土坝的应力场、温度场、渗流场等与材料和结构之间的关系，为坝体及基础系统化的结构设计提供科学依据；同时分析光照大坝与基础的协同联合作用，研究施工过程条件变化对原设计产生的影响。通过研究，为工程安全提供科学合理的、综合性的评价，并为光照工程的施工和运行提供重要的依据。

1. 光照大坝监测布置情况

根据有限元计算结果，河床坝段变形最大，左岸 5 号坝段和右岸 16 号坝段附近的安全系数最低，所以大坝变形监测仪器主要布置在 5 号、16 号岸坡坝段和 9～12 号河床坝段等，同时为了能够系统地掌握大坝的变形规律，在其他坝段上也布置了适量的观测仪器。表 2.4.27 为坝体变形监测仪器布置位置一览表。

表 2.4.27　　　　　　　　　　光照大坝变形监测仪器布置一览表

名称	高程/m	桩号/m	名称	高程/m	桩号/m
LSA－1	560.2	坝右 0＋106.5 坝纵 0＋14.34	LS3－7	702.0	坝左 0＋93.5、坝纵 0＋5.10
LSA－2	560.2	坝右 0＋50.0 坝纵 0＋9.09	LS3－8	702.0	坝左 0＋155.0、坝纵 0＋5.10
LSA－3	560.2	坝右 0＋15.0 坝纵 0＋6.17	LA1	658.0	坝右 0＋74.5、坝纵 0＋7.00
LSA－4	560.2	坝右 0＋2.0 坝纵 0＋6.17	LA2	658.0	坝右 0＋55.5、坝纵 0＋7.00
LSA－5	560.2	坝右 0＋15.0 坝纵 0＋6.17	LA3	658.0	坝右 0＋28.0、坝纵 0＋7.00
LSA－6	560.2	坝左 0＋50.0 坝纵 0＋9.04	LA4	658.0	坝右 0＋10.25、坝纵 0＋7.00
LSA－7	560.2	坝左 0＋118.5 坝纵 0＋14.45	LA5	658.0	坝左 0＋10.25、坝纵 0＋7.00
LSB－0	559.7	坝左 0＋13.11 坝纵 0＋13.10	LA6	658.0	坝左 0＋33.0、坝纵 0＋7.00
LSB－1	559.7	坝左 0＋16.5 坝纵 0＋25.0	LA7	658.0	坝左 0＋75.2、坝纵 0＋7.00
LSB－2	559.7	坝左 0＋16.5 坝纵 0＋60.0	LA8	658.0	坝左 0＋93.5、坝纵 0＋7.00
LSB－3	559.7	坝左 0＋16.5 坝纵 0＋95.0	IP2	560.0	坝左 0＋119.9、坝纵 0＋18.25
LSB－4	559.7	坝左 0＋16.5 坝纵 0＋126.0	PL2－4	612.0	坝左 0＋119.9、坝纵 0＋12.75
LS3－1	702.0	坝右 0＋147.5 坝纵 0＋5.10	PL2－3	560.0	坝左 0＋119.9、坝纵 0＋16.75
LS3－2	702.0	坝右 0＋92.5 坝纵 0＋5.10	IP3－1	560.0	坝左 0＋11.75、坝纵 0＋13.5
LS3－3	702.0	坝右 0＋33.0 坝纵 0＋5.10	PL3－3	560.0	坝左 0＋10.25、坝纵 0＋13.5
LS3－4	702.0	坝右 0＋10.25 坝纵 0＋5.10	IP4	560.0	坝右 0＋108.0、坝纵 0＋18.25
LS3－5	702.0	坝左 0＋10.25 坝纵 0＋5.10	PL4－4	612.0	坝左 0＋108.0、坝纵 0＋12.75
LS3－6	702.0	坝左 0＋33.0 坝纵 0＋5.10	PL4－3	560.0	坝左 0＋108.0、坝纵 0＋16.75

2. 监测值和计算值对比分析

图 2.4.2～图 2.4.4 为大坝铅直向和顺河向位移监测成果与对应的仿真计算变形成果特征点过程线对比图，从光照大坝有限元应力计算成果与监测成果的对比分析可以看出：各测点相对位移随时间变化的规律与监测值基本一致，总体规律符合性较好，计算结果基本反映了坝体相对位移随时间变化和分布的规律，但在具体数值上差距较大，随着大坝运行时间的加长，数值上的差异开始增大，甚至在中间过程中已经出现了规律性的偏离。可见，目前对大坝长期受载作用下的材料性能及坝体力学特性的认识还显不足，还有研究的空间。

2.4.6　问题与讨论

（1）基于大坝安全运行和监控的需要，一般会要求设计提供有关坝体变形的控制指标值，目前大坝有限元分析计算在安全度评判上有所突破，但具体以怎么样的坝体变形指标

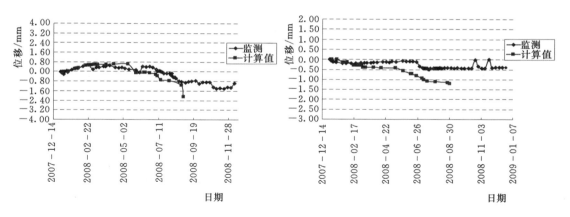

图 2.4.2　LSA-4、LSB-1 铅直向位移过程线对比图

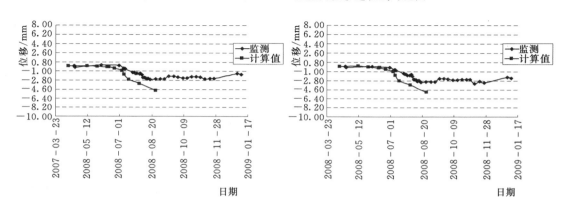

图 2.4.3　LS3-4、LS3-5 铅直向位移过程线对比图

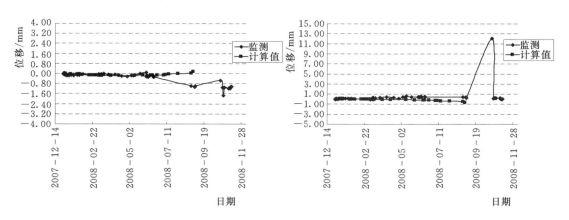

图 2.4.4　LA4 顺河向、铅直向位移过程线对比图

控制合适，是以弹性阶段的坝体变形控制，还是以塑性破坏时的变形指标来控制？需要进一步研究。

（2）大坝应力应变监测成果与计算可比性较差，由于应力应变监测仪器受影响因素较多，应变监测成果在转换为应力时往往误差较大，较难反馈真实的应力情况。因此，计算体系还应考虑如何实现与监测体系对接，以增加两者之间的可比性。

（3）随着有限元技术的发展，重力坝计算理论体系得到了进一步发展，对重力坝受力体系的理解和研究更为深入，但由于有限元自身局限性，在安全标准上无法形成定量控制，且坝体设计的基本控制目标是坝体处于线弹性状态，虽然断裂力学、损伤力学等技术不断引入大坝安全评价，但突破性难度较大。

（4）碾压混凝土坝在防渗设计上采用了"前堵后排"的思路，利用坝体排水管的排泄能力有效降低层间渗压，对层间抗滑稳定有利。但由于该排泄通道的存在，形成了上游库水与排水管之间的高渗透压力梯度，当排水管前的碾压层面存在微细裂缝或不良层间结合时，极易被破坏，库水沿层面或薄弱部位进入排水管时，则会增加坝体的孔隙水压力及扬压力，降低坝体的抗滑稳定性。再则渗透水还会将混凝土结构中的 $Ca(OH)_2$ 和其他成分带走，不断掏刷该缺陷，并扩大其范围，导致层间结合能力进一步削弱，在工程设计与运行中应加以关注。

（5）工程运行检查发现，坝基及坝体排水孔易受 $Ca(OH)_2$ 等沉积物的影响，导致排水孔堵塞，影响排水效果，增大扬压力，不利于大坝的安全与稳定。因此，工程运行一定年限后，应对排水孔进行检查与疏通，以确保符合设计边界条件。

（6）以数理统计为基础的可靠度理论被引入重力坝设计，推动了重力坝材料力学计算体系与国际标准的进一步接轨，但目前我国在设计、施工、试验标准上未形成统一的系统，甚至指导重力坝设计的水利规范和电力规范都各自成体系，在运用上容易出现混乱，设计中应注意规范的选用，同时注意不同标准之间成果的协调与一致。

（7）根据电力规范《混凝土重力坝设计规范》（DL 5018—1999），结构设计采用概率极限状态设计原则，以分项系数极限状态设计表达式替代了传统的定值法，坝体稳定等按承载能力极限状态法进行计算。通过多个工程设计表明，在用电力规范进行大坝抗滑稳定计算时，坝基及坝基岩体的抗剪断参数采用设计值和标准值，其取值值得关注，若取值不当会造成电力规范与水利规范稳定计算结果（稳定判别）不一致。

（8）混凝土设计龄期取值与混凝土从施工至承载的时间长短有关，一般采用 90d 或 180d。贵阳院碾压混凝土坝设计龄期主要以是 90d 为主，利用碾压混凝土的后期强度较少，但有利于混凝土施工配合比的验证与调整和钻孔取芯成果的评定。在实际工程应用中，需综合考虑大坝建设工期及经济效益，选取合适的设计龄期。

2.5 防渗排水系统设计

2.5.1 坝体防渗设计

2.5.1.1 碾压混凝土坝渗流控制

碾压混凝土抗渗性能及渗流主要受下列因数影响和控制：

（1）碾压混凝土的抗渗性主要取决于混凝土的胶凝材料用量、水胶比、压实度、层面结合质量和龄期等因素。

（2）碾压混凝土坝采用半塑性混凝土大仓面薄层连续碾压而成，施工中使用逐层摊铺和碾压的方法。如果层间碾压覆盖间隔时间过长、VC 值损失大、骨料分离或集中、浆砂比较小、气候条件差等原因均会导致层间结合不好，而形成可能的渗流通道。

（3）我国碾压混凝土的发展已由干硬性混凝土逐渐发展为半塑性混凝土，且要求连续碾压上升，通过振动碾压使上层骨料嵌入到下层已碾压的混凝土中，改变了原碾压混凝土"千层饼"易形成层间渗漏通道的现象；但碾压混凝连续上升数层达到一定升程后，因温控等原因需要停歇，设置水平施工缝面，这种层（缝）面经冲毛和铺砂浆处理后，在理论上仍存在一定的水力隙宽，处理不好就会形成渗流通道。

根据碾压混凝土的渗流特性，碾压混凝土坝渗流控制设计的具体目标是降低坝体层面上的扬压力和减少渗透量。大坝防渗体的厚度或排水幕距坝上游面的距离要与混凝土分区协调，且足够的大，满足坝体上游面至排水幕区间防渗体混凝土的最大允许水力比降要求，防止发生水力劈裂渗透破坏。而要达到以上目标，按照"前堵后排"的基本原则，需要设计合理的大坝上游侧防渗体及其后面的排水幕结构，形成大坝防渗体系。同时从碾压混凝土的材料配合比、施工工艺、温控措施等方面做好材料优选和施工控制，确保碾压混凝土实现"层间结合质量良好"和"混凝土不出现危害性裂缝"的关键目标，方能有效解决碾压混凝土坝的渗控问题。

2.5.1.2　防渗结构

1. 碾压混凝土重力坝防渗结构设计思路

碾压混凝土重力坝防渗结构的主要作用是降低层面扬压力和防止坝体渗漏或减小渗漏量。降低层面扬压力的主要途径是提高防渗结构的抗渗性，使作用水头尽可能消耗在防渗结构范围内，然后通过坝体排水管的作用，有效控制排水管之后的层面扬压力。防止坝体渗漏或减小渗漏量的途径是尽可能提高防渗结构的抗渗性。对碾压混凝土重力坝而言，有效地控制层面扬压力比控制渗漏量更为重要。

2. 碾压混凝土重力坝防渗结构设计要求

根据碾压混凝土重力坝的特点，防渗排水结构应满足以下几个方面的要求：

（1）防渗结构应具有长期的安全可靠性，自身稳定、防渗效果好、适应变形能力强、不产生裂缝。

（2）防渗结构应有良好的耐久性，同时要求美观协调、对水质无污染。

（3）通过防渗结构和排水系统的联合控制，确保坝基和坝体扬压力控制在设计允许范围内。

（4）防渗结构应适合碾压混凝土快速施工的要求，减少施工干扰，同时要求厚度适中、经济。

（5）防渗结构应满足温控防裂要求，减少裂缝发生的概率。

3. 防渗结构型式

根据防渗材料的不同，碾压混凝土坝防渗结构型式可分为三大类：常态混凝土防渗结构、柔性材料防渗结构及碾压混凝土自身防渗结构。

常态混凝土防渗结构利用常态混凝土作为防渗体。根据施工方法和构造的不同，分为"金包银"结构、常态混凝土薄层防渗结构、现浇钢筋混凝土面板及预制混凝土面板防渗结构等。

柔性材料防渗结构主要依靠柔性材料防渗，主要包括 PVC 薄膜防渗、沥青混合料防渗和坝面喷涂高分子材料等。

碾压混凝土自身防渗结构以碾压混凝土本身作为防渗体。一般采用富胶凝二级配碾压混凝土作为主要防渗体,低坝或作用水头较低时,也可直接采用三级配碾压混凝土作为防渗。随着变态混凝土技术的发展,目前碾压混凝土自身防渗结构基本采用碾压混凝土与表层变态混凝土相组合的防渗型式。

不同防渗型式主要结构特点:

(1)厚常态混凝土防渗(俗称"金包银")。它是一种较早采用的防渗结构型式,在碾压混凝土上游坝体迎水面浇筑厚度为 1.5~3m 的常态混凝土作为防渗层,常态混凝土与碾压混凝土同步上升并设置横缝,缝内设置止水。这种结构的防渗效果较好,可靠性高,但常态混凝土所占比例很大,施工工艺复杂,施工干扰大,影响施工进度,难以发挥碾压混凝土的优点,温度裂缝难以控制。

(2)薄常态混凝土防渗。在坝上游面浇筑厚度为 0.3~1.0m 的常态混凝土防渗层,其后一定宽度的碾压混凝土层面需铺设砂浆垫层处理,防渗层可设横缝(也可不设),缝内一般设一道止水。与"金包银"结构相比,这种结构的常态混凝土所占比例小,施工干扰小,温控措施简单,造价低,能较好发挥碾压混凝土的优势,缺点是薄层抗裂性能差,防渗效果不能保证。

(3)现浇钢筋混凝土面板防渗。即在上游坝面现浇钢筋混凝土面板,面板采用锚筋与坝体连接,面板设置横缝,横缝内设止水。其特点是在薄层防渗体中分缝并设置钢筋限制裂缝发展,防渗面板可提前或后于坝体施工,且可采用滑模快速施工,提前施工时,面板可作为碾压混凝土的模板。缺点是面板钢筋用量较大,止水措施严格,坝体和面板之间变形和受力复杂。一般选择在低温季节施工,面板混凝土可采用补偿收缩性混凝土。

(4)内贴 PVC 薄膜防渗。将薄膜预先贴在预制板内,现场安装焊接成整体,作为坝面模板使用。

(5)外贴 PVC 薄膜防渗。坝面预埋固定件,坝面形成后安装薄膜。

(6)沥青混凝土防渗。坝面外先安装预制板,在坝面与预制板间之间的空腔浇筑沥青混凝土。

(7)坝面高分子涂料。即在上游坝面涂刷或喷涂高分子材料,一般作为辅助防渗措施使用。

(8)碾压混凝土自身防渗。是目前应用最广的一种防渗结构型式,其特点是根据碾压混凝土抗渗性能随胶凝材料用量增加而提高的特点,增加坝体上游附近碾压混凝土中胶凝材料的含量,改善其配比,依靠碾压混凝土自身防渗。其优点是结构简单,防渗体和坝体内部混凝土可快速同步碾压上升,施工干扰少,能充分发挥碾压混凝土快速施工的优势,且解决了异种混凝土之间结合不佳的问题;缺点是碾压混凝土层面渗漏的问题仍然存在,如不采取任何辅助措施可能导致渗漏。为解决碾压层面存在的问题,除严格控制施工工艺外,现在的做法是在碾压混凝土上游设置 0.5~1.2m 厚的变态混凝土,即在上游面附近的碾压混凝土中加入一定水泥浆,并采用振捣方式将其密实,以进一步提高上游面附近坝体的抗渗性。

4. 二级配碾压混凝土与变态混凝土组合防渗结构设计要点

我国早期的碾压混凝土坝，厚常态混凝土防渗应用较多，应用坝高也相对较大，其他型式的防渗结构早期主要用于一些中低碾压混凝土坝。而碾压混凝土筑坝实践证明，采用厚常态混凝土防渗产生的施工干扰限制了大坝的上升速度，"七五"攻关结合普定碾压混凝土坝的兴建，研究了富胶凝二级配碾压混凝土防渗并在普定大坝建设中成功应用，这种利用碾压混凝土自身防渗的措施，充分适应了碾压混凝土的施工特点，使碾压混凝土的快速施工优势得到充分发挥，从而成为我国碾压混凝土坝防渗结构的潮流得到迅速推广。

(1) 二级配碾压混凝土构成防渗结构的主体，布置在坝体上游侧，其宽度以下游侧不超过坝体廊道上游侧墙前约 1m 为界，以便廊道混凝土施工，并确保坝体排水孔位于渗透性较大的三级配碾压混凝土内。二级配碾压混凝土厚度根据作用水头确定，一般取水头的 $1/10 \sim 1/15$，且不小于 3m。

(2) 构成防渗结构主体的二级配碾压混凝土每个层面上要求铺水泥浆处理以提高二级配碾压混凝土层面抗渗性。

(3) 二级配碾压混凝土的上游侧设置变态混凝土防渗层，变态混凝土的厚度一般为 $0.5 \sim 1.2m$，变态混凝土的厚度一方面取决于结构的需要，另一方面取决于施工要求。如上游面模板的拉模钢筋长度决定了变态混凝土厚度，因此，应尽量控制拉模钢筋在坝体内的延伸范围。

(4) 根据实际工程具体情况，变态混凝土内可设置限裂钢筋网，以限制坝面裂缝开展。

(5) 变态混凝土与二级配碾压混凝土防渗结构应设横缝，横缝间距一般与坝体分缝间距一致，缝内设置相应的止水。

5. 三级配碾压混凝土与变态混凝土组合防渗结构的发展

随着碾压混凝土筑坝技术的不断成熟，通过采用二级配碾压混凝土与变态混凝土组合防渗结构，虽已达到简化施工和加快施工速度的效果，但因碾压仓面上有两种不同级配的碾压混凝土，对碾压混凝土的生产、运输到摊铺、碾压等仍存在诸多不便。尤其是在坝体上部和水头不高的中低坝，由于坝体宽度较小、碾压仓面不大，进行两种混凝土的摊铺、碾压，施工干扰仍较大，抑制了碾压混凝土快速施工的优势。因此，近年来已有一些中低坝工程（或高坝上部），直接采用了三级配碾压混凝土与变态混凝土组合的防渗结构。结合国内已建的三级配碾压混凝土钻孔取芯试验检测数据来看，三级配碾压混凝土自身能够满足防渗要求，关键是要解决好层间结合问题。实践表明，通过配合比设计优化、层间结合处理及碾压施工工艺等的严格控制，解决层间渗漏问题，直接采用三级配碾压混凝土与变态混凝土组合防渗是能够满足要求的。

贵阳院设计的已建碾压混凝土工程防渗结构见表 2.5.1。从表中可看出，除早期建设的天生桥二级水电站大坝采用厚常态混凝土防渗（即"金包银"）以外，后面建设的工程全部采用碾压混凝土自身防渗。其中，一些工程全部采用二级配碾压混凝土防渗，也有一些工程（较低的坝或高坝上部）采用了三级配碾压混凝土直接防渗。多年的工程蓄水运行表明，碾压混凝土坝运行正常。通过贵阳院的工程实践表明，只要保证施工质量，采用碾压混凝土与变态混凝土组合的防渗结构完全能够满足防渗要求。

表 2.5.1　　　　　　　　　　　　　部分碾压混凝土坝防渗结构特性

序号	坝名	坝高/m	主要防渗结构	二级配防渗层厚/m	建成年份
1	天生桥二级	60.7	厚常态混凝土防渗，即"金包银"型式		1986
2	索风营	115.8	二级配碾压混凝土防渗	2.5～6.5	2005
3	光照	200.5	710m 高程以下二级配碾压混凝土防渗，710m 高程以上三级配碾压混凝土防渗	3～13	2008
4	思林	124	二级配碾压混凝防渗	3.5～5.7	2010
5	石垭子	134.5	526m 高程以下二级配碾压混凝土防渗，526m 高程以上三级配碾压混凝土防渗	2.2～9.7	2011
6	沙沱	101	335m 高程以下二级配碾压混凝土防渗，335m 高程以上三级配碾压混凝土防渗	3～6.1	2013
7	枕头坝	86.5	全断面三级配碾压混凝土防渗	无	在建

2.5.2　大坝排水设计

混凝土重力坝的排水系统是降低扬压力的有效措施和保证大坝安全与稳定的重要因素，排水系统包括坝基排水系统及坝体排水系统两个部分。

1. 坝基排水系统

根据工程实际情况及需要，坝基可分别设置上游主排水系统、下游排水系统和坝基抽排系统。各排水系统均由排水孔幕组成。坝不高时可只在坝基防渗帷幕后设上游排水系统，高坝可设置上、下游排水系统，高坝及下游水位较深时宜设上、下游排水及坝基抽排系统。

坝基抽排系统一般布置在河床坝基部位，根据坝基宽度，在上、下游排水系统（廊道）范围内设置纵向和横向排水廊道，顺水流方向廊道间距一般为 30～40m，垂直水流方向廊道间距一般根据坝段长度确定，一般为 20～30m。坝基上游主排水孔深度一般取帷幕深的 0.4～0.6 倍，且不小于 10m。当坝基内存在裂隙承压水层或透水区时，除加强防渗措施外，排水孔宜穿过此部位。下游及内部辅助排水孔孔深要求进入基岩 6～12m。坝基排水孔由钻孔形成，主排水孔间距 2～3m，辅助排水孔间距 3～5m，孔径 100～200mm。

光照水电站碾压混凝土坝高达 200.5m，坝基排水系统设计采用了上、下游排水及坝基抽排系统，其布置如图 2.5.1 和图 2.5.2 所示。

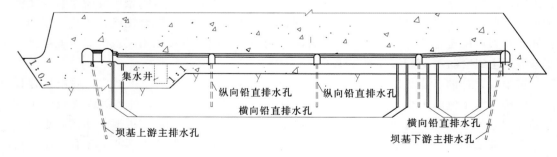

图 2.5.1　光照坝基抽排系统剖面布置图

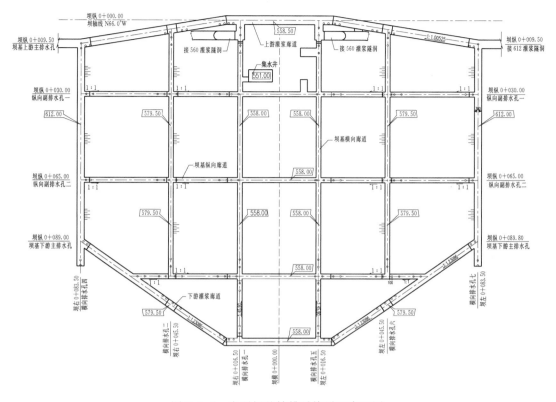

图 2.5.2　光照坝基抽排系统平面布置图

2. 坝体排水系统

由于碾压混凝土成层和渗流的特点，碾压混凝土重力坝应设置坝体排水系统，将从上游坝面渗进来的水及时排走，以降低坝体内层面上的扬压力及保证碾压混凝土的耐久性。

碾压混凝土坝的坝体排水系统（排水幕）一般布置在大坝二级配防渗层混凝土的下游侧，由竖向排水孔组成，部分高坝还设有水平向排水管，竖向和水平向排水管相互连通，排水管的渗水引至坝体廊道后排出到坝外。

经过工程实践与总结，竖向排水孔常采用钻孔、埋设透水管或拔管等方法形成。采用预埋中空塑料盲管的成孔工艺时，由于排水孔幕间距较小，预埋盲管易影响振动碾在仓面的运行。钻孔形成排水孔因不易堵塞、排水通道较可靠，孔径可比其他成孔方式小一些，钻孔孔径可视不同坝高取 76～110mm，其他成孔方式孔径一般取 150～200mm。

贵阳院设计的部分碾压混凝土工程坝体排水布置情况见表 2.5.2。

表 2.5.2　　　　　　部分碾压混凝土坝工程坝体排水布置情况表

序号	坝名	坝高 /m	排水管 型式	排水孔 孔径 /mm	排水孔间距 /m	有无 水平排水	建成年份
1	索风营	115.8	预埋盲沟管	150	高程 783.2m 以上 5m，以下为 3m	无	2005

序号	坝名	坝高/m	排水管型式	排水孔孔径/mm	排水孔间距/m	有无水平排水	建成年份
2	光照	200.5	钻孔/预埋盲沟管	110/150	3～4	有	2009
3	思林	124	预埋盲沟管	150	高程 392m 以上 5m，以下 3m	有	2010
4	石垭子	134.5	钻孔/预埋盲沟管	97/150	3	埋管段有	2011
5	沙沱	101	预埋盲沟管	150	3	有	2013
6	枕头坝	86.5	钻孔	76	3	有	在建

3. 坝内（抽）排水布置

坝基排水、坝体渗水以及两岸灌浆廊道地下渗水等经排水系统收集后进入坝内廊道的排水沟。其中，最高尾水位以上坝体排水系统收集的渗水通过廊道自流排出坝体，最高尾水位以下坝体排水系统收集的渗水汇入坝基较低高程处的集水井，经由水泵抽排至下游河道。

坝内（抽）排水系统由集水井、排水泵房、排水管等组成。集水井的大小（容积）应根据坝址区水文地质条件、坝体材料及坝基岩体的渗透系数、排水系统布置等，通过渗流分析估算渗水流量，最后结合汇入集水井的范围、抽水泵功率及启停水位设置等因素综合确定。

碾压混凝土重力坝应对排水系统的汇水和排水进行精心规划和量测，以便运行过程中对集中渗漏部位进行判断，一般可按排出方向分为自流排出区和抽排区两个大区，每个大区又可分为左岸区、右岸区和中部区等。

2.6 设计指标与坝体材料分区

2.6.1 碾压混凝土主要性能参数

1. 碾压混凝土主要性能

碾压混凝土主要性能包括：①力学性能：抗压强度、抗拉强度、抗剪强度；②变形性能：弹性模量、极限拉伸和徐变；③耐久性能：渗透性（抗渗等级、渗透系数）、抗冻性。

（1）力学性能。

1）抗压强度。抗压强度有标准立方体抗压强度和标准圆柱体抗压强度之分，标准圆柱体抗压强度约为标准立方体抗压强度的 0.83 倍。我国采用的设计强度等级或标号是指标准立方体抗压强度，即 150mm×150mm×150mm 立方体试件在标准养护和试验条件下测定的抗压强度，是混凝土结构设计的重要指标，也是混凝土配合比设计的重要参数。

碾压混凝土性能受众多因素影响，如水灰比、水胶比、用水量、砂率、骨料种类、掺合料及外加剂的品质与掺量等。

碾压混凝土抗压强度的最低等级为 C5，最高等级 C25。根据坝体稳定和强度要求，70m 以下中低碾压混凝土重力坝，一般坝体内部混凝土强度等级取 C5、C7.5、C10；

100m 级碾压混凝土重力坝坝体内部混凝土强度等级取 C10、C15、C20；200m 级高碾压混凝土重力坝坝体内部混凝土强度等级取 C15、C20、C25。大坝碾压混凝土强度标准值见表 2.6.1。

表 2.6.1　　　　　　　　　　　大坝碾压混凝土强度标准值

项目	单位	碾压混凝土强度等级					
		C5	C7.5	C10	C15	C20	C25
轴心抗压（90d 龄期）	MPa	6.3	9.2	11.9	17.3	22.4	27.3
轴心抗压（180d 龄期）	MPa	7.2	10.4	13.5	19.6	25.4	31.0

贵阳院设计的普定、索风营、思林、大花水、沙沱等水电站大坝的内部三级配碾压混凝土强度等级基本采用 C15，光照高坝按高程段有 C15、C20、C25 三种，混凝土强度标准值多采用 90d 龄期，保证率为 80%。

2）抗拉强度。轴向拉伸试验是用直接拉伸试件的方法测定抗拉强度、极限拉伸值和拉伸弹性模量，大坝结构应力和温度应力计算，采用轴向抗拉强度作为抗拉强度设计指标。

劈裂抗拉强度是用非直接法测定的碾压混凝土抗拉强度。由于劈拉强度试验简单、快捷，且与轴拉强度有较好相关性，劈拉强度经过换算可作为轴拉强度的参考指标。国内外研究成果表明，实测混凝土轴心抗拉强度一般为劈拉强度的 0.85～0.9 倍。

碾压混凝土重力坝在保证大坝抗滑稳定满足要求的同时，还应使坝体拉应力控制在设计允许的范围之内。根据《混凝土重力坝设计规范》（DL 5108—1999）第 9.4 条规定，坝体上、下游面拉应力正常使用极限状态计算时，应力按下列标准进行控制：

a. 坝踵垂直应力不出现拉应力（计扬压力）。

b. 坝体上游面的垂直应力不出现拉应力（计扬压力）。

c. 短期组合下游坝面的垂直拉应力不大于 100kPa。

d. 在运用期的各种荷载组合下（地震荷载除外），坝基面所承受的最大垂直正应力 σ_{ymax} 应小于坝基容许压应力。

3）抗剪强度。坝体混凝土抗剪强度的大小，关系到大坝的抗滑稳定性，也关系到坝体断面的大小。从重力坝受力及控制特点来看，坝体碾压混凝土的抗剪强度比抗压强度更重要。碾压混凝土的抗剪部位可分为混凝土本体、碾压层面、施工缝层面。试验表明，碾压混凝土本体的抗剪强度与常态混凝土的抗剪强度并无大的差异，连续铺筑的碾压层面和施工缝层面的抗剪强度比本体稍差，其大小取决于碾压工艺及碾压质量。当上层覆盖时间超过混凝土初凝时间或层面粗骨料出现集中、架空现象，且未对层面进行有效处理时，碾压混凝土层面的抗剪强度明显低于本体的抗剪强度。尤其是冷升层施工缝面处理不好的情况，其抗剪强度低于本体混凝土的抗剪强度，并可能发生沿层面渗漏。

碾压混凝土抗剪强度可见本章 2.4.4.2 节中内容。

（2）变形性能。

1）压缩弹性模量。碾压混凝土弹性模量在很大程度上取决于骨料的弹性模量，且随着水灰比增大而减小，水灰比同时随着粉煤灰掺量增加而降低。一般说来，较高强度的碾压混凝土有较高的弹性模量，强度增加，弹性模量也随之增加，但其增加量不呈线性关系。

碾压混凝土弹性模量随龄期增长而增加，至 90d 龄期以后增长已不显著，比抗压强度增长率低。工程实践表明，以灰岩为主要骨料的碾压混凝土，其弹性模量与混凝土骨料强度等级有关，骨料抗压强度制越高，弹性模量越高。

2）极限拉伸值。极限拉伸值是指在拉伸荷载作用下，混凝土最大拉伸变形量，它是影响混凝土抗裂性的一个因素；极限拉伸值越大，混凝土抗裂性能力越高，极限拉伸值和抗拉强度是评价混凝土抗裂性能的主要指标。提高混凝土极限拉伸值、抗拉强度及降低弹性模量，是防止大坝开裂的一项重要措施。影响混凝土极限拉伸值的因素较多，主要与胶凝材料用量、骨料品种、含气量、设计龄期、VC 值等密切相关，特别是碾压混凝土胶浆体含量的高低对极限拉伸影响较大。所以，提高浆砂比即意味着提高石粉含量，低 VC 值是提高极限拉伸值的有效技术措施。

碾压混凝土的极限拉伸值随着龄期增长而增加，其增长率与掺合料的品种和掺量有关。

一般希望碾压混凝土极限拉伸值高、弹性模量低，因为它可使混凝土能更好地承受温度应力变化，提高防裂性能。

3）徐变。施加到碾压混凝土试件上的荷载不变时，试件的应变随着持荷时间增长而增大，此种应变称为徐变，单位与应变相同（mm/mm）。徐变可视为超出初始瞬时弹性应变的应变增量。大坝混凝土的徐变还要求试件的湿度不与周围介质发生湿交换，即试验在绝湿条件下进行。试验表明，碾压混凝土徐变大小与单位体积混凝土灰浆量有关，灰浆用量多时，徐变大；骨料的性质明显改变碾压混凝土的徐变，用弹性模量高的骨料拌制的碾压混凝土，其徐变低。

（3）耐久性能。

1）渗透性。碾压混凝土坝是挡水建筑物，防渗是碾压混凝土坝设计中应考虑的重点，所以碾压混凝土的防渗性能非常重要。碾压混凝土的抗渗性除关系到大坝的挡水效果外，还直接影响混凝土的抗冻性及抗侵蚀性等。碾压混凝土抗渗性主要取决于配合比及混凝土的密实度。贫碾压混凝土由于胶凝材料用量较少、水胶比较大，密实性较差，其抗渗性也较差。近年来，随着碾压混凝土材料配合比发展，碾压混凝土由干硬性向半塑性混凝土发展，其高掺粉煤灰、高石粉含量、低 VC 值，碾压混凝土胶凝材料显著增加，施工易于碾压密实。试验表明，碾压混凝土本体的防渗效果已与常态混凝土坝基本相当。

我国碾压混凝土渗透性评定方法采用抗渗等级评定标准。抗渗等级评定是根据作用水头（H）对建筑物最小厚度（L）的比值，对碾压混凝土提出不同的抗渗等级，见表 2.6.2。

表 2.6.2 抗渗等级的最小允许值

H/L	<10	$10 \leqslant H/L < 30$	$30 \leqslant H/L < 50$	$\geqslant 50$
抗渗等级	W4	W6	W8	W10

碾压混凝土的抗渗等级随水胶比减小和胶凝材料用量增加而增大。我国大坝碾压混凝土配合比采用高掺粉煤灰、高石粉含量的设计理念，胶材用量高于 $140kg/m^3$，使用高效减水剂用水量低于 $100kg/m^3$，故其抗渗等级较高，均高于 W10。高粉煤灰掺量的碾压混凝土由于水胶比较小，施工较密实，故原生孔隙较少。随着龄期的延长，粉煤灰逐渐水化，水化产物不断填充原生孔隙，使粗孔细化，细孔堵塞，部分连通孔变成封闭孔隙，因此抗渗性能随着龄期的延长而明显提高。这是高粉煤灰含量和高石粉含量碾压混凝土抗渗性能的优势。

渗透系数反映材料渗透率的大小，其值越大，表示渗透率越大，反之，则渗透率越小。

碾压混凝土渗透系数与水胶比和胶材用量密切相关，对有抗渗要求的混凝土，水胶比不宜大于 0.55。据统计，不同胶材用量的碾压混凝土渗透系数如下：胶材用量低于 $100kg/m^3$ 的碾压混凝土，渗透系数约为 $10^{-4}\sim10^{-9}m/s$；胶材用量为 $120\sim130kg/m^3$ 的碾压混凝土，渗透系数为 $10^{-7}\sim10^{-10}m/s$；胶材用量高于 $150kg/m^3$ 的碾压混凝土，渗透系数为 $10^{-10}\sim10^{-13}m/s$。

工程实践表明，碾压混凝土坝的抗渗性能主要受水平施工缝面抗渗性能控制。水平施工缝的间歇时间、冷缝面的处理方式及处理质量等对抗渗性有较大影响。经过处理的水平施工面，抗渗性能可以得到明显提高。碾压混凝土坝除了根据挡水水头采用不同的防渗等级混凝土抗渗指标设计外，还应重点关注施工组织和技术保障，确保层间结合质量。

2）抗冻性。大坝碾压混凝土应根据气候分区、冻融循环次数、表面局部小气候条件、水饱和程度、结构构件重要性和检修的难易程度等综合因素，按《水工建筑物抗冰冻设计设计规程》（DL/T 5082）选用相应的抗冻等级。

试验表明，提高碾压混凝土抗冻性的有效方法是掺加品质优良的引气型外加剂。碾压混凝土配合比优选时需要掌控以下 3 个参数：①新拌碾压混凝土的含气量，按《水工混凝土试验规程》（SL 352—2006）方法测定含气量，宜控制在 3.5%～4.5%范围内，不应大于 5%；②使用优质引气剂。在含气量基本相同条件下，引入的气泡性质对提高抗冻性有显著性影响，泡径约为 $20\sim200\mu m$，泡径愈小、数量越多和体积越稳定，其抗冻等级就越高；③严格限制碾压混凝土水胶比。在含气量基本相同情况下，水胶比增大会使碾压混凝土中小于 $100\mu m$ 气泡数量减少，气泡间距系数增大，因而碾压混凝土抗冻性下降。

（4）部分工程的碾压混凝土主要性能指标。表 2.6.3 统计给出了贵阳院几座碾压混凝土坝的混凝土配合比及主要参数，其特点表现在：水泥品种不同、掺合料品质不同、骨料种类和料源不同、设计强度等级和耐久性设计要求不同。表 2.6.4 列出了这些工程碾压混凝土的主要性能，包括抗压强度、轴拉强度、弹性模量、极限拉伸值、抗渗等级和抗冻等级。

2. 变态混凝土主要性能

变态混凝土是由碾压混凝土基材摊铺后加浆液振捣而成，浆液体积占 5%～6%。一般碾压混凝土坝上游面二级配碾压混凝土，加浆率为 5%（体积比），变态混凝土性能基本

表 2.6.3　部分工程碾压混凝土设计指标、原材料品质和配合比主要参数

序号	工程名称	混凝土强度等级	用水量/(kg·m⁻³)	水泥用量/(kg·m⁻³)	粉煤灰用量/(kg·m⁻³)、/%	水胶比	砂率/%	砂/(kg·m⁻³)	粗骨料用量 5~20/mm	20~40/mm	40~80/mm	总计	外加剂/%	VC值/s	骨料岩性	建成年份
1	普定	$C_{90}15$	84	54	99, 65	0.55	34	768	454	604	454	1525	0.85	7	灰岩	1993
		$C_{90}20$	94	85	103, 55	0.50	38	836	698	698	—	1396	0.85	10		
2	光照	$C_{90}25$	86	105	86, 45	0.45	38	817	609	744	—	1353	0.70	3~4	灰岩	2009
		$C_{90}20$	76	71	87, 55	0.48	32	705	456	532	532	1520	0.70	3~5		
		$C_{90}15$	76	61	91, 60	0.50	33	738	453	529	529	1511	0.70	3~5		
3	索风营	$C_{90}15$	88	64	96, 60	0.55	34	702	447	521	521	1489	0.60	3~5	灰岩	2006
		$C_{90}20$	94	94	94, 50	0.50	38	815	683	683	—	1366	0.60	3~5		
4	思林	$C_{90}15$	83	66	100, 60	0.5	32	703	529	529	453	1511	0.60	3.8	灰岩	2010
		$C_{90}20$	93	87	111, 55	0.48	38	809	534	802	—	1336	0.60	4.3		
5	沙沱	$C_{90}20$	96	100	100, 50	0.48	38	801	534	801	—	1335	0.7	3~5	灰岩	2013
		$C_{90}15$	84	63.4	95, 60	0.53	33	735	453	453	604	1510	0.7	3~5		
6	格里桥	$C_{90}15$	82	61.9	92.8, 60	0.53	34	748	444	444	592	1480	0.7	3~5	灰岩	2010
		$C_{90}20$	92	92	92, 50	0.50	39	833	592	888	—	1327	0.7	3~5		
7	石垭子	$C_{90}20$	94	94	94, 50	0.5	38	822		801	592	1351	0.7	3~5	灰岩	2009
		$C_{90}20$	84	63.4	85.1, 60	0.53	33	740		453	604	1514	0.7	3~5		
8	马马崖一级	$C_{90}15$	84	63.4	95.1, 60	0.53	33	733	450	525	525	1500	0.7	3.5	灰岩	在建
		$C_{90}15$	70	42	98, 70	0.50	33	727	453	604	453	1510	0.8	4~6		
		$C_{90}20$	93	87.2	106.6, 55	0.48	38	818	538	806	—	1344	0.7	4.0		
9	枕头坝	$C_{90}15$	90	74	90, 55	0.55	36	812	433	578	433	1444	0.80	2.25	玄武岩	在建
		$C_{90}20$	100	98	120, 55	0.46	40	856	642	642	—	1284	0.80	2.25		

表 2.6.4　部分工程碾压混凝土主要性能试验结果

工程名称	部位	设计指标	抗压强度/MPa				轴拉强度/MPa				弹性模量/GPa				极限拉伸值/10^{-4}				抗渗等级	抗冻等级
			7d	28d	90d	180d	7d	28d	90d	180d	7d	28d	90d	180d	7d	28d	90d	180d	90d	90d
光照	坝内下部（三）	$C_{90}25W8F100$	18.4	30.5	37.1	—	—	2.32	3.15	—	—	37.6	40.8	—	—	0.77	0.90	—	>W8	F100
	坝内中部（三）	$C_{90}20W6F100$	16.1	23.6	32.1	—	—	2.12	2.90	—	—	35.5	39.1	—	—	0.73	0.86	—	>W6	F100
	坝内上部（三）	$C_{90}15W6F50$	14.1	20.2	28.8	—	—	1.96	2.56	—	—	34.1	37.5	—	—	0.68	0.82	—	>W6	F50
索风营	坝内（二）	$C_{90}20W8F75$	12.7	19.8	28.3	—	1.04	1.79	2.52	—	22	32	40	—	0.53	0.68	0.77	—	>W8	F75
	坝内（三）	$C_{90}15W4F50$	10.9	16.9	25.2	—	1	1.53	2.19	—	20	32	38.5	—	0.52	0.63	0.71	—	>W4	F50
思林	坝内（二）	$C_{90}20W6F50$			36	—			2.22	—			32.8	—			0.83	—	>W6	F75
	坝内（三）	$C_{90}15W6F50$			35	—			1.94	—			31	—			0.74	—	>W6	F50
沙沱	坝内（二）	$C_{90}20W8F100$	14.2	22.1	28.3	—	1.04	1.94	2.58	—	30.8	38.5	42.0	—	0.58	0.73	0.84	—	>W8	F100
	坝内（三）	$C_{90}15W6F50$	12.3	19.3	25.1	—	0.96	1.74	2.29	—	28.5	36.6	40.5	—	0.56	0.70	0.80	—	>W6	F50
格里桥	坝内（二）	$C_{90}20W8F100$	15.3	24.9	31.8	—	—	2.21	2.58	—	—	32.5	37.7	—	—	0.78	0.89	—	>W8	F100
	坝内（三）	$C_{90}15W6F50$	9.2	15.8	23.6	—	—	1.30	2.02	—	—	25.6	32.8	—	—	0.65	0.81	—	>W6	F50
石垭子	坝内（二）	$C_{90}20W8F100$	13.6	22.5	30.5	—	0.96	1.67	2.41	—	26.2	32.8	38.0	—	0.54	0.72	0.85	—	>W8	F100
	坝内（三）	$C_{90}15W6F50$	10.1	17.2	22.9	—	0.82	1.32	1.88	—	24.4	31.6	36.9	—	0.48	0.64	0.75	—	>W6	F50
马马崖一级	坝内（二）	$C_{90}20W8F100$	12.5	21.0	30.4	—	—	1.80	2.65	—	—	33.8	39.8	—	—	0.74	0.88	—	>W8	F100
	坝内（三）	$C_{90}15W6F50$	9.8	16.2	25.1	—	—	1.52	2.38	—	—	29.8	37.5	—	—	0.67	0.79	—	>W6	F50
枕头坝	坝内（三）	$C_{90}15W6F100$	10.2	18.2	25.8	—	0.82	1.55	2.20	—	—	27.5	32.0	—	0.50	0.68	0.82	—	>W6	F100

接近于碾压混凝土基材的性能。因此，碾压混凝土坝设计时可将变态混凝土视为碾压混凝土基材的一部分，而不需单独考虑。

从力学性能、变形性能、物理性能和耐久性对比看，变态混凝土性能基本上接近碾压混凝土基材的性能，只是绝热温升略有提高，大约提高 2℃，施工期需要加强表面保护。部分工程变态混凝土性能指标见表 2.6.5。

表 2.6.5　　　　　　　　部分工程迎水面变态混凝土主要性能试验结果

工程名称	设计指标	抗压强度/MPa	轴拉强度/MPa	弹性模量/GPa	极限拉伸值/10^{-4}	抗渗等级	抗冻等级
		28d	28d	28d	28d	90d	90d
光照	$C_{90}25W8F100$	24.6		<32	≥0.85	>W8	F100
	$C_{90}20W6F100$	22.8		<32	≥0.80	>W6	F100
	$C_{90}15W6F50$	18.1				>W6	F50
索风营	$C_{90}20W8F75$	18	1.53	≤33	0.92	>W8	F75
	$C_{90}15W4F50$	15.2	1.34	≤32	0.85	>W4	F50
思林	$C_{90}20W8F100$			≤33	0.88	>W8	F100
	$C_{90}15W6F100$			≤32	0.82	>W6	F100
沙沱	$C_{90}20W8F100$	24.2	2.10	38.8	0.79	>W8	F100
	$C_{90}15W6F50$	21.0	1.88	36.9	0.77	>W6	F50

2.6.2　坝体混凝土材料分区及主要性能要求

1. 碾压混凝土重力坝材料分区

（1）碾压混凝土重力坝材料分区设计原则。大坝混凝土材料分区的影响因素除考虑满足设计上对强度的要求外，还应根据大坝的工作条件、地区气候等具体情况，分别满足耐久（包括抗渗、抗冻、抗冲耐磨和抗侵蚀）、低热性抗裂，硬化时体积变化和浇筑时良好的和易性等方面的要求。

碾压混凝土重力坝坝体材料分区应考虑以下原则：

1）考虑坝体各部位工作条件和应力状态，合理利用混凝土性能的同时，尽量减少混凝土分区的数量，同一浇筑仓面上的混凝土强度等级最好是一种，一般不得超过三种。

2）河床坝段基础垫层，考虑坝踵、坝趾部位以及基础灌浆廊道周边混凝土均有较高的强度要求，同时为便于采用通仓浇筑法施工，整个区域基础垫层混凝土应使用一种混凝土强度等级。

3）大坝内部碾压混凝土除上、下游防渗结构外，由于不同高程要求的层间抗剪断强度参数不同，为较好利用混凝土的强度，应按高程段分区，不同区域采用不同的混凝土强度等级。

4）具有相同和相近工作条件的混凝土尽量用同一种混凝土，如溢洪道（溢流坝面）

表层、泄水底孔周边以及发电进水口周边等均可采用同一种混凝土。

5）除坝基上下游灌浆廊道及主排水廊道采用常规的混凝土包裹外，坝内其他廊道周边采用"变态混凝土"工艺，由碾压混凝土现场加浆或在混凝土拌和楼按变态混凝土配合比进行拌制后入仓振捣施工，应尽量减少材料分区带来的施工干扰。

根据上述原则，结合坝体不同部位混凝土的工作条件和运行期的气温环境等因素，并类比其他已建工程经验，进行坝体混凝土材料分区设计。

（2）碾压混凝土重力坝坝体材料分区。碾压混凝土坝材料分区与常态混凝土坝的材料分区大的原则基本相同，但根据碾压混凝土坝的结构特点，材料分区中与常态混凝土坝分区主要有以下不同：

1）垫层混凝土。与建基面接触的基础混凝土，一般用常态混凝土（低坝可采用找平混凝土）。

2）内部碾压混凝土。高坝按高程段或部位采用不同的强度等级。

3）上、下游防渗混凝土。用于上、下游最高水位以下的防渗体的混凝土。

4）变态混凝土。常用于上下游坝体表面、与常态混凝土接合部、与岸坡建基面接触部位、坝内廊道（孔洞）及止水周边、坝体难以碾压部位。

部分工程碾压混凝土重力坝的坝体材料分区如图 2.6.1～图 2.6.3 所示，相应混凝土分区材料性能指标如表 2.6.6～表 2.6.8 所示。

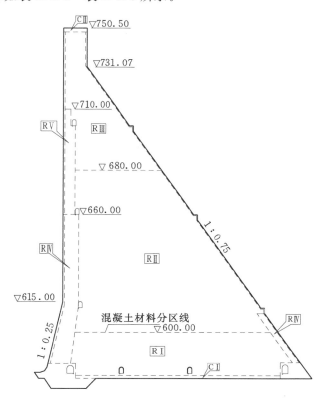

图 2.6.1　光照碾压混凝土坝材料分区图

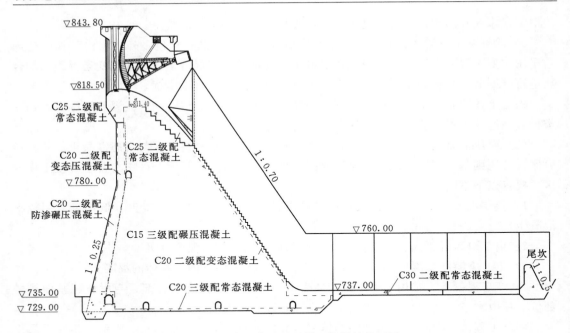

图 2.6.2 索风营碾压混凝土坝材料分区图

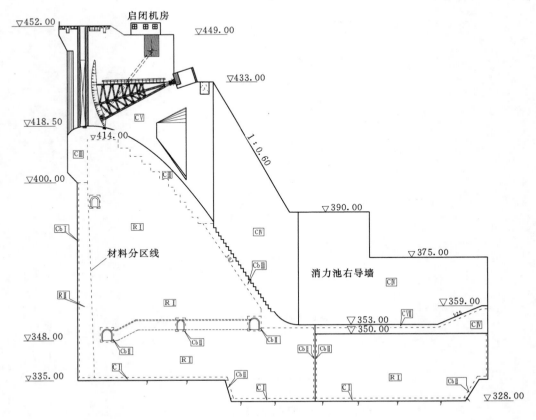

图 2.6.3 思林碾压混凝土坝材料分区图

表 2.6.6 光照碾压混凝土坝材料分区主要性能指标

种类	编号	强度等级	级配	抗渗等级	抗冻等级	工 程 部 位
碾压混凝土	R I	$C_{90}25$	三	W8	F100	600 以下坝体内部碾压混凝土
	R II	$C_{90}20$	三	W6	F100	600～680 坝体内部碾压混凝土
	R III	$C_{90}15$	三	W6	F50	680 以上坝体内部碾压混凝土
	R IV	$C_{90}25$	二	W12	F150	上、下游面 660 以下防渗混凝土
	R V	$C_{90}20$	二	W10	F100	上游面 660 至 710 防渗混凝土
常态混凝土	C I	$C_{90}25$	三	W10	F100	坝基垫层常态混凝土
	C II	$C_{90}20$	三	W8	F50	坝顶常态混凝土
	C III	$C_{28}20$	三	W8	F100	堰顶及底孔闸门井门槽常态混凝土
	C IV	$C_{28}25$	三	W8	F100	溢流面及导墙内部、底孔周边常态混凝土
	C V	$C_{28}30$	三	W8	F100	底孔及表孔闸墩混凝土
	C VI	$C_{28}40$	二	W8	F150	底孔进出口及底孔表面混凝土、溢流面及导墙表面混凝土

表 2.6.7 索风营碾压混凝土坝材料分区主要性能指标

混凝土种类	强度等级	级配	抗渗等级	抗冻等级	工 程 部 位
碾压混凝土	$C_{90}15$	三	W4	F50	坝体内部碾压混凝土
	$C_{90}20$	二	W8	F75	上游面防渗混凝土
常态混凝土	$C_{90}20$	三	W6	F50	坝基垫层常态混凝土
	$C_{28}25$	二	W6	F50	溢流堰头混凝土
	$C_{28}30$	二	W6	F50	消力池混凝土

表 2.6.8 思林碾压混凝土坝材料分区主要性能指标

种类	编号	强度等级	级配	抗渗等级	抗冻等级	工 程 部 位
碾压混凝土	C I	$C_{28}20$	三	W6	F50	基础垫层混凝土
	C II	$C_{28}20$	三	W6	F100	挡水坝顶铺装混凝土
	C III	$C_{28}25$	二	W6	F100	溢流堰堰面，底孔门槽、门库周边混凝土
	C IV	$C_{28}30$	二	W6	F100	表孔导墙、底孔周边、底孔导墙、消力池下部混凝土
	C V	$C_{28}20$	二	W8	F50	溢流坝闸墩，宽尾墩混凝土
	C VI	$C_{28}40$	二	W6	F100	底孔周边表面、底孔导墙表面抗冲磨混凝土
	C VII	$C_{28}30$	二	W6	F100	消力池表面混凝土
常态混凝土	R I	$C_{90}15$	三	W6	F50	坝体内部及消力池底部深槽
	R II	$C_{90}20$	二	W8	F100	大坝上游防渗混凝土
	Cb I	$C_{90}20$	二	W8	F100	上游面防渗变态混凝土
	Cb II	$C_{90}15～20$	三	W6	F100	大坝下游面、电梯井周边、碾压混凝土分区内的廊道及孔口周边、其他不便碾压施工的部位
	Cb III	$C_{90}25$	二	W6	F100	台阶溢流坝面混凝土

2. 碾压混凝土重力坝各分区主要性能要求

（1）混凝土强度等级。碾压混凝土坝强度等级的取值标准同常态混凝土坝，但其设计龄期可采用90d或180d，当开始承受荷载的时间早于设计龄期时，应进行核算，必要时应调整强度等级。

（2）耐久性。碾压混凝土的耐久性指标要求与常态混凝土相同，见本章2.6.1节。

（3）抗剪断参数。由于碾压混凝土坝的碾压层（缝）面的结合质量受材料性质、混凝土配合比、施工工艺、施工管理水平以及施工现场气候条件等诸多因素的影响，易成为坝体的薄弱环节，故材料分区设计时应考虑不同的抗剪断参数要求。

2.7 层间结合及指标

碾压混凝土由于施工仓面大，混凝土拌和与运输能力不易满足要求，造成层间碾压间隔时间过长，加上施工环境高温低湿，碾压混凝土VC值损失过大，层面易产生冷缝，导致层间结合质量不好，降低层间抗剪断力学指标，并可能产生层间渗漏。如何保证碾压混凝土层间结合质量，在设计与施工过程中需要从碾压混凝土的胶凝材料用量、浆砂比值、VC值、碾压层间间隔时间等方面综合考虑。

2.7.1 坝体层间结合设计

1. 确保胶凝材料用量

碾压混凝土配合比选择时，一般会基于降低混凝土温升、有利于温控、避免产生温度裂缝等考虑，尽量减少水泥用量；按混凝土的填充理论，较低的胶凝材料用量难以填满砂子的空隙，影响混凝土和易性、泛浆效果和抗渗性。为便于碾压振动密实，提高碾压混凝土的密实度与抗渗性，保证层间结合质量，碾压混凝土的胶凝材料用量须保持在一定范围内（一般150～180kg/m³）。贵阳院设计的部分工程不同强度等级碾压混凝土的胶凝材料用量统计见表2.7.1。

表 2.7.1　　　　贵阳院部分碾压混凝土坝工程混凝土胶凝材料用量统计表

序号	工程名称	混凝土强度等级	用水量 /(kg·m⁻³)	水泥用量 /(kg·m⁻³)	粉煤灰		水胶比	砂率 /%	骨料岩性	建成年份
					用量 /(kg·m⁻³)	占比/%				
1	普定	$C_{90}15$	84	54	99	65	0.55	34	灰岩	1993
		$C_{90}20$	94	85	103	55	0.50	38		
2	索风营	$C_{90}15$	88	64	96	60	0.55	34	灰岩	2006
		$C_{90}20$	94	94	94	50	0.50	38		
3	光照	$C_{90}25$	76	84.5	84.5	50	0.45	32	灰岩	2009
		$C_{90}20$	76	71	87	55	0.48	32		
		$C_{90}15$	76	61	91	60	0.50	33		
4	思林	$C_{90}15$	83	66	100	60	0.5	32	灰岩	2010
		$C_{90}20$	93	87	111	55	0.48	38		

续表

序号	工程名称	混凝土强度等级	用水量/(kg·m⁻³)	水泥用量/(kg·m⁻³)	粉煤灰		水胶比	砂率/%	骨料岩性	建成年份
					用量/(kg·m⁻³)	占比/%				
5	沙沱	C₉₀15	84	63.4	95	60	0.53	33	灰岩	2013
		C₉₀20	96	100	100	50	0.48	38		
6	枕头坝	C₉₀15	112	96.9	118.5	55	0.52	33	弦武岩	在建
			98	98	98	50	0.50	32		

2. 提高浆砂比值

浆砂比值是碾压混凝土中灰浆体积（水＋水泥＋掺合料＋0.08mm 石粉的体积）与砂浆体积的比值。

我国碾压混凝土配合比经过 20 多年的发展，已经形成较为成熟的研究体系，其中浆砂比值是碾压混凝土配合比设计中应考虑的一个关键参数之一；根据光照电站现场碾压混凝土配比及施工试验的实践，工程技术人员对浆砂比值影响层间碾压混凝土泛浆效果、层间结合质量及层间抗剪断物理力学指标的认识越来越重视。根据现场试验及工程实践，当人工砂石粉含量在 17％左右时，浆砂比值不宜低于 0.42。当碾压混凝土的浆砂比值越大，其碾压混凝土的可碾性和泛浆效果越充分，表明碾压混凝土的层间结合质量越良好。

砂中的石粉含量对碾压混凝土配合比中浆砂比值影响大，当碾压混凝土采用的人工砂或天然砂中石粉含量较低时，可采用提高人工砂中石粉含量或提高掺合料（粉煤灰等）代替石粉的方式来提高碾压混凝土中浆砂比值，以此改善碾压混凝土的可碾性及确保层间结合质量。光照水电站碾压混凝土大坝的浆砂比值控制在 0.42～0.45 之间。

3. 斜层碾压

斜层碾压是采用浇筑许多斜坡单层的办法逐层向前推进而形成厚块碾压混凝土的一种施工方法，各单层都从本块顶部向下斜延到上一厚浇筑块的顶部。各单层的坡度根据浇筑能力和浇筑面积和浇筑每一层所需的时间确定，斜层坡度越陡，越能降低层间浇筑间隔时间，就能提高斜层层面抗剪参数和抗滑稳定安全系数；但太陡会造成施工设备利用不够充分，碾压不够密实。

不同的工程应结合坝址区气候条件、碾压混凝土拌和楼配置条件、施工条件及结构抗滑稳定需要等因素，考虑是否采取斜层碾压混凝土施工技术，以确保碾压混凝土连续上升和保证层间结合质量。我国经"九五"科技攻关和多个工程施工实践表明，碾压混凝土斜层平推法可以用较小的浇筑能力满足较大的浇筑仓面，达到减少投入、提高工效、降低成本和保证层面结合质量的目的，是近几年应用较为广泛和成熟的一种碾压混凝土施工方法。

斜层碾压施工的三个主要控制要点为斜层坡度、厚度和坡脚处理，通过选择合适的参数，使层间碾压间隔时间控制在碾压混凝土初凝时间之内。一般碾压层的倾斜坡度在 1∶10～1∶20 之间，一次连续浇筑高度为 3～4.5m，碾压单层厚度为 30cm。斜层平推的方向宜平行坝轴线，斜层倾向有倾向上游和倾向左右岸两种。

斜层平推铺筑法的优点：

（1）缩短碾压混凝土层间间隔时间，较好解决碾压层间结合问题。

（2）较小的浇筑强度覆盖较大的坝体仓面，减少浇筑能力资源配置难度，节省施工组织费用。

（3）斜层方向可以从一岸到另一岸或从下游至上游，进行大规模的循环流水作业，减少层面处理工序，层间施工质量较易保证。

（4）由于层面间隔时间大大缩短，上层混凝土覆盖快，能减少混凝土温度的回升，且因浇筑面积小，仓面喷雾、保湿等措施容易实施，因而对高温季节施工具有良好的适应性，以确保碾压混凝土 VC 值损失较少。

斜层碾压在施工过程中，对坡顶和坡脚处理要求很高。稍不注意，容易造成坡脚骨料被压碎或坡顶碾压不密实等施工缺陷，影响斜层碾压施工层间结合质量。另外，层面铺浆过程中，容易造成坡脚浆液丰富、坡顶浆液贫乏现象，施工中必须引起重视，否则会影响层面结合及抗剪断指标。

光照水电站碾压混凝土坝经咨询国内有关专家后，结合光照工程实际情况，大量采用了斜层平推法铺筑的碾压施工。高程 650m 以下采用从下游向上游斜层铺筑方式，铺料及碾压方向平行于坝轴线；高程 650m 以上采用从左岸向右岸的斜层铺筑方式，铺料及碾压方向垂直于坝轴线。斜层碾压坡度控制在 1：12 到 1：15 范围，并对斜层碾压层间上坡脚和下坡脚进行了专门的处理。层间间歇时间一般宜控制在 6h 以内，高温季节宜缩短至 3～4h 以内，升程高度按 3～4.5m 控制。光照大坝碾压混凝土最大开仓面积达 20086m^2，实现上坝强度最高达到了 21 万 m^3/月。经后期光照大坝钻孔取芯质量检查表明，芯样采取率 99.76％、芯样获得率 99.50％、芯样优良率 95.19％、芯样合格率 98.72％；取芯层缝面折断率 1.65％，其中缝面折断率 0.84％、层面折断率 1.74％。芯样外观表面光滑致密，结构密实，骨料分布均匀，胶结良好。光照大坝碾压混凝土层间结合总体良好。

4. VC 值动态控制

VC 值是指碾压混凝土拌和物的工作度，采用维勃稠度仪方法测得的时间，以秒（s）为计量单位。

根据近些年的碾压混凝土的实践经验证明，碾压混凝土 VC 值对碾压混凝土的性能有着明显的影响，现场施工中碾压混凝土配合比的控制重点之一就是混凝土拌和物的 VC 值。由于现场气候条件的变化、碾压仓面的大小、混凝土入仓摊铺及碾压时间等都将影响仓面碾压混凝土 VC 值、可碾性及泛浆效果。因此，拌和楼出机口 VC 值，应根据上述影响因素变化，采取动态控制，以确保仓面碾压混凝土的可碾性、泛浆效果及层间结合质量。

碾压混凝土的设计配合比是在规程规范要求的温度和湿度条件下开展的，而现场碾压施工中的情况受气候条件的影响复杂，为确保碾压混凝土在高温、干燥、蒸发量大等不利自然条件下的施工质量，须对碾压混凝土的配合比进行动态调整，一般在保证配合比不变的情况下，通过仓面喷雾和碾辊洒水等措施来改善小气候，以达到降温、保持仓面湿度、减少 VC 值损失。随着近几年碾压混凝土配合比研究的深入，可通过适当改变缓凝高效减水剂的掺量，达到延缓初凝时间和降低出机口 VC 值。

出机口 VC 值应根据季节、施工现场气候条件和施工条件等采取动态进行控制，VC 值一般控制在 2～8s。较小的 VC 值能保证碾压混凝土在施工过程中保持良好的塑性，且在上层碾压混凝土覆盖后振动碾压液化泛浆，并能使上层骨料嵌入到下层碾压混凝土中，确保层间结合质量。

5. 确保可靠的碾压遍数

碾压混凝土层面泛浆是在振动碾碾压作用下从混凝土中液化提出浆体，这层 3～5mm 的薄层浆体是保证层面结合质量的关键，液化浆体已作为评价碾压混凝土可碾性的重要标准。因此，可靠的振动及碾压遍数是确保碾压混凝土层面结合及压实度的重要保障。一般采用 "2+6+2" 遍数可满足要求，即 2 遍静碾，6 遍振动碾，2 遍静碾。

6. 确保在层间间隔时间内完成碾压

碾压混凝土可以大面积浇筑，以加快浇筑速度，但由于浇筑面积大，上层混凝土未能及时覆盖碾压完成，间隔时间过长，层间便容易产生冷缝；因此碾压混凝土层间间隔时间控制直接关系到层间结合质量的好坏。

在碾压混凝土施工过程中，连续上升的碾压混凝土层间间隔时间应控制在允许时间以内。层间间隔时间应综合考虑碾压混凝土拌和物特性、季节、气温、日照、混凝土入仓强度、施工方法、上下游混凝土分区等因素经试验确定，不应大于混凝土的初凝时间，一般为 4～8h，当超过规定时间后应进行层间铺浆处理。贵阳院设计的索风营、光照、思林、格里桥、沙沱等工程采用初凝时间大多为 6～8h。

7. 层面处理设计

(1) 碾压层面施工缝做冲毛处理并铺设厚 1.5～2cm 的较同区域碾压混凝土强度高一个等级的水泥砂浆。

碾压混凝土坝的施工缝及冷缝是个薄弱环节，往往形成渗漏通道，影响抗滑稳定，必须进行认真处理。缝面处理可以采用刷毛、冲毛等方法，刷毛、冲毛的目的是清除混凝土表面的乳皮、乳浆、污物和松动骨料，增大混凝土表面的粗糙度，以提高层面胶结能力。刷毛、冲毛时机随混凝土配合比、施工季节和机械性能的不同而变化，一般可在初凝以后、终凝之前进行。在处理好的层面上铺水泥净浆或水泥砂浆后再进行上一层铺筑碾压，可保证上下层胶结良好。

(2) 为使迎水面碾压混凝土层间结合良好，防止渗漏，在防渗层碾压混凝土层间应铺设厚 2～3mm 的水泥掺合料净浆。净浆用灌浆泵输送至仓面进行喷洒，铺洒要均匀并及时覆盖上层混凝土。

(3) 施工配合比应采用有显著缓凝作用的外加剂，以保证碾压混凝土初凝时间控制在 6～8h 以上。

(4) 日平均气温高于 25℃ 时，应大幅度消减层间间隔时间，并采取防高温、防日晒和调节仓面局部小气候等措施，使碾压混凝土的仓面保持湿润，防 VC 值损失。若仓面局部有失水发白现象，在覆盖上层碾压混凝土之前铺洒一层水泥净浆或砂浆。此外日平均气温低于 3℃ 或最低气温低于 -3℃ 时，应采取低温施工措施。

(5) 在碾压混凝土施工中，降雨强度可按 5～10min 内测得的降雨量换算值进行控制。在降雨强度小于 3mm/h 的条件下，可以采取措施继续施工。当降雨强度超过 3mm/h

时，应停止碾压施工。刚碾压完的仓面应采取防雨保护和排水措施。降雨停止后、恢复施工前，应严格处理已损失灰浆的碾压混凝土，并按照上述的有关规定进行层、缝面处理。

2.7.2　层间结合指标要求

碾压混凝土坝的层间关键指标主要包括层面抗剪断参数及层面抗渗性能指标，这些指标主要受混凝土胶凝材料用量、浆砂比值、VC 值、碾压遍数、层间间隔时间等材料、参数和施工质量的影响。

1. 层间抗剪断力学指标

碾压混凝土坝为分层碾压，碾压层面是相对弱面，层面的抗滑稳定是一个较突出的问题。因此，作为碾压混凝土重力坝（特别是高坝），有必要对层间抗滑稳定进行计算并提出抗剪断参数设计值要求。随着坝高的不断增大，设计要求的层面抗剪断强度参数也随之增加。

由于层面抗剪断参数在碾压混凝土重力坝的断面设计中起着关键的作用，一般设计根据坝高、混凝土强度等级和坝体防渗排水等布置，可计算出坝体不同高程所需的层面抗剪断参数设计要求值。通过现场碾压试验和坝体取芯试验，验证施工后的大坝实际层面抗剪断参数是否能满足设计要求；最后采用现场试验所得的层面抗剪断参数值，计算大坝实际的抗滑稳定安全系数。

对于前期设计无试验资料坝高 70m 以上的碾压混凝土重力坝、坝高低于 70m 的中低坝前期及施工阶段的碾压混凝土抗剪断力学参数，可参见《混凝土重力坝设计规范》（DL 5108—1999）中附录 D 中表 D3 选用。

我国已建的光照工程碾压混凝土重力坝坝高 200.5m，龙滩工程碾压混凝土重力坝坝高 192m，两座大坝挡水断面的层面抗剪断强度参数设计要求值计算结果见表 2.7.2。

表 2.7.2　　　　　　光照和龙滩碾压混凝土层面抗剪断参数设计反演值

层面至正常蓄水位高度/m	光照大坝				龙滩大坝			
	层面高程/m	C'值/MPa			需抗压强度/MPa	层面高程/m	C'值/MPa			需抗压强度/MPa
		$f'=0.9$	$f'=1.0$	$f'=1.1$			$f'=0.9$	$f'=1.0$	$f'=1.1$	
60	685	0.41	0.34	0.27	6.08	340	0.41	0.33	0.25	5.6
65	680	0.47	0.40	0.32	6.64	—	—	—	—	—
80	665	0.63	0.54	0.45	8.32	320	0.66	0.56	0.46	7.9
90	655	0.81	0.71	0.54	9.56	310	0.78	0.67	0.56	9.0
100	645	0.84	0.73	0.62	10.72	300	0.89	0.78	0.67	10.3
110	635	0.93	0.81	0.69	11.88	290	1.01	0.89	0.77	11.4
130	615	1.11	0.97	0.83	14.16	270	1.27	1.13	0.99	13.8
145	600	1.20	1.04	0.89	15.72	—	—	—	—	—
150	595	1.22	1.06	0.91	16.24	250	1.46	1.29	1.12	15.9
170	575	1.40	1.22	1.05	17.64	230	1.63	1.45	1.27	17.9
175	570	1.45	1.28	1.11	17.84	225	1.69	1.50	1.31	18.4
180	565	1.51	1.33	1.16	18.08	220	1.77	1.58	1.39	18.6

层面至正常蓄水位高度/m	光照大坝					龙滩大坝				
	层面高程/m	C' 值/MPa			需抗压强度/MPa	层面高程/m	C' 值/MPa			需抗压强度/MPa
		$f'=0.9$	$f'=1.0$	$f'=1.1$			$f'=0.9$	$f'=1.0$	$f'=1.1$	
185	560	1.55	1.37	1.19	18.32	215	1.86	1.66	1.46	19.6
187	558	1.58	1.40	1.22	18.44	—	—	—	—	—
188	557	1.59	1.41	1.23	18.48	—	—	—	—	—

作为 200m 级的碾压混凝土重力坝的代表工程，光照和龙滩工程现场碾压混凝土实际达到的层面抗剪断参数值表明，合理选择碾压混凝土强度等级和施工方法，设计要求的抗剪断参数是能够达到的。

根据光照碾压混凝土层面抗剪断试验成果参数（表 2.7.3），并与碾压层面抗剪强度参数设计要求值进行了对比。从表 2.7.3 可知，不同强度等级碾压混凝土抗剪断参数的室内试验值均可满足设计要求，且有较大的余度。

表 2.7.3　　　　　　　　　光照碾压层面抗剪断参数设计与试验对比表

混凝土强度等级	最低层面高程/m	相应坝高/m	室内试验参数		设计要求参数	
			f'	C'	f'	C'
C25	558	192.5	1.48	1.64	1.10	1.50
C20	600	150.5	1.35	1.46	1.00	1.28
C15	680	70.5	1.42	1.35	0.90	0.60

注　1. C' 的单位为 MPa。

　　2. 室内试验参数为层面不做处理、层间覆盖间隔时间为 6h 的试验值。

2. 层间抗渗指标

碾压混凝土的层间抗渗等级评定与碾压混凝土本体评定是一致的，其根据作用水头（H）对建筑物最小厚度（L）的比值。光照工程对不同部位碾压混凝土提出的抗渗等级见表 2.6.4，取芯压水试验表明是能够达到的。

碾压混凝土渗透系数与水胶比和胶材用量密切相关，对有抗渗要求的混凝土，水胶比不宜大于 0.55。

3. 碾压混凝土骨料品质要求

我国《水工混凝土施工规范》（DL/T 5144—2001）及《水工碾压混凝土施工规范》（DL/T 5112—2009）中规定，混凝土所用砂石骨料按骨料粒径分为细骨料和粗骨料。碾压混凝土中骨料所占比例明显高于常态混凝土，主要是碾压混凝土配合比及施工方式与常态的不同所决定。大量工程实践证明，大坝内部碾压混凝土一般采用三级配，最大骨料粒径 80mm，大坝外部防渗区碾压混凝土一般采用二级配，最大骨料粒径 40mm。碾压混凝土用人工砂的细度模数应控制在 2.2～2.9，天然砂细度模数宜在 2.0～3.0；砂的含泥量应小于 3%，含水率应小于 6%，含水率波动不得超过 0.2%，否则应进行脱水。根据部分工程碾压混凝土配合比砂率统计分析，人工骨料三级配砂率一般控制在 32%～34%，二级配砂率一般控制在 $36\%\sim38\%$；天然砂的砂率较人工砂砂率降 $3\%\sim6\%$。

碾压混凝土中石粉含量对碾压混凝土的性能及振动液化泛浆效果的影响较大，大量的工程试验表明，碾压混凝土用的人工砂中石粉含量较高时，能显著改善碾压混凝土的工作性、液化泛浆、可碾性、层间结合、抗骨料分离及提高混凝土密实性等施工性能。近年来工程实践证明，人工砂石粉含量一般控制在 $16\%\sim22\%$，贵阳院设计的工程从设计的角度要求人工砂的石粉（$d\leqslant0.16mm$ 的颗粒）含量应控制在 $17\%\pm2\%$，其中 $d\leqslant0.08mm$ 的颗粒含量不小于 8%，最佳石粉含量通过试验确定。

4. 碾压混凝土配合比设计中浆砂比值和 VC 值要求

碾压混凝土配合比参数选择是配合比设计中的重要环节，碾压混凝土在控制好水胶比、砂率、单位用水量三大参数的同时，控制好浆砂比值和 VC 值等参数，是提高碾压混凝土工作性、液化泛浆、可碾性、层间结合等施工性能的关键。

根据现场试验及工程实践，当人工砂石粉含量在 17% 左右时，浆砂比值不宜低于 0.42。当碾压混凝土的浆砂比值越大，其碾压混凝土的可碾性和液化泛浆效果越充分，表明碾压混凝土的层间结合质量越良好。光照水电站碾压混凝土大坝的浆砂比值控制在 $0.42\sim0.45$ 之间。

VC 值一般宜控制在 $2\sim8s$。较小的 VC 值能保证碾压混凝土在施工过程中保持良好的塑性，且在上层碾压混凝土覆盖后振动碾压液化泛浆（泛浆厚度一般为 $3\sim5mm$ 为佳），并能使上层骨料嵌入到下层碾压混凝土中，确保层间结合质量。

贵阳院设计的龙首水电站针对河西走廊气候干燥蒸发量大的特点，VC 值采用 $0\sim5s$；索风营、光照、思林、格里桥、沙沱等工程的气候条件适中，其 VC 值大都采用 $3\sim8s$ 之间。

5. 碾压混凝土碾压参数要求

为保证层间结合质量和碾压混凝土的密实度，需要确保施工碾压遍数；一般工程采用先无振碾压 2 遍、然后有振碾压 $6\sim8$ 遍，再根据需要无振碾压 $1\sim2$ 遍的顺序进行；边角部位，采用手扶式振动碾碾 $16\sim24$ 遍。可在上述参数范围内筛选出最佳的碾压次（遍）数，最终碾压遍数经现场试验选定，试验时振动碾行走速度可在 $1.0\sim1.5km/h$，选择 $2\sim3$ 个速度进行试验，选取最佳碾压速度，根据表面液化泛浆情况和核子密度仪检测结果增减碾压遍数。

核子密度仪宜按 $7m\times7m\sim10m\times10m$ 的网格布点，相对压实度（指仓面实测压实容重与碾压混凝土配合比设计容重之比）达到 98.5% 和每一铺筑层 80% 试样容重不小于设计值即为合格。当低于设计要求时，应及时复检，查明原因，采取补碾处理措施，直至合格为止；处理后仍达不到设计要求，应挖除换填。

6. 连续上升层间允许间隔时间要求

铺筑的碾压混凝土层间允许间隔时间（系指下层混凝土拌和物拌和加水时起到上层碾压混凝土碾压完毕为止），应严格控制在混凝土初凝时间以内。层间允许间隔时间需综合考虑碾压混凝土拌和物特性、季节、气温、日照、混凝土入仓强度、施工方法、上下游混凝土分区等因素经试验确定。中小型工程也可类比同类工程确定，不同的气候条件和施工强度的大坝要求不同，同一大坝在不同条件和不同部位下要求亦应有所区别。贵阳院设计的索风营、光照、思林、格里桥、沙沱等工程采用层间允许间隔时间大多按 6～8h 控制，取得较好质量。为此，层间允许间隔时间宜为 6～8h，当季节和浇筑能力变化时，其值应相应调整。另还要求混凝土拌和物从拌和到碾压完毕的时间以不大于 2h 为宜。

2.8　分缝与止水

2.8.1　坝体分缝

碾压混凝土重力坝的断面尺寸一般都较大，从坝体混凝土的温控防裂和变形适应性考虑，坝体需进行分缝，碾压混凝土重力坝分缝包括横缝和纵缝。

碾压混凝土重力坝应设置横缝，早期的几座碾压混凝土重力坝如坑口、龙门滩等，由于坝顶长度较小且处于气候温和地区，因而未设横缝。随着建坝高度的不断增加和建坝区域的扩展，河谷及坝顶长度加大，气候条件趋于恶劣，因此碾压混凝土重力坝大都设置了横缝。

坝体横缝间距主要考虑以下因素：

（1）温度及收缩应力。分缝后坝块的温度和收缩应力应满足温度控制和防裂要求，防止由于分缝间距过大使坝体混凝土产生开裂。

（2）坝基变形。坝体分缝应与建基面岩体的地质条件适应，防止产生不均匀变形和应力集中现象。

（3）枢纽布置。坝体分缝应满足与大坝相连的其他建筑物布置的需要。如坝内式或坝后式厂房枢纽，坝体横缝的设置须考虑与厂房机组段布置相适应；若设置有坝体导流建筑物时，坝体分缝应考虑导流孔口的布置；坝内有钢管等埋藏式结构时，也应考虑分缝的相互影响与协调。

（4）施工条件。分缝后的坝块尺寸应适应于现场的施工强度等条件。

早期位于气候温和地区的碾压混凝土坝体横缝往往采用较大的间距，在 30～70m 之间，经工程实践发现，部分横缝间距超过 30m 的碾压混凝土重力坝，在其上游面出现不同程度的表面裂缝。三维有限元温度应力计算分析研究也表明，随着横缝间距增大，沿坝轴线方向的坝体拉应力相应增大，其范围也越大。综上所述，碾压混凝土重力坝坝体横缝间距的取值应综合考虑坝体温控防裂、枢纽布置、坝基地形地质条件等因素确定。根据工程经验，分缝长度通常取 20m 左右较合适，不宜大于 30m。另外横缝间距还应考虑与溢流表孔、泄水孔、发电进水口、通航等建筑物的布置相适应。岸坡坝段宜在地形突变、承载能力变化较大或开挖马道平台转折处设置横缝或诱导缝，以适应坝体变形和改善坝体应力条件。

随着碾压混凝土施工技术日趋成熟，切缝机具的改进及成缝方式的多样化，使横缝或诱导缝的成缝已不再成为制约碾压混凝土快速施工的主要因素。近期在建或完建的碾压混凝土重力坝，如光照、索风营、思林、沙沱、百色、龙滩等，其横缝或诱导缝的间距一般在 15～30m 左右。部分碾压混凝土重力坝分缝情况见表 2.8.1。

表 2.8.1　　　　　　　　　　　部分碾压混凝土重力坝分缝特征

序号	工程名称	坝高/m	坝段长度/m	诱导缝结构	建成年份
1	索风营	115.8	12.8～25	切缝，内嵌泡沫隔板	2006
2	光照	200.5	16.6～25	切缝，内嵌彩条布	2009
3	思林	124	16～28.5	切缝，内嵌彩条布	2010
4	石垭子	134.5	10.8～24.5	切缝，内嵌彩条布	2012
5	沙沱	101	19～36	切缝，内嵌彩条布	2013
6	枕头坝	86.5	23.5～28.5	切缝，内嵌泡沫隔板	在建

　　碾压混凝土重力坝由于采用大面积摊铺碾压的施工方式，国内外已见的碾压混凝土重力坝大多均不设纵缝，但高坝河床基础部位沿上下游方向的宽度很大，是否设置纵缝应进行专门研究，若需要设置应进行妥善处理。我国的龙滩（坝高 192m）未设纵缝、光照（坝高 200.5m）大坝在河床部位基础垫层混凝土中设有纵缝，并设混凝土后浇带，后期在基础廊道用微膨胀混凝土回填并进行接缝处理，大坝基础廊道以上未设纵缝。

　　碾压混凝土重力坝横缝或诱导缝常采用切缝机具切制、设置诱导孔或隔缝材料等方法形成。切缝机切缝有"先碾后切"和"先切后碾"两种方式，隔缝材料可用镀锌铁片、化纤编织彩条布或干砂隔缝。根据工程实践，近几年诱导缝成逢工艺多采用小型切缝机切缝、内嵌化纤编织彩条布成缝，其工艺简单，工效快，与碾压混凝土机械施工互不干扰，成缝可靠。采用隔缝材料形成的诱导缝应保证成缝面积，切缝面积一般为缝面面积的2/3，以保证缝面的形成。坝体横缝靠上下游坝面处仍按常规缝设计，设置止水和隔缝板，止水周边采用变态混凝土。大型机械切缝与小型切缝机施工如图 2.8.1 所示。

（a）大型机械切缝，内填干砂　　　　　　（b）人工小型机械切缝，内填化纤彩条布

图 2.8.1　诱导缝施工照片

2.8.2　坝体止水

坝体横缝如不进行封堵，水库的水会沿坝体横缝向下游渗漏。为了防止其渗漏，碾压混凝土重力坝横缝的上游面、溢流面、下游面最高尾水位以下以及与横缝相交的坝内廊道和孔洞四周均应设置止水设施。

坝体止水根据材料的不同可分为金属止水、聚氯乙烯止水和橡胶止水。金属止水由一定宽度的抗腐蚀金属片制成，一般为铜或不锈钢，抗水压能力强。聚氯乙烯止水和橡胶止水适应变形能力较金属止水好。

坝体横缝内止水设施，其位置和数量应根据所采用的坝体防渗结构进行布置，典型横缝上游面止水布置见图 2.8.2 所示。高坝上游面横缝止水一般采用 2～3 道止水铜片；中坝上游面横缝止水一般采用一道铜止水加一道橡胶止水；低坝横缝止水可适当简化，常采用一道止水。坝体下游面最高尾水位以下也应设一道止水，视下游水头的大小，可采用止水铜片或橡胶（或 PVC）止水带。坝面到止水之间和两止水之间的横缝内通常贴沥青油毛毡或沥青杉木板。最后一道止水之后宜设排水孔。止水铜片的厚度视水头的大小，通常采用 1.0～1.6mm 不等。部分碾压混凝土重力坝坝面及坝基止水设置情况如表 2.8.2 所示。

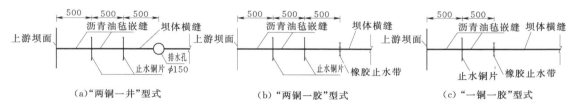

图 2.8.2　典型横缝上游面止水布置图（单位：mm）

表 2.8.2　　　　　　　　　　部分碾压混凝土重力坝止水布置情况表

序号	工程名称	坝高/m	横缝止水布置		坝基止水布置		建成年份
			上游面	下游面	坝踵	坝趾	
1	索风营	115.8	高程 780m 以下 2 道铜止水，以上 1 铜 1 橡胶止水	1 道橡胶止水	1 道铜止水	无	2006
2	光照	200.5	高程 658m 以下 3 道铜止水，以上 2 道铜止水	2 道铜止水	高程 660m 以下 2 道铜止水，以上 1 道铜止水	1 道铜止水	2009
3	思林	124	高程 400m 以下 2 道铜止水，以上 1 铜 1 橡胶止水	1 道橡胶止水	1 道铜止水	1 道铜止水	2010
4	石垭子	134.5	2 道铜止水	1 道橡胶止水	1 道铜止水	1 道铜止水	2012
5	沙沱	101	2 道铜止水	1 道橡胶止水	无	无	2013
6	枕头坝一级	86.5	1 铜 1 橡胶止水	1 道橡胶止水	1 道铜止水	无	在建

另外，对于中高坝（坝高大于70m），当两岸坝基坡度陡于1∶1时，在上下游相应最高水位以下，宜在坝踵和坝趾的坝基混凝土与基岩接触部位，沿坝轴线方向（纵向）设置基础止水（俗称"爬山虎"），以加强坝基面的防渗效果。基础止水根据水头情况设置1～2道，第一道止水距上游或下游坝面0.5～1m，止水间距0.5m。基础止水布置可采用齿槽或齿坎形式，同时作为止浆结构，下挖或凸出坝基面的高度一般为0.5m，止齿槽或齿坎宽度结合止水布置确定，并要求先于坝体混凝土浇筑。坝基面纵向基础止水典型布置如图2.8.3所示。

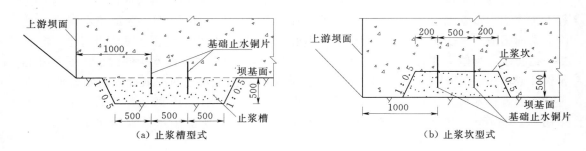

图2.8.3　坝基面纵向基础止水布置图（单位：mm）

坝内廊道或孔洞穿过横缝处，应在其周围混凝土内设一道止水铜片或橡胶（或PVC）止水带；横缝穿过溢流面时，应在过流表面混凝土内设置1～2道止水。为了防止水流沿坝基面进行渗漏，一般要求将上、下游面横缝止水伸入至坝基面以0.5～1.0m，并插入齿槽基础混凝土中。

2.9　坝内廊道

为满足碾压混凝土重力坝的基础灌浆、排水、检查维修、安全监测、坝内交通、运行操作和通风等需要，坝内应设置水平廊道、斜坡廊道及交通竖井等。各类廊道及竖井在坝内互相连通，构成坝内廊道系统。

碾压混凝土重力坝坝内廊道设计总体上与常态混凝土重力坝相似，由于坝内设置廊道和竖井将削弱坝体结构，并对碾压混凝土的快速施工造成较大影响，因此，碾压混凝土重力坝坝内廊道布置应遵循以下原则：

（1）碾压混凝土重力坝坝内廊道在满足功能要求的前提下，应尽可能减少廊道和竖井的数量，注意廊道宜具有多功能性。

（2）对于低坝可设置1条（层）纵向廊道（当有其他帷幕灌浆措施时也可不设），中坝、高坝可结合灌浆需要设置1～3条（层）纵向廊道。上下层廊道高差以40～60m为宜，应结合廊道多功能要求，统一协调布置。

（3）各层廊道间应该能相互贯通，每条廊道都至少应有两个出口。通至坝外的廊道出口处应设门。

（4）通往下游坝面的廊道，应高于下游最高尾水位。某些廊道出口必须位于最高尾水位以下时，应有专门的防水淹措施。

（5）斜坡廊道的坡度不宜陡于 45°，以利于行走，并应设置适当的休息平台，在连续较陡的斜坡廊道上应设置扶手。

（6）大坝不同高程廊道之间应设置竖井或楼梯连接并通至坝顶，当坝体高度较大时，宜考虑采用电梯井连接各层廊道。

（7）在大坝基础廊道最低部位应设置相应的集水井，并采取水泵等措施将廊道内的水排出至坝外。

基础灌浆廊道及纵向排水廊道的上游壁至上游坝面的距离应满足防渗要求，其距离通常按 1/20～1/10 倍坝面上的作用水头取值，并不小于 3m。若大坝采用二级配碾压混凝土防渗结构，廊道至上游坝面的距离还宜与该高程处二级配碾压混凝土的厚度相协调。基础灌浆廊道距基岩面应保持一定的距离，一般 2.0～3.0m，以不小于 1.5m 为宜。

基础灌浆廊道的断面尺寸，应根据钻机尺寸和灌浆工作的空间需要确定，一般宽度为 2.5～3.0m，高度 3.0～4.0m，其他廊道的断面尺寸应根据其功能且可以自由通行的要求确定，一般宽度为 1.5～2.5m，高度 2.2～3.5m。坝基集水井的尺寸应根据渗漏量估算结果确定，并考虑留有适当的余地。

当大坝下游水位较高及大坝基础地质条件较差时，为了减小大坝基础扬压力，提高大坝稳定性，可在河床坝基部位设置封闭帷幕及基础辅助排水廊道进行抽排，基础排水廊道可沿纵横方向布置，廊道间距以 20～30m 为宜。纵向排水廊道宜采用标准的圆拱直墙型式，横向排水廊道可设在坝段分缝处，利用缝面可做成三角尖顶廊道型式。各类廊道底板的一侧或两侧应设置相应的排水沟，以便廊道内排水通畅。

廊道结构根据施工情况可采用现浇廊道或预制廊道。现浇廊道同碾压混凝土坝同步施工，前期施工准备工作量大。为便于发挥碾压混凝土快速施工的优势，在工程实践中，廊道型式以混凝土预制构件拼装形式居多。预制廊道一般分为全断面预制和部分预制，而全断面预制又分为整体预制和分节预制。整体预制受力条件好，预制安装方便，但需较大的运输和安装能力，分节预制对运输和吊装能力要求低，但增加拼装和接缝的处理难度；部分预制对运输和吊装能力要求低，但对预制部分和现浇部分结合要求高，接缝处理难度大。预制廊道的厚度一般为 25～40cm 厚，分节长度约 100cm，具体可根据断面大小和现场施工而定。为了发挥碾压混凝土快速施工的优势，廊道周边一般采用变态混凝土与碾压混凝土同步浇筑上升。

根据近几年的工程设计与施工情况，碾压混凝土坝内廊道有的采用现浇，有的采用预制，也有两种混合使用的。笔者认为，为便于施工质量控制和快速施工，斜坡段及复杂的廊道宜采用现浇方式，其他相对简单的水平廊道可采用预制。值得一提的是，靠上游坝面的廊道由于防渗要求，且与坝体排水孔相连，因此宜采用现浇方式施工，以利于后期坝体渗漏排水检修。位于坝体主防渗区下游的其他纵向廊道及坝体横向廊道均可采用预制廊道方式施工。常用分节预制廊道结构如图 2.9.1 所示。

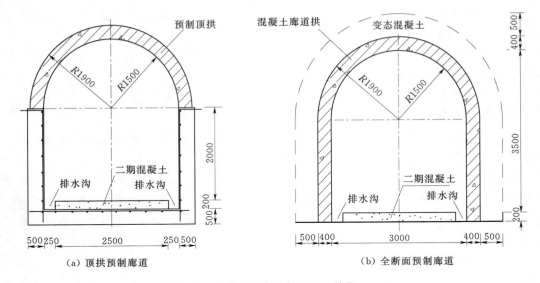

图 2.9.1　部分预制廊道断面图（单位：mm）

2.10　小结

　　贵阳院通过多年来对索风营、光照、思林、格里桥、石垭子、沙沱等不同坝高、不同地域、不同型式碾压混凝土重力坝的设计研究与建设，大胆创新、勇于突破，取得了较为丰富的实践经验，成就了不同时期碾压混凝土筑坝先进的技术特点和水平，形成了贵阳院特有的碾压混凝土坝设计风格和理念，为碾压混凝土筑坝技术的发展起到了积极的推动作用。本章介绍和总结的碾压混凝土重力坝设计经验，可供其他工程参考和借鉴。

　　从贵阳院上述已建工程的建设和运行情况来看，大坝表面裂缝基本较少，坝体总渗漏量也不大，运行状况均良好。说明这些碾压混凝土坝的设计是安全可靠和经济合理的，大坝施工技术及工艺是可行的。这里需要说明和强调的是，实践证明碾压混凝土本体的防渗和抗剪强度是有保障的，而层间结合质量是大坝渗漏的主要因素，个别工程施工过程中由于忽视了层间结合的质量控制（如上层碾压混凝土摊铺覆盖间隔时间过长或层间处理不当），运行后造成沿层面渗水，带来后期处理工作和经济损失，故碾压混凝土坝的层间结合施工质量应引起足够的重视。

　　通过近年来对碾压混凝土筑坝技术的研究实践与探索，尤其是通过光照 200m 级世界高坝的建设，认为碾压混凝土重力坝还有很大的发展潜力，因此特提出如下几点认识与展望：

　　（1）碾压混凝土坝工程枢纽，应充分考虑碾压大仓面、薄层连续碾压上升的施工特点，设计上要力求使枢纽布置简单、坝体结构简化，最大限度地减少结构给施工带来的干扰。

　　（2）如何降低泄水建筑物对大坝碾压施工的干扰，是泄水建筑物布置的关键，因此应尽可能采取集中布置、顶部布置或岸边布置等方式。

（3）施工总布置要充分考虑碾压混凝土水平和垂直连续运输问题，运送距离应尽可能短，同时要确保砂石加工和混凝土生产系统的可靠性和容量。

（4）碾压混凝土材料与筑坝技术在发展中相互促进，如何降低碾压混凝土的水泥用量，减少混凝土的水化热温升，简化温控措施是发展方向。如掺合料、超高掺粉煤灰、四级配碾压混凝土等。

（5）随着碾压混凝土筑坝技术日趋完善，变态混凝土、层面处理和斜层平推铺筑法等诸多技术和施工经验越来越丰富，对改善碾压混凝土性能和加快施工速度起到很大的推动作用。

（6）碾压混凝土筑坝技术包括设计和施工两大方面。其中影响工程质量的因素主要有防渗结构、层间结合、筑坝材料及配合比、施工工艺（入仓和碾压）、温控防裂措施等，此外还有一项关键的就是施工管理和责任心。

（7）碾压混凝土坝与常态混凝土坝的结构及布置基本相同，碾压混凝土坝成功与否关键在于：能否对上述质量影响因素进行很好的控制。碾压混凝土坝质量的好坏不在于坝的高低，而在于筑坝材料及配合比是否优越？入仓和碾压工艺是否得当？温控和防裂措施是否到位？施工及管理是否认真？一些中低坝工程往往由于施工管理不重视，蓄水后反而出现了坝体渗漏现象。

（8）厚层碾压试验表明，更大碾压层厚的碾压混凝土质量可满足要求，随着碾压设备和质量检测设备技术的突破，更大层厚（45～100cm）的碾压施工技术有望得以应用，可进一步提高施工速度。

（9）通过不断地探索与实践，一些有利于碾压混凝土坝发展的新技术、新材料不断涌现。相信在不久的将来，超高掺粉煤灰碾压混凝土、四级配碾压混凝土等将逐步应用于碾压混凝土筑坝，通过进一步提高粉煤灰掺量和降低水泥用量，减少混凝土的水化热温升，简化温控措施。

（10）实践证明，碾压混凝土本体的防渗和抗剪强度是有保障的，而层间结合质量是制约碾压混凝土坝高向前发展的关键，只要层间结合质量得到保证，碾压混凝土坝突破250m 甚至更高是可以实现的。

第 3 章　碾压混凝土拱坝设计

3.1　概述

　　我国的碾压混凝土筑坝技术研究始于 20 世纪 80 年代初，1986 年在福建大田坑口建成我国第一座碾压混凝土重力坝。"七五"期间，结合科技攻关，又相继建成了铜街子、沙溪口、天生桥二级、岩滩等碾压混凝土重力坝及围堰，取得了可喜的成果。在碾压混凝土重力坝设计与施工取得一定工程经验的基础上，1988 年经过论证确定，贵阳院承担设计的普定水电站工程挡水建筑物采用碾压混凝土拱坝，并依托普定碾压混凝土拱坝开展了"碾压混凝土拱坝筑坝技术研究之普定碾压混凝土拱坝筑坝新技术研究"课题，列入"八五"国家重点科技攻关项目。1994 年建成了当时世界上最高的贵州普定水电站碾压混凝土重力拱坝，坝高 75m，从此开创了我国用碾压混凝土技术修建拱坝的先河。

　　通过普定碾压混凝土拱坝的实践经验和国家"八五""九五"科技攻关所取得的一系列科研成果，贵阳院的碾压混凝土拱坝筑坝技术向 100m 级坝高推进。1994—2004 年期间，参与了福建溪柄（坝高 63m）、新疆石门子（坝高 109m）和湖北招徕河（坝高 107m）碾压混凝土拱坝的监理工作，2001 年建成了坝高 80m 的甘肃龙首双曲薄拱坝。同期完成了以新疆石门子和甘肃龙首为依托的"高寒地区碾压混凝土拱坝筑坝技术研究"工作，为我国在高寒、高震地区拱坝设计抗冻、抗裂、抗震等关键技术取得了成功经验，解决了夏季高温、冬季低温施工和建筑材料施工离差系数较大的施工技术难题，该项研究荣获2006 年度集团公司科技进步二等奖。2007 年建成了坝高 134.5m 的大花水碾压混凝土拱坝，其拱坝坝高和坝身泄量当时位居世界第一，是当时世界上碾压混凝土拱坝筑坝技术的标志性和典范工程，代表了当前我国碾压混凝土拱坝建设的高峰，其研究成果荣获了2008 年度集团公司科技进步二等奖。同期建成了云南洗马河赛珠碾压混凝土拱坝（坝高68m），采用全断面 2.5 级配设计，碾压混凝土自身防渗，这是我国坝工界的又一次突破。目前在建和拟建的项目有善泥坡（坝高 110m）、象鼻岭（坝高 141.5m）、立洲（坝高132m）、观音坪（坝高 77m）、沙坪（坝高 105.8m）等碾压混凝土拱坝。贵阳院碾压混凝土拱坝筑坝技术在设计理念、断面设计、防渗结构设计、夏季施工和温度控制技术、保障层间结合技术、快速施工技术等方面均取得重大突破。经过 20 余年的推广和应用，已经形成了一套具有独自特点的碾压混凝土筑坝技术，极大地推动了我国碾压混凝土拱坝筑坝技术的发展。

贵阳院设计和监理的已建、在建和拟建碾压混凝土拱坝见表 3.1.1。

表 3.1.1　　　　　　　　贵阳院设计和监理的碾压混凝土拱坝一览表

序号	工程名称	建设地点	河流	坝型	坝高/m	河谷宽高比	混凝土总量/万 m³	总库容/亿 m³	装机容量/MW	枢纽总泄量/(m³·s⁻¹)	建成年份
1	普定	贵州普定	三岔河	重力拱坝	75	2.00	13.7	4.209	75	5260	1994
2	龙首	甘肃张掖	黑河	双曲拱坝	80	2.87	21.7	0.132	48	2982	2001
3	大花水	贵州开阳	清水河	双曲拱坝	134.5	2.12	65	2.765	200	5965	2007
4	赛珠	云南禄劝	洗马河	双曲拱坝	68	2.04	10	0.0167	102	962	2008
5	善泥坡	贵州水城	北盘江	双曲拱坝	110	1.42	40	0.85	185.5	6294	在建
6	象鼻岭	云南会泽	牛栏江	双曲拱坝	141.5	2.40	68	2.63	240	3841	在建
7	立洲	四川	木里河	双曲拱坝	132	0.91	37.1	1.897	355	1975	在建
8	观音坪	湖北	白水河	双曲拱坝	77	0.76	7	0.129	26	872	前期
9	沙坪	湖北	白水河	双曲拱坝	105.8	1.70	27.6	0.982	46	2740	前期
10	溪柄	福建龙岩	溪柄溪	拱坝	63		2.8				1996
11	石门子	新疆玛纳斯	塔西河	薄拱坝	109	1.31	21.1	0.80	64	418	2002
12	招徕河	湖北长阳	招徕河	双曲拱坝	107	1.76	25.47	0.70	36	1710	2005

3.2　枢纽与拱坝布置

3.2.1　枢纽布置特点

碾压混凝土拱坝枢纽工程一般坐落在较狭窄河谷中，两岸山体都相对比较雄厚，适应地形地质条件是碾压混凝土拱坝枢纽方案布置的基础。满足河流开发任务和枢纽各项功能（如泄洪、发电、排沙、供水、航运、排漂、过鱼、旅游、施工导流和交通等）要求是枢纽布置方案的前提条件。同时避免各建筑物在施工中的相互干扰和方便运行管理，力求与自然环境和谐。

对于碾压混凝土拱坝而言，泄洪建筑物与拱坝之间的关系最为密切，坝身泄洪是我们最常用、最经济的一种方式。然而，坝身泄洪建筑物的布置也是制约碾压混凝土拱坝施工关键性因素之一，尤其是大泄量的工程，对枢纽布置方案将起决定性的作用。总之，枢纽布置是集拦河大坝、泄洪建筑物、引水发电系统、通航及其他建筑物于一体，综合考虑施工导流、施工交通、施工方法、施工干扰等因素，选择技术可行、投资经济的工程总体布置格局。

碾压混凝土拱坝的枢纽布置应结合碾压混凝土的基本特性，尽可能将坝身泄洪建筑物布置于上部或同一高程上，以减少对碾压混凝土拱坝施工的干扰，充分发挥碾压混凝土上升速度快的特点。而这一特点又对施工辅助系统（砂石加工和混凝土生产系统）提出了较高的要求，从经济性考虑，碾压混凝土拱坝的坝体碾压混凝土总量应达到一定的规模，同时应充分对大坝、泄洪系统、引水发电系统等其他建筑物进行技术经济、工期进度比较，合理地选择各建筑物的布置格局。

3.2.2 工程枢纽布置

碾压混凝土拱坝枢纽是以碾压混凝土拱坝为中心将枢纽其他建筑物和设施联系在一起的综合体，考虑碾压混凝土大仓面、薄层浇筑、连续上升的特点，重点解决各建筑物在平面布置上的矛盾，施工期和运行期在空间上的相互影响，根据工程的自然条件、枢纽功能要求、施工条件等进行综合技术经济比较、优化布置方案和建筑物形式，必要时通过科学试验加以验证。坝址处的地形地质条件和泄洪消能建筑物的规模及布置与碾压混凝土拱坝枢纽布置密切相关，是工程枢纽布置的主要因素。同时，还需兼顾进水口的布置，形成首部枢纽建筑物布置的总体格局。部分碾压混凝土拱坝工程泄洪布置见表3.2.1。

表3.2.1　　　　　　　贵阳院设计和监理的碾压混凝土拱坝泄洪布置一览表

序号	工程名称	最大泄量 /$(m^3 \cdot s^{-1})$	中孔孔口尺寸（孔数—宽×高）	表孔孔口尺寸（孔数—宽×高）	底孔孔口尺寸/m（孔数—宽×高）
1	普定	5260	—	4—12.5m×11m	1—3×4
2	龙首	3090	3—5m×5.5m	2—10m×7m	1—5×7（重力坝上）
3	大花水	5965	2—6m×7m	3—13.5m×8m	—
4	赛珠	962	—	4—7m×4m	1—3×3
5	善泥坡	6294	2—6m×7.5m	3—14m×10m	—
6	象鼻岭	3841	2—4m×6m	3—12m×8m	—
7	立洲	1975	1—5m×6m	2—8m×8m	—
8	观音坪	872	1—3m×4m	2—8m×6m	—
9	沙坪	2740	—	3—15m×9m	—
10	石门子	418	—	3—5m×3m	1—2×1.6
11	招徕河	1710	—	3—12m×12m	—

通常，拱坝布置于狭窄河谷中，河谷地形地质条件是碾压混凝土拱坝布置的基础，具有决定性的作用。从拱坝坝址基本特点可分为：①地形地质条件基本对称河谷；②地形地质条件不对称河谷；③高陡狭窄河谷。其枢纽布置也各有侧重，同时结合泄洪流量的规模综合确定。

3.2.2.1 地形地质条件基本对称河谷的枢纽布置

所谓地形地质条件基本对称是指：坝址处河谷形状和两岸岩体的物理特性基本对称。在枢纽布置时，拱坝体型中心线与河谷中心线基本重合。拱坝左右半拱体型参数基本接近，泄洪建筑物中心线与拱坝体型中心线和河谷中心线大致统一，在泄洪建筑物布置时还要充分考虑下游河道的泄洪消能特性。

对于地形地质条件基本对称河谷，贵阳院设计的项目主要有立洲、象鼻岭和赛珠。其枢纽的主要布置特点是河谷地形地质条件基本对称，泄洪流量不大，在 $4000\text{m}^3/\text{s}$ 以内，泄洪建筑物均布置于拱坝坝身。两岸坝肩为明挖设计，坝顶高程以上开挖边坡在 100m 以内。

1. 立州工程

（1）工程概况。立洲水电站系木里河干流（上通坝—阿布地河段）水电规划"一库六级"的第六个梯级，坝址区位于四川省凉山彝族自治州木里藏族自治县境内博科乡下游立洲岩子至八科索桥 2.40km 的河段。坝址处控制流域面积 8603km^2，多年平均流量为 $131\text{m}^3/\text{s}$。

电站采用混合式开发，枢纽工程由碾压混凝土双曲拱坝、坝身泄洪系统、右岸地下长引水隧洞及右岸龚家沟地面厂房组成。电站正常蓄水位 2088m，装机容量 355MW（包含 10MW 生态机组），多年平均发电量为 15.46 亿 $\text{kW} \cdot \text{h}$，水库总库容 1.897 亿 m^3，具有季调节性能，以发电为主，兼顾下游生态用水。工程规模为 II 等大（2）型，挡水建筑物、泄水建筑物、引水发电建筑物等主要建筑物为 2 级建筑物，设计洪水标准按 100 年一遇，校核洪水标准按 1000 年一遇，地震基本烈度为 VII 度。

碾压混凝土最大坝高 132m（含垫座），坝顶弧长 201.82m。泄洪建筑物布置在拱坝坝身，由 2 个溢流表孔和 1 个泄洪中孔组成，表孔尺寸为 $8\text{m}\times8\text{m}$（宽×高），中孔尺寸为 $5\text{m}\times6\text{m}$（宽×高），最大下泄流量 $1975\text{m}^3/\text{s}$。引水发电系统布置于右岸山体中，采用"一洞三机"联合供水方式，引水隧洞总长 16622m。厂房布置在右岸龚家沟上游侧山脊处，为地面厂房。在坝下游侧布置一小厂房利用下放的生态流量发电。

立洲水电站于 2010 年 12 月 26 日通过可研审查，2012 年 8 月正式开工建设。

（2）地形地质条件。坝址河谷呈 U 形，水库正常蓄水位 2088m 高程谷宽 118m，河谷狭窄，宽高比为 0.91。河谷两头宽中间窄，总体型态呈哑铃形，坝址位于"哑铃"中部。左岸 2010m 高程以下为倒坡，$2010\sim2020\text{m}$ 高程之间平均坡角 $63°$ 左右，2020m 高程为一平台，平台宽 33m，2020m 高程以上为 $72°$。右岸 2035m 高程以下为 $85°$ 的陡壁，$2035\sim2085\text{m}$ 高程之间坡度稍缓，坡角 $57°$，2085m 高程以上为 $80°$ 的陡壁。

基础及坝肩涉及地层均为 Pk 厚层大理岩化灰岩、灰岩。坝址区主要发育 F_{10}、f_2、f_4、f_5 四条断层。坝址区岩溶发育程度不高。两岸灰岩内地下水位低平。

（3）枢纽布置。根据立洲水电站坝址地形地质条件，坝轴线选择在上下游宽中部狭窄的哑铃形河谷腰部布置碾压混凝土拱坝。坝址地处深切峡谷，虽洪水流量不大，但河谷过于狭窄，解决好泄洪消能以及其与下游河道的关系，是工程枢纽布置的关键。在进行枢纽布置时结合泄洪消能建筑物布置，优先考虑坝身泄洪。

枢纽由碾压混凝土拱坝＋坝身一中孔、二表孔泄洪系统＋右岸引水系统＋右岸龚家沟地面厂房等建筑物组成。工程首部枢纽布置见图 3.2.1。

拦河大坝为抛物线双曲拱坝，坝顶高程 2092.00m，坝底高程 1960.00m，最大坝高 132.00m（含垫座）；坝顶宽 7.00m，坝底厚 26.00m，厚高比 0.197，拱坝弧高比 1.46。坝顶中心弧长 201.82m，最大中心角 $89.9774°$，坝体基本呈对称布置，坝体防渗采用二级配碾压混凝土防渗。坝体除基础垫层、溢流头部、闸墩、下游消能防冲建筑物等采用常态混凝土外，其余均采用碾压混凝土；坝体下游溢流面、泄洪中孔采用强度等级较高的二

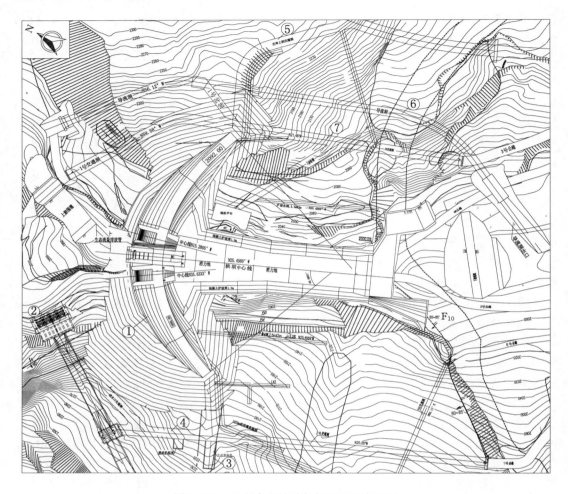

图 3.2.1　立洲水电站首部枢纽平面布置图
①—碾压混凝土拱坝；②—引水系统；③—坝区变电站；④—右岸上坝交通洞；
⑤—左岸上坝交通洞；⑥—导流洞；⑦—左岸交通洞

级配抗冲耐磨混凝土。

　　泄水建筑物由 2 个溢流表孔、1 个中孔及下游消能防冲建筑物等组成。各孔口以河床中心线为轴径向对称布置，表孔布置在中孔两侧。表孔堰顶高程 2080.00m，孔口尺寸 8.00m×8.00m（宽×高）。中孔布置于两个溢流表孔中间，底板高程为 2030.0m 进口检修闸门孔口尺寸 5.00m×7.30m（宽×高），出口设置弧形工作闸门，孔口尺寸 5.00m× 6.00m（宽×高）。沿坝趾向下游设置了长 30.00m，宽 24.00m，厚 3.00m 的护坦，同时沿护坦范围对两岸岸坡进行了护岸处理，护岸顶高程至 2000m，坝肩岸坡全部进行喷锚支护处理。

　　引水发电系统布置于右岸山体中，采用一洞三机联合供水方式，单机引用流量 73.6m³/s。引水管路总长 17234m（2 号管）。进水口闸门孔口尺寸为 7.00m×8.20m（宽 ×高）。引水隧洞总长 16622m，内径 8.20m，为钢筋混凝土衬砌结构。阻抗式调压井位于引水隧洞的末端，内径 21.00m，高 139.10m。后接压力钢管，采用一管三机供水的布置形式，主管段内径 6.80m，长度为 455m。钢岔管采用非对称 Y 形岔管。

地面厂房布置在木里河右岸龚家沟上游山脊处，主机间安装 3 台水轮发电机组，机组间距 15.4m，机组安装高程 1874.75m，厂房平台高程 1900.00m，主厂房底板高程 1863.85m，主厂房顶高程 1921.60m，厂房尺寸（含安装间）74.6m×23.5m×57.75m（长×宽×高）；安装间设在主机间右侧，安装间右侧平台为回车场。

2. 象鼻岭工程

（1）工程概况。象鼻岭水电站位于贵州省威宁县与云南省会泽县交界处的牛栏江上，系牛栏江河流规划梯级中的第三级水电站，是一座以发电为主的水电工程。

电站正常蓄水位 1405.00m，死水位 1370.00m。电站装机容量 240MW，保证出力 47.42MW，多年平均年发电量 9.38 亿 kW·h。总库容 2.63 亿 m³，调节库容 1.68 亿 m³。工程规模为 Ⅱ 等大（2）型，主要建筑物为 2 级建筑物，设计洪水标准按 100 年一遇，校核洪水标准按 1000 年一遇，地震基本烈度为 Ⅶ 度。枢纽工程主要由碾压混凝土拱坝、溢流表孔、泄洪中孔、右岸引水隧洞、地下发电厂房等建筑物组成。

拦河大坝为碾压混凝土拱坝，最大坝高 141.50m。泄洪建筑物布置在拱坝坝身，为 3 表孔＋2 中孔的布置型式。引水发电系统位于河道右岸，进水口为岸塔式。地下厂房位于碾压混凝土拱坝后右岸雄厚山体内。

象鼻岭水电站于 2010 年 2 月通过可研审查，2011 年初开始筹建期工作。

（2）工程自然条件。坝轴线河谷地形呈基本对称的 V 形，左岸坡角约 48°，右岸约为 40°，谷底宽约 22m，水深 6～8m，覆盖层厚 7～11m，河床基岩面高程 1268.30m。河床覆盖层以块石、碎石为主，夹少量砂卵砾石。枯水期河面高程 1282.20m。

河床基岩为灰黑色微带灰绿色块状玄武岩、凝灰质玄武岩、凝灰质集块岩夹凝灰岩，发育两条典型的凝灰质砂砾岩夹层。河床弱风化岩体深度 6～8m。

左坝肩为逆向坡，山体完整，坡积物分布少。岩性为灰黑色块状玄武岩、拉斑玄武岩、凝灰质玄武岩、集块岩（或凝灰质角砾岩）夹凝灰岩。

坝址区位于迤车讯向斜北西翼，为单斜构造，坝址上游发育 F_1 正断层，F_2 断层从上坝址左岸下游通过，左坝肩发育 J_1、J_2、J_3、J_4、J_5 夹层，构造裂隙较发育。右坝肩为顺向坡，出露地层与左坝肩相同，构造裂隙较发育，1360m 高程以上坝肩及下游抗力体岩体风化较深，1390m 高程岩体水平弱风化深度达 60m 左右，风化带内裂隙充填物以泥质为主。

（3）枢纽布置。象鼻岭水电站枢纽由碾压混凝土拱坝、右岸引水系统、地下厂房组成。枢纽平面布置如图 3.2.2 所示。

拱坝坝顶高程 1409.50m，最大坝高 141.50m，坝顶长 444.86m，坝顶宽 8.00m，坝底厚 35m，厚高比 0.247，弧高比 3.28。

泄水建筑物由 3 溢流表孔和 2 中孔组成，主要承担宣泄水库各种频率的洪水及冲沙的任务。泄洪表孔堰面为实用堰，表孔 12m×8m（宽×高），堰顶高程 1397.00m。采用鼻坎挑流消能。中孔进口为喇叭口，出口尺寸 4m×6m（宽×高），底板高程为 1335.00m。

引水系统由进水口、引水隧洞、压力钢管组成。进水口距坝轴线上游约 60m，为岸塔

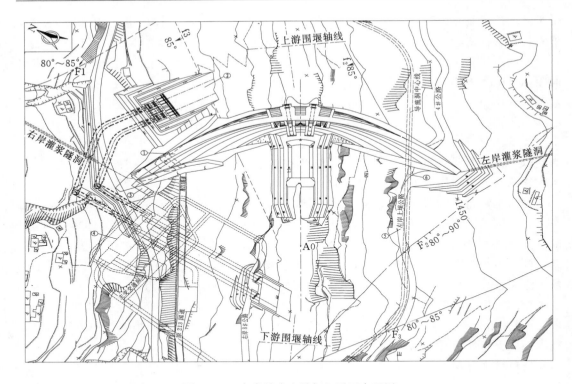

图 3.2.2　象鼻岭水电站枢纽平面布置图

①—碾压混凝土拱坝；②—引水系统；③—坝区变电站；④—发电厂房；

⑤—左岸上坝公路；⑥—左岸导流洞

式进水口。采用两洞两机的供水方式，引水隧洞内径 6.8m，压力钢管直径 5.5m。

　　地下厂房位于坝后右岸雄厚山体内，厂区枢纽主要由主厂房、右端副厂房及中控楼、下游主变洞、母线洞、风机室、排风洞、尾水洞、出线洞、进厂交通洞兼进风洞等建筑物组成。电站装两台 120MW 混流式水轮发电机组，机组安装高程为 1276.90m，发电机层高程 1291.10m，机组间距为 22.00m，主厂房尺寸（长×宽×高）83.5m×20m×54.4m。

　　3. 赛珠工程

　　（1）工程概况。赛珠水电站位于云南省禄劝县，是洗马河干流规划中的第二个梯级电站，以发电为主，为一混合式开发电站。大坝位于洗马河干流上，厂房位于普渡河三江口下游 5.7km 处的右岸。

　　赛珠水电站水库正常蓄水位为 1820m、死水位为 1805m、总库容为 167 万 m³、有效调节库容 48 万 m³，为日调节水库，电站总装机容量 102MW（3×34MW），多年平均年发电量 4.285 亿 kW·h，年利用小时数为 4328h。该工程主要建筑物为 3 级建筑物，设计洪水标准按 50 年一遇设计、500 年一遇校核，地震基本烈度为Ⅷ度。工程枢纽主要由碾压混凝土拦河大坝、溢流表孔、泄洪兼冲沙底孔、右岸引水隧洞及发电地下厂房等建筑物组成。

　　碾压混凝土拦河大坝为抛物线双曲拱坝，最大坝高 68m，是目前国内外为数不多、高震区在建的采用 2.5 级配全断面碾压的混凝土拱坝。

（2）工程自然条件。坝址位于洗马河泸溪桥上游的 400m 处，坝址区河流流向 S36°W，左右岸地形较完整，河谷断面呈不对称的 V 字形，两岸基岩裸露。左岸 1890m 高程以下为陡壁地形，坡角达 71°，1890～1930m 高程坡段，坡角约 26°，1930m 高程以上地形坡角约 52°。右岸 1950m 高程以下地形坡角为 43°～58°，1950m 高程有一平台，宽约 40m，其上坡角为 35°～46°。水库正常蓄水位 1820m 时，河谷宽 103m。坝址河床及两岸主要出露地层为 $\in_1 c^2$ 上段泥页岩夹少量粉砂岩与泥质条带灰岩，$\in_1 l$ 中—厚层块状灰岩，上覆有 $\in_2 d$ 页岩、钙质页岩夹粉砂岩。

（3）枢纽布置。枢纽由碾压混凝土拱坝、坝身溢流表孔、坝身冲沙兼放空底孔、右岸引水系统及地下厂房等组成。赛珠水电站首部枢纽平面布置如图 3.2.3 所示。

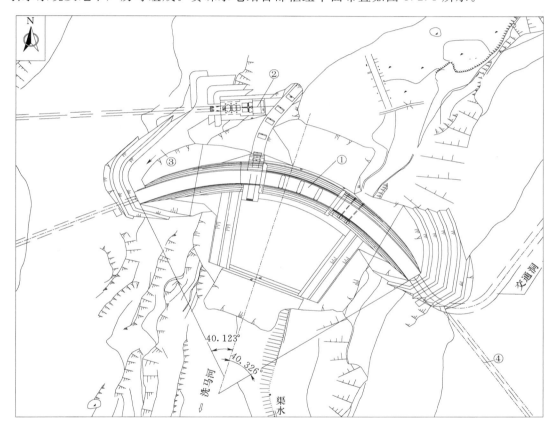

图 3.2.3　赛珠水电站首部枢纽平面布置图
①—碾压混凝土拱坝；②—引水系统；③—右岸上坝公路；④—左岸灌浆隧洞

拦河大坝为抛物线双曲拱坝，布置于主河床，拱坝坝顶高程 1826.00m，坝底高程最低为 1758.00m，最大坝高 68.00m，坝顶弧长 160.09m。坝身开设 4 个开敞式溢流表孔（每孔宽 7m），堰顶高程 1820.00m，并于表孔右侧设一个冲沙孔（3m×3m），底板高程 1785.00m，冲沙孔进口至引水隧洞进口前布置一段水平冲沙渠，进口设置一扇平板检修闸门，出口设置弧形工作闸门。

引水建筑物由岸塔式进水口、引水隧洞、调压井及压力钢管组成。岸塔式进水口布置于右岸，引水隧洞总长3.32km，调压室位于引水隧洞末端，井筒高度为120m；压力钢管分三段布置，每段高差200～220m，主管段长1448.96m，主管经两个球岔分为两个岔管，三个支管。

电站厂房枢纽位于普渡河三江口下游5.7km处的右岸山体内，采用品字形地下厂房型式。主变洞为洞内GIS开关站。进厂交通从左岸架桥至右岸经进厂交通洞至安装间。水轮机安装高程1105.50m，尾水管底板高程1100.00m，发电机层楼面高程1116.60m，进厂交通洞与安装场高程相同为1116.60m。主厂房尺寸为59.4m×17.4m×37.60m（长×宽×高），装机3台，立轴冲击式水轮机。

4. 枢纽布置特性

立洲、象鼻岭、赛珠三个碾压混凝土拱坝的枢纽布置特性见表3.2.2。

表3.2.2　　　　　立洲、象鼻岭、赛珠拱坝枢纽布置特性表

项目	工程名称		
	立洲	象鼻岭	赛珠
坝址河谷地形	呈U形，河谷狭窄，两岸高陡，基本对称	呈V形，河谷下窄上宽，两岸平缓，基本对称	V形，左陡右缓，坝顶高程以下呈基本对称的U形
坝基岩性	灰岩	玄武岩	灰岩
河谷宽高比	0.91	2.40	2.04
拱坝弧高比	1.46	3.28	2.36
最大坝高/m	138	141.5	68
坝体防渗型式	2级配碾压混凝土	2级配碾压混凝土	2.5级配碾压混凝土
坝肩开挖方式	明挖	明挖	明挖
泄洪建筑物布置	坝身布置2表孔（浅孔）1中孔，采用表孔挑流和中孔窄缝消能	坝身布置3表孔（浅孔）2中孔，采用表孔挑流和中孔窄缝消能	坝身布置4表孔（自由溢流）1冲沙孔，采用表孔挑流消能
溢流表孔	2−8m×8m	3−12m×8m	4−7m×4m
泄洪中孔（冲沙孔）	1−5m×6m	2−4m×6m	1−3m×3m
最大下泄流量/(m³·s⁻¹)	1975	3841	962
上坝交通型式	交通洞	公路	交通洞
施工通道型式	以隧洞为主	以公路为主	以隧洞为主
坝体剖面			

3.2.2.2　地形地质条件不对称河谷的枢纽布置

在碾压混凝土拱坝设计中，坝址处的河谷形状往往是第一要素，两岸地质条件是拱坝能否成立的根本，理想的拱坝坝址是地形地质条件基本对称，河谷宽高比较小，且岩层产状有利于坝肩稳定的河谷，但在实际工程中，理想的情况很少，总是会存在一些不尽如人意的地方，不是地形存在缺陷，就是岸坡地质条件不对称。但在枢纽布置时应尽可能适应地形地质条件。在泄洪建筑物布置时还要充分考虑下游河道的泄洪消能特性。

对于地形地质条件不对称河谷，贵阳院设计的项目主要有普定、龙首、大花水工程。其枢纽的主要布置特点是河谷地形地质条件不对称，泄洪流量最大在 $6000\text{m}^3/\text{s}$ 左右，缺失的地形采用重力墩或者推力墩的结构型式。

1. 普定工程

（1）工程概况。普定水电站位于贵州省乌江上游南源三岔河中游灰岩峡谷河段中，是一座以发电为主，兼有供水、灌溉、养殖及旅游等综合效益的水力枢纽工程。

电站正常蓄水位 1145m，死水位 1126m。电站装机 75MW，保证出力 1.54MW，多年平均发电量 3.401 亿 kW•h。总库容 4.209 亿 m^3，调节库容 2.653 亿 m^3，为不完全年调节水库。工程为 Ⅱ 等大（2）型，主要建筑物为 2 级建筑物，设计洪水标准按 100 年一遇，校核洪水标准按 1000 年一遇，地震基本烈度为 Ⅵ 度。

拦河大坝为碾压混凝土重力拱坝，为定圆心、定外半径、变中心角、变内半径的非对称单曲拱坝，拱坝最大坝高 75m，厚高比 0.413。泄洪建筑物布置在拱坝坝身，为 4 个溢流表孔，孔口尺寸 12.5m×11m（长×宽），采用分流戽挑流消能，在右岸 1093m 高程设置孔口尺寸 3m×4m（长×宽）的冲沙放空底孔。电站进水口布置于右岸，为岸塔式进水口。发电厂房布置于坝下游约 160m 的右岸岸边，开关站布置在厂顶后上方缓坡阶地上。

普定水电站于 1989 年 12 月 15 日顺利截流，主体工程正式开工。1994 年 5 月首台机组并网发电，年底工程完建。

（2）工程自然条件。坝址以上流域面积 5871km^2，占三岔河流域面积的 81%。流域地处亚热带季风区，气候温和湿润，雨量充沛，年平均降水量 1187mm，多年平均气温 14.4℃，年平均水温 16.5℃，年平均相对湿度 80%，多年平均流量 $123\text{m}^3/\text{s}$。

坝址区地处深山峡谷河段中，两岸山峰连绵，高出河水面 250～300m，河谷呈不对称的 U 形，左岸坡平直，右岸地形则向下游收束，1120m 高程以上左岸为 40m 高的陡壁。右岸为 10°～50° 的缓坡。1145m 高程河谷宽 110m，枯水期河水面宽约 40m，河水位 1087m，相应河水深 2～3m。河床覆盖层厚 3～6m。坝址坐落在下三叠统安顺组（T_1a）厚层、中厚层灰岩构成的岩体上。岩层倾向上游偏左岸。地质构造比较简单，山势雄厚，地形完整。左右岸风化深 3～15m。

（3）枢纽布置。普定水电站枢纽工程主要由碾压混凝土拱坝、坝顶开敞式溢流表孔、右岸发电引水系统、河岸式地面厂房和厂后露天式升压开关站以及进厂交通洞等建筑物组成，普定水电站枢纽平面布置如图 3.2.4 所示，其布置具有如下特点。

1）普定水力枢纽工程地处深山峡谷河段中，河谷狭窄，两岸陡峭，虽然具有兴建拱坝的地形地质条件，但给枢纽工程布置和泄洪消能工程设计构成一定困难。为加快工程施工进度，缩短建设周期，方便碾压混凝土拱坝的施工，将挡水建筑物碾压混凝土拱坝、发

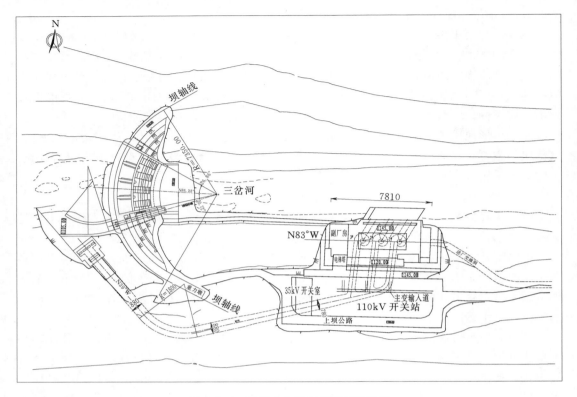

图 3.2.4　普定水电站枢纽平面布置图

电引水系统和厂区枢纽分散布置，使坝、洞、厂同时分别施工，互不干扰。

2）坝体结构物集中布置，简化坝体断面轮廓尺寸和内部结构。尽量加大碾压混凝土仓面，保持碾压仓面连续，减少施工干扰，便于碾压混凝土快速连续施工。溢洪道集中布置在坝顶中段，让碾压填筑基本完成后，再浇筑溢流面常态混凝土；坝内灌浆廊道分层水平布置在 1090m 高程和 1115m 高程，用竖井连接起来，这样既不影响坝基帷幕灌浆，又便于碾压混凝土连续填筑，减少施工干扰。

3）普定碾压混凝土拱坝采用高掺粉煤灰和低水泥用量碾压混凝土做筑坝材料，$C_{90}20$ 二级配和 $C_{90}15$ 三级配碾压混凝土胶凝材料含量分别为 188kg/m³（其中水泥 85kg/m³，粉煤灰 103kg/m³）和 153kg/m³（其中水泥 54kg/m³，粉煤灰 99kg/m³）。

4）坝体挡水防渗采用碾压混凝土自身防渗。在坝体迎水侧部位使用粒径小于 40mm 二级配骨料、富胶凝料碾压混凝土作坝体阻水防渗体。

5）坝体不设施工缝。采用整体、薄层、通仓、全断面碾压填筑，利用低温季节快速连续上升的施工工艺。革新了惯用的施工分缝，柱状法分块跳仓浇筑，封拱灌浆，温控措施复杂的传统混凝土拱坝施工方法。

6）在坝体适当部位设置诱导缝，避免产生不规则的贯穿性裂缝。在诱导缝中预设重复灌浆系统。一旦开展裂缝，就可实施重复补强接缝灌浆。

7）基础垫层混凝土采用外掺氧化镁常态混凝土，通过外掺氧化镁，使混凝土体积产生微膨胀，补偿混凝土在凝结过程中引起的体积收缩，以增强垫层混凝土的抗裂性能。

8）拱坝溢流面上采用高、低坎分流戽泄洪消能方式。在每一表孔的溢流面中部设置分流戽，使下泄洪水经分流戽时，形成上下两股相等的水流，在空气中纵横扩散碰撞掺气消能，使大部分泄洪能量在空中得以消除，削减了入河能量，减小冲刷坑深度 40% 左右，缩短水舌挑距 36%，减弱了下游水位波动。

9）为防止泥沙进入发电引水隧洞，保持进水口门前清，在坝体右部 1093m 高程设置冲沙孔，兼做水库放空底孔。为抵抗高速夹砂水流对孔壁的冲刷和磨损，采用铁钢砂混凝土衬护孔壁。

10）在闸墩顶部设置联系梁，将中墩和边墩连接成框架结构，用以增加其整体性，起到良好的抗震效果。

11）坝体碾压混凝土采用整体通仓薄层全断面碾压填筑，连续上升的施工方法，坝肩垫层混凝土与碾压混凝土同仓同时浇筑，在两坝肩采用无混凝土盖重的固结灌浆施工工艺。

12）普定碾压混凝土拱坝拱端按半径向设计。相应采用半径向开挖；紧贴坝体上游面垂直开挖，三面预裂爆破，自上而下分梯段开挖，减少了坝肩开挖量和坝体混凝土浇筑量。

2. 龙首工程

（1）工程概况。龙首水电站工程位于甘肃省张掖市西南约 30km 黑河干流出山口的莺落峡峡口处，且在张掖地区电网中承担调峰、调相等任务。

电站正常蓄水位 1748.00m，死水位 1737.50m。电站装机 52MW（3×15MW＋1×7MW），保证出力 6.884MW，多年平均年发电量 1.836 亿 kW·h。总库容 0.132 亿 m³，调节库容 0.046 亿 m³。工程为三等工程，工程规模为中型，主要建筑物为 3 级建筑物，设计洪水标准按 50 年一遇，校核洪水标准按 500 年一遇，地震基本烈度为Ⅷ度。

拦河大坝由主河道碾压混凝土双曲拱坝、左岸古河道碾压混凝土重力坝及右岸推力墩组成。重力坝兼做拱坝坝肩，拱坝最大坝高 80m，重力坝最大坝高 54.5m，右岸推力墩长29.32m，大坝全长 217.32m，混凝土总量 19.5 万 m³，坝身开设三个中孔（泄洪孔），并设冲沙孔。

该工程具有典型的高寒、高温、高地震、高蒸发的地域特点，建设难度较大。

龙首水电站于 1999 年 4 月开工建设，同年 11 月 18 日实现工程截流。2001 年 4 月 22日下闸蓄水，同年 5 月首台机组发电，6 月全坝碾压混凝土施工完毕。2001 年 7 月已实现四台机组全部发电。

（2）工程自然条件。龙首水电站位于张掖市境内的黑河干流上，处于西北内陆腹地，大陆性气候，夏季酷热，雨量稀少，蒸发强烈，冬季严寒，冰期长达 4 个月之久。多年平均降水量为 171.6mm，多年平均蒸发量为 1378.7mm，平均气温 8.5℃，绝对最高气温37.2℃，绝对最低气温－33℃，日温差较大，最大冻土深度 1.5m。为典型的大陆性气候。

枢纽区位于强烈上升切割的褶皱高中山区的北部边缘，河流深切基岩，呈 V 形，河谷平直，流向呈 N45°～50°E，河水面宽 20～30m，水面高程为 1687～1686m，水深 0.5～2.5m，水下冲积砂卵砾石层厚为 1～7.5m，即河床基岩侵蚀面起伏不平。河谷两岸边坡地形不对称。坝址处左岸有一古河道阶地，阶地地面高程 1722m 左右，覆盖层厚约 17m，阶地左侧地面坡度较陡基岩出露。阶地右侧为主河道，主河道两岸 1720m 高程以下岸坡为 50°～70°陡崖，基岩出露。右岸 1720m 高程以上覆盖层较厚，基岩顶板平缓。

坝址在区域稳定上处于斑大口（至元山子）断层（区 F_5）与上龙王庙断层（区 F_6、F_7）区域性活断层切割的不稳定区的相对稳定断块上。坝址区的地震基本烈度为 Ⅷ 度。

基岩以奥陶系上统或变质的含条带硅质板岩和含砂砾质板岩为主，岩层走向与河流近直交，倾向下游，倾角 60°～87°，岩石致密坚硬，耐风化，在坝基、坝肩构成有利的单一岩石组成。

分布于坝基坝肩的断层共有 12 条，一般垂直于河流，对工程影响较小。

（3）枢纽布置。龙首水电站枢纽由碾压混凝土拱坝、左岸碾压混凝土重力坝、右岸推力墩、中表孔泄洪建筑物、坝身放空兼冲沙底孔、坝身取水口建筑物及引水系统和左岸地面厂房及开关站组成，龙首水电站拦河大坝平面布置如图 3.2.5 所示。

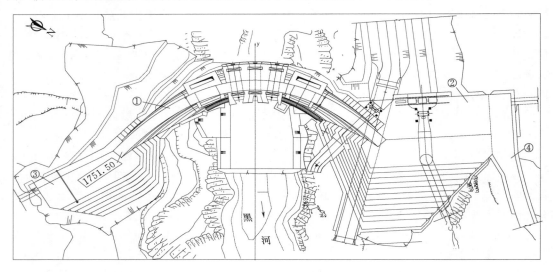

图 3.2.5　龙首水电站拦河大坝平面布置图
①—碾压混凝土拱坝；②—左岸碾压混凝土重力坝；③—右岸推力墩；④—左岸上坝公路

根据地形地质条件，拦河大坝平面上布置为混合坝型，主河道左岸断层节理发育，从安全考虑建碾压混凝土重力坝，兼做拱坝坝肩，顶长 47.16m；主河道设碾压混凝土拱坝，拱坝轴线长 140.84m；右岸 1720m 高程以上基岩顶板平缓，设推力墩，推力墩顶长 29.32m，整个大坝坝顶全长 217.32m。

拱坝体型为抛物线变厚双曲薄拱坝，拱冠梁上下游面曲线为三次抛物线，水平拱圈中心轴为二次抛物线，左右拱圈采用相同的曲率半径。

拱坝坝顶高程 1751.50m，最大中心角 94.58°，最小中心角 54.79°，拱冠处最大曲率半径 54.5m，最小曲率半径 32.75m，坝顶最大弧长 140.84m，最大坝高 80.0m，坝顶厚度 5.0m，坝底厚度 13.5m，厚高比 0.17，拱冠梁最大倒悬度为 1：0.08，坝身最大倒悬度为 1：0.189。坝体混凝土量为 6.83 万 m^3。

重力坝坝高 54.5m，上游为铅直面，坝顶宽 30.0m，坝底宽 65.43m，下游坝坡为 1：

0.65，坝底高程 1697.00m，坝顶长 47.16m（沿坝轴线方向），靠近拱端处坝体局部加厚并调整其体型以适应拱坝拱端的布置。混凝土量为 10.8 万 m^3。

推力墩布置于右岸 1720.0m 高程以上，高 31.50m，坝顶宽 14.50m，坝底宽 30.25m，上游面垂直，下游面为一斜坡，坡比为 1：0.5，平面上呈一弧形转向山体内。轴线方位为 N36.17°W，坝顶长 29.32m（沿坝轴线方向），混凝土体积为 2.1 万 m^3。

坝址处冬季气温低，早晚温差大，冰冻期长，推力敦、重力坝、拱坝坝体下游面抗冻层厚度按其冻融深度确定为 1.5m，由改性的三级配碾压混凝土形成，抗冻等级 F300。另外在 1700m 高程以下坝面设 15cm 厚泡沫板做永久保温层。

龙首水电站主要泄洪建筑物布置在拱坝上，按两个表孔和三中孔的方案布置。

引水系统采用一洞四机联合供水方式，进水口设于重力坝段，进水口底板高程 1724m，引水主洞分设上下平段和竖井段，主洞采用混凝土衬砌，岔管段大机洞径渐变为 2.6m，小机洞径渐变为 1.75m，采用钢衬。主洞和四台机的联结为齿状分岔的支洞，引水主管全长 96.06m，直径 5.6m。

电站厂房为岸边式厂房，布置在河床左岸，厂房总尺寸为 64.04m×31.5m×31.17m（长×宽×高），其中主厂房尺寸为 64.04m×16.5m×31.17m（长×宽×高），左端设安装间，副厂房位于主厂房上游侧，尺寸为 47.5m×11.0m×20.2m（长×宽×高）。

3. 大花水工程

(1) 工程概况。大花水水电站位于清水河中游，开阳县与福泉市交界处的峡谷河段内，电站距贵阳市 62km，距开阳县 45km，是一座以发电为主，兼顾防洪及其他效益的综合水利水电枢纽。

电站正常蓄水位 868m，死水位 845m。电站装机 200MW，保证出力 40.50MW，多年平均电量 7.38 亿 kW·h。总库容 2.765 亿 m^3，调节库容 1.355 亿 m^3。工程为二等工程，工程规模为大（2）型，主要建筑物为 2 级建筑物，设计洪水标准按 100 年一遇，校核洪水标准按 1000 年一遇，地震基本烈度为 Ⅵ度。

拦河大坝为碾压混凝土河床拱坝＋左岸重力坝组合坝型，拱坝最大坝高 134.50m，重力坝最大坝高 73m。泄洪建筑物布置在拱坝坝身，为 3 表孔＋2 中孔的布置型式。电站进水口布置于左岸重力坝坝身。碾压混凝土拦河大坝、泄洪建筑物及电站进水口形成了大花水水电站布置紧凑的首部枢纽格局。

大花水水电站于 2004 年 1 月 8 日正式开工建设，2004 年 11 月 22 日顺利截流。2007 年 8 月 16 日下闸蓄水，2007 年 11 月 21 日两台机组同时发电，年底工程完建。

(2) 工程地形地质条件。坝址位于支流独木河河口下游 2.5km 的峡谷段，距谷口约 150m。坝址河谷地形为不对称的 U 字形，上部开阔，下部陡窄，左岸为古河床，以泥页岩软弱地层为界，820m 高程以上为吴家坪组地层构成的逆向坡，受岩性软硬互层的影响，坡面沿硬岩呈台阶状爬升；以下及右岸为栖霞茅口组坚硬灰岩，底为梁山组、大湾组泥页岩、粉砂岩、砂岩，构成二元结构边坡。坝址区灰岩弱风化水平深度约 12～60m，河床弱风化下限 8～12m。泥页岩地层弱风化水平深度 15～20m；右岸水平卸荷深度 9～12m。

坝址枯季河水位 755m，水深 4～6m，河水面宽 20～40m，河床覆盖层 1～3m，部分基岩裸露。坝址下游约 150m 后河谷突然开阔，发育一与河流呈 70°交角的陡壁（临空面），陡壁下游为地形较平缓的大型塌滑体及崩塌堆积体，覆盖层较厚。

（3）枢纽布置。本工程枢纽由拦河大坝、泄洪建筑物、电站进水口、引水隧洞和发电厂房组成，结合地形地质条件和各建筑物结构特点，综合考虑施工可行和经济合理，是本工程枢纽布置格局确定的重要因素。

1）拦河大坝。针对坝址区地形、地质条件，从适应地形地质条件的角度出发，为充分发挥其优点，避开缺点，通过综合分析比较，选取小拱坝＋大重力坝的拦河大坝布置方案。拦河大坝布置图见图 3.2.6 和图 3.2.7 所示。

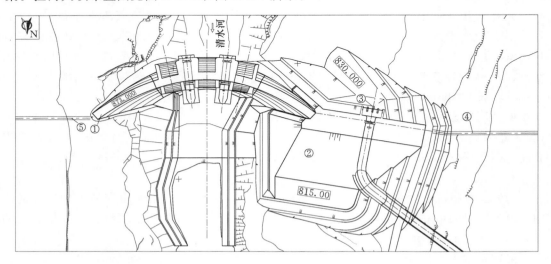

图 3.2.6　大花水水电站首部枢纽平面布置图

①—碾压混凝土拱坝；②—左岸碾压混凝土重力坝；③—右岸推力墩；④—左岸灌浆隧洞；⑤—灌浆隧洞

图 3.2.7　大花水水电站首部枢纽右视

2）泄洪建筑物。根据大坝结构布置和地形地质条件，并考虑到泄流量相对较大和山区狭窄河谷的特点，泄洪建筑物布置时应充分利用拱坝坝身开辟通道和减少施工干扰等因素，经比较，选择条件较为明朗的坝身泄洪方案作为泄洪建筑物的布置方案。

3）引水发电系统。根据总枢纽布置格局，引水发电系统布置于河道左岸，厂房布置于下游约 5.5km 的河岸边。通过布置和综合比较，选择重力坝坝式进水口的布置方式。

引水系统由坝式进水口、引水隧洞、调压井及压力钢管等建筑物组成。引水系统为一洞两机供水方式，由坝式进水口、引水隧洞、调压井和压力钢管组成，隧洞的进水口布置于左岸重力坝内，引水系统线路总长约 5430.8m。调压井后接 7m 长洞径为 6.3m 的隧洞段，然后接压力钢管，钢管由上平段、上立弯段、竖井段、下立弯段、下平段、对称 Y 形岔管和两条支管组成。隧洞进口中心线高程 833.50m，最大引用流量 164.88m³/s。

发电厂房为岸边式，电站装机为二台 100MW 的混流式水轮发电机组，主厂房尺寸为 55.00m×23.20m×57.50m（长×宽×高），机组安装高程 712.50m。厂房为整体式钢筋混凝土框架结构，主构架柱为钢-混凝土组合结构，吊车梁为预应力钢筋混凝土吊车梁，屋顶采用轻型平面网架结构，开关站为室内封闭式开关站（GIS）布置在上游副厂房内，断路器、阻波器等设备及其基础布置于屋顶。出线架为钢桁架结构，高约 15.0m，布置于 GIS 室屋顶。

经过拦河大坝、泄洪建筑物及进水口的方案比选，最终形成了大花水水电站首部枢纽的布置格局——碾压混凝土拱坝＋左岸重力坝＋拱坝坝身泄洪建筑物＋重力坝坝式进水口，同时也确定了总枢纽布置格局。

4．枢纽布置特性

普定、龙首、大花水三个碾压混凝土拱坝的布置特性见表 3.2.3。

表 3.2.3　　　　　　　　　普定、龙首、大花拱坝布置特性一览表

项目	工 程 名 称		
	普定	龙首	大花水
坝址河谷地形	呈 U 形，河谷狭窄，左陡右缓，不对称	呈 V 形，河谷下窄上宽，两岸平缓，不对称	U 形，河谷下窄上宽左岸为古河床，不对称
坝基岩性	灰岩	硅质板岩	灰岩
河谷宽高比	2.00	2.87	2.12
拱坝弧高比	2.28	1.76	1.48
最大坝高/m	75	80	134.5
坝体防渗型式	2 级配碾压混凝土	2 级配碾压混凝土	2 级配碾压混凝土
坝肩开挖方式	明挖	明挖	明挖
泄洪消能建筑物型式	坝身布置 4 表孔 1 冲沙孔，采用分流墩挑流消能	坝身布置 2 表孔（浅孔）3 中孔，采用挑流消能	坝身布置 2 表孔（浅孔）3 中孔，采用表孔挑流和中孔窄缝消能
溢流表孔	4—12.5m×11m	2—10m×7m	3—13.5m×8m
泄洪中孔（冲沙孔）	1—3m×4m	3—5m×5.5m	2—6m×7m

项目	工 程 名 称		
	普定	龙首	大花水
最大下泄流量 /(m³·s⁻¹)	5260	3090	5965
上坝交通型式	公路	公路	公路
施工通道型式	以公路为主	以公路为主	以公路为主
备注	拱坝右端布置重力墩	拱坝左端布置重力墩，右端布置推力墩	拱坝左端布置重力坝
坝体剖面			

3.2.2.3 高陡狭窄河谷的枢纽布置

碾压混凝土拱坝时常布置于高山狭谷河段，对于两岸岸坡高陡的狭窄河谷，在布置拱坝时，由于拱坝两坝肩嵌深较大，会导致坝肩开挖工程量大，开挖边坡高。当开挖边坡大于 100m，且施工道路布置困难时，坝肩开挖将成为工程枢纽布置的关键性因素，同时施工布置也将是枢纽布置统筹考虑的重要因素。

对于高陡狭窄河谷的碾压混凝土拱坝，贵阳院设计的项目主要有善泥坡工程。其枢纽的主要布置特点是坝肩拱肩槽采用窑洞开挖方式解决明挖带来的高边坡开挖困难问题，同时合理布置施工通道实现大坝碾压混凝土的入仓和施工问题。

1. 善泥坡工程

（1）工程概况。善泥坡水电站位于北盘江干流中游河段的贵州省六盘水市水城县顺场乡境内，是北盘江流域综合规划中的第八个梯级电站，是一个以发电为主的水电枢纽工程。

电站正常蓄水位 885m，死水位 865m。电站装机 185.5MW，保证出力 20.78MW，多年平均电量 6.788 亿 kW·h。总库容 0.85 亿 m³，调节库容 0.246 亿 m³。工程为Ⅲ等工程，工程规模为中型，主要建筑物为 3 级建筑物，设计洪水标准按 100 年一遇，校核洪水标准按 1000 年一遇，地震基本烈度为Ⅵ度。

碾压混凝土最大坝高 110m，坝顶弧长 204.29m。泄洪建筑物布置在拱坝坝身，由 3个溢流表孔和 2 个泄洪中孔组成，表孔尺寸 14m×10m（宽×高），中孔尺寸 6m×7.5m（宽×高），最大下泄流量 6294m³/s。引水发电系统布置于右岸，地下厂房布置于大坝下游约 2.4km 处法德大桥上游的山体内。在坝下游右岸山体内布置一小厂房利用下放的生态流量发电。

善泥坡水电站于 2009 年 12 月 26 日正式开工建设。2011 年 11 月 20 日顺利截流。2014 年 11 月 29 日下闸蓄水，2014 年 12 月投产发电。

（2）工程地形地质条件。坝址位于善泥坡峡谷灰岩出口段，水库正常蓄水位高程河谷宽 138m。河谷为 U 形谷，左岸为一高耸的陡壁，陡壁顶高程 1200m 左右，相对高差 400m。右岸 830m 以下为 30°～40°的陡坡，830～960m 为一陡壁，960m 以上为一缓坡，坡度为 30°～35°。上游左岸发育 Ⅰ 号冲沟，切深达 50～100m，下游右岸发育 Ⅱ 号冲沟，切深达 50～100m。

坝址河床及两岸主要出露地层为灰岩，下伏石英砂岩及泥页岩。坝址区灰岩为岩溶含水强透水岩组，下伏灰色石英砂岩夹泥页岩，透水性小，可作为坝区防渗依托。

坝址区两岸均有泉水出露，属地下水补给河水的水动力类型。左岸发育有上泥坡暗河，位于坝线上游 200m 左岸，枯期流量为 500L/s，流量较稳定。右岸发育有石米格暗河，位于坝线下游 180m 右岸，发育于灰岩地层中，出口高程 801.59m，为一岩溶季节泉，最大流量可达 1000L/s。

坝址区灰岩弱风化水平深度 18～25m，河床弱风化下限 8～16m。两岸水平卸荷深度 20～25m。

（3）枢纽布置。善泥坡水电站枢纽由碾压混凝土双曲拱坝、坝身泄水建筑物、右岸引水系统、右岸地下厂房及开关站等建筑物组成，善泥坡水电站首部枢纽平面布置如图 3.2.8 所示。

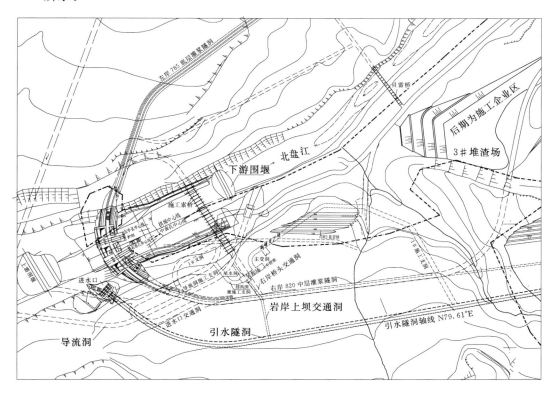

图 3.2.8　善泥坡水电站首部枢纽平面布置图

拦河大坝为抛物线双曲拱坝。坝顶高程 888.00m，最大坝高 110m。坝顶宽 6.00m，底厚 23.5m，厚高比 0.214。坝顶中心弧长 204.29m，最大中心角 86.573°，最小中心角

62.505°，坝体呈不对称布置，中心线方位角 N65°E。

善泥坡大坝两岸为高陡的狭窄 U 形河谷，两坝肩采用窑洞开挖方式，避免了 180m 的高陡边坡的大方量开挖和支护困难问题，同时施工道路的布置难度也相应减小。

泄水建筑物由溢流表孔、泄洪中孔及下游消能防冲建筑物等组成。溢流表孔及泄洪中孔均布置在拱坝坝身，沿拱坝中心线对称布置，孔口尺寸 14m×10m（宽×高）。堰顶高程 875m。溢流表孔最大下泄流量 3714.46m³/s。2 个中孔布置在 825m 高程，相间布置在 3 个溢流表孔中间，最大下泄流量 2585.44m³/s，孔口尺寸 6m×7.5m（宽×高）。

进水口紧靠右坝肩布置，进口底板高程为 845m。进水口位于厚层灰岩上。采用岸塔式进水口型式。引水隧洞内径 8m，引水隧洞长 2314.4m。调压室型式为阻抗式，内径为 23m，高为 70m。调压室后接压力钢管，直径 6.7m。

发电厂房为地下厂房，装机两台，单机容量 90MW。地下厂房洞室群布置在右岸，主厂房最大轮廓尺寸为 91.25m×20.6m×51.06m（长×宽×高），主变洞的最大轮廓尺寸为 51.8m×14.85m×25.35m（长×宽×高）。主变洞布置在主厂房下游侧，两洞室净距 28.00m。

进厂交通洞布置于右岸山体内，洞口高程 795m。总长 284.43m，该洞直接与安装间相连。尾水闸门室交通洞与尾水闸门室相连。主变洞为主变、GIS 设备、电缆夹层等共用的洞室，最大轮廓尺寸为 51.8m×14.85m×25.35m（长×宽×高），分上中下三层。

2. 枢纽布置特性

善泥坡碾压混凝土拱坝布置特性见表 3.2.4。

表 3.2.4 善泥坡拱坝布置特性一览表

项 目	工 程 名 称
	善 泥 坡
坝址河谷地形	U 形，河谷狭窄，两岸高陡，基本对称
坝基岩性	灰岩
河谷宽高比	1.42
拱坝弧高比	1.82
最大坝高/m	110
坝体防渗型式	2 级配碾压混凝土
坝肩开挖方式	窑洞式开挖
泄洪消能建筑物型式	坝身布置 3 表孔（浅孔）2 中孔，采用表孔挑流和中孔窄缝消能
溢流表孔	3—14m×10m
泄洪中孔（冲沙孔）	2—6m×7.5m
最大下泄流量/(m³·s⁻¹)	6294
上坝交通型式	交通洞
施工通道型式	以隧洞为主

续表

项 目	工 程 名 称
	善 泥 坡
坝体剖面	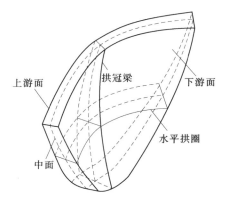

3.2.3 小结

从工程实例可以看出，碾压混凝土拱坝枢纽布置涉及的范围较广，考虑的因素较多，是诸多工程条件下综合较优的集合体，其中地形地质条件和泄洪建筑物是最关键的两个因素。本节以地形地质条件的不同分别阐述了碾压混凝土拱坝的枢纽布置，包括泄洪建筑物、体型结构、开挖方式等，当然施工布置、建筑材料等因素同样重要，另见其他章节阐述。总之，碾压混凝土拱坝的枢纽布置中，每个工程都有其自身的条件和特点，枢纽布置的关键在于如何选用合适的建筑物型式去适应工程的自然条件，用最经济、最安全和最小的代价获取最大的效益，使工程与自然完美结合，体现工程与环境的和谐共存。

3.3 体型设计与选择

碾压混凝土拱坝体型设计与常态混凝土拱坝基本相同，通常包括拱坝轴线布置（拱坝中心线、坝轴线）、坝体厚度、拱冠梁剖面、拱圈体型（同心圆、双心圆、三心圆、抛物线、椭圆、对数螺旋线等）（图 3.3.1）、拱冠梁体型、拱圈中心角、倒悬度等方面的选择，应综合考虑坝址河谷形状、地质条件、地震情况、泄洪量大小、坝体应力和拱座稳定、坝体混凝土方量和坝基开挖方量、坝体受力条件、对地基的适应性和施工条件等因素的影响，综合分析、经济技术比选确定。

3.3.1 碾压混凝土拱坝体型设计特点

适合常态混凝土拱坝的坝址地形地质条件一般均适用于碾压混凝土拱坝。通常当河谷为 U 形时可采用单曲拱坝；当河谷为 V 形时可采用双曲拱坝；

图 3.3.1 拱坝体型例图

当河谷宽高比大于 3 或拱座基岩地形地质条件较差时可设计成较厚的拱坝；当河谷宽高比小于 2 或拱座基岩地形地质条件较好时可设计成较薄的拱坝。

碾压混凝土拱坝体型设计与常态混凝土拱坝的要求基本相同，但在设计过程中，应考虑碾压混凝土材料特性、施工特性的不同，坝体尺寸选择、应力分析、上下游倒悬度控制等有一定差异，具体如下：

（1）拱坝轴线布置。与常态混凝土拱坝完全一致，均考虑工程总体布置需要、工程量、坝肩稳定、泄洪消能、施工条件等因素确定。

（2）坝体厚度。碾压混凝土坝体厚度需满足碾压施工要求，所以往往对于中低高度的拱坝采用常态混凝土时较薄，而采用碾压混凝土拱坝上部仍要求厚度在 5m 以上；对于高或特高拱坝，不管采用常态混凝土还是碾压混凝土，坝体厚度均能满足碾压施工要求。

（3）拱冠梁剖面。碾压混凝土拱坝与常态混凝土拱坝的拱冠梁剖面设计基本相同，均可为重力式（单曲拱坝）或曲线式（双曲拱坝）。差别主要考虑碾压混凝土施工设备较多、较重，需要比常态混凝土拱坝更为严格地控制向上游、下游倾斜的倒悬度，以保证施工安全。

（4）拱圈体型。碾压混凝土拱坝与常态混凝土拱坝的拱圈体型设计完全相同，均考虑河谷形状、泄洪消能布置、坝体应力、坝肩稳定等因素经技术经济比较进行选择。

（5）拱圈中心角。碾压混凝土拱坝与常态混凝土拱坝的拱圈中心角设计完全相同，均考虑河谷形状、坝体应力、坝肩稳定等因素经技术经济比较进行确定。

（6）倒悬度。碾压混凝土拱坝与常态混凝土拱坝的倒悬度设计基本相同，均需考虑施工期自重情况下坝体结构安全和混凝土浇筑过程中人员、设备安全；差别在于与拱冠梁剖面设计一样，需更为严格地控制向上游、下游倾斜的倒悬。

3.3.2　拱坝轴线布置

根据坝址地形地质、水文等建设条件、工程投资及枢纽综合利用要求等因素进行技术经济比较确定坝址、坝线位置后，开展拱坝轴线及中心线确定。一般情况拱坝轴线及中心线确定主要考虑以下两个方面因素。

1. 在满足应力控制标准的前提下，宜加大拱坝推力与所利用岩面等高线的夹角

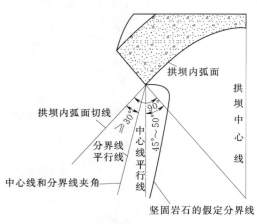

图 3.3.2　拱坝中心线与两岸利用岩石等高线夹角关系图

拱端内弧面的切线与利用岩面等高线的夹角不宜小于 30°，拱坝中心线与两岸利用岩石等高线夹角关系如图 3.3.2 所示。

实际在拱坝设计中，在拱坝体型尚未形成之前，无法判断"拱端内弧面的切线与利用岩面等高线的夹角不宜小于 30°"是否满足要求，往往先根据坝址处河道流向确定一条拱坝中心线（垂直河流方向位置要尽量考虑坝身泄洪对称性、左右岸对称性），再分析拱坝中心线与两岸坚固岩石分界线夹角关系，即可初步判断拱端内弧面的切线与利用岩面等高线的夹角是否大于 30°，从而初步确定拱坝中心线。拱坝轴线要分析布置位置两岸下游坝肩是否具有较完整厚实的抗力体，以确保拱座具有足够的稳定性。

拱坝中心线与两岸利用岩面等高线夹角关系确定，实质上是希望拱端推力与所利用岩面等高线的夹角尽量大，利于坝肩稳定。一般情况下同一水头、河床宽度的高程拱圈，拱圈中心角越大，拱端推力与所利用岩面等高线夹角越小，所以采用拱坝的最大中心角部分来推求拱坝中心线与两岸利用岩面等高线夹角关系。按国内建坝经验，双曲拱坝的最大中心角大多在 90°～100°范围之内，从图 3.3.2 中可以看出，拱坝最大中心角高程范围，要使拱端内弧面的切线与利用岩面等高线的夹角大于 30°，实际上是使拱坝中心线与两岸利用岩面等高线夹角小于 10°～15°（内侧相交可认为是负角度，对稳定有利）。

在设计过程中要注意两方面的问题，一是两岸利用岩面等高线不是一条直线具有不规则性，需考虑坝肩岩体受力全范围综合确定；可根据所在高程拱端推力情况综合考虑，如拱坝上部拱端推力由于温度荷载占的比重较大，拱端推力与所利用岩面等高线的夹角较大而推力较小，可以适当放宽控制拱坝中心线与两岸利用岩面等高线夹角要求；而拱坝下部拱端推力与所利用岩面等高线的夹角较小而推力较大，宜更严控制拱坝中心线与两岸利用岩面等高线夹角。贵阳院完成的已建或在建碾压混凝土拱坝中心线与两岸地形关系布置情况见表 3.3.1。

表 3.3.1　　　　部分碾压混凝土拱坝中心线与两岸地形关系布置情况一览表

序号	工程名称	拱坝中心线与等高线的夹角/(°)		备　注
		左岸	右岸	
1	普定	0～15	−10～0	
2	龙首	约 0、重力墩	约 0、推力墩	
3	大花水	约 0、重力墩	0～5	
4	赛珠	0～5	0～5	
5	立洲	0～10	约 0	
6	善泥坡	−5～0	0～10	
7	象鼻岭	约 0	0～10	
8	观音坪	−5～0	约 0	

从表 3.3.1 可以看出，贵阳院完成碾压混凝土拱坝中心线与等高线在拱端处的夹角均较小，这是因为在进行坝线选择时尽量将拱坝中、下部布置于两岸地形较为平顺河段，碾压混凝土拱坝中心线与岩面等高线基本平行，拱端推力与所利用岩面等高线的较大夹角对稳定有利。

而个别工程在拱坝中心线与中、上部岩面等高线夹角明显超标标准或左右岸严重不对称部分，采用推力墩、重力坝等型式进行了衔接，为弥补坝址地形、地质条件方面的缺点，取得整体上对称性较好的拱坝体型和较好的拱坝受力条件，可采取相应的拱座补强建筑物。如上部的重力墩、推力墩，垫座、填塘混凝土，或局部加深开挖等措施予以改善拱坝的结构性能和工作性态。在工程实例中有：龙首左岸重力墩、右岸推力墩，大花水左岸重力墩，普定右岸垫座和观音坪基础垫座等。

2. 拱坝中心线综合考虑泄洪水流归槽、对称性等因素

考虑拱坝受力需要和左右岸对称性将拱坝中心线布置于使拱坝基本对称的中间，而拱坝采用坝身泄洪时需要洪水对称下泄到下游河道将泄洪建筑物中心布置于河床中间，同时从坝体结构受力等因素考虑也要求泄洪建筑物中心线、拱坝中心线尽量重合或小角度相交，所以拱坝中心线综合以上因素进行选择。贵阳院设计的已建或在建碾压混凝土拱坝中心线布置情况见表3.3.2。

表3.3.2 部分碾压混凝土拱坝中心线布置情况一览表

序号	工程名称	坝体对称性	泄洪建筑物中心线	拱坝中线与泄洪建筑物中心线关系
1	普定	基本对称	河床偏左	呈5°夹角
2	龙首	对称（局部地形采用推力墩、重力墩弥补）	河床中间	完全重合
3	大花水	基本对称（局部地形采用重力墩弥补）	河床中间	呈3°夹角
4	赛珠	基本对称	河床中间	完全重合
5	立洲	基本对称	河床中间	完全重合
6	善泥坡	基本对称	河床中间	完全重合
7	象鼻岭	基本对称	河床中间	完全重合
8	观音坪	基本对称	河床中间	呈2°夹角

3.3.3 坝体厚度

碾压混凝土拱坝坝体厚度确定受坝体应力、泄洪建筑物布置、施工碾压等要求控制，需要考虑三个方面内容：

（1）坝体承担水压力（水头高或河床宽）越大坝体厚度越大，可根据相关设计经验公式初步拟定；坝基岩石综合弹性模量、承载能力较低时，为使满足承载力要求，坝体厚度应相应加大，最后经坝体应力分析满足规范控制标准为原则确定。

（2）泄洪建筑物孔口尺寸越大需要采用较大坝体厚度，坝体、泄洪建筑物满足结构安全为设计原则，可通过工程经验类比或有限元法计算分析来确定。

（3）施工碾压对坝体厚度的要求受碾压设备、混凝土入仓设备等因素影响。

坝体厚度一般先确定坝顶宽度、坝底宽度、拱冠梁中上部、中下部厚度，利用共3～4个特征厚度及上、下游偏距要求形成拱冠梁上下游面二次或三次曲线，确定拱冠梁剖面各高程厚度，再根据坝体结构、应力及坝肩稳定要求确定拱端与拱冠处拱厚的关系，即可完成整个坝体厚度的确定。

贵阳院已建、在建或正在设计的几个碾压混凝土拱坝初拟后通过最终通过坝体应力计算复核、泄洪消能布置结构要求最终确定，贵阳院承担的已建或在建部分碾压混凝土拱坝坝体厚度情况见表3.3.3。

表 3.3.3　　　　　　　　　　部分碾压混凝土拱坝坝体厚度情况一览表

序号	工程名称	坝顶厚度/m		坝底厚度/m		拱冠梁剖面型式	平面拱圈	厚高比
		拱冠	拱端	拱冠	拱端			
1	普定	6.7	6.7	28.2	28.2	重力式	等厚拱	0.350
2	龙首	5	5	13.5	13.5	三次曲线	等厚拱	0.170
3	大花水	7	7	23	25	三次曲线	不等厚拱	0.171
4	赛珠	7	7	14	14	三次曲线	等厚拱	0.194
5	立洲	7	7	26	26	三次曲线	等厚拱	0.197
6	善泥坡	6	6	23.5	23.5	三次曲线	等厚拱	0.214
7	象鼻岭	8	8	35	38	三次曲线	不等厚拱	0.247

从表 3.3.3 可以看出，贵阳院设计的碾压混凝土拱坝剖面型式从早期的重力式到曲线型式（双曲拱坝），顶宽度在 5～8m，厚高比除最早建设的普定拱坝外，为 0.170～0.260 之间，为薄拱坝-中厚拱坝。拱端与拱冠是否等厚根据河床宽度、坝基特性等因素确定，龙首、立洲、善泥坡均由于河谷狭窄，拱圈弧长短，采用等厚拱坝，而大花水由于河谷较宽且左岸存在软弱断层、象鼻岭由于河谷宽缓而采用不等厚拱坝。

3.3.4　拱冠梁剖面

碾压混凝土拱坝拱冠梁初期体型为重力式（即单曲拱坝），如普定拱坝等，主要是因为当时碾压混凝土材料研究、碾压施工水平、河谷形态所决定的。随着碾压混凝土设计、施工水平发展，碾压混凝土双曲拱坝施工机械、模板已经较大发展，碾压混凝土物理力学参数完全能满足设计要求且部分指标还优于常态混凝土，碾压施工、模板加固等均能适应双曲拱坝要求，完全可以根据河谷形态选择碾压混凝土采用单曲或双曲拱坝。

混凝土拱坝拱冠梁剖面由于重心位置不同有前倾、一般、后倒三种形状，如图 3.3.3 所示。采用何种形状主要考虑泄洪布置要求、抗震、应力等要求选择，受施工期或库空（低水位）情况下坝体向上游过量变形或倾倒还是坝体上游面产生较大拉应力控制。对于碾压混凝土拱坝来说，当坝体仅设置诱导缝未设置横缝时，由于坝体在施工期未进行接缝灌浆前已经具备一定整体性，对控制坝体向上游过量变形或倾倒、坝体上游面产生较大拉应力有利。但在实际设计中为了安全起见，仍然在施工期进行应力计算时，按混凝土自重不参与拱向分载考虑，即与常态混凝土拱坝计算假定相同。所以碾压混凝土拱坝在拱冠梁剖面在有前倾、一般、后倒三种形状选择方面，考虑因素、控制要求与常态混凝土拱坝完全相同。

3.3.5　拱圈体型

碾压混凝土拱坝与常态混凝土拱坝一样拱圈体型除通常采用的单心圆拱外，为适应河谷形状，改善稳定与应力状况也可采用多心圆拱、椭圆拱、抛物线拱、对数螺旋线拱等变曲率拱型，通常自拱冠向拱端曲率逐渐减少，但有时在两岸坝肩稳定充分可靠的情况下，为了节省工程量，也可向拱端增加曲率。

（1）单心圆拱。窄而对称的河谷，可采用单心圆拱。单心圆拱是早期拱坝最常用的一

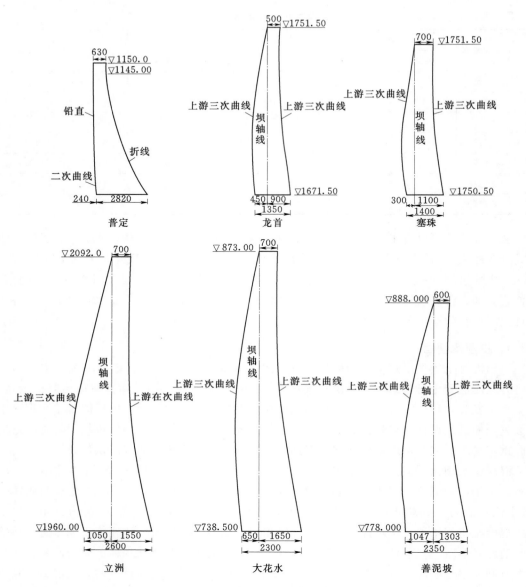

图 3.3.3 碾压混凝土拱坝拱冠梁剖面型状

种型式，具有结构简单，设计计算及施工均方便的特点。普定拱坝采用了这种型式。

（2）双心圆拱。当河谷不对称以致单心圆拱不能适应时，如基岩良好，通常不需要为追求对称面大量开挖基岩，一般可采用双心拱。这种拱型的左右两半部分有不同的圆心轨迹线（靠陡岸一侧的拱用较大的曲率），但这两条圆心轨迹线均应位于拱坝的基准面上。

（3）三心圆拱。此拱圈型式优点在于在两岸附近拱选择加大曲率半径，改善拱端推力方向，对坝肩稳定有利；可减小坝体倒悬度，降低悬臂梁底部上游面拉应力，有利于施工。

（4）抛物线拱。此拱圈型式优点在于水压力在拱内所产生的压力线接近抛物线性状，尤其当河谷较宽时更是如此，拱圈可更接近中心受压状态；可采用较小中心角满足坝体应力要求基础上，改善拱端推力角。龙首、大花水、赛珠、立洲、善泥坡、象鼻岭、观音坪均采用了抛物线拱型式。

（5）椭圆拱。此拱圈型式采用椭圆短轴一侧的弧线，拱冠处曲率半径较小，逐渐向拱座增大，可减小拱冠处弯矩及应力，也改善了拱座推力方向，增强坝肩稳定性。

（6）对数螺旋线。采用对数螺旋线拱坝体应力分布较好，拱端推力与岸坡交角较理想，一般可保证在 $45°$ 左右，在水平、铅直方向均易灵活调整半径和厚度。如招徕河拱坝。

总体来说，碾压混凝土拱坝像常态混凝土坝一样可以根据工程特点选用各种拱圈型式。国内主要碾压混凝土拱坝拱圈布置特征见表 3.3.4。

表 3.3.4 国内主要碾压混凝土拱坝拱圈布置特征表

工程名称（阶段）	坝高	河谷形状	宽（弧）高比	厚高比	拱圈型式及体型	工程位置
普定（已建）	75	V 形	1.318	0.413	单心圆等厚双曲重力拱坝	贵州三岔河
龙首（已建）	75.5	V 形	1.865	0.170	抛物线双曲拱坝	甘肃黑河
石门子（已建）	109	U 形	1.619	0.275	多心圆双曲拱坝	新疆塔西河
赛珠（已建）	68	V 形	2.224	0.194	抛物线双曲拱坝	云南洗马河
大花水（已建）	134.5	V 形	1.480	0.171	抛物线双曲拱坝	贵州清水江
立洲（在建）	132.0	V 形	1.530	0.197	抛物线双曲拱坝	四川木里河
善泥坡（在建）	110	V 形	1.82	0.201	抛物线双曲拱坝	贵州北盘江
象鼻岭（在建）	141.5	V 形	3.28	0.247	抛物线双曲拱坝	贵州、云南牛栏江

3.3.6 拱圈最大中心角

统计分析表明，近几年来建成和设计中的双曲高拱坝中心角大都未超过 $100°$，碾压混凝土拱坝也大致如此，最大中心角大致在 $0.6 \sim 0.9H$ 处（H 为最大坝高），最大中心角大多在 $90° \sim 100°$ 范围之内，见表 3.3.5。

表 3.3.5 部分碾压混凝土拱圈最大中心角统计表

序号	拱坝名称	最大中心角/(°)	所在高程/m	最大中心角拱圈相对高度
1	龙首	92.87	1740	$0.86H$
2	大花水	81.62	830	$0.68H$
3	立洲	89.98	2055	$0.72H$
4	赛珠	80.45	1826	$1.0H$
5	善泥坡	89.08	858	$0.75H$
6	象鼻岭	87.96	1390	$0.85H$

3.3.7 倒悬度

坝体自重是抵消拱坝坝踵拉应力的主要因素，增加坝体上游面底部的倒悬度对减小坝踵拉应力作用很大。对于碾压混凝土拱坝来说，当坝体仅设置诱导缝未设置横缝时，由于坝体在施工期未进行接缝灌浆前已经具备一定整体性，对控制施工期坝踵产生较大拉应力有利。但如果倒悬太大，施工期碾压设备荷载影响，上游面模板设计、制作及安装难度较大，所以在实际设计中综合考虑碾压混凝土拱坝受力特点、施工难易程度，选择比常态混凝土拱坝略低的倒悬度，一般上游面倒悬在0.25以下，下游面倒悬在0.2以下。贵阳院设计的部分碾压混凝土拱坝的最大倒悬度统计见表3.3.6。

表3.3.6　　　　　　　　　　部分碾压混凝土拱坝倒悬度统计表

序号	工程名称	上游面倒悬度	下游面倒悬度
1	龙首	0.157	0.146
2	大花水	0.117	0.223
3	立洲	0.223	0.196
4	善泥坡	0.164	0.218
5	赛珠	0.165	0.134
6	象鼻岭	0.128	0.167

3.3.8　碾压混凝土体型实例

1. 普定碾压混凝土拱坝

普定碾压混凝土拱坝为定圆心、变半径、变中心角的双曲拱坝，坝顶高程1150.00m，坝顶厚度6.3m，坝底厚度28.2m，最大坝高75.0m，厚高比0.376，坝顶最大弧长165.671m。最大中心角120.00°，最小中心角30.60°，最大曲率半径76.65m，最小曲率半径63.30m，拱冠梁最大倒悬度为1:0.104。坝体混凝土量为10.3万m³。

拱冠梁上游面为直线＋二次曲线，下游为折线，水平拱圈为单心圆拱坝，其主要特征参数如表3.3.7所示。

表3.3.7　　　　　　　　　普定碾压混凝土双曲拱坝体型主要特征表

拱圈高程/m	拱厚/m		拱坝中曲面曲率半径/m		拱端中心角/(°)	
	拱冠	拱端	左拱	右拱	左拱	右拱
1150.00	6.30	6.30	76.65	76.65	55.28	64.72
1140.00	7.50	7.50	76.05	76.05	53.28	64.72
1130.00	9.90	9.90	74.85	74.85	51.28	57.72
1120.00	12.81	12.81	73.40	73.40	48.78	49.72
1110.00	16.00	16.00	71.80	71.80	45.28	42.72
1100.00	19.50	19.50	70.05	70.05	37.78	37.22
1090.00	23.49	23.49	67.60	67.60	32.28	32.22
1080.00	27.12	27.12	64.43	64.43	22.28	24.22
1075.00	28.20	28.20	63.30	63.30	14.48	16.12

2. 龙首碾压混凝土拱坝

龙首碾压混凝土拱坝为抛物线双曲拱坝（图3.3.4），坝顶高程1751.50m，坝顶厚度

5.0m，坝底厚度 13.5m，最大坝高 80.0m，厚高比 0.17，坝顶最大弧长 140.84m。最大中心角 94.58°，最小中心角 54.79°，最大曲率半径 54.5m，最小曲率半径 32.75m，拱冠梁最大倒悬度为 1：0.08，坝身最大倒悬度为 1：0.189。坝体混凝土量为 6.83 万 m³，最大仓面面积 1028.5m²，在 1720m 高程。

拱冠梁上下游、曲率半径沿高程按三次曲线变化，水平拱圈中心轴为二次抛物线。

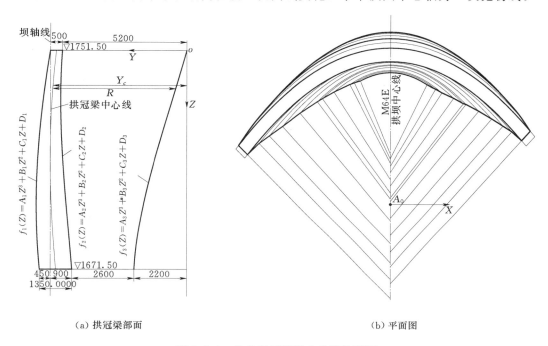

（a）拱冠梁部面　　　　　　　　　　　　　（b）平面图

图 3.3.4　龙首碾压混凝土拱坝体型图

根据拱冠梁上下游曲线、曲率半径，确定各高程拱圈体型，其主要特征参数见表 3.3.8。

表 3.3.8　　　　　　龙首碾压混凝土双曲拱坝体型主要特征表

拱圈高程 /m	拱厚/m		拱坝中曲面曲率半径/m		拱端中心角/(°)	
	拱冠	拱端	左拱	右拱	左拱	右拱
1751.50	5.000	5.000	54.500	54.500	46.083	48.500
1740.00	6.372	6.372	52.007	52.007	45.520	47.757
1730.00	7.783	7.783	49.287	49.287	45.296	47.347
1720.00	9.266	9.266	46.245	46.245	44.535	46.364
1710.00	10.699	10.699	43.059	43.059	43.246	43.059
1700.00	11.958	11.958	39.911	39.911	41.652	40.841
1690.00	12.921	12.921	36.982	36.982	39.514	36.635
1680.00	13.462	13.462	34.452	34.452	36.508	30.754
1671.50	13.500	13.500	32.750	32.750	29.461	25.327

3. 大花水碾压混凝土拱坝

大花水碾压混凝土拱坝为抛物线双曲拱坝，坝顶高程 873.00m，坝底高程 738.50m，最大中心角 81.5289°，最小中心角 59.4404°，最大曲率半径 110.50m，最小曲率半径 50.00m，坝顶最大弧长 198.43m，最大坝高 134.50m，坝顶厚 7.00m，坝底厚 23.0～25.0m，厚高比 0.186。拱冠梁最大倒悬度为 1:0.110，坝身最大倒悬度为 1:0.139。拱坝呈不对称布置，中心线方位角 N2.50°E。拱坝坝体混凝土量为 28.40 万 m^3，最大仓面面积为 $2683m^2$，在 805m 高程。

拱冠梁上下游、曲率半径沿高程按三次曲线变化，水平拱圈中心轴为二次抛物线。体型布置如图 3.3.5 所示。

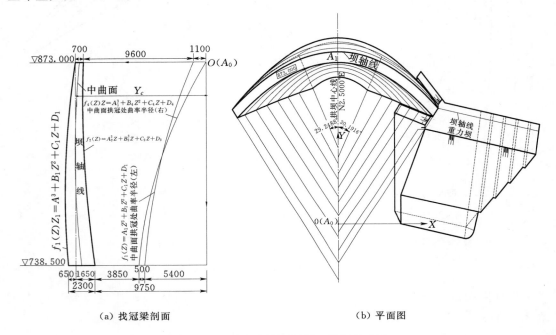

(a) 找冠梁剖面　　　　　　　　　　(b) 平面图

图 3.3.5　大花水碾压混凝土拱坝体型图

根据拱冠梁上下游曲线、曲率半径，确定各高程拱圈体型，其主要特征参数如表 3.3.9 所示。

表 3.3.9　　　　　　　大花水碾压混凝土双曲拱坝体型主要特征表

拱圈高程 /m	拱厚/m		拱坝中曲面曲率半径/m		拱端中心角/(°)	
	拱冠	拱端	左拱	右拱	左拱	右拱
873.00	7.000	7.000	99.500	110.500	40.5063	39.1621
860.00	8.912	10.014	93.686	101.985	41.0210	39.6435
840.00	11.806	13.993	85.654	90.163	41.3948	40.1283
820.00	14.577	17.253	78.550	79.785	41.2967	40.2322
800.00	17.148	19.884	72.175	70.735	40.8910	39.8314

续表

拱圈高程 /m	拱厚/m		拱坝中曲面面曲率半径/m		拱端中心角/(°)	
	拱冠	拱端	左拱	右拱	左拱	右拱
780.00	19.444	21.978	66.326	62.898	39.4098	38.7605
760.00	21.388	23.625	60.803	56.157	36.8080	36.1330
738.50	23.000	25.000	55.00	50.000	30.1916	29.2488

4. 赛珠碾压混凝土拱坝

赛珠碾压混凝土拱坝为抛物线双曲拱坝，坝顶高程 1826.00m，最大坝高 68.0m，坝顶宽 7.00m，坝底厚 14.05m，厚高比 0.206。坝顶弧长 160.16m，最大中心角 80.449°，最小中心角 59.304°。

拱冠梁上下游、曲率半径沿高程按三次曲线变化，水平拱圈中心轴为二次抛物线。拱冠梁剖面图形如图 3.3.6 所示。

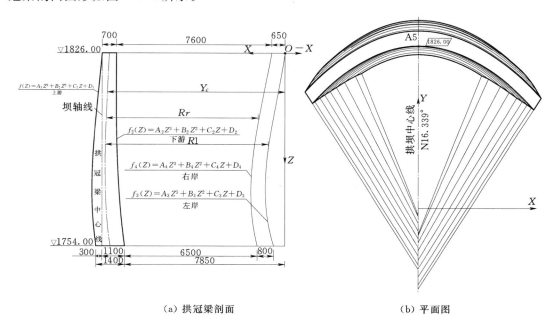

（a）拱冠梁剖面　　　　　　　　　　（b）平面图

图 3.3.6　赛珠碾压混凝土拱坝体型图

根据拱冠梁上下游曲线、曲率半径确定各高程拱圈体型，其主要特征参数见表 3.3.10。

表 3.3.10　　　　　　　赛珠碾压混凝土双曲拱坝体型主要特征表

拱圈高程 /m	拱厚/m		拱坝中曲面面曲率半径/m		拱端中心角/(°)	
	拱冠	拱端	左拱	右拱	左拱	右拱
1826.00	7.000	7.000	86.000	79.500	40.3258	40.1231
1820.00	7.641	7.641	85.199	78.445	40.0825	39.9471

拱圈高程 /m	拱厚/m		拱坝中曲面曲率半径/m		拱端中心角/(°)	
	拱冠	拱端	左拱	右拱	左拱	右拱
1810.00	8.901	8.901	83.500	76.537	39.7718	39.4589
1800.00	10.278	10.278	81.627	74.629	39.3793	39.0310
1790.00	11.625	11.625	79.906	72.938	38.6926	38.2503
1780.00	12.799	12.799	78.663	71.680	37.1036	36.9924
1770.00	13.654	13.654	78.222	71.074	34.7180	34.5832
1758.00	14.057	14.057	79.212	71.512	29.6281	29.6761

5. 立洲碾压混凝土拱坝

立洲碾压混凝土拱坝为抛物线双曲拱坝（图3.3.7），坝顶高程为2092.0m，坝底高程1960.00m，最大坝高132.0m。坝顶宽7.0m，坝底厚26.0m，厚高比0.197。拱坝上游面最大倒悬度为0.223，下游面最大倒悬度为0.196。坝顶弧长201.82m，坝体最大中心角为89.98°。拱坝坝体混凝土量约为31.7万 m³。

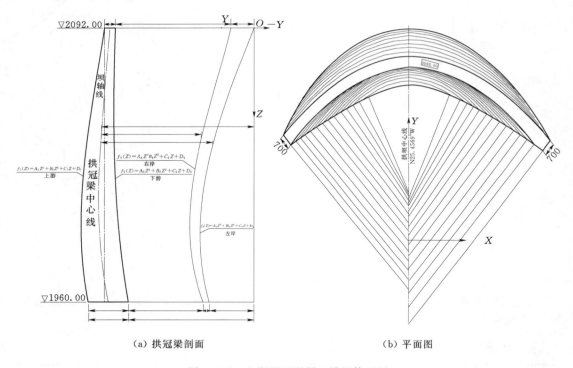

（a）拱冠梁剖面 （b）平面图

图3.3.7 立洲碾压混凝土拱坝体型图

拱冠梁上下游、曲率半径沿高程按三次曲线变化，水平拱圈中心轴为二次抛物线。拱冠梁上下游面剖面如图3.3.7。大坝体型控制参数见表3.3.11。

表 3.3.11　　　　　　　　　　　立洲拱坝控制高程几何参数表

拱圈高程/m	拱圈厚度/m	拱坝中曲面半径/m		拱坝中心角/(°)	
		左拱	右拱	左拱	右拱
2092.0	7.000	93.500	78.500	44.1607	45.6851
2075.0	9.963	86.674	74.678	44.0001	45.8399
2055.0	13.894	79.277	69.533	43.9786	45.9988
2035.0	17.890	72.946	64.507	43.1578	45.3498
2015.0	21.515	68.079	60.468	41.7674	44.3931
2000.0	23.727	65.630	58.605	39.6552	42.0174
1985.0	25.300	64.396	58.147	36.9853	39.0674
1970.0	26.049	64.547	59.461	31.9147	33.7964
1960.0	26.000	65.500	61.500	26.0378	27.7086

3.3.9　体型设计合理性评价

碾压混凝土拱坝体型合理性仍采用常态混凝土评价体系，在满足坝体应力、坝肩稳定的基础上，除按规范以厚高比确定薄、中厚、厚拱坝外，还可以从弧高比与厚高比、弧高比与坝体混凝土方量、弧高比与坝体柔度系数等三个方面进行评价体型合理性。

1. 弧高比与厚高比关系分析

用拱坝的弧高比与厚高比的关系，综合考虑坝高、最大厚度、最大弧长等因素，确定属于薄拱坝、中厚拱坝或厚拱坝。图 3.3.8 为国内某单位根据已建、在建及设计中的拱坝的弧高比与厚高比关系，采用回归分析确定的薄拱坝、中厚拱坝及厚拱坝的分界线图，以及贵阳院部分碾压混凝土坝所处区域。

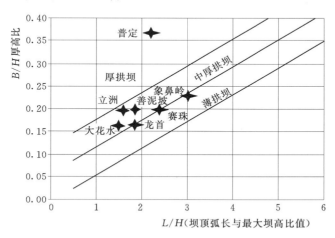

图 3.3.8　弧高比与厚高比关系图

2. 弧高比与坝体混凝土方量关系分析

弧高比与坝体混凝土关系，综合考虑坝高、坝体厚度、混凝土方量等因素，确定属于薄拱坝、中厚拱坝或厚拱坝。图 3.3.9 为国内某单位根据已建、在建及设计中的拱坝的弧高比与坝体混凝土方量关系，采用回归分析确定的薄拱坝、中厚拱坝及厚拱坝的分界线图，以及贵阳院部分碾压混凝土坝所处区域。

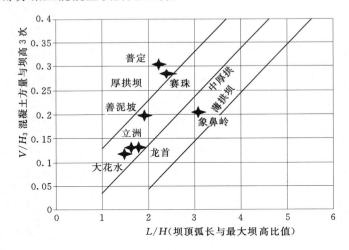

图 3.3.9　弧高比与混凝土方量关系图

3. 弧高比与坝体柔度系数关系分析（图 3.3.10）

弧高比与坝体柔度系数关系是考虑河谷形状及尺寸、坝体高度、坝体厚度（平均厚度，以混凝土方量模拟）来确定属于薄拱坝、中厚拱坝或厚拱坝，比弧高比与厚高比、弧高比与坝体混凝土方量更为准确。

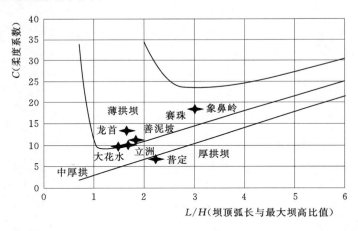

图 3.3.10　弧高比与柔度系数关系图

4. 小结

从以上看出，采用以弧高比与厚高比、弧高比与坝体混凝土方量、弧高比与坝体柔度系数等三个方面评价，贵阳院所设计的拱坝体型除早期的普定外，基本属于薄拱坝—中厚拱坝，也就说采用碾压混凝土作为拱坝筑坝材料选择是较优体型。

实际上薄、厚拱坝的选择还与所处大坝基础地质条件、坝肩稳定条件、泄洪建筑物布置条件等密切相关，采用以上三种评价方法仍然是不够全面的，真正合理的拱坝体型设计是设计工程师根据坝体高度、宽度、河谷形状、坝基地质条件、坝肩稳定条件、泄洪建筑物布置条件、筑坝材料等综合研究确定。

3.4　泄洪与消能设计

3.4.1　泄洪建筑物布置

泄洪建筑物应根据其对坝体应力的影响、拱坝体型、坝高、泄洪流量大小、厂房布置等进行布置，结合坝址地形、地质、水文、泥沙、施工条件（包括导流、度汛）、运行维护条件等因素进行综合分析比较择优布置。

碾压混凝土拱坝坝址所处河谷相对狭窄，泄洪建筑物布置较为困难，致使坝身需在不同高程布置泄洪建筑物，甚至于将部分泄洪建筑物布置于岸边，导致泄洪建筑物布置较为复杂，给工程施工带来不便，发挥不了碾压混凝土快速施工的特点。因此，泄洪建筑物布置是碾压混凝土拱坝设计中重要的一个环节，碾压混凝土拱坝枢纽首选坝身泄洪方式。当坝址河谷狭窄，建筑物布置紧张，或大坝下游岩体抗冲刷能力弱、两岸山体稳定性差，为保证大坝泄洪安全，需要将洪水输送到远离坝脚的下游时，则采用岸边泄洪设施（岸边溢洪道或泄洪洞）。

3.4.1.1　泄洪建筑物布置原则

在进行拱坝枢纽泄洪建筑物设计时，按以下原则布置：

（1）利用水库调洪削峰能力，减小枢纽泄洪流量。

（2）在常遇洪水条件下，具备多种泄洪组合，提高运行调度的灵活性；在设计、校核洪水条件下，要有足够的超泄能力，增强泄洪可靠性。

（3）孔口布置避开高应力区和基础约束区；孔口尺寸大小应根据坝体厚度、应力集中程度、水头大小、闸门允许尺寸等确定。

（4）对于多泥沙河流，重视泥沙淤积对枢纽的不利影响。布置一定数量的底孔或深孔，满足水库泥沙调度和降低库水位的要求。

（5）下泄水流与坝脚应保持足够的安全距离，当下游消能区岩体抗冲刷能力不足时，尽可能采用较低的单宽流量。消能区的地质缺陷尤其是岸坡坡脚的地质缺陷，进行加固处理。

（6）拱坝通常位于狭窄的河谷，限制下泄水流的入水宽度，避免直接冲刷岸坡。

（7）增大消能区足够的水体厚度，尽可能利用水垫消能；泄洪雾化严重时，采取避让和保护措施。高速水流不可避免时，研究空化、空蚀问题和采取掺气减蚀等措施。

（8）为提高消能率，保证良好的运行条件，研究实用的新型消能工。

3.4.1.2　坝身泄洪建筑物布置

碾压混凝土拱坝坝身泄洪主要有表孔（浅孔）、中孔或底孔。开敞式溢流表孔具有泄洪能力大、超泄能力强，便于排污、闸门开启和检修方便等优点，一般用表孔（浅孔）承担泄洪任务，是坝身泄洪建筑物的首选；中孔（或底孔）主要用于泄洪、冲排沙及放空水库，并在施工期承担导流和供水任务。为便于碾压混凝土施工，加快施工进度，一般尽量减少坝身孔口的层数，并尽可能集中布置在同一高程，中孔或底孔多采用平底型式。运行中，利用中孔（或底孔）先开启，形成一定的水垫深度，再开启表孔泄洪。

贵阳院设计的碾压混凝土拱坝枢纽泄洪建筑物布置见表 3.4.1、图 3.4.1～图 3.4.7。

表 3.4.1　　　　　　　贵阳院碾压混凝土拱坝枢纽泄洪建筑物布置一览表

序号	工程	坝高/m	泄洪方式	枢纽总泄量/(m³·s⁻¹)	孔口数量及尺寸（孔数—宽×高）	泄流能力（校核水位）	
						泄流量/(m³·s⁻¹)	单宽流量/[m³·(s·m)⁻¹]
1	普定	75	坝身表孔	5260	表孔：4—12.5m×11m	5260	105.2
2	龙首	80	坝身表孔＋中孔＋冲沙孔	2982	表孔：2—10m×7m 中孔：3—5m×5.5m 冲沙孔：1—3m×4m	970 1745 267	48.5 116.3 89.0
3	大花水	134.5	坝身表孔＋中孔	5965	表孔：3—13.5m×8m 中孔：2—6m×7m	3369 2596	83.2 216.0
4	赛珠	68	坝身表孔	734	表孔：4—7m×4m 冲沙孔：1—3m×3m	502 231	17.83 77.26
5	象鼻岭	141.5	坝身表孔＋中孔	3841	表孔：3—12m×8m 中孔：2—4m×6m	2317 1524	64.4 190.5
6	善泥坡	119.4	坝身表孔＋中孔	6294	表孔：3—14m×10m 中孔：2—6m×7.5m	3564 2730	84.9 227.5
7	立洲	132	坝身表孔＋中孔	1975	表孔：2—8m×8m 中孔：1—5m×6m	1110 875	69.3 87.5
8	观音坪	77	坝身表孔＋中孔	872	表孔：2—8m×6m 中孔：1—3m×4m	565 333	35.3 111.0

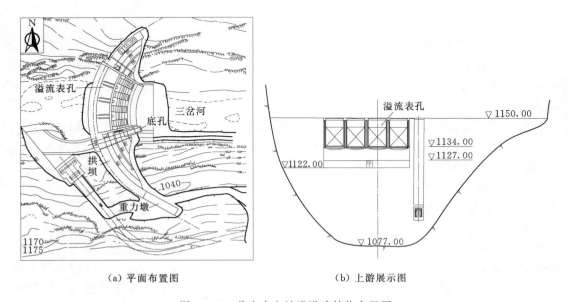

（a）平面布置图　　　　　　（b）上游展示图

图 3.4.1　普定水电站泄洪建筑物布置图

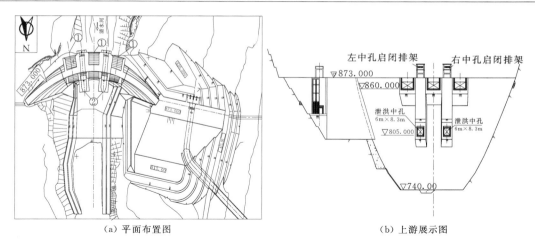

（a）平面布置图　　　　　　　　　（b）上游展示图

图 3.4.2　大花水水电站泄洪建筑物布置图

①—溢流表孔；②—泄洪中孔

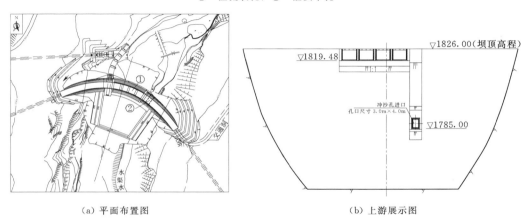

（a）平面布置图　　　　　　　　　（b）上游展示图

图 3.4.3　赛珠水电站泄洪建筑物布置图

①—溢流表孔；②—放空兼冲沙底孔

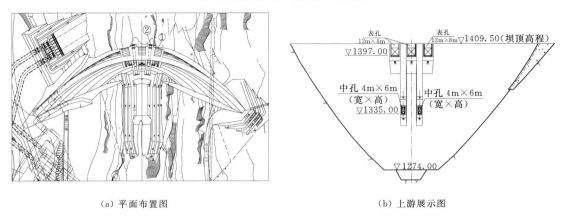

（a）平面布置图　　　　　　　　　（b）上游展示图

图 3.4.4　象鼻岭水电站泄洪建筑物布置图

①—溢流表孔；②—泄洪中孔

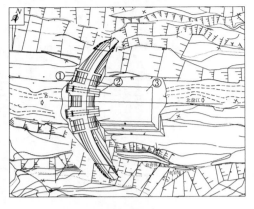

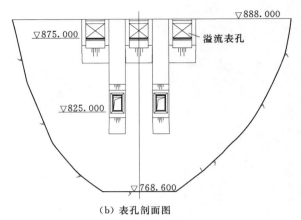

（a）平面布置图 （b）表孔剖面图

图 3.4.5　善泥坡水电站泄洪建筑物布置图
①—溢流表孔；②—泄洪中孔；③—消力池

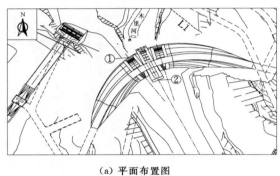

（a）平面布置图 （b）上游展示图

图 3.4.6　立洲水电站泄洪建筑物布置图
①—溢流表孔；②—泄洪中孔

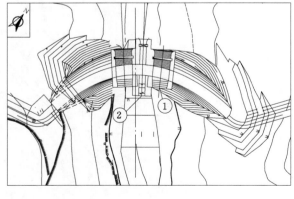

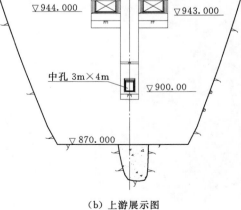

（a）平面布置图 （b）上游展示图

图 3.4.7　观音坪水电站泄洪建筑物布置图
①—溢流表孔；②—泄洪中孔

3.4.1.3　表孔布置型式

碾压混凝土拱坝表孔布置中，按照顶部是否封拱分为开敞式表孔、浅孔两类。

普定碾压混凝土拱坝表孔是开敞式表孔布置型式的代表，布置如图 3.4.8 所示。

碾压混凝土拱坝表孔布置为浅孔型式的有龙首、大花水、赛珠、象鼻岭、善泥坡、立洲、观音坪等工程布置如图 3.4.9～图 3.4.14 所示。

3.4.1.4　消能工布置型式

碾压混凝土拱坝泄洪消能可因地制宜采用适当的消能工型式，目前贵阳院设计的该类消能工主要包括跌流、挑流等。

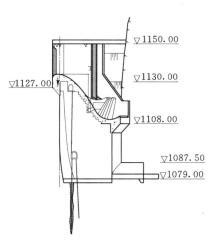

图 3.4.8　普定开敞式表孔布置图

提高消能效果首先在泄洪建筑物总体布置上做合适的选择，使泄洪水流的落水点尽量在平面上或纵向拉开，以减少下游单位面积上进入射流水量，从而减小需要被单位体积水垫淹没扩散消除的能量；其次在消能工上采用新型、高效的挑流鼻坎，对解决高水头、大单宽流量的泄洪消能问题，挑流鼻坎常用的9种挑坎体型，即扩散坎、连续坎、差动坎、斜挑坎、扭曲坎、高低坎、窄缝坎、分流墩、宽尾墩。其中高低坎、扭曲坎、窄缝坎、分流墩、宽尾墩都可以使高速射流水股产生强烈变形，并对冲击波和水冠加以利用，从而使在空气中挑距段内的扩散、分散和消能作用大大增强，值得进一步研究、推广使用。

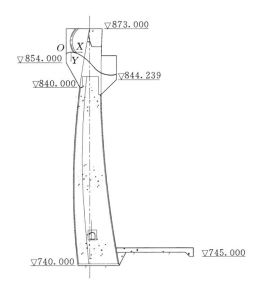

图 3.4.9　大花水浅孔式表孔布置图

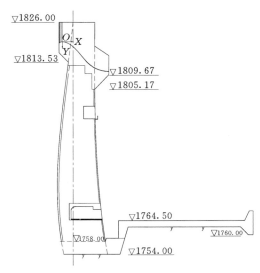

图 3.4.10　赛珠浅孔式表孔布置图

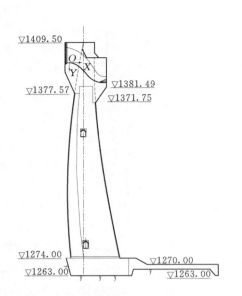

图 3.4.11　象鼻岭浅孔式表孔布置

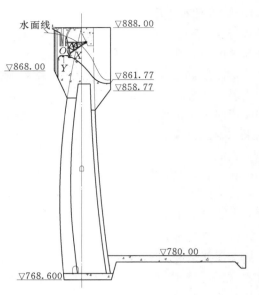

图 3.4.12　善泥坡浅孔式表孔布置图

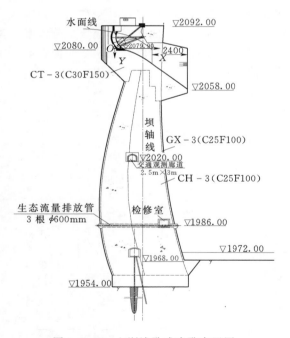

图 3.4.13　立洲浅孔式表孔布置图

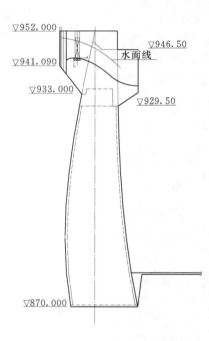

图 3.4.14　观音坪浅孔式表孔布置图

1. 表孔消能工

碾压混凝土拱坝表孔消能工布置中，分为连续挑坎、跌流、锥形扩散、窄缝（连续窄缝、差动窄缝），布置分别见图 3.4.15～图 3.4.19。

碾压混凝土拱坝表孔消能工采用连续挑坎型式较多，该类布置型式有普定、龙首、大

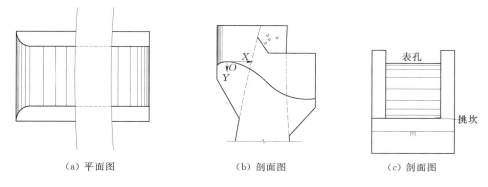

（a）平面图　　　　（b）剖面图　　　　（c）剖面图

图 3.4.15　表孔连续挑坎消能工典型布置图

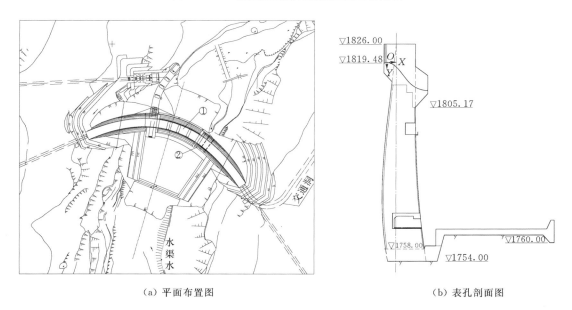

（a）平面布置图　　　　　　　（b）表孔剖面图

图 3.4.16　赛珠表孔跌流消能工布置图

①—溢流表孔；②—放空兼冲沙底孔

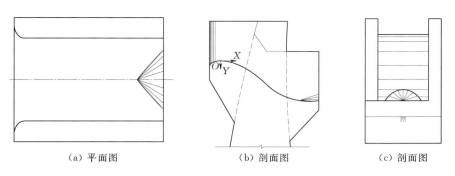

（a）平面图　　　　（b）剖面图　　　　（c）剖面图

图 3.4.17　象鼻岭表孔锥形扩散消能工典型布置图

139

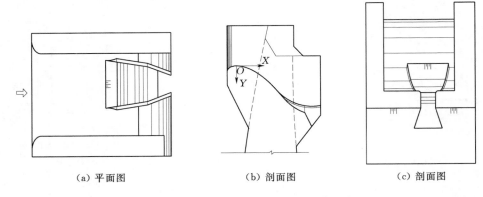

（a）平面图　　　　　　（b）剖面图　　　　　　（c）剖面图

图 3.4.18　象鼻岭表孔差动窄缝消能工典型布置图

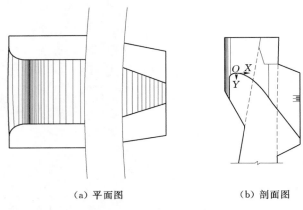

（a）平面图　　　　（b）剖面图

图 3.4.19　立洲表孔连续窄缝消能工典型布置图

花水、观音坪；表孔采用跌流消能工的有赛珠碾压混凝土拱坝；表孔采用锥形扩散消能工的有善泥坡及象鼻岭（中表孔）碾压混凝土拱坝；表孔采用窄缝消能工的有立洲碾压混凝土拱坝连续窄缝消能工及象鼻岭（边表孔）碾压混凝土拱坝差动窄缝消能工。

2. 中（底）孔消能工

碾压混凝土拱坝中（底）孔消能工布置中，分为平底板后接跌坎、平底板后接斜坡、平底板后接挑坎，布置分别如图 3.4.20～图 3.4.22 所示。

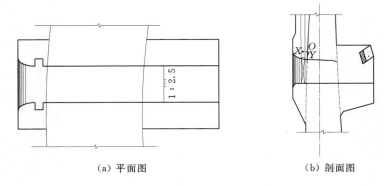

（a）平面图　　　　　　（b）剖面图

图 3.4.20　中（底）孔平底板后接跌坎消能工典型布置图

碾压混凝土拱坝中（底）孔消能工采用平底板后接跌坎型式较多，该类布置型式有大花水、赛珠、象鼻岭、立洲；中（底）孔采用平底板后接斜坡消能工的有善泥坡、观音坪碾压混凝土拱坝；中（底）孔采用平底板后接挑坎消能工的有普定碾压混凝土拱坝。

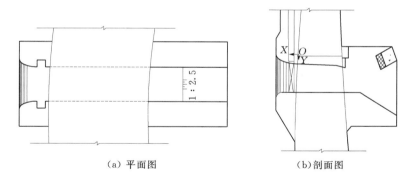

（a）平面图　　　　　　　　　（b）剖面图

图 3.4.21　中（底）孔平底板后接斜坡消能工典型布置图

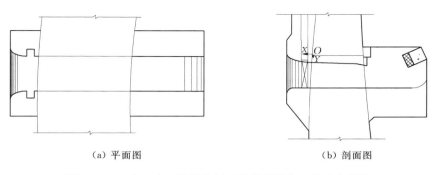

（a）平面图　　　　　　　　　（b）剖面图

图 3.4.22　中（底）孔平底板后接挑坎消能工典型布置图

3.4.1.5　中（底）孔出口布置型式

碾压混凝土拱坝中（底）孔出口段结构受弧形工作闸门启闭半径的影响，各工程出口段结构长短不一，当出口段结构较长时，悬臂结构上部荷载较大，考虑在其下部设置井筒支撑，解决、改善其受力条件；同时可利用井筒布置楼梯通道、吊物井。因此，中（底）孔出口段结构型式可分为悬臂结构、支撑结构两种，典型布置图如图 3.4.23、图 3.4.24 所示。

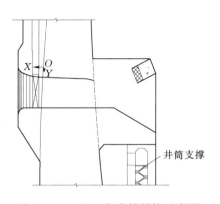

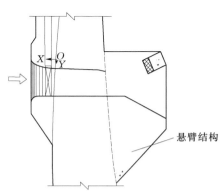

图 3.4.23　出口段支撑结构示意图　　　图 3.4.24　出口段悬臂结构示意图

3.4.2　消能防冲建筑物布置

碾压混凝土拱坝泄洪消能能量巨大，做好消能与下游防冲保护是拱坝设计中一项极为重要的内容。消能与防冲是密切联系的一个问题的两个方面。消能是主导的一面，下游冲刷的轻重，又是判别消能是否充分的重要标志，提高消能效果，可减轻防冲保护设计的压力。

拱坝的泄洪消能主要是采取挑流或跌流坎，少数重力拱坝具有设置底流水跃消能的条件，但拱坝底流水跃消力池并无突出的特色。挑流消能工设施简单、费用节省，且双曲拱坝坝身泄洪，挑流或跌流坎往往是首选消能方式。挑流消能主要问题是下游局部冲刷问题，而且由于拱坝挑流所特有的向心力集中因素，加重了这个问题的复杂性；尤其是峡谷河道高陡岸坡的稳定问题需特别关注，须采取有效的工程保护措施。挑流水舌落点附近区域往往形成强大的雾化区。

下泄水流经采取措施在空气中消除了一部分能量，但仍会带着相当大的动能进入下游水垫，这部分能量会对下游河床或河岸造成冲刷，形成下游冲坑，可能对大坝安全或枢纽正常运行造成危害，需根据水工模型试验或局部冲刷估算成果，如下游河床、河岸将产生严重的、有害的局部冲刷时，必须采取有效的防冲措施。下游防冲措施形式主要有天然水垫塘、预挖水垫塘、护坦、修建丁坝及顺坝、护坦＋护岸、设二道坝、二道坝＋护坦＋护岸、混凝土护坡等，其下游防护保护具体采用何种形式的工程措施为适宜，应根据下游地形地质条件，射入水流的状况，以及在空气中扩散消能的效果等多方面的因素研究确定。例如，象鼻岭水电站下游消能防冲措施采用的是护坦＋护岸形式；立洲水电站下游消能防冲措施采用的是二道坝＋护坦＋护岸形式；大花水水电站下游消能防冲措施采用的是护坦＋护岸及混凝土护坡形式。因下泄洪水脉动压力较大，结合地质条件尽量将护坦设置于脉动压力主要影响区域高程以下，保证护坦免被掀翻。

3.5　拱坝结构与构造

碾压混凝土拱坝结构与构造设计包括坝顶布置、坝体材料分区（碾压混凝土强度及分区设计）、基础垫层、层间缝与处理、坝体接缝与处理、坝体防渗及排水及交通布置等内容。

3.5.1　坝顶布置

1. 坝顶高程选择

碾压混凝土拱坝坝顶高程选择与常态混凝土拱坝相同，根据《混凝土拱坝设计规范》（DL/T 5436—2006）规定，坝顶高程为水库正常蓄水位或校核洪水位加上超高 Δh，应选择两者中大值确定坝顶高程。贵阳院设计的部分碾压混凝土拱坝坝顶高程选择见表 3.5.1。

从表 3.5.1 可以看出，碾压混凝土拱坝坝顶高程考虑因素、确定过程与常态混凝土拱坝是完全一致的，同时均可以考虑防浪墙作为挡水高程，如善泥坡碾压混凝土拱坝。

表 3.5.1　　　　　　　　　　部分碾压混凝土拱坝坝顶高程选择统计表

序号	工程名称	工况	水位/m	$h_{1\%}$/m	h_z/m	h_c/m	计算高程/m	坝顶高程/m
1	立洲	正常	2088.00	1.317	0.497	0.50	2090.314	2092.00
		校核	2090.38	0.755	0.256	0.40	2091.791	
2	大花水	正常	868.000	1.337	0.429	0.50	870.267	873.00
		校核	871.350	0.706	0.199	0.40	872.656	
3	善泥坡	正常	885.000	1.121	0.410	0.40	886.93	889.40（含防浪墙）
		校核	887.650	0.695	0.231	0.30	888.88	
4	象鼻岭	正常	1405.000	1.094	0.336	0.50	1406.93	1409.50
		校核	1407.73	0.887	0.262	0.40	1409.28	

2. 坝顶宽度

坝顶宽度的拟定主要考虑拱坝剖面设计、碾压混凝土施工的需要和坝顶结构布置、交通要求等因素。贵阳院设计的碾压混凝土拱坝坝顶宽在 5～8m 之间，在满足结构布置的前提下方便施工。部分碾压混凝土拱坝坝顶宽度一览表见表 3.5.2。

表 3.5.2　　　　　　　　　　部分碾压混凝土拱坝坝顶宽度一览表

序号	工程名称	建设地点	河流	坝型	坝高/m	拱坝弧长/m	坝顶宽度/m	建成年份
1	普定	贵州普定	三岔河	重力拱坝	75	195.67	6.30	1994
2	龙首	甘肃张液	黑河	双曲拱坝	80	140.84	5.00	2001
3	大花水	贵州开阳	清水河	双曲拱坝	134.5	198.43	7.00	2007
4	赛珠	云南禄劝	洗马河	双曲拱坝	68	160.09	7.00	2008
5	善泥坡	贵州水城	北盘江	双曲拱坝	110	204.29	6.00	2014
6	象鼻岭	云南会泽	牛栏江	双曲拱坝	141.5	444.86	8.00	在建
7	立洲	四川	木里河	双曲拱坝	132	201.82	7.00	在建
8	观音坪	湖北	白水河	双曲拱坝	77	99.42	5.00	拟建
9	沙坪	湖北	白水河	双曲拱坝	105.8	200.14	7.00	拟建

从表 3.5.2 中可以看出，拱坝坝顶宽度与弧长有着一定的关系，拱坝弧长越长，相应坝顶宽度越大。为满足碾压混凝土的施工要求，其坝顶宽一般不小于 5m。

3.5.2　坝体材料分区

碾压混凝土拱坝在分析坝体各部位的工作条件及应力等设计成果的基础上，并按《混凝土拱坝设计规范》（DL/T 5436—2006）及《水工混凝土结构设计规范》（DL/T 5057—2009）中对混凝土特性指标的规定选择相应混凝土强度等级。坝体混凝土应满足强度、抗渗、抗冻、抗侵蚀、抗冲刷、低热等性能方面的要求。根据坝体混凝土的不同部位、不同工作条件及不同特性，同时考虑碾压混凝土坝材料分区力求简单的特点，可将坝体混凝土分成多区设计。

3.5.2.1 坝体碾压混凝土等级选择

1. 设计龄期及保证率

由于坝体混凝土体积大，施工期长，承受最终设计荷载所需的时间也长，故碾压混凝土采用90d或180d龄期的设计强度，保证率可选为80%或85%，表3.5.3为贵阳院设计的碾压混凝土拱坝设计龄期及保证率一览表。

表 3.5.3 坝体混凝土材料分区特性表

工程名称	普定	龙首	大花水	赛珠	立洲	善泥坡	象鼻岭
设计龄期/d	90	90	90	90	90	90	90
保证率/%	80	80	80	80	85	80	80

从表3.5.3可以看出，贵阳院设计的碾压混凝土拱坝大多采用90d设计龄期，主要是考虑大坝混凝土施工的第二汛期需要靠大坝挡水，且汛前浇筑混凝土所占比重较大，进入汛期后希望碾压混凝土到达或接近设计龄期，确保汛期大坝挡水安全。对于保证率，一般按相关规范取80%，根据工程重要性适当提高保证率，如立洲提高为85%。

坝体泄水建筑物、廊道等常态结构混凝土，采用28d龄期的设计强度，保证率为95%。

2. 混凝土强度等级选择

混凝土强度等级的选择一般是在分析坝体各部位的工作条件及应力等设计成果的基础上，选择合理的混凝土强度等级满足拱坝压应力、拉应力。所需混凝土等级允许压应力、拉应力根据水电水利规范《混凝土拱坝设计规范》（DL/T 5436—2006）、《水工建筑物抗震设计规范》（DL 5073—2000）和水利水电规范《混凝土拱坝设计规范》（SL 282—2003）、《水工建筑物抗震设计规范》（SL 203—97）确定，两套规范在混凝土允许压、拉应力确定上是有差异的。

（1）电力行业标准。电力行业标准的《混凝土拱坝设计规范》（DL/T 5436—2006）、《水工建筑物抗震设计规范》（DL 5073—2000）允许压应力、拉应力控制标准，是材料标准值、材料性能的分项系数、结构系数根据不同计算方法、荷载作用与组合确定的。以大坝混凝土采用$C_{90}25$碾压混凝土为例。计算坝体混凝土允许压、拉应力见表3.5.4。

表 3.5.4 坝体应力控制标准和混凝土抗压强度安全系数表

荷载组合	材料系数	应力控制标准/MPa				备 注
		压应力		拉应力		
		结构系数	容许压应力	结构系数	容许拉应力	
拱梁分载法	2.0	2.0	6.25	0.85	1.18	非地震情况
有限元法	2.0	1.6	7.81	0.65	1.54	
特殊荷载组合（地震，拟静力法）	1.0	2.80	7.94	2.10	1.02	
特殊荷载组合（地震，动力法）	1.5	1.30	11.00	0.70	2.04	

注 表中地震情况考虑了《水工建筑物抗震设计规范》（DL 5073—2000）规定：混凝土动态强度的可较其静态强度标准值提高30%，动态抗拉强度标准值为动态抗压强度标注值的10%。

（2）水利行业标准。水利行业标准的《混凝土拱坝设计规范》（SL 282—2003）、《水工建筑物抗震设计规范》（SL 203—97）允许压应力、拉应力控制标准，在非地震情况是根据材料标准值、安全系数根据不同荷载作用与组合确定的；地震情况是根据材料标准值、材料性能的分项系数、结构系数根据不同计算方法、荷载作用与组合确定的。

以大坝混凝土采用 $C_{90}25$ 碾压混凝土为例。计算坝体混凝土允许压、拉应力见表 3.5.5。

表 3.5.5　　　　　　坝体应力控制标准和混凝土抗压强度安全系数表

荷载组合		应力控制标准/MPa			
		压应力		拉应力	
		安全系数	容许压应力	安全系数	容许拉应力
拱梁分载法	基本荷载组合	4.0	6.25		1.2
	特殊荷载组合（非地震）	3.5	7.14		1.5
有限元法	基本荷载组合	4.0	6.25		1.5
	特殊荷载组合（非地震）	3.5	7.14		2.0
特殊荷载组合（地震，拟静力法）		4.2	7.92	2.4	1.08
特殊荷载组合（地震，动力法）		2.0	10.72	0.85	2.02

注　表中地震情况考虑了《水工建筑物抗震设计规范》（SL 203—97）规定：混凝土动态强度的可较其静态强度标准值提高 30%，动态抗拉强度标准值为动态抗压强度标注值的 8%。

（3）混凝土强度等级选择。在确定采用设计规范及其混凝土强度等级的允许拉、压应力后，根据应力计算结果，选择满足允许拉、压应力的碾压混凝土强度等级，或调整拱坝体型降低拉、压应力重新选择碾压混凝土强度等级。目前已建的碾压混凝土拱坝最大坝高在 140m 以内，大部分选择了 $C_{90}20$，仅有立洲因为狭窄河谷的高陡边坡问题，尽量选择较小坝体厚度减少开挖及边坡规模，采用 $C_{90}25$ 碾压混凝土等级。

3. 混凝土抗渗等级选择

根据目前碾压混凝土拱坝发展水平，最大承担水头达 160m 左右，均采用坝体混凝土自身防渗。根据《水工混凝土结构设计规范》（DL/T 5057—2009），大体积混凝土结构挡水面抗渗等级的最小允许值进行确定。坝体混凝土材料分区特性表见表 3.5.6。

表 3.5.6　　　　　　坝体混凝土材料分区特性表

序号	运用条件水头 H/m	抗渗等级
1	$H < 30$	W4
2	$30 \leqslant H < 70$	W6
3	$70 \leqslant H < 150$	W8
4	$H \geqslant 150$	W10

从国内外大量的现场及室内试验资料表明，碾压混凝土自身的抗渗性能较好，可达 W9～W12，完全可以满足目前已建、在建碾压混凝土坝高规模的防渗要求。

贵阳院设计的 100m 级碾压混凝土拱坝，均选择上游防渗区 W8、下游侧坝体 W6 的混凝土抗渗等级。

4. 混凝土耐久性能

混凝土的耐久性是指组成混凝土的材料在长期使用过程中，抵抗其自身及环境因素长期破坏作用，保持其原有性能而不变质、不破坏的能力，主要指抗冻性、抗碳性、抗化学侵蚀及碱活性反应等。

（1）混凝土的冻融破坏。当结构处于冰点以下环境时，部分混凝土内空隙中的水将结冰，产生体积膨胀，过冷的水发生迁移，形成各种压力，当压力达到一定程度时，导致混凝土的破坏。混凝土的抗冻性能与混凝土内部的气孔结构和气泡含量多少密切相关，封闭气泡越多，抗冻性就越好。

混凝土抗冻等级应根据气候分区、冻融循环次数、表面局部小气候条件、水分饱和程度、大坝结构重要性和检修难易程度等因素，按《混凝土拱坝设计规范》（DL/T 5436—2006）、《水工混凝土结构设计规范》（DL/T 5057—2009）选定。抗冻混凝土必须掺加引气剂，其水泥、掺合料、外加剂的品种和数量，水灰比、配合比及含气量应通过试验确定。

龙首水电站坝址处多年平均气温 8.5℃，极端最高气温 37.2℃，极端最低气温 −33.0℃，历年最大岸冰厚度 1.1m，最大冻土深 1.5，属严寒地区，冰冻期长，坝体下游面、上游面水位变幅区选择了较高的混凝土抗冻等级 F300。另外在坝面设 15cm 厚泡沫板做永久保温层。

（2）混凝土的碱活性反应。混凝土的碱活性反应是活性骨料与水泥中的碱物质反应时将发生体积膨胀，导致混凝土胀裂、甚至破坏。碾压混凝土拱坝筑坝使用的砂石骨料必须根据《水工混凝土砂石骨料试验规程》（DL/T 5151—2001）砂石骨料碱活性检测，如有碱活性反应则应采取措施抑制。根据大量试验及工程经验表明，采取掺入一定量的粉煤灰、控制水泥碱含量是抑制混凝土碱活性反应行之有效办法。

贵阳院目前设计碾压混凝土拱坝所采用骨料均没有碱活性问题。

（3）混凝土侵蚀性。当混凝土结构处在有侵蚀性介质作用的环境时，会引起水泥石发生一系列物理-化学变化，而逐步受到侵蚀，严重的使水泥石强度降低，以致破坏。应对可能长期接触碾压混凝土拱坝的库水、地下水等开展检测工作，并采取相应的措施。

5. 混凝土等级选择实例

根据坝体混凝土应力计算成果、抗渗要求、耐久性要求确定坝体混凝土等级，立洲、象鼻岭、善泥坡、大花水、龙首碾压混凝土拱坝混凝土强度及混凝土分区情况见表 3.5.7。

表 3.5.7 部分工程坝体混凝土材料分区特性表

序号	工程名称	分区	混凝土强度等级	级配	抗渗标号	抗冻标号	部位
1	立洲	I	$C_{90}25$	二级配	W8	F100	上游 2068m 以下
		II	$C_{90}25$	二级配	W8	F150	上游 2068m 以上
		III	$C_{90}25$	三级配	W6	F100	下游面

序号	工程名称	分区	混凝土强度等级	级配	抗渗标号	抗冻标号	部位
2	象鼻岭	Ⅰ	$C_{90}20$	二级配	W8	F100	上游面
		Ⅱ	$C_{90}20$	三级配	W6	F50	下游面
3	善泥坡	Ⅰ	$C_{90}20$	二级配	W8	F100	上游面
		Ⅱ	$C_{90}20$	三级配	W6	F50	下游面
4	大花水	Ⅰ	$C_{90}20$	二级配	W8	F100	上游面
		Ⅱ	$C_{90}20$	三级配	W6	F50	下游面
5	龙首	Ⅰ	$C_{90}20$	二级配	W8	F300	上游 1736m 以上
		Ⅱ	$C_{90}20$	二级配	W8	F100	上游 1736m 以下
		Ⅲ	$C_{90}20$	三级配	W8	F300	上游 1700m 以下
		Ⅳ	$C_{90}20$	三级配	W8	F200	上游 1700m 以上

3.5.2.2　坝体碾压混凝土分区设计

拱坝的筑坝材料要求结构承载安全、密实不透水和能抵抗环境侵蚀，对碾压混凝土拱坝既要求满足拱坝的特性，又要适应碾压施工工艺要求。坝体材料分区设计需要考虑以下4点：

（1）结构应力计算合理，碾压混凝土选用的强度等级及容许拉应力合适，结构安全可靠。对于高坝，可按高程或部位采用不同的材料分区。

（2）碾压混凝土具有良好的耐久性，抗渗等级和抗冻等级满足设计要求。

（3）特殊环境，如基础硫酸盐侵蚀及其他水质侵蚀，应研究采取的适当防护措施。

（4）为满足碾压混凝土施工工艺要求，分区最小宽度 2m，以适应振动碾碾压宽度要求；振动碾回转要求坝体最小宽度不宜小于 5m。

碾压混凝土拱坝坝体材料分区的原则概括起来就三句话："坝体内三级配碾压，迎水面二级配防渗，不便碾压处用变态。"部分工程典型的碾压混凝土拱坝的分区如图 3.5.1 所示。

坝内三级配碾压混凝土为坝身的主体，主要由结构要求和材料性能确定。上游面二级配碾压混凝土的主要功能是防渗，并与坝内三级配碾压混凝土同步上升。不便碾压处采用变态混凝土施工。

变态混凝土，又称改性混凝土。是指以碾压混凝土为母体，在摊铺后的碾压混凝土中掺入适量的水泥浆，使之具备常态混凝土的坍落度，然后进行人工振捣的一种介乎于碾压和常态之间的混凝土。一般适用于碾压混凝土与模板、岸坡坝基、混凝土先浇块、混凝土预制块等边界处，和有止水片、排水管、钢筋、预埋件等部位，这些部位碾压施工机械不便到达，通过加浆振捣使之密实（图 3.5.2）。它具备对碾压混凝土施工干扰少，使异种混凝土之间能良好结合等优势，对于碾压混凝土的全断面碾压和快速上升具有十分重大的意义。由于在碾压混凝土中掺入了更多的胶凝材料，对于提高其抗渗性也起到了一定的作用。

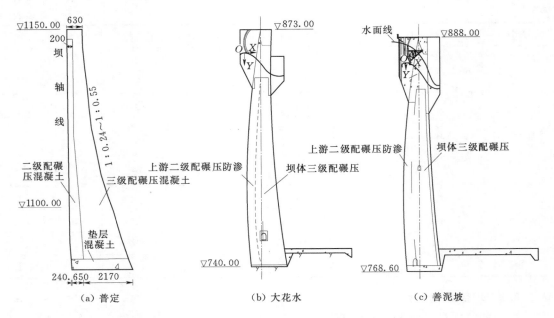

图 3.5.1　普定、大花水、善泥坡坝体分区典型剖面

图 3.5.2　变态混凝土施工

变态混凝土的厚度取决于不便碾压区域的范围，一般宜为 30～50cm，最大厚度不宜大于 100cm，在碾压混凝土内掺入 6%～8% 体积的水泥粉煤灰净浆后进行振捣。为了保证变态混凝土的层间结合，要求浇筑上层混凝土时振捣器应深入下层变态混凝土内5～10cm。

变态混凝土的缺点是加浆量不易控制。由于浆液是在现场由施工人员添加，其质量和添加量均难以保证，给变态混凝土质量带来了一定的隐患。

针对上述缺点，尝试了一种新的变态混凝土形式——机拌变态混凝土。按照变态混凝土的配合比要求，利用已有的碾压混凝土生产系统直接生产变态混凝土，运至现场后再施行振捣。一般适用于钢筋、预埋件密集处、仓面面积较小处等，亦可推广使用到所有需要变态混凝土的地方。这是一种常态混凝土的生产方式，但又同常态混凝土不同，其凝结时间和碾压混凝土相当，可以同碾压混凝土同步上升，可以和碾压混凝土很好的结合。机拌变态在碾压混凝土重力坝工程光照和沙沱大坝均得到了很好的运用，在碾压混凝土拱坝中使用将更有利于坝体结构质量的均匀和稳定，在混凝土拌和系统满足要求的情况下具有推广的价值。

3.5.2.3　坝体与基础的连接

碾压混凝土拱坝与坝基岩石基础的有效连接确保大坝防渗、抗滑稳定的重要部位，包括河床与坝基岩石基础连接和岸坡与坝基岩石基础连接。

1. 岸坡与坝基岩石基础连接

岸坡建基面碾压混凝土拱坝大量使用变态混凝土与岩石基础的衔接，使坝体与基础岩石之间黏聚力、防渗能力满足要求，从建成运行人普定、龙首、大花水、赛珠等工程来看，效果明显。

2. 河床与坝基岩石基础连接

碾压混凝土拱坝与河床基础的衔接，目前一般有三种处理办法：

（1）采用常态混凝土垫层，可有效保证坝体混凝土与基础岩石的衔接，并能对不平整建基面找平利于碾压混凝土施工。缺点是常态混凝土垫层分缝、分块复杂，施工速度慢，早期碾压混凝土拱坝普定、龙首使用此方法。

（2）采取铺洒砂浆后直接进行碾压混凝土施工，优点是施工简单方便，缺点是对建基面平整度要求较高，基础基岩起伏差大后碾压效果不佳，大花水、赛珠、善泥坡碾压混凝土拱坝使用此方法。

（3）采取先进行变态混凝土（或常态混凝土）基础面找平（需进行振捣），变态混凝土（或常态混凝土）初凝前开展碾压混凝土填筑施工，优点是建基面平整度较差条件下能有效保证坝体混凝土与基础岩石的衔接，施工速度快，缺点是施工仓面工序多而繁杂，需要强有力施工管理确保混凝土浇筑质量，此方法在立洲碾压混凝土拱坝进行了首次使用。

应该说三种办法都能解决碾压混凝土拱坝与岩石基础的接触问题，应根据拱坝规模及重要性、建基面岩石完整度及平整度条件、工期条件等综合考虑选择。

3.5.3　层间缝与处理

3.5.3.1　层间结合状况对拱坝安全影响分析

碾压混凝土采用分层摊铺、分层碾压的施工方式，受施工机械、施工速度等因素影响及施工质量要求，摊铺碾压层厚度不可能太大，因此较常态混凝土增加了层间结合面。实际工程大多采用大仓面薄层碾压、连续上升的施工工艺，目前每碾压层高度大多取 30cm，一座大坝一般需要几十层，甚至数百层，一层一层重叠起来，如普定拱坝坝高 75m，碾压层数为 308 层，每层碾压层厚平均为 28.96cm。同时，在运输及铺筑过程中骨料容易分离，使混凝土质量很难达到均匀，并影响混凝土层间结合质量。施工过程中哪个环节处理不到位，都可能引起碾压混凝土层间结合不良。自第一座碾压混凝土坝——柳溪坝建成蓄水以来，碾压混凝土坝的层间结合问题就引起了人们的广泛关注。

碾压混凝土层间结合状况直接影响到坝体碾压层面抗剪断性能及渗透性。由于拱坝坝体结构是由水平拱圈和竖向悬臂梁共同组成，其所承受的水平荷载一部分通过水平拱的作用传给两岸的基岩，另一部分通过竖向悬臂梁的作用传到坝底基岩，坝体的稳定主要是依靠两岸坝肩的反力来维持，因此即使某碾压层面结合不良，一般情况下对拱坝整体抗滑稳定安全难以造成重大影响，碾压层面结合状况对拱坝抗滑稳定安全影响没有重力坝那么突出。因此由贵阳院设计的已建工程如普定、龙首、大花水、洗马河二级赛珠拱坝及在建的善泥坡、立洲拱坝中均未详细考虑碾压层面抗剪性能对大坝拱梁分配比例影响程度及相应的坝肩抗滑稳定计算分析。

在吸取美国柳溪坝及总结碾压混凝土重力坝设计经验的基础上，贵阳院设计人员更关注的是由于碾压混凝土拱坝层间渗漏问题引起的大坝防渗安全。国内外不少实际工程也表明，碾压混凝土层间结合部位一般是容易渗漏的薄弱环节，碾压混凝土拱坝防渗主要是解决好层间渗漏问题。常态混凝土振捣要把振捣器插入下层混凝土内 3～5cm，使浇筑层面的混凝土互相掺合，骨料互相咬合，层面黏结良好。碾压混凝土较干硬，只能表面振动碾压，粗骨料易于分离架空，易形成渗漏的通道。这也是早期世界上几座碾压混凝土坝渗漏的主要原因。碾压混凝土拱坝主要采取碾压混凝土自身防渗，如果层间处理不到位，黏合不好的层面其抗剪能力较弱，在坝体各种载荷下抗拉能力较小，层间的接缝可能会形成水平透水通道，从而引起大量的渗漏，增大了坝体内部压力，一定程度上降低了坝体稳定安全度；渗水通过坝体排水孔进入坝内廊道后，若廊道过水能力或集水井内水泵抽排能力不足，将会增加基础扬压力，严重时还会导致坝肩整体失稳；长期的渗漏还会加快混凝土中钢筋的腐蚀破坏，对混凝土的耐久性有一定的损伤，对大坝长期安全不利。

3.5.3.2　碾压混凝土拱坝层面抗剪特性研究

碾压混凝土层间结合，主要包括三种情况：第一种情况是上一仓碾压混凝土与下一仓混凝土之间的层间结合，也即新老碾压混凝土之间的层间结合。第二种情况是同一仓碾压混凝土之中的层与层之间的结合。第三种情况是垫层常态混凝土拌和料与碾压混凝土之间的凝结。其结合状态如何主要通过层面黏结强度来判断，层面黏结强度的指标为缝劈裂抗拉强度及层缝抗剪断强度。在贵阳院设计的碾压混凝土拱坝中，通常将碾压混凝土的层间抗剪断强度作为反映层间结合质量的重要指标，并根据胶材用量多少按经验值判别质量，具体为胶凝材料小于 130kg/m³ 时 180d 龄期层间结合面抗剪断参数 $f' = 0.82～1.00$，$C' = 0.89～1.05$MPa，胶凝材料大于 160kg/m³ 时 180d 龄期层间结合面抗剪断参数 $f' = 0.91～1.07$，$C' = 1.21～1.37$MPa。有时也根据需要，在钻孔取芯后同步进行配套的层面现场压水试验。

在普定碾压混凝土拱坝层面抗剪特性研究中，还进行了碾压混凝土多轴剪压强度试验，确定了层面间抗剪强度准则，通过碾压混凝土变形及损伤特性试验研究，测定层面及非层面碾压混凝土在多轴应力状态下的变形及损伤特性，建立了碾压混凝土本构关系和破坏准则，使我国碾压混凝土坝的设计理论跃上了一个新台阶。

3.5.3.3　碾压混凝土拱坝层面处理技术

碾压混凝土层间结合面的质量直接影响到抗剪断性能，如果处理不好，会成为坝体的弱点，严重时甚至影响大坝的安全运行。除抗剪断强度外，如果层面结合不好，也会成为渗漏通道，影响碾压混凝土的耐久性和大坝安全。为确保大坝安全，须使浇筑上升层间黏结良好，使大坝成为一个整体而不是一个"千层饼"，因此，分析碾压混凝土层间黏结性能的影响因素，找出层面存在的薄弱环节，研究保证层间黏结性良好的处理方法，对指导工程施工具有十分重要的现实意义。

早在 20 世纪 90 年代初，贵阳院就依托国家"八五"国家重点科技攻关项目"普定碾压混凝土拱坝筑坝新技术研究"课题，对混凝土碾压层面过去的经验教训进行了系统总结，在此基础上归纳了影响层间结合强度的主要因素如下：

（1）碾压混凝土的配合比设计。

（2）下层碾压混凝土表面条件。

（3）上下层碾压混凝土浇筑的间隔时间。

（4）上下层碾压混凝土的压实与固结情况。

（5）上下层碾压混凝土的 VC 值。

随着工程经验的积累，还发现混凝土的初凝时间、骨料级配、层面处理方式、压实厚度、施工工艺措施等均可能影响层间结合情况。针对这些影响因素进行分析，得到满足工程要求的保证层间黏结性良好的处理方法。

1. 优化碾压混凝土配合比

碾压混凝土配合比设计恰当与否，是影响施工层面胶结质量的重要因素。碾压混凝土配合比设计除应满足要求的强度、耐久性（如抗渗、抗冻等）和低热外，应具有较长的初凝时间、较强的抗粗骨料分离能力、合适的工作度和恰当的胶凝材料含量。为改善混凝土拌和物抗分离性能，应保证混凝土中砂浆含量具有恰当的富裕度，适当减小最大粒径级粗骨料的比例。碾压混凝土中砂浆体积含量和净浆用量，即砂率大小和胶凝材料用量取决于碾压混凝土的和易性、水离析性、VC 值、可碾性等综合指标，应通过试验确定。普定工程碾压混凝土通过试验研究，确定砂率三级配为 34%，二级配为 38%，胶凝材料总用量，二级配为 180～190kg/m³，三级配为 150～160kg/m³。

依靠碾压混凝土自身防渗是当前国内外碾压混凝土拱坝材料分区设计的主流，如普定为国内首座采用碾压混凝土自身防渗的拱坝，其靠上游迎水面由坝底至坝顶采用 6.5～2m 厚二级配（$C_{90}20$）W6，其余为三级配（$C_{90}15$）W4；目前，防渗体有由开始的二级配向三级配发展的趋势。作为防渗体的碾压混凝土配合比设计，应选用胶材含量较高、较高砂率含量、VC 值较低、并掺有强缓凝高效减水剂的混凝土。

上游防渗碾压混凝土需具有优良的抗渗、防裂、层面结合良好的性能。在普定拱坝中，选择最大骨料粒径为 40mm 的二级配混凝土，其抗分离性、可碾压密实性较三级配好，且配合比设计中考虑了以下因素：选用较大的 AFA（每 m³ 混凝土中浆体的体积与砂子空隙体积之比）及 BEIDA（每 1m³ 混凝土中砂浆的体积与石子空隙体积之比）会使水泥浆与砂浆的富裕度较大，即使有些分离，也不至于造成局部的不密实；高掺粉煤灰及选用具微膨胀的水泥，可提高混凝土的抗裂性；较富裕的胶材用量、较小的 VC 值及掺用强缓凝性的复合外加剂有利于提高混凝土的密实性及改善层间结合；普通硅酸盐水泥中，水泥厂家已掺了近 15% 的混合材，故粉煤灰掺量较低。经对十余种配合比进行多次筛选比较，最后选择的四个典型配合比及性能分别见表 3.5.8、表 3.5.9。

表 3.5.8 $C_{90}20$ 二级配碾压混凝土典型配合比

配合比编号	水泥品种/(kg·m⁻³)	水胶比	用水量/(kg·m⁻³)	水泥/(kg·m⁻³)	粉煤灰	砂率/%	MgO	外加剂/%	混凝土特性		
									α	β	VC值/s
Py-9	贵州普通	0.53	91	95	77/45	38	8.3/4.8	0.95	1.18	1.77	9
Py-14	贵州普通	0.55	89	81	81/50	38	7.9/4.9	0.95	1.11	1.59	10
Py-81	贵州纯硅	0.50	94	85	103/55	38		0.85	1.24	1.78	10
Py-41	贵州纯硅	0.54	94	87	87/50	38		0.85	1.18	1.75	11

注   石子级配 60:40（中石:小石），施工中改为 50:50。外加剂掺量施工中降为 0.55%。粉煤灰、MgO 二列数值分子为用量（kg/m³），分母为掺量（%）。

表 3.5.9 $C_{90}20$ 二级配碾压混凝土力学性能

配合比编号	抗压/MPa				轴拉/MPa		极限拉伸/10⁻⁶		压弹模/10⁻⁶MPa		自身体积变形，20℃/10⁻⁶		
	7d	28d	90d	180d	28d	90d	28d	90d	28d	90d	7d	28d	90d
Py-9	18.1	26	38.6		2.45	3.39	68	87	4.01	4.27	24	37	39
Py-14	15.1	24.8	35.2		2.32	3.19	56	84	3.39	3.96			
Py-31	19.8	27.1	37.8		2.46	3.14	66	98	3.53	4.22	16	21	24
	28.9	40.9	53.8		3.35			99	3.60	3.92			
Py-41	17.6	24.5	36.1		2.25	3.28	59	94	3.27	3.75			

注   1. Py-31 栏上行为贵阳院工科院室内试验成果，下行为现场施工单位试验成果。

2. 混凝土理论单位质量 Py-31 为 2512kg/m³。

3. 90d 抗渗标号大于 W12，中国水利水电科学研究院实测混凝土一年龄期的渗透系数为 $(1.4\sim2.5)\times10^{-22}$ m/s。

在以上四个典型配合比中，Py-31 的 AFA 值及 BEIDA 值最高，混凝土的抗分离性、易压密性、层面黏结均较其他三个配合比好。由于掺了复合外加剂，混凝土初凝时间可在 14h 以上，另外该配合比实测 90d 抗冻等级为 F50，经施工单位室内复核性试验及现场碾压试验证明，Py-31 配合比的施工性能最好，最后决定上游防渗碾压混凝土采用 Py-31 配合比，其胶材总量为 188kg/m³，水胶比为 0.5，砂率为 38%。施工实践及坝体蓄水后运行证实，该配合比达到了防渗、防裂、层面黏结良好的目的，可以不另设防渗层。同时，为保证防渗层防渗效果，要有适当的胶凝材料用量及砂率，AFA 值应为 1.2 左右。

三级配 $C_{90}15$ 碾压混凝土一般位于二级配防渗混凝土后，其重点是应满足防裂及层面结合良好的要求，以保证坝体的整体性。抗裂性可由高粉煤灰掺量及加大骨料粒径、降低绝热温升、低的热膨胀系数及微膨胀性予以保证，层面结合良好应由较富的灰浆与砂浆、较长的初凝时间、较小的 VC 值予以解决。在普定拱坝工程中，经对十余种配合比进行多次筛选比较，最后选择的四个典型配合比及性能分别见表 3.5.10 和表 3.5.11。

表 3.5.10　C$_{90}$15 三级配碾压混凝土典型配合比

配合比编号	水泥品种/(kg·m^{-3})	水胶比	用水量/(kg·m^{-3})	水泥/(kg·m^{-3})	粉煤灰	砂率/%	MgO	外加剂/%	混凝土特性		
									α	β	VC 值/s
PL-55	贵州普通	0.62	80	52	77/60	31	65/5	0.95	1.17	1.33	10
PL-42	贵州普通	0.62	79	57	70/50	31	64/5	0.95	1.14	1.32	11
PL-90	贵州纯硅	0.55	84	54	99/65	34		0.85	1.17	1.51	7
PL-91	贵州纯硅	0.58	84	58	87/60	34		0.85	1.13	1.40	8

注　PL-55 及 PL-42，石子级配 35∶35∶30（大石∶中石∶小石），PL-90 及 PL-91 石子级配 30∶40∶30（大石∶中石∶小石）。粉煤灰、MgO 二列数值分子为用量（kg/m^3），分母为掺量（%）。

表 3.5.11　C$_{90}$15 三级配碾压混凝土力学性能

配合比编号	抗压/MPa				轴拉/MPa		极限拉伸/10^{-6}		压弹模/10^{-6}MPa		自身体积变形，20℃/10^{-6}		
	7d	28d	90d	180d	28d	90d	28d	90d	28d	90d	7d	28d	90d
PL-55	12.3	17.2	26.8		1.7	2.5	52	75	3.29	3.94			
PL-42	12.2	18.8	29.2		1.8	2.5	64	73	3.26	4.07	29	53	56
PL-90	13.9	20.3	30.4		1.6	2.8	57	85	3.49	3.77	13	20	22
	11.4	17.6	30.7	36.4		2.3		81	2.45	3.45			
PL-91	10.6	16.3	25.4		1.5	2.2	54	78	2.77	3.36			

注　1. PL-90 栏上行为贵阳院科研所成果，下行为现场施工单位现场试验室成果。
　　2. PL-90 的理论单位质量为 2536kg/m^3。
　　3. 90d 抗渗等级大于 W8。
　　4. 实测 PL-90 的抗冻等级为 F50。

在四个典型配合比中以 PL-90 的 AFA 值及 BEIDA 值最大，灰浆体积及砂浆体积富裕，加之掺有强缓凝剂，混凝土的施工性能好，易于碾压密实，可保证层面为塑性结合，提高层面黏结强度，防止层面渗漏。工程实际所选用的 C$_{90}$15 三级配碾压混凝土，胶材总量为 153kg/m^3，粉煤灰掺量为 65%，用水量为 84kg/m^3，水胶比为 0.55，砂率 34%，性能充分突出了防裂及层面结合良好的特点。

人工砂中含有一定数量的石粉，可显著提高混凝土的和易性，有利于可碾性和增加密实性，对提高混凝土的施工质量有利。普定碾压混凝土采用石灰岩人工砂石骨料，人工砂中石粉含量按 13%～17% 控制，细度模数控制在 2.5～2.9。

碾压混凝土配合比各参数对可碾性的影响由 VC 值（碾压混凝土的稠度）综合反映出来。VC 值小，可碾性较好；VC 值大，则可碾性较差；VC 值对碾压质量影响极大。单位用水量的大小对 VC 值影响很大。在生产过程中，一般采用胶材用量和骨料量不变，仅调整单位用水量来改变拌和物的 VC 值。

以往出机 VC 控制值较大，常达 20s 左右。实践证明，碾压混凝土 VC 值一般采用 3～15s 较合适，出机的 VC 值以控制在 10s 以内为好，在西北地区可控制在 2～5s 范围，这样混凝土的可碾性良好，混凝土密实性提高，且较易引气，以提高混凝土的抗冻耐久性。

碾压混凝土的 VC 值应随着气候条件变化而作相应的变动。普定工程 VC 值控制在 10s 左右。大花水工程试验资料表明，碾压混凝土仓面 VC 值 4～6s 最佳，遇雨天或夏天阳光照射，VC 值分别向规定范围的上限或下限靠近，经过碾压后，混凝土表面为一层薄薄的浆体（微泛浆），又有些弹性，同时在初凝前摊铺碾压上一层，使上层混凝土碾压振动时，上下层浆体、骨料能相互渗透交错，形成整体。洗马河赛珠拱坝工程中，室内拌和试验混凝土出机 VC 值控制在 3～5s 之间，可使现场施工入仓后平均 VC 值小于 10s，有利于坝体碾压混凝土的密实和层面结合。

2. 确定合适的碾压层厚

碾压混凝土是通过振动碾的振动碾压，将压实能量（静压力及动压力）从压实层表面传递到底面而达到密实的目的。碾压混凝土的层面结合质量除了与层面处理措施等有关外，还与结合层面混凝土的均匀性和压实质量有关。均匀性好、密实度好的则层面结合质量较好；反之，则较差。为保证层面结合质量，碾压混凝土施工中，应尽可能使原材料分布均匀、上下层层面压实容重或密实度基本接近或不能相差过大，严格控制下层面的压实容重或密实度显得尤为重要。

已有工程实践表明，在选定的振动碾压机械条件下，碾压混凝土层面均匀性和压实质量与压实厚度有一定的关系。当单位体积压实功能相同时，对不同压实厚度的表面而言，振动加速度、压应力及压实容重没有明显的变化或变化不大，可认为在表面以下一定深度的范围里，碾压混凝土的压实容重或密实度基本接近或差别不大；而对不同压实厚的底面而言，压实厚度较小者在底面的振动加速度、压应力及压实容重相对较大；而压实厚度较大者在底面的振动加速度、压应力及压实容重相对较小。可见，在单位体积压实功能下，由于上下层面压实容重或密实度的差异，压实层厚度较小的层面结合质量优于压实厚度较大的。

一般说来，以薄层碾压较好，因薄层碾压上下层的压实容重或密实度更容易接近，但薄层碾压又将增加层面处理的工作量和影响施工进度，采用厚层浇筑可以减少浇筑层接缝数目，加快施工速度。在振动碾压机械相同时，为了保证上下层面密实质量的均匀，对较大的压实厚度可适当用增加碾压遍数（即增加单位体积压实功能）的办法来解决。因此，需根据工程具体情况确定合适的碾压层厚。

在工程实践中，一般可根据大坝碾压混凝土浇筑的入仓方案、拌和运输能力以及仓面面积、碾压混凝土的初凝时间来综合考虑碾压混凝土施工中的碾压层厚度及升层高度。

3. 适当延长混凝土的初凝时间

现场试验和工程实践均表明，铺筑上层混凝土时下层表面一定深度范围内混凝土的凝结形态直接影响碾压层面胶结质量。初凝前碾压混凝土中胶凝材料浆体仍处于凝聚结构状态，具有触变复原的性质；在下层碾压混凝土拌和物初凝以前铺筑上层碾压混凝土，则在振动碾的激振力作用下，层面处胶凝材料浆液受振液化，上下层混凝土的交界面处将出现粗骨料相互交错镶嵌，上下两层混凝土能紧密地凝结在一起，使之形成整体，层缝无明显分界线，此时，施工层面混凝土性能抗渗性、抗剪（断）性能与层内混凝土本体（即不分层混凝土）几乎没有差异。初凝以后，碾压混凝土中胶凝材料浆体已失去塑性，开始由凝聚结构向结晶结构转变，此时铺上层碾压混凝土在振动碾压作用下不但达不到初凝前的效果，而且要损坏下层碾压混凝土的结晶结构，影响层面结合。可见，在下层混凝土初凝前浇筑上层碾压混凝土可获得良好的层间结合强度和抗渗性能，且在下层混凝土初凝前要覆盖好上层混凝土，上层混凝土尽快覆盖，混凝土要充分缓凝。总的要求是层面应为塑性结合，上层骨料经压振后能嵌入到下层混凝土中。

试验表明，层面结合强度随着层间间隔时间延长而逐渐降低，即使在初凝期限内也是如此。可见，在下层混凝土初凝前要覆盖好上层混凝土，适当延长混凝土的初凝时间，有助于提高层间结合效果。同时，混凝土初凝时间受环境影响较大，当气温过高、阳光辐射以及风速过大时，碾压混凝土表面易失水，混凝土初凝时间缩短，影响层间结合，此时可在混凝土中掺缓凝外加剂，以延长铺满一层所需时间，如果气温过高，还需要采用特殊的高温缓凝外加剂。有时，还采取其他措施，如碾压混凝土普遍采用彩条编织布铺盖，同时喷雾。若局部有失水发白现象，覆盖上层混凝土前喷洒一层水泥粉煤灰净浆。浇筑中如遇大雨，采用彩条编织布紧急覆盖，雨停后，若混凝土还未初凝，则排除仓内积水继续施工。若表层砂子裸露或已初凝，在覆盖上层混凝土前，也喷洒水泥粉煤矿灰净浆一层，确保层间结合质量。

在普定、石门和龙首等工程中曾研究了环境条件、外加剂、重复压振对碾压混凝土拌和物凝结性能的影响。

（1）环境条件对碾压混凝土拌和物凝结性能的影响。环境条件主要是混凝土周围空气的温度、相对湿度及混凝土表面附近的风速等，它们均对碾压混凝土的凝结过程有明显的影响。

环境温度是影响混凝土初凝时间的主要因素之一，环境温度的变化改变了混凝土的温度，从而影响胶凝材料的水化速度，也影响混凝土与空气的温度变换，试验表明当其他环境条件不变时，拌和物的初凝时间随环境温度的提高而缩短（表 3.5.12）。

表 3.5.12　　　　　　　　环境温度对混凝土拌和物初凝时间的影响

温度/℃	10	20	30	40	50
凝结时间/h	9.7	7.1	5.7	4.7	3.6

注　普通水泥，没有掺外加剂。

环境的相对湿度也是影响混凝土初凝时间的主要因素之一。相对湿度较大时，混凝土拌和物中的水分蒸发损失量较小，试验表明此时混凝土拌和物的初凝时间较长。相反，当拌和物周围相对湿度较低时，拌和物中所含水分蒸发较快，拌和物的初凝时间明显缩短（表 3.5.13）。

表 3.5.13　　　　　　　　相对湿度对混凝土拌和物初凝时间的影响

试验温度	相对湿度/%					
20℃	55	60	65	75	85	95
	3.17h	3.41h	3.50h			4.60h

混凝土拌和物表面附近的风速也是对拌和物初凝时间影响的因素之一，试验表明其影响主要在于风改变了混凝土拌和物表面附近的相对湿度和水分交换。此外，风速对混凝土

拌和物表面温度也产生一定影响。当环境相对湿度较大（如大于 90%）时，风速对拌和物初凝时间影响不大。试验还表明当相对湿度较小时，风速对拌和物初凝时间的影响显著，这主要是因为环境相对湿度与混凝土孔隙中空气的相对湿度相差不大时，风速大小对水分交换影响较小。但当环境相对湿度较小与混凝土孔隙中空气相对湿度相差较大时（即空气较干燥），风速大小可明显影响水分的交换速度，进而影响拌和物的初凝时间。

上述影响的因素证明在高严寒干燥地区，冬季严寒：极端最低气温可达−32℃，温差极大，夏季最高气温又在 30℃以上，空气干燥，相对湿度一般在 40%左右，气候条件恶劣，对碾压混凝土凝结性态产生显著影响。因此，在高气温、空气干燥条件下，如何保证碾压混凝土施工所需的时间，也即是碾压混凝土初凝时间尤为重要。

（2）外加剂品种对碾压混凝土凝结时间的影响。早在 20 世纪 90 年代初，国家"八五"重点科技攻关项目"普定碾压混凝土拱坝筑坝新技术研究"课题研究时，就针对外加剂对碾压混凝土缓凝效果进行了研究。普定碾压混凝土所用外加剂具有高效减水、强缓凝性及微弱引气（或调整孔隙形态）的综合功能，是由萘系减水剂、木钙及糖蜜按适当比例复合而成，其性能详见表 3.5.14。减水率在 20%以上，随着掺量的增减及温度的变化，混凝土的初凝时间可在 9～16h 范围内调整，终凝时间为 14～21h，有利于保证层面达到塑性结合的要求，对碾压混凝土拌和物的和易性、抗骨料分离、可碾性均有较大改善。由于粉煤灰掺量较大，粉煤灰烧失量大，这种外加剂不能显著提高混凝土的含气量。主要试验成果见表 3.5.15。

表 3.5.14　　　　　　　　　　　　普定外加剂性能表

名称	密度 /(g·cm⁻³)	还原糖/%	pH 值	表面张力 /(N·cm⁻¹)	水泥砂浆减水率/%
开山屯木钙	1.040	10.8	5	42.44	8.27
建−1	1.047		10	53.38	12.78
糖蜜	1.045	38.85	12	55.54	4.51

表 3.5.15　　　　　　普定外加剂碾压混凝土凝结时间与用水量对强度的影响

$W/$ $(C+F)$	W /(kg·m⁻³)	$C+F$ /(kg·m⁻³)	$F/$ $(C+F)$ /%	外加剂 建−1	外加剂 木钙	外加剂 糖蜜	VC 值 /s	凝结时间/h 初凝	凝结时间/h 终凝	抗压强度 28d /MPa
0.53	120	226	45	0	0		7.0	5	11.5	25.2
0.53	88	166	45	0.5	0.3	0	7.0	13	21	25.7
0.53	88	166	45	0.5	0.3	0.15	6.5	15	22	23.7
0.53	88	166	45	0.5	0.3	0.20	6.5	18	25	
0.53	88	166	45	0.5	0.3	0.25	6.5	22	30	
0.50	120	242	55	0	0	0	<10	7		27.5
0.50	94	188	55	0.35	0.25	0.15	<10	11		27.1
0.50	94	188	55	0.35	0.25	0.30	<10	12		26.5

由表 3.5.15 可见，掺复合外加剂后可减水 20%以上；初凝时间可延长 4～17h，温度

越低，掺量越大，缓凝效果越好；对抗压强度基本上没有影响。

近年来我国外加剂发展很快，结合石门子和龙首两个高寒地区碾压混凝土拱坝工程，进一步研究了几种缓凝减水外加剂对混凝土凝结时间的影响。

由表 3.5.16 可见：不掺缓凝剂的混凝土，初凝时间仅 4：50，而掺强缓凝剂 NF－A后，初凝时间可达 21：30，由此可见，外加剂型号、配方不同，对碾压混凝土的凝结时间影响差异很大。

表 3.5.16 外加剂对混凝土凝结时间的影响

编号	外加剂品种	掺量/%	凝结时间/（h：min）		备　注
			初凝	终凝	
1	0	0	4：50	11：20	
2	NF－A	0.7	21：30	32：10	
3	SW	0.35	5：20	13：10	石子为二级配，水胶
4	SW₁ₐ	0.7	5：40	13：30	比均为 0.46，试验温
5	NE－150	0.85	12：10	19：30	度为 25℃左右，相对
6	DH₄ₐ	0.5	10：30	20：15	湿度大于 90%
7	木钙	0.3	9：40	15：30	
8	EF－C	0.95	18：60	23：40	

在高气温环境下，不同减水剂对拌和物凝结时间的影响见表 3.5.17。

表 3.5.17 不同减水剂对拌和物凝结时间的影响

编号	外加剂品种	掺量/%	凝结时间（h：min）	环境温度/℃
1	0	0	2：10	40～42
2	FDN－500（R）	0.4	5：41	37～42
3	R₄	0.75	11：43	33.5～37.5
4	NF－A	0.7	13：00	35～37

由表 3.5.17 可见：由于环境温度的影响，无论掺与不掺缓凝剂，混凝土的初凝时间都比常温情况下大幅度下降，而不同品种之间，碾压混凝土的初凝时间的影响差异也非常大。

由于碾压混凝土在施工过程中运输、摊铺、碾压等工艺完成所需要的时间，决定了对碾压混凝土材料的凝结时间要求，室内试验表明，碾压混凝土由于受外界恶劣气候（高温、极干燥）的影响，即使在强缓凝剂的作用下，也难完全满足施工要求。因此，必须在碾压混凝土配合比之外采取其他的施工措施，如混凝土表面盖湿麻袋并做喷雾处理以增加混凝土表面湿度、延缓碾压混凝土失水速度、局部降低碾压混凝土表面温度，使碾压混凝土初凝时间延长，以满足施工工艺需要。

（3）重复压振对碾压混凝土凝结时间的影响。普定拱坝混凝土碾压所用振动碾为BW－201AD 型及 BW－202AD 型，其振动激振深度远大于 30cm，一般可达 60～70cm，也即其对下层混凝土具有重复压碾作用。在掺有强缓凝性复合外加剂的条件下，重复压振对碾压混凝土初凝时间的影响见表 3.5.18。

表 3.5.18   普定碾压混凝土重复压振对初凝时间的影响

重复压振时间/h	初凝时间/(h：min)	混凝土配合比	重复压振时间/h	初凝时间/(h：min)	混凝土配合比
0	14：10	$W/(C+F)=0.5$	12	19：30	$F/(C+F)=55\%$
4	14：50		14	21：00	$S/a=38\%$
8	17：20	$W=94\text{kg/m}^3$	16	21：40	外加剂 0.55%
10	20：00	$C+F=198\text{kg/m}^3$			

　　试验表明，在 16h 以内重复压振（指在混凝土出机第一次压振后，隔若干小时后再次压振），在掺有缓凝外加剂的条件下，可延长初凝时间，从重复压振时间算起，仍需 5：40～10：50 才能初凝。重复压振可扰动混凝土原来已经建立的凝结结构，重新构成网格水，使混凝土恢复部分塑性，从而延长了初凝时间，有利于改善层面结合。强度试验表明，重复压振对混凝土抗压强度没有影响。

　　（4）延长混凝土初凝时间的有效措施。碾压混凝土坝的最大特点是大仓面碾压快速施工，混凝土浇筑强度高，工期短。大仓面碾压往往与混凝土浇筑能力有限产生矛盾。大坝层面应有良好的抗剪切强度及抗沿层面渗透的能力，碾压层面必须是塑性结合，而不能为刚性结合，即上层混凝土铺筑碾压时，下层混凝土仍未初凝。气候合适时，一般情况下可通过掺用外加剂如缓凝剂、重复压振等措施适当延长混凝土初凝时间，如普定、大花水、洗马河二级赛珠拱坝非夏季施工时。

　　快速短间歇是碾压混凝土筑坝技术核心，但是在大型碾压混凝土坝工程中这一点是不容易做到的，尤其是在高温季节施工时，碾压混凝土的初凝时间将显著缩短。对于西北干旱地区，在夏季施工时，气温高，相对湿度只有 20% 左右，混凝土内部水分蒸发很快，混凝土很快即达初凝，此时单纯采用强缓凝性的高效减水剂的方案不能完全解决问题，需采用综合措施，其中包括增加混凝土的搅拌能力，遮挡夏天的太阳辐射热，仓面喷雾加湿以减少混凝土内部的水分蒸发及降低仓面温度，这样可延长混凝土的初凝时间，以达到层面塑性结合，保证层面结合良好，而采用强缓凝性的高效减水剂只是众多措施中一种简单易行的措施之一。经研究，龙首等工程除了降低 VC 值之外，现场采用喷雾及混凝土入仓后覆盖湿麻袋以降低混凝土水分蒸发量及减少吸收太阳辐射热量，从而延缓混凝土凝固。实践证明，此综合措施较好地解决了西部地区高蒸发量问题，有助于混凝土缓凝及层间结合。

　　4. 正确选择层间允许间隔时间

　　碾压混凝土碾压层间间隔时间长短是影响层面胶结质量的另一重要因素。所谓碾压混凝土的层间允许间隔时间，是指连续上升铺筑时，从下层混凝土料拌和加水时起至上层混凝土碾压完毕为止的允许间隔时间，通常应控制在初凝时间以内。随着层间间隔时间的延长，层面胶结性能变差，特别是当下层碾压混凝土拌和物初凝后延迟一定时间再铺筑上层混凝土，影响更为严重。延迟时间越长，施工层面混凝土与层内混凝土的性能差异越明显，层面胶结性能越差，以至形成施工冷缝。大量试验结果表明，连续上升出现"冷缝"的层面抗剪强度，仅为其本体抗剪强度的 40%～50%，砂浆处理的层面抗剪强度也仅为其本体抗剪强度的 60%～85%。

　　为了使连续碾压上坝的碾压混凝土层间胶结良好，使坝体成为一个整体而不是"千层饼"，必须控制施工层间的间隔时间。世界各国对层间间歇时间有不同的看法，美国早期标准为，当碾压混凝土浇筑层温度和层间间歇时间不到 2000℃·h 时，保持清洁无杂物，缝面保持潮湿时就不需进行专门的处理。但事实证明，该成熟度值偏大，已建的几座坝层间结合不好，质量出现问题。西班牙碾压混凝土施工中规定，为避免产生冷缝，浇筑层温度和层间间歇时间不应超过 200℃·h；如果超过，则需用高压水枪冲洗，并在浇筑后一层前铺砂浆。英国则规定，浇筑层温度和层间间歇时间不应超过 400℃·h。我国以初凝时间作为施工铺筑间歇控制时间，一般以 6～8h 进行控制，以 4～6h 为好。

　　为正确选择层间允许间隔时间，在龙首、石门子工程中，对碾压混凝土层面间隔时间对层面黏结性能进行了比较深入的研究。试验设计是先将抗剪断试模成型一半，带模养护至所设计的层面间隔时间，再将试模的部分成型完成，这样便按设计的间隔时间形成了分层缝面，养护至龄期，继续缝面强度试验。主要成果详见表 3.5.19～表 3.5.22。

表 3.5.19　　　　　　　龙首水电站碾压混凝土层面黏结强度（二级配）

层面状况	层面间隔时间 /h	层缝劈裂抗拉强度 /MPa	层缝黏结力 /MPa	层缝抗剪断系数（tanφ）
层面不做任何处理	0	1.847	1.858	1.56
	3	1.621	1.697	1.48
	6	1.60	1.647	1.50
	10	1.58	1.670	1.47
	16	1.53	1.562	1.46
	20	1.22	1.280	1.10
间隔 20h 后铺砂浆		2.42	2.72	1.73
间隔 20h 后铺净浆		2.85	3.05	1.75

表 3.5.20　　　　　　新疆石门子水库（二级配）碾压混凝土层面黏结强度

层面状况	层面间隔时间 /h	层缝劈裂抗拉强度 /MPa	层缝黏结力 /MPa	层缝抗剪断系数（tanφ）
层面不做任何处理	0	1.584	1.613	1.456
	3	1.369	1.424	1.370
	6	1.368	1.423	1.381
	10	1.345	1.420	1.295
	16	1.287	1.356	1.284
	20	0.912	1.019	0.901
间隔 20h 后铺砂浆		2.09	2.37	1.576
间隔 20h 后铺净浆		2.58	2.611	1.534

表 3.5.21　　　　龙首水电站碾压混凝土层面黏结强度（三级配）

层面状况	层面间隔时间 /h	层缝劈裂抗拉强度 /MPa	层缝黏结力 /MPa	层缝抗剪断系数（tanφ）
层面不做任何处理	0	1.274	1.56	1.46
	3	1.192	1.49	1.50
	6	1.154	1.35	1.42
	10	1.160	1.39	1.43
	16	1.08	1.34	1.39
	20	0.852	1.06	1.20
间隔 20h 后铺砂浆		1.922	2.35	1.57
间隔 20h 后铺净浆		2.310	2.62	1.56

表 3.5.22　　　　新疆石门子水库碾压混凝土层面黏结强度（三级配）

层面状况	层面间隔时间 /h	层缝劈裂抗拉强度 /MPa	层缝黏结力 /MPa	层缝抗剪断系数（tanφ）
层面不作任何处理	0	1.18	1.43	1.47
	3	1.09	1.37	1.50
	6	1.06	1.236	1.43
	10	1.08	1.28	1.45
	16	1.00	1.23	1.39
	20	0.78	0.97	1.10
间隔 20h 后铺砂浆		1.78	2.18	1.57
间隔 20h 后铺净浆		2.35	2.40	1.54

由以上试验成果可见：

（1）如层面不作任何处理，随着层面间隔时间的延长，与整体混凝土相比，其劈裂抗拉强度、层面黏聚力、层面摩擦系数均很有规律的下降。

（2）在间隔 16h 以后，层面铺以高等级水泥砂浆或水泥净浆与层面不处理的相比，可显著提高层面结合强度，特别是抗拉强度提高得更为显著，主要是因为砂浆或净浆的强度等级高，其对混凝土的黏结强度也随之提高。由此可见，在施工中如因故层面间隔时间过长，可以采取铺缩小水胶比的高标号砂浆或净浆，以确保层面结合良好。

美国垦务局也曾对碾压混凝土层面结合强度进行了室内外试验研究，其结论是：在层面结合参数中即抗拉强度（轴心抗拉）、结合面剪断黏聚力与摩擦角、黏聚力与摩擦角，对参数影响最大的是层面间隔时间与配料中胶凝材料含量。层面结合力随层面间隔时间的延迟而减小，随胶凝材料含量的增加（即混凝土标号的提高）而加大，特别是抗拉强度与黏聚力。延迟试件龄期可提高层面结合强度。为改善层面结合强度，采用水泥浆及砂浆作层面处理最为有效，其结论与试验研究结果一致。

通过对碾压混凝土层面结合强度的研究，要提高碾压混凝土层面结合强度，防止碾压混凝土层面渗漏可采取以下措施：

（1）适当提高碾压混凝土的胶材用量，延长碾压混凝土初凝时间。

（2）成熟度（即缓凝时间与温度乘积，h·℃）限制，即上层混凝土必须在下层混凝土初凝前铺筑碾压。

（3）在碾压混凝土层面上，铺低水胶比的砂浆或净浆，可有效提高层面结合强度。高流动性的一级配富砂浆的缓凝混凝土，铺厚 5cm。

为了合理确定施工现场碾压混凝土层间允许间隔时间，必须研究并解决施工层面碾压混凝土凝结性态的判断问题。为了较好地判断混凝土拌和物的凝结性态，确定初凝时间，普定工程中先后通过对声学、电学和力学方法的探讨和比较，最终选定采用力学方法对施工层面碾压混凝土凝结性态进行判断。结果表明，由于严格控制间歇时间，层面不明显，胶结强度也可以超过设计要求。

5. 减少层面骨料分离技术

施工层面混凝土的粗骨料分离也是影响层面胶结质量的因素之一。由于碾压混凝土比较干硬，振动碾难以使拌和物中的砂浆发生较大位移，粗骨料集中的部位充填难以密实。该部位层面抗剪强度下降，且易形成渗水通道。因此，减少乃至防止施工层面粗骨料分离是提供层面胶结质量的措施之一。

碾压混凝土是超干硬性混凝土，拌和物松散无黏性，手捏才能成团，在卸料、转运和摊铺过程中，大小颗粒容易产生分离，下层面上大粒径骨料较多，甚至局部地区还出现大粒径骨料集中。为改善碾压混凝土的抗分离性，《水工碾压混凝土施工规范》（SL 53—94）规定"粗骨料的最大粒径以不大于 80mm 为宜，使用最大粒径超过 80mm 的粗骨料应进行技术经济论证。不宜采用间断级配"。粗骨料中大石所占的比例大，则混凝土的容重也较大，拌和物大小颗粒较容易产生分离。对于碾压混凝土来说，选择粗骨料级配的原则必须增加拌和物的抗分离性能，并把抗分离性能列为首选原则。我国早期（约于 1989 年以前）建成的碾压混凝土坝，大石比例较大，在 1989 年以后，大石含量减少，绝大部分工程碾压混凝土采用粗骨料级配为小石、中石、大石分别为 30%、40%、30%，主要是由于这一级配的碾压混凝土拌和物抗分离性较好。为保证碾压密实，混凝土的抗分离性要好，要有良好的凝聚性，较高的砂率。

6. 制定合理的层间处理措施

在国内外碾压混凝土坝设计施工中，多采用砂浆或细骨料混凝土作层面垫层材料增加碾压混凝土水平层面的黏结。砂浆拌和料的配合比要以充填上下两层碾压混凝土的层面孔隙并使两层碾压混凝土胶结在一起为准则。层厚 60cm 时，每一层面都铺砂浆拌和料，这是日本 RCD 法的典型作法。美国麋溪碾压混凝土重力坝也采用了这种作法。

在贵阳院设计的工程中，上一仓混凝土与下一仓混凝土之间的层间结合处理措施通常是采用刷毛、冲毛等方法清除混凝土表面的浮浆及松动骨料，以露出砂粒、小石为准，然后均匀摊铺 1~1.5cm 厚的砂浆层，立即在其上摊铺混凝土，并在砂浆初凝以前碾压完毕。砂浆强度等级比混凝土高一级。普定拱坝对每一升层层面（即水平施工缝，全坝高共分 13 个升程），采用常规的打毛、冲洗、铺缩小水胶比的水泥粉煤灰砂浆，然后再铺碾上层碾压混凝土，较好地解决了层间结合问题。

另一种情况是同一仓碾压混凝土之中的层与层之间的结合。由于设计采用的是薄层碾压，设计摊铺标准层厚 35cm，碾压后约 30cm 厚左右，层间碾压间隔 8h，层间不摊铺砂浆，层间结合完全靠混凝土之间的胶结与咬合作用，而这要取决于碾压混凝土层面必须尽量泛浆，每层碾压混凝土施工速度必须在混凝土初凝时间以内尽量地快，压实容重满足设计要求。经验表明，施工速度越快，层间的结合越好，以至于在芯样上无法找到层面迹象。普定拱坝施工中除了加强铺料、平仓、碾压等常规施工措施外，在迎水面（坝体上游面）每碾压层之间采用了喷洒水泥粉煤灰净浆等施工工艺，铺浆后及时覆盖上层混凝土以防止失水，提高了碾压混凝土的自身防渗功能。大花水大坝施工时，对于连续上升的层间缝，层间间隔不超过初凝时间的不做处理；在每一大升层停碾的施工缝面上，均充分打毛，并用压力水冲洗干净；在上升时，全仓面铺一层 2～3cm 厚的水泥砂浆，以增强新老碾压混凝土层间的结合。

混凝土垫层材料一般用于局部层面，主要是层面的上游部位，铺设范围从上游坝面算起为 0.6～2.4m，铺设厚度为骨料最大粒径，通常为 19mm。这种混凝土垫层材料运用得当，能在一定程度上增强铺料区层面黏结和对渗漏的控制。借鉴此工程经验后，普定拱坝在每碾压层面的上游部位 2～4m 宽范围喷洒一层缩小水胶比的水泥-粉煤灰净浆，以增加层间结合强度，防止沿层面渗漏。大花水拱坝对迎水面二级配防渗区，在每一条带摊铺碾压混凝土前，先喷洒 2～3mm 厚的水泥煤灰净浆，以增强层间结合的效果。所需的水泥粉煤灰净浆严格按照试验室提供的配料单配料，洒铺的水泥灰浆在条带卸料之前分段进行，不得长时间地暴露。其他已建工程如龙首等，为进一步增加上游防渗区碾压混凝土层间结合及防渗效果，也在上游面 2m 范围内每一碾压层面撒铺水泥粉煤灰净浆，立洲、善泥坡等在建工程也正采取此措施。

在实际工程中，层间处理有时可采取综合措施。普定拱坝的上游部位二级配碾压混凝土区，层面胶结采用撒铺水泥粉煤灰缓凝净浆的效果较好，其后的三级配碾压混凝土层面以下综合处理技术措施，层间结合亦有满意的效果。

（1）经碾压密实后的碾压混凝土表面必须微浆泛露，人在层面上行走有微弹性感。否则，应采取调整 VC 值、补偿失水等措施。

（2）碾压混凝土拌和楼出机口 VC 值大小必须根据仓面实际施工情况来确定，即实行 VC 值动态控制法，如白天与夜晚、阴雨与晴天、低温寒潮与炎热天气各不一样。一般将仓面 VC 值控制在 5～15s 范围内。

（3）因诸种原因，造成局部碾压混凝土层面石子外露或僵硬等现象，应立即补料或二次扰动碾压，或洒铺水泥粉煤灰净浆补救。

（4）碾压混凝土入仓采用叠压式卸料和串链式摊铺法，并辅助人工分散集中地粗骨料。

（5）碾压混凝土配合比合理，机械配料拌和正常，入仓的碾压混凝土抗分离性强，和易性和可碾压性良好。

（6）高温天气时，仓面喷雾并及时用塑料编织布覆盖，以防失水。

层面施工过程中还常遇到四种意外情况：碾压后局部出现弹簧土；碾压时或压实后遇到下雨；汽车入仓来回扰动；层面间歇时间过长。仓面弹簧土的产生，一种是来料 VC 值过小，另一种是因混凝土卸料后或推平后未及时碾压又逢下雨，在振动碾强烈振动下，表面很快液化而造成。对于弹簧土，只要压实后的容重达到设计要求可不进行处理，但在仓内车辙深的部位，必须铲除。汽车在已经凝结的仓面上行驶，由刹车、拐弯也会对下层混凝土产生破坏，在上层铺料时对被破坏的部位需做清除处理，对下雨而造成的大范围弹簧土，可采用插入式振动器复振，复振后容重一般达到或接近设计容重值，一般可不做挖除处理。压实过程中或压实后遇下雨采取覆盖塑料雨布，雨后清除积水，可继续施工。

试验和工程实践表明，在下层混凝土初凝以前即浇筑上层碾压混凝土可获得良好的层间结合强度。但是这一点在大型的碾压混凝土坝工程中不易做到，尤其是在高温季节施工时，碾压混凝土的初凝时间将显著缩短。在这种情况下，为提高层间结合强度，对于间隔时间超过初凝时间产生的"冷缝"，可采取表面刷毛、铺水泥粉煤灰浆等措施，有时考虑底层混凝土已有一定强度，防止大骨料在碾压过程中被压裂从而影响层间结合，第一层碾压混凝土全断面采用二级配。对于"冷缝"，由于骨料互相嵌入效果不佳，容易成为一个薄弱环节。

贵阳院设计的碾压混凝土拱坝如普定等工程多年的运行实践表明：碾压混凝土层间结合是可以做好的。碾压混凝土采用分层碾压施工，层厚一般为 0.3m，层间结合施工技术在 20 年的发展中已趋于成熟，只要在施工过程中严格按照设计的施工技术要求操作，一般不会出现问题。但实际施工中，受现场条件、施工时间及气候条件等的限制，层间间隔时间往往超过设计要求或试验要求，且为了降低成本而简化层间结合处理措施，导致层间结合质量不好，形成层间缝面，造成工程质量缺陷。

碾压混凝土的层间结合材料，目前一般采用铺水泥砂浆、二级配混凝土等形式。在大体积水工混凝土的机械化施工中，铺筑薄层砂浆需采用人工辅助施工，不利于提高混凝土的浇筑强度，且砂浆的铺筑厚度不易控制均匀。二级配混凝土作为层间结合混凝土在各类工程中得到了良好的运用，但由于胶凝材料用量相对较多，成本较高，且不利于温控防裂。现阶段，贵阳院开始尝试引入三级配富浆混凝土，甚至四级配富浆混凝土作为大体积混凝土的层间结合材料。

3.5.3.4　异种混凝土结合技术

普定拱坝中碾压混凝土与坝基及左右岸岩坡之间用常态混凝土垫层连接。碾压混凝土端头坡脚距坝肩 60～70cm。碾压混凝土和垫层混凝土按顺序交叉上升。先浇碾压混凝土，后浇垫层混凝土，且垫层混凝土略低于碾压混凝土。当碾压混凝土碾压密实后，再用高频插入式振动器先沿基岩坡依次向仓内方向振捣，并插入下层混凝土内 5cm 左右。在两种混凝土结合处振捣器垂直插入到碾压混凝土中，加强振捣确保两种混凝土融混密实。

在坝体 1099.3m 高程以下的左坝头 13 号、14 号两个斜孔所取的混凝土芯样，它由碾压混凝土经过异种结合部位进入垫层混凝土，深入基岩中。由芯样看出，混凝土致密，色泽一致，无法分辨哪是碾压混凝土，哪是垫层常态混凝土，分别不出哪是异种混凝土结合部，并与基岩胶结紧密。可见，普定碾压混凝土拱坝两坝肩的异种混凝土结合质量高，效果好。

3.5.3.5　基础垫层混凝土设计技术

碾压混凝土属于干硬性混凝土，浆体含量较少，在对其振动碾压时，其中的浆液泛于表面。因此，若直接将碾压混凝土与坝基岩石结合，往往不能胶结或胶结不牢固，造成沿坝基面渗水，减弱坝基面的抗剪强度。另外由于坝基面的起伏不平整，会造成首层摊铺的碾压混凝土厚薄不均匀，不易碾压密实，因此需要在碾压混凝土与坝基面之间用一层浆体含量较多的常态混凝土作为过渡层。这一过渡层混凝土称为垫层混凝土。同时也利用垫层混凝土找平坝基，使碾压混凝土有一个平整的碾压底面。

普定碾压混凝土拱坝的坝基河床部位较平坦，垫层混凝土先于碾压混凝土浇筑，其厚度由以下因素决定：

（1）坝基不平整度。

（2）摊铺碾压其上的一、二层碾压混凝土由平仓摊铺机和振动碾产生的载荷不能使垫层混凝土开裂。

（3）在垫层混凝土进行基础固结灌浆，要考虑灌浆压力的抬动影响。

综合以上三方面的因素，分析计算确定河床段垫层混凝土厚度为 1.6m，平面尺寸为38.64m×28.2m（长×宽）。为避免产生温度裂缝，垫层混凝土采用分块跳仓浇筑，块与块之间进行接缝处理，在缝面上设置键槽和并缝钢筋，以便垫层混凝土形成整体。这样垫层混凝土就能保持与不设施工缝的整体式碾压混凝土坝体的一致性。根据国内外部分工程教训，考虑到基础面受压，且便于垫层混凝土与碾压混凝土结合良好，垫层混凝土表面不设表层钢筋。

在两拱端，坝肩建基面较陡，垫层混凝土的作用主要是找平坝肩，增强坝体混凝土与坝肩岩石的胶结，提高抗剪强度和抗渗性。据此，拱端垫层混凝土的厚度为 1.0m。垫层混凝土与碾压混凝土同仓同时浇筑，使其结合部相互渗透，并用振捣器振捣密实，使其与坝体碾压混凝土结合一体，与坝肩基岩内面胶结密实，如图3.5.3 所示。

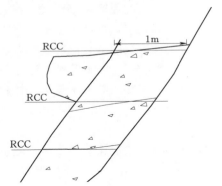

由坝体混凝土芯样证实，两者结合良好，看不出碾压混凝土与垫层混凝土有明显的分界线，其强度亦达到设计要求。蓄水后未发现沿垫层混凝土的交界面和拱端渗水，说明碾压混凝土与垫层混凝土及垫层混凝土与基岩面胶结良好。

随着碾压混凝土拱坝技术的发展，目前垫层混凝土有逐步减薄甚至取消的趋势，不少工程直接先摊铺 0.5m 厚的找平层后浇筑碾压混凝土。

图 3.5.3　垫层混凝土与碾压混凝土关系

3.5.3.6　变态混凝土应用技术

所谓变态混凝土，是指在碾压混凝土拌和物铺料前后和过程中间，撒铺水泥粉煤灰净浆，予以变态，用常态混凝土振捣法作业振实。变态混凝土在国内首先在普定碾压混凝土拱坝施工中得到普遍应用。经检验效果良好，是成功的。开始时应用于在大小振动碾碾压不到的边角部位，继而用在电梯井和楼梯井周边以及廊道周边的钢筋混凝土区，最后用于拱坝非溢流面的下游面的斜面（反倾角）部位。这种变态混凝土均匀密实，运行后未发生裂缝。如普定拱坝 1099.3m 高程以下，6 号混凝土芯样试验成果即为碾压边角部位的变态混凝土芯样的检验结果，从其可以看出变态混凝土与碾压混凝土结合混为一体无法分辨。

根据普定拱坝经验，变态混凝土应具有如下特点：

（1）水泥粉煤灰净浆的特性必须与碾压混凝土的性能同等。

（2）加浆量必须严格控制，浆体量过少不易密实，与碾压混凝土结合不良；浆体量过多易收缩开裂，尤其是边缘长期外露部位的混凝土。一般加浆量为 4% 左右。

3.5.3.7　已建工程层间处理效果评价

普定碾压混凝土现场分 2 次钻孔取芯，第 1 次于 1992 年 9 月在 1099.3m 坝面布 14 个孔进行质量检查，共钻取碾压混凝土芯样 210.25m，芯样总获得率为 99.74%，最长芯样 4.3m 二根，二级配、三级配各一根。第 2 次于 1993 年 11 月在 1149.5m 高程坝顶进行至 1098.5m 高程以上坝体钻孔取芯样，共布置 2 个孔分别位于二级配区和三级配区，共钻取碾压混凝土芯样 88.14m，芯样总获得率为 98.9%，最长芯样 4.7m。芯样如 3.5.4 所示。所有芯样外观光滑致密，骨料分布均匀，骨料底部很少见有界面裂纹，碾压层结合好，无法分辨碾压层面。在芯样段长 2 段，大部分成不规则锯齿状，有些粗骨料被折断。从芯样外观以及所取芯样长度看，混凝土层面胶结良好，外观分不清层面，层面骨料相互嵌入较好，表明普定碾压混凝土是密实的，层间结合质量优良。同时，试验表明，碾压混凝土及其层面具有较高的防渗性能，防渗等级可达 W10 以上。经钻孔压水试验，其吕荣值均小于 0.001。蓄水后廊道内和下游坝面不渗水，完全达到了设计规定的抗渗要求。

图 3.5.4　普定碾压混凝土芯样

大花水拱坝试验块钻孔芯样的抗压强度、抗压弹模、劈拉强度、抗渗等级、抗剪断试验及所用原材料的试验检测成果表明：拱坝芯样直径约为 150mm，拱坝取芯芯样表面光滑平整，单芯长度最长达到 10.55m，混凝土结合较为密实，层间结合完整，碾压混凝土施工质量较好，品质优良。所取芯样的抗压强度、劈拉强度、抗压弹模、抗渗等级、抗剪断的试验检测数据均能满足设计指标要求，大坝混凝土施工质量较好，达到预期效果。

从贵阳院设计的已建碾压混凝土拱坝工程来看，只要配合比设计合理，施工速度、工艺、质量控制得到保证，层间结合及有关指标不难达到设计要求。

3.5.4 坝体接缝与处理

3.5.4.1 拱坝坝体接缝的主要型式

自有混凝土坝开始，便存在坝体接缝和构造问题，因为拱坝为大体积混凝土结构，受温度应力、基础约束、施工条件、外界环境等影响，会在坝体和表面产生裂缝，这些裂缝产生位置、产生时间、发展情况，不但不易预测，且往往难以控制和补救，鉴于裂缝对坝体安全的损害，在设计过程中要有意识地去设计坝体分缝，引导应力在分缝部位释放，有效控制坝面开裂范围和保证坝体结构整体稳定性。经过几十年的实践证明，坝体分缝是防止坝体开裂的有效措施，因此合理的分缝是拱坝设计中极为重要的问题，也是拱坝结构设计中的首要问题。

拱坝的分缝按不同的特点进行分类：根据分缝的方向，拱坝的分缝型式可分为横缝、纵缝、水平缝及其他缝；根据缝是否连续，可分为连续型及中断型；根据缝面的形状，可分为平面型、折面型及扭面型；根据构造型式，可分为临时缝及永久缝。

在以上分缝分类中，比较常用的是根据分缝方向进行区分，横缝为垂直或近似垂直于坝轴线，将坝体分成若干坝段；纵缝为平行或近似平行于坝轴线，将坝段分为若干块体；水平缝产生于坝体浇筑过程，近似水平；其他缝则是根据情况进行设置，方向具有多样性。

1. 横缝

横缝是拱坝分缝中最重要的一种方式，也是拱坝结构设计的核心内容。碾压混凝土拱坝横缝设置需要充分考虑坝址地形地质条件、结构布置需求、筑坝材料特性、施工特点、温度控制等因素，横缝设计应达到以下主要目的：

（1）拱坝坝体-坝基系统具有良好的受力状态及安全度，满足温控防裂要求。

（2）与坝体建筑物布置协调，如泄洪建筑、引水建筑、排淤建筑、竖井等。

（3）方便施工控制，施工质量易得到保证，缝面结构简单、工艺简捷，还应充分适应碾压混凝土大仓面快速施工的要求。

（4）坝体温度未冷却到稳定温度场时，拱坝能蓄水发电，且横缝应具有重复灌浆的功能。

横缝又可分为连续型、间断型以及中断型。连续型横缝指的是缝面从上至下完全断开，一般仍称为横缝；间断型横缝指的是缝面从上至下局部间隔断开，一般被称为诱导缝，在碾压混凝土坝应用较多；中断型横缝指的是缝面未贯通整个缝面，在某一个高程或者某一个位置断开。

2. 纵缝

纵缝是与坝体轴线平行或近似平行的竖面缝，纵缝将坝体上下游方向分割成许多柱状块体。当为常态混凝土坝时可以起到适应散发热量和便于浇筑施工的双重需要。如美国的胡佛混凝土拱形重力坝、苏联的英古里双曲拱坝、我国的乌江渡拱形重力坝等均设置有施工纵缝。考虑到拱坝一般较薄，设置纵缝将对拱坝结构的整体性存在不利影响，为了降低该风险，碾压混凝土拱坝一般不设纵缝，若需要设置应采取较严格的缝面处理措施。因此，目前坝工界已基本形成比较统一的认识，在碾压混凝土拱坝上设置纵缝需慎重。

3. 水平缝

水平缝，顾名思义，就是缝面为水平面。在一座混凝土坝中，将会有成大量的水平缝（施工缝），需要进行相应处理。碾压混凝土拱坝水平缝一般指碾压层间和施工升层的施工缝，另外还有坝基垫层（或找平）常态混凝土与其上碾压混凝土之间的施工冷缝。如大花水、象鼻岭的河床坝基采用常态混凝土找平层形成的水平缝，如图 3.5.5 所示。

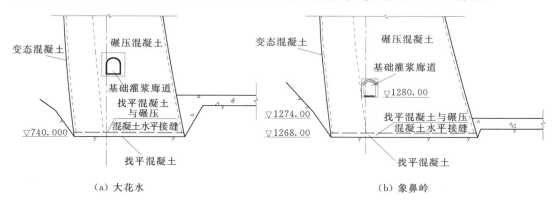

（a）大花水　　　　　　　　　　　　（b）象鼻岭

图 3.5.5　大花水、象鼻岭底部水平缝示意图

大坝施工过程中水平缝的处理应根据工程特点、温度控制、施工条件、气候条件和施工进度安排等确定碾压层厚、升程高度及碾压方式、处理工艺。根据施工情况，对层面缝的处理方式及缝的结合质量有所不同，总的原则是水平接缝应能使上下两浇筑层牢固结合，不得损及坝体所必需的物理力学强度、抗渗能力以及坝体的整体性。从处理的角度而言，可以分为热缝、冷缝以及介于两者之间的缝面。所谓"热缝"，间隔时间短，在初凝之前则直接覆盖混凝土，碾压层面呈骨料嵌入状态，通过钻孔采取芯样看出，骨料相互嵌入，"热缝"基本上看不出缝，可近似看作为均质体。施工缝及冷缝，上层覆盖间隔时间超过了下层终凝时间的层间缝面，虽然表面进行了刷毛，冲毛，并清洗干净后铺水泥粉煤灰砂浆或水泥净浆等措施，但没有骨料相互嵌入，形成一个薄弱面。至于初凝后，在加垫层铺筑允许时间之前的缝面情况，介于二者之间，一般采用铺筑水泥粉煤灰浆即可连续浇筑，并达到和满足对层间结合的要求，但相对说来，缝的不均匀程度和产生薄弱面的可能性比"热缝"要大。

4. 其他

坝体接缝除了以上三种型式外，还有其他类型的接缝，如周边缝、宽缝等。

拱坝的周边缝是指设置于拱坝与坝肩及河床混凝土基垫之间的接触缝，沿建基面设置，方向具有多样性。宽缝从理论上可以归入横缝，但由于其从构造理念上将已经脱离了"缝"的范畴，因此在此单独作为一种区别与横缝的型式列出。

宽缝是指相邻浇筑块间留有一定宽度的收缩缝。缝宽一般为 0.7～1.1m，必要时尚可增大。待两侧坝块充分收缩和冷却到稳定温度后，填入流态混凝土或压浆混凝土。沿坝基面出露的较大断层破碎带上，横缝采用宽缝，缝内随两侧混凝土浇筑后，填入卵石并捣紧，当坝块上升到一定高度后，用压力灌入水泥砂浆（即上述的压浆混凝土），使坝块结合成整体。采用这种方式，可减少坝体向下游倒悬所产生的初应力。为了减小或补偿宽缝回填混凝土的收缩，可采用微膨胀混凝土进行填筑。

对于碾压混凝土拱坝分缝设计，最重要的是诱导缝及周边缝，以下主要介绍这两种缝的构造特点。

3.5.4.2 诱导缝

由于碾压混凝土拱坝较碾压混凝土重力坝薄，坝体应力主要来自施工期和温度回降在坝体中产生很大的拱向拉应力。这种拱向拉应力产生的温度裂缝在坝体中将是十分严重的（贯穿性裂缝）。为了控制坝体的温度裂缝，需要沿拱向设置某种型式的构造缝，其中诱导缝是应用较多的一种。

1. 诱导缝的设置原理

诱导缝的设置原理类似"邮票孔"，引导应力在诱导缝部位释放，靠其本身对其所受拉应力的放大来使坝体形成缝。计算分析表明：在均匀拉应力场中，当空隙长边与短边比值等于5时，在短边方向应力可放大4.4倍。只要选择恰当的长宽比值就可以获得理想的放大倍数，使其拉应力大到足以使混凝土裂开成缝。根据诱导缝的设置原理，诱导缝应布置在拉应力较大的部位，其拉应力 σ 乘以其应力放大倍数 k 应大于其相邻分块内任何拉应力，以便在坝体应力增大时首先张开，可充分发挥预期效果，因此诱导缝一般设置在拱端和拱冠附近拉应力较大的断面。但也有研究认为，不宜在拱端及拱冠拉、剪、压应力最大的部位设置诱导缝，因为在诱导缝未张开时，缝面位置力学性能较低，反而会增大了拱坝的最大拉应力，且由于碾压混凝土拱坝温降历时长，在运行期诱导缝也有可能张开，从而破坏其约束条件导致拱坝应力条件恶化。

诱导缝的形成和施工，使多数诱导缝的混凝土强度高于本体混凝土强度，诱导缝的作用与所设想的效果有一定差距；由于上升速度快，混凝土温升在坝内积累较多，最高可达 30℃；在封拱时，碾压混凝土拱坝仍有较大的温度变化，导致其转化为大坝的温度荷载，由坝体承担所产生的应力和变位，引起大坝向下游的变形增大，增加大坝上下游面的应力。

诱导缝总是造成断面削弱，过少则对应力释放作用较小，过多则将影响坝体的整体性。从国内外已有资料来看，大约削弱面积在 $1/6 \sim 1/3$。《碾压混凝土坝诱导缝设置及拱坝诱导缝等效强度》一文对沙牌拱坝诱导缝（缝削弱程度约为 $1/3$）缝面进行了数值分析与实测数据对比，认为沙牌拱坝诱导缝没有完全发挥作用，有一部分处于闭合状态，诱导缝附近坝面仍有部分开裂，诱导缝削弱的程度还不够。大花水碾压混凝土拱坝（缝削弱程度约为 $1/3$）模拟了诱导缝中不同混凝土填充率对坝体应力的影响，诱导缝的弹性模量分别取坝体混凝土的 $1/2$、$1/3$、$1/4$，结果表明坝体表面的应力分布规律完全一致，数值上也没有显著改变，认为诱导缝的缝面材料变弱时，由于缝面厚度不大，缝面的变形相对于坝体的总体变形影响很小，对坝体的应力状况也相应没有大的改变，但由于诱导缝面本身的强度减弱，因此坝体在诱导缝处更容易开裂，同时会释放附近坝体区域的拉应力。大花水的诱导缝测缝计监测资料显示设计的诱导缝均有不同程度张开，而诱导缝附近未发现裂缝，证明诱导缝作用效果较好。因此认为碾压混凝土拱坝诱导缝的削弱程度在 $1/3$ 左右基本合适。

因此碾压混凝土拱坝诱导缝的设置原则是：尽量确保其在施工期最大限度拉开，又要防止其削弱后对坝体应力的影响，同时需布设重复灌浆系统。

2. 横缝、诱导缝的间距

对于碾压混凝土拱坝，横缝、诱导缝的布置通常都放在一起讨论，利用各自不同的构造特点，起着协同防裂的效果。拱坝横缝的间距通常指相邻两横缝间沿坝轴线方向的弧段长度，一般认为缝距越小，其防止坝体发生不规则开裂的效果越好，但横缝过多将会造成施工难度加大，造价增高，因此横缝间距的选取需要综合考虑各种因素，并经数值分析验证。在初步选取时目前最有效的办法是采用工程类比法。南非的 Knellpoort 坝和 Wolwedans 是世界上第一座和第二座碾压混凝土拱坝，由于设计者难以对坝体的应力变化分布及坝体开裂情况进行准确的认识，所以慎重地选择了"密间距诱导缝"方案，即在拱坝上下游沿轴线方向每 10m 左右设置了诱导缝，以期有组织的开裂消散坝体内温度应力，并且在诱导缝张开之后用重复灌浆方式保持坝体的整体性。

在《混凝土拱坝设计规范》（DL/T 5346—2006）中提出"横缝间距（沿坝顶上游面弧长）宜为 15～25m。"，而碾压混凝土具有绝热温升低、拉压比较大、密实性好、干缩相对较小、综合抗裂性能好的优点，为简化温控、减少分缝以及实现连续浇筑创造了有利条件。从表 3.5.23 的国内部分已建碾压混凝土拱坝分缝来看，最大分缝段长度均较长，大部分在 30～80m。

表 3.5.23　　　　　　　　　国内部分已建碾压混凝土拱坝分缝特性表

拱坝名称	所属省（自治区、直辖市）	最大坝高/m	坝顶弧长/m	分缝条数	分缝型式	最大分缝段长度/m
溪柄	福建	63	93	5	5 条应力释放短缝	
普定	贵州	75	195.65	4	2 条诱导缝＋2 条横缝	80
温泉堡	河北	48	187.87	5	2 条诱导缝＋3 条横缝	34.4
龙首	甘肃	80	140.8	4	2 条诱导缝＋2 条横缝	65.4
沙牌	四川	130	250.3	4	2 条诱导缝＋2 条横缝	69.7
石门子	新疆	109	169.3	4	4 条应力短缝＋1 横缝	80
蔺河口	陕西	96.5	311.0	8	5 条诱导缝＋3 条横缝	49.33
招徕河	湖北	107	198.05	4	4 条诱导缝	76.98
大花水	贵州	134.5	198.43	4	2 条诱导缝＋2 条周边缝	85.0
三江口	重庆	70	234.46	4	4 条诱导缝	56
威后	广西	77	271.31	4	2 条诱导缝＋2 条横缝	61.68

根据贵阳院的工程实践，碾压混凝土拱坝横缝、诱导缝的间距不宜过大，碾压混凝土拱坝与常态混凝土拱坝的温度荷载大不相同，在两条缝之间，由于坝段较长，温控措施的实施，使得坝内各处温度均不相同，温度不均匀，残余的温度应力不同；即使从理论上计算分析，采用较大的横缝、诱导缝间距仍能满足拱坝的应力要求，但需要建立在对温控措施予以严格控制的基础上，一旦在温控措施实施上稍有疏忽，或者遇到不利气候条件，将会造成坝体开裂，而为了降低坝体开裂带来的安全隐患，往往将付出较大的代价。

同时，横缝、诱导缝的间距还应充分考虑基础约束的影响。浇筑在坝基部分的混凝土受外界荷载变化产生应力，会受基础岩石约束而导致应力重新分布，引起较大应力集中，导致混凝土开裂。拱坝相对于其他坝型，坝体受基础岩石约束的影响范围较大，特别是对于建基面较陡的拱坝，横缝、诱导缝设置更需要充分重视侧向基础约束的作用。为了解决这种基础约束影响，在工程实践中也有采用中断缝的处理方式。根据有关研究认为坝体以上坝体高度为 $0.1H$、$0.2H$、$0.3H$、$0.4H$、$0.5H$（坝体高度）时，约束影响递减系数分别为 35%、70%、90%、95%、100%，因此就以上数据而言，让横缝中断是符合理论及实际要求的。

善泥坡拱坝在分缝初始设计时采用了布置于泄洪系统两侧的两条诱导缝方案，将坝体分成三个坝段。考虑到善泥坡两坝肩基础较陡，河床基础面积较大，因此在原先两条诱导缝的基础上，左右坝肩各增加一条诱导缝，在拱坝中心剖面增加一条中断诱导缝，形成 4 条诱导缝＋1 条中断诱导缝的分缝布置格局（图 3.5.6）。中断缝中断位置约 $0.4H$，为了防止中断缝进一步向上扩展，影响泄洪系统的完整性，在中断缝顶高程布置 Ω 形钢管，作为应力释放孔，同时在上部布设 3 排骑缝钢筋。

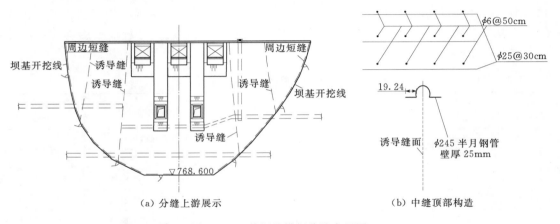

（a）分缝上游展示　　　　　　（b）中缝顶部构造

图 3.5.6　善泥坡拱坝分缝布置图

3. 横缝、诱导缝的缝面形态

横缝、诱导缝的缝面形态，大致可以分为平面型、折面型以及曲面型。平面型横缝指的是缝面沿坝顶半径射线方向布设，从坝顶贯穿至坝底，缝面在同一个平面内，在平面图上表现为径向直线。折面型横缝指的是缝面沿坝顶半径射线方向布设，但不同高程距离大坝中心线的距离不同，在平面图上表现为若干直线；曲面型横缝指的是各高程的缝面都与坝面正交，以改善拱坝的受力状态，在平面图上表现为曲线。这三种缝面形态各有优缺点，平面型及折线型缝面施工控制方便，但对于曲率半径较小的拱坝，离坝顶高程越远，缝面与拱坝半径射线夹角越大，易产生局部应力集中；曲面型缝面都与坝面相交，应力条件较好，但在施工过程中要求实时跟踪控制，否则将会影响缝面的有效张开及灌浆效果。

4. 诱导缝的成缝方式

我国的碾压混凝土拱坝诱导缝成缝模式主要经历了两次演变："普定模式"以及"沙牌模式"。普定拱坝诱导缝是采用两块对接的多孔混凝土成缝板，如图 3.5.7 所示，成缝板事先预制，板长 1.0m，高 30cm，厚 4～5cm，按双向间断的形式布置，沿水平方向间距 2m，沿高程方向间距 60cm（2 个碾压升层），使其在坝内同一断面上预先形成若干人造小缝，并在诱导缝中预埋灌浆管，成缝方式是在埋设层碾压混凝土施工完成后，挖沟掏槽埋设多孔混凝土成缝板，这种施工方法对仓面的干扰相对较大，不利于碾压混凝土快速施工技术优势的发挥。在沙牌拱坝中对其进行了改进，诱导缝结构采用预制混凝土重力式模板组装形成，模板长 1.0m，高 0.30m。每两块模板对接，在缝面上呈双向间断，缝长与间距不等布置，即沿水平径向缝长 1.0m、间距 0.5m，沿高程方向缝长 0.3m、间距 0.6m 设一间断的诱导缝（图 3.5.8）。目前国内大部分碾压混凝土拱坝工程都在采用经过改进后的"沙牌模式"，只是在细部结构上做局部调整，例如，善泥坡拱坝诱导缝预制块模板高度由 0.3m 调整为 0.27m，增加了碾压层与模板之间的距离，防止振动碾压碎碾压层面与模板顶部的混凝土，同时减轻预制块重量，更方便施工运输及操作；另外对预制块模板直角相交部位适当倒角，利于预制块的成形完整性等。

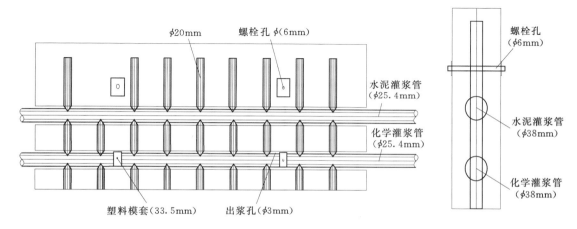

图 3.5.7　普定预制诱导板立、剖面图

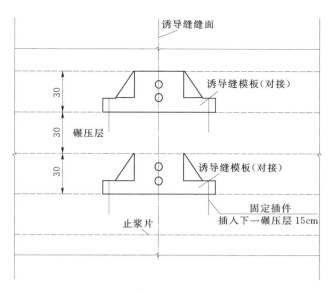

图 3.5.8　诱导缝预制块布置立面图

5. 横缝、诱导缝底部的构造

横缝底部与基岩的连接形状主要有以下几种（图 3.5.9）：①斜角相交，不改变横缝的方向，直接延伸至基岩面，横缝底部缝面与基础面的夹角不宜小于 60°，主要适用于平整河底及较平缓的斜坡；②近似垂直相交，在横缝底部距离建基面一定距离调整横缝方向，与建基面夹角近似垂直，包括直线垂直和弧线垂直相交，适用于较陡的岸坡；③水平相交，在横缝底部距离斜坡面一定距离，横缝方向折成水平，对于坡度太陡的斜坡较为适用，如苏联的契尔克双曲拱坝。这种方式国内近年也有所研究，《改善高拱坝陡坡坝段应力集中的结构分缝形式研究》一文中通过数值分析认为该结构形式可以有效解决拱坝陡坡坝段底部应力集中问题，但对于该种方式存在一定的争议，主要是认为水平段在坝体自身压重的作用下，无法有效张开，从而达不到预想目标。大花水碾压混凝土拱坝坝体与坝基在接触方式上采用了第一种方法即斜角相交连接，针对碾压混凝土存在接触部位施工不方便问题，大花水拱坝在距离基岩面约 5m 位置采用直接预埋灌浆系统取代预制块结构，如图 3.5.10 所示。

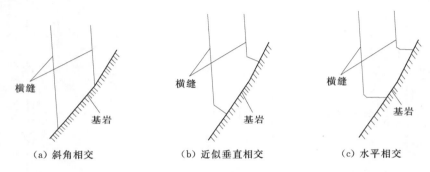

（a）斜角相交　　　　　　（b）近似垂直相交　　　　　　（c）水平相交

图 3.5.9　横缝底部与基岩连接形状

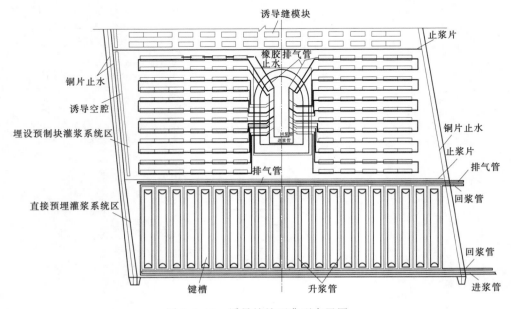

图 3.5.10　诱导缝缝面典型布置图

3.5.4.3　周边缝

拱坝设计中，双曲拱坝周边部位采用混凝土基垫比较普遍，基垫的作用就是在拱坝坝体和基岩面之间形成一道缓冲层，基垫的上表面为平顺光滑的曲面，在此面上浇筑的拱坝可以具备比较规则的边界，对应力分布趋向有利，基垫的宽度大于拱端厚度，在下游面延伸出 $10\%\sim20\%$，高度一般是拱厚的 $1/3\sim2/3$。基垫的存在使局部地质缺陷的处理变得方便，当基岩的抗压强度低于设计强度时，可以通过基垫尺寸设计，有效均化压应力，使基岩满足承载要求，同时基垫的存在也减少了基岩对坝体的约束影响。拱坝的周边缝指的就是这种设置于拱坝坝体与混凝土基垫之间的永久接触缝。如龙首的左岸重力墩和右岸推力墩，以及大花水的左岸重力坝、坝肩回填混凝土（图 3.5.11）都可以看作基垫，其与拱坝之间通过周边缝连接。

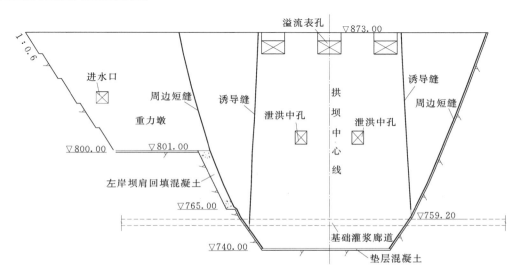

图 3.5.11　大花水周边缝布置立视图

拱坝上游面周边一般都存在一个拉应力区，有产生裂缝的可能，裂缝的位置无法准确预测，且裂缝位于水下，不易修补，一旦产生水力劈裂将危及整体安全。周边缝本身不能承受拉应力，又正好起到了诱导缝的作用，因此周边缝的设置还改善了该拉应力区的分布。龙首拱坝及大花水拱坝监测资料显示周边缝均有不同程度张开，张开度不超过 1mm，呈周期性变动，变幅稳定在 0.3mm 左右，一般低温季节张开度较大，高温季节张开度较小。周边缝的作用综合起来可以概括为：调整上游的拉应力、下游的压应力以及大坝的整体稳定，同时还可以防止大坝的开裂。这种人工缝的设计需要慎重，其稳定性需要得到保证。国内比较著名的梅花拱坝失稳事件就是由于周边短缝在设计上考虑欠周到引起的。该拱坝在径向荷载作用下，拱坝有向下游、向上的变形趋势，破坏时先是周边缝岸坡部分和下部拉坏、剪坏，然后拱坝中部出现上抬破坏和坝肩发生剪切破坏，最终在库水作用下，左、右坝体发生沿缝面的滑移和绕坝肩的转动而破坏。

梅花拱坝和马尔帕塞拱坝的失事，使得坝工界对周边缝的应用有所争议，也推动了对其的进一步研究。研究认为周边缝把坝体切断后，减小了抗拉强度体现了设计意图，但同时也减小了抗剪强度，带来了安全隐患。因此周边缝总的设计要求是：抗渗、抗剪、不抗拉。为了达到以上要求，周边缝的设计思路主要有以下几种：一是半周边缝，即缝止于坝体中部；二是应力释放短缝，即缝长度不超过相应高程处拱端厚度的 1/3，并需在缝端部分采用工字钢、钢筋等阻止缝向深部发展，如图 3.5.12、图 3.5.13 所示。

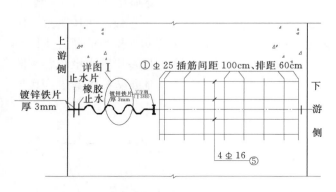

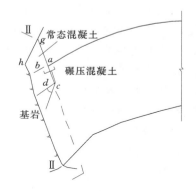

图 3.5.12　周边短缝（应力释放缝）型式一　　图 3.5.13　周边短缝（应力释放缝）型式二

随着碾压混凝土技术的发展，碾压混凝土拱坝已得到普遍应用，而混凝土基垫需先于碾压混凝土一定时间浇筑的问题对碾压施工存在明显制约，为了发挥碾压混凝土大仓面连续浇筑的优越性，又便利于削减拱坝的拉应力。型式一的周边短缝（图 3.5.12）在碾压混凝土坝中应用较为普遍，如龙首、大花水、善泥坡等工程都应用了这种结构。该结构设置于拱端上游面近两拱端部位，以释放温度应力及改善局部水压传力方向，与碾压混凝土同步上升，该缝构造型式简单、作用明显、效果较好，是集理论与实践于一体、体现碾压混凝土技术理念的结构。型式二的周边短缝（图 3.5.13）在新疆石门子拱坝中得到应用，周边短缝所带来的拱坝抗剪能力削弱，通过下游侧增大拱端厚度来加强。

3.5.4.4　接缝灌浆设计

拱坝设计中均假定拱坝作为连续完整的构造承担各种荷载，在进行分缝后，坝体连续性被打断，因此需要通过灌浆，将拱坝重新连成一个整体。接缝灌浆是混凝土拱坝施工中的一项隐蔽性施工项目，必须采取合理的施工程序和工艺措施，严格控制灌浆中的各项施工质量标准，确保接缝灌浆后坝体的整体稳定和安全运用。水平缝面在经过缝面处理后无须灌浆，周边缝本身具有释放应力作用，为永久缝。因此灌浆的对象是收缩缝，主要为横缝与纵缝，通过灌浆使坝缝具有与坝体混凝土相等的力学强度，保证坝缝具有必需的抗渗性能，达到恢复坝体连续整体性。在接缝灌浆浆液结石达到预期强度后，坝体方能挡水受力，施工期临时度汛或水库初期蓄水，拱圈尚未完成封拱时，应对拱坝和部分悬臂梁联合挡水进行分析计算，保证拱坝施工期和运行初期的安全。当然在接缝灌浆时机上，国内也有不同方式的处理，清华大学刘光廷教授等在石门子碾压混凝土拱坝设计中提出来铰接拱结构，即在拱坝低温区中缝上设混凝土塞，可以在水压作用下传递拱作用力而不明显增加坝体的应力，且能松弛拱坝运行期坝体混凝土退降引起的拉应力，可不必等待横缝灌浆即可蓄水，从而提前发挥工程效益。但从目前来看，大部分工程采用的仍是在横缝内埋设重复灌浆系统，该模式更为可靠、安全。以下主要介绍与碾压混凝土拱坝接缝灌浆设计的相关内容。

1. 灌浆分区

接缝灌浆系统应分层或分区独立布置，采用止浆片将整个接缝面划分为若干个灌区。接缝灌浆分区设计的主要任务是确定灌区高度及灌区面积。灌区高度、面积过小将增加管路系统及施工复杂性，灌区高度、面积过大则会影响灌浆效果，根据国内外的施工实践，灌区高度一般 6～12m 较为合适，灌区面积一般控制在 150～400m²，基础部位应适当减小灌区高度及面积。

2. 灌浆系统的组成

灌浆系统一般包括止浆片、进浆管、回浆管、出浆盒及排气管等，分为预埋及拔管灌浆系统，在坝体碾压混凝土施工时一般采用预埋灌浆系统，而由于碾压混凝土和常态混凝土施工速度的差异，局部缝面采用拔管灌浆系统。

（1）止浆片。为了保证各灌浆区的独立性，以及防止浆液进入廊道，在各灌浆区和收缩缝沿廊道的周围，均应布置止浆片。止浆片的作用是阻止接缝通水和灌浆时的水、浆漏逸，横缝上、下游止浆片可以利用横缝止水片。止浆片的位置，与坝体表面、分块浇筑高程、廊道壁或坝基面的距离一般为 20～30cm，在其周围的混凝土，特别是转角处，应振捣密实，避免出现空洞，以免灌浆时发生串浆或漏浆情况而影响灌浆质量。止浆片接头应焊接良好，并应防止锈蚀和损坏。靠近岩基的止浆片，应注意保护不使其失效，否则，接缝灌浆时浆液流回坝基排水结构，或与其他隐蔽部位串通，致使一些结构物堵塞失效，并可能给灌浆工作带来困难。用于止浆片的镀锌铁皮，要求厚度不小于 1mm，成型宽度为45～55cm，搭接长度不小于 4cm。近年来，塑料止浆片已得到广泛的应用。

（2）进回浆管。一般每个灌浆区缝面预埋相互独立的 3 套 ϕ25.4mm 的单回路钢管作进浆管和回浆管（管间距为 0.75～0.9m），为了排除空气和灌注浆液自下上升，进出口应布置在每一灌区的下部，尽量集中布置在廊道或孔洞内，以便于操作，如图 3.5.10 所示。但对于大部分拱坝灌区，考虑到坝后无灌浆平台，不方便施工，管口设计为直通下游面，并引至坝后两岸岸坡。

（3）排气管。排气管的作用是排出灌区接缝内的空气、水分和稀浆，通过排气管出口装设的压力表和阀门间歇放浆，可随时掌握灌区顶部的压力和浆液稠度。灌浆系统排气管布置于各灌区顶部，距出浆盒中心的垂直距离为 0.75m 左右，采用 ϕ50mm 穿孔镀锌钢管连接各间断分布的预制混凝土诱导板，构成排气槽，排气管上游端采用 ϕ25.4mm 镀锌钢管引出冲洗管，以便在每次灌浆结束后冲洗排气管。

（4）出浆盒。碾压混凝土拱坝施工方法与常态混凝土拱坝的柱状浇筑法有根本的区别，常态混凝土拱坝成熟的分缝技术不完全适用于碾压混凝土拱坝。一般常态混凝土拱坝一次灌浆就能满足接缝需求，而碾压混凝土拱坝第一次接缝时坝体温度较难降到准稳定温度场，需分两次或多次进行。第一次预计在灌浆区混凝土冷却一定时间段以后进行，第二次则在坝体温度降到准稳定温度场且处于某一低水位期时完成，因此碾压混凝土拱坝的接缝灌浆设计需要考虑重复灌浆。重复灌浆的实现有两种方式：一是埋设两套灌浆管路系统，二是重复利用灌浆管路。重复利用灌浆管路显然是更为经济可靠的一种方式，其核心就是出浆盒的设计。出浆盒需满足灌浆管路内的水或浆液能在一定的压力下顺利流出，且不能使外面的水或浆液回流。目前国内比较通用的出浆盒由穿槽钢管、橡胶套、出浆槽和钢管接头组成（图 3.5.14）。出浆盒的出浆槽采用长槽形，4 条槽孔均匀布在钢管上。橡胶套由优质高弹且耐久性优良的橡胶硫化而成。橡胶套在穿槽管的外面借助收缩压力能紧密地覆盖管壁上的出浆盒，只有当管内压力大于 0.10～0.21MPa 时，水或浆才能顶开橡胶套从出浆槽流出，但无论多大外力也不会使外面的水或浆液回流。出浆槽与橡胶套布置于穿槽钢管上，穿槽钢管通过钢管接头实现与灌浆管路的连接。

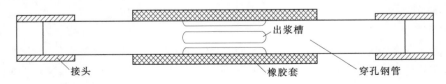

图 3.5.14　出浆盒结构图

3. 灌浆的时机及控制标准

对于接缝灌浆的时机，灌浆规范上列出众多限制条件，而从实际操作角度上讲，主要的控制标准是坝体温度以及缝的张开度。

虽然碾压混凝土拱坝采用重复灌浆系统，作为拱坝的第一次封拱，需要充分重视坝体温度情况，坝体温度越接近准稳定温度场，坝体的运行条件越好，毕竟第二次灌浆的时间不确定影响因素较多，有可能距封拱灌浆的时间较长，出现灌浆系统管路锈蚀老化及施工人员流动引起对系统布置的不够熟悉等情况，灌浆可靠性及保证率相对封拱灌浆差了许多，因此碾压混凝土拱坝的设计封拱温度仍应尽量接近准稳定温度场。

除了封拱温度外，灌浆时机里另一个也是最具操作性的控制指标是接缝张开度，接缝的张开度决定了碾压混凝土拱坝接缝灌浆压力、灌浆材料、灌浆质量。影响接缝张开度的因素很多，如施工中相邻块的高差，新老混凝土温差，纵缝间距以及键槽坡度等。接缝张开度是衡量接缝可灌性的主要指标，根据实践经验，张开度应大于水泥颗粒最大直径的 3 倍，才不致使水泥颗粒在缝内"架桥"而堵塞。通常所采用的接缝灌浆水泥，其细度接近于 100%通过 100 号筛（孔径 0.15mm），为了顺利灌浆，要求接缝张开度大于 0.5mm。张开度过大，也未必有利，除增加水泥用量外，较厚的水泥浆结石引起的干缩也较大，同样也影响灌浆质量，一般认为接缝张开度以 1～3mm 较为理想。另外，在灌浆压力作用下，接缝的张开度将增加，如果增加的开度过大，将影响到相邻接缝张开度减小，甚至造成局部闭合失去可灌性，同时被灌接缝的坝块底层，还可能产生危及安全的拉应力。因此对接缝增加的开度也必须严格控制，要求灌区顶层不超过 0.5～0.8mm；底层为 0.2～0.3mm。

4. 灌浆压力

灌浆压力的控制，一般要求在灌浆时，各坝段或坝块不产生拉应力，或经论证后也可允许产生较小的拉应力；并应监测灌浆缝的张开度，使其变化在允许的范围以内：横缝（诱导缝）不应大于 0.5mm。横缝（诱导缝）灌浆时，需在相邻缝内通水平压，使相邻缝底部压力差不大于 0.2MPa。必要时也可在邻缝同时灌浆。

接缝灌浆压力宜选择 0.3～0.8MPa，顶层灌浆压力可适当降低，灌浆前需检查灌浆管路、进回浆管路、排气管的通畅性，通水压力为 0.2MPa，灌区内各回浆管流量应大于 30L/min。

5. 灌浆材料

灌浆材料是缝面能否保证与坝体连成整体的关键，材料应以水泥为主，必要时才采用化学材料，对水泥的品种和细度要求可根据收缩缝的张开度按表 3.5.24 加以选用。并要求水泥新鲜无污物。

表 3.5.24　　　　　　　　　收缩缝灌浆用水泥品种、标号、细度表

序号	收缩缝张开度/mm	水泥品种及标号	细度要求
1	大于 1.0	普通硅酸盐 P.O42.5～P.O52.5	98%通过 0.088mm 孔筛（4900 孔/cm²）
2	0.5～1.0	普通硅酸盐 P.O52.5	99.7%通过 0.075mm 孔筛（6400 孔/cm²）

水泥浆液的稠度按水灰比控制，一般采用 1∶1 和（0.5～0.6）∶1 两级或 2∶1、0.8∶1 和（0.5～0.6）∶1 三级。根据国内一些工程实践，最终水灰比能达到 0.4∶1，这对提高灌浆质量是有益的，因浆液的最终稠度越高，析水稳定后的浆液比重越大，从而可获得强度较高的水泥结石。各种初始水灰比的水泥浆液析水率、析水历时、稳定后的密度和相应水灰比例如表 3.5.25 所示。

表 3.5.25　　　　　　　　　各种初始水灰比水泥浆液析水情况表

初始水灰比		2∶1	1∶1	0.8∶1	0.6∶1	0.5∶1	0.4∶1
析水率/%		47	27	20	12	7	2
析水历时		30～35	40～45	57	65	80	100
析水稳定后	密度/(kg·cm⁻³)	1.56	1.70	1.76	1.85	1.89	1.93
	水灰比	0.82∶1	0.64∶1	0.57∶1	0.49∶1	0.41∶1	0.39∶1

如收缩缝张开度小于 0.5mm 时，一般采用环氧树脂浆液的化学材料灌浆，这种浆液可灌入张开度为 0.2mm 的缝内。浆液硬化后，黏结力强，收缩性小，强度高以及稳定性好。

灌浆用水应符合拌制混凝土用水的要求，不得使用含有油类有机物及杂质的水。

6. 灌浆施工程序

灌浆系统预埋施工。根据诱导块的布置，在诱导块内设置重复灌浆系统的进、出浆管，并将管头引至坝的下游。埋设方法：当埋设层的下一层碾压结束后，按诱导缝的准确位置放样，再按设计将准备好的成对重力式预制块安装在已碾压好的诱导缝上，诱导块的安设工作先于 1～2 个碾压条带进行，并将重复灌浆管逐步向下游延伸；当铺料带在距诱导缝 5～7m 时，卸两车料后，用平仓机将碾压混凝土小心缓慢地推至诱导缝位置，将预制混凝土诱导块覆盖，并保证预制块的顶部有 5cm 左右的混凝土料，防止在碾压混凝土时直接压在预制的诱导块上而损伤诱导块。对诱导缝的止浆片和诱导腔部位，采用变态混凝土浇筑。测缝计安装在测缝计专用模板中间，采用掏孔后埋设法施工。

灌浆系统检查与维护。为防止在混凝土施工时破坏管路，灌浆系统预埋管路由专人负责检测与维护，三班跟班检查，发现问题及时解决。每一层灌浆管路系统预埋完后，原则

上要求通水检查，但考虑到碾压混凝土施工中不允许有过多的水进入仓面，通水检查一般安排在一次混凝土施工完成后 3d 到第二次碾压混凝土施工前进行，通水检查压力不大于 0.1MPa。

灌浆施工前的准备工作。测量缝面增开度、坝体混凝土温度，尔后进行通水检查，检查灌浆管路、排水管路、出浆盒及缝面通畅性、灌区密封性。管路检查采用压力水通过压力表、水表等仪器进行，排气管路主要检查排气管路与冲洗管的互通情况，出浆盒及缝面通畅性检查采用单开通水检查法，即利用某一进浆管路通水，回浆管路封闭，压力控制在 0.4MPa，观测进浆管路进水和排气管路出水流量。灌区密封性检查主要通过观测坝前、坝后、廊道缝面有无外漏现象。灌浆前进行预灌性压水试验，压水压力与灌浆压力相同。灌前缝面通水浸泡 24h，然后通入洁净的压缩空气排除缝内积水。

灌区各回路浆管灌注次序全部按自下而上原则。先灌稀浆至排气管排出接近进浆浓度的浆液或灌入量约等于缝面容积后，改浓一级水灰比至结束。当缝面增开度大、管路通畅、缝面通畅性检查单开流量大于 30L/min 时，一开始即灌注浓浆。为使浓浆尽快填满缝面，开灌时排气管全开放浆，其他管口间歇放浆，并测记相应管口排出浆液的密度与弃浆量，当排气管排出最浓一级浆液时，调节阀门控制压力直至结束。先一回路灌浆结束，立即进行后一回路灌浆工作，后一回路起始浆比为先一回路灌注的最终浆比。

灌浆过程中，利用测缝计跟踪监测缝面增开度，确保缝面增开度控制在 0.5mm 以内，施工缝面增开度最大 0.1mm，最小为 0，一般在 0.04mm 左右。进浆最大压力 0.5MPa，以各回路回浆管管口压力表指示的压力控制，回浆管堵塞的回路用进浆管管口压力控制；排气管压力为 0.28MPa，最终以排气管压力来控制。排气管出浆达到或接近最浓比级浆液，排气管口压力或缝面增开度达到设计规定值，注入率不大于 0.4L/min 时续灌 20min，灌浆即结束。灌浆结束后对灌区各回路进回浆管轮换冲洗，冲洗压力 0.05～0.1MPa，直至回水清净。排气管冲洗一般在灌后 10～30min 进行，冲洗压力为 0.4～0.45MPa，但冲洗至回清水时间较长，一般大于 30min，且带出浆液过多。

管路堵塞的处理主要采用掏孔、冲洗、钻孔等方法。掏孔针对管口被堵塞的管路，冲洗是采用高压脉冲水反复冲洗微通的管路，钻孔则是在管路完全不通时在合适位置（廊道或坝后）钻穿缝孔，孔位孔向孔斜由计算确定，测量放样，孔深以穿过缝面 20cm 控制。缝面外漏时，采取嵌缝补漏措施。串浆时，如具备灌浆条件，灌浆设备材料满足要求，采用几个灌区连续灌浆方法。

3.5.4.5　止水

止水结构是拱坝防渗体系中最薄弱也是最重要的一道防线，一旦出现问题，其修复难度很大。从目前工程实践来看，大部分的止水设置起到了应有的效果，但也有些工程在止水上出现问题，存在较大渗漏。碾压混凝土拱坝止水结构与常规混凝土拱坝相似，通常在靠近迎水面附近的缝面设置止水。止水结构一般包括止水片、缝面充填材料以及表面封闭构造。止水结构的设计原则主要有：止水片性能可靠且适应水头要求，充填材料紧密充填缝面且适应缝面变形，表面封闭与两侧混凝土黏结牢固，防止出现绕止水片的渗漏通道，止水施工方便且施工质量易得到保证。

止水片至上游坝面的距离一般为 30～40cm，至下游坝面的距离为 20～30cm，在严寒地区，上述距离宜适当增大。止水片一般采用 1.2～2.0mm 厚的铜片、不锈钢片或铝片，宽度为 50～60cm。根据规范建议，当坝面水头大于 200m 时，需布置 3 道止水片，宽度为 136cm；水头为 100～200m 时，需布置 2 道止水片，宽度同上；水头在 100m 以下时，也需布置 2 道止水片，宽度为 68.7cm。目前一般拱坝收缩缝的止水，考虑到灌浆后渗水可能性较小，故采用的止水片道数和宽度比该坝的要求为低。在碾压混凝土拱坝中，止水结构构造上相对重力坝较为严格，在临水面预设梯形槽，槽中布设止水片，目的是保证止水的施工质量及防止出现上游缝面的应力集中。其典型构造如图 3.5.15 所示。

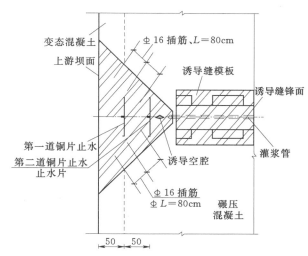

图 3.5.15 诱导缝止水结构典型布置图

在坝内廊道穿过收缩缝时，需要在廊道周边布置止水，防止水流绕过上游缝面止水进入廊道，一般在廊道周边布置的止水采用橡胶或聚氯乙烯制成的止水。止水离廊道 30～50cm，周边充填柔性填缝材料，如沥青杉木板等，典型布置如图 3.5.16 所示。

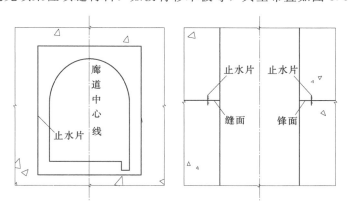

图 3.5.16 坝内廊道过缝止水结构典型布置图

3.5.4.6 工程实例

贵阳院参与的碾压混凝土拱坝设计中，分缝设计有较强的代表性，普定开创了碾压混凝土拱坝的第一种诱导缝成缝模式；新疆石门子拱坝采用了全新的铰接拱结构；大花水拱坝是当时已建成世界上最高的碾压混凝土拱坝，全面应用最新的分缝研究成果。以下主要介绍这三个具有典型代表的拱坝分缝设计及运行情况。

1. 贵州普定拱坝

普定碾压混凝土拱坝最大弧长 165.67m，在国家"八五"科技攻关过程中深入研究了诱导缝的作用和合理布置问题，提出了诱导缝等效强度计算模型和断裂判别式以及有效作用范围估计方法，运用有限元方法对普定碾压混凝土拱坝进行了温度及温度应力的仿真分析，结合结构模型试验资料分析，在坝体可能产生裂缝部位设置了三条诱导缝（图3.5.17），其中右岸与重力墩相接的一条，由于重力墩先期施工改为明缝。诱导缝最大缝间距80m，比南非同期建设的坝高70m的沃尔威丹（Wolwedans）碾压混凝土的诱导缝间距大8倍。诱导缝首次采用混凝土预制板成缝，在混凝土预制板中预设重复灌浆系统，在诱导缝上下游部位设置诱导器和止浆片，一旦沿诱导缝面产生裂缝可实施重复补强接缝灌浆处理。

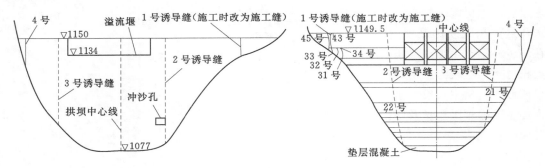

图3.5.17　普定拱坝上下游分缝及裂缝分布图

从运行情况看，埋设在2号、3号诱导缝上的裂缝计1993年6月个别点测到过0.2mm的张开度，利用灌浆系统进行灌浆后，效果明显，两条诱导缝直到现在也未张开。2号、3号两条诱导缝之间的80m碾压混凝土坝段未发现裂缝，说明其抗裂性能良好，起到了应有的作用。

1995年对大坝重新进行了一次全面检查，在碾压混凝土部位发现9条裂缝（图3.8.14），远低于同期修建的常态混凝土坝，裂缝均分布于两坝肩附近，有6条集中在右岸非溢流坝与混凝土重力墩的接头部位。主要裂缝为4号、21号、22号三条裂缝：22号裂缝主要是由上层新浇混凝土变形受到下层老混凝土强烈约束而产生的，裂缝处坝面干燥，属浅层干裂缝；第4号、21号裂缝处于左岸非溢流坝段与基岩接触部位，左岸坡面较陡，拱端应力复杂，由于未设周边缝，该两条裂缝主要是基岩对碾压混凝土产生强烈约束而产生较大拉应力所致。因此，在后来的碾压混凝土拱坝设计中也总结了这一经验教训，在陡坡段拱端与基岩接触面设置周边缝，对改善拱端应力大有好处。4号和21号裂缝下游坝面均较潮湿，有渗水痕迹。经灌浆处理后，4号、21号裂缝渗水有所减弱。其余主要是层间结合处理不良导致的水平缝以及表面温度裂缝。从现有裂缝的情况上看，不影响大坝安全运行。观测成果显示，拱坝没有发生影响大坝安全的异常位移，坝体稳定，变形符合一般拱坝的变形规律。

2. 新疆石门子拱坝

石门子拱坝最大坝高109m，坝顶外弧长169.3m，为了既能发挥碾压混凝土大仓面连续浇筑的优越性，又便于削减坝内的温度应力，在坝体1288.5m高程以上施工期设置一条横缝（简称中缝）。在近上游中缝内设置2m×3m的铰井，在坝体水化热温升降到最低时回填微膨胀混凝土，形成塞子，以利于施工期提前蓄水时拱向传力，塞子边缘及中缝内保留灌浆系统以实现拱坝后期灌浆。即在施工期仅将部分中缝连接，混凝土塞既能保持在蓄水时良好的拱向传力，又可以增加拱坝的柔韧性，大大改善在后期温降时产生的温度应力。

拱坝在水压作用或两岸约束的均匀温降时，通常容易在上游坝肩出现较大的拉应力集中。根据拱坝仿真计算的结果，在两坝肩上游侧各设置一条人工短缝，以削减拱端水压力和温度拉应力，缝长 2~4m，缝由径向转向坝肩低应力区，缝上游区设止水，在缝端部位埋设 16 号槽钢止裂；在拱坝下游侧距中轴线 25m 拱圈处，高程 1315m 以上沿拱径向设深 1.5m 的人工短缝，以削减拱坝中部下游面由水荷载及温降形成的拱向拉力。

在坝顶部位（1375~1394m 高程）保留横缝，以降低运行期拱坝上部温度应力，并利用蓄水加弯矩以改善拱坝中部下游侧的梁向拉应力。有限元仿真分析表明：在坝顶部位（1375~1394m 高程）保留横缝，使应力大大释放，从而没有发现较大的拉应力区。由于水压作用，在下游坝面也产生了部分拉应力区，但是由于坝顶部位保留的横缝，水压作用下产生弯矩，以及下游设置拱径向人工短缝，从而对拱坝中部（1314~1375m 高程）下游侧的梁向拉力有很大改善。坝体中部混凝土浇筑后气温回升产生的压应力可以完全抵消水压在下游面产生的拉应力，使施工期末下游面的拉应力全部转化为压应力。

从各部位裂缝的观测结果看，随着混凝土温度的下降，各部位的构造缝都有拉开现象。如 1295m 高程中缝在温降过程中拉开，在接缝灌浆过程中，中缝仍有张开，1335m 高程的中缝和下游短缝在温降过程中均有开裂，1335m 高程上游两拱端的诱导缝也开裂，这从埋设在该缝上单向应变计被拉断可以证明诱导缝开裂。上述结果说明，在坝体结构设计中，在温度应力大的部位预先设置应力释放缝，可有效防止温度裂缝的随机发育。

但在坝体裂缝检查中，也出现了两处裂缝：①1287m 高程右坝段出现 3 条裂缝，该部位为坝基垫层混凝土，厚度为 1~2m，由于岩基与混凝土温度差异，加之气候条件，产生了温度裂缝。随后进行了灌浆处理，并铺设了止裂钢筋网。②左坝段 1289m 廊道上游坝体裂缝，该部位空间狭窄，采用常态混凝土浇筑，浇筑厚度近 5m，浇筑时期的气温在 30℃以上（8 月），浇筑后未进行相应的养护，致使混凝土的绝对温升超过 20℃，产生数条裂缝，之后进行了灌浆处理。

3. 贵州大花水拱坝

坝址多年平均气温 14℃，1 月多年平均气温 2.2℃，7 月多年平均气温 22.3℃，气温变幅较大。采用设置诱导缝和周边短缝相接合的防裂形式，在拱坝上设置诱导缝，周边短缝则设置于拱坝与重力坝、基岩接触面。

根据拱坝坝体结构、泄洪系统布置及多拱梁应力计算结果，大花水诱导缝布置于左、右表孔外侧较为合适，两条诱导缝将拱坝分为 54m、82m、58m 三段，诱导缝从 756m（左）、765m（右）高程设起，缝端设置双层并缝钢筋。诱导缝采用径向间断的型式，即沿水平方向和竖直方向设置一定数量的混凝土预制块空隙，使其在坝体内同一径向断面上形成若干个人造缝隙，大约削弱面积在 1/3 左右。

从多种方法应力计算结果可知，两拱端上游面主拉应力较大，为释放其应力在拱端上游 1/3 拱厚处设置周边短缝，周边短缝采用 3mm 厚的波纹镀锌铁片成缝，短缝上游设置两道止水，下游设工字钢防止向下游扩展，工字钢后均设置过缝钢筋，上、下游侧均布置有止水。左岸与重力坝和拱肩回填混凝土接触的部位其周边短缝均设在接触面上，缝面结构布置与右岸相同，但在周边短缝之后下游缝面上均布置预埋灌浆系统进行接缝灌浆处理。坝体分缝布置如图 3.5.11 所示。

为了进一步了解周边缝及诱导缝的工作性态，大花水碾压混凝土拱坝进行了有限元分析及物理模型试验研究，主要结论是：①有限元计算成果与试验成果规律性相似，局部具体数值略有差异，验证了其可靠性和合理性；②设置周边缝和诱导缝后，坝体左右拱端上下游面的拱向压应力略有所减小，拱冠梁底部上游坝面梁向拉应力有所增加，下游坝面梁向压应力亦略有增加；③在正常和校核工况下，坝体上游两侧的周边缝在顶部850m 高程以上呈压缩状态，在850m 高程以下均为张开状态，符合拱坝的变形规律，周边缝起到了释放拱端应力的作用；④在正常和校核工况下，诱导缝张开或闭合的规律不明显。

为保证坝体的刚性、稳定性、整体性须对缝面进行灌浆处理，大花水拱坝接缝灌浆主要针对②号、③号缝进行。②号、③号缝847.5m 高程以下为诱导缝，采用可重复灌浆的预埋混凝土诱导模块方式成缝。灌浆区域为②号缝 751.2～847.5m 高程，共分 13 个灌区，③号缝 759.2～847.5m 高程，共分 12 个灌区，灌区高度为 7.5m，模块布置间距为 30cm×50cm，每两层形成一灌浆回路。②号、③号缝847.5m 高程以上为横缝，灌浆区域为 847.5～873m 高程，分别为 3 个灌区，灌区高度为 7.5m，其缝面升浆管采用拔管方式形成，间距 1.0m，升浆管直径 ϕ20mm；进浆管、回浆管均采用 ϕ38mm 镀锌钢管，其管路全部引至下游坝面。灌浆前要求缝的张开度大于 0.5mm，灌区两侧坝块混凝土温度达设计温度（11～16℃），混凝土的龄期达 4 个月以上，除顶层外，灌区上部混凝土厚度不少于 7.5m（即一个灌区高度）。①号缝为周边短缝，也是拱坝与左岸重力坝接触面，接触面的上游 1/3 为周边短缝，接触面的下游 1/3 需灌浆，灌浆区域为 745～873m 高程，共分 10 个灌区，每灌区灌浆面积控制在 300m² 以内，灌区高度为 12m，灌浆自下而上分区进行，每灌区周边分别设置镀锌止浆铁片，每灌区由进浆管、回浆管、分浆管、排气管组成。

诱导缝用埋入式测缝计监测，根据诱导缝的布置情况，测缝计分别布置在 775m、805m、830m、845m、858m 高程及诱导缝的下端部，在各个观测高程上、下游面设测缝计。坝体接触缝在两岸拱端 775m、830m、858m 高程布置测缝计；在拱冠梁基础接触缝上布置测缝计，上游侧布置 3 支，下游侧布置 1 支。监测成果显示，在施工期诱导缝及周边接触缝基本处于开裂状态，诱导缝上游侧开度较大。诱导缝及周边接触缝在 2007 年 5—6 月份开度达到最大值，最大开度达 3mm，在封拱灌浆及后期蓄水过程中，缝隙基本稳定，部分部位缝隙有闭合的趋势。说明大坝封拱温度及时机选择较为合适，大坝接缝工作状态稳定。

3.5.5 坝体防渗及排水

3.5.5.1 坝体防渗设计

碾压混凝土始用于重力坝，碾压混凝土重力坝的坝体防渗曾主要有两种方式：

（1）"金包银"式，是最早采用的一种防渗结构型式，几乎所有的日本碾压混凝土坝都采用这种型式，我国早期的碾压混凝土重力坝都采用这种型式，如天生桥二级、铜街子、大广坝、岩滩、万安、观音岩、广蓄、锦江等。由于其施工工艺复杂、施工干扰大、工期长，且上游薄层易出现贯穿性裂缝等原因，目前国内已基本不再使用这种模式。

（2）碾压混凝土自身防渗。从加强碾压混凝土自身防渗性角度出发，采用全断面碾压，在坝体上游面一定范围内，使用骨料相对较小、高掺粉煤灰的富胶凝材料二级配碾压混凝土。二级配富胶凝材料防渗结合变态混凝土施工技术，使全断面碾压混凝土坝成为可能，也使得今天碾压坝的分区格局基本定型。

国际上首座全断面碾压混凝土坝为美国于 1982 年建成的柳溪坝，坝型为重力坝。

普定大坝是我国建成的首座碾压混凝土拱坝，也是国内首次采用碾压混凝土自身防渗。在坝体迎水面采用粒径小于 40mm 的二级配碾压混凝土作为坝体阻水防渗层，与坝体三级配碾压混凝土同时填筑，同层通仓碾压。这一碾压混凝土拱坝的基本分区模式一直沿用至今。

上游面二级配碾压混凝土的主要功能是防渗，其厚度取决于上下游的水力坡降及混凝土本身的防渗性能。

二级配碾压混凝土防渗层的有效厚度一般为坝面水头的 1/30～1/15。考虑到碾压施工机械的运行及模板的架立，碾压区域的厚度不宜小于 2m。大量试验结果表明，配合比设计合理的二级配碾压混凝土抗渗等级可以达到 W40，而水工建筑物最高抗渗等级为 W10。

贵阳院设计的部分碾压混凝土拱坝坝体上游二级配防渗层厚度见表 3.5.26。

表 3.5.26　　　　　　　　部分碾压混凝土拱坝坝体上游防渗层厚度

工程名称	坝高 /m	厚高比	混凝土 强度等级	抗渗等级	防渗层厚度		与水头 的比值
					上部	下部	
普定	75	0.413	$C_{90}20$	W6	2	6.5	1/10.6
大花水	134.5	0.173	$C_{90}20$	W8	2	7	1/19
善泥坡	110	0.214	$C_{90}20$	W8	2	6.6	1/18
立洲	132	0.174	$C_{90}20$	W8	2	9	1/14.7
象鼻岭	141.5	0.247	$C_{90}20$	W8	2	8	1/17
龙首	80	0.17	$C_{90}20$	W8	2	6.5	1/12

大量的工程实践经验表明：采用二级配碾压混凝土自身防渗是可靠的。贵阳院在赛珠碾压混凝土拱坝设计中，坝体全断面采用 2.5 级配碾压混凝土，并靠其自身防渗，取得了突破性的成功。

3.5.5.2　坝体排水设计

坝体排水系统由竖向排水孔、排水沟、集水井及泵房组成。

一般来说，混凝土坝为了减少坝体渗水对大坝稳定、应力、混凝土耐久性等不利影响，在靠近坝体上游面设置排水孔幕。排水孔幕至上游面的距离，一般要求不小于坝前水深的 1/10～1/15，且不小于 2.5～3.0m，以便将渗流坡降控制在许可范围之内。排水孔可采用拔管、钻孔或预制无砂混凝土管成孔，间距 2～3m，埋管一般取内径 150～250mm，钻孔一般取 76～102mm。

坝体渗水按高于和低于下游校核洪水位的坝内廊道分自流、强排出坝外。高于下游校核洪水位坝内廊道的坝内渗水通过排水孔、排水沟汇集后排出坝外；低于下游校核洪水位坝内廊道的坝内渗水通过排水孔、排水沟将渗水汇集于集水井，然后通过深井泵将水排至坝外。部分碾压混凝土拱坝坝体排水设计见表 3.5.27。

表 3.5.27   **碾压混凝土拱坝坝体排水设计一览表**

序　号	名　称	是否设计排水幕	排水孔形成方式	备注
1	普定	有排水幕	拔管＋钻孔	管内设卵石
2	龙首	有排水幕	拔管	管内设卵石
3	大花水	无排水幕	未设置	
4	立洲	无排水幕	未设置	
5	善泥坡	无排水幕	未设置	
6	象鼻岭	无排水幕	未设置	

对于温和地区的碾压混凝土拱坝来说，考虑到碾压混凝土施工、钻孔难度等因素，可不设置排水幕，但对于碾压混凝土高坝如不设置排水幕，在结构设计中要充分考虑坝体渗流对大坝应力、混凝土耐久性的影响。

3.5.6　交通布置

坝内交通布置是指根据坝体结构与功能需要，结合灌浆、监测、检查、施工及运行等要求，对坝体内部与外部连接通道进行合理的规划，将坝内、外交通连接为一个空间交通系统。对于碾压混凝土拱坝而言，受仓面狭窄的限制，坝内交通的布置对能否实现大仓面快速碾压有较强的约束作用，合理的交通系统布置可为大坝施工及运行提供极大的便利。施工期大坝基础帷幕灌浆、排水、坝体接缝灌浆、大坝观测及坝上引水泄洪建筑物启闭设备的运输、安装、调试等均需要有足够的交通运输、施工和操作条件，运行期需要对大坝、引水、泄洪建筑物进行实时检测及管理维护等。因此，碾压混凝土拱坝交通布置应遵循以下原则：

（1）满足功能需求，充分考虑施工通道及运行通道，做到一个通道多种用途。交通通畅，可方便到达各个部位。

（2）适应大仓面碾压施工需要，尽量避免与坝体施工的干扰及对坝体的削弱，减少坝内斜井竖井的布置，如有条件，尽量将交通布置在坝后。

（3）尽可能舒适，有条件的应设置从坝顶到底层廊道的电梯，通风采光条件好，方便运行人员检修检查。

3.5.6.1　坝内平面交通

坝内平面交通主要为坝内布置廊道的形式。廊道按功能可分为灌浆廊道、排水廊道、交通廊道、观测廊道等，各种廊道虽然功能各不相同，但往往可以结合使用，但廊道的形状和尺寸需要满足各种功能的要求。

灌浆廊道一般宽度为 2.5～3m，高 3.0～4.0m，根据所用钻机尺寸和灌浆工作的空间要求而定。基础排水廊道一般宽 1.5～2.5m，高 2.2～3.5m，纵向检查和排水廊道、观测廊道、交通廊道等断面，最小宽度 1.2m，最小高度为 2.2m。通至闸门启闭机室的运输廊道尺寸则须能通过闸门和启闭机的各个部件。

廊道断面形状已建拱坝工程中绝大多数采用的是拱顶平底的形状，主要是考虑采用半圆拱顶的形状，廊道周边应力条件较好。早期的工程中，拱坝廊道大多数是采用现浇的方式，但这种方式不利于大坝碾压快速施工，影响直线工期，所以目前大部分拱坝工程采用预制廊道，减少廊道施工对拱坝坝体施工的影响。但值得注意的是，拱坝廊道是呈弧线布置的，与重力坝不同，每一块预制廊道的尺寸有差异，应根据廊道轴线确定每块预制廊道的尺寸。在善泥坡廊道轴线设计时进行了局部改进，采用圆弧形轴线，预制廊道尺寸可以做到尽量统一，实际仅用了 3 种预制廊道尺寸，减少了施工难度。

基础灌浆廊道往往兼顾了排水廊道的作用，在平面上沿拱圈弧形或折线布置，两岸沿岸坡上升到一定高度终止，或向两岸延伸与两岸灌浆隧洞相连，在布置轴线时需注意上下层之间的空间关系，特别是作为帷幕灌浆施工通道时，应考虑与上下层帷幕灌浆的衔接，另廊道坡度较陡时，廊道内应设置平台及扶手，若两岸坡度大于 45°时，基础灌浆廊道可与灌浆隧洞结合分层布置。基础灌浆廊道底板纵向坡度应平顺，以便钻机移动，底板混凝土厚度，不宜小于 3m，目前大部分工程在 5～20m 之间，见表 3.5.28。有时在满足大坝基础灌浆要求的前提下，为了方便施工、避开导流洞等建筑物或减少集水井等抽排设施，可以考虑抬高基础灌浆底高程，但需要进行专门研究，包括对两岸水位、坝肩稳定等的影响。

表 3.5.28 贵阳院设计的碾压混凝土拱坝基础廊道布置情况

工程	坝高 /m	厚高比	底层灌浆廊道距建基面的距离/m	备 注	工程现况
普定	75	0.410	13	兼顾排水廊道及连接左、右楼梯井和电梯井通道	已建
龙首	80	0.170	5	兼顾排水廊道	已建
大花水	134.5	0.173	15	兼顾排水廊道	已建
赛珠	68	0.206	11	兼顾排水廊道及交通廊道	已建
善泥坡	110	0.214	16.4	兼顾排水廊道，与河床高程相当，方便施工	在建
象鼻岭	141.5	0.247	6	兼顾排水廊道及交通廊道	在建
立洲	132	0.196	10	兼顾排水廊道及交通廊道	在建
观音坪	77	0.195	10	兼顾排水廊道，与河床高程相当，方便施工	初设
沙坪	105.8	0.227	10	兼顾排水廊道，与河床高程相当，方便施工	初设

碾压混凝土拱坝在运行和施工过程中，会有各种各样的交通需要，有时受下游水位或其他结构限制，大坝下游没有布置交通通道的条件，或是需要连接坝内交通和坝后交通，

就需要在坝内布置交通廊道。例如，在下游最高水位以上，坝体内的各层纵向廊道，都要有靠近岸坡的横向廊道作为交通廊道通至坝下游面或与岸坡上的人行道相连接、坝内左、右岸交通竖井通过坝内交通廊道连接（普定水电站）等。

观测廊道是在大坝施工及运行期对大坝相关参数进行监测而设置的，通常结合灌浆廊道、交通廊道等布置，原则上只要能够满足相关监测设备安装及运行要求即可。

另外在廊道布置中，应注意如果廊道与泄水孔或导流底孔在不同高程上相交叉时，上、下相距不宜太近，以防止混凝土开裂贯通。贵阳院设计的碾压混凝土拱坝廊道统计见表3.5.29。

表 3.5.29　　　　　　　　贵阳院设计的碾压混凝土拱坝廊道统计表

工程	坝高/m	厚高比	灌浆廊道 宽×高/(m×m)	排水廊道 宽×高/(m×m)	交通廊道 宽×高/(m×m)	观测廊道 宽×高/(m×m)	廊道形状	制作工艺	工程现况
普定	75	0.410	2.5×3	2.5×3	2.5×2.5	2.5×2.5	拱顶平底	现浇/预制顶拱	已建
龙首	80	0.170	2.5×3.2	2.5×3.2	1.5×2.5	1.5×2.5	拱顶平底	预制顶拱	已建
大花水	133	0.173	3×3.9	3×3.9	2×2.5	3×3.9	拱顶平底	预制廊道	已建
赛珠	68	0.206	3×3.9	3×3.9	3×3	2.5×3	拱顶平底	预制顶拱	已建
善泥坡	110	0.214	3×3.9	3×3.9	2×3	3×3.9	拱顶平底	预制廊道	在建
象鼻岭	141.5	0.247	3×3.9	3×3.9	3×3.9	3×3.9	拱顶平底	预制廊道	在建
立洲	132	0.196	3×4	3×4	2.5×3	2.5×3	拱顶平底	预制顶拱	在建
观音坪	77	0.195	3×3.9	3×3.9	2×2.5	2.5×3	拱顶平底	预制廊道	初设
沙坪	105.8	0.227	3×3.9	3×3.9	2×2.5	2.5×3	拱顶平底	预制廊道	初设

3.5.6.2　竖向交通

如前所述，为方便施工和减少干扰，坝体交通应尽量布置在坝后。若拱坝泄洪系统中布置有中孔，且中孔下游悬臂偏长，需要设置支撑保证中孔悬臂结构稳定，此时坝后的竖向交通及大坝集水井可结合该支撑结构布置。支撑结构与大坝下游坝面结合起来，四周用混凝土墙封闭，内设垂直楼梯至集水井顶板，且与底层灌浆隧洞相通。大花水水电站（图3.5.18）、善泥坡水电站（图3.5.22）均采用了这种布置形式。另外虽然大坝并没有设置中孔，亦不需要支撑结构，但由于坝体厚度较薄仍然可以采用这种坝后竖井的方式，解决竖向交通并兼顾集水井使用，龙首水电站就采用了这样的方式（图3.5.19）。如坝后受结构等因素限制，不具备布置竖向交通，可局部采用坝内竖井，交通、检查等竖井，一般做成圆形，且断面在满足交通要求的前提下应尽可能小，以减少对坝体的削弱。

3.5.6.3　坝后交通

坝后交通是坝内交通连接纽带，形式多样，比如之字形坝后楼梯、多层坝后交通桥、坝后交通公路等，可以单独使用，也可以相互结合。一般，如果拱坝弧线轴长较短，且下游坝面交通需求较少时，可从坝顶布置之字形坝后楼梯至下游坝面横向廊道出口（或启闭

图 3.5.18　大花水水电站大坝下游照片

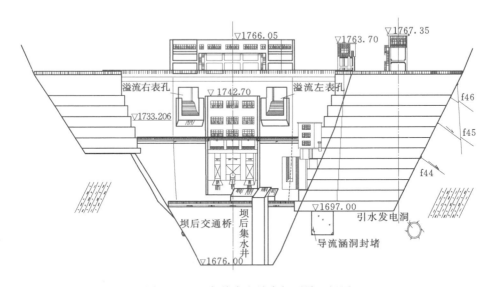

图 3.5.19　龙首水电站大坝下游立视图

室或监测室等），如洗马河二级赛珠水电站（图 3.5.20）。

　　如果拱坝弧线轴长较长，坝后可布置多层坝后交通桥，交通桥每隔 20～30m 布置一层，每层贯穿下游坝面，上、下交通桥的连接可通过岸坡交通公路（或马道）连接，也可以通过之字形坝后楼梯连接。有时在下游水位以下需要布置交通通道，但是坝内没有布置

之字形楼梯

图 3.5.20　洗马河赛珠水电站大坝下游立视照片

交通廊道的条件，那么仍然可以布置坝后交通桥，只是需要对结构进行封闭，断面形式可以参考廊道断面，龙首水电站底层坝后交通桥就在下游水位以下，设计中就采用了这样的方式（图 3.5.19）。

　　如果大坝下游左、右岸有交通运输的要求，除了坝顶交通以外，可在大坝下游面设置交通公路，与坝后交通桥相似，但必须满足该工程的交通运输要求。

　　有时由于坝址地形地质条件影响，拱坝会在坝肩布置重力坝段或推力墩，这时坝后交通可以结合重力坝段或推力墩布置，如龙首水电站的坝后交通就分别布置在左岸重力坝段及右岸推力墩的坝后并与拱坝坝后交通桥连接（图 3.5.21）。

　　虽然大坝坝后交通形式多样且布置灵活，但仍然要考虑方便施工，尽量减少对大坝施工的干扰。以善泥坡水电站坝后交通布置为例（图 3.5.22），为了连接电梯井到中孔启闭机室及左岸下游交通廊道出口，在下游坝面分别设置了两层交通桥，且两条交通桥均水平布置，这样就避免了类似之字形坝后楼梯造成的对多个高程大坝施工造成干扰的情形，另外由于两层交通桥高程相差 11m 左右，在左中孔下游闸墩左侧布置交通楼梯形成两层交通桥竖向连接，因闸墩为常态混凝土结构，竖向交通楼梯施工可以与闸墩施工同步有效地结合起来。同时，在施工图阶段，为了进一步加快施工进度，善泥坡水电站对于大坝下游面的两层水平交通桥采用预制混凝土板梁的结构，可以达到一次成型，迅速施工的效果。

　　中、高拱坝为了交通便利且舒适，通常设置电梯井。电梯井井筒大部分为矩形，包括电梯井、楼梯井、电缆井等，尺寸根据电梯尺寸、电缆布置要求、通风要求、消防要求等

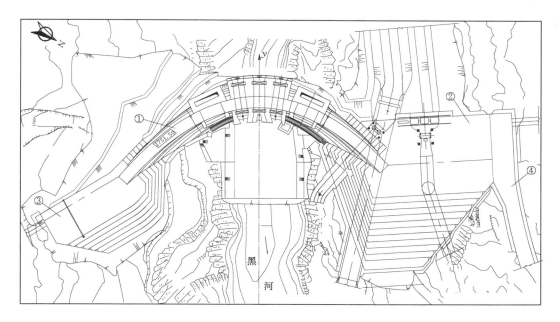

图 3.5.21 龙首水电站大坝平面布置图
①—碾压混凝土拱坝；②—左岸碾压混凝土重力坝；③—右岸推力墩；④—左岸上坝公路

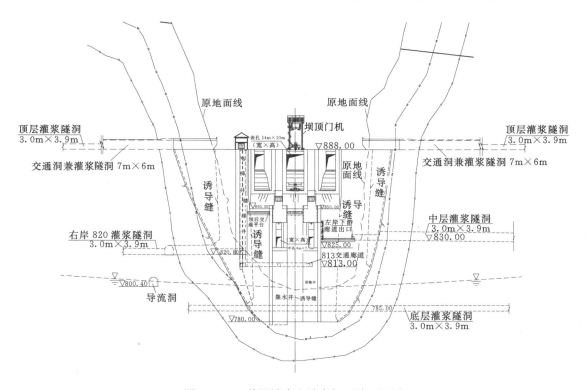

图 3.5.22 善泥坡水电站大坝下游立视图

确定。一般薄拱坝电梯井设置在坝外，重力拱坝可考虑设置在坝内。电梯井可以从坝顶一直到底层灌浆廊道，并在各层交通桥（或启闭室）设置电梯出口；也可以从坝顶到坝体某层交通廊道（或交通桥），可根据实际工程条件灵活布置。另如果地质、施工、枢纽布置等条件允许，也可以将电梯井布置在坝肩山体中。例如，牛栏江象鼻岭水电站就将电梯井布置在右坝肩山体内（图3.5.23和表3.5.30），从坝顶贯穿至底层灌浆隧洞，并与右岸地下厂房交通连接，巧妙地将坝顶、中层灌浆隧洞、底层灌浆隧洞、地下厂房交通联系起来，整个大坝枢纽交通系统布置简洁明了。

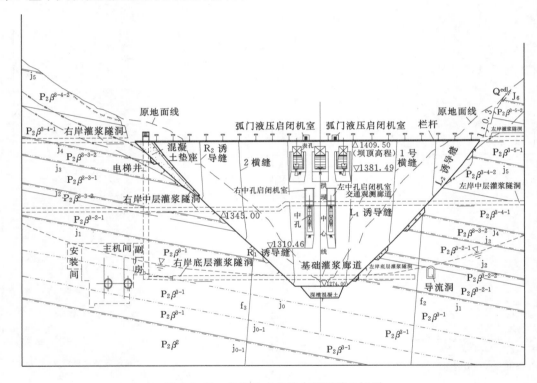

图 3.5.23　象鼻岭水电站大坝下游立视图

表 3.5.30　　　　　　　　贵阳院设计碾压混凝土拱坝电梯井布置情况

工程	坝高/m	厚高比	电　梯　井		工程现况
			高度/m	形式	
普定	75	0.410	60	坝内	已建
龙首	80	0.170	无	无	已建
大花水	134.5	0.173	无	无	已建
善泥坡	110	0.214	75	坝外	在建
象鼻岭	141.5	0.247	130	坝肩山体内	在建
立洲	132	0.196	无	无	在建
赛珠	68	0.206	无	无	已建
观音坪	77	0.195	无	无	初设
沙坪	105.8	0.227	无	无	初设

综上所述，碾压混凝土拱坝的坝内交通系统不仅要满足大坝运行及施工交通要求，还要保证尽量不影响拱坝的整体施工进度且施工方便。随着许多碾压混凝土拱坝工程的施工，积累了许多工程经验，坝内交通系统设计也提出了更高的要求，比如进一步加快施工进度，更人性化，更舒适等。因此在坝内交通系统设计时，要综合多方面的因素考虑，并在实践中不断完善，不断创新。

3.6　坝体应力与坝肩稳定

3.6.1　坝体应力分析

碾压混凝土拱坝的结构功能及要求，与传统的常态混凝土拱坝是相同的，应力分析主要包括下列内容：

（1）坝体上、下游面的主应力及分布。

（2）各计算截面上的应力分布。

（3）坝体特殊部位（孔洞、泄水管道、各种悬臂结构等部位）的局部应力。

（4）坝基（特别是软弱夹层、断层等部位）内部应力。

设计时，可根据工程规模、地质条件、拱坝的具体情况和设计阶段，计算上述内容的部分或全部，或增加其他分析内容。

3.6.1.1　碾压混凝土拱坝应力分析特点

碾压混凝土拱坝的应力分析与传统常态混凝土拱坝理论上讲是基本相同的，差异如下：

（1）碾压混凝土坝采用诱导缝时，施工期坝体自重存在拱作用，可参与拱梁分载，而常态混凝土拱坝自重荷载单一作为梁荷载作用。

（2）碾压混凝土坝施工期温度荷载未完全释放完成，施工期的水化热温升部分带入到运行期，影响到最终的拱坝应力状态。

坝体自重参与拱梁分载的计算较容易实现，但部分温度荷载带入到运行期，带入的荷载大小是很难确定，需要通过全过程仿真模拟才能实现，所以在采用多拱梁法进行计算时往往忽略了此部分荷载，设计者在设计过程中要予以考虑。

拱坝应力分析其他方面，如作用效应组合、基础岩石及混凝土物理力学参数的确定、应力控制标准、计算方法等完全一样。

3.6.1.2　作用与作用效应组合

在碾压混凝土拱坝应力分析中，其荷载类型与组合与常态混凝土拱坝相同。拱坝作用包括水压力、温度荷载、自重、扬压力、泥沙压力、浪压力、冰压力、地震作用和可能出现的其他作用。水压力、自重、扬压力、泥沙压力、浪压力、冰压力、地震作用的计算常态混凝土拱坝与碾压混凝土拱坝完全相同，而碾压混凝土拱坝的温度荷载需要考虑施工期水化热温升对运行期温度应力的影响，可按下式计算：

$$T_m = T_{m1} - T_{m0} \pm T_{m2}$$
$$T_d = T_{d1} - T_{d0} \pm T_{d2}$$

式中　T_m、T_d——坝体应力计算中的平均温度荷载和等效温差；

　　　T_{m0}、T_{d0}——施工过程中坝体最高平均温度和等效温差；

　　　T_{m1}、T_{d1}——运行期坝体年平均温度和等效温差；

　　　T_{m2}、T_{d2}——运行期环境温度变化引起的坝体年平均温度和等效温差。

碾压混凝土拱坝的温度荷载分析中，应考虑施工期水化热温升影响与消除施工期水化热温升影响的工况。考虑含施工期水化热温升影响时，坝体最高平均温度 T_{m0} 可按下式计算：

$$T_{m0} = T_p + T_r \qquad (3.6.1)$$

式中　T_p——混凝土浇筑温度；

　　　T_r——混凝土水化热最高平均温升。

碾压混凝土拱坝与常态混凝土拱坝作用效应组合完全相同。

3.6.1.3　混凝土物理力学参数

碾压混凝土与常态混凝土同等级的物理力学参数基本相同或相近，两种材料物理力学指标的差异主要是工程水文气象、原材料、配合比、浇筑养护条件等不同而引起，所以进行坝体应力计算使用的碾压混凝土容重、弹性模量、线膨胀系数、泊松比均按《混凝土拱坝设计规范》（DL/T 5436—2006）规定确定。

3.6.1.4　拱坝应力计算方法

拱坝是一个空间壳体结构，其几何形状和边界条件都很复杂，难以确定坝体的真实应力状态。在工程设计中，根据分析需要常做一些合理的简化。按照现行规范要求，拱梁分载法是拱坝应力分析的基本方法。对高拱坝或情况比较复杂的拱坝（如坝内设置大孔洞、基础条件复杂等），除用拱梁分载法计算外，还应进行有限元分析。

1. 拱梁分载法

目前，多拱梁法应力计算程序国内有很多，下面介绍两个用得相对比较多的程序：

（1）中国水电顾问集团成都勘测设计研究院 ADSC-CK 程序。ADSC-CK 程序集三向、四向、五向调整法和全调整法等多种方法于一体，可以由用户选择使用，具有前后处理功能、分析结构可用图形化、表格化表示。拱圈线型主要包括：单心、双心、三心等厚、变厚圆拱圈，抛物线、椭圆线、对数螺旋线一二次曲线、混合曲线。改程序在国内拱坝体型设计和优化研究中广泛运用，具有极强的实用价值和较高的计算精度。该程序经20多年的工程实践运用和对程序的不断扩充和完善，是一套使用方便、运用广泛、功能较完善的拱坝应力分析程序。

（2）中国水利水电科学研究院 ADASO 程序。ADASO 程序可进行常规的拱坝静力分析和静动力分析，同时对拱坝既可进行静力优化，也可进行动力优化。优化的目标函数可以是坝体体积（单目标优化），也可以是坝体体积＋最大计算应力（双目标优化）；优化的约束条件可满足拱坝设计多方面的要求。具有多样化的前后处理功能、分析结果可用图形化及表格化表示。ADASO 软件已在国内得到较广泛的运用。

2. 有限元法

有限元法坝体应力计算又分线弹性有限元法和非线性有限元法。

线弹性元法将坝体混凝土、坝基岩石等受力本构关系考虑成弹性材料，分析其坝体及坝基应力，分析坝体应力分布、大小等状况，局限在于假如大坝混凝土、坝基岩石等材料出现破坏、屈服等状况时，不能正确反映真实坝体应力。目前常用计算软件有 Ansys 等。

非线性有限元法将坝体混凝土、坝基岩石等受力本构关系考虑成非线性材料，考虑其材料在空间应力状况下塑性性能，分析其坝体及坝基应力，分析坝体应力分布、大小等状况，计算结果相对准确，局限在于考虑坝基岩石不同岩性、软弱结构面等因素，计算模型大，对计算机性能要求高，费时费力。目前常用计算软件有 Ansys、Abaqus 等。

3.6.1.5　碾压混凝土拱坝应力分析实例

下面以某工程碾压混凝土拱坝为例，介绍拱坝应力采用拱梁分载法、有限元法（非线性静动力计算）的分析过程。

1. 拱梁分载法应力分析

采用拱梁分载法对坝体的应力和应变进行分析计算，拱坝分为 8 拱 15 梁，并考虑拱梁分载及径、切、扭三向及垂直扭矩调整。

（1）基本资料。

1）坝体混凝土。主要采用三级配 $C_{90}25$ 碾压混凝土，弹性模量为 22GPa；线膨胀系数 $10 \times 10^{-6}/℃$，泊松比为 0.167，重度为 $24kN/m^3$。

2）基岩。坝肩中上部基岩主要为二叠系卡翁沟组（Pk）厚层块状灰岩，基岩泊松比 0.23，结合坝基岩石风化情况各高程综合变形模量见表 3.6.1。

表 3.6.1　　　　　　　　　　　坝基综合变形模量值表

高程/m		2092	2075	2055	2035	2015	2000	1985	1970	1960
变形模量 /GPa	左岸	8	8	12	12	12	12	12	12	12
	右岸	12	12	12	12	12	12	12	12	12
基础承载力 /MPa	左岸	4.0	4.0	5.5	5.5	5.5	5.5	5.5	5.5	5.5
	右岸	5.5	5.5	5.5	5.5	5.5	5.5	5.5	5.5	5.5

3）泥沙 50 年淤积高程 1985.21m，饱和重度 $18kN/m^3$，内摩擦角 10°。

4）温度荷载。坝址多年平均气温 11.5℃，多年 1 月平均气温 4.2℃，多年 7 月平均气温 17.0℃。取库底年平均水温为 10℃。

温度荷载产生的应力在拱坝的应力中占很大比重。在综合考虑了温控冷却措施、封拱灌浆时间及相应月平均气温等因素后确定了封拱温度见表 3.6.2。

表 3.6.2　　　　　　　　　　　设 计 封 拱 温 度 表

高程/m	2092	2075	2055	2035	2015	2000	1985	1970	1960
温度	15	15	14	14	14	14	13	12	12

温度荷载采用《混凝土拱坝设计规范》（DL/T 5436—2006）中推荐的方法计算，并在计算中考虑了平均温度 T_m 和等效温差 T_d。拱坝温度荷载见表 3.6.3。

表 3.6.3   温 度 荷 载 表

高程/m		2092	2075	2055	2035	2015	2000	1985	1970	1960
温降	T_m	−9.31	−6.13	−5.08	−4.76	−4.61	−3.51	−3.44	−2.39	−3.33
	T_d	0.00	−3.14	−3.98	−3.73	−3.04	−2.39	−1.92	−1.62	−1.87
温升	T_m	7.31	3.30	1.26	1.39	0.94	0.68	1.52	1.42	0.33
	T_d	0.00	4.80	7.63	8.47	8.38	8.06	7.77	7.56	1.87

5）计算水位见表 3.6.4。

表 3.6.4   水 位 情 况 表

水位特征	上游水位/m	下游水位/m
正常蓄水位	2088.00	1987.20
设计洪水位	2088.00	1998.94
死水位	2068.00	1987.20
校核洪水位	2090.38	2000.78

（2）荷载组合与工况。根据规范，分别考虑持久状况、短暂状况及偶然状况，持久状况设计情况包括正常蓄水位、设计洪水位及死水位。短暂组合考虑诱导缝部分灌浆温升、温降及坝体挡水情况。而偶然状况下考虑校核洪水，或正常蓄水位在温升或温降情况下遭遇地震情况，以及常遇低水位（死水位）在温升或温降情况下遭遇地震情况。根据《水工建筑物抗震设计规范》（DL 5073—2000）规定，地震情况采用拱梁分载动力法计算。

基本组合（持久状况）：

工况①：坝体自重＋正常蓄水位＋相应下游水位＋泥沙压力＋温降。

工况②：坝体自重＋正常蓄水位＋相应下游水位＋泥沙压力＋温升。

工况③：坝体自重＋设计洪水位＋相应下游水位＋泥沙压力＋温升。

工况④：坝体自重＋死水位＋相应下游水位＋泥沙压力＋温降。

工况⑤：坝体自重＋死水位＋相应下游水位＋泥沙压力＋温升。

偶然组合（偶然状况）：

工况⑥：坝体自重＋校核洪水位＋相应下游水位＋泥沙压力＋温升。

工况⑦：坝体自重＋正常蓄水位＋相应下游水位＋泥沙压力＋温降＋地震。

工况⑧：坝体自重＋正常蓄水位＋相应下游水位＋泥沙压力＋温升＋地震。

工况⑨：坝体自重＋死水位＋相应下游水位＋泥沙压力＋温降＋地震。

工况⑩：坝体自重＋死水位＋相应下游水位＋泥沙压力＋温升＋地震。

对于短暂组合：大坝工程施工需要进行部分诱导缝灌浆满足第 4 年汛期（6—10 月）防洪度汛，临时挡水按 20 年一遇洪水设计，相应坝前壅水高程为 2048.00m，大坝浇筑高程在 2060m，在第 4 年 6—10 月份防洪度汛临时挡水，考虑接缝灌浆至 2040m 温升、温降及挡水情况。

工况Ⅰ：坝体自重＋温升。

工况Ⅱ：坝体自重＋临时挡水位＋相应下游水位＋温升。

（3）应力控制标准。立洲拱坝坝混凝土采用 $C_{90}25RCC$ 碾压混凝土，采用拱梁分载法进行坝体应力计算的坝体混凝土允许压、拉应力见表 3.6.5。

表 3.6.5　　　　　　　立洲坝体应力控制标准（拱梁分载法）

荷载组合	材料系数	应力控制标准/MPa				备　注
		压应力		拉应力		
		结构系数	容许压应力	结构系数	容许拉应力	
拱梁分载法	2.0	2.0	6.25	0.85	1.18	非地震情况
特殊荷载组合（地震，动力法）	1.5	1.30	11.00	0.70	2.04	

（4）应力计算结果。不同计算组合与工况下，坝体抗压和抗拉强度承载力极限状态计算成果见表 3.6.6～表 3.6.8。

表 3.6.6　　　　基本组合各工况坝体抗压和抗拉强度承载力极限状态计算成果表

计算工况			坝体极限状态表达式				发生部位
			主应力 σ /MPa	$\gamma_0\psi S(\cdot)$ /MPa	$R(\cdot)/\gamma_d$ /MPa	判别	
工况①	上游面	压应力	4.430	4.430	6.25	√	2010m 高程拱冠
		拉应力	0.719	0.719	1.18	√	2010m 高程左端
	下游面	压应力	4.689	4.689	6.25	√	1960m 高程拱冠
		拉应力	1.111	1.111	1.18	√	1960m 高程左拱端
工况②	上游面	压应力	3.328	3.328	6.25	√	2010m 高程拱冠
		拉应力	1.028	1.028	1.18	√	2010m 高程左拱端
	下游面	压应力	5.134	5.134	6.25	√	1960m 高程拱冠
		拉应力	1.091	1.091	1.18	√	1960m 高程左拱端
工况③	上游面	压应力	4.176	4.176	6.25	√	2010m 高程拱冠处
		拉应力	0.690	0.690	1.18	√	2010m 高程左拱端
	下游面	压应力	4.612	4.612	6.25	√	2030m 高程左拱端
		拉应力	1.019	1.019	1.18	√	1960m 高程左拱端
工况④	上游面	压应力	3.371	3.371	6.25	√	2010m 高程拱冠
		拉应力	0.498	0.498	1.18	√	2010m 高程左拱端
	下游面	压应力	3.280	3.280	6.25	√	2010m 高程左拱端
		拉应力	0.913	0.913	1.18	√	1960m 高程左拱端
工况⑤	上游面	压应力	2.851	2.851	6.25	√	1960m 高程左拱端
		拉应力	0.763	0.763	1.18	√	2010m 高程左拱端
	下游面	压应力	3.691	3.691	6.25	√	2030m 高程右拱端
		拉应力	0.885	0.885	1.18	√	1960m 高程左拱端

注　工况①、②、③、④、⑤属基本组合持久状况，ψ 取值为 1.0，γ_d 压应力时为 2.0，拉应力为 0.85。

对于基本组合，坝体最大应变及分布情况如下：

工况①：大坝最大径向变位 2.513cm，位于 2030m 高程拱冠。

工况②：大坝最大径向变位 2.297cm，位于 2030m 高程拱冠。

工况③：大坝最大径向变位 2.479cm，位于 2050m 高程拱冠。

工况④：大坝最大径向变位 1.779cm，位于 2030m 高程拱冠。

工况⑤：大坝最大径向变位 1.647cm，位于 2010m 高程拱冠。

表 3.6.7　　　偶然组合各工况坝体抗压和抗拉强度承载力极限状态计算成果表

计算工况			坝体极限状态表达式				发生部位
			主应力 σ /MPa	$\gamma_0\phi S(\cdot)$ /MPa	$R(\cdot)/\gamma_d$ /MPa	判别	
工况⑥	上游面	压应力	3.289	2.796	6.25	√	1990m 高程拱冠
		拉应力	1.029	0.875	1.18	√	2010m 高程左拱端
	下游面	压应力	5.241	4.455	6.25	√	2030m 高程左拱端
		拉应力	1.004	0.853	1.18	√	1960m 高程左拱端
工况⑦	上游面	压应力	4.604	3.913	10.93	√	2010m 高程拱冠
		拉应力	0.843	0.717	2.03	√	2010m 高程左拱端
	下游面	压应力	4.988	4.240	10.93	√	1960m 高程拱冠
		拉应力	1.218	1.035	2.03	√	1960m 高程左拱端
工况⑧	上游面	压应力	3.592	3.053	10.93	√	2010m 高程拱冠
		拉应力	1.106	0.940	2.03	√	2010m 高程左拱端
	下游面	压应力	5.435	4.620	10.93	√	2030m 高程左拱端
		拉应力	1.120	0.952	2.03	√	1960m 高程左拱端
工况⑨	上游面	压应力	3.634	3.089	10.93	√	2010m 高程拱冠
		拉应力	0.802	0.682	2.03	√	2092m 高程拱冠
	下游面	压应力	3.388	2.880	10.93	√	2030m 高程左拱端
		拉应力	1.187	1.009	2.03	√	2092m 高程拱冠
工况⑩	上游面	压应力	2.629	2.235	10.93	√	2010m 高程左拱端
		拉应力	0.862	0.733	2.03	√	2010m 高程左拱端
	下游面	压应力	4.059	3.450	10.93	√	2030m 高程右拱端
		拉应力	0.984	0.836	2.03	√	1960m 高程左拱端

注　工况⑥属偶然状况非地震情况，ϕ 取值为 0.85，γ_{d1} 压应力时为 2.0，拉应力为 0.85；工况⑦、工况⑧、工况⑨、⑩属偶然组合地震工况，γ_d 取值为 0.85，γ_d 压应力时为 1.3，拉应力为 0.70。

对于偶然组合，坝体最大应变及分布情况如下：

工况⑥：大坝最大径向变位 2.338cm，位于 2010m 高程拱冠。

工况⑦：大坝最大径向变位 2.683cm，位于 2050m 高程拱冠。

工况⑧：大坝最大径向变位 2.419cm，位于 2030m 高程拱冠。

工况⑨：大坝最大径向变位 1.901cm，位于 2030m 高程拱冠。

工况⑩：大坝最大径向变位 1.743cm，位于 2030m 高程拱冠。

表 3.6.8　　　短暂情况各工况坝体抗压和抗拉强度承载力极限状态计算成果表

计 算 工 况			坝体极限状态表达式				发生部位
			主应力 σ /MPa	$\gamma_0 \psi S(\cdot)$ /MPa	$R(\cdot)/\gamma_d$ /MPa	判别	
工况 I	上游面	压应力	3.769	3.581	6.25	√	1960m 高程左拱端
		拉应力	0.105	0.100	1.18	√	2010m 高程拱冠
	下游面	压应力	1.159	1.101	6.25	√	1990m 高程拱冠
		拉应力	0.231	0.219	1.18	√	1960m 高程拱冠
工况 II	上游面	压应力	3.033	2.881	6.25	√	1960m 高程拱冠
		拉应力	0.212	0.201	1.18	√	2010m 高程左拱端
	下游面	压应力	1.689	1.605	6.25	√	2010m 高程左拱端
		拉应力	0.514	0.488	1.18	√	1960m 高程左拱端

注　工况 I、II、III 属基本组合短暂状况，ψ 取值为 0.95，γ_d 压应力时为 2.0，拉应力为 0.85。

对于短暂组合，坝体最大应变及分布情况如下：

基本组合工况 I：大坝最大径向变位 -0.233cm（往上游），位于 2040m 高程拱冠。

基本组合工况 II：大坝最大径向变位 0.829cm，位于 2040m 高程拱冠。

从表 3.6.6～表 3.6.8 可以看出，大坝在各工况下应力、位移均满足规程规范要求。

2. 三维非线性有限元法

采用非线性法开展大坝静力和地震动力计算。

（1）计算模型。采用通用软件 MSC - Patran 进行前处理，采用通用软件 ABAQUS 进行计算和后处理。有限元模型模拟范围：以拱坝轴线为基准，向上、下游各延伸 200m，左右岸取 400m，沿坝基深度取 300m。

拱坝-地基系统的三维动力计算模型，共划分了 17995 个单元，21433 个节点，其中坝体 2412 个单元，地基 15583 个单元，坝体模型包括 4 条结构诱导缝、2 个溢流表孔和 1 个中孔。如图 3.6.1 和图 3.6.2 所示。

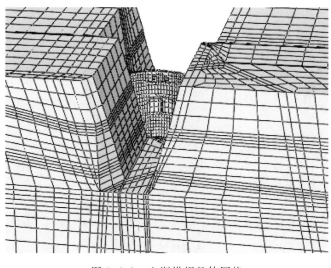

图 3.6.1　立洲拱坝整体网格

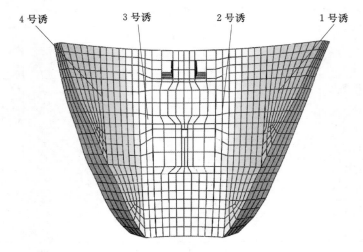

图 3.6.2　立洲拱坝坝体网格

（2）计算工况。同前。

（3）地震荷载。在静态荷载基础上，进行地震动力分析。在动力时程反应分析中，考虑的荷载有地震惯性力和地震动水压力。

1）地震惯性力。设计烈度为Ⅷ度，50年超越概率10％的地震基岩水平峰值加速度为0.107g，竖向设计地震加速度峰值取水平向的2/3。采用规范标准谱生成水平向和竖向人工地震波时程，计算中采用的人工地震加速度时程对应的反应谱如图3.6.3所示，与拱坝规范标准谱可作比较。

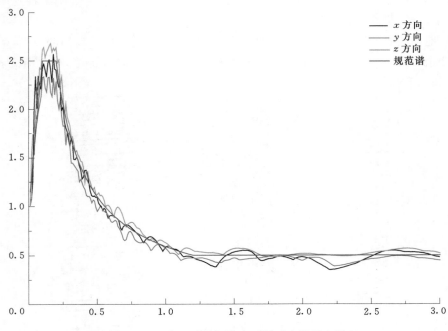

图 3.6.3　人工地震加速度时程对应的反应谱

2）地震动水压力。采用 Westergaard 动水压力公式计算：

$$p = \frac{7}{8}\rho\sqrt{H(H-Z)}\ddot{v}_g$$

式中　p——坝面某点受到的动水压力；

　　　ρ——库水质量密度；

　　　H——坝前库水深度；

　　　Z——该点在坝基面以上的高度；

　　　$\ddot{v}_g$——坝面结点加速度。

在进行拱坝动力反应分析之前，首先对其自振特性进行计算，以便为动力反应分析提供基础和指导，更好地研究拱坝的地震反应规律。该工程拱坝的自振频率见表 3.6.9。

表 3.6.9　　　　　　　　　　　　　拱坝的自振频率　　　　　　　　　　　　单位：Hz

自振频率阶数	1	2	3	4	5	6	7	8	9	10
满库	3.14	3.38	5.07	5.39	6.26	6.51	6.92	7.59	7.88	8.87
空库	4.56	4.90	7.29	7.68	7.94	8.24	9.66	11.00	11.46	12.10

（4）应力控制标准。立洲拱坝坝混凝土采用 C$_{90}$25 碾压混凝土，采用有限元法进行坝体应力计算的坝体混凝土允许压、拉应力见表 3.6.10。

表 3.6.10　　　　　　　　　　坝体应力控制标准（有限元法）

荷载组合	材料系数	应力控制标准/MPa				备　注
		压应力		拉应力		
		结构系数	容许压应力	结构系数	容许拉应力	
有限元法	2.0	1.6	7.81	0.65	1.54	
特殊荷载组合（地震，动力法）	1.5	1.30	11.00	0.70	2.04	

（5）计算结果。在静力计算中，将针对不同荷载工况以及超载条件，对拱坝进行位移、应力反应计算，此外从坝体应力、位移及屈服等方面安全评价准则出发，综合评价拱坝的整体安全性。该拱坝主要典型工况的应力、位移、屈服区等计算成果见图 3.6.4～图 3.6.12 所示。

1）基本组合（持久状况）工况①计算成果。该工况正常荷载条件下，最大顺河向位移发生在拱坝中部，约 1.68cm，坝体屈服区体积占坝体体积的 1.86% 左右，屈服主要发生在坝肩，基本未对拱坝整体位移产生影响。最大拉应力发生在高程 2030m 左岸拱端的坝踵，约 1.52MPa。可见，高程 2030m 附近拱作用比较强。

2）偶然组合（偶然非地震状况）工况⑥计算成果。该工况条件下，最大顺河向位移发生在拱坝中部，约 1.48cm，坝体屈服区体积占坝体体积的 0.25% 左右，屈服主要发生在坝肩，没有对拱坝整体位移产生太大影响。最大拉应力发生在高程 2030m 左岸拱端的坝踵，约 1.2MPa。高程 2030m 附近拱作用比较强。

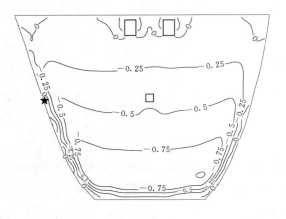 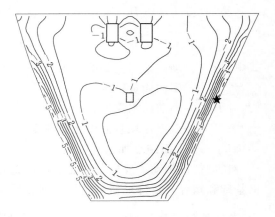

（a）上游面最大主应力（★等效极值 0.49MPa）　　　（b）下游面最小主应力（★等效极值－6.37MPa）

图 3.6.4　工况①坝体主应力图

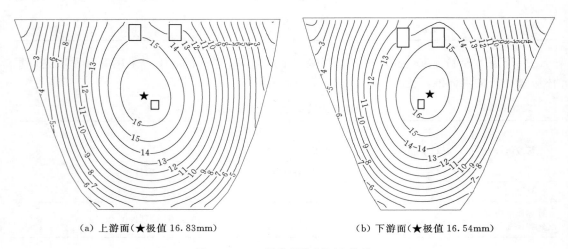

（a）上游面（★极值 16.83mm）　　　（b）下游面（★极值 16.54mm）

图 3.6.5　工况①坝体顺河向位移

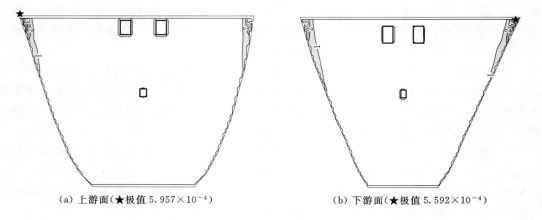

（a）上游面（★极值 5.957×10^{-4}）　　　（b）下游面（★极值 5.592×10^{-4}）

图 3.6.6　工况①上下游面屈服区分布图（等效塑性应变）

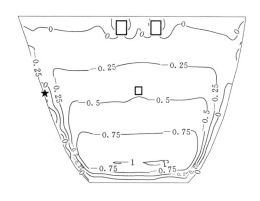 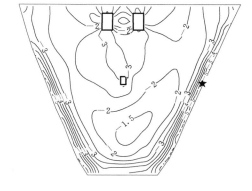

(a) 上游面最大主应力(★极值 1.185MPa)　　　　(b) 下游面最小主应力(★极值-9.458MPa)

图 3.6.7　工况⑥坝体的主应力 (MPa)

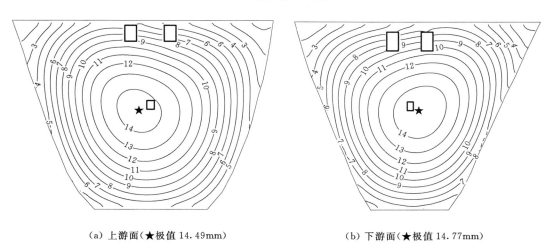

(a) 上游面(★极值 14.49mm)　　　　(b) 下游面(★极值 14.77mm)

图 3.6.8　工况⑥坝体顺河向位移图 (mm)

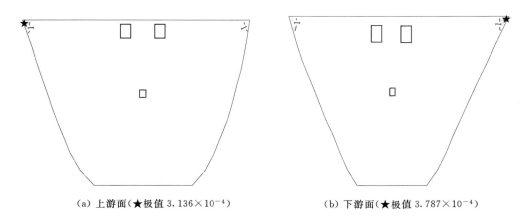

(a) 上游面(★极值 3.136×10^{-4})　　　　(b) 下游面(★极值 3.787×10^{-4})

图 3.6.9　工况⑥上下游面屈服区分布图 (等效塑性应变)

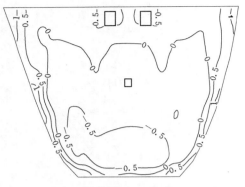

（a）上游面最大主应力（★极值 1.23MPa）

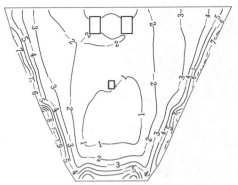

（b）下游面最小主应力（★极值—7.19MPa）

图 3.6.10　工况⑦主应力等值线图

顺河（Y）正向（极值：19mm）

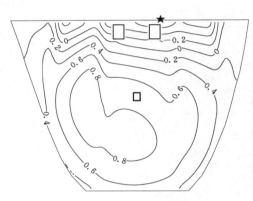

顺河（Y）负向（极值：—9mm）

图 3.6.11　工况⑦坝体顺河向位移（mm）

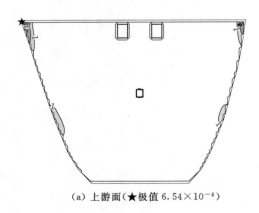

（a）上游面（★极值 6.54×10^{-4}）

（b）下游面（★极值 6.03×10^{-4}）

图 3.6.12　工况⑦上下游面屈服区分布图（等效塑性应变）

3）偶然组合（地震状况）工况⑦计算成果。

坝体位移分布图可见，当设计地震峰值加速度为 $0.107g$ 时，静动荷载联合作用下拱坝最大顺河向位移为 1.92cm。坝体应力分布图表明，上下游面坝体主要区域的最大主拉应力约为 0.5～1MPa，最大主压应力约为 3～5MPa。从坝体材料塑性屈服区分布可以看出，当拱坝遭遇 0.107g 的设计地震作用时，坝身混凝土基本不发生屈服损伤，只在顶端的坝肩部位和建基面的某些部位出现非常小区域的轻微屈服，说明设计地震作用下，整个大坝基本处于线弹性状态。

各种工况下抗压和抗拉强度承载能力计算成果见表 3.6.11。计算成果表明：各工况在静力、动力作用下抗压及抗拉强度均满足规范要求。

表 3.6.11　　　各工况抗压和抗拉强度承载能力成果表（应力等效处理后）

计算工况	抗拉强度承载能力极限状态			抗压强度承载能力极限状态		
	主应力 /MPa	$\gamma_0 \psi S(\cdot)$ /MPa	$R(\cdot)/\gamma_d$ /MPa	最小主应力 /MPa	$\gamma_0 \psi S(\cdot)$ /MPa	$R(\cdot)/\gamma_d$ /MPa
工况①	0.49	0.49	1.50	−6.37	−6.37	7.81
工况②	0.24	0.24	1.50	−6.42	−6.42	7.81
工况③	0.24	0.24	1.50	−6.45	−6.45	7.81
工况④	0.27	0.27	1.50	−4.56	−4.56	7.81
工况⑤	0.21	0.21	1.50	−4.89	−4.89	7.81
工况⑥	0.25	0.21	1.54	−6.72	−5.72	7.81
工况⑦	1.23	1.05	2.03	−7.19	−6.11	10.93
工况⑧	1.19	1.01	2.03	−6.85	−5.82	10.93
工况⑨	1.30	1.11	2.03	−6.60	−5.61	10.93
工况⑩	1.17	0.99	2.03	−5.34	−4.54	10.93

注　工况①、工况②、工况③、工况④、工况⑤属持久状况、基本组合，ψ 取值为 1.0，γ_d 压应力时为 1.6，拉应力为 0.65。工况⑥属偶然状况、偶然组合非地震情况，ψ 取值为 0.85，γ_{d1} 压应力时为 1.6，拉应力为 0.65。工况⑦、工况⑧、工况⑨、工况⑩属偶然状况地震情况，ψ 取值为 0.85，γ_d 压应力时为 1.3，拉应力为 0.70。

从以上应力应变分布图及表 3.6.11 可以看出，各工况应力分布合理，最大主应力均满足规程规范要求。

（6）主要结论。通过对该工程碾压混凝土拱坝三维非线性有限元分析，可以得出以下结论：

1）坝体顺河向最大位移相差不大，约 1.5cm。均发生在坝体的中部，中孔附近；坝体受到的最大拉应力发生在高程 2030m 左岸拱端的坝踵，均小于坝体混凝土的抗拉强度，坝体的最大压应力发生在下游高程 2030m 左岸坝趾，可见 2030m 高程附近拱作用比较强。坝体屈服基本发生在坝肩，坝踵处未发生大的屈服。温降工况中，坝体屈服体积占坝体总体积的 1.86%，温升工况中，坝体屈服体积占坝体总体积的 0.36%。

2）拱坝在满库条件下的基频为 3.14Hz，频率较高，说明由于河谷狭窄使得拱坝结构的刚度相对较大。设计地震作用下，拱坝三个方向的动位移都比较小，最大顺河向位移发生在顶拱，指向上游，极值大小约为 3.2cm。设计地震作用下，拱坝可能产生约 1.25MPa 的拉应力，较高水平的拉应力主要发生在上下游的上部坝体，尤其是两侧坝肩和孔口周围。坝体最大动压应力为 10MPa 左右，主要发生在上游面孔口周围以及下游面坝肩和坝趾区域。设计地震作用下坝体的拉、压应力在允许控制范围之内。当拱坝遭遇设计地震时，可能在上部的两侧坝肩、下游孔口周围以及建基面的某些部位发生材料的屈服损伤，但损伤程度较轻，范围也不是很大。说明设计地震作用下拱坝材料基本完好，只可能发生小范围的局部塑性损伤。

3.6.2 坝肩稳定分析

碾压混凝土拱坝坝肩稳定分析包括坝肩抗滑稳定、整体稳定，必要时还需开展地质力学模型试验。计算方法与常态混凝土坝完全一致，本书不再累赘。下面通过两个工程案例，介绍拱坝坝肩稳定分析过程。

3.6.2.1 稳定控制标准

稳定控制标准按电力行业标准和水利行业标准有所不同。

1. 电力行业标准

根据《混凝土拱坝设计规范》（DL/T 5436—2006），1、2 级拱坝及高拱坝应满足承载能力极限表达式（3.6.2），其他则应满足承载能力极限表达式（3.6.2）或（3.6.3）。

$$\gamma_0 \psi \sum T \leqslant \frac{1}{\gamma_{d1}} \left(\frac{\sum f_1 N}{\gamma_{m1f}} + \frac{\sum C_1 A}{\gamma_{m1c}} \right) \tag{3.6.2}$$

$$\gamma_0 \Psi \sum T \leqslant \frac{\sum f_2 N}{\sum_{d2} \gamma_{m2f}} \tag{3.6.3}$$

式中　　γ_0——结构重要系数；

ψ——设计状况系数，对应于持久状况、短暂状况、偶然状况，分别取 1.00、0.95、0.85；

N——垂直于滑裂面的作用力；

T——沿滑裂面的作用力；

A——计算滑裂面的面积；

f_1、f_2——抗剪断摩擦系数；

C_1——抗剪断黏聚力。

γ_{d1}——结构系数，为 1.2；

γ_{m1f}、γ_{m1c}——材料性能分项系数，分别为 2.4 和 3.0。

根据《水工建筑物抗震设计规范》，地震工况应满足下列承载力极限状态设计式：

$$\gamma_0 \psi S(\gamma_G G_k, \gamma_Q Q_k, \gamma_E E_k, \alpha_k) \leqslant \frac{1}{\gamma_d} R\left(\frac{f_k}{\gamma_m}, \alpha_k \right)$$

式中　　γ_0——结构重要系数；

ψ——设计状况系数，取 0.85；

G_k，Q_k，E_k——永久、可变、地震作用的标准值；

γ_G，γ_Q，γ_E——永久、可变、地震作用的分项系数；

α_k——几何参数的标准值；

γ_m——材料性能的分项系数；

γ_d——承载能力极限状态的结构系数，取 2.70。

2. 水利行业标准

根据《混凝土拱坝设计规范》　（SL 282—2003），1、2 级拱坝及高拱坝应按式

（3.6.4）计算，其他则可按式（3.6.4）或式（3.6.5）进行计算。

$$K_1 = \frac{\sum(Nf_1 + C_1 A)}{\sum T}$$ （3.6.4）

$$K_2 = \frac{\sum Nf_2}{\sum T}$$ （3.6.5）

式中 K_1、K_2——抗滑稳定安全系数；

$\qquad N$——垂直于滑裂面的作用力；

$\qquad T$——沿滑裂面的作用力；

$\qquad A$——计算滑裂面的面积；

$\qquad f_1$——抗剪断摩擦系数；

$\qquad f_2$——抗剪摩擦系数；

$\qquad C_1$——抗剪断黏聚力。

根据《混凝土拱坝设计规范》（SL 282—2003）规定，相应抗滑稳定安全系数控制指标见表 3.6.12。

表 3.6.12 抗 滑 稳 定 安 全 系 数

荷 载 组 合		建 筑 物 级 别		
		1	2	3
抗剪断公式	基本	3.50	3.25	3.00
	特殊（非地震）	3.00	2.75	2.50
抗剪公式	基本	—	—	1.30
	特殊（非地震）	—	—	1.10

根据《水工建筑物抗震设计规范》（SL 203—97），地震工况应满足下列承载力极限状态设计式：

$$\gamma_0 \psi S(\gamma_G G_k, \gamma_Q Q_k, \gamma_E E_k, \alpha_k) \leqslant \frac{1}{\gamma_d} R\left(\frac{f_k}{\gamma_m}, \alpha_k\right)$$

式中 $\qquad \gamma_0$——结构重要系数；

$\qquad \psi$——设计状况系数，取 0.85；

G_k，Q_k，E_k——永久、可变、地震作用的标准值；

γ_G，γ_Q，γ_E——永久、可变、地震作用的分项系数；

$\qquad \alpha_k$——几何参数的标准值；

$\qquad \gamma_m$——材料性能的分项系数；

$\qquad \gamma_d$——承载能力极限状态的结构系数，取 2.70。

3.6.2.2 碾压混凝土拱坝坝肩稳定分析实例

1. A 工程碾压混凝土拱坝坝肩稳定分析

（1）三维刚体极限平衡法。

1）地质条件及地质参数。拱坝坝肩基岩为 $P_1 q + m$ 厚层灰岩，坝址区地层倾左岸偏上游，岩层视倾上游约 10°。坝址区没有对坝肩稳定产生不利影响的大断层、顺河向断层。

205

重点分析了以近东西向裂隙为前脱开面，以层面为底滑面，以 N0°～30°E 组陡倾裂隙为侧滑面的滑动块体的稳定。两岸拱座部位裂隙主要以 N10°～20°E 为主。

2）边界条件的拟定。根据碾压混凝土拱坝的结构布置，由于左岸为古河槽，在左岸 800m 高程设置一重力坝。以满足左岸坝肩稳定及变形要求。坝肩抗滑稳定破坏模式为：

a. 左岸重力坝。滑动模式①左岸重力坝基础开挖根据揭露情况施工期作了一定调整，建基面基本为沿层面，即 N10°W∠15°～20°，中间突出部位认为与重力坝形成整体，以岸坡为侧滑面，重力坝底部 P_1q+m 层面为底滑面，沿层面滑出。

滑动模式② 以岸坡为侧滑面，沿基础垫层面剪出。

b. 左岸高程 800m 以下。滑动模式① 以顺河向裂隙为侧滑面（采用重力坝侧面方位 N12.5°E），P_1q+m 层面为底滑面，包含重力坝整体沿层面滑出，如图 3.6.13 所示。

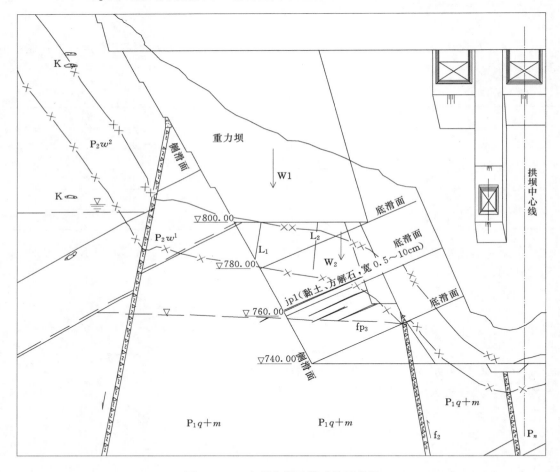

图 3.6.13　左坝肩滑动模式①示意图

滑动模式② 以顺河向裂隙为侧滑面，P_1q+m 层面为底滑面，沿层面滑出，如图 3.6.14 所示。

c. 右岸坝肩。

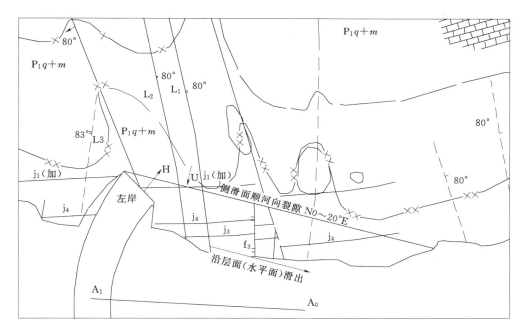

图 3.6.14　左坝肩滑动模式②示意图

滑动模式①　以顺河向裂隙为侧滑面，P_1q+m 层面为底滑面，沿层面滑出，如图 3.6.15 所示。

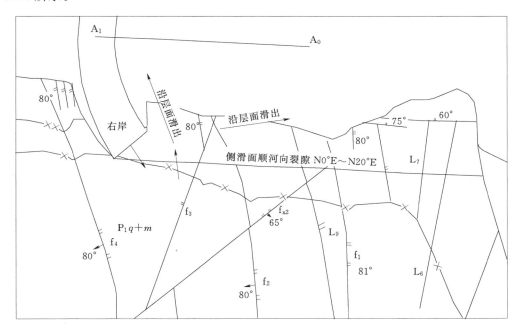

图 3.6.15　右坝肩滑动模式①、②示意图

滑动模式②　以顺河向裂隙为侧滑面，沿水平面剪出，如图 3.6.15 所示。

滑动模式③ 以 F_{x2} 断层为侧滑面，P_1q+m 层面为底滑面，沿层面滑出，如图 3.6.16 所示。

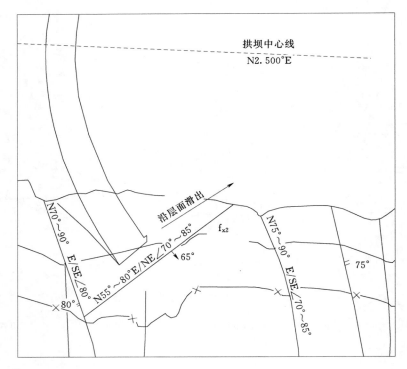

图 3.6.16　右坝肩滑动模式③示意图

滑动模式④以上游拱端 F_4 断层为脱开面，以顺河向裂隙为侧滑面，P_1q+m 层面为底滑面，沿层面滑出，如图 3.6.17 所示。

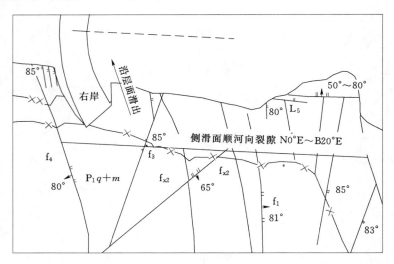

图 3.6.17　右坝肩滑动模式④示意图

通过对各种滑动模式地质参数的分析，各假定破裂面的综合力学指标见表 3.6.13。

表 3.6.13　　　　　　　　　假定破裂面的综合力学指标表

部　位		假定破裂面		综　合　参　数	
				f'	C'/MPa
左岸重力坝	滑动模式①	侧滑面	裂隙	0.70	0.70
		底滑面	层面	0.57	0.12
	滑动模式②	侧滑面	岸坡面	0.60	0.20
		底滑面	建基面	0.80	0.50
左坝肩	滑动模式①	侧滑面	裂隙（岸坡面）	0.70	0.70
		底滑面	层面	0.55	0.15
	滑动模式②	侧滑面	裂隙	0.70	0.70
		底滑面	层面	0.55	0.15
右坝肩	滑动模式①	侧滑面	裂隙	0.88	0.80
		底滑面	层面	0.70	0.25
	滑动模式②	侧滑面	裂隙	0.88	0.80
		底滑面	水平面	0.90	0.70
	滑动模式③	侧滑面	F_{X2}断层	0.61	0.24
		底滑面	层面	0.70	0.25
	滑动模式④	侧滑面	裂隙	0.88	0.80
		底滑面	层面	0.70	0.25

3）稳定计算成果。

a. 左岸重力坝稳定计算成果（表 3.6.14）。经过分析计算，重力坝在上述两种滑动模式下的抗滑稳定安全系数均满足规范要求。

表 3.6.14　　　　　　　　　左岸重力坝抗滑稳定分析成果表

计　算　工　况		安　全　系　数		控制标准
		滑动模式①	滑动模式②	
基本荷载组合	工况Ⅰ	3.30	4.53	3.25
	工况Ⅱ	3.33	4.58	3.25
特殊荷载组合	工况Ⅲ	3.12	4.13	2.75

b. 左岸高程 800m 以下坝肩稳定计算成果（表 3.6.15 和表 3.6.16）。经过分析计算，左坝肩在上述两种滑动模式下的抗滑稳定安全系数均满足规范要求。

c. 右坝肩稳定计算成果（表 3.6.17～表 3.6.19）。

表 3.6.15 左坝肩抗滑稳定计算成果表（滑动模式①）

底滑面 计算高程	基本荷载组合 工况 Ⅰ	基本荷载组合 工况 Ⅱ	特殊荷载组合 工况 Ⅲ
780.0	4.16	4.13	3.89
760.0	4.84	4.81	4.68
740.0	5.40	5.38	5.45

表 3.6.16 左坝肩抗滑稳定计算成果表（滑动模式②）

计算 高程	侧滑面方位 N10°E			侧滑面方位 N15°E			侧滑面方位 N20°E		
	工况 Ⅰ	工况 Ⅱ	工况 Ⅲ	工况 Ⅰ	工况 Ⅱ	工况 Ⅲ	工况 Ⅰ	工况 Ⅱ	工况 Ⅲ
780.0	6.08	6.03	5.85	5.40	5.38	5.23	4.51	4.51	4.39
760.0	5.64	5.62	5.35	4.91	4.90	4.71	4.02	4.03	3.87
740.0	5.60	5.62	5.49	4.69	4.71	4.62	3.85	3.88	3.80

表 3.6.17 右坝肩抗滑稳定计算成果（滑动模式①和滑动模式②）

滑动模式	计算高程	侧滑面方位 N2.5°E			侧滑面方位 N100°E			侧滑面方位 N200°E		
		工况 Ⅰ	工况 Ⅱ	工况 Ⅲ	工况 Ⅰ	工况 Ⅱ	工况 Ⅲ	工况 Ⅰ	工况 Ⅱ	工况 Ⅲ
①	860.0	−5.61	−5.43	−5.58	−4.49	−4.71	−4.84	−6.47	−6.71	−6.83
	840.0	−3.56	−3.53	−3.70	−2.91	−2.97	−3.07	−4.78	−4.85	−4.95
	820.0	−2.83	−2.82	−2.97	−2.40	−2.42	−2.51	−4.14	−4.17	−4.26
	800.0	−2.70	−2.69	−2.83	−2.32	−2.33	−2.41	−3.90	−3.92	−4.00
	780.0	−2.64	−2.63	−2.72	−2.27	−2.28	−2.32	−3.73	−3.74	−3.86
	760.0	−2.64	−2.64	−2.42	−2.12	−2.13	−1.96	−3.62	−3.64	−3.77
	740.0	−2.31	−2.30	−2.01	−1.93	−1.93	−1.70	−3.35	−3.36	−3.41
②	860.0	8.72	7.51	6.38	13.70	10.19	9.13	20.57	14.16	12.77
	840.0	6.92	6.65	5.94	9.84	9.00	8.07	14.21	12.44	11.20
	820.0	5.63	5.61	5.11	7.66	7.43	6.77	10.99	10.39	9.48
	800.0	4.67	4.68	4.34	6.34	6.24	5.78	9.07	8.76	8.13
	780.0	4.04	4.05	3.80	5.71	5.64	5.27	7.88	7.67	7.18
	760.0	3.67	3.68	3.24	5.44	5.40	4.77	7.21	7.07	6.22
	738.5	3.56	3.59	3.19	5.23	5.21	4.63	7.00	6.91	6.02

表 3.3.18 右坝肩抗滑稳定计算成果表（滑动模式③）

底滑面 计算高程 /m	基本荷载组合 工况① 安全系数	基本荷载组合 工况② 安全系数	基本荷载组合 工况③ 安全系数	特殊荷载组合 工况④ 安全系数
850.0	9.101	11.441	20.409	10.260
840.0	6.125	7.647	18.902	6.803

续表

底滑面 计算高程 /m	基本荷载组合 工况①	基本荷载组合 工况②	基本荷载组合 工况③	特殊荷载组合 工况④
	安全系数	安全系数	安全系数	安全系数
820.0	4.858	5.360	8.992	4.990
800.0	4.043	4.275	5.953	4.077
780.0	3.566	3.708	4.757	3.555
760.0	3.373	3.469	4.228	3.307
740.0	3.733	3.766	4.487	2.919

表 3.6.19　　　　　　　右坝肩抗滑稳定计算成果表（滑动模式④）

侧滑面	计算高程	侧滑面方位 N2.5°E			侧滑面方位 N10°E			侧滑面方位 N20°E		
		工况Ⅰ	工况Ⅱ	工况Ⅲ	工况Ⅰ	工况Ⅱ	工况Ⅲ	工况Ⅰ	工况Ⅱ	工况Ⅲ
往山里推 10m	860.0	−4.83	−5.03	−5.19	−4.24	−4.41	−4.51	−3.82	−3.94	−3.99
	840.0	−2.88	−2.90	−3.00	−2.51	−2.54	−2.61	−2.47	−2.49	−2.54
	820.0	−2.17	−2.17	−2.23	−2.15	−2.16	−2.21	−2.04	−2.05	−2.08
	800.0	−1.87	−1.86	−1.91	−1.93	−1.92	−1.97	−1.83	−1.83	−1.86
	780.0	−1.66	−1.65	−1.67	−1.77	−1.77	−1.78	−1.71	−1.71	−1.71
	760.0	−1.50	−1.50	−1.35	−1.59	−1.59	−1.44	−1.63	−1.63	−1.47
	740.0	−1.26	−1.25	−1.09	−1.37	−1.37	−1.21	−1.43	−1.43	−1.26
往山里推 20m	860.0	−5.23	−5.44	−5.58	−4.79	−4.98	−5.08	−4.40	−4.53	−4.59
	840.0	−2.73	−2.76	−2.83	−2.59	−2.62	−2.68	−2.49	−2.51	−2.55
	820.0	−2.05	−2.05	−2.10	−2.02	−2.03	−2.07	−2.00	−2.01	−2.04
	800.0	−1.78	−1.78	−1.81	−1.81	−1.82	−1.85	−1.76	−1.77	−1.79
	780.0	−1.59	−1.59	−1.59	−1.68	−1.68	−1.68	−1.63	−1.63	−1.63
	760.0	−1.44	−1.44	−1.30	−1.51	−1.50	−1.37	−1.55	−1.54	−1.65
	740.0	−1.21	−1.21	−1.06	−1.31	−1.31	−1.16	−1.36	−1.36	−1.20

　　经过分析计算，滑动模式②、滑动模式③的抗滑稳定安全系数均大于规范允许值，满足规范要求。对于滑动模式①、滑动模式④，抗滑稳定安全系数为负值，即计算下滑合力方向与拱端推力合力方向相反，且右岸岩体产生的下滑力远大于拱端推力的合力，换言之，由于拱端推力产生的向下游滑动的可能性是不存在的。

　　综上所述，左、右坝肩各工况抗滑稳定最小安全系数见表 3.6.20。

表 3.6.20　　　　　　　左、右坝肩各工况抗滑稳定最小安全系数

项　　　目	最小安全系数		
	工况Ⅰ	工况Ⅱ	工况Ⅲ
左岸重力坝	3.30	3.33	3.12
左坝肩	4.02	3.88	3.80

项 目		最小安全系数		
		工况Ⅰ	工况Ⅱ	工况Ⅲ
右坝肩	坝肩	3.28	3.40	3.23
	边坡	−1.21	−1.21	−1.06

从计算成果分析可知，左、右岸坝肩均满足抗滑稳定要求。

（2）块体单元法。为了进一步论证本工程的坝肩抗滑稳定，采用块体单元的分析方法进行计算分析（图 3.6.18），其主要成果简述如下：

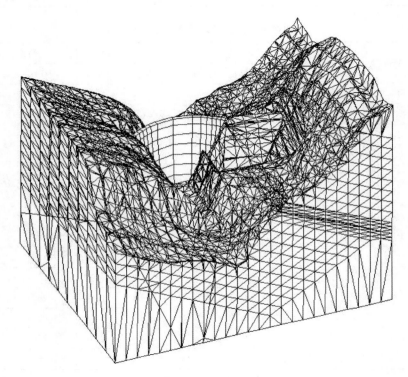

图 3.6.18　坝身和坝肩块体系统轴测图（右岸视）

结构面主要模拟了近坝区的 f_1、f_2、f_3、f_4、f_{23}、f_{29}、f_{30} 断层；顺河向和垂直河向裂隙以及层面。稳定安全系数由基本荷载组合工况控制，表 3.6.21 列出了该工况下 33 种典型滑动块体组合及对应的强度储备安全系数。

表 3.6.21　　　　滑动块体组合及对应的安全系数（基本荷载工况）

滑动块体组合编号	滑动块体组合描述	体积/万 m³	强度储备安全系数
1	双面滑动，底滑面为缓倾层面 L_{A1}，侧滑面为断层 f_4，拉裂面为顺河向节理 F_{J1}，边界面另有地表面	186.7	4.84

滑动块体组合编号	滑动块体组合描述	体积/万 m³	强度储备安全系数
2	双面滑动，底滑面为缓倾层面 L_{A1}，侧滑面为垂直河向节理 V_{J3}，拉裂面为顺河向节理 F_{J1}，边界面另有地表面	183.8	3.35
3	双面滑动，底滑面为缓倾层面 L_{A1}，侧滑面为垂直河向节理 V_{J3}，拉裂面为顺河向节理 F_{J2}，边界面另有地表面	157.1	3.78
4	双面滑动，底滑面为缓倾层面 L_{A1}，侧滑面为垂直河向节理 V_{J3}，拉裂面为顺河向节理 F_{J3}，边界面另有地表面	129.7	4.20
5	双面滑动，底滑面为缓倾层面 L_{A1}，侧滑面为垂直河向节理 V_{J3}，拉裂面为顺河向节理 F_{J4}，边界面另有地表面	102.4	4.91
6	双面滑动，底滑面为缓倾层面 L_{A4}，侧滑面为顺河向节理 F_{J5}，拉裂面为垂直河向节理 V_{J3}，边界面另有地表面	2.45	5.94
7	双面滑动，底滑面为缓倾层面 L_{A3}，侧滑面为顺河向节理 F_{J5}，拉裂面为垂直河向节理 V_{J3}，边界面另有地表面	17.64	5.04
8	双面滑动，底滑面为缓倾层面 L_{A4}，侧滑面为顺河向节理 F_{J6}，拉裂面为垂直河向节理 V_{J3}，边界面另有地表面	0.769	3.85
9	双面滑动，底滑面为缓倾层面 L_{A3}，侧滑面为顺河向节理 F_{J6}，拉裂面为垂直河向节理 V_{J3}，边界面另有地表面	8.88	6.79
10	双面滑动，底滑面为缓倾层面 L_{A3}，侧滑面为顺河向节理 F_{J7}，拉裂面为垂直河向节理 V_{J3}，边界面另有地表面	2.82	6.25
11	双面滑动，底滑面为缓倾层面 L_{A2}，侧滑面为顺河向节理 F_{J7}，拉裂面为垂直河向节理 V_{J3}，边界面另有地表面	13.87	5.48
12	双面滑动，底滑面为缓倾层面 L_{A1}，侧滑面为顺河向节理 F_{J7}，拉裂面为垂直河向节理 V_{J3}，边界面另有地表面	31.66	5.75
13	双面滑动，底滑面为缓倾层面 L_{A4}，侧滑面为断层 f_{29}，拉裂面为顺河向节理 F_{J6}，边界面另有地表面	0.492	3.37
14	双面滑动，底滑面为缓倾层面 L_{A4}，侧滑面为断层 f_{29}，拉裂面为顺河向节理 F_{J7}，边界面另有地表面	0.075	3.87
15	阶梯状块体组合，双面滑动，底滑面为缓倾层面 L_{A1}、L_{A3}、L_{A4}，侧滑面为垂直河向节理 V_{J4}，拉裂面为顺河向节理 F_{J1}、F_{J3}、F_{J7}，边界面另有垂直河向节理 V_{J6}，地表面	34.17	4.68
16	双面滑动，底滑面为缓倾层面 L_{A1}，侧滑面为断层 f_2，拉裂面为顺河向节理 F_{J7}，边界面另有断层 f_1、地表面	9.08	4.92

滑动块体组合编号	滑动块体组合描述	体积/万 m³	强度储备安全系数
17	单面滑动，底滑面为缓倾层面 L_{A2}，拉裂面为顺河向节理 F_{J7}，边界面另有断层 f_2、垂直河向节理 V_{J6}、地表面	4.02	4.48
18	双面滑动，底滑面为缓倾层面 L_{A2}，侧滑面为断层 f_2，拉裂面为顺河向节理 F_{J7}，边界面另有断层 f_1、地表面	3.69	4.36
19	单面滑动，滑动面为缓倾层面 L_{A1}，拉裂面为断层 f_2、f_3，边界面另有地表面	0.054	2.35
20	单面滑动，底滑面为缓倾层面 L_{A2}，拉裂面为断层 f_2 和垂直河向节理 V_{J5}，边界面另有地表面	1.12	3.58
21	双面滑动，底滑面为缓倾层面 L_{A1}，侧滑面为断层 f_2，拉裂面为顺河向节理 F_{J1}，边界面另有地表面	98.52	2.30
22	阶梯状块体组合，双面滑动，底滑面为缓倾层面 L_{A1}、L_{A3}，侧滑面为断层 f_2，拉裂面为顺河向节理 F_{J1}、F_{J5}，边界面另有地表面	60.08	2.31
23	双面滑动，底滑面为缓倾层面 L_{A1}，侧滑面为断层 f_2，拉裂面为顺河向节理 F_{J1}，边界面另有垂直河向节理 V_{J7}、地表面	78.48	2.55
24	双面滑动，底滑面为缓倾层面 L_{A3}，侧滑面为断层 f_2，拉裂面为顺河向节理 F_{J1}，边界面另有垂直河向节理 V_{J6}、地表面	10.34	6.06
25	双面滑动，底滑面为缓倾层面 L_{A3}，侧滑面为断层 f_2，拉裂面为顺河向节理 F_{J1}，边界面另有断层 f_1、地表面	8.63	3.27
26	双面滑动，底滑面为缓倾层面 L_{A1}，侧滑面为断层 f_1，拉裂面为顺河向节理 F_{J1}，边界面另有地表面	62.69	3.73
27	双面滑动，底滑面为缓倾层面 L_{A2}，侧滑面为断层 f_1，拉裂面为顺河向节理 F_{J1}，边界面另有垂直河向节理 V_{J7}、地表面	26.48	3.08
28	阶梯状块体组合，双面滑动，底滑面为缓倾层面 L_{A0}、L_{A1}、L_{A2}，侧滑面为断层 f_1，拉裂面为顺河向节理 F_{J3}、F_{J5}、F_{J7}，边界面另有垂直河向节理 V_{J7}，地表面	32.84	3.86
29	双面滑动，底滑面为缓倾层面 L_{A3}，侧滑面为断层 f_1，拉裂面为顺河向节理 F_{J1}，边界面另有地表面	14.05	2.08
30	双面滑动，底滑面为缓倾层面 L_{A3}，侧滑面为断层 f_1，拉裂面为顺河向节理 F_{J2}，边界面另有地表面	11.54	2.86
31	双面滑动，底滑面为缓倾层面 L_{A3}，侧滑面为断层 f_1，拉裂面为顺河向节理 F_{J3}，边界面另有地表面	8.66	3.43
32	双面滑动，底滑面为缓倾层面 L_{A2}，侧滑面为断层 f_1，拉裂面为顺河向节理 F_{J4}，边界面另有地表面	18.00	3.58
33	双面滑动，底滑面为缓倾层面 L_{A3}，侧滑面为断层 f_1，拉裂面为顺河向节理 F_{J4}，边界面另有地表面	5.74	3.67

综合上述两种分析方法的成果可知，本工程坝肩抗滑稳定安全系数是完全能够满足规范要求的，拱坝坝肩是稳定可靠的。

（3）封拱温度提高对坝肩稳定的影响分析。通过计算复核，仅有右拱端以 F_{x2} 断层为侧滑面，P_1q+m 层面为底滑面的滑动模式抗滑稳定安全系数不能满足规范要求。抗滑稳定安全系数对比表见表3.6.22。

表3.6.22 右坝肩抗滑稳定计算成果对比表（滑动模式③）

底滑面计算高程/m	基本荷载组合工况Ⅰ 正常蓄水位+温降		基本荷载组合工况Ⅱ 正常蓄水位+温升		基本荷载组合工况Ⅲ 死水位+温升		特殊荷载组合工况Ⅳ 校核洪水位+温升	
	原值	现值	原值	现值	原值	现值	原值	现值
850	9.101	8.467	11.441	10.971	20.409	19.071	10.260	9.874
840	6.125	5.508	7.647	7.117	18.902	17.750	6.803	6.370
820	4.858	4.469	5.360	4.996	8.992	8.583	4.990	4.669
800	4.043	3.771	4.275	4.013	5.953	5.628	4.077	3.837
780	3.566	3.348	3.708	3.508	4.757	4.503	3.555	3.367
760	3.373	3.177	3.469	3.298	4.228	4.013	3.307	3.145
740	3.733	3.554	3.766	3.643	4.487	4.325	2.919	2.809

注 P_1q+m 层面综合力学参数为 $f'=0.70$，$C'=0.25$；F_{x2} 断层综合力学参数为 $f'=0.61$，$C'=0.24$。

从上表可以看出，封拱温度提高后，右坝肩760m高程基本荷载组合下的最小抗滑稳定安全系数为3.177，而规范控制标准为3.25，不满足规范要求，需进行加固处理。

（4）右坝肩稳定加固处理。根据稳定计算成果，右坝肩7600m高程基本荷载组合下的最小抗滑稳定安全系数为3.177，距规范控制标准3.25差0.073。结合工程实际情况，采取在818m高程固结灌浆隧洞（37m长，断面为3m×4m）内回填混凝土形成抗剪洞和在右坝肩下游岸坡布置预应力锚索提供抗滑力的加固处理措施。经计算，沿 F_{x2} 布置的37m长固结灌浆隧洞回填混凝土后可提供抗滑力17760t，其剩余下滑力还有4800t。通过在下游护坡765～783m高程布置35根200t级预应力锚索进行加固，锚索长度29～51m，平均长度40m，通过预应力锚索加固后右岸岸坡抗滑稳定安全系数可满足规范控制标准。

2. B工程碾压混凝土拱坝坝肩稳定分析

拱座稳定包括坝肩岩体的抗滑稳定及整体稳定，拱座抗滑稳定分析以刚体极限平衡法计算，整体稳定以有限元法进行分析计算。

（1）拱座抗滑稳定分析。

1）抗滑稳定边界。坝基及坝肩涉及地层均为 Pk 厚层大理岩化灰岩、灰岩。左岸靠河侧岩层产状 N20°～30°E/SE∠10°～24°；靠山侧，N70°～80°E/SE∠18°～25°；右岸以PD4号平洞支洞为界，靠河侧岩层产状为 N40°W/NE∠14°，靠山侧岩层产状为 N20°～30°W/NE∠15°～25°。

坝址区影响稳定的主要弱结构面为：F_{10} 断层、NW组裂隙、层面或层间剪切带。

F_{10} 断层位于峡谷出口横跨河流，断层带主要由碎裂岩、裂隙密集带、糜棱角砾岩组成，变形模量小，构成下游临空面。

f_5 断层产状 N65°～75°W/SW∠70°～85°，平移断层，其断层变形模量可达 3～4GPa，可以看出不存在变形稳定问题，断层抗力体传力在弹性范围内，左岸坝肩稳定是一个单滑块问题。

坝址区优势裂隙主要可分为以下四组：（Ⅰ）N80°～90°E/SE∠50°～70°（或 NW∠60°）；（Ⅱ）N50°～70°E/SE∠80°～90°（或 NW∠50°～60°）；（Ⅲ）N20°～40°W/SW∠80°～90°（或 NE∠15°～30°）；（Ⅳ）N60°～80°W/SW∠60°～80°（或 NE∠75°～85°），其中近 EW 向的Ⅰ、Ⅳ组最为发育。

经左岸平洞揭露 Lp285 组裂隙，N34°W/NE∠77.5°组，该组裂隙主要分布于 2055～2015m 高程，其余高程未发现。

根据地表调查及平洞揭示，坝址区发育 fj_1—fJ_4 共有 4 个层间剪切带，属硬性结构面，平行于层面发育，张开度差。fj_1、fj_2 位于坝体中下部，fj_3、fj_4 位于坝顶高程附近。

受各弱结构面影响，左坝肩：（Ⅰ）组为上游脱开面，（Ⅲ）组裂隙或 Lp285（2055～2015m 高程）组裂隙为侧向切割面，以层间剪切面或层面为底滑面向 F_{10} 断层带剪切变形。分别见简图 3.6.19～图 3.6.21。

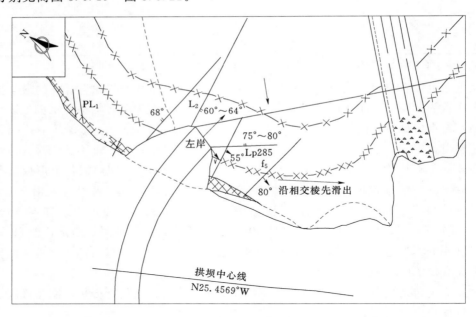

图 3.6.19　左坝肩滑动模式一示意图

右坝肩：以第（Ⅲ）、（Ⅳ）组裂隙为侧向切割面，以层面或层间剪切面为底滑面向岸坡剪出。如图 3.6.22～图 3.6.24 所示。

2）计算工况。基本组合（持久状况）：

工况①：坝体应力分析工况①拱端推力＋岩体自重＋渗压。

工况②：坝体应力分析工况②拱端推力＋岩体自重＋渗压。

工况③：坝体应力分析工况③拱端推力＋岩体自重＋渗压。

工况④：坝体应力分析工况④拱端推力＋岩体自重＋渗压。

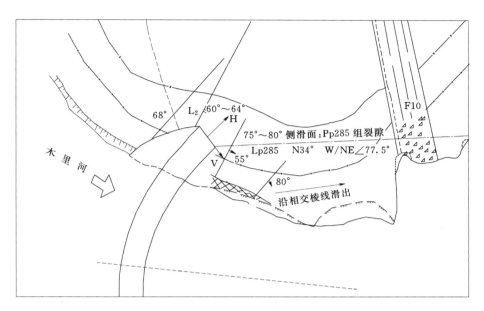

图 3.6.20　左坝肩滑动模式二示意图

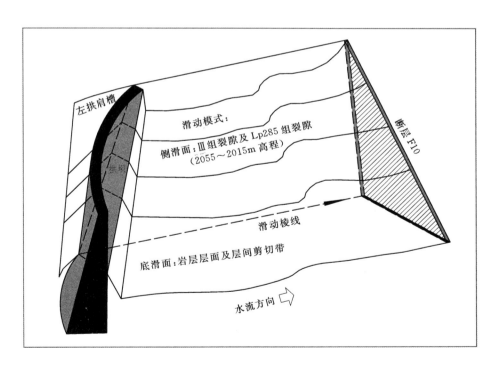

图 3.6.21　左坝肩抗滑稳定分析三维示意图

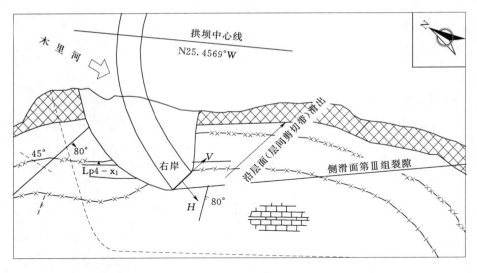

图 3.6.22　右坝肩滑动模式一示意图

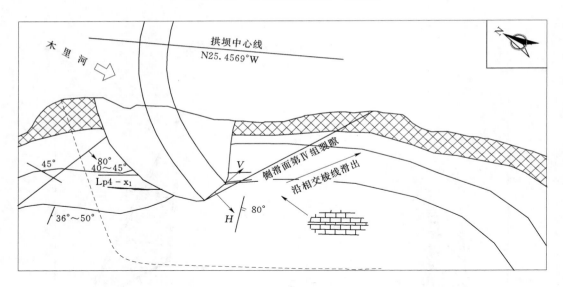

图 3.6.23　右坝肩滑动模式二示意图

工况⑤：坝体应力分析工况⑤拱端推力＋岩体自重＋渗压。

偶然组合（偶然状况）：

工况⑥：坝体应力分析工况⑥拱端推力＋岩体自重＋渗压。

工况⑦：坝体应力分析工况⑦拱端推力＋岩体自重＋渗压＋地震。

工况⑧：坝体应力分析工况⑧拱端推力＋岩体自重＋渗压＋地震。

工况⑨：坝体应力分析工况⑨拱端推力＋岩体自重＋渗压＋地震。

工况⑩：坝体应力分析工况⑩拱端推力＋岩体自重＋渗压＋地震。

3）假定滑裂面力学参数。各假定破裂面的综合力学指标见表 3.6.23。

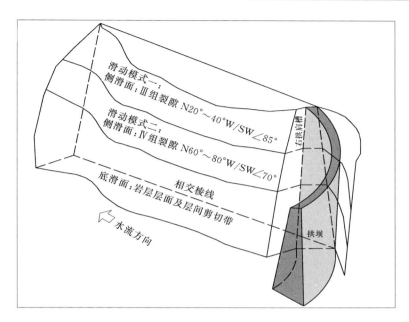

图 3.6.24 右坝肩抗滑稳定分析三维示意图

表 3.6.23　　　　　　　假定破裂面的综合力学指标表

部　位		假　定　破　裂　面		综合参数	
				f'	C'/MPa
左坝肩	侧滑面	Ⅲ组 N20°～40°W/SW∠85°组裂隙		0.86	0.50
		Lp285组 N34°W/NE∠77.5°裂隙（2055～2015m 高程）		0.53	0.34
	底滑面	2075	f{j3}层间剪切带	0.45	0.03
		2055	层面	0.70	0.10
		2035	层面	0.70	0.10
		2015	层面	0.70	0.10
		2000	f{j2}层间剪切带	0.65	0.08
		1985	f{j1}层间剪切带	0.65	0.08
		1970	层面	0.70	0.10
右坝肩	侧滑面	Ⅲ组 N20°～40°W/SW∠85°组裂隙		0.72	0.34
		Ⅳ组 N60°～80°W/SW∠60°～80°		0.70	0.32
	底滑面	2075	f{j3}层间剪切带	0.45	0.03
		2055	层面	0.70	0.10
		2035	层面	0.70	0.10
		2015	层面	0.70	0.10
		2000	f{j2}层间剪切带	0.65	0.08
		1985	f{j1}层间剪切带	0.65	0.08
		1970	f{j1}层间剪切带	0.65	0.08

4）坝肩稳定计算成果（表 3.6.24～表 3.6.38）。

表 3.6.24 坝肩抗滑稳定计算成果（左坝肩）

底滑面计算高程 /m	侧裂面：Ⅲ组裂隙及 Lp285 组裂隙（2055.00～2015.00m 高程）；底滑面：层面（层间剪切带）			
	承载能力极限表达式		K_1（SL 282）	f_5 断层处抗剪断安全系数
	$\gamma_0\psi S(\cdot)/kN$	$R(\cdot)/\gamma_{d1}/kN$		
工况①	1211390	1262636	3.34	3.31
工况②	1219014	1267802	3.33	3.37
工况③	1202376	1261777	3.37	3.28
工况④	1091604	1281927	3.76	5.45
工况⑤	1111427	1281775	3.69	4.92
工况⑥	1039597	1264382	3.32	3.59
工况⑦	1371554	1467892	2.46	2.89
工况⑧	1378992	1473588	2.45	2.74
工况⑨	1268677	1489140	2.69	3.71
工况⑩	1276390	1495446	2.69	3.42

表 3.6.25 坝肩抗滑稳定计算成果（右坝肩：滑动模式一）

底滑面计算高程 /m	侧裂面：Ⅲ组 N20°～40°W/SW∠85°组裂隙 底滑面：层面（层间剪切带）N40°W/NE∠14°		
	承载能力极限表达式		K_1（SL 282）
	$\gamma_0\psi S(\cdot)/kN$	$R(\cdot)/\gamma_{d1}/kN$	
工况①	516750	613447	3.59
工况②	493066	615024	3.77
工况③	442735	612806	3.56
工况④	515302	617836	3.63
工况⑤	488283	619378	3.84
工况⑥	426727	613719	3.70
工况⑦	657164	615930	2.41
工况⑧	642824	617533	2.47
工况⑨	611321	620308	2.61
工况⑩	591390	621950	2.70

计算结果表明，左坝肩滑动块体内部 f_5 小断层抗剪断安全系数均大于《混凝土拱坝设计规范》（SL 282—2003）中对 2 级建筑物的抗滑稳定安全系数控制指标，说明 f_5 对抗力体整体性影响小，左坝肩滑动块体采用整体计算其抗滑稳定安全系数假定合理，左、右岸坝肩抗滑稳定安全系数均满足规范要求。

表 3.6.26　坝肩抗滑稳定计算成果（右坝肩：滑动模式二）

底滑面计算高程 /m	侧裂面：Ⅳ组 N60°～80°W/SW∠60°～80°组裂隙 底滑面：层面（层间剪切带）N40°W/NE∠14°		K_1（SL 282）
	承载能力极限表达式		
	$\gamma_0 \psi S(\cdot)$/kN	$R(\cdot)/\gamma_{d1}$/kN	
工况①	289889	303843	3.38
工况②	286962	314769	3.53
工况③	278148	300462	3.28
工况④	197796	257619	4.28
工况⑤	176726	146643	4.55
工况⑥	222638	187792	3.13
工况⑦	305650	189644	2.56
工况⑧	308040	191000	2.66
工况⑨	230906	148459	2.91
工况⑩	229397	149773	2.97

（2）坝基深层抗滑稳定分析。根据坝址处地质条件分析，坝基处存在底部层面和下游断层的深层滑动组合形式（图 3.6.25）。

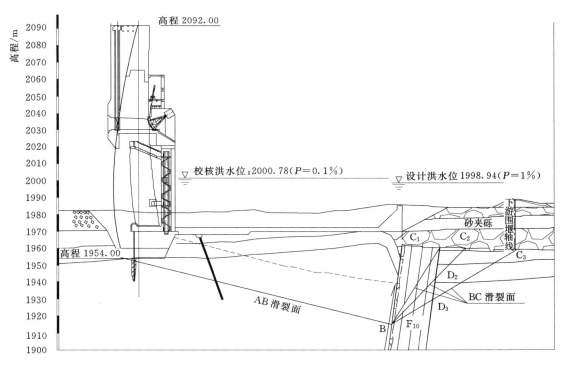

图 3.6.25　坝基抗滑稳定计算简图

221

以优势节理面为上游切割面（Ⅱ，N50°～70°E/SE∠80°～90°），以顺河向优势节理面（Ⅲ，N20°～40°W/SW∠80°～90°）为侧向切割面，以层面或层间剪切面（河床倾角约为9°）为底界面，从下游 F_{10} 剪出的破坏模式。由于右岸岩层倾向左岸，往下游视倾基本水平，所以不存在此滑动模式；左岸岩层倾向左岸偏下游，在坝肩稳定进行复核。所以拱坝深层稳定指河床坝段，按单宽进行复核。

1）滑动面力学参数（表3.6.27）。

表3.6.27　　　　　　　　　　　　　地质物理力学参数表

项　　目	f_k	C_k/kPa	备　　注
厚层灰岩层面	0.70	0.10	
断层带及影响带	0.50	0.05	

2）坝基抗滑稳定分析成果（表3.6.28）。

表3.6.28　　　　　　　　　　　　深层抗滑稳定计算成果　　　　　　　　　　单位：kN

工况	作用效应函数 $\gamma_0\psi S(\cdot)$	抗力函数 $R(\cdot)/\gamma_d$	判断	备　　注
Ⅰ	26438	33372	√	正常蓄水位＋温降
Ⅱ	24348	33372	√	正常蓄水位＋温升
Ⅲ	18411	36286	√	校核洪水位＋温升
Ⅳ	22706	31967	√	正常蓄水位＋温降＋地震情况
Ⅴ	22422	31967	√	正常蓄水位＋温升＋地震情况

注　"判断"项中，√代表满足规范要求。

从计算结果可知，坝基抗滑稳定满足规范要求。

（3）拱座整体稳定分析。该工程拱坝坝肩均为 Pk 厚层大理岩化灰岩、灰岩，岩石较为坚硬，坝址区发育软弱结构面主要以裂隙为主，对大坝有影响的断层主要有 F_{10}、f_4、f_5，对大坝及拱座（含主要裂隙及断层）建立非线性模型，分析拱坝与地基在正常作用和超载作用下的坝体应力、变形、屈服等破坏状态，计算工况为坝肩稳定起控制工况的正常蓄水位＋温升，即坝体自重＋正常蓄水位＋相应下游水位＋泥沙压力＋温升（工况②）。不同水压超载系数的坝体屈服体积比见表3.6.29。

表3.6.29　　　　　　　　　不同水压超载系数的坝体屈服体积比

水压超载系数	1	2	3	4	5	6	7	8	9	10
坝体屈服体积/坝体总体积/%	0.36	0.38	2.66	11.81	22.16	26.27	28.14	35.6	41.7	46.4

1）坝体应力、变形。对水压进行超载，随着超载系数的增大，屈服区的范围和等效

塑性应变同时增坝加，超载系数为 $K=2.0$ 时，坝体屈服体积比为 0.38%。较正常水压加载，坝踵位置出现屈服。

超载系数为 $K=4.0$ 时，坝体屈服体积比 11.8%，上游面左岸坝踵从坝顶到坝底发生屈服，下游开始大面积屈服，坝踵处屈服继续增大。

超载系数为 $K=6.0$ 时，坝体屈服体积比 26.3%，屈服区继续增大，拱冠梁顶拱下游面发生屈服，坝趾发生屈服，屈服区贯通整个坝基。

超载系数为 $K=8.0$，$K=10.0$ 时，坝体体积比分别达到 35.6%，46.4%，整个拱坝上部几乎全部屈服，最大屈服发生在坝踵。

从坝体位移和超载系数关系曲线图（图 3.6.26）可以看出，随着水压超载系数的增大，坝体屈服区由坝肩向坝体中部扩展，直至贯通整个坝体的上半部。坝踵屈服最大，而且向坝趾方向扩展。从坝体屈服体积与坝体体积比值表中看出，水压超载系数达到 $K=10$ 时，大坝屈服区不到整个坝体体积的 50%，可见大坝的超载性能良好。

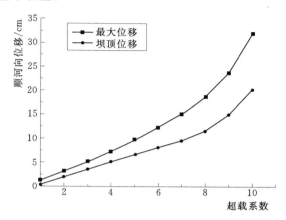

图 3.6.26　坝体最大位移-超载系数、坝顶位移-超载系数关系曲线

2）拱座。随着超载系数的不断增大，坝踵岩体屈服区逐渐增大直至贯穿整个坝基，坝肩断层屈服区不断增大。随着超载系数较大，坝体及拱座 2000m 高程屈服演变情况如图 3.6.27～图 3.6.32 所示。

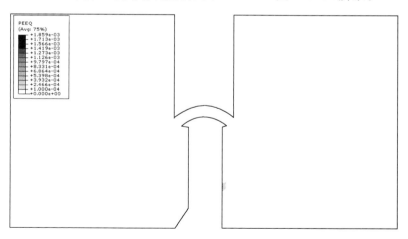

图 3.6.27　$K=1.0$，2000m 高程平切面的屈服区分布图（等效塑性应变，10^{-4}）

从图 3.6.27～图 3.6.32 可以看出，随着超载系数提高，坝踵地基的屈服逐渐增大，最后贯穿整个坝基岩体，坝肩岩体的屈服范围逐渐增大，尤其在左岸，在超载系数达到 10.0 时坝肩岩体屈服区有与下游的 F_{10} 断层屈服区贯通趋势。

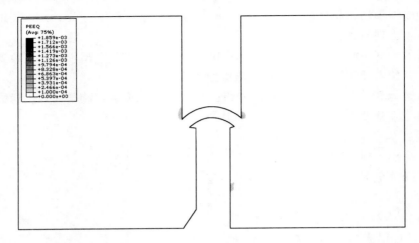

图 3.6.28 $K=2.0$，2000m 高程平切面的屈服区分布图（等效塑性应变，10^{-4}）

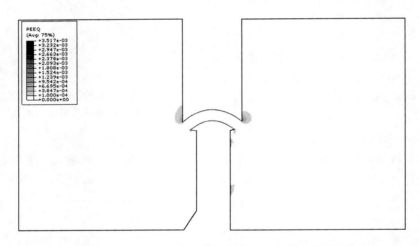

图 3.6.29 $K=4.0$，2000m 高程平切面的屈服区分布图（等效塑性应变，10^{-4}）

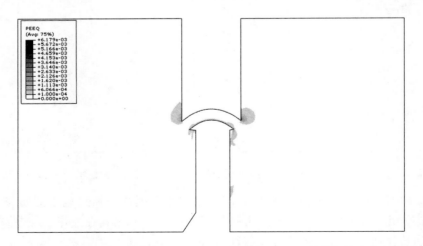

图 3.6.30 $K=6.0$，2000m 高程平切面的屈服区分布图（等效塑性应变，10^{-4}）

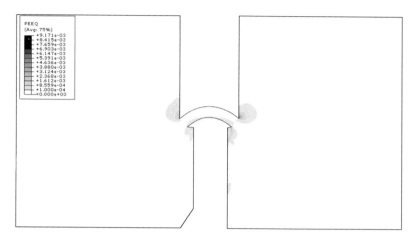

图 3.6.31　$K=8.0$，2000m 高程平切面的屈服区分布图（等效塑性应变，10^{-4}）

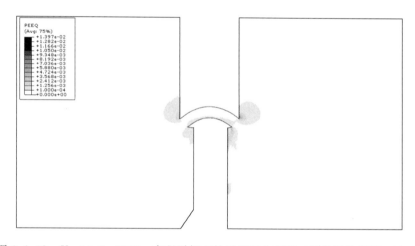

图 3.6.32　$K=10.0$，2000m 高程平切面的屈服区分布图（等效塑性应变，10^{-4}）

3.7　坝肩开挖与坝基处理

拱坝区别于重力坝、土石坝的一个重要特点在于它的荷载主要是由拱座的岩体来承担，因此对拱坝坝肩边坡及坝基处理的要求相对来说也比较高。各个工程具有特性各异的地形地质条件，对坝肩边坡采用合适的开挖及坝基处理措施，使工程达到经济适用、安全稳定运行。

贵阳院设计和监理的已建、在建和拟建的十多座碾压混凝土拱坝中，龙首电站、大花水水电站均为碾压混凝土重力坝与拱坝组合坝体，解决了坝肩稳定问题和其他地形地质缺陷的问题，善泥坡水电站和招徕河水电站采用窑洞式坝肩开挖设计，避免了高陡边坡开挖及边坡处理问题。边坡及坝基处理各有特色。

3.7.1 坝肩开挖设计

在碾压混凝土拱坝设计中，坝肩开挖设计一直是枢纽方案布置的主要因素之一，特别是拱座下游的山体涉及到坝肩稳定问题，显得更加重要。贵阳院设计的诸多碾压混凝土拱坝中，坝址处的地形地质条件对枢纽布置的适应性成为了设计工程师们充分考虑的关键问题。

坝肩的开挖设计直接取决于坝址处的地形地质条件和开挖方式，同时，也是枢纽布置的重要因素之一，根据地形地质条件和枢纽布置来进行合理的开挖设计和支护处理，使其满足工程的需要将是设计工程师们智慧的体现。大花水首部枢纽布置和善泥坡窑洞式开挖设计充分展示了工程设计师们的独具匠心之处。

大花水拦河大河采用河床拱坝＋左岸重力坝的组合坝型，充分考虑了坝址区的地形地貌特征和地质特点，利用了左岸古河槽 800m 高程以下较为完整坚硬的茅口灰岩作为重力坝的基础，回避了左岸岸坡岩体强度偏低的吴家坪组地层作为要求较高的拱坝坝肩带来的一系列处理问题。对于重力坝而言，靠坝基底岩体与坝体间的抗滑稳定来持力，岩体强度偏低的吴家坪组地层位于岸坡段，其承载力要求相对较低，位于左岸岸坡 810m 高程、24m 厚的软弱地层通过侧向采用钢筋混凝土贴坡来处理，同时利用体积较大的重力坝来替代拱坝坝肩，改善拱坝坝肩的边界条件，使开挖设计变得简单易行，通过枢纽布置简化了开挖设计，又适应了带有缺陷的地形和地质条件，同时利用左岸重力坝坝身布置进水口解决了岸边式进水塔塔基置于吴家坪组软弱地层和岸边开挖量大等一系列问题。大花水首部枢纽布置如图 3.7.1 所示。

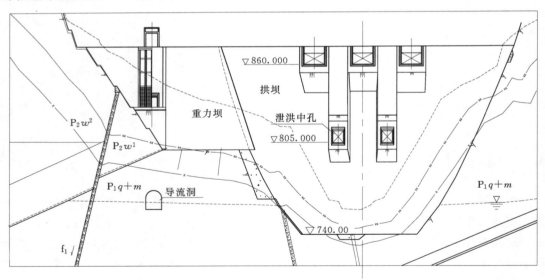

图 3.7.1 大花水首部枢纽上游立视图

善泥坡水电站坝址处河谷狭窄，两岸山体雄厚，岸坡高陡，从拦河大坝结构布置而言，是一个典型的布置拱坝的坝址；从施工布置来看，存在高陡开挖边坡和施工布置困难的现状，开挖最大边坡超过 300m，且施工通道无法布置，对于一个中型工程来说，无论从施工难度、工程投资、施工工期和安全风险等方面，这都是难以接受的。在进行善泥坡拱坝开挖设计时，工程设计师们想到了窑洞式开挖方式，这一设计思路将高边坡开挖的矛盾转换为洞室侧墙的稳定问题，并且，受岸坡强卸荷裂隙的影响，权衡主要矛盾的轻重，比较施工的难易程度和投资，最终采用窑洞式开挖方案。在进行开挖设计时，突出重点支护范围和措施，强调施工工艺程序，是可以确保窑洞开挖的成形效果的。相比较而言，无论从施工布置难度、施工工期、工程投资、安全风险等方面都具有较大的优势。善泥坡窑洞开挖成形效果如图 3.7.2 所示。

（a）左坝肩　　　　　　　　　　　（b）右坝肩

图 3.7.2　善泥坡坝肩窑洞开挖成形效果

3.7.2　坝基处理

大坝开挖设计完成后，揭露的建基面和两坝肩存在的局部地质构造和地质缺陷成为了工程设计师们关注的重点，为满足拱坝受力条件的要求，对局部存在的问题需进行坝基处理设计。有些问题在可研设计阶段的勘探成果中已经明朗，但有些现场揭露的问题与原设计会有一定的出入，有些甚至是难以预料的。工程设计师需对施工过程紧密跟踪，从而复核设计成果，采取相应的处理措施，使大坝基础满足设计边界条件，达到安全可靠。在大花水和善泥坡碾压混凝土拱坝实施过程中，对于坝基处理有预先意料到的问题，也有过程中碰到的问题，通过局部处理可以进一步优化的问题等。在贵阳院工程设计师们的理念中，动态设计是一项工程师们始终崇尚的理念，服务工程，服务业主，一心从工程安全着想，在工程安全的前提下尽可能优化工程设计。大花水坝肩变形处理保证了工程的安全可靠。通过过程跟踪、指导施工、补充勘探等手段，采取适当的基础处理措施实现了善泥坡拱坝建基面抬高 9.4m 的成效，既缩短工期，又节省投资。

1.大花水拱坝拱端断层处理

大花水工程 f_2 断层实际揭露位置刚好穿过左坝肩，在坝肩开挖过程中其断层破碎带影响范围较大，形成坍塌，充填物属岩屑夹泥或夹碎石。沿断层发育溶洞或溶缝，一般宽0.5～2m，局部可达到5m左右。断层破碎带充填物多为岩屑夹泥型或挤压碎裂岩体，夹有黏土，抗变形能力差，后期受溶蚀影响，部分已溶蚀掏空。由于距离左拱端较近，且倾角较陡，所以对左拱端800～754m高程沿断层采取挖除并回填混凝土的处理方案。在结构上，局部扩大拱端厚度，同时对下游拱端1/3范围的拱座布置钢筋网，以改善拱座的整体受力条件；对754m高程以下进行掏槽并回填混凝土塞，然后对整个平台进行深孔高压固结灌浆处理。左拱端f_2断层处理如图3.7.3所示。

图3.7.3 左拱端f_2断层处理剖面图

2. 大花水拱坝变形处理

大花水右岸拱端发育的f_{x2}断层是在施工期发现的，在818m高程灌浆洞桩号0+520m（距拱端约23m）左右揭露，左壁顶沿断层发育小溶洞，有滴水，780m高程以下发育不明显，向上游终止于f_4断层上。并在拱端附近与f_3断层相交，f_3断层穿过右岸拱端，在开挖建基面860m高程附近出露，破碎带宽0.50～1.20m。断层破碎带为角砾岩，由方解石胶结的灰岩碎块组成，倾向山体，1/3坝高时断层距拱端已有35m。为了减小右坝肩f_3断层及施工期揭露的f_{x2}断层对右拱端基础压缩变形影响，确保大坝稳定安全，在拱端下游坝肩应力范围内对f_3和f_{x2}断层采取高压固结灌浆处理。分别在高程818m、780m、755m沿断层走向追踪扩挖清除，扩挖断面为5.0m×6.0m城门洞形，为确保高压深孔固结灌浆质量和施工安全，对扩挖断面进行全断面钢筋混凝土衬砌，衬厚0.4m，同时沿隧洞周边进行固结灌浆，每个断面布置8孔，孔深5m，环距3.0m，灌浆压力0.5～1.0MPa。并沿断层破碎带上、下分别布置2～3排高压深孔固结灌浆孔，孔深15～30m不等，孔距2.0m，最大压力3.0MPa。高压固结灌浆完成后采取C20混凝土回填。右岸高程818mf_{x2}、f_3断层处理洞平面布置图如图3.7.4所示。

3. 善泥坡建基面抬高及基础处理

善泥坡拱坝坝基、坝肩岩体均为P_1q^2厚层至块状灰岩，偶夹燧石结核，微新岩体承载力6.0MPa，岩体质量属A_{III_1}类，根据原设计拱坝（建基面高程为768.60m）应力分析，坝体最大主压应力为5.07MPa，地基岩体能满足设计承载力要求。坝基高程735m以下为栖霞组第一段（P_1q^1）薄层夹中厚层灰岩、泥炭质灰岩夹泥页岩，其承载力为4.0MPa，岩体质量属B_{IV_1}类。坝肩及坝基岩体均一，属坚硬岩，强度较高。河床钻孔揭露，坝基局部有溶蚀裂隙，未见大的溶洞。根据开挖过程中揭露的地质条件，建基面有抬高的可能。为检测大坝坝基岩体质量，查清坝基存在的地质缺陷，分析原设计大坝建基面深度的合理性，检测开挖爆破松动圈厚度，在坝基开挖至785m高程后，设计工程师在河床坝基布置了多个钻孔进行声波测试、弹模测试及声波CT测试等物探检测（图3.7.5）。

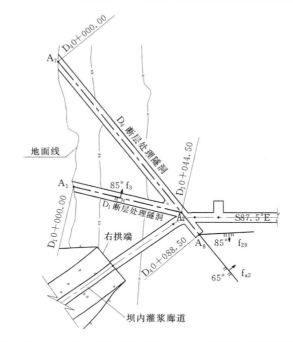

图 3.7.4　大花水右岸高程 818mf_{x2}、f_3 断层处理洞平面图

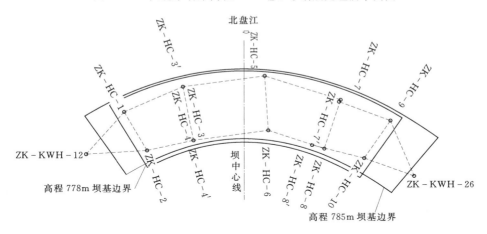

图 3.7.5　善泥坡河床坝基物探检测孔布置图

综合检测结果表明，坝基 778m 高程以上构造及爆破裂隙较发育，岩体较破碎，780m 高程附近存在地下水沿层面及裂隙渗流涌水现象；坝基 778m 高程以下岩体总体上较完整，局部可见溶隙孔洞及泥炭质夹层发育，对比钻孔录像发现，除了溶隙孔洞及泥炭质夹层孔段外，大部分低波速带孔段为炭质灰岩岩性层，炭质灰岩孔段由于岩体被水软化及差异风化的原因，造成该孔段岩体完整性较差，岩体较破碎。通过对物探检测成果及前期地质资料分析，778m 高程为河床坝基弱风化下限线，微新岩体，地基岩体承载力能满足设计承载力要求。根据检测资料建基面高程可抬至 778m。

物探大功率声坡测试成果表明，河床坝基低波速区主要分布于 778m 高程以上，该高程以上主要为爆破松动层及局部裂隙密集带破碎岩体，已基本挖除，778m高程以下坝基岩体局部存在的低波速带除了极少部分由溶隙、夹层造成外，大部分均为炭质灰岩所致，坝基岩体总体坚硬完整。坝基测试范围内声波波速在3300~5800m/s之间，坝基岩体未发现明显溶蚀、溶洞。测试范围内发现12处低波速区域，波速范围在3300~4600m/s，为爆破松动岩层或局部裂隙密集带、溶隙带、炭质灰岩区域或层面夹层。

坝基局部发育的溶蚀裂隙及岩体破碎带，采取了有盖重固结灌浆加强处理，根据不同分区，固结灌浆孔孔深在13~23m之间，灌浆压力在0.5~1.5MPa之间。大坝坝基调整后基础固结灌浆典型剖面如图3.7.6所示。

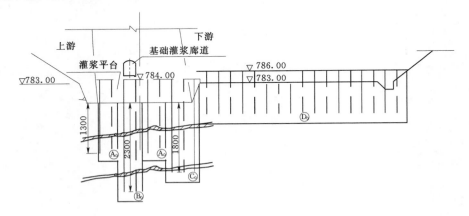

图3.7.6　大坝调整后基础固结灌浆典型剖面图

坝基固结灌浆检查孔共进行6孔15段压水，最大透水率1.88Lu，平均透水率0.91Lu，透水率小于设计值，满足设计控制标准。根据声波测试成果，各孔灌后平均波速在4950~5680m/s之间，波速大于4000m/s的测点占97.4%，波速大于4500m/s的测点占90.2%，大于5000m/s的测点占80.4%，岩体总体满足设计要求。

3.7.3　小结

大花水拦河大河采用河床拱坝＋左岸重力坝的组合坝型，充分考虑了坝址区的地形地貌特征和地质特点，利用了左岸古河槽800m高程以下较为完整坚硬的茅口灰岩作为重力坝的基础，回避了左岸岸坡岩体强度偏低的吴家坪组地层作为要求较高的拱坝坝肩带来的一系列处理问题。其布置型式，弥补了工程坝址区存在的地形地质缺陷。

善泥坡水电站大坝坝肩采用窑洞式开挖，较明挖方式具有工程量小，工程投资省，工期短的优点，解决了高陡地形坝肩开挖问题，同时避免了高陡边坡处理。由于采用动态设计理念，通过过程跟踪、补充勘探、结合现场揭露地质条件，建基面抬高9.4m，达到了缩短工期和节省投资的预期目标。

3.8　坝基防渗与排水

碾压混凝土拱坝坝基防渗设计的主要作用是减少坝基渗透和绕坝渗漏，减小坝基渗漏对坝基及两岸边坡稳定产生的不利影响；防止坝基软弱夹层、断层破碎带、岩石裂隙充填物等产生可能的渗透破坏；排水主要作用为减小坝基渗透压力。在坝基防渗及排水的共同作用下，控制坝基渗透压力在允许值以内，并具有可靠的连续性和足够的耐久性。

碾压混凝土拱坝坝基的防渗及排水设计，应根据坝基的水文地质条件、工程地质条件及现场试验等为依据，结合水库功能、坝高、防渗和排水的相互关系等确定具体措施。

（1）透水性强的地区，宜采用以"阻"为主，结合排水的措施，灌浆帷幕防渗效果一般均较显著。

（2）透水性弱的地区，因渗漏量不大，故宜采用以"排"为主，灌浆帷幕防渗效果一般不会很显著。

（3）特殊地质条件地区，例如断层、挤压破碎带、泥化夹层等，有时岩石透水性虽不大，但为了防止管涌，确保基岩的渗透稳定，仍常采用"阻""排"并重，或以"阻"为主，结合排水的措施。同时在排水孔中，应采取专门措施，以防止细颗粒土流出。

根据实践经验，在透水性比较大的地区，防渗帷幕常能使坝基幕后扬压力降低到约 $0.5H$（H 为水头）；而防渗结合排水措施，常可使坝基扬压力在帷幕后主排水孔处降低到（$0.2\sim0.3$）H。

3.8.1　坝基防渗

考虑到碾压混凝土拱坝基础均为基岩，采取的防渗措施一般为防渗帷幕，帷幕灌浆材料一般以普通水泥浆液为主，处理效果不理想时，可采用超细水泥浆液、掺粉煤灰的水泥浆液等措施。

1. 防渗标准

根据《混凝土拱坝设计规范》（DL/T 5346—2007）规定：

（1）当坝基下存在相对隔水层时，防渗帷幕应伸入到该岩层内不少于 5m；不同坝高的相对隔水层的透水率（q）值标准，按表 3.8.1。

表 3.8.1　　　　　防渗帷幕及其下部相对隔水层岩体的透水率控制标准

坝高	防渗帷幕及下部相对隔水层岩体的透水率		
	透水率/Lu	渗透系数 $K/(\text{cm} \cdot \text{s}^{-1})$	容许渗透坡降 J_0
100m	1～3	$2\times10^{-5}\sim6\times10^{-5}$	20～15
100～50m	3～5	$6\times10^{-5}\sim1\times10^{-4}$	15～10
50m	5	1×10^{-4}	10

（2）当坝基下相对隔水层埋藏较深或分布无规律时，帷幕深度可参照渗流计算结果，并考虑工程规模、地质条件、地基的渗透性、排水条件等因素，按 $0.3\sim0.7$ 倍坝前静水头选择。对地质条件特别复杂地段的帷幕深度应进行专门论证。

（3）两岸坝头防渗帷幕应延伸至相对隔水层，或正常蓄水位与地下水交汇处，并适当留有余地。

对于同一碾压混凝土拱坝，可根据坝基相应处承担的水头大小选择相应防渗帷幕及其下部相对隔水层岩体的透水率控制标准。贵阳院承担的已建或在建碾压混凝土双曲拱坝防渗帷幕及其下部相对隔水层岩体的透水率控制标准见表 3.8.2。

表 3.8.2　　　　　　　　　　　碾压混凝土拱坝防渗标准一览表

序号	工程名称	最大坝高/m	坝基岩石类型	防渗类型	控制标准
1	龙首	75.0	板岩	接相对隔水层（透水率低于设计标准）	①1700m 高程以上 $q\leqslant5Lu$；②1700~1680m $q\leqslant3Lu$；③1680m 高程以下 $q\leqslant1Lu$
2	大花水	134.5	坝基下部存在石英砂岩及泥页岩	接隔水层	①左岸 810m、右岸 818m 高程以下 $q\leqslant1Lu$；②左岸 810m、右岸 818m 高程以上 $q\leqslant3Lu$
3	立洲	132	灰岩	河床采用悬挂式帷幕；两端接隔水层	①1960~2020m 高程 $q\leqslant1Lu$；②2020~2092m 高程 $q\leqslant2Lu$
4	赛珠	68	泥页岩	接隔水层	$q\leqslant3Lu$
5	善泥坡	110	灰岩	接隔水层	$q\leqslant1Lu$
6	象鼻岭	141.5	玄武岩	悬挂式	$q=1\sim3Lu$

2. 防渗帷幕设计

（1）帷幕轴线布置。防渗帷幕线的位置应根据坝基应力情况，布置在压应力区，并靠近上游面。

（2）帷幕的深度。坝基灌浆帷幕深度尽量深入基岩的相对不透水岩层不少于 5m，如下伏基岩无相对不透水岩层或较深时，采用悬挂式帷幕。

一般情况下，当帷幕钻孔深度超过 130m 后，施工比较困难，钻孔容易偏斜，影响帷幕的连续性和完整性，工程造价也高，很不经济，所以坝基帷幕钻孔深度以不超过 130m 为宜，采用设置多层灌浆廊道将帷幕孔深分割。

（3）灌浆帷幕排数及孔距、排距确定。防渗帷幕的排数及孔距、排距，应根据工程地质条件、水文地质条件、作用水头等确定，施工过程中应根据灌浆试验及资料分析对帷幕灌浆设计进行调整。

对于完整性好、透水性弱的岩石，中坝及低坝可采用 1 排，高坝可采用 1~2 排；对于完整性差、透水性差的岩体，低坝可采用 1 排，中坝可采用 1~2 排，高坝可采用 2~3 排。当帷幕由主副帷幕组合而成时，副帷幕孔深可取主帷幕孔深的 1/2。

帷幕灌浆孔距宜采用 1.5~3.0m，软弱层带部位可适当加密孔距，排距一般为 1~1.5m。帷幕钻孔方向宜倾向上游，顶角宜在 0°~15°之间选择，应尽量穿过岩层的主要裂隙和层理。部分碾压混凝土拱坝防渗帷幕参数见表 3.8.3。

表 3.8.3　　　　　　　　部分碾压混凝土拱坝防渗帷幕参数一览表

序号	工程名称	最大帷幕深度/m	廊道分层数	帷幕排数	帷幕孔距	备 注
1	龙首	80	3	2	2.5	
2	大花水	160	3	2	2.5	
3	立洲	130	3	2	2.5	
4	赛珠	100	2	1	2.0	
5	善泥坡	100	3	2	2.5	
6	象鼻岭	159	3	2	2.5	

3.8.2　坝基排水

坝基排水符合坝基防渗排水设计的前堵（防渗体）与后排（排水系统）的基本原理，坝基排水的目的主要有三个：降低坝基渗流压力，改善渗流对岩石性质的影响，提高坝基岩石渗透稳定性。坝基排水方式一般为排水孔，在廊道中钻设排水孔，通过排水沟汇入集水井后，采用抽水或自流排出至坝体下游。

坝基排水深度一般为防渗帷幕深度的 0.4～0.6 倍，常取 0.5 倍。排水孔间距根据岩石渗透性确定，一般为 2～3m。排水孔方向一般是垂直的，也可向下游微倾斜，但不超过 10°。排水孔孔径一般为 100～150mm。

一般来说，碾压混凝土拱坝由于尽量简化设置坝内交通、灌浆廊道，岸坡坝基未设置廊道段亦不设排水孔。碾压混凝土拱坝坝基排水设计参数一览表见表 3.8.4

表 3.8.4　　　　　　　　　碾压混凝土拱坝坝基排水设计参数一览表

序号	工程名称	最大帷幕深度/m	河床坝基排水		岸坡排水设置情况
			间距/m	深度/m	
1	龙首	80	3.0	40	未设置
2	大花水	160	3.0	80	未设置
3	立洲	130	3.0	60	未设置
4	赛珠	100	3.0	50	未设置
5	善泥坡	100	3.0	50	未设置
6	象鼻岭	159	3.0	80	未设置

3.8.3　坝基防渗及排水设计实例

3.8.3.1　大花水拱坝

1. 地质条件

大花水拱坝下伏由老至新依次出露中上寒武统娄山关群（$\in_{2-3}Ls$），奥陶系下奥陶统桐梓组（O_1t）、红花园组（O_1h）、大湾组（O_1d），下二叠统梁山组（P_1l）、栖霞茅口组（P_1q+m），中叠统峨眉山玄武岩（$P_2\beta$）、吴家坪组（P_2w）（细分为 P_2w^1、P_2w^2、P_2w^3 三段）、长兴组（P_2c）。缺失志留系、泥盆系及石炭系地层。发育有 f_1、f_2、f_3、f_{23}、f_{25}、f_{29}、f_{53} 七条断层。其中 P_2w^1、P_1l、O_1d 为隔水层是本工程的防渗依托，P_2w^2、P_1q+m 为透水层其岩溶较发育，是防渗处理的重点。

2. 防渗帷幕布置设计

防渗线路设计：左岸由左坝头以 N87.5°W 向山里延伸 237m 与 P_2w^3 相接。河床段帷幕沿坝内基础廊道布置。右岸由右坝头以 S87.5°E 向山里延伸 403m 与 P_1l 相接。帷幕线全长 930.46m。

防渗帷幕底线设计：河床部位 P_1l 相对隔水层埋深较浅约 70m，因此坝基帷幕接 P_1l 相对隔水层，形成封闭式帷幕，坝基帷幕底线高程为 675.00m；左岸相对隔水层埋藏较深，其帷幕底线考虑低于地下水位 30～40m。右岸相对隔水层埋藏较浅，其帷幕底线伸入 P_1l 相对隔水层 5～10m。由于坝基及右岸受断层影响将 P_1l 相对隔水层错断，因此在断层部位帷幕底线适当加深。

3. 防渗帷幕控制标准

根据《混凝拱坝设计规范》（SL 282—2003）规定，结合本工程实际情况，确定其防渗标准吸水率为 $q \leqslant 1Lu$。同时根据不同部位承受水头大小确定不同的防渗标准：

(1) 873m 高程灌浆隧洞（顶层）为 $q \leqslant 3Lu$。

(2) 左岸 810m、右岸 818m 高程灌浆隧洞（中层）以下为 $q \leqslant 1Lu$。

4. 防渗帷幕结构设计

防渗帷幕灌浆参数的设计是根据灌浆试验、地质条件、岩溶发育规律、建筑物的布置和要求综合确定。灌浆遵循先下游排后上游排再中间排，先一序孔后二序孔再三序孔的原则进行。

左岸顶层灌浆隧洞 873m，桩号 0+000.0m～0+175.0m，为单排孔，孔距 2.5m，排距 1.2m，其他部位为双排孔，孔距 2.5m；右岸 873m，桩号 0+789.457m～0+930.457m，为单排孔，孔距 2.5m，其他部位为双排孔，孔距 2.5m。中层、底层灌浆隧洞及基础廊道均为双排孔，孔距 2.5m，排距均为 1.2m。大花水大坝防渗帷幕剖面图如图 3.8.1 所示。

5. 灌浆施工布置设计

由于（坝肩部位）帷幕最大深度达 200m，为减小施工难度和保证灌浆质量，灌浆隧洞按三层布置。高程分别为左岸 873m、810m、755m，右岸 873m、818m、755m。灌浆隧洞总长为 1216m。

为保证上、下层之间灌浆质量，减小施工难度，上、下层采用直孔连接。隧洞层与层之间轴线相互错开 4.5m。即下层向下游平移 4.5m。

6. 排水设计

为降低坝基扬压力在坝基灌浆廊道内靠下游侧布置一排排水孔，其孔深为帷幕灌浆深度的 0.5 倍，排水孔孔距均为 3.0m，孔径均为 110mm。为确保两坝肩的安全稳定，分别在中层和基础灌浆隧洞靠坝头 50m 范围内向上和向下各布置一排排水孔，孔深向上 10～15m，向下为帷幕灌浆深度的 0.5 倍，孔距为 3.0m，孔径为 110mm。

大坝集水井结合泄洪建筑物的悬臂支撑井筒进行布置，集水井布置于拱坝下游面，集水井宽度与泄洪中孔出口同宽，外沿至泄洪中孔出口端部，井壁厚度为 2.00m。井底高程为 741.50m，布置 2 台扬程约 50m 的水泵（设单向止回阀），其中一台工作一台备用，出水口布置在集水井下游侧 765.35m 高程，将集水井内集水抽排至下游河道，并在管口设置逆止阀，防止下游高水位时倒灌。

3.8.3.2 立洲拱坝

1. 地形地质条件

工程区出露的岩性为灰岩、炭硅质板岩、板岩等。其中灰岩为可溶岩，地下水位低平，坝址区灰岩受地质结构、地下水径流条件限制，加上本地区地壳抬升速度较快，灰岩岩溶化程度不高，不存在大型岩溶管道渗漏，水库蓄水后，库水可能沿溶蚀裂隙、裂隙或断层带向下游渗漏。

承压水压力高出河水面 8m 左右，属地下水补给河水的水动力类型，未发现有明显的

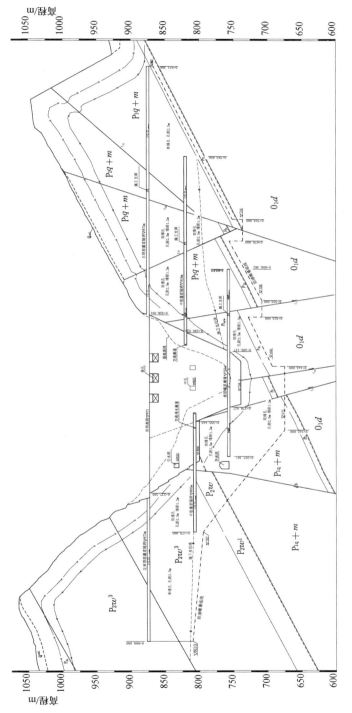

图 3.8.1　大花水大坝防渗帷幕布置剖面图

隔水岩层分布，因此认为该承压水由渗流场所至。

坝址灰岩河段左岸揭露 3 个充填型较大溶洞，其中 Kp^1 最大长约 8m，可见高 1～3m，充填软塑状黄色黏土夹灰岩碎块石，右壁顶见 2 个竖管状溶洞发育，可见高 1～1.3m；Kp^2、Kp^3 为溶缝，顺 N20°W/SW∠70°裂隙发育而成，宽 20～50cm，充填软塑状黄色黏土夹碎石。坝址区岩溶发育两岸受地形、地质条件限制，汇水面积较小，加上工程区降雨量相对较小，两岸地下水交替作用相对较弱，上、下游侧受隔水岩层的限制，地下水主要沿垂直河谷方向排泄，不具备长期顺河向径流条件，因此坝址区岩溶发育程度总体相对较弱。

2. 防渗帷幕布置设计

(1) 帷幕端头选择及平面布置。F_{10} 断层为一横河向断层，虽然为逆断层，断层破碎带组成物质判断，断层破碎带具有一定的透水性。两岸灰岩内岩溶发育程度不高，无大型岩溶渗漏通道。

灰岩为弱透水或中等透水岩体，具有一定透水性。因此，左、右岸防渗线端头应穿过灰岩及 F_{10} 断层带向下游接相对完整的板岩。

帷幕平面布置河床部分主要考虑大坝防渗效果、渗透压力大小、布置条件等沿坝轴线周围布置。两岸坝肩考虑抗力体范围内尽量将帷幕垂直河流向，向山体延伸约 50m。基础上接两端头隔水层，力求防渗线路最短。详见图 3.8.2。

(2) 防渗下限确定。坝基岩体均为灰岩，无隔水层作为防渗依托，基岩面以下岩体透水率多小于 3Lu，部分在 3～5Lu 之间，为弱透水岩体，坝基防渗下限按 0.7 倍坝高考虑，防渗下限高程 1860m，防渗方式为悬挂式。两岸防渗下限位于地下水位以下 30～50m，在断层带及影响带部位适当加深，详见图 3.8.3。立洲碾压混凝土拱坝防渗特性见表 3.8.5。

表 3.8.5　　　　　　　　　　　立洲碾压混凝土拱坝防渗特性表

部　位	线路长度/m	帷幕深度/m	帷幕面积/万 m²	备　注
左岸	368	148～228	6.13	封闭 F_{10} 及灰岩
河床	40	105	0.41	按 0.7 倍坝高控制
右岸	435	128～228	7.02	封闭 F_{10}
小计	843	—	13.56	

3. 防渗标准

根据《混凝拱坝设计规范》(DL/T 5436—2006)，大坝坝高为 132m，大于 100m，为高坝，其防渗标准为 1～3Lu。

4. 防渗帷幕结构设计

根据工程类比确定坝基、坝肩及断层薄弱带设置双排孔，其余布置单排孔，孔距 2.5m，排距 1.2m。帷幕线全长 843.00m，帷幕灌浆共 10.4 万 m。

5. 防渗帷幕施工组织设计

由于两岸帷幕最大深度约 220m，故设置三层灌浆隧洞，高程分别为 2092m、2020m、1970m；灌浆隧洞断面为 3.0m×4.0m（宽×高），中下层灌浆隧洞采用全断面钢筋混凝

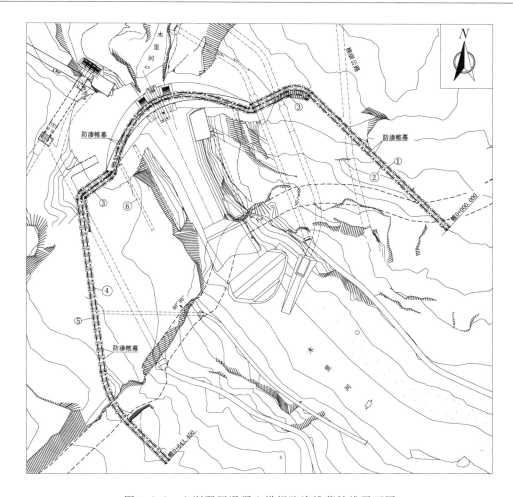

图 3.8.2　立洲碾压混凝土拱坝防渗帷幕轴线平面图

①—2110m 顶层灌浆隧洞；②—2020m 中层灌浆隧洞；③—1970m 底层灌浆隧洞；④—2020m 中层灌浆隧洞；

⑤—2092m 顶层灌浆隧洞；⑥—高压灌浆兼排水洞（3m×4m）

土衬砌，衬厚 0.4m，穿过 F_{10} 部分衬厚 0.8m；顶层灌浆隧洞原则上只进行底板钢筋混凝土衬砌，衬厚 0.4m；局部根据地质条件进行喷锚支护和全断面钢筋混凝土衬砌。为解决灌浆施工时灌浆设备摆放，在灌浆隧洞下游侧每隔 80m 布置一个设备洞，断面为 3.8m×2.5m×3.5m（宽×高×长）。

在左岸溶缝、溶洞段，在 CT 检测的基础上，进行混凝土置换，加密灌浆孔等措施满足防渗要求。

孔距、排距取决于浆液的有效扩散半径。根据工程类比确定坝基、坝肩及断层薄弱带设置双排孔，其余布置单排孔，孔距 2.5m，排距 1.2m。

6. 灌浆材料及施工工艺

灌浆采用 P.O 42.5 普通硅酸盐水泥，灌浆工艺采用"孔口封闭，自上而下，小口径钻孔，孔内循环"高压灌浆工艺。最大灌浆压力为 $p_{max}=4.0$MPa。

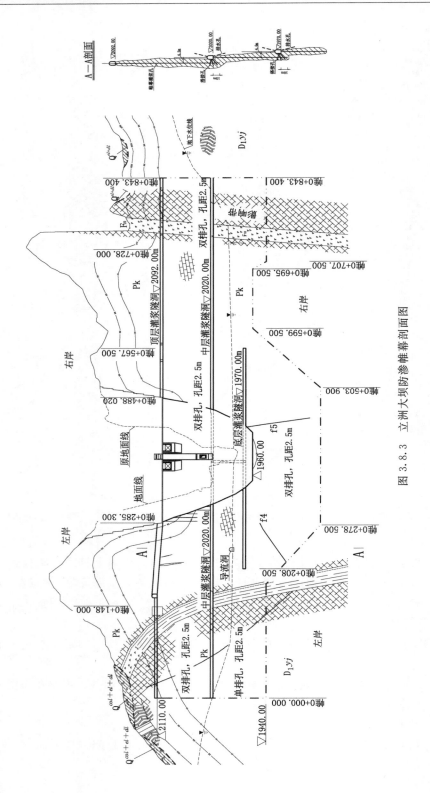

图 3.8.3 立洲大坝防渗帷幕剖面图

坝基承压水地段灌浆时承压水条件下在正常灌浆达到结束标准后仍维持原水泥浆的浓度以相同的压力继续循环灌注一定时间后（4～8h）再结束，立即关闭回浆管阀门和进浆管阀门使灌入的浆液仍暂时处于受压状态，以防止已灌入裂隙内的浆液回流。

7. 排水设计

为降低由于坝基渗流、地下水（承压水）引起坝基渗透压力过大，在坝基灌浆廊道内靠下游侧布置一排排水孔，其孔深为帷幕灌浆深度的 0.5 倍，排水孔孔距均为 3.0m，孔径为 110mm，孔斜 15°。为确保两坝肩的安全稳定，在坝顶和中层 2020m 高程廊道靠坝头 100m 范围内帷幕向上和向下各布置一排排水孔，孔深向上 10m，向下为帷幕灌浆深度的 0.5 倍，孔距为 3.0m，孔径为 110mm。排水管采用无砂混凝土管或钻孔，将 2020m 高程渗水引至基础灌浆廊道。

坝肩抗力岩体在地表设置截水沟，采用梯形断面，净断面尺寸为：底宽 50cm，顶宽 130cm，高度 80cm；坡比 1∶0.5；浆砌石厚度 30cm（含 M7.5 抹面砂浆厚 3cm）。抗力岩体内部设置排水洞排水，排水洞布置于 2050m 和 2000m 高程，左岸 2050m 高程洞长 40.00m，2000m 高程排水洞长 92.20m；右岸 2050m 高程洞长 80.00m，2000m 高程排水洞长 104.50m。排水洞采用城门洞形，结构尺寸为 2.5m×3.0m（宽×高）。根据实际地质条件进行支护设计，排水洞原则上不进行混凝土衬砌，仅局部地质条件较差地段采用随机锚杆、喷素混凝土、锚喷支护等多种支护措施。为保证排水洞施工期及运行期的安全，确需进行混凝土衬砌时，要求分段间隔衬砌，分段长度 4～6m、间隔长度 0.5m，衬砌段两侧壁每隔 1m 预留 20cm×20cm 的孔洞，以利于山体渗水自然排出。为了有效降低地下水位，在排水洞内设置系统排水孔布设 3 排 ϕ130mm 系统排水孔，成放射状布置，沿洞轴线间距为 3m，排水孔深度 15m。排水洞平面布置及剖面如图 3.8.4、图 3.8.5 所示。

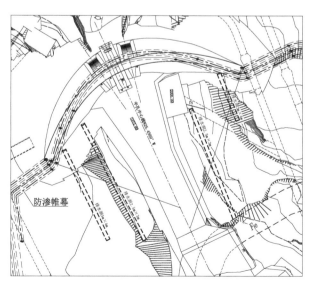

图 3.8.4　立洲排水洞平面布置图

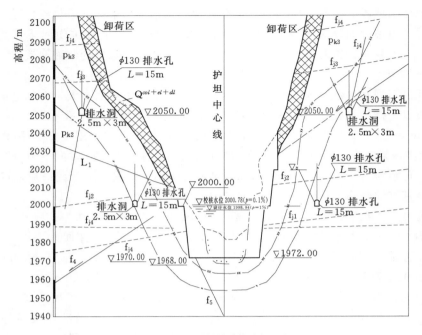

图 3.8.5　立洲排水洞剖面图

3.9　小结

碾压混凝土筑坝技术从 20 世纪 80 年代末应用于拱坝后，碾压混凝土拱坝发展迅速，国家"八五""九五"科技攻关取得了丰硕的成果，贵阳院从 80 年代末的普定拱坝到 90 年代与清华大学合作的溪柄和石门子拱坝，以及 21 世纪初的龙首拱坝，碾压混凝土拱坝筑坝技术始终处于不断的研究和探索之中，取得了丰富的工程实践经验。通过国家"九五"攻关后，无论从结构设计，还是施工工艺，其技术趋于成熟，并形成体系。紧接着，贵阳院完成了大花水碾压混凝土拱坝的设计，于 2007 年建成投产发电，将碾压混凝土拱坝推向当时世界第一的高度，坝身泄量也最大，结构也最复杂。同期，还建成了洗马河二级赛珠碾压混凝土拱坝，其 2.5 级配碾压混凝土全断面防渗又是一个新的突破。2014 年又一座碾压混凝土拱坝——善泥坡（坝高 110m）建成，刷新了碾压混凝土拱坝坝身开孔尺寸和泄量的新纪录。目前，贵阳院承担设计的立洲、象鼻岭等工程已开工建设，工程技术人员在已有研究成果的基础上，继续开展新的探索和创新。贵阳院的碾压混凝土拱坝筑坝技术已形成了地质勘探、枢纽布置、结构设计、施工技术和材料研究一整套的勘测设计科研技术体系，具有其独特的风格和特点。

第 4 章　碾压混凝土配合比设计

4.1　概述

碾压混凝土是一种干硬性贫水泥的混凝土，使用水泥、火山灰质掺合料、水、外加剂、砂和分级控制的粗骨料拌制成无坍落度的干硬性混凝土。大坝用碾压混凝土虽属于混凝土，但与常态混凝土有区别，其拌和物不具有流动性，呈松散状态，经振动碾压密实及凝结硬化后具有混凝土的特点。碾压混凝土一般采用较大的砂率，其水泥用量较少，并且掺用较大比例的掺合料。

碾压混凝土配合比的设计应遵循设计技术要求，结合碾压混凝土原材料的调研及性能优选，按照混凝土结构优化理论进行各种参数的合理选择，经过室内试验研究及现场验证进行最终确认。

贵阳院混凝土材料专业自1986年成立以来，首先对天生桥水电站二级碾压混凝土筑坝材料进行了试验研究。近30年来，完成了从贵州到云南、四川、重庆、新疆、西藏等的30余座混凝土坝、碾压混凝土坝、面板坝的筑坝材料试验研究工作，尤其在碾压混凝土方面，取得了20多座坝的试验研究成果和丰富的实践经验。

4.2　水泥性能与实例

水泥是粉状水硬性无机胶凝材料，加水搅拌后成浆体，能在空气中硬化或者在水中更好的硬化，并能把砂、石等材料牢固地胶结在一起。cement 一词由拉丁文 caementum 发展而来，是碎石及片石的意思。水泥的历史最早可追溯到古罗马人在建筑中使用的石灰与火山灰的混合物，这种混合物与现代的石灰火山灰水泥很相似，用它胶结碎石制成的混凝土，硬化后不但强度较高，而且还能抵抗淡水或含盐水的侵蚀。长期以来，它作为一种重要的胶凝材料，广泛应用于土木建筑、水利、国防等工程。

20世纪，人们在不断改进波特兰水泥性能的同时，研制成功了一批适用于特殊建筑工程的水泥,如高铝水泥,特种水泥等。全世界的水泥品种已发展到 100 多种,2007 年水泥年产量约 20 亿 t。中国在 1952 年制定了第一个全国统一标准,确定水泥生产以多品种多标号为原则,并将波特兰水泥按其所含的主要矿物组成改称为矽酸盐水泥,后又改称为硅酸盐水泥至今。

2010 年,中国水泥产量达到 18.8 亿 t,占全球 50% 以上。

4.2.1 水泥品种

1. 水泥工业的发展历程

水泥生产自 1824 年诞生以来,生产技术历经了多次变革。从间歇作业的土立窑到 1885 年出现回转窑;从 1930 年德国伯力鸠斯的立波尔窑到 1950 年联邦德国洪堡公司的悬浮预热器窑;1971 年日本石川岛公司和秩父水泥公司在悬浮预热技术的基础上研究成功了预分解法,即预分解窑。新型干法水泥生产技术,是以悬浮预热和预分解技术为核心,利用现代流体力学、燃烧动力学、热工学、粉体工程学等现代科学理论和技术,并采用计算机及其网络化信息技术进行水泥工业生产的综合技术。新型干法水泥生产技术具有高效、优质、节能、节约资源、环保和可持续发展的特点,充分体现了现代水泥工业生产大型化、自动化的特征。

新型干法水泥生产技术的出现,彻底改变了水泥生产技术的格局和发展进程,它采用现代最新的水泥生产工艺和装备,逐步取代了立窑生产技术、湿法窑生产技术、干法中空窑生产技术以及半干法生产技术,从而把水泥工业生产推向一个新的阶段。我国水泥工业几乎同步把握了世界新型干法水泥生产技术的发展脉搏。

2. 水泥品种及分类

1952 年《水泥标准草案》讨论通过并开始试行,1956 年经过修改补充,把试验方法由软练法改为硬练法,1957 年由国家正式颁布统一施行。随着水泥工业的发展及与国际标准接轨的需求,分别于 1962 年、1977 年、1985 年、1992 年、1999 年、2007 年发布了标准的修订版,标准号为 GB 175。目前适用的版本为《通用硅酸盐水泥》(GB 175—2007),在这个国家标准中,将传统的六大水泥合并为一个标准,并对六大水泥的水泥组分、化学指标和强度分别进行了规定。

水泥按用途及性能分为:

(1) 通用水泥。一般土木建筑工程通常采用的水泥。

通用水泥主要是指:GB 175—2007 规定的六大类水泥,即硅酸盐水泥(由硅酸盐水泥熟料、0~5% 石灰石或粒化高炉矿渣、适量石膏磨细制成的水硬性胶凝材料,分 P.I 和 P.II,即国外通称的波特兰水泥)、普通硅酸盐水泥(由硅酸盐水泥熟料、6%~15% 混合材料,适量石膏磨细制成的水硬性胶凝材料,简称普通水泥,代号:P.O)、矿渣硅酸盐水泥(由硅酸盐水泥熟料、粒化高炉矿渣和适量石膏磨细制成的水硬性胶凝材料,代号:P.S)、火山灰质硅酸盐水泥(由硅酸盐水泥熟料、火山灰质混合材料和适量石膏磨细制成的水硬性胶凝材料,代号:P.P)、粉煤灰硅酸盐水泥(由硅酸盐水泥熟料、粉煤灰和适量石膏磨细制成的水硬性胶凝材料,代号:P.F)和复合硅酸盐水泥(由硅酸盐水泥熟料、两种或两种以上规定的混合材料和适量石膏磨细制成的水硬性胶凝材料,简称复合水泥,代号 P.C)。

（2）专用水泥。专门用途的水泥。例如，G 级油井水泥（由适当矿物组成的硅酸盐水泥熟料、适量石膏和混合材料等磨细制成的适用于一定井温条件下油、气井固井工程用的水泥），道路硅酸盐水泥（由道路硅酸盐水泥熟料，0～10％活性混合材料和适量石膏磨细制成的水硬性胶凝材料）。

（3）特性水泥。某种性能比较突出的水泥。例如，快硬硅酸盐水泥（由硅酸盐水泥熟料加入适量石膏，磨细制成早期强度高的以 3d 抗压强度表示标号的水泥）、低热矿渣硅酸盐水泥（以适当成分的硅酸盐水泥熟料、加入适量石膏磨细制成的具有低水化热的水硬性胶凝材料）、膨胀硫铝酸盐水泥（由硅酸盐水泥熟料，加入适量石膏磨细制成的抗硫酸盐腐蚀性能良好的水泥）。

3. 水泥的主要成分

水泥是由水泥熟料、混合材、石膏按一定比例混合后磨细而成的。

水泥的胶凝特性主要来源于水泥熟料的矿物组成。硅酸盐水泥熟料由多种矿物组成，主要矿物为硅酸三钙（C_3S）、硅酸二钙（C_2S）、铝酸三钙（C_3A）、铁铝酸四钙（C_4AF），此外还有玻璃体、游离氧化钙（$f-CaO$）和方镁石（MgO 的晶体）。但前四种矿物基本上决定了硅酸盐水泥的各种主要性质，其含量及主要特性如下：

C_3S——在水泥熟料中 C_3S 的含量一般在 50％～64％，它是水泥中产生早期强度的矿物。C_3S 含量越高，水泥 28d 以前的强度也越高，水化速度比 C_2S 快，比 C_3A 与 C_4AF 慢。这种矿物的水化热较 C_3A 低，较其他两种矿物高。

C_2S——在水泥熟料中 C_2S 的含量一般在 14％～28％，它是四种矿物成分中水化最慢的一种，水化热最小，是水泥中产生后期强度的矿物，其早期强度较低。

C_3A——在水泥熟料中 C_3A 的含量一般在 6％～10％，常以玻璃体状态存在，它水化作用最快，发热量最高，强度发展虽很快但不高。体积收缩大，抗硫酸盐侵蚀性能差。

C_4AF——在水泥熟料中 C_4AF 的含量一般在 10％～19％，它的水化速度较快，仅次于 C_3A。水化热及强度均为中等。含量高时对提高抗拉强度有利，具有较好的耐化学介质腐蚀、抗冲击性能。

水泥的化学成分主要由氧化钙（CaO）、二氧化硅（SiO_2）、三氧化二铁（Fe_2O_3）、三氧化二铝（Al_2O_3）、氧化镁（MgO）、三氧化硫（SO_3）、游离氧化钙（$f-CaO$）、碱分（K_2O、Na_2O）组成，其含量及主要作用如下：

CaO——含量 60％～66％，它必须与 SiO_2、Fe_2O_3、Al_2O_3 等酸性氧化物均匀化合。游离氧化钙水化后体积膨胀，$f-CaO$ 含量过高会使水泥安定性不良，提高化合 CaO 含量能增加水泥的强度，加速水泥的硬化过程。

SiO_2——含量 19％～24％，它主要与 CaO 化合生成硅酸钙。熟料中 SiO_2 含量增加，则会使水泥的凝结速度及早期强度的增长变慢，而后期强度增长快，并提高水泥的抗腐蚀性。

Al_2O_3——含量 4％～7％，它的含量增加，水泥的凝结速度及硬化速度变快，后期强度的增长变慢，并降低水泥的抗硫酸盐性。

Fe_2O_3——含量 3％～6％，它的含量增加，能降低水泥熟料的烧成温度，但过量增加，会使窑内易结大块，并使水泥的凝结速度及硬化速度变慢。含 Fe_2O_3 高的水泥比

Al_2O_3 高的水泥有较好的抗硫酸盐性。

MgO——含量小于 5％，它的含量控制在一定范围，可使混凝土产生膨胀效应，但若含量高出一定范围，并以方镁石结晶状态存在时，会使水泥安定性不良，发生膨胀性破坏。

碱分——有害成分，与活性骨料能引起碱骨料反应，使体积膨胀，产生裂缝。

SO_3——主要由掺入的石膏带来的。掺量合适时能调节水泥凝结时间，改善水泥性能。但过量会使水泥性能变差。

4. 水泥的性能指标

(1) 密度。水泥密度是指水泥单位体积的质量，其试验方法采用《水泥密度测定方法》（GB/T208）规定的李氏瓶法，普通水泥的密度约为 $3g/cm^3$。水泥国家标准中未对水泥密度指标做规定，但在采用体积法进行混凝土配合比设计计算时需要引用此数据。

(2) 细度。指水泥颗粒的粗细程度。颗粒越细，硬化得越快，早期强度也越高。

《通用硅酸盐水泥》（GB 175—2007）标准中将细度列为选择性指标，取消了强制性规定。硅酸盐水泥和普通硅酸盐水泥的细度以比表面积表示，其比表面积不小于 $300m^2/kg$；矿渣硅酸盐水泥、火山灰质硅酸盐水泥、粉煤灰硅酸盐水泥和复合硅酸盐水泥的细度以筛余表示，其 $80\mu m$ 方孔筛筛余不大于 $10％$ 或 $45\mu m$ 方孔筛筛余不大于 $30％$。

(3) 标准稠度用水量。水泥标准稠度用水量是指达到标准稠度水泥净浆时用水量与水泥质量之比。标准稠度用水量不作为水泥质量评价的强制性指标，其目的是为了在进行水泥凝结时间和安定性试验时，对水泥净浆在标准稠度的条件下测定，使不同的水泥具有可比性。试验原理是利用水泥净浆搅拌机和标准法维卡仪，水泥标准稠度净浆对标准试杆（或试锥）的沉入具有一定的阻力。通过试验不同含水量水泥净浆的穿透性，以确定水泥标准稠度净浆所需加入的水量。

硅酸盐水泥的标准稠度用水量一般在 $24％～30％$ 之间。水泥熟料成分、水泥细度、混合材种类及掺量等因素均会对标准稠度用水量产生影响。一般来说，水泥的标准稠度用水量越小越好。

(4) 凝结时间。水泥加水搅拌到开始凝结所需的时间称初凝时间。从加水搅拌到凝结完成所需的时间称终凝时间。硅酸盐水泥初凝时间不小于 45min，终凝时间不大于 390min。普通硅酸盐水泥、矿渣硅酸盐水泥、火山灰质硅酸盐水泥、粉煤灰硅酸盐水泥和复合硅酸盐水泥初凝时间不小于 45min，终凝时间不大于 600min。

(5) 强度。强度是水泥最主要的判定指标，体现了水泥胶凝性的大小。水泥强度的测试按照《水泥胶砂强度检验方法》（GB/T 17671—1999）进行，水泥强度分为抗压强度和抗折强度，检验龄期分为 3d 和 28d，而对中、低热水泥则增加了 7d 的强度指标。

水泥强度应符合相关的国家标准，表 4.2.1 列出了几种水泥的强度指标，各龄期强度应不低于表中数值。

(6) 体积安定性。体积安定性是指水泥在硬化过程中体积变化的均匀性能。如果水泥在凝结硬化后产生不均匀的体积变化，会致使混凝土产生膨胀开裂甚至结构破坏，因此国家标准规定安定性不良的水泥为不合格品。

表 4.2.1　　　　　　　　　　　　几种水泥的强度指标

品　　种	执行标准	强度等级	抗压强度/MPa			抗折强度/MPa		
			3d	7d	28d	3d	7d	28d
硅酸盐水泥	GB 175—2007	42.5	17.0	—	42.5	3.5	—	6.5
		42.5R	22.0	—	42.5	4.0	—	6.5
		52.5	23.0	—	52.5	4.0	—	7.0
		52.5R	27.0	—	52.5	5.0	—	7.0
		62.5	28.0	—	62.5	5.0	—	8.0
		62.5R	32.0	—	62.5	5.5	—	8.0
普通硅酸盐水泥	GB 175—2007	42.5	17.0	—	42.5	3.5	—	6.5
		42.5R	22.0	—	42.5	4.0	—	6.5
		52.5	23.0	—	52.5	4.0	—	7.0
		52.5R	27.0	—	52.5	5.0	—	7.0
矿渣硅酸盐水泥 火山灰质硅酸盐水泥 粉煤灰硅酸盐水泥 复合硅酸盐水泥	GB 175—2007	32.5	10.0	—	32.5	2.5	—	5.5
		32.5R	15.0	—	32.5	3.5	—	5.5
		42.5	15.0	—	42.5	3.5	—	6.5
		42.5R	19.0	—	42.5	4.0	—	6.5
		52.5	21.0	—	52.5	4.0	—	7.0
		52.5R	23.0	—	52.5	4.5	—	7.0
中热水泥	GB 200—2003	42.5	12.0	22.0	42.5	3.0	4.5	6.5
低热水泥	GB 200—2003	42.5	—	13.0	42.5	—	3.5	6.5
低热矿渣水泥	GB 200—2003	32.5	—	12.0	32.5	—	3.0	5.5

　　体积安定性不良的水泥，主要是由于熟料中存在过量的游离氧化钙、氧化镁等，这些成分在高温煅烧过程中因过量或未与二氧化硅等组分反应完全而以游离形式出现，即所谓的"死烧"。游离氧化钙和氧化镁的早期水化反应活性低，水化速度慢，在水泥硬化后才开始水化，从而引起水泥的异常体积膨胀，导致开裂。另外，当水泥中掺入过量的石膏时，它会在水泥硬化后继续与水泥水化产物——水化铝酸钙反应，生成高硫型的水化硫铝酸钙，产生约 1.5 倍的体积膨胀，也会引起水泥石的异常开裂。

　　国家标准对安定性的试验和判定方法做了规定。沸煮法可检测因游离氧化钙产生的安定性不良，压蒸法可检测因氧化镁产生的安定性不良，另外对三氧化硫的含量也进行了限制性的规定。

　　（7）水化热。水泥与水作用会产生放热反应，在水泥硬化过程中，不断放出的热量称为水化热。

　　水泥水化的放热量和放热速度主要取决于水泥熟料的矿物成分，如前所述的四种矿物组成中，铝酸三钙的水化热最大且放热速度也最快，硅酸二钙的水化热最小且放热速度也最慢，硅酸三钙和铁铝酸四钙居中。另外，水泥细度、混合材种类及掺量、外加剂品种及掺量等也会影响水泥的水化放热量和水化速度。水泥细度越细，水化速率越大；混合材及缓凝性外加剂的掺入能降低水泥的早期水化热,推迟水化放热高峰时间。

国家标准对通用硅酸盐水泥的水化热未做规定,而对中、低热水泥的水化热做了规定。GB 200—2003 标准规定,水泥的水化热允许采用直接法或溶解热法进行检验,各龄期的水化热应不大于表 4.2.2 中的数值。

表 4.2.2　　　　　　　　　　　　中、低热水泥的各龄期水化热

品种	强度等级	水化热/(kJ·kg^{-1})	
		3d	7d
中热水泥	42.5	251	293
低热水泥	42.5	230	260
低热矿渣水泥	32.5	197	230

4.2.2　碾压混凝土用水泥的选择

根据碾压混凝土应用部位、设计强度等级及工程特点,在水泥的品种和强度等级选择上应进行综合考虑。对于碾压混凝土大坝,由于是大体积建筑物,强度一般不高,宜采用水化热适中的普通硅酸盐水泥、中低热硅酸盐水泥等。

碾压混凝土中水泥品种和强度等级的选择取决于构筑物的体积、性能以及暴露条件,而与混凝土的浇筑和振实方式无关。具体应依据以下两个方面进行选择:

(1) 结构物设计的强度要求和设计龄期。

(2) 碾压混凝土所处工程部位的运行条件(如抗冲磨、抗冻融等),以及抑制某些有害物质反应的特殊要求(如碱骨料反应、环境水中有害物质的侵蚀等)。

碾压混凝土筑坝技术由低坝向高坝、由重力坝向拱坝的发展,对碾压混凝土本身的抗裂性能提出了更高的要求,在原材料的选择上要求提高水泥的韧性,降低其脆性。研究表明,提高水泥中 C_2S 和 C_4AF 的含量,降低 C_3S 和 C_3A 的含量,掺用具有耐磨、微膨胀、高 C_2S 特性的混合材,可进一步降低水泥的脆性系数,提高水泥的抗裂性能。

4.2.3　水泥应用实例

对于工程设计单位,在水泥的选择上,应首先对工程所在地周边的水泥生产厂家进行调研。主要调研内容包括:

(1) 运距及交通条件。

(2) 产量。

(3) 类似工程业绩。

(4) 生产工艺及质量稳定情况。

(5) 取样检验。

贵阳院本着尽量采用当地材料筑坝的理念,在实际工程设计研究中主要考虑使用普通硅酸盐水泥,并不刻意追求采用中低热水泥。我国的水电工程基本地处西部,而西部工业的发达程度普遍不高,如果大量采用中低热水泥则需从中东部地区采购,运距太远,加之西部地区交通条件复杂,对工程的经济性将造成很大影响。

在采用普通硅酸盐水泥时,可以对生产厂家提出技术要求,并利用驻厂监造的方式进

行质量控制。例如，在贵州北盘江光照水电站建设过程中，贵阳院对水泥提出了细度、矿物成分、水化热、MgO 含量等十余项技术要求，其中要求：水泥熟料中 $C_3S < 60\%$，$C_3A < 6\%$，$C_4AF > 14\%$；水泥 3d 水化热不大于 251kJ/kg，7d 水化热不大于 293kJ/kg。

此技术要求使得采购的普通硅酸盐水泥符合碾压混凝土的应用特点，达到了节约投资、满足质量要求的技术经济效果。

4.3 掺合料性能

掺合料是指在施工现场掺入混凝土中的矿物质材料。

对于大体积混凝土，为降低混凝土的绝热温升，减小混凝土内外部温差，掺入矿物掺合料已成为必不可少的措施。掺合料分为活性掺合料和非活性掺合料（或惰性掺合料），在混凝土中，应优先选择掺入活性掺合料，如粉煤灰、火山灰质材料、粒化高炉矿渣等，活性掺合料中含有大量的活性 SiO_2 和活性 Al_2O_3，这些活性成分本身的水化反应较慢，但能与水泥水化产物 $Ca(OH)_2$ 发生二次水化反应，生成具有胶凝性的凝胶体，进一步提高混凝土后期强度。

4.3.1 粉煤灰的性状、作用及品质要求

粉煤灰是燃煤电厂磨细煤粉在锅炉中燃烧（1100～1500℃）后由电收尘系统回收聚集的烟道细灰，通常呈灰白到黑色，相对密度在 1.9～2.8，其化学成分主要为 SiO_2 和 Al_2O_3。

《水工混凝土掺用粉煤灰技术规范》（DL/T 5055—2007）标准规定，用于水工混凝土的粉煤灰分为 Ⅰ 级、Ⅱ 级、Ⅲ 级三个等级，其技术要求应符合表 4.3.1 的规定。

表 4.3.1　　　　　　　　　　　用于水工混凝土的粉煤灰的技术要求

项　　目		技　术　要　求		
		Ⅰ 级	Ⅱ 级	Ⅲ 级
细度（45μm 方孔筛筛余）/%		≤12.0	≤25.0	≤45.0
需水量比/%		≤95	≤105	≤115
烧失量/%		≤5.0	≤8.0	≤15.0
含水量/%		≤1.0		
三氧化硫/%		≤3.0		
游离氧化钙/%	F 类粉煤灰	≤1.0		
	C 类粉煤灰	≤4.0		
安定性	C 类粉煤灰	合格		

粉煤灰在水泥混凝土中的作用机理及其对混凝土基本性能的影响，包括形态效应、活性效应、微集料效应三方面内容。粉煤灰中的玻璃球形颗粒完整、表面光滑、粒度较细、质地致密，这些形态上的特点，可降低水泥浆体的需水量，改善浆体的初始结构，这就是所谓的形态效应。酸性氧化物（如 SiO_2 及 Al_2O_3）为主要成分的玻璃相，在潮湿环境中可与 C_3S 及 C_2S 的水化物氢氧化钙起作用，生成 C-S-H 及 C-A-H 凝胶体，对硬化水

泥浆体起增强作用，特别是在 28d 以后的增强作用，这种由粉煤灰活性引起的火山灰反应而产生的效应就叫做活性效应。粉煤灰的活性效应不仅与龄期有关，而且与温度有关，温度高粉煤灰的增强效应比温度低的要好。粒径在 $30\mu m$ 以下的粉煤灰微粒在水泥石中可以起相当于未水化水泥熟料微粒作用，填充毛细孔隙，使水泥结石更加致密，由此而产生了微集料效应。

粉煤灰的电镜下照片见图 4.3.1～图 4.3.2。

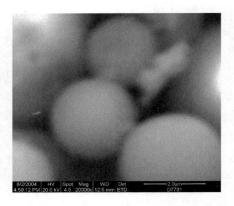

图 4.3.1　电镜下 3000 倍照片　　　　图 4.3.2　电镜下 20000 倍照片

从图 4.3.1 粉煤灰电镜下 3000 倍的照片可以看出，粉煤灰的颗粒形状和结晶状况为不规则的海绵状玻璃体、玻璃体珠、各种颗粒碎屑、黏聚颗粒并存。

图 4.3.2 为粉煤灰玻璃体微珠的 2 万倍下形貌及其之间结晶状况。由此照片还可以看出玻璃体微珠间有碎屑（或黏聚颗粒），有些微珠更细微的凹坑特征。

在水工混凝土中掺用一定量的粉煤灰代替水泥，其作用主要有：

（1）减少水泥用量，降低工程成本。

（2）降低混凝土水化热温升，简化温控措施，减少混凝土裂缝产生。

（3）掺粉煤灰后可减少混凝土的干缩，还可以抑制碱-骨料反应。

（4）由于粉煤灰的形态效应、微集料效应，且相对密度比水泥小得多，在采用等量代替水泥的情况下，其浆体体积增加，可显著改善混凝土的填充包裹特性、和易性和抗分离性，改善混凝土的施工和易性。

（5）需水量比小于 100% 的粉煤灰具有良好的减水效应。

（6）掺粉煤灰后可提高混凝土的耐久性能。

4.3.2　碾压混凝土用粉煤灰的选择

贵州省素有"西南煤海"之称，煤炭储量为全国第五位，是我国三大火电基地之一。随着贵州火电装机容量的增加，粉煤灰的排放量、储灰用地也将随之增加，不仅占用了大量耕地，还严重污染环境。因此做好粉煤灰的利用是一项利国利民的工作。

据不完全统计，目前贵州省已建和在建的大中型火电厂近 20 座（表 4.3.2），已建和在建的装机总容量达 23000MW，年耗原煤约 5000 万 t，年产原状粉煤灰约 1500 万 t，已经投产的火电厂均具有粉煤灰风选系统，但其中商品灰的销量还不到 1/3。

表 4.3.2 贵州已建和在建的火电厂统计表

序号	单位名称	装机容量 /MW	耗煤量 /(万 t·a⁻¹)	原状粉煤灰 /(万 t·a⁻¹)	商品灰销售量 /(万 t·a⁻¹)	备注
1	贵阳电厂	2×200	130	45	15	
2	安顺电厂	4×300	350	135	30	
3	盘县电厂	3×200 +2×200	250	110	20	
4	野马寨发电厂	3×200	200	80	20	
5	习水发电厂	4×135	209	76.8	20	
6	盘南发电厂	4×600	800	250	0	
7	黔西发电厂	4×300	206.6	59.5	30	
8	大方发电厂	4×300	300	78	20	
9	纳雍电厂	8×300	503	167	0	
10	鸭溪电厂	4×300	345	104	30	
11	发耳发电厂	4×600	800	300	0	
12	黔北发电总厂	4×300 +4×125	610	240	60	
13	大龙发电厂	2×300	150	60	10	
14	兴义电厂	2×600	0	0	0	在建
15	桐梓发电厂	2×600	0	0	0	在建
16	清镇塘寨电厂	2×600	0	0	0	在建
17	马场坪电厂	2×600	0	0	0	在建
18	六枝电厂	2×1000	0	0	0	在建

贵州省的粉煤灰资源具有以下特点：

（1）全省范围内分布广泛，在省内各地的运输距离均较近。

（2）年产原状粉煤灰量较大，但商品粉煤灰量并不是很高；由于盘南电厂、纳雍电厂、发耳电厂的地理位置因素，其商品灰的销售情况较差。

（3）目前各电厂均有粉煤灰风选系，使用的一般都是干排灰。

（4）过去贵州省没有Ⅰ级粉煤灰，现在有数个电厂均可供应Ⅰ级和Ⅱ级粉煤灰，粉煤灰的等级和品质较以前有很大的提高。

贵州省在水工混凝土中推广使用粉煤灰始于 20 世纪 80 年代末，当时主要用于乌江东风水电站、普定水电站和红枫堆石坝体防渗灌浆。目前，粉煤灰已经作为水工混凝土的主要掺合料广泛用于贵州各水电水利工程中。

20 世纪 80 年代末，清镇电厂建成了 200MW 的火电机组，采用了电吸尘装置，但粉煤灰只能达到Ⅲ级粉煤灰或等外粉煤灰的标准，未能加以利用。当时贵阳院正在进行东风水电站薄拱坝常态混凝土的配合比试验研究工作，只有到广西田东、云南普坪村等地取粉煤灰开展相关工作。后经多方努力协调，清镇电厂终于建成了贵州省第一条粉煤灰风选系统，粉煤灰的细度可以达到Ⅰ级粉煤灰，但烧失量只能达到Ⅱ级或Ⅲ级粉煤灰，该粉煤灰先后使用在东风水电站常态混凝土拱坝和普定水电站碾压混凝土拱坝中。90 年代后期，在总结清镇电厂风选粉煤灰、加工回收粉煤灰成商品灰供应系统的经验后，几乎所有火电厂均建电收尘系统，商品粉煤灰可达到Ⅰ级粉煤灰和Ⅱ级粉煤灰的指标要求，结束了贵州没有Ⅰ级粉煤灰的历史。

2000 年 11 月，贵州乌江洪家渡、引子渡、乌江渡扩机三大水电站工程同时开工，到 2010 年随之有引子渡、索风营、大花水、构皮滩、思林、光照、董箐、格里桥、石垭子、沙阡、沙沱等水电站陆续建成，粉煤灰在贵州水工混凝土中的应用进入了一个高峰期，期间采用了遵义电厂、凯里电厂、贵阳电厂、安顺电厂、野马寨电厂、盘县电厂等电厂生产的Ⅰ级或Ⅱ粉煤灰（目前贵阳电厂、遵义电厂和凯里电厂已经关闭），目前还有善泥坡、毛家河、马马崖一级、象鼻岭、黔中水利、夹岩水利等在建水电水利工程，采用安顺电厂、鸭溪电厂、野马寨电厂、盘县电厂等电厂生产的粉煤灰。

贵州已建的主要水电工程大坝混凝土配合比参数见表 4.3.3。

表 4.3.3　　　　　　　　贵州已建的主要水电工程大坝混凝土配合比参数

工程名称	电站装机/MW	最大坝高/m	坝型	混凝土强度等级	水胶比	粉煤灰掺量/%	混凝土级配	建成年份
东风	570	162.00	常态混凝土双曲薄拱坝	$C_{180}30$	0.50	20	二	1995
				$C_{180}30$	0.50	30～40	四	
普定	75	75.00	碾压混凝土双曲拱坝	$C_{90}20$	0.50	55	二	1993
				$C_{90}15$	0.55	65	三	
洪家渡	600	179.50	面板混凝土堆石坝	C30	0.42	25	二	2004
索风营	600	115.80	碾压混凝土重力坝	$C_{90}20$	0.50	50	二	2005
				$C_{90}15$	0.55	60	三	
大花水	200	134.50	碾压混凝土双曲拱坝	$C_{90}20$	0.50	50	二	2007
				$C_{90}15$	0.55	60	三	
思林	1000	117.00	碾压混凝土重力坝	$C_{90}20$	0.50	50	二	2009
				$C_{90}15$	0.55	60	三	
光照	1040	200.50	碾压混凝土重力坝	$C_{90}25$	0.45	50	二	2009
				$C_{90}20$	0.50	55	三	
				$C_{90}15$	0.55	60	三	
				$C_{90}20$	0.46	65	三	
				$C_{90}15$	0.50	70	三	
石垭子	140	134.5	碾压混凝土重力坝	$C_{90}20$	0.50	50	二	2010
				$C_{90}15$	0.53	60	三	
				$C_{90}15$	0.48	70	三	
构皮滩	3000	233	常态混凝土双曲拱坝	$C_{180}25$	0.50	30	三、四	2010
				$C_{180}30$	0.50	30	三、四	
				$C_{180}35$	0.45	20～30	二、三、四	

工程名称	电站装机/MW	最大坝高/m	坝型	混凝土强度等级	水胶比	粉煤灰掺量/%	混凝土级配	建成年份
沙沱	1120	101	碾压混凝土重力坝	$C_{90}20$	0.50	55	二	2012
				$C_{90}15$	0.55	60	三	

由表 4.3.3 可见,粉煤灰的掺量在常态混凝土坝中一般为 20%～40%;在碾压混凝土坝中一般为 50%～60%,而在光照水电站、沙阡水电站和石垭子水电站中采用超高粉煤灰掺量技术,粉煤灰的掺量突破规范限制,达到了 65%～70%,将粉煤灰的应用技术提升到一个新的高度。

目前贵州水电工程仍在继续开发建设之中,粉煤灰的应用技术已经比较成熟和完善,需要开展和开拓新的应用思路,可以采用以下 2 个应用路线:①超高掺粉煤灰:常态混凝土中的粉煤灰掺量可提高至 40%～60%,碾压混凝土中的粉煤灰掺量可提高到 70%～80%;②研究Ⅲ级粉煤灰或等外粉煤灰应用在水工混凝土上的可能性。

粉煤灰应用在水工混凝土中,减少了混凝土中的水泥用量,降低了混凝土的绝热温升,减少了混凝土温度裂缝,降低了工程造价,提高了工程质量,混凝土的各项性能均满足设计要求,粉煤灰是混凝土中的主要和重要的一种掺合料。达到了节约资源、变废为宝、利于环境保护的目的。

4.3.3　其他掺合料的应用研究

1. 磷矿渣

磷矿渣是用电炉法生产黄磷时所得到的一种工业废渣,用电炉法制取黄磷时,所得到的以硅酸钙为主要成分的熔融物,经淬冷成粒,即为粒化电炉磷渣,简称磷渣。在用电炉法生产或制取黄磷时,通常每制取 1t 黄磷就能产生 8～10t 磷渣。

磷矿渣的化学成分主要为 CaO、SiO_2、P_2O_5、MgO、Al_2O_3、SO_3 等,其中 CaO、SiO_2、Al_2O_3 为活性物质,与水泥水化产物产生二次水化反应,从而提高混凝土的后期强度。

虽然磷矿渣是一种工业废渣,但随着有关应用技术的发展,它的用途越来越广泛。磷矿渣作为水工混凝土掺合料,在美国 20 世纪 80 年代已开始试验研究,在国内则研究不多,以前应用磷矿渣是掺入水泥原材料中,作为水泥熟料制成磷矿渣水泥。而作为混凝土掺合料,在云南省昭通渔洞水库大坝工程和云南大朝山水电站碾压混凝土工程中磷矿渣得到了较好的应用。

磷矿渣作为大体积混凝土掺合料使用,不仅可以解决磷矿渣的堆放占用大量土地问题,而且能解决因磷矿渣中有一定量的磷与氟所造成的环境污染问题。磷矿渣可作为混凝土一种新的、有效的掺合料。

贵州等地区磷矿渣资源比较丰富,为其作为混凝土掺合料的利用提供了有利条件。

磷矿渣粉样的电镜照片见图 4.3.3～图 4.3.4。

从图 4.3.3 和图 4.3.4 中的电镜照片可以看出磷矿渣粉样为几微米到几十微米的不规则颗粒,且颗粒带有尖角。

磷矿渣的化学成分见表 4.3.4,物理力学性能见表 4.3.5。

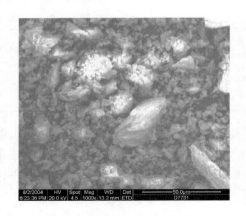 

图 4.3.3　电镜下 1000 倍照片　　　　　图 4.3.4　电镜下 5000 倍照片

表 4.3.4　　　　　　　　　　　　　磷矿渣的化学成分　　　　　　　　　　　　　　　　%

SiO$_2$	SO$_3$	Al$_2$O$_3$	CaO	MgO	P$_2$O$_5$	F	烧失量
38.87	1.32	2.01	51.73	1.51	4.56	15.4	0.10

表 4.3.5　　　　　　　　　　　　　磷矿渣的物理力学性能

细度/% (45μm 筛余)	需水量比 /%	烧失量 /%	含水量 /%	抗压强度比/%			相对密度	比表面积 /(m^2·kg^{-1})
				7d	28d	90d		
2.6	99.3	0.10	0.2	62.2	85.5	116.2	2.94	400

该磷矿渣的细度较细，烧失量低，活性较好，其品质可达到Ⅱ级粉煤灰的品质要求，并且其后期抗压强度比高。

但由于磷矿渣烘干、球磨成本较高，若使用磷矿渣应比较其性价比。

随着科学技术的发展，磷矿渣作为混凝土掺合料的应用必将进一步推广，掺磷矿渣的混凝土不仅适用于水工结构，而且也可广泛用于道桥、工业民用建筑、港口码头等。

2. 锰硅渣

锰硅渣是铁合金厂冶炼锰钢生铁时排放一种含锰量较高的矿渣，其结构疏松，外观常为浅绿色的颗粒，锰硅渣是由一些形状不规则的多孔非晶质颗粒组成，粒径主要集中在 250μm 以上，其化学成分主要是 SiO$_2$ 和 CaO，其次是 Al$_2$O$_3$、MnO 等。

我国锰矿资源丰富，保有查明储量 7 亿多 t，是世界上锰矿资源储藏丰富的国家。但我国锰矿石的平均品位较低，全国 93.6% 的锰矿资源属于贫锰矿。随之带来的就是冶炼后的大量锰渣废弃物的排放，不仅占用大量的土地，而且给环境带来严重的污染。为了使废弃的锰渣变废为宝，促进锰渣资源的充分利用，须对锰渣废弃物进行一定的开发利用。以下介绍锰硅渣在贵阳院设计的重庆马岩洞水电站工程上的应用研究情况。

重庆马岩洞水电站在部分混凝土部位上应用了锰硅渣与粉煤灰混掺技术，采用了重庆酉阳业成铁合金总厂生产的锰硅渣。

重庆酉阳业成铁合金总厂距工地 200km 左右，排放湿锰硅渣约 1 万 t/a。

该厂的锰硅渣粉样电镜照片见图 4.3.5、图 4.3.6。

图 4.3.5　锰硅粉样电镜下 2000 倍照片　　图 4.3.6　锰硅粉样电镜下 10000 倍照片

图 4.3.5 和图 4.3.6 可以看出，该锰硅渣样为几微米到几十微米的多棱角不规则微粒，且微粒带有尖角。

锰硅渣的化学成分见表 4.3.6，品质检验结果见表 4.3.7。

表 4.3.6　　　　　　　　　　　锰 硅 渣 的 化 学 成 分　　　　　　　　　　　　　%

SiO_2	Al_2O_3	CaO	SO_3	K_2O	MgO	MnO
38.14	19.32	24.12	4.40	1.81	8.35	3.86

表 4.3.7　　　　　　　　　　　锰硅渣的品质检验结果

细度/% (45μm)	需水量比 /%	含水量 /%	抗压强度比/%			相对密度	比表面积 /(kg·m^{-2})
			7d	28d	90d		
14.0	103.5	0	60.0	75.6	87.8	2.92	310

表 4.3.6 和表 4.3.7 表明，锰硅渣粉的细度、需水量比达到 Ⅱ 级粉煤灰的标准，其 SiO_2 和 CaO 的含量较高，有利于酸性氧化物的化学反应及强度发挥。

马岩洞水电站掺锰硅渣混凝土配合比见表 4.3.8。

表 4.3.8　　　　　　　马岩洞水电站掺锰硅渣混凝土配合比试验结果

配合比编号	混凝土强度等级	水胶比	混凝土级配	粉煤灰掺量	锰硅渣掺量	抗压强度 /MPa			备　注
1—1	$C_{90}15$	0.53	三	60%	0	11.7	19.8	27.6	坝体内部碾压混凝土
1—2	$C_{90}15$	0.53	三	0	60%	13.1	25.0	34.0	
1—3	$C_{90}15$	0.53	三	30%	30%	11.5	23.2	31.3	
2—1	$C_{90}20$	0.50	二	50%	0	16.5	25.2	34.0	迎水面防渗碾压混凝土
2—2	$C_{90}20$	0.50	二	0	50%	19.7	31.2	38.0	
2—3	$C_{90}20$	0.50	二	25%	25%	16.9	27.8	36.2	

由表 4.3.8 可见，锰硅渣取代 50% 的粉煤灰后，其和易性有了部分改善，而其后期抗压强度也有一定的提高（主要是由于锰硅渣中的活性物质参与了水化反应）；但是锰硅渣全部取代粉煤灰后，虽然其抗压强度比不掺的高，但是其泌水较大，施工性能不好。

根据本次试验结果及其他工程资料来看，锰硅渣是一种很有前途的、优良的活性混合材，在建筑行业上一般可用于粘砖和道路路面基层材料等。但目前使用锰硅渣粉的水电工程实例极少，试验研究也不够充分，在水工混凝土中应再进一步试验研究和收集工程应用实例，做论证后谨慎使用。

从以上应用试验研究可以看出：

（1）经过十多年来，粉煤灰在水工混凝土中的应用已经有了很大的发展，贵州现有的火电厂均有风选粉煤灰系统，商品粉煤灰的质量也有了很大的提高，粉煤灰的应用技术已十分成熟，目前正是应用粉煤灰的高峰期和黄金期。

在混凝土中推广使用粉煤灰，不仅能将粉煤灰这种废弃物加以利用，减少环境污染，同时改善了混凝土的品质，也可相应减少水泥用量，减少矿山开采量，减少能源消耗，对社会和环境保护都是十分有利的。

（2）磷矿渣是一种很好的混凝土掺合料，其活性较好，掺入后对改善混凝土的和易性和各种性能均有好处，但由于其磨细加工的成本略高，目前在贵州水工混凝土中并未得到较好的应用，因此需要进一步扩大磷矿渣的使用面，降低其生产成本，以更好地将其推广应用，达到变废为宝的效果。

（3）锰硅渣是一种很有前途的、优良的活性混合材，在建筑行业上有一定的应用，在一定范围内可用于混凝土中的掺合料。但目前使用锰硅渣粉的水电工程实例极少，试验研究也不够充分，因此在水工混凝土中应再进一步试验研究和收集工程应用实例，做论证后谨慎使用，以达到变废为宝、节约资源的目的。

4.4　外加剂性能

混凝土外加剂是指在拌制混凝土过程中掺入，用以改善混凝土性能的物质。其掺量一般不大于胶凝材料总量的 5%（特殊情况除外）。

外加剂是配制高品质碾压混凝土不可缺少的重要材料，根据碾压混凝土的设计指标、工程特点和施工季节要求，掺入混凝土外加剂不但可以改善碾压混凝土的性能、便于施工，还能节约工程费用。

4.4.1　外加剂品种及质量要求

根据国家标准《混凝土外加剂定义、分类、命名与术语》（GB/T 8075—2005）的分类，混凝土外加剂按其主要使用功能分为四类：

（1）改善混凝土拌和物流变性能的外加剂，包括各种减水剂和泵送剂等。

（2）调节混凝土凝结时间、硬化性能的外加剂，包括缓凝剂、促凝剂和速凝剂等。

（3）改善混凝土耐久性的外加剂，包括引气剂、防水剂、阻锈剂和矿物外加剂等。

（4）改善混凝土其他性能的外加剂，包括膨胀剂、防冻剂、着色剂等。

同时对普通减水剂、早强剂、缓凝剂、促凝剂、引气剂、高效减水剂、缓凝高效减水剂等 27 种外加剂进行了命名。

《混凝土外加剂》（GB 8076—2008）标准对外加剂的性能指标做了规定，须分别满足掺外加剂后的受检混凝土性能指标（表 4.4.1）和匀质性指标（表 4.4.2）要求。

表4.4.1　　受检混凝土性能指标

项目	高性能减水剂 HPWR 早强型 HPWR‑A	高性能减水剂 HPWR 标准型 HPWR‑S	高性能减水剂 HPWR 缓凝型 HPWR‑R	高效减水剂 HWR 标准型 HWR‑S	高效减水剂 HWR 缓凝型 HWR‑R	普通减水剂 WR 早强型 WR‑A	普通减水剂 WR 标准型 WR‑S	普通减水剂 WR 缓凝型 WR‑R	引气减水剂 AEWR	泵送剂 PA	早强剂 Ac	缓凝剂 Re	引气剂 AE
减水率/%，不小于	25	25	25	14	14	8	8	8	10	12	—	—	6
泌水率比/%，不大于	50	60	70	90	100	95	100	100	70	70	100	100	70
含气量/%	≤6.0	≤6.0	≤6.0	≤3.0	≤4.5	≤4.0	≤4.0	≤5.5	≥3.0	≤5.5	—	—	≥3.0
凝结时间之差/min 初凝	−90~+90	−90~+120	>+90	−90~+120	>+90	−90~+90	−90~+120	>+90	−90~+120	—	−90~+90	>+90	−90~+120
凝结时间之差/min 终凝	—	—	—	—	—	—	—	—	—	—	—	—	—
1h经时变化量 坍落度/mm	—	≤80	≤60	—	—	—	—	—	—	≤80	—	—	—
1h经时变化量 含气量/%	—	—	—	—	—	—	—	—	−1.5~+1.5	—	—	—	−1.5~+1.5
抗压强度比/%，不小于 1d	180	170	—	140	—	135	—	—	—	—	135	—	—
抗压强度比/%，不小于 3d	170	160	140	130	125	130	115	110	115	—	130	—	95
抗压强度比/%，不小于 7d	145	150	140	125	125	110	115	110	110	115	110	100	95
抗压强度比/%，不小于 28d	130	140	130	120	120	100	110	110	100	110	100	100	90
收缩率比/%，不大于 28d	110	110	110	135	135	135	135	135	135	135	135	135	135
相对耐久性（200次）/%，不小于	—	—	—	—	—	—	—	—	80	—	—	—	80

注　1. 表中抗压强度比、收缩率比、相对耐久性为强制性指标，其余为推荐性指标。
　　2. 除含气量和相对耐久性外，表中所列数据为掺外加剂混凝土与基准混凝土的差值或比值。
　　3. 凝结时间之差性能指标中的"−"号表示提前，"+"号表示延缓。
　　4. 相对耐久性（200次）性能指标中的"≥80"表示将掺外加剂的受检混凝土试件快速冻融循环200次后，动弹性模量保留值≥80%。
　　5. 1h含气量经时变化量指标中的"−"号表示含气量增加，"+"号表示含气量减少。
　　6. 其他品种的外加剂，当需要测定相对耐久性指标时，由供、需双方协商确定。
　　7. 当用户对泵送剂等产品有特殊要求时，需要进行的补充试验项目、试验方法及指标，由供需双方协商决定。

表 4.4.2　　　　　　　　　匀 质 性 指 标

项　　目	指　　标
氯离子含量/%	不超过生产厂控制值
总碱量/%	不超过生产厂控制值
含固量/%	$S>25\%$ 时，应控制在 $(0.95\sim1.05)$ S； $S\leqslant25\%$ 时，应控制在 $(0.90\sim1.10)$ S
含水率/%	$W>5\%$ 时，应控制在 $(0.90\sim1.10)$ W； $W\leqslant5\%$ 时，应控制在 $(0.80\sim1.20)$ W
密度/$(g \cdot cm^{-3})$	$D>1.1$ 时，应控制在 $D\pm0.03$； $D\leqslant1.1$ 时，应控制在 $D\pm0.02$
细度	应在生产厂控制范围内
pH 值	应在生产厂控制范围内
硫酸钠含量/%	不超过生产厂控制值

注　1. 生产厂应在相关的技术资料中明示产品匀质性指标的控制值。

　　2. 对相同和不同批次之间的匀质性和等效性的其他要求，可由供需双方商定。

　　3. 表中的 S、W 和 D 分别为含固量、含水率和密度的生产厂控制值。

4.4.2　碾压混凝土用外加剂的选择

随着碾压混凝土及外加剂应用的深入研究，大量的系统试验研究结果表明，要配制高品质的碾压混凝土，必须对混凝土外加剂功能的选择给予足够的重视。用于碾压混凝土的外加剂，需考虑具备如下功能：①高效减水及增强效应；②缓凝功能；③提高混凝土的可碾性；④抑制早期水化温升；⑤提高混凝土的耐久性。

试验研究表明，采用高效缓凝减水剂和引气剂，能显著改善大坝碾压混凝土的强度力学性能、热学性能、层间结合性能、抗冻抗渗耐久性能和施工工作性能。

1. 减水剂的减水、增强效应

混凝土的用水量包括两部分，一部分用于水泥的水化反应，此部分约为水泥重量的25%，另一部分是为满足混凝土施工工作性能的自由水，此部分不参与水泥的水化反应，在混凝土浇筑后会逐渐挥发而在混凝土中形成孔洞。与水泥适应性良好的减水剂掺入后在水泥与水界面上产生定向排列，其憎水基团与水泥粒子结合，亲水基团与水分子键合，起到润滑、分散、减少摩擦等作用。

2. 缓凝性能

关于缓凝剂的缓凝作用机理的研究，已进行了不少的工作，大部分理论研究认为，缓凝剂掺入后与水泥水化产物发生吸附作用，从而阻碍了水泥的进一步水化。

3. 层间结合能力

由于外加剂的减水、缓凝、引气作用，碾压混凝土的和易性提高，容重增加，层面间的结合能力增强。

4. 热学性能

对水工大体积混凝土来说，坝体内部混凝土的温升值对坝体的防裂安全性至关重要。为降低混凝土的内外温差，一般在内部混凝土中掺用高掺量的粉煤灰，减少水泥用量，从而降低因水泥水化产生的热量。另外，在混凝土中加入缓凝组分，可以使水泥的水化速度减慢，使水化热缓慢释放，推迟水化放热峰值时间，从而抑制早期的水化温升。

5. 抗冻性能

引气剂在水中被界面吸附后，能降低界面能，在搅拌作用下，形成大量均匀微小气泡，气泡大小一般在 $200\mu m$ 以下，且形状为规则的球形。当混凝土表面处于冰点以下时，靠近表面的孔隙中的非结晶水和渗进的水分冻结，产生约 9% 的体积膨胀，在膨胀压作用下，未冻结的自由水被迫向内部迁移，当迁移受到约束时就形成静水压，从而导致混凝土薄弱部分微裂纹的产生及破坏。而引气剂掺入后，引入的大量微细气泡均匀分布在混凝土内部，可以容纳自由水的迁移，大大缓解静水压力，显著提高混凝土的抗冻性能。

6. 抗渗性能

减水剂及引气剂的减水作用，使混凝土容重和密实度大大提高，同时减少了硬化混凝土中因自由水挥发留下的不规则孔缝。引气剂引入的细小封闭气泡改善了混凝土内部的毛细孔结构，使内部孔洞互不连通，从而切断了渗水通道，大大提高了混凝土的抗渗性能。

4.4.3 新型外加剂的研究及应用

1. 聚羧酸系高性能减水剂

自 20 世纪 50 年代以来，外加剂技术在混凝土技术发展过程起到了主导性的作用——改善了混凝土性能，提高了混凝土生产和施工效率，使混凝土材料绿色化成为可能；另外，建筑工业对混凝土材料不断提高的要求极大地促使外加剂技术的不断发展和进步。聚羧酸系高性能减水剂是目前世界上前沿、科技含量高、应用前景好、综合性能优的一种混凝土超塑化剂（减水剂）。聚羧酸系高性能减水剂是羧酸类接枝多元共聚物与其他有效助剂的复配产品。经与国内外同类产品性能比较表明，聚羧酸系高性能减水剂在技术性能指标、性价比方面都达到了当今国际先进水平。

聚羧酸系高性能减水剂具有以下性能特点：

（1）掺量低、减水率高，减水率可高达 45%。

（2）坍落度经时损失小，预拌混凝土坍落度损失率 1h 小于 5%，2h 小于 10%。

（3）增强效果显著，混凝土 3d 抗压强度提高 $50\%\sim110\%$，28d 抗压强度提高 $40\%\sim80\%$，90d 抗压强度提高 $30\%\sim60\%$。

（4）混凝土和易性优良，无离析、泌水现象，混凝土外观颜色均一。用于配制高标号混凝土时，混凝土黏聚性好。

（5）含气量适中，对混凝土弹性模量无不利影响，抗冻耐久性好。

（6）能降低水泥早期水化热，有利于大体积混凝土和夏季施工。

（7）适应性优良，水泥、掺合料相容性好，温度适应性好，与不同品种水泥和掺合料具有很好的相容性，解决了采用其他类减水剂与胶凝材料相容性差的问题。

（8）低收缩，可明显降低混凝土收缩，抗冻融能力和抗碳化能力明显优于普通混凝土；显著提高混凝土体积稳定性和长期耐久性。

（9）碱含量极低，碱含量不大于 0.2%，可有效地防止碱骨料反应的发生。

（10）产品稳定性好，长期储存无分层、沉淀现象发生，低温时无结晶析出。

（11）产品绿色环保，不含甲醛，为环境友好型产品。

（12）经济效益好，工程综合造价低于使用其他类型产品，同强度条件下可节省水泥15％～25％。

（13）适用于强度等级为C15～C60及以上的泵送或常态混凝土工程，特别适用于配制高耐久、高流态、高保坍、高强以及对外观质量要求高的混凝土工程。对于配制高流动性混凝土、自密实混凝土、清水饰面混凝土极为有利。

但是，在工程应用中也发现，聚羧酸系减水剂对其他原材料的适应性较为敏感，特别是砂石骨料的含泥量较高时，其性能影响较大。因此，需深入进行聚羧酸外加剂组分的试验研究，提高与其他原材料的适应性。

我国聚羧酸系减水剂发展起步较晚，其用量只占减水剂总量的2％左右，但其在国内重特大工程中的应用正逐渐增多。国外不少大的化学建材公司，如德固赛集团、格雷斯建材公司、马贝集团、西卡公司、富斯乐公司和花王公司等，纷纷将自己生产的聚羧酸系减水剂产品通过进口方式引进中国市场，对推动聚羧酸系减水剂在工程中的应用起到了非常重要的作用。值得一提的是，国内少数厂家也开始生产、销售聚羧酸系减水剂产品。目前，我国已制定了聚羧酸系高性能减水剂的标准，相信会促进我国聚羧酸系减水剂工业的快速、健康发展。

2. 过烧 CaO 类膨胀剂

CaO作为混凝土膨胀剂早在20世纪80年代就得到了使用，但由于当时的技术条件及研究不深入，在工程应用中出现了混凝土早期膨胀大而后期无膨胀，或几年后发生异常膨胀等现象，因此其膨胀能的难以控制使得其应用技术未持续发展，而转向了其他品种膨胀剂的开发，如钙矾石类膨胀剂等。但随着大掺量粉煤灰技术在混凝土中的应用，粉煤灰消化 CaO 的量较多，关于水工混凝土中 CaO 与粉煤灰的协调作用机理，以及 CaO 的制备工艺等，因缺乏系统性的试验研究，从而限制了 CaO 在水工混凝土中的大规模应用。

贵阳院通过过烧 CaO 的制备工艺改进，得到合理晶粒大小及与粉煤灰协调作用而具有稳定膨胀效果的过烧 CaO，通过宏观性能及 XRD、SEM 和能谱分析等微观测试技术，对过烧 CaO 在混凝土中的膨胀机理进行了研究和探讨。

（1）过烧 CaO 的制备。过烧 CaO 的制备方法采用纯净的方解石，在一定的煅烧工艺参数控制下升温至1300℃，并在此温度下保温4h。煅烧完成后取出，冷却至室温、磨细，控制其细度5％左右（0.08mm方孔筛筛余）。

通过化学分析方法对制备的过烧 CaO 的化学成分进行测试，试验检测结果见表4.4.3。

表 4.4.3　　　　　　　　　过烧 CaO 的化学成分测试成果　　　　　　　　　　%

SiO$_2$	Al$_2$O$_3$	Fe$_2$O$_3$	CaO	MgO	SO$_3$	烧失量	合计
0.10	0.03	0.03	98.82	0.23	0.06	0.65	99.92

从表4.4.3可见，制备出的过烧 CaO 中 CaO 含量达98％以上，纯度很高，杂质较少。较小的烧失量可能是含有 CaO 部分吸潮后生成的 Ca(OH)$_2$ 产生的。

（2）过烧 CaO 膨胀剂的性能。按《混凝土膨胀剂》（JC 476—2001）标准中的规定测试项目对过烧 CaO 进行试验，试验检测结果见表4.4.4。

表 4.4.4　　　　　　　　　　　　过烧 CaO 膨胀剂的品质鉴定试验结果

项　目	掺量 /%	限制膨胀率/%			抗压强度/MPa		抗折强度/MPa		养护温度 /℃
		水中 7d	水中 28d	空气中 28d	7d	28d	7d	28d	
标准	—	≥0.025	≤0.10	≥−0.020	≥25	≥45	≥4.5	≥6.5	20±2
过烧 CaO	10	0.037	0.050	0.027	34.1	47.5	5.9	8.2	20±2

表 4.4.4 的试验结果表明，过烧 CaO 的品质鉴定试验结果满足《混凝土膨胀剂》（JC 476—2001）中的要求。

（3）压蒸安定性试验。粉煤灰掺量为 50% 时，不同过烧 CaO 含量的水泥净浆压蒸安定性试验检测结果见表 4.4.5。

表 4.4.5　　　　　　　　　　掺过烧 CaO 的净浆压蒸安定性试验结果

编号	膨胀剂名称	膨胀剂掺量 /%	粉煤灰掺量 /%	压蒸膨胀率 /%	压蒸后试件描述
1		6	50	0.031	试件轻微弯曲、无龟裂
2	过烧 CaO	8	50	0.048	试件轻微弯曲、无龟裂
3		10	50	0.062	试件轻微弯曲、无龟裂

表 4.4.5 的试验结果表明，粉煤灰掺量为 50% 时，不同过烧 CaO 含量的水泥净浆安定性均符合《水泥压蒸安定性试验方法》（GB/T 750—1992）要求。

（4）混凝土的宏观性能。以水工碾压混凝土重力坝最常用的 $C_{90}20$ 二级配和 $C_{90}15$ 三级配碾压混凝土为例，碾压混凝土配合比见表 4.4.6。

表 4.4.6　　　　　　　　　　　碾压混凝土配合比试验成果表

编号	混凝土强度等级	水胶比	用水量 /(kg·m⁻³)	级配	砂率 /%	单位材料用量							外加剂		VC 值 /s	含气量 /%
						水泥 /(kg·m⁻³)	粉煤灰		膨胀剂 过烧 CaO /%	砂 /(kg·m⁻³)	石子 /(kg·m⁻³)		减水剂 /%	引气剂		
							用量 /(kg·m⁻³)	掺量 /%								
1	$C_{90}20$	0.55	92	二	39	75.3	92.0	55	—	854	1346		0.85	0.8/万	6.5	3.6
2		0.55	95	二	39	77.7	77.7	45	10	850	1334		0.85	0.8/万	6.1	3.8
3	$C_{90}15$	0.60	79	三	32	52.7	79.0	60		723	1548		0.85	0.5/万	6.6	3.3
4		0.60	82	三	32	54.7	68.6		10	718	1530		0.85	0.5/万	6.3	3.2

注　水泥采用贵州水泥厂生产的 P.O 42.5 水泥，粉煤灰采用凯里电厂生产的 I 级粉煤灰；人工砂石粉含量 15%，细度模数 2.72；膨胀剂采用过烧 CaO，掺量为内掺 10%（等量替代胶凝材料中的粉煤灰）。

试验结果表明，碾压混凝土各项性能均满足要求。同时，掺过烧 CaO 膨胀剂后的碾压混凝土绝热温升比基准碾压混凝土高 2℃，但自生体积变形比基准碾压混凝土高 $60×10^{-6}$，远大于 2℃ 温升所抵消的体积膨胀变形。因此，掺过烧 CaO 膨胀剂后碾压混凝土的抗裂经济性仍高。

（5）过烧 CaO 微观研究。取水泥 50%，粉煤灰 50%，过烧 CaO 8%，上述物料干混均匀后，水化前样品编号 k－0；加水制成混凝土试样块，成型后放入 30℃ 的养护箱中

（模拟碾压混凝土坝体内部温度），分别养护至龄期 7d、14d、28d、60d、90d、180d。水化后样品编号分别 k-7，k-14，k-28，k-60，k-90，k-180。

根据 XRD 测试结果计算出的过烧 CaO 混凝土 7～180d 龄期主要矿物的半定量结果列于表 4.4.7。

表 4.4.7　　　过烧 CaO 混凝土 7～180d 龄期主要矿物 XRD 分析半定量结果　　　　%

样品编号	CaO	Ca(OH)₂	硅酸钙	MgO	Mg(OH)₂	方解石	球方解石	白云石	铝酸钙+铝硅酸钙	蒙脱石	伊利石	角闪石	石英	I	K	叶蜡石
k-0	46.63	少	47.63	8.33												
k-7	3.94	46.60	8.09	2.18	极少	12.69		10.94			7.65	5.47	2.47			
k-14	1.89	40.92	9.70	3.16	<1.00	17.51		2.74		4.00	7.38	6.33	6.33			
k-28		33.60	9.66				1.00	<1.00		4.83	8.45	7.25	7.73			
k-60	<0.50		13.70	<1.00		16.52	<1.50	2.10	9.95	4.04	2.45	9.58	5.82			
k-90	<1.00	16.40	18.72	<1.00		31.15	3.00	2.10	10.29	5.25	4.80	2.54	8.75			4.00
k-180						59.20	7.31	2.76		6.14		2.76	7.37	6.45	1.41	2.15

从表 4.4.7 可以看出：

1）混凝土空白样中过烧 CaO、水泥的硅酸钙（C₃S、C₂S）是主要矿物。

2）混凝土养护 7d 后，主晶相从过烧 CaO、硅酸钙转变为 Ca(OH)₂，方解石相成为反应后的主晶相，碳酸钙类矿物含量较高。

3）混凝土养护 14d 后，CaO 进一步反应，含量降低。Ca(OH)₂ 仍为主晶相，方解石是反应产物的主要矿物，说明 Ca(OH)₂ 正在发生向 CaCO₃ 的相变。

4）混凝土养护 28d 后，主晶相仍然是 Ca(OH)₂，但含量进一步降低。方解石相进一步升高，说明 Ca(OH)₂ 向 CaCO₃ 的变化仍在进行。

5）混凝土养护 60d 后，CaO 基本反应完毕，主晶相仍然是 Ca(OH)₂，球方解石相出现，方解石相降低。粉煤灰中的非晶质 SiO₂、Al₂O₃ 与新生的 Ca(OH)₂、CaCO₃ 间的反应已产生结晶过程。CaAl₂O₄、CaAl₂SiO₆ 等新相已经被 XRD 检出。

6）混凝土养护 90d 后，Ca(OH)₂ 含量大为降低，反应产生的主晶相是方解石、球方解石类的碳酸盐矿物。粉煤灰中非晶质 SiO₂、Al₂O₃ 与新生的 Ca(OH)₂、CaCO₃ 间反应产生 CaAl₂O₄、CaAl₂SiO₆ 等水合硅铝酸盐矿物。黏土类矿物如叶蜡石相开始出现，说明黏土类矿物的新相也在反应中生成。另外，k-90 的 XRD 图显示非晶质含量高，可能接近 80%，这虽然对 XRD 的鉴定带来一定的困难，但也说明此时钙系混凝土中的 SiO₂、Al₂O₃ 等非晶质与过烧 CaO 系统中反应生成的新生 Ca(OH)₂、CaCO₃ 相的反应处于高峰期。

7）混凝土养护 180d 后，整个系统反应生成的矿物主体有三类：过烧 CaO 在 60d 后已通过 Ca(OH)₂ 中间相向主晶相矿物方解石、球方解石类碳酸盐类矿物转化，同时含有少量的白云石、菱镁矿等；非晶质类的 SiO₂、Al₂O₃ 与 Ca(OH)₂、CaCO₃ 新生相反应生成硅铝酸盐为主的水合硅铝酸钙；黏土类矿物如 S、I、K、P 等。

　　XRD 结果表明：水泥-粉煤灰-过烧 CaO 体系不同龄期的整个水化过程以过烧 CaO→Ca（OH）$_2$ 反应速度最快。随着龄期的增长，Ca（OH）$_2$ 与粉煤灰中的非晶质部分和水泥中的 Si、Al 等成分的化学反应是非常复杂而缓慢的。减缓化学反应的进程可能主要来自粉煤灰中的非晶质成分，即活性较差的 Si 和 Al，当然还与反应条件及环境有关。直到

180d 龄期时，形成 CaAlO$_4$、CaAl$_2$SiO$_6$ 和其他黏土类矿物含量较少，而以方解石和球方解石为主晶相。从 180d 龄期的 XRD 谱图可以推断，此时非晶质含量还是较高，应该说像 180d 这样的龄期其化学反应的结果也可能是暂时的，随时间增长的反应还没有停止，整个体系的相变仍将继续。

　　图 4.4.1 为过烧 CaO 的 SEM 形貌。从图 4.4.1 可以看出，氧化钙的晶粒度分布如下：大于 200μm，4%；200～180μm，6%；180～160μm，10%；160～140μm，12%；140～120μm，14%；120～100μm，20%；100～80μm，16%；80～60μm，10%；小于 60μm，8%。

图 4.4.1　过烧 CaO 的 SEM 形貌

　　分别取水化 7d、14d、28d、60d、90d、180d 龄期的混凝土的自然断面，进行 SEM 形貌观察，同时利用电子探针微区成分分析技术对 CaO 颗粒的中心点、反应边界进行 EDS 能谱分析。混凝土水化各龄期的 SEM 形貌见图 4.4.2。

k-7

k-14

图 4.4.2（一）　过烧 CaO 混凝土水化各龄期 SEM 形貌

图 4.4.2（二）　过烧 CaO 混凝土水化各龄期 SEM 形貌

SEM 及 EDS 研究表明：掺过烧 CaO 膨胀剂的样品，在 14d 龄期时，未发现二次反应的迹象；28d 龄期时，部分氧化钙颗粒发育了反应边；60d 龄期时，二次反应的程度明显增强；90d 龄期氧化钙与粉煤灰、水泥的反应处于高峰期；至 180d 氧化钙基本反应完成，硅酸盐、铝酸盐生成较为明显。

（6）过烧 CaO 膨胀机理分析。上述混凝土体系的宏观力学性能试验、XRD 衍射、SEM、EDS 的研究结果表明，水泥-粉煤灰-过烧 CaO 混凝土体系是一种水工碾压混凝土较理想的材料。在水化的早期，水泥与细粒级的过烧 CaO 水化，生成 C－S－H、$Ca(OH)_2$ 至 $CaCO_3$ 类的碳酸盐矿物，形成混凝土的早期结构，产生早强作用和早期膨胀。水化的中后期，大晶粒的过烧 CaO 晶粒通过水化生成 $Ca(OH)_2$，继续提供中、晚期膨胀所需要的反应热，同时通过与粉煤灰中大量非晶质的铝硅玻璃体活性质点发生二次"火山灰"反应，进一步提供膨胀所需的热动力，生成的各类水化硅酸盐、铝硅酸盐凝胶，使反应程度进一步提高，浆体结构进一步密实和优化。更为重要的是 $CaO—Ca(OH)_2—C—S—H$ 体系的转化反应排除了使混凝土产生不安定性的因素，实现了混凝土强度、膨胀补偿的协调发展，满足碾压混凝土的要求。

体系的水化反应可按早期和中晚期过程分别进行描述。

体系早期的水化反应：

1）水泥熟料的主要水化反应。

$$C_3S + H_2O \longrightarrow C—S—H + Ca(OH)_2 \tag{4.4.1}$$

$$C_2S + H_2O \longrightarrow C—S—H + Ca(OH)_2 \tag{4.4.2}$$

$$CaO(细晶粒) + H_2O \longrightarrow Ca(OH)_2 \tag{4.4.3}$$

2）$Ca(OH)_2$ 的碳酸化反应。

$$Ca(OH)_2 + CO_2 \longrightarrow CaCO_3 + H_2O \tag{4.4.4}$$

3）水泥熟料的次要水化反应。

$$C_3A + 3CaSO_4 \cdot 2H_2O + 26H_2O \longrightarrow C_3A \cdot 3CaSO_4 \cdot 32H_2O \tag{4.4.5}$$

$$C_4A_3S + 8CaSO_4 + 6CaO + 96H_2O \longrightarrow 3(C_3A \cdot 3CaSO_4 \cdot 32H_2O) \tag{4.4.6}$$

上述反应中首先是具有高反应活性的水泥矿物 C_3S 及过烧 CaO 中的细晶粒 CaO 的水化反应式（4.4.1）、式（4.4.3），反应式（4.4.2）、式（4.4.5）、式（4.4.6）因体系中的含量较少而成为次要反应。反应式（4.4.4）生成的 $CaCO_3$ 类碳酸盐晶体矿物，是早期 C_3S 水化反应生成的 C—S—H 网络结构的填充物，也有可能成为网络结构的一部分，且碳酸化过程生成的 $CaCO_3$ 克分子体积为 34.16（cm^3/mol），较 $Ca(OH)_2$ 的 33.076（cm^3/mol）稍大，因此碳酸化反应也表现出对缓慢膨胀的有利影响。这些反应既提供混凝土的早期强度，也为早期膨胀提供热动力。

中、晚期的主要化学反应可描述如下：

$$CaO(大晶粒) + H_2O \longrightarrow Ca(OH)_2 \tag{4.4.7}$$

$$铝硅玻璃体 + Ca(OH)_2 \longrightarrow C—S—H \tag{4.4.8}$$

反应式（4.4.7）是过烧 CaO 体系的特征反应，它是进一步提高中、晚期强度和膨胀补偿的重要化学推动力之一。而反应式（4.4.8）通过体系中大量粉煤灰中铝硅玻璃体的活性质点，和反应式（4.4.7）中生成的 $Ca(OH)_2$ 作用，生成对强度和耐久性有利的 C—S—H 凝胶并产生膨胀。同时经历较长时间的水化硅酸盐、铝硅酸盐的晶型转变，使碱度降低成为强度更高的致密的低钙硅比凝胶，材料最终结构与性能大为改善。

可以认为，水泥-粉煤灰-过烧 CaO 混凝土最终的水化产物主要为高强度的低钙硅比的 C—S—H 凝胶网络结构，以结晶碳酸钙为主的碳酸盐类空间晶体填充物，辅以其他如钙矾石凝胶。这种产物结构可以较为理想地满足水工大体积碾压混凝土重力坝中大量利用粉煤灰、提高混凝土性能、降低成本的要求。

（7）结论。

1）经过 1300℃ 煅烧并保温 4h 的过烧 CaO，用做水工碾压混凝土的膨胀剂，其用量在 8% 配套的 $C_{90}20$、$C_{90}15$ 的条件下，通过 20℃±2℃ 的养护，可以满足《混凝土膨胀剂》标准及设计规定要求的力学、自生体积变形、绝热温升、热学、抗冻指标的要求。

2）水泥 50％、粉煤灰 50％、过烧 CaO 掺量 8％的混凝土净浆压蒸膨胀率为 0.048％，远优于 GB/T 750—1992 标准规定的不超过 0.5％的控制指标。

3）对水泥（50％）-粉煤灰（50％）-过烧 CaO（8％）混凝土 7～180d 龄期的各组试样，进行了 XRD 衍射、扫描电镜（SEM）、电子探针（EDS）的测试分析。根据分析结论对混凝土的水化机理、化学反应热力学、化学反应动力学进行了基础性研究。研究认为，过烧 CaO 在水化过程中，通过大晶粒 CaO 的调控，水化反应在中、后期生成以 $CaCO_3$ 为主的碳酸盐类矿物，与粉煤灰反应生成以水化铝硅酸钙、硅酸钙为主的铝硅酸盐、硅酸盐类矿物，形成以早期水化生成的 C—S—H 纤维晶体为骨架，中、后期生成的碳酸盐结晶矿物填充，水化铝硅酸盐、硅酸盐类矿物增强的凝胶体。即使碾压混凝土得到强度补偿，又使大晶粒 CaO 渐进有序地参与水化反应产生中后期膨胀，实现碾压混凝土强度与膨胀的协调发展。更为重要的是消除了轻烧 CaO 因集中无序的反应热效应，产生突发膨胀造成对混凝土安定性的危害，保证了混凝土的安定性。

上述试验研究为过烧 CaO 在碾压混凝土中的安全应用提供了理论基础。

4.5 骨料性能与实例

碾压混凝土中骨料所占的体积一般为 80％～85％，按质量计算则占 90％，因此骨料是混凝土的主要组成材料。骨料按粒径大小可分为粗骨料和细骨料，粗骨料是指粒径大于 5mm 的部分，细骨料也称为砂，是指粒径小于 5mm 的部分。

4.5.1 骨料品种及特点

碾压混凝土所用的骨料——岩石，是分布最广泛的一种材料，根据其成因，分为沉积岩、火成岩和变质岩。在沉积岩中，经常应用于工程的主要是石灰岩和白云岩，砂岩由于沉积和成岩时间短，工程力学性能差，很少作为骨料使用。花岗岩、玄武岩和辉绿岩是混凝土常用的火成岩骨料，它们具有硬度大、力学强度高、密度大等特点。变质岩性质介于火成岩和沉积岩之间。常见岩石的物理力学性质见表 4.5.1。

表 4.5.1　　　　　　　　　　　　　常见岩石物理力学性质

岩石名称	岩石密度 /(g·cm⁻³)	弹性模量 /10³MPa	抗压强度 /MPa	抗拉强度 /MPa	黏聚力 C /MPa	摩擦角 /(°)
灰岩	2.3～2.77	35～39	50～200	5～20	10～50	35～50
白云岩	2.1～2.7	7～32	80～250	15～25	20～50	35～50
花岗岩	2.3～2.8	30～37	100～250	7～25	14～50	45～60
辉绿岩	2.8～2.98	70～80	180～300	15～36	10～50	50～55
玄武岩	2.5～3.1	60～100	180～300	15～36	10～50	50～55

骨料的性状对新拌和硬化碾压混凝土的性能皆有很大影响，其数量和质量决定了工程的顺利进行及其经济效果。过去人们一直认为灰岩骨料性能较好（因其线膨胀系数较小，对抗裂性能有利），故大多数工程都在附近尽量寻求这种料场，如江垭、汾河二库、普定

等水电水利工程。但对于附近没有可用灰岩的工程，为尽量利用工程开挖石料并降低运费，则选用火成岩做骨料，如大朝山水电站工程采用玄武岩，棉花滩水电站工程、沙牌水电站工程采用花岗岩，百色水利枢纽工程采用辉绿岩等。这类火成岩密度大，对提高坝体容重、减少坝体方量较为有利。

4.5.2　碾压混凝土用骨料的选择

碾压混凝土所用的骨料按品种可分为天然骨料和人工骨料。天然骨料是指采集大自然产生的砂砾石，经筛选分级后制成的混凝土骨料，包括山砂、河砂、卵石、砾石等。人工骨料是指采用爆破等方法开采岩石作为原料，经过破碎、碾磨、筛分而成的混凝土骨料，包括人工砂、碎石等。

骨料按粒径又可分为细骨料（砂）和粗骨料（石）。细骨料是指粒径在 5mm 以下的颗粒，根据细度模数大小分为粗砂、中砂、细砂和特细砂。粗骨料是指粒径在 5mm 以上的颗粒，根据粒径大小分为小石（5～20mm）、中石（20～40mm）、大石（40～80mm）、特大石（80～150mm）。

水工混凝土施工规范（DL/T 5144）对粗、细骨料的品质指标提出了具体要求，分别见表 4.5.2 和表 4.5.3。

表 4.5.2　　　　　　　　　　　　　粗骨料的品质指标要求

项　　目		指　标	备　　注
含泥量/%	D_{20}、D_{40} 粒径级	≤1.0	
	D_{80}、D_{150}（D_{120}）粒径级	≤0.5	
泥块含量		不允许	
坚固性/%	有抗冻要求的混凝土	≤5	
	无抗冻要求的混凝土	≤12	
硫化物及硫酸盐含量/%		≤0.5	折算成 SO_3，按重量计
有机质含量		浅于标准色	如深于标准色，应进行混凝土强度对比试验，抗压强度比不应低于 0.95
表观密度/(kg·m⁻³)		≥2550	
吸水率/%		≤2.5	
针片状颗粒含量/%		≤15	经试验论证，可以放宽至 25%

表 4.5.3　　　　　　　　　　　　　细骨料的品质指标要求

项　　目		指　　标		备　　注
		天然砂	人工砂	
石粉含量/%		—	6～18	
含泥量/%	≥$C_{90}30$ 和有抗冻要求的	≤3		
	<$C_{90}30$	≤5		
泥块含量		不允许	不允许	

265

项　目		指　标		备　注
		天然砂	人工砂	
坚固性 /%	有抗冻要求的混凝土	≤8	≤8	
	无抗冻要求的混凝土	≤10	≤10	
表观密度/(kg・m⁻³)		≥2500	≥2500	
硫化物及硫酸盐含量/%		≤1.0	≤1.0	折算成 SO_3，按重量计
有机质含量		浅于标准色	不允许	
云母含量/%		≤2.0	≤2.0	
轻物质含量/%		≤1.0	—	

另外，《水工碾压混凝土施工规范》（DL/T 5112）规定，人工砂的细度模数宜为 2.2～2.9，天然砂细度模数宜为 2.0～3.0。人工砂的石粉含量宜控制在 12%～22%，其中 $d<0.08mm$ 的微粒含量不宜小于 5%。天然砂的含泥量应不大于 5%。

4.5.3 骨料应用研究实例

贵阳院设计的碾压混凝土大坝工程，大部分位于贵州省境内，采用的砂石骨料的母岩以石灰岩为主，这类砂石骨料纯度较高，表观密度在 2700kg/m³ 左右，易加工，表面较光滑，性能好，制成的人工砂基本控制在中砂范围内，砂的石粉含量 12%～22%，配制碾压混凝土时用水量较低，为非碱活性骨料，非常适合用作碾压混凝土砂石骨料。

随着水电工程向川、滇、藏、疆等西部地区的推进，骨料的岩性复杂化，例如，玄武岩、砂岩、花岗岩等岩性的人工骨料及天然砂砾石料不断用于碾压混凝土中。

位于贵州与云南交界处的象鼻岭水电站，采用玄武岩作为碾压混凝土砂石骨料，其化学成分及物理力学性能分别见表 4.5.4 和表 4.5.5。

表 4.5.4　　　　　　　　　　象鼻岭水电站玄武岩化学成分　　　　　　　　　　　%

Fe_2O_3	MgO	SiO_2	Al_2O_3	SO_3	CaO	烧失量
14.50	1.53	42.54	16.83	0.19	14.78	5.54

表 4.5.5　　　　　　　　　　象鼻岭水电站玄武岩物理力学性能

密度/(g・cm⁻³)	湿抗压强度/MPa	干抗压强度/MPa	抗压弹模/GPa
2.96	130.2	145.0	52.5

从表 4.5.4 和表 4.5.5 可以看出，玄武岩骨料的 SiO_2 含量较高，密度比灰岩要大，干、湿抗压强度较高，抗压弹模比灰岩略低。

另外，采用玄武岩骨料的基准混凝土用水量比灰岩骨料基准混凝土用水量高 10～15kg/m³，相应的胶凝材料用量需增加 20～30kg/m³。

果多水电站碾压混凝土采用天然砂石料，其中细骨料为天然砂，粗骨料为混合骨料，即为天然卵石和天然卵石经破碎后的人工骨料混合而成。经砂浆棒快速法检测，该骨料具有碱活性，而掺入 20％粉煤灰后能有效抑制骨料碱活性。

4.6　碾压混凝土配合比设计依据及内容

碾压混凝土是一种坍落度为零的干硬性混凝土。它是一种与常态混凝土施工方式截然不同的混凝土，用碾压混凝土筑坝可以减少温控，极大地缩短施工工期。碾压混凝土具有两大特点：①低流动性且干硬度大，适于碾压法施工，机械化施工性强，施工速度有很大提升；②水泥用量少，掺合料用量大，可以降低水泥用量，简化温控措施，减少工程造价成本。碾压混凝土发展至今只有短短几十年，但应用越来越广泛，尤其在水利水电工程的大体积混凝土中应用尤为突出。

4.6.1　设计依据

碾压混凝土的配合比是指碾压混凝土各组成材料相互间的配合比例。碾压混凝土配合比可用体积比或重量比公式表示，也可以采用表格形式表示。碾压混凝土配合比设计的基本出发点是：胶凝材料浆体包裹细骨料颗粒并尽可能地填满细骨料间的空隙；砂浆包裹粗骨料，并填满粗骨料间的空隙，形成均匀密实的混凝土，以达到混凝土的技术经济要求。碾压混凝土配合比设计主要从配合比设计特点和原则、类型、设计方法来确定。

碾压混凝土配合比设计的依据主要有大坝各分区混凝土的设计技术要求、对拟使用原材料的性能调研及试验结果。碾压混凝土配合比设计应体现碾压混凝土配合比的先进性，包括碾压混凝土的工作性、低热性、高耐久性等。

贵阳院经过 20 余个碾压混凝土大坝工程的设计实践，在碾压混凝土配合比设计上主要体现"材料为结构服务"的思想及"用二流的材料配制出一流的碾压混凝土"的设计理念。

4.6.2　设计内容

1. 碾压混凝土配合比设计的特点

碾压混凝土是一种超干硬的混凝土。但是，仅将常态混凝土拌和物的流动性减小至振动碾可以碾压施工的范围，则不一定能获得良好的碾压混凝土。碾压混凝土筑坝的薄层连续铺筑方法及拌和物的超干硬性，使碾压混凝土配合比设计具有如下的特点：

（1）为了确保碾压混凝土能快速施工，一般情况下坝体内部设置冷却水管，尽可能使用较低的水泥量并掺用较大比例的掺合料。

（2）由于超干硬、松散混凝土拌和物的具有易分离的特点，在设计时要注意级配并适当增加砂率。

（3）碾压混凝土配合比设计中一般应考虑在混凝土中掺用外加剂。

（4）若将碾压混凝土拌和物视为类似土料的物质而用土料压实或击实方法确定其最优单位用水量时，还应该考虑硬化后混凝土的性能与水胶比直接相关的一面。

（5）最终的碾压混凝土配合比需要通过现场碾压试验确定。

2. 碾压混凝土配合比设计的原则

为了保证碾压混凝土的施工质量，必须先进行碾压混凝土室内配合比试验。最终通过现场碾压试验，检验设计出的混凝土拌和物对现场施工设备的适应性。因此，在碾压混凝土配合比设计中应遵循下列原则：

（1）碾压混凝土的各项技术指标满足设计要求。

（2）碾压混凝土拌和物的和易性好，在运输及铺摊过程中不容易分离，碾压混凝土拌和物容易碾压密实，容量最大。

（3）外加剂和掺合料的品质及掺量选择合理，胶凝材料用量合适。

（4）碾压混凝土配合比经济合理，尽量采用当地材料，降低工程造价。

3. 碾压混凝土配合比的主要类型

碾压混凝土由试验室经现场试验到工程应用，各国所采取的方法是不同的，从材料的角度看大致有三种主要配合比类型：

（1）胶凝材料浆固结砂砾石碾压混凝土。这类碾压混泥土中，胶凝材料总量不大于110kg/m³，其中粉煤灰或其他掺合料用量大多不超过胶凝材料总量的30%。

（2）干贫碾压混凝土。此类混凝土由于胶凝材料用量不多，通过适当加大用水量使拌和物满足可碾性的要求，其水胶比一般为0.70～0.90之间。

（3）高粉煤灰掺量碾压混凝土。这类碾压混凝土中胶凝材料用量140～250kg/m³，其中掺合料占胶凝材料重量的50%～75%。这类碾压混凝土又分为中胶凝材料用量碾压混凝土和富胶凝材料用量碾压混凝土两种。

4.7　碾压混凝土配合比设计方法

4.7.1　碾压混凝土配合比设计的一般步骤

碾压混凝土配合比设计一般遵循以下5个步骤：

1. 收集配合比设计所需的资料，主要为工程的设计要求及原材料的试验检测结果

（1）设计要求。包括混凝土强度及保证率，混凝土的抗渗等级、抗冻等级及其他性能指标，混凝土的工作性，骨料最大粒径等。

（2）原材料试验内容。包括水泥的品种、品质、强度等级、密度，掺合料的品种、品质、密度，外加剂种类、品质，粗细骨料的岩性、种类、级配、表观密度、吸水率、砂子细度模数，拌和用水品质等。

2. 进行初步配合比设计

（1）根据碾压混凝土设计标号、施工水平计算碾压混凝土的保证强度。

（2）初步确定配合比参数。在进行配合比参数选择前，需确定粗骨料的最大粒径和各级粗骨料所占比例。国内多数碾压混凝土工程大、中、小三级粗骨料所占的比例为4:3:3或3:4:3。配合比参数的选择可通过单因素试验分析选择法、正交试验设计选择法、工程类比选择法等方法进行。

（3）计算每立方米碾压混凝土中各种材料用量。碾压混凝土配合比设计各种材料用量的计算方法主要有绝对体积法、假定表观密度法和包裹填充法。

3. 试拌调整

以上求得的各种材料用量是借助于一些经验公式和经验数据求得，或是利用经验资料

获得的，必须通过试拌进行调整。

4. 室内配合比确定

每个配合比根据要求制作强度及耐久性试验试件，养护到规定龄期进行试验，根据试验结果确定室内配合比。

5. 施工现场配合比换算

现场材料的实际称量应根据砂石含水量及超逊径情况进行修正，将室内配合比换算为施工现场配合。

4.7.2　碾压混凝土配合比参数选择

为了使设计出的碾压混凝土能满足各项技术经济指标的要求，在确定碾压混凝土配合比参数时刻参考以下原则：

（1）确定 $F/(C+F)$ 的原则。在满足设计对碾压混凝土提出的技术性能要求的条件下，尽量选用较大值。

（2）确定 $W/(C+F)$ 的原则。在满足强度，耐久性及施工要求的 VC 值的条件下，选用较小值。

（3）确定单位用水量 W。在达到流动性的前提下取最小值。

（4）确定 $(C+F+W)/S$ 的原则。在保证混凝土拌和物在一定振动能量下能振碾密实并满足施工要求的 VC 值的前提下，尽量取最小值。

（5）确定 $S/(S+G)$ 的原则。最优砂率。

碾压混凝土拌和物中胶凝材料浆的用量多少直接影响混凝土的物理力学性质和施工性能。因此，碾压混凝土拌和物存在最佳浆体用量问题。其用量受以下因素的影响：

（1）提供给拌和物的振动能量。振动能量的大小影响每一骨料颗粒周围浆层的临界厚度。从而影响达到要求工作度所需的胶凝材料浆用量。

（2）骨料的种类、级配及颗粒表面特征。

（3）水胶比和掺合料比例。水胶比及掺合料比例影响骨料颗粒的临界浆层厚度，也影响使拌和物密实所需的最小功能。

4.7.3　碾压混凝土配合比体积法设计要点

碾压混凝土配合比设计一般采用"质量法"和"体积法"，在水工碾压混凝土配合比时，"体积法"较为常用。

体积法的基本原理是混凝土拌和物的体积等于各项材料的绝对体积与空气体积之和。在按碾压混凝土配合比设计步骤计算出水、水泥、掺合料等材料用量后，每立方米混凝土中砂、石的绝对体积可用下列公式计算：

$$V_{s,g}=1-[m_w/p_w+m_c/p_c+m_p/p_p+\alpha] \tag{4.7.1}$$

砂子用量：
$$m_s=V_{s,g}\times S_v\times P_s \tag{4.7.2}$$

石子用量：
$$m_g=V_{s,g}\times(1-S_v)\times P_g \tag{4.7.3}$$

式中　$V_{s,g}$——每立方米混凝土中砂、石的绝对体积，m^3；

m_w——每立方米混凝土用水量，kg；

m_c——每立方米混凝土水泥用量，kg；

m_p——每立方米混凝土掺合料用量，kg；

m_s——每立方米混凝土砂子用量，kg；

m_g——每立方米混凝土石子用量，kg；

α——混凝土含气量；

S_v——体积砂率；

p_w——水的密度，kg/m³；

p_c——水泥密度，kg/m³；

p_p——掺合料密度，kg/m³；

P_s——砂子饱和面干表观密度，kg/m³；

P_g——石子饱和面干表观密度，kg/m³。

用体积法进行砂石骨料用量计算时，砂率采用的是体积砂率，即砂子绝对体积与骨料绝对体积之比。在采用体积法进行碾压混凝土配合比设计时还需注意以下事项：

（1）各原材料的密度及混凝土含气量需通过试验准确检测。

（2）依据填充包裹理论，碾压混凝土最优砂率需通过计算及试验验证获得。

（3）计算所得的碾压混凝土配合比需经试拌调整后得到最终碾压混凝土配合比。

4.8 变态混凝土配合比设计方法

变态混凝土是指在碾压混凝土拌和物中掺入按一定比例配置的水泥灰浆使其成为一种具有常态混凝土坍落度的、易于振捣且可用插入式振捣器振动密实等特征的混凝土，水泥灰浆掺入量通常为变态混凝土总量的 4%～7%（体积比）。

变态混凝土是我国众多无机非金属材料领域的科技工作者在吸收了国外先进的碾压混凝土筑坝施工技术理论以后，与混凝土施工过程中的实际生产技术相结合的产物。20 世纪 80 年代，在广西岩滩水电站上游围堰工程施工中，广西水电工程局的工程技术人员首次应用了变态混凝土技术。经历了几十年的不断发展，变态混凝土已经从浆液中水泥用量不经计量就随意使用的萌发阶段，发展到今天不仅水泥用量需精确计量，而且加浆方法和工艺也非常讲究的成熟阶段。

目前变态混凝土主要用于一些难以使用机械碾压的部位，例如，模板周边、止水周边，带有钢筋的混凝土处以及岸坡与大坝的结合处等。但也有部分工程亦将变态混凝土作为垫层混凝土使用。变态混凝土所用灰浆由水泥与掺合料（如粉煤灰）及外加剂拌制而成，其水胶比应不大于其母体碾压混凝土的水胶比。

4.8.1 变态混凝土的主要作用及其特点

变态混凝土的主要作用可以大致为以下几个方面：首先应用变态混凝土的工程，在施工作业时，比较方便，并且可以与其相邻条带的碾压混凝土进行平行作业，而不影响施工进度；其次由于变态混凝土易于振捣，因此可以使碾压混凝土的外表面更加光滑平整；再次变态混凝土可以起到一定的防渗作用，最后变态混凝土对大坝内部混凝土的耐久性起保护作用。

变态混凝土的特点主要包含以下几点：

（1）从其性能角度看，拌制变态混凝土所用的原材料与碾压混凝土的相同，虽然其与常规混凝土的初凝时间不同，但与相邻碾压混凝土的初凝时间相同。

（2）从其施工角度看，在拌制变态混凝土料时可以与相邻的碾压混凝土料同时拌制，并且可以同时摊铺平仓，只需在其初凝和成型之前在变态混凝土料中加入配制好的水泥浆，并用振捣器振动密实，可见其施工工艺相对方便。

（3）从成本角度看，虽然变态混凝土的原材料成本上相对于同等体积的常规混凝土稍高些，但由于常态混凝土在浇筑大坝的某些部位时，仓位狭窄，摊铺平仓比较费工费时，而在该相应部位浇筑变态混凝土时，只需在加浆时多花一些时间和人工成本，并且也可实现机械化施工，因此在同等条件下要比其相应部位的常态混凝土的综合成本低。

4.8.2　变态混凝土配合比设计要点

1. 变态混凝土配合比参数选择

变态混凝土配合比实际上是指在碾压混凝土基础上加入的浆液的配合比及加入量。浆液采用的水泥、掺合料、外加剂、水等原材料与碾压混凝土无异，但考虑到混凝土强度等性能的需要，在参数选择上稍有差异，主要体现在以下几个方面：

（1）浆液的水胶比一般比碾压混凝土降低 0.05。

（2）浆液中的粉煤灰掺量一般比碾压混凝土降低 10%～20%。

（3）考虑到碾压混凝土中已掺用引气剂，浆液中一般不再掺加引气剂。

浆液的水胶比和粉煤灰掺量都比碾压混凝土低，进一步保证了变态混凝土在强度、抗渗等性能上留有了较高的富裕系数。

2. 变态混凝土配合比设计步骤

（1）按以上混凝土配合比参数原则，采用体积法计算出浆液中各原材料用量。

（2）将计算好的浆液配合比，按一定的体积比范围（4%～6%或 5%～7%等）掺入碾压混凝土中进行试拌试验。

（3）根据工作性能优、坍落度适中、强度等综合性能较好的原则，优选出适宜的体积掺入量。

（4）确定最终变态混凝土配合比。

第 5 章　碾压混凝土性能研究与应用

5.1　贵阳院碾压混凝土筑坝材料研究进展

贵阳院自 1986 年开始进行天生桥二级（坝索）水电站碾压混凝土筑坝技术研究以来，在不到 30 年的时间中，先后承担了天生桥二级（坝索）水电站碾压混凝土材料研究、普定水电站碾压混凝土拱坝筑坝材料研究，结合新疆石门子水库、甘肃龙首水电站的建设，承担了碾压混凝土筑坝材料研究，以及乌江索风营水电站、北盘江光照水电站、清水河大花水水电站等工程的碾压混凝土筑坝材料研究项目。它们分别代表了我国碾压混凝土筑坝材料技术从引进、消化、吸收至全面发展的不同阶段的技术发展水平，在碾压混凝土筑坝技术在我国全面发展之际，对贵阳院承担的数座碾压混凝土坝筑坝材料碾压混凝土配合比进行总结，借此以促进碾压混凝土筑坝材料技术和碾压混凝土筑坝技术的发展。

5.1.1　工程碾压混凝土配合比及其技术特点

各工程碾压混凝土对筑坝材料的要求及碾压混凝土配合比参数见表 5.1.1（内部三级配碾压混凝土）、表 5.1.2（迎水面二级配防渗层碾压混凝土）。

20 世纪 80 年代中期建设的天生桥二级（坝索）水电站是我国首批在大型主体工程中应用碾压混凝土筑坝技术的工程之一，左岸重力坝段采用上游面常态混凝土做防渗护面，下游面采用预制模板护面兼做施工模板的技术方案，溢流坝段采用了常态混凝土包围碾压混凝土，即"金包银"方案。因此对碾压混凝土筑坝材料的要求是：三级配（最大骨料粒径 80mm），强度要求 $C_{90}15$，抗渗 W4，VC 要求 $15s\pm5s$，相应的碾压混凝土配合比水胶比为 $0.55\sim0.59$，用水量 $77kg/m^3$，VC 值为 $10\sim25s$，较大，但外加剂掺量低，仅掺用 DH_4A 0.4%；水泥为普通硅酸盐 525R 号，用量为 $55kg/m^3$；砂率 34%，砂中细颗粒（石粉）含量仅为 8.6% 左右，比较低；粉煤灰为广西田东火电厂生产，其需水量比为 98.5%，细度（0.08mm 筛余量）为 14.1%，其粉煤灰品质达到 Ⅱ 级粉煤灰标准。该工程筑坝技术选择及碾压混凝土配合比参数代表了我国刚引进碾压混凝土筑坝技术时的技术水平。其碾压混凝土配合比特点是：低用水量、低胶材用量（$140kg/m^3$）、低水泥用量

272

表 5.1.1 部分碾压混凝土坝内部三级配碾压混凝土配合比

序号	坝名	建成年份	强度等级	水胶比	用水量/(kg·m⁻³)	水泥用量/(kg·m⁻³)	粉煤灰用量/(kg·m⁻³)	砂率/%	石子级配(大石:中石:小石)	减水剂/%	引气剂/%	VC值/s
1	天生桥二级	1984	$C_{90}15$ S4 F50	0.55	77	56	84	34		0.4	—	10~25
2	普定	1993	$C_{90}15$	0.55	84	54	99	34		0.85	—	7
3	甘肃龙首①	2001	$C_{90}15$W6F100	0.43	82	58	113	30	50:30:20	0.9	0.45	5~7
4	新疆石门子①	2001	$C_{90}15$W6F100	0.55	88	56	104	31		0.95	0.1	6
5	索风营	2006	$C_{90}15$ W6F50	0.55	88	64	51/51	34		0.80	0.01	3~5
6	大花水	2007	$C_{90}15$ W6F50	0.47	84	68	96	34		0.7	0.2	6
7	光照	2008	$C_{90}20$ W8F100	0.48	76	71	87	32		0.7	0.2	4

① 天然砂，其余为人工砂。

表 5.1.2 部分碾压混凝土坝迎水面二级配碾压混凝土配合比

序号	坝名	建成年份	强度等级	用水量/(kg·m⁻³)	水泥用量/(kg·m⁻³)	粉煤灰用量/(kg·m⁻³)	水胶比	砂率/%	减水剂/%	引气剂/%	VC值/s
1	甘肃龙首①	2001	$C_{90}20$W8F100	88	96	109	0.43	32	0.7	0.5	6
2	新疆石门子①	2001	$C_{90}20$ W8F100	95	86	104	0.50	31	0.95	0.1	6
3	索风营	2006	$C_{90}20$ W8F100	94	94	94	0.50	38	0.80	0.01	3~5
4	大花水	2007	$C_{90}20$ W8F100	98	98	98	0.50	38	0.7	0.2	4~5
5	光照	2008	$C_{90}25$ W12F150	86	105	86	0.45	38	0.7	0.25	4

① 天然砂，其余为人工砂。

（普通硅酸盐 525R 号水泥 55kg/m³），高 VC 值，低外加剂用量（0.4％），考虑到碾压混凝土层间结合问题，防渗主要依靠迎水面的常态混凝土。

20 世纪 90 年代初期建成的普定水电站碾压混凝土拱坝，是我国第一座坝体高度超过 70m 的碾压混凝土拱坝。在碾压混凝土材料研究的目标上，就提出了要利用碾压混凝土自身防渗，而不另设防渗层的要求，要达到此目标，其碾压混凝土必须具有防裂、防渗、层面结合良好的性能。

在这个工程中，筑坝材料研究充分体现了我国引进碾压混凝土筑坝技术后，在筑坝材料方面消化、吸收和发展的技术特点：碾压混凝土配合比方面，提出了富胶凝材料，迎水面防渗混凝土材料采用小骨料级配，防止骨料分离，因此采用了二级配碾压混凝土，胶凝材料用量达到了 188 kg/m³，石子级配（中石：小石）为 50：50，外加剂掺量较高（0.85％），除提高外加剂的减水率之外，极大地延长了碾压混凝土的初凝时间，以使层面能够塑性结合，而提高了层面抗剪及抗渗能力，混凝土的 VC 值明显下降至（10±5）s，从而提高了碾压混凝土的和易性和可碾性；首次提出要充分利用人工砂中小于 0.16mm 的石粉，特别是 0.08mm 以下与水泥细度相当的部分，作为碾压混凝土的惰性混合材，以提高碾压混凝土的出浆率和可碾性，从而提高其抗渗性和层间结合性能；并且首次关注到碾压混凝土自身收缩性能，希望能够通过外掺 MgO 和提高水泥熟料中 MgO 的含量，使碾压混凝土自身体积变形呈微膨胀型，以补偿混凝土部分温降收缩，从而提高碾压混凝土的抗裂能力，后来因为研究时间仓促而未能在坝体中采用该技术，仅在坝体强约束区垫层混凝土中使用。

为提高层间结合能力，防止层面渗漏，还采用了在上游迎水面二级配碾压混凝土区，层面铺小水胶比的水泥粉煤灰净浆，在该坝施工后期，铺净浆逐渐发展成在迎水面防渗二级配碾压混凝土加净浆，使用插入式振捣器振捣的变态混凝土技术。

在原材料上选用了 MgO 含量较高的纯硅酸盐水泥，水泥厂家不需掺用混合材，而是在混凝土配合比设计中提高混合材掺量来降低水泥的水化热温升。

在三级配碾压混凝土配合比中，除适当放大水胶比，降低用水量，减少胶材用量外，由于是内部混凝土，可适当提高掺合料比例，其他要求和迎水面二级配碾压混凝土一样。普定大坝三级配碾压混凝土配合比用水量为 84kg/m³，水泥用量仅为 54kg/m³，胶凝材料用量为 153kg/m³，较天生桥二级水电站三级配碾压混凝土 140kg/m³ 的胶凝材料用量有较大幅度的提高。

正是在碾压混凝土筑坝材料方面的综合技术措施的采取，保证了碾压混凝土本体的抗渗性能，提高了层间结合性能，使得我国第一座全断面碾压混凝土拱坝，在上游面不另设防渗层的情况下，达到了防裂、防渗、层面结合好的目的，使普定水电站碾压混凝土拱坝的建设取得了成功。

20 世纪 90 年代末期建设的新疆石门子水库和甘肃龙首水电站碾压混凝土拱坝，是我国碾压混凝土筑坝技术由温和、湿润的南方地区发展到干燥、温差极大、极低气温很低的北方地区的典型代表。在这个过程中，碾压混凝土筑坝材料技术又进一步得到了发展，除成功运用前述材料技术之外，采用了外掺 MgO 技术，提高碾压混凝土抗冻耐久性技术，并且解决了西北戈壁滩天然砂料中细度模数大、细颗粒少（新疆石门子水库），天然砂细度小并且混有的天然超细土粒（甘肃龙首水电站）导致混凝土用水量偏高的技术问题。

在两个工程碾压混凝土材料研究中，充分继承了普定水电站碾压混凝土材料研究中的成功和成熟技术，其碾压混凝土配合比有如下特点：

（1）采用低水胶比，大掺量粉煤灰，大掺量引气剂联合掺用，研究提高碾压混凝土耐久性及其变化规律，总结了在高掺量粉煤灰的情况下，如何才能有效提高碾压混凝土的抗冻耐久性，成功将碾压混凝土抗冻耐久性由 50 次或 100 次提高到 300 次。

（2）成功在干燥、严寒、温差大的自然条件下，采用 MgO 外掺技术，均外掺 MgO 4% 左右，以部分补偿碾压混凝土的收缩，减少了碾压混凝土的裂缝。经实践证明，是有效和切实可行的技术措施。

（3）对干燥、高蒸发地区，如何有效延长碾压混凝土的初凝时间进行了研究，提出外加剂相关类型及掺量对缓凝时间的影响成果，在碾压混凝土配合比中，选用了缓凝时间有效延长很多的外加剂，并且根据工程实际，进一步降低了碾压混凝土出机 VC 值，VC 值由最初的 7～8s 降低至 3～5s。施工中，实际上是以仓面碾压混凝土不陷碾为原则对 VC 值进行控制，这有赖于外加剂技术的不断进步，减水率不断提高，可以在保持用水量不变、胶凝材料总量不变的条件下，充分降低 VC 值，直至仓面不陷碾。事实上，随着 VC 值降低，碾压混凝土含气量有所提高，从而对提高碾压混凝土耐久性也有极大的好处。

（4）对西北地区天然砂石骨料有了深刻的认识，砂子细度模数从 2.0～3.4，细颗粒含量从 5%～20%，深入研究了其砂子品质对混凝土，特别是对碾压混凝土的影响，更进一步揭示了砂子品质对碾压混凝土各项性能的影响。

（5）将普定水电站工程后期总结的变态混凝土技术，成功运用在这两个工程上，室内专门进行了变态混凝土配合比及其性能的研究，并且在温控计算中，将变态混凝土对坝体热学性能、力学性能的影响都考虑了，工程实际使用是成功的。

（6）研究了迎水面防渗混凝土采用超富胶凝材料的三级配碾压混凝土取代富胶凝材料的二级配碾压混凝土的可能性，但没有在工程实际中使用。

由于上述材料技术的综合使用，碾压混凝土筑坝材料技术由南方向北方发展取得了成功，这是我国碾压混凝土筑坝材料技术发展的又一大进步。

进入 21 世纪之后，由于水电建设的快速发展，碾压混凝土筑坝技术在我国也得到了快速发展，已成为国内主流坝型之一，仅在贵州省就有乌江索风营水电站、乌江思林水电站、乌江沙沱水电站、息烽鱼简河水电站、清水河大花水水电站（134.5m 高的碾压混凝土拱坝）、清水河格里桥水电站、北盘江光照水电站（200.5m 高的碾压混凝土重力坝）、北盘江马马崖一级水电站、洪渡河石垭子水电站等十多个工程进行建设。这些工程都已经完成施工，碾压混凝土质量较好，运行正常。通过这些工程的混凝土配合比研究与应用，使碾压混凝土的筑坝材料和配合比技术得到了进一步完善。碾压混凝土配合比具有以下特点：较低的水胶比，迎水面防渗二级配碾压混凝土都具有较富裕的胶凝材料总量，用水量适中，由于外加剂技术的发展，使得强缓凝型减水剂的掺量有所下降，仍然使碾压混凝土配合比具有较低的 VC 值，一般控制在 3～5s，经运输、摊铺损失后仓面 VC 值仍可保持在 5～7s，出浆率较多，可碾性非常好，强度保证率很高，超强较多，南方地区抗冻耐久性 F100 或 F150 均可满足设计要求。对人工砂的细度模数要求更高，在 2.7～2.9，工程中使用的中砂级配、粒径分配好，充分重视砂中细颗粒含量的利用，由于外加剂减水作用增强，砂中细颗粒含量增加后，用水量并无明显增加，但其碾压混凝土的施工和易性、可碾性、层面结合性能都得到了提高。在水泥选择上，一般选用普通硅酸盐水泥而很少选用中热硅酸盐水泥，主要是由于中热硅酸盐水泥的强度大都较低，最终用热强比计算时，中热硅酸盐水泥的热强比并不比普通硅酸盐或其他硅酸盐水泥低，从热量和强度以及经济性综合分析，中热硅酸盐或低热硅酸盐水泥并不经济，并且碾压混凝土本身的水泥用量不高，因此没有刻意追求低热性能。普遍重视碾压混凝土材料的自身体积变形性能，均选用收缩比较小或有补偿收缩作用的水泥，或外掺 MgO 等其他补偿收缩材料；在乌江索风营水电站工程中进行了复合膨胀剂等其他补偿收缩材料的研究，总体试验研究成果可行，由于无工程先例，最终在该工程中未能使用。在混凝土配合比的试验研究中，充分重视变态混凝土配合比的研究，将变态混凝土的各项性能参数纳入温控防裂分析之中。

5.1.2　碾压混凝土筑坝材料的发展趋势

从 20 世纪 80 年代中期至 21 世纪初，碾压混凝土材料在我国经近 30 年的发展和进步，已日趋成熟和完善。从发展历程可以看出，未来碾压混凝土仍然以防裂、防渗、层面结合良好为追求目标，碾压混凝土原材料及配合比参数选择上，存在以下研究方向和发展趋势：

（1）迎水面防渗、耐久性要求高的碾压混凝土，仍将选择较小的最大骨料粒径、低水胶比和合适的掺合料品种及掺量。

（2）成功应用变态混凝土之后，将会进一步研究提高碾压混凝土级配，在可能的条件下将会研究采用三级配变态混凝土代替二级配变态混凝土作为迎水面防渗层。

（3）仍将重视碾压混凝土砂石骨料的性能选择，特别是石子级配，砂子颗粒级配、细度模数和细颗粒含量的选择。

（4）掺合料除粉煤灰外，将会进一步扩大研究石粉、高炉磷渣、锰渣及其他矿物废弃料作为掺合料的可能性，及其性能研究。

（5）在外加剂的选择上，仍将以强缓凝性的减水剂和引气剂联合掺用，以降低混凝土用水量，延长碾压混凝土的初凝时间，提高碾压混凝土的耐久性和层面结合性能。

（6）更加注重碾压混凝土的自身体积变形性能的研究，将更多地采用混凝土补偿收缩材料，增加分缝分块尺寸，扩大一次性浇筑面积，为进一步提高施工速度创造条件。

（7）VC 值将会以仓面碾压不陷碾为控制条件，新拌碾压混凝土在出机 VC 值将会控制在 2～4s 甚至更低的水平。

（8）为了在北方严寒地区延长施工时段，将更加注重碾压混凝土材料在负温下施工的技术研究，以便能够利用北方冬季的部分时段继续施工，进一步提高碾压混凝土施工的快速性。

5.2　碾压混凝土性能及影响因素

碾压混凝土作为干硬性混凝土通常是由未水化的水泥熟料颗粒、水化水泥、水和少量的空气以及水和空气占有的孔隙网组成。因此，它是一个固-液-气三相组成的多孔体。碾压混凝土的性能可大致分为两类，一类是硬化前的性能，即碾压混凝土拌和物的工作性能，另一类是硬化后的性能，包括力学、变形、热学、耐久等性能。

5.2.1 拌和物工作性能

碾压混凝土在硬化前称为碾压混凝土拌和物。它必须具有良好的工作性，便于施工，以保证获得良好的铺筑质量，这是碾压混凝土硬化以后具有良好的物理力学性能的先决条件。

碾压混凝土拌和物的工作性能包括工作度、可塑性、稳定性和易密性。工作性好的碾压混凝土拌和物应具有与施工设备及施工环境条件（如气温、相对湿度等）相适应的工作度；较好的可塑性，在一定外力作用下能产生适当的塑性变形；较好的稳定性，在施工过程中拌和物不易发生分离；较好的易密性，在振动碾等施工压实机械作用下易于密实并充满模板。

5.2.2 力学性能

1. 抗压强度

碾压混凝土的抗压强度与水泥的等级与用量、水胶比、矿物掺合料的种类与掺量及骨料种类与用量等密切相关。由于我国碾压混凝土筑坝特点是水泥用量少、粉煤灰掺量高，因此，我们认为碾压混凝土的抗压强度主要是由水胶比大小和粉煤灰掺量决定的。

2. 抗拉强度

综合我国碾压混凝土筑坝技术，碾压混凝土在配合比设计上已经形成水泥用量少、粉煤灰掺量高的特点。碾压混凝土的抗拉强度与常态混凝土一样，随着水胶比的增大而降低，随抗压强度的增加而增加。因此，影响碾压混凝土抗压强度的因素同样是影响抗拉强度的因素。

5.2.3 变形性能

1. 弹性模量

碾压混凝土的抗压弹性模量的主要影响因素是砂石骨料的弹性模量、碾压混凝土的配合比、抗压强度及龄期等。碾压混凝土所用砂石骨料的弹性模量越高、碾压混凝土配合比种所含骨料（特别是粗骨料）比例越大、碾压混凝土抗压强度越高、龄期越长，则弹性模量越高。此外，碾压混凝土早期强度（14d 以内）较低，发展较慢，因此早期弹性模量更低。

2. 极限拉伸值

碾压混凝土的极限拉伸变形是指碾压混凝土轴心拉伸时，断裂前的最大伸长应变，用极限拉伸值表示。它是混凝土防裂性能的重要指标之一。

碾压混凝土的极限拉伸变形与常态混凝土一样受胶凝材料用量、混凝土抗拉强度、混凝土弹性模量以及龄期等因素的影响。其中最主要的是胶凝材料用量和混凝土抗拉强度。当抗拉强度一定时，混凝土的极限拉伸变形主要受胶凝材料用量的影响，或者说受灰浆所占比例的影响。

大量试验资料表明，当水泥用量不变而增加粉煤灰掺量时，混凝土的极限拉伸值增大；当胶凝材料总量一定，增加粉煤灰掺量，混凝土的极限拉伸值降低；混凝土的极限拉伸值随龄期的延长而增加，在长龄期下，高粉煤灰掺量的碾压混凝土极限拉伸应变能力可达到同龄期常态混凝土的极限拉伸应变能力。

3. 徐变

在不变荷载作用下，随着荷载作用时间的延长，混凝土变形将逐渐增长，这种随时间增大的变形称为徐变。

在大体积混凝土结构如混凝土坝中，徐变能降低温度应力，减少裂缝。所以，应在保持强度不变的条件下，设法提高混凝土的徐变，从而提高其抗裂性。

碾压混凝土的徐变受诸多因素的影响。它们是：碾压混凝土的灰浆率、水泥的性质、骨料的矿物成分与级配、碾压混凝土配合比、加荷龄期、持荷应力与持荷时间、构件尺寸等。

在不同龄期加荷条件下，徐变变形都随粉煤灰掺量的增大而减小。在原材料相同的情况下，混凝土的徐变变形与混凝土的灰浆率成正比。我国目前常用的高粉煤灰掺量碾压混凝土的灰浆率低于常态混凝土，因此总的徐变变形似乎应低于常态混凝土。然而碾压混凝土特别是高粉煤灰含量的碾压混凝土的早期强度较低，早期强度增长率较小，因此早期持荷的徐变变形必然大于常态混凝土。碾压混凝土的砂率一般比常态混凝土大，因此砂浆体积比常态混凝土多，相应粗骨料所占比例较小，这有可能弥补碾压混凝土灰浆比例较小造成徐变小的问题。

4. 干缩

干缩是混凝土硬化后干燥失水产生的收缩。碾压混凝土的干缩是碾压混凝土开裂的原因之一，其干缩裂缝将引入对碾压混凝土具有破坏作用的物质或元素，会对碾压混凝土产生化学腐蚀并降低其抗渗性，从而降低或破坏混凝土的耐久性。

5. 自生体积变形

混凝土在硬化过程中，由于胶凝材料水化而引起的混凝土体积变化称为自生体积变形。自生体积变形主要是由于胶凝材料和水在反应前后反应物与生成物密度不同所致。生成物的密度小于反应物的密度则表现为自生体积膨胀，相反则表现为自生体积收缩。

碾压混凝土的自生体积变形多表现为收缩，且随龄期增长而逐步趋于稳定。碾压混凝土的自生体积变形在粉煤灰掺量一定时，随胶凝材料的增加而增加。当胶凝材料总量一定时，碾压混凝土的自生体积变形随粉煤灰掺量的增加而减小，尤其是早期减小更为明显。这是因为在碾压混凝土中掺一定量的粉煤灰后，当粉煤灰反应生成产物时周围产物结构多数已具有较高的强度，这些后期生成的水化产物对自生体积变形影响较小。因此，在碾压混凝土中掺入大量粉煤灰对减少混凝土的自生体积变形是有利的。

5.2.4 热学性能

1. 胶凝材料的水化热

由于混凝土的热导率低，水泥水化时放出的热量不易散失，容易使内部的温度高达60℃以上。由于内外温差所产生的内应力易使混凝土形成许多微裂缝而降低其耐久性。因此，合理地使用低热或中热水泥，在大坝工程中，就显得非常重要。降低水泥水化热和放热速率的措施主要是选择适宜的熟料矿物组成和粉磨细度，或在水泥中掺入适量的混合材料。

水泥的矿物组成是决定水化热与放热速率的首要因素。其中以 C_3A 的水化热和放热速率最大，C_3S 与 C_4AF 次之，C_2S 的水化热最小，放热速率也最慢。因此，降低熟料中 C_3A 和 C_3S 的含量，相应提高 C_4AF 和 C_2S 的含量，均能降低水泥的水化热。但是，C_2S 的早期强度很低，故不宜增加的太多，否则水泥强度发展过慢。

增加水泥的粉磨细度，水化热亦增加，尤其是在早期，但是水泥磨得过粗，强度下降，每立方米混凝土中水泥的用量要增加，水泥的水化热虽然降低，但混凝土的放热量反而增加。所以，中热水泥和低热水泥的细度一般与普通硅酸盐水泥的相近。

2. 绝热温升

混凝土的绝热温升是在绝热条件下（即混凝土试件不吸热也不散热）直接测定的温度升高值。目前，由于设备的限制，要直接测得混凝土的最终绝热温升是困难的，只能根据测出的早期（如 28d 龄期以内）成果进行推算。根据国内室内试验结果，碾压混凝土的绝热温升显著低于常态混凝土。水泥用量为 $40\sim100\mathrm{kg/m^3}$ 的碾压混凝土，其绝热温升值为 $10\sim19℃$。

3. 碾压混凝土的导温系数、导热系数和比热

砂石骨料占混凝土质量的 $85\%\sim90\%$，而不同种类砂石骨料的热物理性能也有很大差异，因此，使用不同的砂石骨料，混凝土的热物理性能将有明显的不同。实测资料表明，砂石骨料相同的碾压混凝土与常态混凝土的导温系数、导热系数和比热的数值差异不大。

5.2.5　耐久性能

1. 抗渗指标

碾压混凝土的抗渗性是指碾压混凝土抵抗压力水渗透作用的能力，可用抗渗等级或渗透系数来进行表征。我国目前沿用的表示方法是抗渗等级。碾压混凝土的抗渗等级是以 90d 龄期的标准试件，在标准试验方法下所能承受的最大水压力确定的，抗渗等级分为 W2、W4、W6、W8、W10、W12 等，即表示碾压混凝土在标准条件下能抵抗 0.2、0.4、0.6、0.8、1.0、1.2MPa 等压力水而不渗透。

碾压混凝土的抗渗性主要取决于其内部孔径的分布状态，其孔径分布大致为：凝胶孔（小于 $10\mu m$）、毛细孔（$10\sim100\mu m$）和沉降孔（$100\sim500\mu m$），此外，还有因集料间未被充填满而留下的余留孔，一般大于 $25\mu m$，因孔径较大，且多为连通的。所以，介质的迁移将按实际可能存在的黏性流、分子流或扩散流等不同规律进行渗透，现象比较复杂，是造成渗流的主要通道。内部孔径分布状态又与混凝土的胶材用量、含气量、密实度等密切相关。

一般来说，胶凝材料用量较多，粉煤灰掺量较大，水胶比较小，混凝土内部原生孔隙就较少，同时掺用适量引气剂，改善混凝土孔径分布，也将大大提高碾压混凝土的抗渗性。因此，一方面在碾压混凝土配制上用低水胶比、优质材料、掺入引气剂和减水剂以及粉煤灰和硅粉等来提高抗渗性能；另一方面混凝土生产施工的各个环节要采取正确、有效的措施，严格按碾压混凝土配合比设计及工艺操作规程施工，从而减少碾压混凝土内部孔隙率，减少体积收缩，以提高密实度来提高抗渗性。

2. 抗冻性能

碾压混凝土抗冻性能的主要影响因素是其内部的孔结构，即气泡的性质，包括气泡的平均直径、气泡间距等。混凝土内部气泡孔径为 $50\sim100\mu m$ 是有利于碾压混凝土抗冻性的，气泡必须均布于混凝土中，其控制参数是气泡间距，气泡间距为 $250\mu m$ 是必要的。混凝土内部气泡的性质在很大程度上又取决于所采用的起泡方式、引气剂的性质和掺量。

提高碾压混凝土抗冻性能的措施主要有：

（1）延长混凝土的龄期。碾压混凝土由于掺用较大比例的粉煤灰，早期强度较低，若在早龄期时受冻，则易受冻破坏。随着龄期的延长，混凝土中粉煤灰与水泥的水化产物 $Ca(OH)_2$ 发生较充分的二次水化反应，生成的水化产物填充混凝土的空隙，使空隙细化，分段以致填塞，混凝土的强度提高，抗性增强。因此，随着龄期的延长，其抗冻性能明显提高。

（2）采用低水胶比。在原材料一定的条件下，水胶比的大小是影响碾压混凝土抗冻性的主要因素，因为碾压混凝土（特别是高粉煤灰掺量碾压混凝土）的水胶比都比较低，不大可能由于较高的水胶比而造成泌水现象形成连通的毛细管通道。但水胶比的大小仍然很大程度上影响碾压混凝土的强度和游离水分的数量，因而影响抗冻性。为了获得高抗冻性的碾压混凝土，应尽可能采用较低的水胶比。

（3）粉煤灰掺量。随着粉煤灰掺量的增加，混凝土的强度下降，抗冻性能降低。当粉煤灰掺量较低（如小于 40%）时，碾压混凝土的抗冻性能与不掺粉煤灰的混凝土的抗冻性能较为接近。当粉煤灰的掺量大于 50% 时，碾压混凝土的抗冻性能明显变差。有相关资料显示，粉煤灰掺量为 65%～85% 的碾压混凝土的抗冻性能相当差。因此，对于有较高抗冻等级要求的碾压混凝土，其粉煤灰掺量应不超过 40%。

（4）增加引气剂掺量。碾压混凝土的超干硬性以及掺用较大比例的粉煤灰，使碾压混凝土中难以引气。相关研究表明，只要适当增加引气剂掺量，同样可以使碾压混凝土的含气量达到 4%～6%，以达到提高抗冻性的目的。

3. 抗裂性能

抗裂性好的混凝土应该具有较高的抗拉强度、较大的极限拉伸值、较低的弹性模量、较小的干缩值、较低的绝热温升值以及较小的温度变形系数和自身体积收缩变形小等性能。

为了提高混凝土的抗裂能力，通常是提高混凝土的抗拉强度和极限拉伸值，降低混凝土的弹性模量及收缩变形等。但一般情况下，提高混凝土的强度会导致弹性模量的增大。为了提高混凝土的极限拉伸值而增加单位水泥用量可能导致混凝土干缩变形增大，而且热变形值也将增加。因此，改善混凝土抗裂性能的基本思路为：在保证混凝土的强度基本不变的情况下，尽可能降低混凝土的弹性模量，提高混凝土的极限拉伸变形能力。实际上，混凝土属于非均质材料，其主要薄弱环节则为相对均质的骨料与水泥浆体之间的界面过渡区，尽管由于水泥水化产物可与骨料黏结在一起，但其黏结强度仍相对较低。界面过渡区主要具有以下特征：水泥水化产生的 $Ca(OH)_2$ 和钙矾石结晶在界面处有取向性，且晶体比较粗大；界面区具有更大、更多的孔隙，结构疏松。此外，水泥浆体泌水性大，泌出的水分向上迁移，遇骨料后受阻滞留于其下部，形成水膜，从而削弱了界面的黏结，并形成过渡区的微裂缝。因此抗裂的主要措施如下：

（1）掺加粉煤灰。在由多棱角颗粒组成的水泥混凝土混合料中，掺加以球形颗粒为主的微细粉煤灰。由于粉煤灰在混凝土中具有三大效应，即形态效应、火山灰效应、微集料效应，因而可以减少硬化混凝土中有害孔的比例，有效提高混凝土的密实性和提高颗粒间的黏结强度，从而提高混凝土的抗裂性。

（2）掺加硅粉。在混凝土中掺入颗粒极细且活性极高的硅粉（SF）后，可显著改善界面过渡区的微结构。SF 掺合料与富集在界面的 $Ca(OH)_2$ 发生反应，生成 C—S—H 凝胶，使 $Ca(OH)_2$ 晶体、钙矾石和孔隙大量减少，C—S—H 凝胶相应增多。同时颗粒极细的 SF 的掺入可减少内泌水，消除骨料下部的水膜，使界面过渡区的原生微裂缝大大减少，界面过渡区的厚度相应减小，并使结构的密实度提高，骨料与浆体的黏结力得到增强。因此，SF 掺合料的掺入不仅起到了增强的效果，而且由于改善了界面过渡区结构，消除或减少了界面区的原生微裂隙，从而使混凝土的抗裂能力也得到提高。

（3）优质骨料。由于碾压混凝土本身骨料用量相对较多，水泥用量相对较少，对碾压混凝土的抗裂性十分不利。因此，骨料特性对碾压混凝土的抗裂性影响就显得尤为重要。骨料特性对碾压混凝土的抗裂性影响主要表现在骨料的强度、弹性模量、级配、颗粒形状等方面。在胶凝材料用量一定的条件下，选择表面粗糙和级配良好的骨料有利于改善碾压混凝土的抗裂性，选用弹性模量低的骨料可以降低混凝土的弹性模量，从而达到提高碾压混凝土抗裂能力的目的。

5.3　不同骨料碾压混凝土性能试验

5.3.1　骨料对碾压混凝土配合比的影响

优良的碾压混凝土配合比是保证碾压混凝土快速施工和质量的基础保证。不同骨料的碾压混凝土由于其性质差别较大，对碾压混凝土配合比及拌和物的工作性能有很大影响。

骨料对碾压混凝土配合比的影响首先体现在用水量方面。对表 5.3.1 所列出不同岩性骨料碾压混凝土配合比进行比较可以发现，配制强度等级大致相同的碾压混凝土时，灰岩骨料碾压混凝土单方用水量最低，白云岩骨料碾压混凝土用水量与之相当，辉绿岩和玄武岩骨料碾压混凝土用水量最高（当外加剂采用常规掺量时，玄武岩骨料三级配碾压混凝土用水量达到 $100kg/m^3$）。这是由于辉绿岩等硬质骨料密度大、表面粗糙，呈多棱角形颗粒，人工砂颗粒粗、级配差，石粉含量低，导致碾压混凝土单位用水量很高，比灰岩骨料碾压混凝土增加 $10kg/m^3$ 以上，而且拌和物液化泛浆差，这些特性使该类骨料碾压混凝土施工性能较差。

表 5.3.1　　　　　　　不同骨料碾压混凝土配合比及拌和物性能

骨料类型	白云岩	灰岩	花岗岩	玄武岩	辉绿岩
设计指标	$C_{90}20W6F100$	$C_{90}20W6F100$	$C_{90}20W6F100$	$C_{90}20W6F100$	$C_{180}15W4F25$
级配	三	三	三	三	准三（最大骨料粒径 60mm）
VC 值/s	4.4	4.1	—	4～8	3～8
用水量	83	76	94	83	96

骨料类型	白云岩	灰岩	花岗岩	玄武岩	辉绿岩
水胶比	0.50	0.48	0.53	0.50	0.60
水泥/粉煤灰/(kg·m⁻³)	66.4/99.6	71.2/87.1	89/89	83/83	59/101

为了改善玄武岩和辉绿岩骨料碾压混凝土的工作性，工程实践表明，碾压混凝土配合比设计采用适宜的水胶比、外掺石粉代砂、提高外加剂掺量、低 VC 值的技术路线，是改善碾压混凝土性能最有效的技术措施。通过提高外加剂掺量，可以显著降低其单位用水量及胶凝材料用量。对于碾压混凝土，由于其灰浆含量远低于常态混凝土，为保证其可碾性、液化泛浆、层间结合、密实性及其他一系列性能，提高砂中的石粉（粒径小于 0.16mm 的颗粒）含量是非常有效的措施。当人工砂中含有适宜的石粉含量，可提高碾压混凝土浆砂体积比，显著改善碾压混凝土可碾性和层间结合。同时，为改善辉绿岩碾压混凝土的工作性、和易性，减少混凝土分离情况，降低混凝土弹性模量，碾压混凝土配合比采用的粗骨料最大粒径由 80mm 降为 60mm，即采用准三级配骨料，并且在满足设计要求的前提下采用较高的粉煤灰掺量以改善变形性能，并在工程应用上取得了成功。

5.3.2 骨料对碾压混凝土力学性能的影响

碾压混凝土具有胶凝材料用量低、骨料用量多的特点，但骨料用量相对较多造成其弹性模量偏大、极限拉伸值及徐变偏小，对碾压混凝土的抗裂性能不利。

混凝土是一种复合多相材料，它是由水泥浆、骨料、水泥浆与骨料基体的黏结界面三相组成。骨料是混凝土的重要组成部分，也是影响混凝土强度和变形的重要因素。骨料特性对碾压混凝土性能的影响主要表现在骨料的强度、弹性模量、级配、颗粒形状等方面。通常，骨料强度越高，混凝土的强度也越高。但如表 5.3.2 所示，骨料强度高，弹性模量必然也高，会导致混凝土的骨料界面拉应力增大，从而降低界面黏结强度，使混凝土强度有所下降，且变形性能也降低，不利于混凝土的抗裂性。因此，在保证混凝土的强度基本不变的情况下，降低混凝土的弹性模量，可提高混凝土的极限拉伸变形能力，而骨料弹性模量高低是决定混凝土弹性模量的主要因素。此外，采用线膨胀系数较小的骨料对降低混凝土的线膨胀系数，从而减小温度变形的作用也是十分显著的。

表 5.3.2　　　　　　　　　　不同骨料碾压混凝土力学性能

骨料类型	白云岩	花岗岩	灰岩	玄武岩	辉绿岩
设计指标	$C_{90}20$	$C_{90}20$	$C_{90}20$	$C_{90}20$	$C_{180}15$
级配	三	三	三	三	准三
90d 抗压强度/MPa	25.1	23.7	31.8	38.9	25.1～27.6 (180d)
90d 弹性模量/GPa	40.5	23.5	33.3	44.5	34.7～36.4 (180d)
90d 极限拉伸值/10^{-6}	82	105	86	80.9	88 (180d)
90d 干缩/10^{-6}	−178	—	−77	−500	−580 (180d)
自生体积变形/10^{-4}	−0.3～+23.7	—	+20～−38	−69.2	—
线膨胀系数/(10^{-6}·℃⁻¹)	9.15	9.10	4.93	5.54	6.19
绝热温升/℃	16.4	17.5	15.40	16.35	12.5

碾压混凝土的抗裂性能的主要影响因素包括极限拉伸值、徐变、自生体积变形、干缩和绝热温升。从表 5.3.2 所列出的不同骨料碾压混凝土的力学性能可以看出，强度等级大致相同时，灰岩骨料碾压混凝土的各项性能指标均处于良好，因而其具有良好的抗裂性能，这也是工程实践所证明的。与其他岩性骨料碾压混凝土性能相比，白云岩骨料碾压混凝土弹性模量较大、极限拉伸值相当、干缩较大、线膨胀系数较大、绝热温升相当，但自生体积变形呈微膨胀状态，而其他骨料碾压混凝土则呈微收缩状态，可以判断白云岩骨料碾压混凝土综合抗裂性能也较好。

从表 5.3.2 中同时可以看出，玄武岩、辉绿岩骨料碾压混凝土的干缩远大于灰岩和白云岩骨料碾压混凝土，这对碾压混凝土抗裂性能是极为不利的因素。此外，碾压混凝土的干缩还受石粉掺量的影响，随着石粉掺量的增加，碾压混凝土的干缩增加。但是，为了提高碾压混凝土的施工性能以及层间结合性能，必须提高碾压混凝土中石粉掺量。研究表明，在玄武岩骨料碾压混凝土中掺加 Ⅱ 级粉煤灰有利于改善其抗裂性能；同时，碾压混凝土的抗裂性能随着其强度的增加而增加，因此要提高碾压混凝土的抗裂性能，须适当提高碾压混凝土的抗压强度，加强湿养护，从而达到提高碾压混凝土抗裂性能的目的。

骨料矿物成分对混凝土强度也有影响，主要是影响浆体与骨料界面的黏结强度，资料表明，骨料氧化硅含量高，所配制的混凝土可以明显改善界面黏结强度。从表 5.3.2 可以看出，虽然花岗岩碾压混凝土的强度和弹性模量不及灰岩碾压混凝土，线膨胀系数也较大，但其极限拉伸值则高于灰岩碾压混凝土。从弹性模量、极限拉伸指标看，花岗岩碾压混凝土的抗裂性要优于灰岩碾压混凝土的抗裂性。这一点可以从骨料与基体的界面反应得到解释。分析表明，在灰岩骨料与水泥结合过渡层上因生成片状的 $Ca(OH)_2$ 而造成强度的薄弱区，而花岗岩骨料与水泥基质结合的过渡层上有较为致密的 C—S—H 凝胶，使得花岗岩骨料混凝土有较高的界面强度。同时从物理黏结的角度来看，花岗岩类骨料表面粗糙，在与水泥浆体接触时，增加了接触摩擦力及实际接触面积，从而增大了黏附力；而灰岩骨料由于表面比较光滑、致密，使得灰岩与基质的机械咬合力较花岗岩小。因而花岗岩骨料碾压混凝土具有更好的变形能力。

5.3.3　骨料对碾压混凝土热物理性能的影响

碾压混凝土热物理性能包括混凝土的绝热温升、比热、导热系数、导温系数和线膨胀系数等，是坝体温度应力和裂缝控制计算的重要参数。其中，碾压混凝土的绝热温升主要与混凝土配合比有关，是优化混凝土配合比的重要根据之一，其他热物理性能除了与混凝土配合比有关外，还与混凝土所用材料性质有关，特别是与砂石骨料的特性有很大关系。砂石骨料占碾压混凝土重量的 $85\% \sim 90\%$，而不同骨料的热物理性能相差较大，因此，碾压混凝土中使用不同的骨料，其热物理性能将会有明显的变化。

首先，碾压混凝土的导热系数随其容重和温度的增加而增大，并与骨料的种类和用量有关。骨料本身的导热系数对碾压混凝土导热系数的影响较大，用导热系数高的骨料拌制的碾压混凝土导热系数则偏高。从表 5.3.3 可以看出，白云岩、灰岩、花岗岩的导热系数分别为 $3.21kJ/(m \cdot h \cdot ℃)$、$2.63kJ/(m \cdot h \cdot ℃)$ 和 $2.29kJ/(m \cdot h \cdot ℃)$，因此对应骨料的碾压混凝土的导热系数的大小也呈现出相应的规律。

表 5.3.3　　　　　　　　　不同岩性骨料碾压混凝土热学性能

骨料类型	线膨胀系数 /(10⁻⁶·℃⁻¹)	导温系数 /(m²·h⁻¹)	导热系数 /[kJ·(m·h·℃)⁻¹]	比热 /[kJ·(kg·℃)⁻¹]	绝热温升 /℃
白云岩	9.15	4.57	3.21	1.05	16.4
灰岩	4.93	3.90	2.63	0.94	15.4
花岗岩	9.10	3.53	2.29	0.93	17.5

其次，骨料品种也是影响其线膨胀系数的主要因素之一。一般认为，石英质骨料的线膨胀系数最大，其次是白云岩、花岗岩、玄武岩和灰岩依次减少。骨料的线膨胀系数约在 $0.9 \times 10^{-6}/℃ \sim 16 \times 10^{-6}/℃$ 范围，而硬化胶凝材料浆的线膨胀系数系数约为 $11 \times 10^{-6}/℃ \sim 20 \times 10^{-6}/℃$，要大于骨料的线膨胀系数。一般情况下，碾压混凝土的线膨胀系数是混凝土中骨料数量和骨料线膨胀的函数。试验资料表明，胶凝材料用量高的碾压混凝土的线膨胀系数稍大；相反，骨料用量较大的碾压混凝土的线膨胀系数稍小。

碾压混凝土的导温系数随其容重和温度的增大而减小，此外，还受骨料的种类和含量的影响，一般随骨料含量的增加略有增大。美国混凝土学会 207 委员会认为，混凝土的导温系数在很大程度上取决于所用骨料的种类。

5.3.4　小结

作为碾压混凝土的重要组成部分，不同性质的骨料对碾压混凝土性能的影响不容忽视，因此研究骨料对碾压混凝土的影响是非常有必要的。通过对国内外相关研究成果的整理、分析，概括总结了不同岩性骨料对碾压混凝土性能的影响：

（1）配制强度等级大致相同的碾压混凝土时，灰岩和白云岩骨料碾压混凝土单方用水量较低，辉绿岩和玄武岩骨料碾压混凝土用水量要高出前者 $10 kg/m^3$ 以上。这是由于辉绿岩等硬质骨料密度大、表面粗糙，石粉含量低，而且该类骨料拌和物液化泛浆差，施工工作性较差。工程实践表明，提高外加剂掺量和外掺石粉代砂可显著改善辉绿岩、玄武岩等骨料碾压混凝土的性能。

（2）强度等级大致相同时，灰岩和白云岩骨料碾压混凝土综合力学性能较好，具有一定的抗裂性；玄武岩、辉绿岩骨料碾压混凝土由于干缩太大而对碾压混凝土抗裂性能产生极为不利的影响。研究表明，通过在碾压混凝土中掺加Ⅱ级粉煤灰，并适当提高碾压混凝土的抗压强度，加强湿养护，有利于改善其抗裂性能。

（3）碾压混凝土的热物理性能除了与碾压混凝土配合比有关外，还与骨料的特性有很大关系。通常，用导热系数高的骨料拌制的碾压混凝土导热系数则偏高；碾压混凝土的线膨胀系数是混凝土中骨料数量和骨料线膨胀系数的函数；碾压混凝土的导温系数也受骨料的种类和含量的影响。

尽管国内外学者在骨料对混凝土性能影响方面已经做了很多研究，并取得了一定的研究成果，但仍有很多问题需要进一步研究：

（1）天然岩石骨料成因复杂，其成分及其含量变化多、差异大，虽然目前有一些定性、定量的检测方法，但仍然很难准确掌握其性能指标，因此对碾压混凝土性能的影响还需进一步详细研究。

（2）骨料对碾压混凝土性能影响的研究还需要更多微观分析手段，需进一步从微观反应机理上分析解释其性能，进而做出相应调整。

（3）目前在骨料对碾压混凝土性能影响的研究大多是在正常环境条件下，对于在其他恶劣环境下的研究还比较少。

5.4　新型掺合料在碾压混凝土中的研究与应用

5.4.1　碾压混凝土掺合料应用现状

《水工混凝土施工规范》（DL/T 5144—2001）中对"掺合料"的定义是："用于拌制水泥混凝土和砂浆时，掺入的粉煤灰等混合材料"。作为混凝土的几大组分之一，其主要作用是改善混凝土的性能，同时利用其价格低廉的特点，达到节约水泥和降低工程造价的目的。对于水工大体积混凝土而言，要求其具备低热性及良好的长期耐久性能，掺合料的作用越发显著，已成为混凝土中必不可少的组分之一。

根据来源分类，可将掺合料分为天然类、人工类、工业废料类。其中天然类掺合料有火山灰、凝灰岩、沸石粉、硅质页岩等；人工类掺合料有水萃高炉矿渣、煅烧岩、偏高岭土等；工业废料类掺合料有粉煤灰、矿渣、硅灰等。

另外，根据化学活性大小，可将掺合料分为具有凝结性的掺合料、火山灰活性掺合料、惰性掺合料。其中具有凝胶性的掺合料包括矿渣、高钙灰、固流渣等；火山灰活性掺合料包括粉煤灰、硅灰、硅藻土等；惰性掺合料包括石灰石粉、石英粉等。

1. 掺合料的作用

掺合料是指为改善混凝土性能、减少水泥用量及降低水化热而掺入混凝土中的活性或惰性材料。常用的有粉煤灰、工业废渣（磨细矿渣、磷渣）等材料，是当代混凝土工程中不可缺少的重要组成材料。混凝土中的掺合料不但起到分散、填充作用，改善混凝土的施工性能，尤为重要的是掺合料还参与水泥的水化作用，对混凝土的强度发展、密实度、抗渗性能都有较大贡献。掺合料在混凝土中的作用可概括为以下几点：

（1）减少水泥用量，降低成本。掺合料在混凝土中，与水泥一起统称为胶凝材料，从理论上及实际使用效果上，掺合料有部分替代水泥的功能。同时，掺合料一般采用粉煤灰、矿渣等工业废弃物，价格低廉，掺合料的应用可大幅度降低混凝土材料成本，工业废弃物的利用还具有显著的环保及社会效益。另外，水泥用量减少可降低混凝土内部温度，特别对大体积混凝土而言，可降低混凝土因内外温差而导致的开裂风险，简化温控措施，节约费用。

（2）改善混凝土的力学性能。由于掺合料的种类较多，不同的掺合料对混凝土性能的影响也不一样。对具有潜在活性的掺合料而言，其对混凝土早期强度的贡献不大，但对混凝土的长龄期强度发展起到了重要作用。即使是惰性掺合料，如石灰石粉，以前的研究表明会增加混凝土的用水量，降低混凝土的后期强度，特别是增大混凝土的干缩值；但最新研究表明，当惰性掺合料粉磨至一定细度后（一般需粉磨至粒径小于 $45\mu m$），还具有减水效果，从而提高混凝土的力学性能。当采用不同种类掺合料混掺方案时，不仅可以避免单掺某种掺合料带来的对混凝土部分性能的负面影响，还可以在多方面改善混凝土的性能。

（3）提高混凝土耐久性（包括混凝土的抗冻性、抗渗性、抗蚀性及抗碳化能力）。混凝土掺合料在应用时均需具有较细的细度，比水泥的细度规定更加严格，从而首先保证掺合料在混凝土中发挥"微集料"填充作用，提高混凝土的密实度；另一方面，掺合料的加入及减水剂的协同作用，使混凝土水胶比进一步降低成为可能，不参与反应的游离水将大大降低，从而减少因水挥发形成的孔隙；最后，掺合料与水泥水化产物的二次反应，其产物渗透至混凝土内部孔隙中，混凝土密实度进一步提高。诸多因素的叠加效果，使混凝土的抗渗、抗冻、抗腐蚀及抗碳化的能力得到加强，耐久性显著提高。

2. 几种常见的掺合料

（1）粉煤灰。粉煤灰是从煤燃烧后的烟气中收捕下来的细灰，粉煤灰是燃煤电厂排出的主要固体废物。

在燃煤电厂中，煤粉在炉膛中呈悬浮状态燃烧，燃煤中的绝大部分可燃物都能在炉内烧尽，而煤粉中的不燃物（主要为灰分）大量混杂在高温烟气中。这些不燃物因受到高温作用而部分熔融，同时由于其表面张力的作用，形成大量细小的球形颗粒。在锅炉尾部引风机的抽气作用下，含有大量灰分的烟气流向炉尾。随着烟气温度的降低，一部分熔融的细粒因受到一定程度的急冷呈玻璃体状态，从而具有较高的潜在活性。在引风机将烟气排入大气之前，上述这些细小的球形颗粒经过除尘器，被分离、收集，即为粉煤灰。

我国是个产煤大国，以煤炭为电力生产基本燃料。近年来，我国的能源工业稳步发展，发电能力年增长率为 7.3%。电力工业的迅速发展，带来了粉煤灰排放量的急剧增加，燃煤热电厂每年所排放的粉煤灰总量逐年增加，1995 年粉煤灰排放量达 1.25 亿 t，2000 年约为 1.5 亿 t，从 2002 年起中国的火电装机容量呈现出爆炸式的增长，根据国际环保组织绿色和平在《2010 中国粉煤灰调查报告》中的统计，"2009 年，中国粉煤灰产量达到了 3.75 亿 t，相当于当年中国城市生活垃圾总量的两倍多"。大量的粉煤灰不加处理，就会产生扬尘，污染大气，若排入水系会造成河流淤塞。因此，粉煤灰的排放问题给我国的国民经济建设及生态环境造成巨大的压力。另一方面，我国又是一个人均占有资源储量有限的国家，粉煤灰的综合利用，变废为宝、变害为利，已成为我国经济建设中一项重要的技术经济政策，是解决我国电力生产环境污染，资源缺乏之间矛盾的重要手段，也是电力生产所面临解决的任务之一。经过开发，粉煤灰在建工、建材、水利等各部门得到广泛的应用。

粉煤灰的活性主要来自活性 SiO_2（玻璃体 SiO_2）和活性 Al_2O_3（玻璃体 Al_2O_3）在一定碱性条件下的水化作用。因此，粉煤灰中活性 SiO_2、活性 Al_2O_3 和 $f\text{-}CaO$（游离氧化钙）都是活性的有利成分，硫在粉煤灰中一部分以可溶性石膏（$CaSO_4$）的形式存在，它对粉煤灰早期强度的发挥有一定作用，因此粉煤灰中的硫对粉煤灰活性也是有利组成。粉煤灰中的钙含量在 3% 左右，它对胶凝体的形成是有利的。国外把 CaO 含量超过 10% 的粉煤灰称为 C 类灰，而低于 10% 的粉煤灰称为 F 类灰。C 类灰其本身具有一定的水硬性，可做水泥混合材，F 类灰常做混凝土掺合料，它比 C 类灰使用时的水化热要低。

粉煤灰在混凝土中可替代部分水泥，降低成本，同时降低混凝土水化热和早期强度，降低混凝土渗透性和提高耐久性。

（2）磨细高炉矿渣。建筑材料中的矿渣，是指高炉炼铁熔融的矿渣在骤冷时，来不及结晶而形成的玻璃态物质，呈细粒状。熔融的矿渣直接流入水池中冷却的又叫水淬矿渣，俗称水渣。矿渣经磨细后，是水泥的活性混合材料。含 SiO_2 多的矿渣为酸性矿渣，含 Al_2O_3 和 CaO 多的为碱性矿渣，碱性矿渣的活性比酸性矿渣高。矿渣由于具有一定的自身水硬性，不宜长期存放。

矿渣在混凝土中可替代部分水泥，降低成本，其降低或提高混凝土强度决定于矿渣粉磨细度，可降低混凝土渗透性和提高耐久性。

（3）硅灰。硅灰，又叫硅微粉，也叫微硅粉或二氧化硅超细粉。硅灰是在冶炼硅铁合金和工业硅时产生的 SiO_2 和 Si 气体与空气中的氧气迅速氧化并冷凝而形成的一种超细硅质粉体材料。

硅灰中小于 $1\mu m$ 的颗粒占 80% 以上，平均粒径在 $0.1 \sim 0.3\mu m$，比表面积为 $20000 \sim 28000 m^2/kg$。其细度和比表面积约为水泥的 $80 \sim 100$ 倍，粉煤灰的 $50 \sim 70$ 倍。

硅灰能提高新拌混凝土黏聚性，防止泌水，大幅度提高混凝土早期和后期强度，是高强和超高强混凝土必要成分，显著降低渗透性和提高耐久性，显著提高抗压、抗折、抗渗、防腐、抗冲击及耐磨性能。但掺硅灰的混凝土其干缩值也较大，在应用过程中值得注意。

（4）天然火山灰（磨细沸石、凝灰岩粉）。火山灰，就是细微的火山碎屑物。由岩石、矿物、火山玻璃碎片组成，直径小于 2mm。在火山的固态及液态喷出物中，火山灰的量最多，分布最广，它们常呈深灰、黄、白等色，堆积压紧后成为凝灰岩。

凝灰岩是一种火山碎屑岩，其组成的火山碎屑物质有 50% 以上的颗粒直径小于 2mm，成分主要是火山灰，外貌疏松多孔，粗糙，有层理，颜色多样，有黑色、紫色、红色、白色、淡绿色等。根据其含有的火山碎屑成分，可以分为晶屑凝灰岩、玻屑凝灰岩、岩屑凝灰岩。凝灰岩是常用的建筑材料，也可以作为制造水泥的原料和提取钾肥的原料。凝灰岩粉在混凝土中可替代部分水泥，降低成本，降低或提高混凝土强度决定于粉磨细度，可降低混凝土渗透性和提高耐久性。

沸石是沸石族矿物的总称，是一种含水的碱金属或碱土金属的铝硅酸矿物，沸石由硅氧四面体和铝氧四面体组成。沸石族矿物常见于喷出岩，特别是玄武岩的孔隙中，也见于沉积岩、变质岩及热液矿床和某些近代温泉沉积中。浙江省缙云县为我国境内沸石储量最高的地区。

天然沸石做水泥的活性混合材料已有 90 多年的历史，早在 1912 年的美国洛杉矶渡槽就使用掺有蒂哈查比斜发沸石的水泥，苏联 1913 年就利用克里木丝光沸石（当时称凝灰岩）作为水泥混合材料。1978 年以来，我国在利用天然沸石作为混凝土掺合料的研究取得了重要进展，天然沸石是近几年来推广应用的一种新型混凝土掺合料。基于天然沸石的矿物成分、结构特性，掺入混凝土中，既能替代混凝土中的部分水泥，降低水泥用量，提高混凝土的强度与抗渗性，又能抑制混凝土碱-集料反应，改善施工性能等。

（5）石灰石粉。石灰石粉是由石灰岩经粉磨加工而成的粒径小于 0.16mm 或 0.08mm

的细颗粒。石灰岩在我国储量丰富，分布广泛，容易获得，易于粉磨加工成石灰石粉，能耗低。

和矿渣、粉煤灰相比，石灰石粉一般被视为惰性掺合料，即不具有火山灰活性，不参与水泥水化过程。但许多学者研究过石灰石粉（或 $CaCO_3$）对水泥矿物水化的影响，认为在水泥矿物的水化过程中石灰石粉促进和参与了水化反应，主要表现为：①与 C_3A 反应生成单碳铝酸钙（$C_3A \cdot CaCO_3 \cdot 11H_2O$），单碳铝酸钙取代部分单硫铝酸钙，钙矾石的生长发生滞后；②促进 C_3S 的水化，为氢氧化钙的结晶提供晶核，改变 $Ca(OH)_2$ 晶体的尺寸，且石灰石粉的粒度越小，作用越明显；③在 $C_3S-CaCO_3-H_2O$ 系统水化过程中，有部分 $CaCO_3$ 可能参与反应，掺 $CaCO_3$ 的 C_3S 浆体中 C—S—H 的 C/S 值比纯 C_3S 浆体的略高。

最新的研究结果表明，当石灰石粉被粉磨至 $45\mu m$ 以下甚至更细时，采用评价粉煤灰的需水量比指标检测，其需水量比可低于 100%，即具有一定的减水效果，理论上具备取代粉煤灰作为混凝土掺合料的条件。

因此，石灰石粉在混凝土中可替代部分水泥，降低成本，可调整混凝土塑性黏度，并改善混凝土强度和表面质量。

（6）其他掺合料。有文献报道，煅烧偏高岭土粉可作为掺合料，主要用于砂浆中。稻壳灰亦可作为混凝土掺合料，但目前应用较少。随着生产力的提高和科研技术的不断提升，掺合料的品种日益多样化。

水工建筑物大体积混凝土中使用混合材料代替部分水泥，国外很早就进行了研究和应用。美国在 1911—1915 年建造高 106m 的箭石坝（arrow rock）所用的砂水泥就是一种掺混合材料的水泥。这种水泥是用 55% 熟料和 45% 花岗岩碎砂一起磨细而成。1938 年建成的邦维尔（Bonneville）坝采用了 75% 中热水泥与 25% 煅烧的火山灰一起磨细的火山灰水泥。1948 年开建的饿马（Hungry Horse）坝第一次掺用电厂的粉煤灰作为混合材料。国外大体积混凝土中掺用过的混合材料种类很多，有灰质页岩、天然火山灰、蛋白石粉、凝灰岩和粉煤灰等，经过半个世纪的实践，从 20 世纪 60 年代开始，研究工作已集中在对矿渣和粉煤灰的研究应用上，并开始制定一些相应的技术标准。我国从 20 世纪 50 年代在三门峡水电站等大坝工程的混凝土中掺用粉煤灰，其后又在西津工程、青铜峡工程、欧阳海、大化、东江、龙羊峡、东风等水利水电工程的混凝土中掺用了粉煤灰。随着碾压混凝土筑坝技术的发展，粉煤灰的应用更为广泛，普定、索风营、龙滩、光照、思林、沙沱等大型水电站工程大量应用，积累了丰富的工程应用经验，获得了大量试验资料和成果，并取得了良好的技术、经济和社会效益。

我国粉煤灰资源丰富，作为燃煤电厂的工业废弃物，粉煤灰的综合利用研究日益深入。而粉煤灰作为混凝土掺合料的研究也有很长的历史，目前理论研究及应用研究均已形成体系，应用技术非常成熟。因此，目前国内大部分的水电水利工程混凝土中基本都以粉煤灰作为混凝土掺合料。

但我国的粉煤灰资源分布不均，特别是随着水电开发的加速，在一些工业基础落后或粉煤灰资源稀缺的地方，粉煤灰的获取较难，如采用粉煤灰作混凝土掺合料，则须较长距离的运输，其运输成本较高。因此，采用当地的工业废弃物和天然材料，开发混凝土新型掺合料，成为目前国内水电水利工程建设的又一课题。

3. 掺合料的应用

（1）使用工业废弃物作掺合料。除粉煤灰之外，有很多工业产品的生产过程中都有经高温煅烧工艺产生的工业副产品，这些副产品一般无法被再利用而当作废弃物排放。例如，冶金工业（钢铁、锰、锂、钛、镍、铜等）和化工工业（磷等），就会产生高炉矿渣、钛矿渣、铜矿渣、磷矿渣等副产品。这些废弃物虽成分复杂，但经过约 1200℃ 以上的高温过程后骤冷形成，与粉煤灰的形成过程有一定的相似，具有潜在水化活性，理论上均可用作混凝土掺合料。

例如，位于布尔津河上的冲乎尔水电站就采用磨细铜镍高炉矿渣粉配制出了 F300 的高抗冻等级的碾压混凝土。云南昭通鱼洞水库大坝，原拟采用宣威电厂粉煤灰作混凝土掺合料，后因电厂粉煤灰供应紧张而改采用磷矿渣，经试验研究后成功应用于大坝混凝土。

西南地区特别是贵州、云南的磷矿资源十分丰富，有很多家黄磷生产企业，生产规模大，这些企业每制取 1t 黄磷大约排放出 8～10t 的磷矿渣，磷矿渣储量较大。贵阳院在磷矿渣应用于混凝土掺合料的研究起步较早，系统研究了单掺磷矿渣、磷矿渣与粉煤灰混掺等多种组合的混凝土性能，并成功应用于索风营水电站工程中。

另有采用锂盐渣、钛矿渣等工业废弃物作混凝土掺合料的室内试验研究成果及工程应用报导，如在涪江干流上的金华电航桥工程浇筑锂盐渣混凝土约 25 万 m^3，在武都引水光辉渡槽工程中也成功地应用了锂盐渣混凝土技术。

（2）使用天然材料作掺合料。在自然界中，火山及地壳运动形成了种类繁多的天然岩石。经过火山喷发后逐渐沉积、压缩后的天然材料同样是经高温过程后冷却而形成的，因此也具有一定的潜在活性，其中以火山灰的活性最高。

例如，龙江水利枢纽工程，大坝为混凝土双曲拱坝，因当地粉煤灰资源缺乏而采用资源较丰富的腾冲火山灰，试验研究及应用表明，采用火山灰配制的混凝土各项性能均优于设计要求，且综合成本较低，具有较高的技术经济性。

凝灰岩作为一种火山碎屑岩，分布也较为广泛，在水电资源丰富的云南、西藏等地均有分布。漫湾水电站位于中国云南省澜沧江中游的漫湾镇，距昆明 450km，是澜沧江干流水电基地开发的第一座百万千瓦级的水电站。由于漫湾水电站附近缺乏粉煤灰作为掺合料，在电站建设过程中经过大量科学试验，成功的以凝灰岩和磷矿渣混掺代替粉煤灰作为掺合料，而且掺量大（电站混凝土共约掺 10 万 t），在水工建筑物中，较好地简化了混凝土的温控措施，保证了质量，节约了水泥，降低了工程造价，加快了施工建设。

石粉曾经被认为是一种惰性掺合料，不参与水泥水化过程，在混凝土中仅起到细颗粒填充作用，改善混凝土的浆体黏度。随着研究的深入，发现石粉实际上也参与水泥水化，在水化产物的生成过程中起到"晶核"作用，同时有部分石粉与水泥中的 C_3A 及 C_3S 矿物发生水化反应。特别是当石粉进一步磨细后，其表现出的活性更为明显。

（3）采用多种材料混掺。相对于单掺某种材料做混凝土掺合料而言，复掺两种及两种以上的材料作为混凝土掺合料可解决单一材料在部分性能上的不足，因而具有更为明显的优势，目前越来越多的研究选用多种掺合料组合的方式。

大朝山水电站就地取材，在国内首次采用凝灰岩（N）和磷矿渣（P）各 50％混合磨细作为混凝土掺合料，应用研究表明，碾压混凝土后期强度增长较大，干缩值稍有增加，碾压混凝土水胶比 0.50～0.53、NP 掺量 50％～65％时，90d 抗渗等级可达 W12，抗冻等级可达 F100 以上。

雅砻江官地水电站碾压混凝土坝最大坝高 168m，坝长 516m，总库容 7.6 亿 m³，总装机容量 2400MW，碾压混凝土总量 300 万 m³。该工程专门研究了采用大理岩石粉取代部分粉煤灰的可能性，其石粉细度及需水量比按 Ⅱ 级粉煤灰标准控制，研究表明可取代胶凝材料总量的 20％～25％，其室内研究结果表明：碾压混凝土性能完全能够满足设计要求。

5.4.2 磷矿渣在索风营水电站的应用

贵州索风营水电站碾压混凝土重力坝应用了粉煤灰和磷矿渣混掺技术。

掺磷矿渣后的碾压混凝土配合比见表 5.4.1。

由表 5.4.1 可见，磷矿渣取代胶凝材料后，其早期强度（7d）略有降低，到中后期强度（28d、90d）由于磷矿渣的活性很好地发挥出来了，其 28d 和 90d 强度增长的幅度也较快，混凝土的极限拉伸值和变形也有提高，对大体积混凝土的抗裂性能有利。

掺磷矿渣后混凝土的收缩性自生体积变形比不掺的有所降低；干缩比不掺磷矿渣的降低 $10 \times 10^{-6}/℃$ 左右；28d 绝热温升值比不掺磷矿渣的绝热温升值一般要低 1～2℃，说明磷矿渣掺入混凝土中能一定程度上降低混凝土的绝热温升；对混凝土的抗冻耐久性也有一定提高。

单掺磷矿渣混凝土的泌水较大，主要是因为磷矿渣微粒主要为棱角状，而粉煤灰微粒主要为球状物，所以单掺磷矿渣的混凝土的和易性比单掺粉煤灰或磷矿渣与粉煤灰混掺的要差，因此使用时应进行磷矿渣和粉煤灰混掺，效果较好。

5.4.3 粉煤灰代砂在光照水电站的应用

光照水电站人工砂石粉含量偏低，石粉含量在 10％～13％，为保证碾压混凝土的可碾性和泛浆效果，人工砂中石粉含量应达到 16％～20％，小于 0.08mm 细粉含量应大于 8％比较合适。

为提高碾压混凝土浆砂体积比［浆砂体积比＝（水泥＋水＋灰＋＜0.08mm 细粉＋混凝土含气量）的体积／（砂浆＋混凝土含气量）的体积］，使碾压混凝土碾压后泛浆充分，提高碾压混凝土层间结合及密实性，要求采用 2％～3％粉煤灰代替人工砂，提高人工砂中细颗粒含量。根据计算（表 5.4.2），掺入 3％粉煤灰替代人工砂后，浆砂体积比提高了 0.02。采用灰代砂后的碾压混凝土配合比见表 5.4.3，从现场碾压效果看，采用粉煤灰替砂后，碾压混凝土泛浆充分、密实性好。

5.4.4 石灰岩石粉在某水电站的研究

虽然在水电工程上粉煤灰的应用较为广泛，但对于粉煤灰资源缺乏、交通条件不便的藏区部分水电站工程，工程所处地无火电厂，没有粉煤灰供应，只能从云南省、贵州省、四川省等地购进粉煤灰，由于运距较远，大大增加了工程的建设成本，另外受地域、气候

表 5.4.1　索风营水电站掺磷矿渣碾压混凝土配合比及其性能试验结果

配合比编号	混凝土强度等级	水胶比	级配	粉煤灰掺量/%	磷矿渣掺量/%	抗压强度/MPa			静压弹模/GPa		极限拉伸值/10^{-4}		轴拉强度/MPa		自生体积变形(360d)/10^{-6}	干缩(180d)/10^{-6}	28d绝热温升/℃	抗冻等级	抗渗等级
						7d	28d	90d	28d	90d	28d	90d	28d	90d					
1	C$_{90}$20W8F100 常态混凝土	0.55	二	40	0	14.1	20.8	28.6	32.3	37.2	0.78	0.87	1.83	2.51	−4.4	−349	27.3	F100	W8
2	常态混凝土	0.55	二	20	20	13.8	22.0	31.5	31.2	35.9	0.80	0.89	1.95	2.61	−2.1	−332	25.9	F100	W8
3	C$_{90}$25W8F100 常态混凝土	0.50	二	30	0	21.6	29.0	39.3	35.4	44.2	0.86	0.99	2.42	3.15	−9.2	−345	30.1	F100	W8
4	常态混凝土	0.50	二	15	15	20.5	30.5	41.5	34.4	43.5	0.87	1.00	2.51	3.32	−6.2	−333	29.2	F100	W8
5	C$_{90}$30W8F100 常态混凝土	0.50	二	30	0	21.1	29.3	40.4	35.9	45.1	0.92	1.07	2.60	3.38	−4.3	−341	32.0	F100	W8
6	常态混凝土	0.50	二	15	15	21.1	31.7	42.5	35.3	44.0	0.93	1.09	2.75	3.59	−2.9	−325	30.8	F100	W8
7		0.50	二	50	0	17.2	22.7	30.1	29.9	39.8	0.80	0.90	1.91	2.54	−11.5	−272	20.6	F100	W8
8	C$_{90}$20W8F100 碾压混凝土	0.50	三	20	30	17.3	27.0	39.3	33.8	42.0	0.84	0.98	2.50	3.11	−8.6	−255	19.1	F100	W8
9	碾压混凝土	0.50	三	25	25	16.5	24.2	35.4	32.6	40.9	0.82	0.96	2.19	2.87	−8.1	−259	19.8	F100	W8
10		0.55	三	60	0	9.8	14.4	21.1	22.5	30.3	0.66	0.80	1.21	1.69	−12.9	−288	17.2	F50	W6
11	C$_{90}$15W6F50 碾压混凝土	0.55	三	20	40	9.9	17.9	28.9	31.5	36.2	0.73	0.86	1.50	2.02	−11.1	−272	16.1	F50	W6
12	碾压混凝土	0.55	三	30	30	10.1	17.0	26.4	28.1	34.1	0.73	0.85	1.53	1.98	−10.1	−279	16.4	F50	W6

表 5.4.2　　　　　　　　　光照水电站不同粉煤灰代砂量的浆砂比计算

混凝土强度等级	级配	浆砂比					
		粉煤灰替砂 0		粉煤灰替砂 2%		粉煤灰替砂 3%	
		含气量按 2%计算	含气量按 3%计算	含气量按 2%计算	含气量按 3%计算	含气量按 2%计算	含气量按 3%计算
C₉₀25W12F150	二	0.41	0.42	0.42	0.43	0.43	0.44
C₉₀25W8F100	三	0.41	0.42	0.42	0.43	0.42	0.44
C₉₀20W8F100	二	0.39	0.41	—	—	0.41	0.42
C₉₀20W6F100	三	0.39	0.40	—	—	0.41	0.42
C₉₀15W6F50	三	0.38	0.40	—	—	0.40	0.41

及交通运输条件限制，在混凝土筑坝高峰期时粉煤灰供应根本得不到保证，进而影响工程工期。因此，寻找一种易获取、质优价廉的新型掺合料势在必行，其中，储量丰富、较易采取的某种岩石经过简单的处理加工所得的石粉即是非常理想的掺合料。

石粉主要指石灰岩、凝灰岩、花岗岩、板岩或其他原岩经机械加工后的粉磨成小于0.08mm 的微细颗粒，采用细度合适，无碱活性的岩石磨制的石粉部分或全部取代混凝土中的粉煤灰，可以使混凝土的性能不低于掺粉煤灰的混凝土，甚至有些性能比掺加粉煤灰的混凝土性能更优，其中以石灰岩石粉为最优。而且，石粉的加工处理价格明显低于外购粉煤灰的价格，可大大降低工程造价。室内试验和工程实践表明，石灰石粉用作碾压混凝土掺合料基本上不增加碾压混凝土用水量，能达到良好的和易性和可碾性，并已经在国内多个碾压混凝土大坝工程中应用，为石粉的推广应用积累了一定的工程经验。

本水电站附近有石灰岩料场，石灰石资源较为丰富，容易获得，易于粉磨加工成石灰石粉，能耗低，且加工、运输成本相对较低，也能保障工程建设的需要。

因此，针对本水电站的工程特点，将石灰石粉作为新型掺合料用于大坝碾压混凝土的性能试验研究，为解决该水电站大坝混凝土浇筑高峰期时的掺合料供应问题，同时为开拓新型掺合料应用与研究提供了大好的契机，有着重要的社会经济价值和广泛的应用前景。

1. 国内外研究现状

目前，在碾压混凝土筑坝材料中，对石粉的使用主要有两个方面：一是采用石粉取代部分细骨料；二是将石粉直接作为掺合料使用。针对前者进行的研究目前较多。

在我国，普定、岩滩、江垭、汾河二库、白石、黄丹以及其他采用人工或天然骨料的水电水利工程中，均采用石粉取代部分细骨料，取得了良好的效果。石粉在一定掺量范围内起到了填充密实和微集料效应，能明显改善新拌混凝土的和易性，而对混凝土的凝结时间没有影响，可提高混凝土的强度和抗渗性能，还可减少水泥用量，从温控角度考虑，可以降低混凝土 3～5℃的绝热温升，这对于减小温度应力，提高混凝土抗裂性能是非常有利的。

表5.4.3 光照水电站粉煤灰代砂后碾压混凝土配合比

序号	混凝土强度等级	级配	水胶比	粉煤灰掺量 /%	粉煤灰代砂 /%	砂率 /%	单位体积材料用量/(kg·m⁻³)								外加剂		VC值 /s	理论容重 /(kg·m⁻³)	备注
							水泥	粉煤灰	灰替砂	砂	5~20mm	20~40mm	40~80mm	水 /(kg·m⁻³)	HLC-NAF/ HJUNF-2C /%	HJAE-A			
1	$C_{90}25W12F150$	二	0.45	50	2	38	92	92	15	799	545	818		83	0.5	3/万	3~5	2444	2006 年 4 月 12 日之前使用
2	$C_{90}25W8F100$	三	0.45	50	2	35	83	83	14	732	448	599	449	75	0.5	3/万	3~5	2483	
3	$C_{90}25W12F150$	二	0.45	50	3	38	92	92	22	791	545	818		83	0.7	6/万	3~5	2443	
4	$C_{90}25W8F100$	三	0.45	50	3	35	83	83	21	729	448	599	449	75	0.7	4/万	3~5	2487	
5	$C_{90}20W6F100$	三	0.50	55	3	35	68	82	21	755	447	596	445	75	0.7	3/万	3~5	2489	2006 年 4 月 13 日后使用
6	$C_{90}20W10F100$	二	0.50	55	3	39	75	91	23	822	546	820		83	0.7	3/万	3~5	2460	
7	$C_{90}15W6F50$	三	0.55	60	3	35	55	82	22	768	454	606	453	75	0.7	3/万	3~5	2515	

而将石粉作为掺合料使用，国内部分科研院校及专家进行了许多的室内研究，如陈改新、方坤河、杨华全、黄国泓、阎培渝等著名学者和专家均对石粉作为碾压混凝土掺合料的可行性进行了一定的室内试验研究，其研究结果表明，石粉不完全是一种惰性材料，掺入混凝土中，可改善细粉料的颗粒级配，有填充效应；掺入一定量石粉后，在复合胶凝材料早期能够加速水泥的水化反应；当石粉粒径小于 $45\mu m$ 时，石粉的活性可以较明显地表现出来，石粉粒径越小，其活性越高；石粉在碾压混凝土中，可部分替代粉煤灰作为掺合料，对碾压混凝土的 VC 值影响不大，而抗压强度、劈拉强度和抗渗性能均能得到保证，其性能是可以满足碾压混凝土的力学性能、耐久性等要求。虽然石粉具有较多优点，但也存在一定的缺陷，研究表明石粉取代粉煤灰后会增加混凝土的干缩值和自生体积变形收缩值，降低了混凝土的抗裂性能，且混凝土耐久性要略差于掺粉煤灰混凝土的耐久性，因此石粉并不能全部替代粉煤灰作为掺合料使用，宜部分替代粉煤灰，与粉煤灰混掺使用。

国内一些工程如云南漫湾、景洪、大朝山等水电站均已应用，其中漫湾水电站采用凝灰岩粉作为大坝混凝土的掺合料，总使用量约 10 万 t；景洪水电站采用了石灰石粉＋磨细矿渣复合掺合料的方案，取出的碾压混凝土芯样长 14.13m，混凝土芯样表面光滑、密实、无气孔；大朝山水电站采用凝灰岩粉＋磷矿渣复合掺合料的方案（PT 掺合料），取得了很好的效果。龙滩水电站开展了采用石粉取代 25％粉煤灰的室内试验研究。

在东南亚地区，如柬埔寨、缅甸等水电水利工程中，由于当地缺乏粉煤灰资源，因此我国水电施工局进行了石粉作为掺合料的应用研究。例如，水电八局承建的柬埔寨甘再水电站，掺加石粉后，碾压混凝土中的水泥＋粉煤灰用量仅 $107kg/m^3$，水泥和粉煤灰的用量大大降低，大幅度节约了工程成本。

而国外关于石粉对混凝土性能影响的研究开展得很少，只有日本等少数国家进行过探讨性试验研究，也是以石粉等量取代部分细骨料，得出的结论与国内成果基本一致，石粉能在一定程度上对改善混凝土的宏观性能起到较好作用。

总之，国内对石粉作为掺合料的研究主要限于其对混凝土宏观性能的影响，而对微观结构、胶凝材料体系的水化特性及石粉在胶凝材料体系水化中的作用机理等方面的研究工作基本没有开展；对石灰石粉、凝灰岩石粉的研究较多，对其他岩性（如花岗岩、砂岩等）的石粉研究较少；石粉对碾压混凝土后期性能、后期温降抗裂性能的影响如何，目前研究也很少。

2. 石粉的性能

试验采用的石粉为石灰石粉，其母岩来自当地水泥厂生产水泥用的石灰岩，采用小型球磨机进行破碎粉磨加工，石灰石粉细度的控制指标为粉煤灰细度标准。

石灰石粉的化学分析结果见表 5.4.4。

表 5.4.4　　　　　　　　　　石灰石粉化学成分分析　　　　　　　　　　　　％

SiO$_2$	Fe$_2$O$_3$	Al$_2$O$_3$	CaO	MgO	SO$_3$	烧失量
5.48	0.35	0.35	52.49	1.82	0.26	38.76

表 5.4.4 的石灰石粉化学分析结果表明，该石灰石粉的主要成分为 CaO。

对石灰石粉按照粉煤灰的标准进行了检测，其物理性能见表 5.4.5。

表 5.4.5　　　　　　　　　　　　　石灰石粉的物理性能结果

类　　别	密度 /(g·cm⁻³)	烧失量 /%	细度（80μm 筛余）/%	细度（45μm 筛余）/%	需水量比 /%	比表面积 /(m²·kg⁻¹)
石灰石粉	2.73	38.76	4.8	16.3	100	480
利源粉煤灰	2.36	4.0	—	17.3	105	—
DL/T 5055—2007 标准 Ⅱ级粉煤灰要求	—	≤8	—	≤25	≤105	—

　　表 5.4.5 中石灰石粉的物理性能试验结果表明，本次磨细的石灰石粉的细度相当于水泥细度 4.8%，相当于粉煤灰细度 16.3%，和四川攀枝花利源粉煤灰的性能差别不大，但石灰石粉的需水量比粉煤灰还要低。若不考虑石灰石粉的烧失量，石灰石粉可达到Ⅱ级粉煤灰的指标要求。

　　石灰石粉和水泥、粉煤灰、减水剂的适应性试验结果见表 5.4.6。

表 5.4.6　　　　　　　　　　　　　石灰石粉的适应性试验结果

序号	水灰比	水泥掺量 /%	粉煤灰掺量 /%	石粉掺量 /%	减水剂掺量 /%	流动度/mm 初始	流动度/mm 30min	30min 流动度损失 /mm
1	0.35	40	60	0	1.0	205	183	损失 22
2	0.35	40	45	15	1.0	243	233	损失 10
3	0.35	40	40	20	1.0	237	248	增加 11
4	0.35	40	35	25	1.0	245	260	增加 15
5	0.35	40	30	30	1.0	251	263	增加 12
6	0.35	40	25	35	1.0	266	272	增加 6

　　从石灰石粉和水泥、粉煤灰、减水剂的适应性结果来看，石灰石粉替代粉煤灰的掺量越高，净浆的流动度反而越大，其主要原因是石灰石粉的需水量比相比粉煤灰要低 5%，因此石灰石粉掺量越高净浆的流动度越大。并且随着时间的延长，净浆流动度反而增大，而单掺粉煤灰的净浆流动有损失，说明石灰石粉和水泥、减水剂的适应性比粉煤灰略好。

　　3. 石灰石粉作为掺合料的碾压混凝土配合比

　　通过对不同水胶比、不同石灰石粉掺量进行的 $C_{90}15W6F50$ 三级配碾压混凝土的配合比、力学性能、抗冻等级、自生体积变形、干缩变形等试验研究，掺石灰石粉的碾压混凝土具有以下特点：

　　（1）掺石灰石粉的碾压混凝土比不掺的 VC 值略有降低，主要是石灰石粉的需水量比要略低。

　　（2）掺石灰石粉后的碾压混凝土比不掺石灰石粉碾压混凝土的抗压强度、劈拉强度、极限拉伸值等力学性能有部分降低，但幅度不大。

　　（3）掺石灰石粉的碾压混凝土和不掺石灰石粉的均可满足 F50 抗冻等级要求。

　　（4）掺石灰石粉后的碾压混凝土自生体积变形收缩值比不掺的要大 50% 左右。

　　（5）掺石灰石粉后的碾压混凝土干缩变形值比不掺的要大 30% 左右。

(6) 对大坝内部 $C_{90}15W6F50$ 三级配碾压混凝土，采用石灰石粉掺量 30%＋粉煤灰掺量 30% 的组合，水胶比 0.52 和 0.50，混凝土各项性能可满足相应的设计要求。

(7) 从经济性来看，石灰石粉可替代粉煤灰 50%，即 $50kg/m^3$ 左右，以该水电站大坝内部 $C_{90}15W6F50$ 三级配碾压混凝土方量 37 万 m^3 计算，石灰石粉理论上最多可替代粉煤灰近 1.9 万 t，由于石灰石粉的成本比粉煤灰的成本低较多，相应带来的经济效益较大。

大坝内部 $C_{90}15W6F50$ 三级配碾压混凝土掺石灰石粉的推荐配合比见表 5.4.7。

表 5.4.7　某水电站大坝内部 $C_{90}15W6F50$ 三级配碾压混凝土掺石灰石粉推荐配合比

配合比编号	水胶比	砂率/%	粉煤灰掺量/%	石粉掺量/%	材料用量/$(kg \cdot m^{-3})$									减水剂/%	引气剂	VC值/s	含气量/%
					水	水泥	粉煤灰	石粉代粉煤灰	砂	石粉代砂	小石	中石	大石				
1	0.52	29	30	30	88	67.7	50.8	50.8	594	37.9	470	548	548	1.0	6/万	2.9	3.4
2	0.50	29	30	30	88	70.4	52.8	52.8	592	37.8	468	546	546	1.0	6/万	3.0	3.5

说明：1. 采用云南华新（迪庆）水泥有限公司生产的"堡垒"牌 P.O42.5 水泥，四川攀枝花利源公司生产的Ⅱ级粉煤灰。

2. 水泥厂生产水泥用石灰岩磨细而成的石灰石粉。

3. 江苏博特新材料有限公司生产的 SBTJM-Ⅱ混凝土用缓凝高效减水剂、GYQ-Ⅰ引气剂。

4. 石子级配，三级配为小石∶中石∶大石＝30∶35∶35。

5. 碾压混凝土配合比计算采用体积法，砂石骨料的状态均为饱和面干。

5.5　低热高性能碾压混凝土的研究及应用

5.5.1　研究背景

由于对混凝土材料科学技术认识水平的局限性以及由于混凝土材料自身存在的缺陷——水化温升造成的温差、各种收缩造成的体积变化以及混凝土材料的非匀质性等，我国水电工程建设仍然受到坝体混凝土结构裂缝的困扰，被业界公认的现状是"无坝不裂"。目前普遍采取的"灌浆"补救措施，虽然投资巨大，但仍未能从根本上解决问题，似乎是"没有办法的办法"，大坝的耐久性以及由耐久性导致的大坝运行的安全性受到严峻的挑战。

另一方面，火力发电不仅消耗大量资源，而且所排放的大量粉煤灰（渣）和有害烟气对环境造成二次污染；大坝建设中大量使用的水泥，更是能源和资源消耗大户，到 2010 年，按照我国水泥产量为 18.8 亿 t 计算，将消耗标准煤 3.5 亿 t、石灰石 23.5 亿 t、黏土 14 亿 t，排放 18.8 亿 tCO_2，还有大量粉尘和噪声污染。

如何充分发挥我国水电资源优势，全面提升混凝土筑坝材料的性能，通过混凝土筑坝材料的科学技术创新，将造成二次污染的大量的粉煤灰建筑材料资源化，实现在混凝土筑坝材料中高值化综合利用并借此全面提升混凝土筑坝材料的性能，尤其是提高混凝土筑坝材料的可施工性能、适宜的强度和强度发展、满足设计要求的力学性能、特别是耐久性能，建设安全、高效、耐久的水电工程，并节约资源和能源，保护环境，走可持续发展的水电建设道路，是值得深入研究的重大课题。

5.5.2　低热高性能碾压混凝土配合比设计思路

现代混凝土技术应该赋予新拌混凝土更高的工作性，以利于混凝土结构的施工；赋予混凝土适宜的强度和强度发展，以利于混凝土结构的设计；赋予混凝土结构更高的耐久性，以利于混凝土结构安全运行达到其服役寿命；应该考虑节约资源、能源和环境保护问题，同时降低其自身的成本。

针对水工混凝土的配合比设计，贵阳院创造性地采用了"三低一高"的配合比设计思路，即：低水胶比、低用水量、低水泥用量、高粉煤灰掺量，配制出低热高性能碾压混凝土。

1. 低水胶比

水胶比是混凝土配合比设计的首要考虑参数之一。在掺合料等其他因素固定条件下，水胶比与混凝土强度之间存在较强的相关关系，一般来说，水胶比越低，混凝土强度越高。较低的水胶比使胶凝材料体系的水化产物更加致密，在提高混凝土强度的同时，赋予了混凝土更高的抗渗性及耐久性。

2. 低用水量

水是混凝土中不可或缺的组成部分，一方面，水泥水化必须要有水的参与，另一方面，为满足混凝土的施工性能，混凝土的塑性或流动性需要水来提供。但是，除参与水化反应外，混凝土中的大部分水以自由水形式存在，当混凝土硬化后，这些游离水逐渐挥发从而在混凝土中形成孔隙，对混凝土的抗冻抗渗及耐久性能极为不利。因此，在满足施工性能的前提下，尽可能减少用水量将对混凝土耐久性能的提升起促进作用。

3. 低水泥用量

水泥是混凝土最主要的胶凝材料，它与水发生水化反应生成水化硅酸钙等矿物，使混凝土骨料胶结在一起形成一定强度。但水泥水化会产生热量，在大体积混凝土中其水化热积聚使混凝土内部温度升高，内外温差导致的应力变化会引发混凝土裂缝的产生。因此，从混凝土抗裂角度来说，应尽量减少水泥用量。

4. 高粉煤灰掺量

粉煤灰作为工业废弃物，其大量的堆放会造成环境污染和占地浪费，从环保角度讲，现代混凝土应多利用粉煤灰等废渣，推广"绿色"技术。

"三低一高"混凝土配合比设计方案采用聚羧酸系高性能减水剂作为媒介，利用其超高减水率的特点，大量使用以工业废渣为主的矿物掺合料，既提高混凝土性能，又减少水泥熟料；既可减少煅烧熟料时 CO_2 的排放，又因大量利用粉煤灰、矿渣及其他工业废料而有利于保护环境。

5.5.3　低热高性能碾压混凝土的性能

1. 碾压混凝土配合比

为比较低热高性能碾压混凝土与普通碾压混凝土的性能，表 5.5.1 和表 5.5.2 分别列出了工程中较常用的 $C_{90}20$ 二级配与 $C_{90}15$ 三级配碾压混凝土配合比，其中每种强度等级的配合比均采用聚羧酸系减水剂和萘系减水剂进行比较。

表 5.5.1 $C_{90}20$ 二级配碾压混凝土配合比

配合比编号	水胶比	用水量/(kg·m⁻³)	砂率/%	单位材料用量/(kg·m⁻³)					引气剂	减水剂	VC值/s	含气量/%	容重/(kg·m⁻³)	备注
				水泥	粉煤灰		砂子	石子						
					用量	掺量								
1	0.50	96	39	96	96	50%	842	1327	6/万	0.7%	5.5	4.2	2405	
2	0.42	80	40	57.2	133.4	70%	842	1327	—	0.8%	7.0	3.0	2410	

注 1. 二级配碾压混凝土的石子级配比例为中石∶小石＝55∶45。

    2. 编号 1 为萘系 $C_{90}20$ 普通碾压混凝土。

    3. 编号 2 为聚羧酸系 $C_{90}20$ 低热高性能碾压混凝土。

表 5.5.2 $C_{90}15$ 三级配碾压混凝土配合比

配合比编号	水胶比	用水量/(kg·m⁻³)	砂率/%	单位材料用量/(kg·m⁻³)					引气剂	减水剂	VC值/s	含气量/%	容重/(kg·m⁻³)	备注
				水泥	粉煤灰		砂子	石子						
					用量	掺量								
3	0.53	86	33	64.9	97.4	60%	730	1494	4/万	0.7%	5.0	3.5	2423	
4	0.44	71	35	40.4	121	75%	791	1480	—	0.8%	6.5	2.5	2425	

注 1. 三级配碾压混凝土的石子级配比例为大石∶中石∶小石＝40∶30∶30。

    2. 编号 3 为萘系 $C_{90}15$ 普通碾压混凝土。

    3. 编号 4 为聚羧酸系 $C_{90}15$ 低热高性能碾压混凝土。

从表 5.5.1 和表 5.5.2 的碾压混凝土配合比看,用聚羧酸系减水剂配制的低热高性能碾压混凝土采用了降低水胶比、降低用水量、提高粉煤灰掺量的配合比参数,其胶凝材料用量与萘系混凝土基本相同。在近似 VC 值水平下,低热高性能碾压混凝土的水胶比降低了 0.08~0.09,用水量降低了 15~16kg/m³,粉煤灰掺量提高了 15%~20%。在相同含气量水平下,低热高性能碾压混凝土依靠聚羧酸减水剂自身引气组分而未另外掺加引气剂。

2. 碾压混凝土力学性能

$C_{90}20$ 二级配碾压混凝土的力学性能见表 5.5.3,$C_{90}15$ 三级配碾压混凝土的力学性能见表 5.5.4,各龄期抗压强度曲线如图 5.5.1 所示。

表 5.5.3 $C_{90}20$ 二级配碾压混凝土力学性能试验结果

配合比编号	抗压强度/MPa									极限拉伸值/10⁻⁴				抗压弹模/GPa			
	7d	14d	28d	60d	90d	120d	180d	270d	360d	28d	90d	180d	360d	28d	90d	180d	360d
1	14.2	18.3	21.6	26.2	29.8	32.0	34.7	36.4	37.2	0.71	0.84	0.92	0.98	32.5	37.2	40.3	42.1
2	13.9	18.5	22.6	27.5	30.8	33.4	36.5	38.3	39.6	0.70	0.88	0.97	1.08	31.8	35.4	38.8	40.5

注 1. 编号 1 为萘系 $C_{90}20$ 普通碾压混凝土。

    2. 编号 2 为聚羧酸系 $C_{90}20$ 低热高性能碾压混凝土。

表 5.5.4　　　　　　　　　　　C₉₀15 三级配碾压混凝土力学性能试验结果

配合比编号	抗压强度/MPa									极限拉伸值/10⁻⁴				抗压弹模/GPa			
	7d	14d	28d	60d	90d	120d	180d	270d	360d	28d	90d	180d	360d	28d	90d	180d	360d
3	10.6	13.5	16.2	20.0	22.3	24.0	25.8	27.4	28.5	0.63	0.74	0.81	0.86	31.1	36.0	39.0	40.6
4	8.9	13.3	16.9	20.8	23.2	25.2	27.3	29.4	30.8	0.63	0.75	0.83	0.90	29.8	34.0	37.4	39.2

注　1. 编号 3 为萘系 C₉₀15 普通碾压混凝土。

　　2. 编号 4 为聚羧酸系 C₉₀15 低热高性能碾压混凝土。

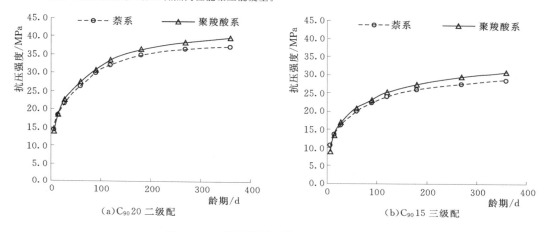

（a）C₉₀20 二级配　　　　　　　　　　（b）C₉₀15 三级配

图 5.5.1　碾压混凝土抗压强度-龄期曲线

由表 5.5.3、表 5.5.4 和图 5.5.1 中的试验结果可以看出，低热高性能碾压混凝土的力学性能有以下特点：

（1）低热高性能碾压混凝土的粉煤灰掺量比萘系普通碾压混凝土提高 15％～20％，早期抗压强度比萘系普通碾压混凝土略低，但 28d 龄期以后超过萘系普通碾压混凝土，且后期强度增长比萘系普通碾压混凝土大。

（2）低热高性能碾压混凝土和萘系普通碾压混凝土的各龄期抗压弹性模量及极限拉伸值基本相当。

3. 碾压混凝土抗冻性能

碾压混凝土抗冻等级试验结果见表 5.5.5。

表 5.5.5　　　　　　　　　　碾压混凝土抗冻等级试验结果

配合比编号	龄期/d	相对动弹性模量/%				重量损失/%				抗冻等级	备注
		25 次	50 次	75 次	100 次	25 次	50 次	75 次	100 次		
1	90	91.2	89.5	84.7	77.1	0.56	0.80	1.22	1.68	F100	
	180	93.0	90.4	86.5	80.3	0.44	0.65	1.02	1.33	F100	
2	90	90.8	89.6	85.2	79.8	0.60	0.83	1.14	1.35	F100	
	180	94.3	91.9	87.6	83.6	0.32	0.60	0.83	0.97	F100	
3	90	87.0	78.6	—		0.76	1.25	—		F50	
	180	89.4	82.2	—		0.63	1.06	—		F50	

配合比编号	龄期/d	相对动弹性模量/%				重量损失/%				抗冻等级	备注
		25次	50次	75次	100次	25次	50次	75次	100次		
4	90	86.7	80.5	—	—	0.84	1.10	—	—	F50	
	180	90.2	85.5	—	—	0.56	0.82	—	—	F50	

注 1. 编号1为萘系C_{90}20普通碾压混凝土，编号2为聚羧酸系C_{90}20低热高性能碾压混凝土。

2. 编号3为萘系C_{90}15普通碾压混凝土，编号4为聚羧酸系C_{90}15低热高性能碾压混凝土。

表5.5.5的碾压混凝土抗冻等级试验结果表明：

（1）超高粉煤灰掺量碾压混凝土和萘系碾压混凝土的抗冻等级均满足设计要求。

（2）萘系碾压混凝土的含气量为4.0%，超高掺粉煤灰碾压混凝土的含气量为2.5%～3.0%，这表明：在低水胶比的条件下，含气量可适当降低，分析其原因：在低水胶比条件下，碾压混凝土微结构的密实性以及有害孔隙的减少，对于提高碾压混凝土的抗冻性能更加有利，尤其是在高掺粉煤灰的条件下，低水胶比有利于碾压混凝土的抗冻性能。

（3）超高粉煤灰碾压混凝土随着龄期的增长其抗冻性能提高；结合大坝下闸蓄水时间，绝非在碾压混凝土浇筑施工后90d就开始承担荷载，建议以180d龄期评价超高掺粉煤灰碾压混凝土的抗冻性能，在技术经济方面是合理的。

4. 碾压混凝土抗渗性能

碾压混凝土抗渗等级试验结果见表5.5.6。

表5.5.6   碾压混凝土抗渗等级试验结果

配合比编号	水压力/MPa	试件平均渗水高度/cm	抗渗等级（90d）	备注
1	0.9	5.8	W8	
2	0.9	5.3	W8	
3	0.7	6.2	W6	
4	0.7	5.6	W6	

注 1. 编号1为萘系C_{90}20普通碾压混凝土，编号2为聚羧酸系C_{90}20低热高性能碾压混凝土。

2. 编号3为萘系C_{90}15普通碾压混凝土，编号4为聚羧酸系C_{90}15低热高性能碾压混凝土。

表5.5.6中的碾压混凝土抗渗等级试验结果表明：

（1）超高粉煤灰掺量碾压混凝土和萘系碾压混凝土的抗渗性能均满足设计要求。

（2）超高粉煤灰掺量碾压混凝土大幅度提高粉煤灰掺量后，使碾压混凝土密实性得以优化，从而大大改善了碾压混凝土的抗渗性能，其抗渗能力得到很大提高。

5. 碾压混凝土干缩性能

碾压混凝土干缩变形试验结果见表5.5.7及图5.5.2。

碾压混凝土干缩变形试验成果表明：提高粉煤灰掺量，降低水泥用量，使用聚羧酸高性能减水剂后，碾压混凝土的干缩变形较萘系碾压混凝土降低20%，可有效提高混凝土的体积稳定性。

表 5.5.7　　　　　　　　　碾压混凝土的干缩变形试验结果

配合比编号	干缩变形/10^{-6}									
	1d	3d	7d	14d	28d	60d	90d	120d	150d	180d
1	25	48	83	121	158	204	235	257	274	290
2	14	39	60	88	120	158	181	198	213	226
3	10	28	51	75	102	140	161	178	192	204
4	6	22	40	62	83	110	127	140	152	160

注　1. 编号 1 为萘系 $C_{90}20$ 普通碾压混凝土，编号 2 为聚羧酸系 $C_{90}20$ 低热高性能碾压混凝土。

　　2. 编号 3 为萘系 $C_{90}15$ 普通碾压混凝土，编号 4 为聚羧酸系 $C_{90}15$ 低热高性能碾压混凝土。

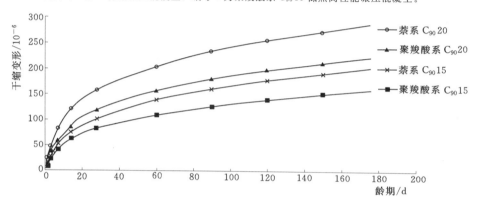

图 5.5.2　碾压混凝土干缩变形曲线

6. 碾压混凝土绝热温升

碾压混凝土绝热温升试验结果见表 5.5.8 和图 5.5.3。

表 5.5.8　　　　　　　　　碾压混凝土绝热温升试验结果

配合比编号	绝热温升/℃														拟合公式
	1d	2d	3d	4d	5d	6d	7d	10d	14d	18d	21d	24d	28d	最终	
1	6.5	10.5	13.1	14.9	16.3	17.4	18.3	20.1	21.5	22.3	22.8	23.2	23.6	26.1	$T=26.1d/(d+2.99)$
2	5.4	8.8	11.0	12.8	14.2	15.1	16.0	17.6	18.9	19.8	20.3	20.6	20.9	23.5	$T=23.5d/(d+3.32)$
3	5.3	8.7	10.9	12.5	13.8	14.7	15.5	17.1	18.3	19.1	19.5	19.9	20.2	22.5	$T=22.5d/(d+3.19)$
4	4.4	7.4	9.3	10.8	11.9	12.8	13.5	15.0	16.2	17.0	17.4	17.7	18.0	20.3	$T=20.3d/(d+3.53)$

注　1. 式中 T 为碾压混凝土的温升（℃），d 为碾压混凝土的龄期（d）。

　　2. 编号 1 为萘系 $C_{90}20$ 普通碾压混凝土，编号 2 为聚羧酸系 $C_{90}20$ 低热高性能碾压混凝土。

　　3. 编号 3 为萘系 $C_{90}15$ 普通碾压混凝土，编号 4 为聚羧酸系 $C_{90}15$ 低热高性能碾压混凝土。

碾压混凝土绝热温升试验结果表明：超高粉煤灰掺量碾压混凝土绝热温升值比同等级萘系碾压混凝土绝热温升值低 $2\sim3$℃，且碾压混凝土放热峰值时间有所推迟。

7. 碾压混凝土自生体积变形

碾压混凝土自生体积变形试验结果见表 5.5.9 和图 5.5.4。

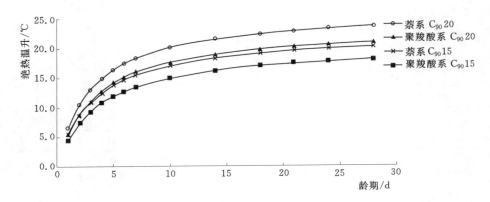

图 5.5.3　碾压混凝土的绝热温升曲线

表 5.5.9　　　　　　　　　　碾压混凝土自生体积变形试验成果　　　　　　　　　　10^{-6}

配合比编号	试件龄期/d											
	1	3	7	21	28	60	90	120	150	180	270	360
1	0.0	1.5	2.8	0.6	−4.8	−7.9	−9.8	−11.6	−12.5	−13.2	−13.9	−14.5
2	1.2	3.0	4.5	1.8	−2.5	−5.0	−6.7	−7.8	−8.6	−9.2	−9.8	−10.2
3	0.5	2.8	4.2	1.3	−3.6	−6.2	−8.5	−10.0	−10.8	−11.3	−12.0	−12.5
4	1.8	3.3	4.6	2.0	−2.2	−4.3	−5.8	−6.9	−7.7	−8.2	−8.8	−9.3

注　1. 编号 1 为萘系 $C_{90}20$ 普通碾压混凝土，编号 2 为聚羧酸系 $C_{90}20$ 低热高性能碾压混凝土。

　　2. 编号 3 为萘系 $C_{90}15$ 普通碾压混凝土，编号 4 为聚羧酸系 $C_{90}15$ 低热高性能碾压混凝土。

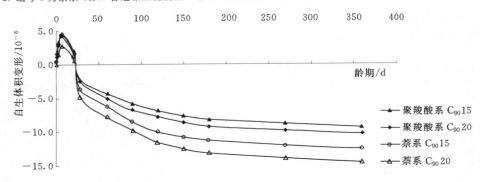

图 5.5.4　碾压混凝土自生体积变形曲线

　　碾压混凝土自生体积变形试验结果表明：碾压混凝土早期呈微膨胀型，28d 以后呈微收缩型，且超高粉煤灰掺量碾压混凝土后期自生收缩值比萘系碾压混凝土减少（2～3）$\times 10^{-6}$。

　　8. 碾压混凝土性能小结

　　研究表明，采用聚羧酸减水剂的超高粉煤灰掺量碾压混凝土，其粉煤灰掺量比萘系碾压混凝土提高 15％～20％，且其后期抗压强度增长更优；在不掺加引气剂的条件下，含气量略低，但抗冻耐久性更优；干缩值降低 20％，绝热温升值降低 2～3℃，后期自生收缩值减少（2～3）$\times 10^{-6}$。

5.5.4　应用工程实例

1. 低热高性能碾压混凝土在光照水电站中的应用

（1）应用背景。2008 年 4 月 29 日，光照水电站建设有关人员，就光照水电站大坝超高粉煤灰掺量碾压混凝土的现场应用召开了会议。会中，贵阳院汇报了超高粉煤灰掺量碾压混凝土的技术背景、室内试验研究及光照水电站现场三次碾压混凝土配合比复核试验的有关情况，并由闽黄联营体和广西桂能监理部补充了复核试验的有关情况。经各参建单位讨论后认为：可在该工程碾压混凝土大坝 13～16 号坝段，高程 745.50m 至 748.90m 进行现场超高粉煤灰掺量碾压混凝土试验。本次超高粉煤灰掺量碾压混凝土现场试验是为推动该新技术进步、从室内试验研究的成果应用到工程现场的重要一步，对碾压混凝土技术的发展和推广应用具有重要意义，同时为在其他工程进一步研究与应用具有指导和推动作用。

（2）大坝上部碾压混凝土应用。2008 年 5 月 3 日，光照水电站现场碾压混凝土试验开始前，在光照水电站大坝左岸强制式拌和楼，对 $C_{90}15$ 三级配碾压混凝土配合比进行了试拌，共拌和 $2.0m^3$，从拌和楼试拌的结果看：出机碾压混凝土外观好，裹浆充分，可碾性好，并由光照水电站试验检测中心进行了试验检测成型，试验结果见表 5.5.10。

表 5.5.10　　　　　光照水电站 $C_{90}15$ 三级配碾压混凝土拌和楼试拌试验结果

混凝土强度等级	室外气温/℃	混凝土温度/℃		混凝土 VC 值/s			含气量/%	容重/(kg·m⁻³)	凝结时间/h	
		30min	90min	30min	90min	150min			初凝	终凝
$C_{90}15W6F50$	31	26	27	7～8	11.6	17～18	2.2	2457	3.8	9.0

本次超高粉煤灰掺量碾压混凝土试验对 2 个强度等级的碾压混凝土进行了试验，分别为 $C_{90}20F100W10$ 坝体上游面二级配防渗碾压混凝土和 $C_{90}15F50W6$ 坝体内部三级配碾压混凝土。在大坝 13～16 号坝段，高程 745.50m 至 748.90m，其中 $C_{90}15F50W6$ 三级配碾压混凝土 $1500m^3$，$C_{90}20F100W10$ 二级配碾压混凝土约 $500m^3$。

2008 年 5 月 6 日，第一仓砂浆在光照水电站右岸自落式拌和楼开拌，从出机口及碾压混凝土仓面的砂浆工作性看，采用 GTA 减水剂拌制的砂浆比萘系减水剂拌制的砂浆流动性更好，砂浆无泌水，扩散度好，砂子分布均匀，稠度好。从仓面摊铺的 $C_{90}15W6F50$ 三级配碾压混凝土的情况看，碾压混凝土的表面发亮，含砂较多，碾压混凝土骨料包裹较好。

2008 年 5 月 6 日在 $C_{90}15W6F50$ 三级配碾压混凝土浇筑至第三层后，从摊铺的碾压混凝土看，出机碾压混凝土的 VC 值波动较大，运至仓面 VC 值偏大的碾压混凝土有骨料发白现象。由于仓面上风大，气温也高（30℃左右），使得碾压混凝土的凝结时间偏短，碾压混凝土的泛浆效果不够理想。

2008 年 5 月 7 日仓面上 $C_{90}15W6F50$ 三级配碾压混凝土浇筑情况同 6 日基本相同，碾压混凝土仍有拌和不均匀的情况存在，且碾压混凝土凝结时间偏短。

2008 年 5 月 7 日 $C_{90}20W10F100$ 二级配碾压混凝土在右岸自落式拌和楼开浇，但因右岸拌和楼粉煤灰不够，仅浇筑了一车碾压混凝土，之后，闽黄联营体决定在左岸强制式拌和楼浇筑。21：05 左右，左岸强制式拌和楼拌制的第一车 $C_{90}20W10F100$ 二级配碾压混凝土从机口运至仓面，从出机口取样的混凝土看，碾压混凝土外观发亮，碾压混凝土含砂较多裹浆好，碾压混凝土的和易性好。

2008 年 5 月 8 日所有碾压混凝土全部浇筑碾压完成，共浇筑碾压混凝土 9 层，其中 $C_{90}15W6F50$ 三级配碾压混凝土 7 层，$C_{90}20W10F100$ 二级配碾压混凝土 2 层。现场碾压试验的具体情况如图 5.5.5 所示。

（a）碾压混凝土入仓

（c）碾压混凝土碾压

（d）碾压混凝土碾压完成

图 5.5.5　超高粉煤灰掺量碾压混凝土入仓、摊铺、碾压现场试验

本次超高粉煤灰掺量碾压混凝土配合比及层面砂浆配合比见表 5.5.11，现场取样的碾压混凝土力学性能试验结果见表 5.5.12。

从以上超高粉煤灰掺量碾压混凝土的配合比及其现场碾压试验来看，经分析得出以下意见：

（1）超高粉煤灰掺量碾压混凝土在光照水电站的应用是成功的，GTA 外加剂与现场碾压混凝土原材料适用性较好，超高粉煤灰掺量碾压混凝土的 VC 值、含气量、力学性能满足设计要求。

表 5.5.11　　　　　光照水电站超高粉煤灰掺量碾压混凝土施工配合比

混凝土强度等级	水胶比	砂率/%	级配（大石：中石：小石）	单位材料用量/(kg·m⁻³)							粉煤灰代石粉	GTA减水剂	VC值/s	含气量/%
				水	水泥	粉煤灰	砂	小石	中石	大石				
C₉₀20W10F100 迎水面防渗 二级配碾压混凝土	0.46	40	55：45	76	57	106.5	867	612	748	—	26.8	1.7%	2.4	2.4
C₉₀15W6F50 坝体内部 三级配碾压混凝土	0.50	38	35：35：30	67.2	40	94.3	842	432	503	503	26.1	1.8%	3.9	3.1
M₉₀20 层面砂浆	0.43	100	—	199	139	323	1521					0.65%		
C₉₀15 层面灰浆	0.48	100	—	518	324	756						0.3%		

表 5.5.12　　　　　光照水电站超高粉煤灰掺量碾压混凝土力学性能试验结果

配合比编号	混凝土强度等级	抗压强度/MPa			轴心抗拉强度/MPa		极限拉伸值/10⁻⁴		抗压弹模/GPa		备注
		7d	28d	90d	28d	90d	28d	90d	28d	90d	
234		10.0	16.9	22.3	—	—	—	—	25.4	31.2	左岸强制式拌和楼试拌，机口取样
235	C₉₀15W6F50	7.1	12.8	20.2	1.5	1.9	0.64	0.73	24.7	29.6	右岸自落式拌和楼搅拌，大坝仓面上取样
236		7.6	13.2	18.3	1.2	1.7	0.56	0.67	26.0	32.0	
236′		9.6	15.3	22.3	—	—	—	—	—	—	
237	C₉₀20W10F100	16.1	21.2	31.3	2.0	3.1	0.75	0.97	32.0	35.9	左岸强制式拌和楼试拌，大坝仓面上取样
237′		17.2	23.5	33.0	—	—	—	—	—	—	

（2）大坝右岸拌和楼是自落式搅拌系统，从仓面上摊铺的碾压混凝土情况来看，自落式搅拌机的碾压混凝土不如强制式搅拌机好，自落式搅拌机拌制的碾压混凝土均匀性较差。对用水量很低的超高粉煤灰掺量碾压混凝土应采用强制式搅拌机拌制。

（3）由于砂子含水率有波动，导致出机碾压混凝土的 VC 值也有一定的波动，某些出机 VC 值偏大的碾压混凝土，泛浆效果不好，应严格控制 VC 值的波动范围。

（4）气温达到 30℃以上，致使外加剂的缓凝时间偏短，因此对碾压混凝土的摊铺、碾压出浆有一定影响，需进一步延长碾压混凝土缓凝时间。

（5）从现场取样的抗压强度及其他性能试验结果看，其碾压混凝土的强度及强度发展良好，满足设计要求。

（6）在碾压混凝土凝结时间、拌和系统的适应性等方面还需进一步改进和验证。

2. 低热高性能碾压混凝土在石垭子水电站中的应用

（1）应用背景。将聚羧酸外加剂应用于碾压混凝土中，是贵阳院开展的一项重要科研工作。2008年初，对石垭子水电站大坝碾压混凝土配合比，就进行了室内试验研究，提出了石垭子水电站大坝碾压混凝土配合比试验研究成果报告；2008年7月，在现场的碾压混凝土碾压试验中，聚羧酸外加剂碾压混凝土作为试验内容之一，与萘系外加剂碾压混凝土同时实施了碾压试验，并取得两种外加剂碾压混凝土可碾性参数、抽样性能检测数据及钻孔取芯、压水试验等试验成果。聚羧酸外加剂碾压混凝土的试验成果表示：碾压混凝土的各项性能指标均满足设计要求，为在该工程大坝上使用低热高性能碾压混凝土奠定了良好的基础。2010年初，石垭子水电站试验检测中心根据进场后，分别将聚羧酸外加剂碾压混凝土配合比中的粉煤灰掺量调整为70%、75%，进行了大量的室内碾压混凝土各项性能试验研究工作，并及时提交了试验研究成果报告。

（2）应用情况。2010年5月6日，贵阳院与水电九局石垭子水电站项目部及试验检测中心相关人员，在石垭子水电站工地就聚羧酸外加剂碾压混凝土室内试验研究成果进行分析、评审，通过协商，各参建单位一致同意该试验研究成果可在石垭子大坝517.50m高程以上使用，碾压混凝土的级配和强度等级为三级配$C_{90}15$。考虑到首次使用在大坝主体工程，实际使用粉煤灰掺量为70%。

聚羧酸外加剂碾压混凝土于2010年5月24日在大坝8号、9号坝段的525.00m高程首次使用，随后又在大坝2号、3号、4号、5号坝段517.00m高程以上仓面使用，累计完成聚羧酸外加剂碾压混凝土工程量2万m³，使用范围：大坝2号、3号坝段517.00～546.30m高程；大坝8号、9号坝段高程525.00～546.30m；大坝4号、5号坝段517.00～537.00m高程。

从碾压混凝土现场施工看，碾压混凝土亲和性良好，机口碾压混凝土拌和物的颜色均匀，砂石骨料表面附浆均匀，没有水泥或粉煤灰结块，测出机口的碾压混凝土拌和物用手轻握时能形成团，松开后手心无过多灰浆黏附，粗骨料表面有灰浆光亮感。碾压混凝土摊铺平仓后，在有振压3～4遍后，碾轮碾压过后碾压混凝土富有弹性，在有振压5～6遍后80%以上表面有明显灰浆，少部分存在粗骨料集中现象。碾压混凝土弹性、柔和性和工作性较好（图5.5.6）。

(a)碾压混凝土入仓　　　　　　　　　(b)碾压混凝土振动碾压

图5.5.6　聚羧酸碾压混凝土现场施工

碾压混凝土达到规定的碾压遍数后进行压实度试验，萘系 60％ 粉煤灰掺量碾压混凝土容重平均值 2448kg/m³，聚羧酸类 70％ 粉煤灰掺量碾压混凝土容重平均值 2455kg/m³，由于两种碾压混凝土配合比中胶凝材料用量分别为 158kg/m³ 和 156kg/m³，胶凝材料用量接近，实际工作性能与容重并无太大差异。

石垭子水电站大坝碾压混凝土 2010 年 5 月 24 日前使用编号 1、编号 2 碾压混凝土配合比，2010 年 5 月 24 日后使用编号 3 碾压混凝土配合比。大坝碾压混凝土施工配合比见表 5.5.13。

表 5.5.13　　　　　　　　　石垭子水电站大坝碾压混凝土施工配合比

配合比编号	混凝土强度等级	水灰比	粉煤灰掺量/%	砂率/%	外加剂		单位材料用量/(kg·m⁻³)						
					名称	掺量/%	水	水泥	粉煤灰	小石	中石	大石	砂
1	C₉₀15	0.53	60	33	HLC－NAF 萘系	0.7	84	63	95	446	595	446	733
2	C₉₀20	0.50	50	38	HLC－NAF 萘系	0.7	94	94	94	671	671	—	822
3	C₉₀15	0.50	70	33	GTA 聚羧酸类	0.7	78	47	109	448	597	448	736

（3）试验成果。碾压混凝土大坝施工的抽样试验检测由水电九局石垭子水电站试验室和石垭子水电站试验检测中心各自独立承担完成。对 C₉₀15 三级配超高粉煤灰掺量碾压混凝土，试验检测中心试验抽检试验 34 组，水电九局石垭子水电站试验室抽检试验 66 组。

抽检试验结果：90d 龄期抗压强度平均值 19.4MPa，抗渗等级和抗冻等级以及极限拉伸值和抗压弹性模量达到设计要求。180d 龄期抗压强度达到 28.6MPa，后期强度增长明显。根据该工程的经验，今后在高掺粉煤灰碾压混凝土的工程中可延长设计龄期，充分发挥其后期强度的作用，达到降低碾压混凝土绝热温升，进一步简化水工碾压混凝土的温控措施，降低碾压混凝土材料成本及温控费用。

3. 低热高性能碾压混凝土在沙阡水电站中的应用

（1）应用背景。沙阡水电站位于贵州省北部正安县格林镇的芙蓉江干流河段上，距正安县城 9km。该水电站装机容量 50MW。枢纽建筑物主要由挡水建筑物、泄水建筑物、引水发电系统等组成，大坝为碾压混凝土重力坝，最大坝高 50.00m。大坝内部碾压混凝土强度等级为 C₉₀15W6F50 三级配。

2012 年 2 月，贵阳院组织沙阡水电站大坝碾压混凝土配合比专题会议，结合高掺粉煤灰筑坝技术在光照水电站、董箐水电站、石垭子水电站已局部成功使用的实践经验，提出了在沙阡水电站大坝工程全坝使用该项高掺粉煤灰技术，其中碾压混凝土粉煤灰掺量可突破 70％，常态混凝土粉煤灰掺量可突破 30％。同时，会议对前期所做的碾压混凝土配合比参数进行了部分调整，并要求根据现场碾压混凝土配合比试验和现场验证情况，确定最终碾压混凝土推荐配合比。

（2）碾压混凝土配合比优化试验。根据控制总胶凝材料用量、提高粉煤灰掺量的设计原则，经过碾压混凝土配合比室内优化试验确定的推荐配合比见表 5.5.14。

表 5.5.14　　　　　　　　　沙阡水电站碾压及变态混凝土推荐配合比

配合比编号	混凝土部位	混凝土强度等级	级配	水胶比	砂率/%	单位材料用量/(kg·m⁻³)						减水剂	引气剂	VC值/s	含气量/%
						水	水泥	粉煤灰用量	粉煤灰掺量	砂	石子				
JN-10	大坝内部碾压混凝土	C₉₀15W6F50	三	0.50	34	80	48	112	70%	748	1479	GTA聚羧酸系 0.8%	HJAE-A 2/万	4.5	3.0
JN-11	坝体上、下游面变态混凝土	C₉₀15W6F100	三	净浆浆液配比:水胶比0.45,水524kg/m³,水泥582kg/m³,粉煤灰582kg/m³,粉煤灰掺量50%,减水剂掺量0.8%,不另掺引气剂,加浆量6%									坍落度5.0cm		4.5

注　1. 混凝土配合比采用重庆南川嘉南水泥制造有限公司生产的 P.O 42.5 水泥。
　　2. 鸭溪火电厂Ⅱ级粉煤灰。
　　3. 贵州特普科技开发有限公司 GTA 聚羧酸系高效减水剂,山西黄河新型化工公司 HJAE-A 引气剂。

试验研究结果表明:C₉₀15W6F50 碾压混凝土中掺入 70% 的粉煤灰,推荐的碾压混凝土配合比,其抗压强度、抗拉强度、极限拉伸值、抗压弹模均满足设计要求;抗冻等级 F50 和抗渗等级 W6 均满足设计要求。由于采用高掺粉煤灰技术,碾压混凝土的绝热温升值不高;由于骨料为灰岩,碾压混凝土的热膨胀系数不高,对提高混凝土的抗裂性有利。碾压混凝土的自生体积变形前期呈收缩型,相对收缩量不大,后期(90d 以后)收缩趋于稳定。

(3) 现场碾压试验。2012 年 2 月 23 日至 24 日在沙阡水电站进行现场碾压混凝土试验,试验块布置为 20m×30m,设计碾压层数为 7 层,实际碾压层数为 5 层,层厚为 30cm。试验碾压遍数设计为静碾压遍数+振碾遍数,现场进行了 2+6、2+8、2+10、2+12 碾压试验。碾压混凝土配合比及碾压混凝土现场各试验参数见表 5.5.15。

表 5.5.15　　　　　　沙阡水电站碾压混凝土配合比及现场碾压试验参数

混凝土等级	水灰比	砂率/%	单位材料用量/(kg·m⁻³)								
			水	水泥	粉煤灰	砂	大石	中石	小石	减水剂	引气剂
C₉₀15 W6F50	0.52	35	75	43.3	100.9	784	517.3	517.3	443.4	1.3	0.0577

试验参数				
碾压混凝土VC值/s	碾压混凝土含气量/%	密实度	碾压混凝土温度/℃	气温/℃
2.8	3.6	—	12	8

现场碾压试验过程如图 5.5.7 所示。

从碾压试验过程可以看出,超高粉煤灰掺量的三级配碾压混凝土无明显的骨料分离现象,碾压泛浆效果好。

(4) 大坝超高粉煤灰掺量碾压混凝土全断面应用。自 2012 年 2 月 27 日起,沙阡水电站大坝碾压混凝土开始浇筑,全坝段采用了超高粉煤灰掺量碾压混凝土技术,至 2013 年 6 月,大坝非溢流坝段、溢流坝段混凝土已按要求浇筑至设计高程 508.00m,共计浇

(a)碾压混凝土汽车入仓

(b)碾压混凝土摊铺

(c)碾压混凝土碾压

(d)碾压混凝土碾压效果

(e)碾压混凝土现场测试

图 5.5.7　沙阡水电站三级配碾压混凝土现场碾压试验过程图

筑碾压混凝土约 5 万 m^3。

现场取样试验表明：碾压混凝土 90d 抗压强度平均值为 19.2MPa，抗压弹模、极限拉伸值、抗冻等级、抗渗等级等均满足设计要求。浇筑碾压过程中泛浆效果好，便于快速施工，实现了超高粉煤灰掺量碾压混凝土技术的全坝断应用。

5.5.5　经济效果分析

1. 碾压混凝土单价分析

以某工程碾压混凝土配合比为例，参照目前碾压混凝土原材料单价，计算出的碾压混凝土单价见表 5.5.16。

表 5.5.16　　　　　　　　　碾压混凝土配合比及单价分析表

配合比编号	水胶比	用水量/(kg·m⁻³)	砂率/%	单位材料用量/(kg·m⁻³)					引气剂	减水剂	备注	混凝土单价/(元·m⁻³)	节约成本/(元·m⁻³)
				水泥	粉煤灰		砂子	石子					
					用量	掺量							
1	0.5	96	39	96	96	50%	842	1327	6/万	0.70%	萘系二级配	69.1	—
2	0.42	80	40	57.2	133.4	70%	842	1327	—	0.80%	聚羧酸系二级配	62.8	6.3

配合比编号	水胶比	用水量/(kg·m⁻³)	砂率/%	单位材料用量/(kg·m⁻³)					引气剂	减水剂	备注	混凝土单价/(元·m⁻³)	节约成本/(元·m⁻³)
				水泥	粉煤灰		砂子	石子					
					用量	掺量							
3	0.53	86	33	64.9	97.4	60%	730	1494	4/万	0.70%	萘系三级配	53.8	—
4	0.44	71	35	40.4	121	75%	791	1480	—	0.80%	聚羧酸系三级配	51.1	2.7

从表 5.5.16 中可以看出，超高粉煤灰掺量碾压混凝土二级配和三级配单价分别比萘系普通混凝土降低 6.3 元/m³ 和 2.7 元/m³。

2. 综合经济效益分析

（1）降低单方混凝土造价。从经济性上分析比较，超高粉煤灰掺量水工碾压混凝土技术的应用可使每方碾压混凝土的造价降低 5%～10%，这对碾压混凝土浇筑方量巨大的水电工程来讲，可带来巨大的经济效益。随着聚羧酸系高性能减水剂技术的发展及推广应用，其掺量及单价在不断降低，因此采用超高粉煤灰掺量的水工混凝土材料价格优势日益明显，具有很好的推广前景。

（2）简化温控防裂措施。由于超高粉煤灰掺量的水工混凝土具有低热性，在水工大体积混凝土施工中可直接简化温控和防裂措施，温控和防裂费用将明显减少，其直接效益是显著和可以计算的。由于温控防裂措施的简化，为结构减少分缝、分块提供了可能，将间接提高施工进度，为工期提前创造了条件，产生的间接效益是可以估计的。

（3）节能减排环保效益。由于超高粉煤灰掺量的水工混凝土大幅提高了固体废弃物的利用量和利用水平，降低了水泥用量，产生的节能减排等生态和环境效益明显。

5.6 四级配碾压混凝土的应用研究

碾压混凝土分为二级配、三级配和四级配（即全级配），二级配由小石和中石组成，最大粒径为 40mm；三级配由小石、中石和大石组成，最大粒径为 80mm；四级配由小石、中石、大石和特大石组成，其最大粒径为 150mm。二级配和三级配碾压混凝土是常规的碾压混凝土，其中二级配碾压混凝土主要用于迎水面防渗，三级配碾压混凝土用于大坝坝体内部大体积碾压混凝土。

四级配混凝土可提高骨料的最大粒径，使得整体骨料的表面积减小，将会更进一步降低混凝土的用水量，降低碾压混凝土的胶凝材料用量、增加碾压混凝土施工层厚、降低碾压混凝土的水化热温升，从而简化温控措施，加快施工速度，具有一定的技术经济效益。但是由于国内外坝工建设对碾压混凝土技术要求，尤其是对施工层厚及施工进度方面要求越来越高，使得四级配碾压混凝土的实际应用极少，目前仅贵州省沙沱水电站部分采用了四级配碾压混凝土用于大坝工程施工。从已公开的试验研究成果，到目前为止，国内外在有这方面的实质性试验研究成果也少。

在充分满足碾压混凝土施工质量前提下，为更进一步地加快施工进度，达到快速施工的目的，今后碾压混凝土的发展还会采用四级配碾压混凝土，碾压厚度控制达到 45～50cm 的施工生产，已成为世界各国所广泛关注和探索的问题。

5.6.1　四级配碾压混凝土的性能特点

研究四级配碾压混凝土的性能，主要解决施工工艺和层面结合性能问题，由于骨料粒径大，可能引发骨料分离和层间结合等问题，而碾压混凝土是层与层之间的结合，从而保证其结合强度。所以有必要考虑碾压混凝土原材料对其性能的影响关系。

1. 试验用原材料的特点

（1）砂石骨料。相比于三级配的碾压混凝土砂石骨料，四级配的骨料由小石、中石、大石和特大石组成，砂石骨料最大粒径达 150mm，骨料的粒径越大，碾压混凝土的摊铺层厚越大，四级配碾压混凝土的摊铺层厚将会达到 45～50mm，这将加快碾压混凝土的施工速度和上升速度从而加快施工进度，但同时对碾压工艺的要求已提高，要求有更高要求的振动碾压机械。

（2）水泥。根据混凝土的形成原理，四级配的骨料较二级、三级配的粒径要大，使其表面积小，可以更进一步降低混凝土的用水量，从而降低水泥的用量，降低混凝土的成本。

（3）粉煤灰。碾压混凝土粉煤灰掺量一般为 50％～70％，其中 50％～60％较多。因为粉煤灰中含有大量的球状玻璃珠，能起到"滚珠轴承"和"解絮扩散"作用，可有效地分散水泥颗粒，填充水泥浆体中的孔隙。对于四级配的碾压混凝土，骨料之间的间隙较大，很有必要添加粉煤灰来降低水化热，防止产生裂缝。而且粉煤灰取代部分水泥可有效降低水化热，有利于防止碾压混凝土裂缝发生，也可改善碾压混凝土的可塑性与稳定性，有效地提高碾压混凝土的密实度。

（4）外加剂。外加剂一般为减水剂和引气剂，其作用除了降低混凝土用水量，减少水泥用量，降低水化热温升外，重要的还有改善碾压混凝土工作性能。碾压混凝土的碾压层面多，仓面大，层面间隙时间长，是坝体的薄弱环节，如层面结合不好，影响坝体碾压混凝土抗剪断性能，是蓄水后的渗水通道。因此施工中必须保证碾压混凝土层面是塑性结合，而不能是刚性结合。特别是对于拥有大骨料的四级配碾压混凝土，因为每一层的摊铺厚度较大，层面之间的结合要求更高。为此，必须采用具有强缓凝作用的外加剂，特别是在夏季高温季节，由于水分蒸发快，除了强缓凝外，还应加强层面的表面覆盖，减少表面水分蒸发，保证层面是塑性结合。

2. 四级配碾压混凝土配合比的特点

有试验研究表明，对于四级配的碾压混凝土，当 VC 值取 4～6s 时，碾压混凝土基本用水量为 70～72kg/m³，与三级配碾压混凝土相比，可以降低 8～10kg/m³ 用水量，节约胶凝材料 16～20kg/m³。四级配碾压混凝土 VC 值与用水量的关系如图 5.6.1 所示。

在常态混凝土配合比设计中，以石子的最大振实密度来确定石子的组合比，但由于碾压混凝土的超干硬性，还需考虑抗分离能力，三级配碾压混凝土的石子组合比基本上采用大石∶中石∶小石＝40∶30∶30，由于拌和物抗分离能力较强，因此并不按最大振实密度来确定石子的组合比。对于四级配碾压混凝土来说，其石子组合比的选择也应该遵循这一原则。选择的石子组合比，既要有较大的振实密度，也要满足振动碾压施工的要求，以避免大骨料严重分离，出现骨料架空，碾压不密实的现象。所以，尽管特大石：大石：中石：小石＝30：30：20：20组合具有最高的最大振实度，且大骨料偏多，并不是理想的石子组合比。比较三级配碾压混凝土的石子组合比大石：中石：小石＝30：40：30，并分析有关试验结果，四级配碾压混凝土的石子组合比采用特大石：大石：中石：小石＝25：30：25：20或20：30：30：20是比较适合的。四级配碾压混凝土VC值与石子组合比的关系如图5.6.2所示。

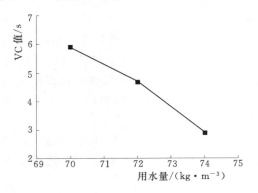

图 5.6.1　四级配碾压混凝土 VC 值
与用水量的关系

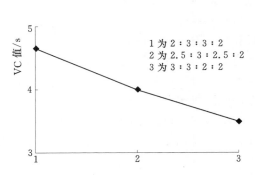

图 5.6.2　四级配碾压混凝土 VC 值
与石子组合比的关系

　　四级配碾压混凝土和三级配碾压混凝土相比，抗压强度无明显差异，劈拉强度、极限拉伸值略低，干缩率低15％～25％，自生体积变形值略小，导热系数和比热略小。对于抗冻性，相比于二级、三级配碾压混凝土，四级配碾压混凝土的骨料尺寸较大，砂浆-骨料界面的缺陷和薄弱环节越多；骨料尺寸越大，在冻融循环过程中由骨料与砂浆线膨胀系数差造成的界面应力也越大，这些不利的因素都将降低四级配碾压混凝土的抗冻能力。

5.6.2　沙沱水电站四级配碾压混凝土研究

　　通过对沙沱水电站四级配碾压混凝土的室内试验研究，可得到以下结论：

　　(1) 沙沱水电站四级配碾压混凝土骨料最大粒径采用120mm，用水量选择70kg/m³、砂率选择30％及石子组合比选择20：30：30：20较合适。

　　(2) 碾压混凝土的 α 值一般为1.1～1.3，β 值一般为1.2～1.5。填充包裹法计算表明，试验采用的碾压混凝土配合比的 α 为1.16～1.25，β 值为1.59～1.75，表明设计的碾压混凝土具有较好的可碾性。

　　(3) 将 $C_{90}15$ 坝体内部三级配碾压混凝土改为四级配碾压混凝土，可以减少8～10kg/m³ 用水量，节约16～20kg/m³ 胶凝材料；将 $C_{90}20$ 迎水面防渗层二级配碾压混凝土改为三级配碾压混凝土，也可以收到同样的效果。

　　(4) 坝体内部三级配碾压混凝土改为四级配碾压混凝土，迎水面防渗层二级配碾压混凝土改为三级配碾压混凝土后，其主要设计指标都能满足设计要求，抗压强度有较大的富余强度。

　　(5) 四级配碾压混凝土和三级配碾压混凝土相比，抗压强度无明显差异，劈拉强度为三级配碾压混凝土 90%，拉压比低 1%～2%，轴拉强度为三级配碾压混凝土 93%。

（6）四级配碾压混凝土极限拉伸值为三级配碾压混凝土的 90%，抗压弹模大 1%～3%，泊松比接近，干缩率则低 15%～25%，四级配碾压混凝土自生体积变形表现为收缩或膨胀时，其值略小于三级配碾压混凝土。

（7）四级配碾压混凝土与三级配碾压混凝土全级配大试件相比，导温系数接近，导热系数和比热略小。

（8）坝体内部三级配碾压混凝土改为四级配碾压混凝土，迎水面防渗层二级配碾压混凝土改为三级配碾压混凝土后，可以降低混凝土水化热温升 2.2～2.5℃，不仅可以简化温控措施，同时还可加快碾压混凝土的施工进度，具有较大的技术经济效益。

（9）由于四级配碾压混凝土缺乏工程实践经验，采用推荐的碾压混凝土配合比进行现场施工工艺性试验十分必要，根据现场施工工艺性试验的基础上，对推荐的碾压混凝土配合比进行适当调整，确定符合工程实际的碾压混凝土施工配合比，同时确定碾压机械及碾压参数。

（10）与三级、四级配碾压混凝土湿筛试件相比，三级、四级配碾压混凝土全级配试件的抗压强度和抗压弹性模量较高，而抗拉强度和极限拉伸值较低；三级、四级配碾压混凝土全级配试件之间的差别不明显。

（11）四级配碾压混凝土与碾压混凝土湿筛试件的关系见表 5.6.1，与三级配碾压混凝土关系见表 5.6.2。

表 5.6.1　　　　　　　　碾压混凝土全级配试件与湿筛试件性能比较

参　　数	各龄期碾压混凝土全级配试件/湿筛试件平均比值/%		
	7d	28d	90d
抗压强度	131.0	109.8	112.2
劈裂抗拉强度	87.5	83.8	70.8
轴向抗拉强度	—	76.2	69.8
极限拉伸值	—	54.5	56.0
抗压弹性模量	—	106.3	106.4

表 5.6.2　　　　　　　　四级配碾压混凝土与三级配碾压混凝土性能比较

性　　能		三级配	四级配
碾压混凝土配合比	水胶比	0.50	0.50
	粉煤灰掺量/%	60～65	60～65
	砂率/%	33	30
	石子组合比	30：40：30	20：30：30：20
	大于 40mm 骨料比例/%	30	50
	减水剂掺量/%	0.7	0.7
	用水量/(kg·m^{-3})	80	70～71
	胶凝材料用量/(kg·m^{-3})	—	减少 18～20

性　　能		三级配	四级配
拌和物性能	VC 值	—	相当
	含气量	—	相当
	抗分离特性	—	略差
压实特性	碾压层厚/mm	≥120	≥360
	碾压设备	≤20t	≥20t
力学性能	抗压强度/%	100	100
	劈拉强度/%	100	90
	轴拉强度/%	100	93
变形性能	极限拉伸值/%	100	90
	抗压弹模/%	100	102
	泊松比/%	0.22	0.23
	干缩/%	100	75～85
	自生体积变形/%	—	略小
热学性能	导温系数	—	相当
	导热系数（导热率）	—	略小
	比热	—	略小
	绝热温升	—	低 2.2～2.5℃
	线膨胀系数	—	—
耐久性	抗渗性能	—	—
	抗冻性能	—	—

5.6.3　四级配碾压混凝土的发展前景

随着碾压混凝土施工条件日趋完善、技术水平不断提高、施工工艺不断改进，碾压混凝土筑坝技术在世界范围内的应用越来越广泛。但从目前浇筑碾压手段上，碾压混凝土施工生产仍停留在二级、三级配，其最大骨料粒径只有 80mm。四级配碾压混凝土的研究和使用，将提高骨料的最大粒径，进一步降低碾压混凝土的胶材用量，降低碾压混凝土的水化热温升，简化温控措施，提高碾压混凝土的摊铺层厚，加快施工进度，具有一定的技术经济效益。但是碾压混凝土拌和物属超干硬拌和物，黏聚性较差，施工过程中粗骨料易发生分离，为减少以至避免骨料分离现象，一般都限制粗骨料最大粒径及粗骨料所占的比例。因此，研究四级配碾压混凝土的性能和应用就显得相当有必要。

四级配碾压混凝土的研究和使用，拥有很多优越的性能，能够产生一定的经济效益。而大骨料用量增加对抗拉强度、极限拉伸值和弹性模量的影响，以及对施工工艺的要求及改进等一系列问题，也应该进行更深入的室内和现场的专题试验研究。这对进一步提高大体积碾压混凝土施工质量水平具有现实意义。

节能环保是人们越来越关注的话题，可持续发展、安全耐久性是混凝土材料的发展趋势，从混凝土的发展以来，研究者们更多的关系添加外加剂、混凝土配合比的优化方案等，很少涉及骨料的级配，特别是全级配碾压混凝土混凝土，这是一个值得长期深入研究的课题。

5.7　变态混凝土的应用分区

5.7.1　从"金包银"到变态混凝土

1980 年，世界上第一座碾压混凝土坝——日本岛地川（Shimajigawa）坝诞生。该坝高 89m，上下游面用 3m 厚的常态混凝土做防渗或保护面层，坝体内部为碾压混凝土。由此，"金包银"的碾压混凝土坝体结构随之诞生，我国 20 世纪 90 年代建成的辽宁观音阁、河北桃林口等碾压混凝土大坝也采用了上下游面常态混凝土＋内部碾压混凝土的"金包银"结构。

众所周知，全断面碾压的混凝土大坝在其贴近模板的部分，施工时存在一些问题，例如，不易于碾压作业、很难保证其表面光洁致密。为了解决这一难题，1989 年，我国科研工作者创造性地开发了一种介于碾压混凝土与常态混凝土之间的混凝土——变态混凝土，并且成功运用在岩滩碾压混凝土围堰中，取得了良好的效果。从此以后，越来越多的碾压混凝土工程开始使用变态混凝土，该施工技术也随着时间的推移不断趋于完善，使用范围也不断扩大。

所谓的变态混凝土是指，在还未经碾压的混凝土表面加入适量的浆液，使之具有常态混凝土的一些性能（例如，坍落度、可振性、可插捣性），适用于无法进行碾压作业部位的混凝土。一般情况下，加浆量为变态混凝土总量的 4%～7%，喷洒次数为 2～3 次，浆液可以是水泥净浆，也可以是水泥粉煤灰浆，但具体使用情况还要视各工程情况及现场试验而确定。

自我国开发了变态混凝土以后，许多国家派专家来我国进行学习交流活动，将变态混凝土技术逐渐推向全球。例如在我国江垭水电工程施工期间，就有澳大利亚的相关专家来我国实地考察学习，并将变态混凝土技术应用与本国的卡甸骨龙大坝，且取得了成功。该坝坝高 46m，坝长达 356m。其后，土耳其的奇内碾压混凝土大坝上下游面、约旦的塔努尔大坝等碾压混凝土工程中广泛使用变态混凝土。

变态混凝土开始应用于岩滩水利工程时，仅在上下游面模板处使用，目的单一。在 1992 年的普定水电站工程中，变态混凝土的使用范围开始逐步扩展。在该工程中，布置有钢筋的部位（例如，廊道、楼梯井、电梯井等），以及诱导缝部位、模板交界的阴角部位、止水片部位等处均开始使用变态混凝土。在 1993 年山仔坝的水利工程施工中，两岸基岩的接触部位也开始使用变态混凝土。之后的石漫滩、江垭等工程中，广泛使用了变态混凝土。其中江垭水利工程中变态混凝土的使用量达到了 2 万 m^3。

随着变态混凝土的不断发展，目前除普通掺量粉煤灰碾压混凝土中应用变态混凝土外，一些超高掺粉煤灰碾压混凝土也使用了变态混凝土，例如，贵州马马崖一级水电站、沙阡水电站等。

5.7.2　变态混凝土的应用分区及性能

1. 应用分区

目前在水利水电工程中所使用的变态混凝土主要有两种用途，一种是代替常态混凝土，另一种是用于改进混凝土表面和碾压施工工艺。

第一种用途由于是作为替代品使用，因此其使用分区大多集中在大坝与岩基交界处、结构物周围等。这些地方正常情况下如果使用常态混凝土，其实际施工以后的宽度较大，施工过程烦琐。而使用变态混凝土则可很好解决以上问题，变态混凝土的宽度可以减小到$50 \sim 100 \mathrm{cm}$之间。从而降低常态混凝土的使用率，大大简化了施工工艺，提高工作效率，缩短工期。

第二种用途的使用分区主要为大坝上下游面的浇筑模板处以及横缝面。变态混凝土的应用，很好地改善了碾压混凝土坝的防渗性能，摒弃了传统的"金包银"防渗结构体系。自从碾压混凝土大坝施工中使用变态混凝土以来，许多已经建成的碾压混凝土坝，实现了全断面碾压。例如，云南红坡水库工程、贵州马马崖一级水电站等工程已实现全断面三级配碾压筑坝。而从现场取芯试验中可发现，变态混凝土的强度与防渗性能均优于碾压混凝土，骨料分布均匀，层面结合紧密。拆模后也可发现，坝面的混凝土表面光滑，与碾压混凝土之间能很好地结合起来。

2. 变态混凝土的性能

随着变态混凝土的不断推广使用，使碾压混凝土的施工工艺得到极大改善，施工更加简便快捷，同时也使其性能得到了显著改善。特别是改善了碾压混凝土的防渗性和强度。例如，云南大朝山水电站工程，90d 的变态混凝土平均抗压强度达到 26.7MPa；山口三级水电工程 90d 的变态混凝土强度为 21MPa；江垭水利工程的变态混凝土渗透系数达到$0.87 \times 10^{-11} \mathrm{cm/s}$。

5.7.3　变态混凝土的施工

1. 施工特点

（1）从施工的成本角度来讲，变态混凝土具有较高的经济适用性，尤其在浇筑靠近模板的仓面边缘时其价格优势更为突出。这是因为在浇筑仓面边缘时常规混凝土平仓较复杂，需要较高的费用。而变态混凝土在浇筑同样部位时，仅需人工加浆即可。需要指出的是，如果单从原材料来比较两种混凝土的施工成本，变态混凝土略显劣势。但从整体角度分析，变态混凝土依然有其优势所言。

（2）从变态混凝土的施工全过程角度来讲，相对以往浇筑常规混凝土的施工过程要简单、方便、快捷。变态混凝土在施工前，无需拌和楼重新拌制，可以与同仓的碾压混凝土同时拌制，也可与碾压混凝土同步摊铺平仓。但需要在其初凝之前，适时入浆液，且加浆过程要严格控制，确保每一部位所加浆液均匀，并要振捣密实。

（3）从变态混凝土施工的凝结时间来讲，其初凝时间较常规混凝土要长，但是由于变态混凝土的原材料与其碾压混凝土相同，因此其初凝时间可以与碾压混凝的初凝时间大致相同。

2. 施工工艺

（1）铺料。变态混凝土大多采取人工摊铺的方法，一是可以避免由于机械摊铺造成的骨料集中现象，二是防止出现变态混凝土局部变形，造成高于碾压混凝土部分的现象，影响振捣质量。此外，为了避免产生变态混凝土浆液的流失，流入到碾压混凝土。通常情况下，在实际施工过程时要求变态混凝土低于碾压混凝土区域。

（2）加浆。众所周知，对于变态混凝土来说，加浆的施工工艺过程是至关重要的，它直接影响到变态混凝土的整体质量。变态混凝土加浆的方式大致可以分为三种：第一种方法是自上而下灌入浆液，这种方式是将浆液摊铺到已经铺好的碾压混凝土上，使碾压混凝土的坍落度增大，便于振动棒插入混凝土进行振捣。但该方法不易控制变态混凝土的均匀性，且浆液在渗透过程时速率缓慢，影响变态混凝土质量。第二种方法是自下而上加浆，在对混凝土进行碾压时，预先为使用变态混凝土的部位留出一定空隙，然后将浆液注入到空隙中，再在其上面摊铺碾压混凝土并进行振捣，待泛浆时停止。这种方法可以保证变态混凝土的均匀性，但由于碾压混凝土在浆液上面，使得振捣起来相对困难得多。第三种方法是插孔加浆，该施工工艺最先应用与百色水利枢纽。该方法是在铺好的碾压混凝土中依据一定的要求人为的设置若干插孔，然后将浆液从插孔处加到碾压混凝土中。本方法较好地解决了上述两种方法存在的不足之处，但该方法对插孔施工要求较高。插孔直径、深度、间距均有严格要求。

（3）振捣。在进行振捣时，应先振捣变态混凝土部分，并且从加浆开始到振捣完成应保持在 40min 左右。振捣时间以 35s 左右为宜，且应在浆液加注 10min 后进行。但当在夏季炎热天进行施工时，应当适时缩短等待时间，相应要延长振捣时间。振捣时需按梅花桩式依次有序施工，并应向下垂直插入变态混凝土中，插捣深度以插入下层混凝土 10cm 为宜，插捣间距控制在 35cm 左右。振捣时间应以混凝土无气泡涌出、泛浆充分为准，此过程为 20～25s。振捣时，对于一些特殊部位要仔细施工，例如止水部位。

5.7.4　变态混凝土的质量控制及施工要求

1. 变态混凝土的质量控制

自从变态混凝土被使用以来，其施工方便，综合成本较低等优势已被人们所熟知。但是，在其被广泛使用时，我们也一定要注意一个非常重要的问题，就是施工质量能否达到相应的设计要求。这就需要我们从以下几方面进行思考：

（1）有一套系统规范的操作规程。尤其是在加浆液时，需要有统一的标准。每次所加的范围、加浆量，操作时间都需要有严格的控制。尽量做到事先规划，事中监管，事后审查。并由专门技术人员负责，明确责任，确保所浇筑混凝土的质量。

（2）有一套有效可控的施工程序。一定要保证先浇筑变态混凝土，并要采取高效有力的振捣措施，然后在浇筑碾压混凝土并进行碾压。同时保证变态混凝土与常态混凝土之间的有效搭接宽度，一般要求 5cm 以上。这样才能保证两者之间能够很好地融合在一起。在碾压过程中如果发生特殊情况，例如，变态混凝土部分发生突起变形，要及时进行补振。此外，不论变态混凝土浇筑的厚度为多少，都应使用较大直径的振捣器进行振捣作业，同时振捣棒插入下层的深度应在 10cm 以上。

（3）有一套经济适用的配合比设计方案。虽然变态混凝土是在原碾压混凝土基础上加浆液形成的混凝土，其水灰比略低于同种碾压混凝土。但具体的配合比、水灰比、粉煤灰掺量、外加剂掺量还需要进行相关试验，以确保所拌制的变态混凝土的相关力学性能、抗渗性能等能够满足设计要求。在拌制时需要注意，尽量采用机械拌制，避免人工拌制产生的不均匀性。

2. 变态混凝土的施工要求

变态混凝在施工时需要注意以下几点要求：

（1）严格把控变态混凝土加浆。正如前文所说，由于目前此工序还无相应的施工规范，施工时大多凭借以往经验，因此加浆时要确保摊铺均匀并做好振捣处理。宜选用插入式振捣器。振捣需充分，并使之具有良好的坍落度及密实性。

（2）由相关规定可知，变态混凝土所加浆液为水泥与粉煤灰并掺有适量的外加剂，因此其水胶比不宜大于相同情况下的碾压混凝土的水胶比。此外还有严格控制两者之间的初凝时间，确保相互匹配。

（3）保持变态混凝土的宽度，不能过大或过小。过大则会使得变态混凝土的使用量增加，进而增加成本，如过小则会出现振捣质量下降，从而影响所加浆液的整体质量。因此，从以往的经验以及不同工艺要求来讲，变态混凝土的适宜宽度为 30～50cm。

通过以上内容，我们不难看出变态混凝土尤其独有的优点，例如在进行施工时，混凝土拌和站无需重新改变配合比拌制混凝土，从而提高了混凝土的生产效率；此外，在坝体上浇筑混凝土时，可以保证碾压混凝土与变态混凝土同层施工、同步作业，大大提高了碾压混凝土进度。我们也应该清楚地认识到，目前变态混凝土在实际应用时也存在一些不足：

（1）一般情况下，变态混凝土的力学性能指标虽然可以满足设计指标，但是其抗渗性能指标不宜满足。最主要的原因是，目前变态混凝土加浆、振捣等这一系列施工过程，缺乏有效的规程和规章制度来对其进行规范。造成变态混凝土性能的不均匀性，影响到整个浇筑后混凝土坝的性能。因此，建议尽快出台相应的规程规范，以保证变态混凝土在整个施工过程中的品质。

（2）对相关人员进行系统、有效的培训工作，使实际在一线岗位上的工作者具有一定的技术知识。至少要了解变态混凝土向碾压混凝土转变时，影响其强度等级的因素，使员工在现场操作时能够意识到变态混凝土均匀性的重要之处。此外，一些施工单位对变态混凝土的优势之处缺乏了解，只从原材料角度考虑施工成本，进而使用普通常态混凝土代替变态混凝土，最终导致工程质量的下降。

（3）在进行现场加浆作业时，可以考虑其他的加浆方法，使得浆液能均匀摊铺开来。例如，可以缩小插捣间距，减小插加浆时的孔径，或者适时使用高频振捣器进行振捣作业。这些方法都可以在实际施工中不断尝试，逐步加以改进，最终实现提高变态混凝土的浇筑质量。

5.8　现场中心试验室质量控制要点

通过在大花水、光照、格里桥、石垭子、毛家河等水电站工程设立业主或监理现场中心试验室，为业主或监理提供混凝土原材料及混凝土质量抽检服务。本节就如何更好地建设、运行、管理中心试验室，提供更优质的服务进行了积极的探讨。实践证明，现场中心试验室的工作必须坚持严谨客观、公开、公平、公正、优质服务的原则，对各参建单位提供事前指导，加强质量信息管理，方便各参建单位利用好质量信息。

5.8.1　现场中心试验室的职责及作用

现场中心试验室是为控制水电水利工程施工质量而设立的，它的职责是：严格遵循国家、部委和地区颁发的有关工程技术标准、规范和规程进行试验检测，并定期向各级有关部门提供检测信息，同时，现场中心试验室还承担着协助监理和设计在施工过程中进行现场质量控制，参与工程质量检查、工程质量事故的调查分析、工程验收、编写项目技术总结以及本项目的新工艺、新技术、新材料的推广工作。因此，做好现场中心试验室的建设与管理工作，对保证工程质量具有十分重要的作用。

5.8.2　现场中心试验室的工作内容

现场中心试验室的基本检测工作包括：各种混凝土配合比的复核及质量检验，各种混凝土原材料（水泥、粉煤灰等掺合料、原材钢、焊接钢和机械连接钢、外加剂、砂石骨料等）的检测，混凝土的各项性能指标（抗压强度、劈拉强度、抗冻等级、抗渗等级、抗压弹性模量、极限拉伸值、自身体积变形、热学性能等）的检测，对于碾压混凝土坝还包括仓面上的压实度检测等。同时，现场中心试验室还需要协助业主和监理审查施工单位试验室的人员、设备及工地检测手段，包括施工单位外托试验的试验室资质。

5.8.3　现场中心试验室的人员组成及其职责

现场中心试验室主要由主任、总工、试验间负责人及检测人员组成。

（1）主任。全面负责中心试验室的管理工作，主持中心试验室开展的各项试验检验工作，制定中心试验室的年度工作计划和实施措施。

（2）总工。负责试验中心试验室的技术工作，审查中心试验室各项检验报告，鉴定引用规程规范的合理性，组织技术交流、总结，负责中心试验室不合格品的最终评定，并对不合格原因采取纠正措施。

（3）测试间负责人。负责试验间全面工作，组织人员学习贯彻国家、行业等有关标准、规程规范，并根据实际情况制定相应措施。

（4）试验检测人员。在测试间负责人的安排下，保质保量、按时完成试验检测工作，认真执行相关标准、规程规范及有关规章制度，熟练掌握试验方法，按规定要求进行各项检测工作，做好试验原始数据的记录。

在现场中心试验室的建设中，让试验检测人员树立"质量第一"的观念，在任何情况下，都坚持"严谨客观、公开、公平、公正、优质服务"的原则，可杜绝试验人员主观因素对试验结果带来的影响和偏差。

5.8.4　现场中心试验室的制度建设

（1）中心试验室的管理制度。从试验室主任、总工、各测试间负责人及试验检测人员，建立起一级对一级负责的"直线制"管理原则，施行层层把关责任到人的管理制度，有效地保证了试验的规范性和准确性。

（2）样品取样制度。按照《水工混凝土施工规范》（DL/T 5144—2001）制定各试验项目的取样频率和方法。对松散材料，采用四分法取样，并作封存处理；钢筋、钢绞线按规定批量方法和尺寸抽取原材料；对混凝土和砂浆试件的抽检，在施工时随机抽取。建立试验样品的取样记录及处理记录。发现不合格的试样，保存全部的原试样，立即向有关部门汇报，并通知施工单位。

（3）资料管理制度。对试验样品进行统一编号，对各类试验项目原始试验记录分类记录，对出具的试验报告单统一分类、编号并归档。应用相关程序软件，建立各类试验项目的质量统计台账，并对试验数据进行统计分析，定期向业主或监理单位提供检测数据和结果，方便了各单位对于工地各种材料质量情况的掌握。

（4）仪器设备管理制度。对试验室的精密、大型仪器设备，操作员须经学习培训后，持有操作证，方可上机操作。试验仪器由使用人员进行日常维护和保养，由各试验间负责人定期维护、检查，并建立仪器的使用台账统一管理。对于其他自检和非标设备亦按照规定，由取得有关技术部门授予其检验资格的人员进行检验，并对这些设备、仪器进行标记。

完善中心试验室的各种制度建设，建立起相应的管理体系，是中心试验室系统化、规范化运行的关键，对试验过程规范化和试验数据准确性都起着至关重要的作用。

5.8.5　现场中心试验室的控制重点

（1）中心试验室环境的控制。对中心试验室的养护间、原材料间，以及有温度、湿度要求的其他试验设备，按照国家试验检验规程的要求进行控制，并由专人跟踪记录。

（2）检验标准的控制。采用国家或行业颁发的现行有效的标准，对各类现行有效标准进行登记、标识管理，并及时组织所有试验人员学习新规范和新标准。

（3）试验过程的控制。由测试间负责人督促试验人员严格按照规程规范进行试验，使用正常的并经过计量检验的设备进行试验，正确处理试验数据并做好各项原始记录及试验资料台账。

（4）现场检测的控制。在施工现场进行试验或取样时，保证在有代表性的部位进行现场气温、混凝土温度、VC 值、坍落度、压实度及净浆比重等试验项目的测试，在有代表性的部位进行混凝土的取样。

（5）检测信息的控制。原始数据处理完成后，主要以月报的形势定期向业主和监理送出，以便相关部门对质量进行及时评价。并在月报中提出试验检测中存在的问题，并对出现的问题提出处理意见。对于不合格的试验项目立即以试验检测报告的形势发文向监理部门和施工单位提出，并协助参建单位对出现的问题进行处理。

在现场中心试验室的建设中，完善各种管理制度，对试验数据规范化管理，在实际问题处理中可达到"事半功倍"的效果。

5.8.6　现场中心试验室在实际施工中遇到的问题及处理方式

案例 1：

2006 年 3 月中旬，光照水电站厂房使用的贵州明达水泥厂的"明鹰"牌 P.O 42.5 散装水泥的温度超标，水泥运至工地后温度达到 90℃以上，超过《水工混凝土施工规范》（DL/T 5144—2001）中散装水泥运至工地的入罐温度不宜高于 65℃的要求。现场中心试验室在发现这种情况后，与水泥厂家进行了联系，并了解到水泥厂因为水泥供不应求，出窑水泥降温时间不够才导致水泥温度超标。现场中心试验室立即通知监理，并与监理分析了水泥温度过高造成的影响：会造成混凝土发生促凝现象，影响混凝土的强度和混凝土层间的结合。因此，监理立即做出了停止水泥入库的决定，对于检测到温度超标的水泥，水泥温度要降低至规范要求的范围内才可入库，保证了合格的水泥用于混凝土施工，保证了工程质量。

案例 2：

2006 年 8 月中旬，在光照水电站检测到工地上的安顺火电厂 Ⅱ 级粉煤灰烧失量超过了《水工混凝土掺用粉煤灰技术规范》（DL/T 5055—1996）规范要求小于 8％的上限，同时，在大坝碾压混凝土的含气量检测时发现含气量比以往有所降低，同时，施工单位现场试验室也检测到了粉煤灰烧失量增大的变化，这些情况立即引起了现场中心试验室的重视。首先，我们与安顺火电厂联系并了解到，过去安顺火电厂生产的 Ⅱ 级粉煤灰为 3 号炉和 4 号炉的混合灰，3 号炉燃烧较好，粉煤灰烧失量低，但 3 号炉在进行小修，在修复之前只能使用 4 号炉生产的粉煤灰，因 4 号炉暖风通道堵塞，导致助燃不好，引起粉煤灰烧失量偏大（8％＜烧失量＜10％）。粉煤灰的烧失量大，导致了粉煤灰对引气剂的吸附性增强，使得混凝土的含气量减小，从而影响到混凝土的抗冻、耐久性指标。现场中心试验室在了解情况后，立即将可能造成的影响通知业主和监理，并同业主、监理、各参建单位和安顺火电厂负责人召开了粉煤灰质量控制协调会，针对近期安顺火电厂粉煤灰出现波动问题进行协商讨论，提出解决方案，并由现场中心试验室派驻厂检测人员随同厂家对出厂的粉煤灰进行检测。由于，问题发现及时，处理方法恰当，大坝碾压混凝土的质量得到了保证。

案例 3：

2006 年 8 月底，监理发现光照水电站大坝仓面碾压混凝土在碾压后的泛浆效果不好，碾压混凝土在入仓后不久即出现骨料发白的现象，监理单位发出了停仓的指令并与现场中心试验室一起分析现象发生的原因和影响：认为是水泥与外加剂不相适应，造成混凝土促凝产生，这会影响到碾压混凝土的层间结合质量，影响整个大坝的碾压混凝土抗剪断性能指标。在会后，现场中心试验室一方面配合施工单位试验室复核碾压混凝土配合，同时，现场中心试验室内部抓紧时间做水泥与外加剂的适应性试验，另一方面派出试验人员到水泥厂家现场取样、了解情况。最后查明原因：水泥熟料在出窑时温度过高，导致了熟练中的某些化学成分性能发生变化，因此，与外加剂中某些成分结合后产生了促凝的现象。在这次事件中，现场中心试验室积极配合监理，协助施工单位进行碾压混凝土配合比试验，使问题在最短时间内得以解决，为大坝施工赢得了宝贵的时间，确保了工程的工期。

从以上案例可见，现场中心试验室的试验数据及时、准确的反映了现场出现的问题，并能做相关的试验检验，这对于试验室的制度建设、试验人员的素质和设备的可靠性是密不可分的。中心试验室与相关单位积极主动的联系，对施工单位的指导，是保证工地上发生的问题得以及时、合理解决的关键。因此，完善现场中心试验室的制度建设，加强信息的交换对现场中心试验室的建设有着非常重要的意义。

5.8.7 结语

现场中心试验室除试验检测外，有别于施工单位试验室，它兼有公正、裁判的职责，当监理方的检验结果与施工单位的试验结果不相一致时，以现场中心试验室所提供的试验检验结果作为依据、标准，所以，现场中心试验室必须坚持严谨客观、公开、公平、公正、优质服务的原则，才能做好自己的本职工作。实践证明，现场中心试验室对参建各方提供事前指导，加强质量信息管理，方便各方利用质量信息，可保证现场中心试验室能及时地发现问题、反馈问题及解决问题。目前，我国水电开发正处于繁荣阶段，施工速度快、工期要求紧，既要保证施工进度又要保证施工质量，充分发挥现场中心试验室在施工中的公正性和客观性，对控制施工质量有重要的意义。随着广大水电事业工作者的不断努力，不断的需求更合理的发展，必能建立起符合我国国情又适应高速建设的水电站现场中心试验室。

第6章 碾压混凝土温度控制与防裂

6.1 概述

碾压混凝土中水泥用量较少,粉煤灰、磷矿渣等掺合料掺量较大,可大大降低混凝土的发热量,但碾压混凝土的水化热放热过程缓慢,水化热反应延迟,又由于碾压混凝土施工采用全断面通仓薄层摊铺、连续碾压上升,使得依靠浇筑顶面自然散热效率明显降低,且水化热持续时间长。因此,碾压混凝土坝体内部将长期处于较高的温度和应力状态,坝内温度降至稳定温度状态往往需要几十年甚至上百年的时间。大量的工程实践和研究成果表明,碾压混凝土坝同样存在着温度控制与防裂问题。

6.1.1 混凝土裂缝成因分析及裂缝分类

大体积混凝土是一种热的不良导体,水泥水化过程中产生的大量水化热不易散发,浇筑初期,混凝土内部温度急剧上升引起混凝土膨胀变形;浇筑后期,内部混凝土温度随时间逐渐冷却而收缩,但这种收缩变形受到基岩或周围混凝土的约束,不能自由发生,从而产生拉应力,当这种拉应力超过混凝土的抗拉强度时,就产生混凝土裂缝。此外,由于碾压混凝土早期强度低,当混凝土内部温度较高时,如果外界环境温度较低或气温骤降期间,因内外温差过大或温度梯度较大,则在混凝土表面也会产生较大拉应力,引起表面裂缝甚至发展成深层裂缝。

如图 6.1.1 所示,大体积混凝土内出现裂缝,按其深度的不同,一般可分为表面裂缝、深层裂缝及贯穿裂缝三类。碾压混凝土坝的裂缝大多数是表面裂缝,在一定条件下,表面裂缝可以发展为深层裂缝,甚至发展为贯穿裂缝。因此,加强混凝土表面保护和养护至关重要。气温骤降是引起混凝土表面裂缝的最不利因素之一,冬季内外温差过大也是引起混凝土表面裂缝的原因之一。所以应重视气温骤降和冬季碾压混凝土的保温措施。

《混凝土重力坝设计规范》(DL 5109—1999)对大坝混凝土的裂缝分为三类,裂缝具体特征见表 6.1.1。表面裂缝一般危害性较小。但处于基础或老混凝土约束范围内的表面裂缝,在内部混凝土降温过程中,可能发展为深层裂缝甚至贯穿裂缝。深层裂缝部分地切断了结构

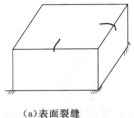
(a)表面裂缝

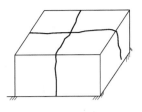
(b)深层或表面裂缝

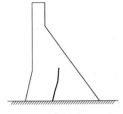
(c)贯穿裂缝

图 6.1.1　大体积混凝土裂缝类型示意图

的断面，也有一定的危害性。贯穿裂缝切断了结构断面，可能破坏结构的整体性和稳定性，如与迎水面相通，还可能引起漏水。贯穿裂缝及深层裂缝的危害极大，必须避免。

表 6.1.1　　　　　　　　　　大坝混凝土裂缝分类及特征表

特征 分类	缝宽	缝深	缝长	成　缝　原　因	危　害　程　度
表面裂缝	<0.3mm	≤30cm	平面缝长 <5m	由于气温骤降温度冲击及保温不善等形成	对结构应力、耐久性和安全运行有轻微影响；可能会发展为深层裂缝或贯穿裂缝
深层裂缝	≤0.5mm	≤5m	>5m	由于内外温差过大或较大的气温骤降冲击且保温不善等形成	对结构应力、耐久性有一定影响；一旦扩大发展，危害性更大
贯穿裂缝	>0.5mm	>5m	侧（立）面缝长 >5m	由于基础温差超过设计标准，或在基础约束区受较大气温骤降冲击产生的裂缝在后期降温中继续发展等原因形成	使结构应力、耐久性和安全系数降到临界值或其下，结构物的整体性、稳定性受到破坏

表面裂缝和深层裂缝都是由于边界温度下降而产生的由表及里的裂缝，常发生在坝体上下游面、浇筑块顶面、侧面、结构断面突变处、孔洞周围和基础约束区等部位；在不利条件下，会发展为贯穿裂缝。

6.1.2　混凝土温度的变化过程

大体积混凝土结构中的温度变化过程大致如图 6.1.2 所示，浇筑温度 T_p 是混凝土刚浇筑完毕时的温度，如果完全不能散热，混凝土处于绝热状态，则混凝土将沿着绝热温升曲线上升，如图中虚线所示；实际施工时由于通过浇筑层顶面和侧面可以散失一部分热量，混凝土温度将沿着图中实线而变化，上升到最高温度 T_p+T_r 后温度即开始下降，其中 T_r 称为水化热温升。浇筑层顶面覆盖新混凝土后，受到新浇筑混凝土中水化热的影响，老混凝土中的温度还会略有回升；过了第二个温度高峰以后，温度继续下降。如果该点位于混凝土的中心部位附近，温度将持续而缓慢的下降，最后降低到最终稳定温度 T_f。如果该点离开表面的距离不到 7m，该点在持续下降过程中，受到外界气温变化的影响还会随着时间而有一定的波动，如图中实线所示，最后在 T_f 的上下有周期性的小幅度变化，此时称为准稳定温度。

在混凝土坝内部，混凝土从最高温度降低至稳定温度的过程是非常缓慢的，往往需要

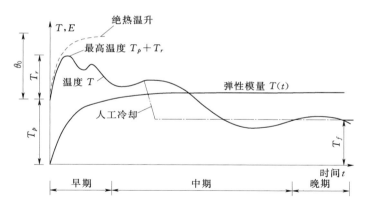

图 6.1.2　混凝土温度和弹性模量的变化过程

几十年甚至上百年时间，为了加快这一降温过程，经常在混凝土内部埋设冷却水管网通冷水进行冷却，如图 6.1.2 中点划线所示。

6.1.3　混凝土温度应力及其发展过程

1. 混凝土温度应力的类型

分析可知，大体积混凝土温度及其温度应力是导致大坝混凝土产生裂缝的主要原因。根据引起应力的原因，混凝土温度应力可分为以下两类：

（1）自生应力。边界上没有受到任何约束或者完全静定的结构，如果结构内部温度是线性分布的，则不产生应力；结构内部温度是非线性分布的，由于结构本身的相互约束而产生的应力叫自生应力。例如，混凝土冷却时，表面温度较低，内部温度较高，表面的温度收缩变形受到内部的约束，在表面出现拉应力，在内部出现压应力。自生应力的特点是在整个断面上，拉应力和压应力必须保持平衡，如图 6.1.3（a）所示。

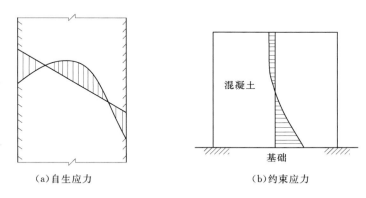

（a）自生应力　　　　　　　　（b）约束应力

图 6.1.3　混凝土两种温度应力示意图

（2）约束应力。结构的全部和部分边界受到外界约束，温度变化时不能自由变形而引起的应力，称为约束应力。例如，坝基混凝土浇筑块受到基岩的约束而产生的应力，如图 6.1.3（b）所示。

在静定结构内只出现自生应力，但在超静定结构中可能同时出现自生应力和约束应力，而且这两种应力相互叠加。对于混凝土结构，这类应力往往是引起裂缝产生的直接原因。

2. 混凝土温度应力的发展过程

由于混凝土弹性模量随着龄期而变化，如图 6.1.2 中的弹性模量曲线所示，混凝土温度应力发展过程可以分三个阶段：

（1）早期应力。自浇筑混凝土开始，到水泥放热基本结束止，一般约 1 个月左右。该阶段有两个特点：一是水泥水化热作用而放出大量水化热，导致温度场的急剧变化；二是混凝土弹性模量随着时间而急剧变化。

（2）中期应力。自水化热作用基本结束到混凝土冷却至最终稳定温度时，该阶段温度应力是由于混凝土的冷却和外界温度变化所引起的，这些应力与早期产生的温度应力相叠加。在此期间，混凝土弹性模量还有一些变化，但变化幅度较小。

（3）晚期应力。混凝土完全冷却以后的运行期，温度应力主要是由外界气温和水温的变化所引起的，这些应力与早期和中期的残余应力相互叠加而形成了晚期应力。

6.1.4 温控防裂设计及其重要性

碾压混凝土温控防裂设计的目的，就是为了防止大坝内外温差过大而引起的温度应力造成的裂缝，温度控制设计是保证混凝土浇筑质量、合理选择施工方案及温控标准，消除大坝裂缝，尤其是危害性裂缝的重要步骤。大坝混凝土自浇筑时开始，就要经受自身水化热和外界环境温度的作用，在热胀冷缩作用下，混凝土中任一点的位移和变形均在不断地发生变化，当受到外部和内部的约束时，就产生了温度应力。若温度应力超过了混凝土的极限抗拉强度，或应变超过了混凝土的极限拉伸值，混凝土结构就要产生裂缝。裂缝发展到严重程度，大坝建筑物承载能力将被削弱甚至破坏。

几十年来，碾压混凝土坝的温度控制和防裂设计一直是工程技术界所关注的重要课题。为了减少混凝土中的温度裂缝对结构应力、耐久性和安全性的影响程度，一方面必须采取有效措施控制坝体内部混凝土的最高温升，另一方面需防止环境温度变化和内外温差过大而产生表面裂缝。

碾压混凝土坝的温控防裂设计根据基础资料和边界条件，能提前对坝体内各点的温度和应力变化做出分析，以此做出合理、可行的温控措施，因此温控防裂设计是至关重要的。

碾压混凝土温度控制费用不但投入大，而且已经成为制约碾压混凝土快速施工的关键因素之一，对碾压混凝土的温度控制标准、温度控制技术路线需要提出新的观点，进行技术创新研究，打破温度控制的僵局和被动局面，使碾压混凝土快速筑坝与温控防裂措施达到一个最佳的结合点。温控防裂设计为碾压混凝土快速筑坝提供科学、合理的技术支撑。

当前，在混凝土抗裂方面还有一些不确定因素，因此还应在现场施工管理、冷却工艺、冷却制度等方面采取有效措施，以朱伯芳院士提出的"小温差、早冷却、缓慢冷却"为指导思想，尽可能减小冷却温降过程中的温度梯度和温差，以降低温度徐变应力。此外，还要加强混凝土表面保温和养护，使大坝具有较大的实际抗裂安全度。

本章通过碾压混凝土温度控制设计与标准、温控与防裂措施及当前发展水平、贵阳院的碾压混凝土坝温度控制标准及措施、技术总结与创新等方面的研究探讨，对碾压混凝土坝的温度控制与防裂从理论、技术到实践进行了较为全面的阐述，为碾压混凝土坝温控防裂设计提供了较为翔实的参考资料。

6.2　碾压混凝土的温度控制设计与标准

为了掌握碾压混凝土的温度和应力发展过程及分布规律，首先要分析温度场。根据当地气象水文条件、施工方法及混凝土的热力学特性等资料，按热传导原理进行计算。问题归结为在给定的边界条件和初始条件下求解一个热传导方程。对于比较简单的情况，可求出理论解，对于比较复杂的情况，可采用差分法或有限单元法求解。根据已有的温度场分析应力场是一项比较复杂的工作，只在比较简单的情况下才能求得理论解，在大多数情况下需要采用数值计算方法，目前主要采用有限单元法。混凝土的徐变使温度应力有相当大的松弛，计算混凝土温度应力时，必须考虑徐变的影响。

6.2.1　大体积混凝土温度控制设计理论

6.2.1.1　温度场计算原理

1. 不稳定温度场基本理论

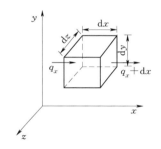

图 6.2.1　微元体

考虑均匀的、各向同性的固体，从其中取出一无限小的六面体 $\mathrm{d}x\mathrm{d}y\mathrm{d}z$（图 6.2.1），在单位时间内从左界面流入的热量为 $q_x\mathrm{d}y\mathrm{d}z$，经右界面流出的热量为 $q_x+\mathrm{d}x\mathrm{d}y\mathrm{d}z$，流入的净热量为 $(q_x-q_x+\mathrm{d}x)\,\mathrm{d}y\mathrm{d}z$。

在固体的热传导中，热流量 q（单位时间内通过单位面积的热量）与温度梯度 $\dfrac{\partial T}{\partial x}$ 成正比，但热流方向与温度梯度方向相反，即

$$q_x=-\lambda\frac{\partial T}{\partial x} \tag{6.2.1}$$

式中　λ——导热系数，kJ/(m·h·℃)。

在计算域 R 内任何一点处，不稳定温度场 $T(x,y,z,t)$ 须满足热传导连续方程：

$$\frac{\partial T}{\partial \tau}=a\left(\frac{\partial^2 T}{\partial x^2}+\frac{\partial^2 T}{\partial y^2}+\frac{\partial^2 T}{\partial z^2}\right)+\frac{\partial \theta}{\partial \tau}\quad [(x,y,z)\in R] \tag{6.2.2}$$

式中　T——混凝土温度，℃；

a——导温系数，$a=\lambda/c\rho$，$\mathrm{m^2/h}$；

θ——混凝土的绝热温升，℃；

ρ——密度，$\mathrm{kg/m^3}$；

τ——时间，h。

初始条件：

$$T=T(x,y,z,t_0) \tag{6.2.3}$$

边界条件：区域 R 内的边界分为三类：

（1）第一类为已知温度边界 Γ^1：

$$T(x,y,z,t)=f(x,y,z,t) \tag{6.2.4}$$

（2）第二类为绝热边界 Γ^2：

$$\frac{\partial T(x,y,z,t)}{\partial n}=0 \tag{6.2.5}$$

（3）第三类为表面放热边界 Γ^3：

$$-\lambda\frac{\partial T(x,y,z,t)}{\partial n}=\beta\left[T(x,y,z,t)-T_a(x,y,z,t)\right] \tag{6.2.6}$$

式中　β——混凝土表面的放热系数，$kJ/(m^2 \cdot h \cdot ℃)$；

　　　T_a——环境温度，℃。

2．稳定温度场基本理论

考虑三维稳定温度场，求解的问题为在区域 R 内：

$$\frac{\partial^2 T}{\partial x^2}+\frac{\partial^2 T}{\partial y^2}+\frac{\partial^2 T}{\partial z^2}=0 \tag{6.2.7}$$

在边界 Γ^1 上（第一类边界条件）：

$$T=T_b \tag{6.2.8}$$

在边界 Γ^3 上（第三类边界条件）：

$$\frac{\partial T}{\partial n}=0 \tag{6.2.9}$$

如图 6.2.2 所示，设混凝土浇筑温度为 T_p，由于水化热的作用，温度上升至最高温度 T_p+T_r，其中 T_r 为水化热温升。此后，由于天然冷却或人工冷却，温度逐渐降低。当初始影响完全消失以后，坝内的温度与初始条件无关，只与边界上的气温和水温有关。

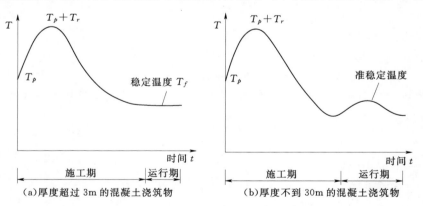

图 6.2.2　混凝土建筑物内部温度变化过程示意图

一般来说，如果建筑物厚度超过 30m，内部温度已不受外界周期性变化温度的影响，温度不随时间而变化，这种温度称为稳定温度 T_f。如果建筑物厚度小于 30m，内部温度将受到外界周期性变化温度的影响，也随着时间作周而复始的周期性变化，这种温度称为准稳定温度。

3. 太阳辐射影响

混凝土建筑物常常是暴露在阳光之下，太阳辐射热对温度场有重要影响。设单位时间内单位面积上太阳辐射来的热量为 S，其中被混凝土吸收的部分为 R，剩余被反射部分为 $S-R$，于是有

$$R = \alpha_x S \tag{6.2.10}$$

式中　α_x——吸收系数，或称其为黑度系数，混凝土表面的 $\alpha_x \approx 0.65$。

考虑日照后的边界条件为

$$-\lambda \frac{\partial T}{\partial n} = \beta (T - T_a) - R \tag{6.2.11}$$

或者是

$$-\lambda \frac{\partial T}{\partial n} = \beta \left[T - \left(T_a + \frac{R}{\beta} \right) \right] \tag{6.2.12}$$

比较式（6.2.11）和式（6.2.12），可见日照的影响相当于使周围空气的温度升高：

$$\Delta T_a = \frac{R}{\beta} \tag{6.2.13}$$

式中　β——物体表面放热系数。

4. 水泥水化热及混凝土绝热温升

水泥水化热是影响混凝土温度应力的一个重要因素，而实际上温度场计算中采用的是混凝土的绝热温升 θ。要测定绝热温升通常有两种方法。一种是直接法，即用绝热温升试验设备直接测定；另一种是间接法，即先测定水泥的水化热，再根据水泥的水化热及混凝土的比热、容重和水泥的用量计算绝热温升。在缺乏实测资料的时候，通常采用间接法。

（1）水泥水化热。水泥的水化热是依赖于龄期的，通常采用双曲线式来计算水泥的水化热。

$$Q(\tau) = \frac{Q_0 \tau}{n + \tau} \tag{6.2.14}$$

式中　$Q(\tau)$——水泥水化热，kJ/kg；

$\quad\quad\quad \tau$——龄期，d；

$\quad\quad\quad Q_0$——龄期趋于无穷时的最终水化热，kJ/kg；

$\quad\quad\quad n$——常数，需通过试验值来得到。

式（6.2.14）具有下列特性：

当 $\tau = 0$ 时　　　　　　　　　　$Q(\tau) = 0$

当 $\tau = \infty$ 时　　　　　　　　　$Q(\tau) = Q_0$

当 $\tau = n$ 时　　　　　　　　　　$Q(\tau) = \dfrac{Q_0}{2}$

由上面可见，n 是水泥水化热达到一半时的龄期。为了便于对试验资料进行整理，上式也常改写如下：

$$\frac{\tau}{Q(\tau)} = \frac{n}{Q_0} + \frac{\tau}{Q_0} \tag{6.2.15}$$

若以 τ 为横坐标，$\tau/Q(\tau)$ 为纵坐标，通过试验点作一直线，此直线的斜率为 $1/Q_0$，它在纵坐标轴上的截距为 n/Q_0，一次作图便可求出 n 和 Q_0。

（2）混凝土绝热温升。混凝土的绝热温升最好也要由试验资料来确定，若缺乏实测资料的时候，可根据水泥水化热计算如下：

$$\theta(\tau) = \frac{Q(\tau)(W+kF)}{c\rho} \tag{6.2.16}$$

式中　W——水泥的用量，kg/m^3；

$\quad c$——混凝土的比热，$kJ/(kg \cdot ℃)$；

$\quad \rho$——混凝土的密度，kg/m^3；

$\quad F$——混合材的用量，kg/m^3；

$\quad Q(\tau)$——水泥的水化热，kJ/kg；

$\quad k$——折减系数，对于粉煤灰来说，可取 $k=0.25$。

5. 气温与库水温度

（1）气温。气温的变化会对混凝土的温度产生较大的影响，也是引起混凝土裂缝的重要原因，并成为计算温度应力和制定温控措施的重要依据。气温通常有年变化、寒潮和日变化。

气温的年变化是指一年内月平均（或旬平均）气温的变化，多数情况下可以用余弦函数来表示：

$$T_a = T_{am} + A_a \cos\left[\frac{\pi}{6}(\tau - \tau_0)\right] \tag{6.2.17}$$

式中　T_a——气温，℃；

$\quad T_{am}$——年平均气温，℃；

$\quad A_a$——气温年变幅，℃；

$\quad \tau$——时间，月；

$\quad \tau_0$——气温最高的时间，月。

另外，考虑到太阳辐射的影响，假定其影响为将周围气温升高了 3～5℃。

寒潮是指日平均气温在数日（2～6d）以内急剧下降（通常降幅超过 5℃），这是引起混凝土表面裂缝的重要原因。计算中应当考虑寒潮的影响。

气温的日变化是指以一天为周期的气温变化，主要由太阳辐射热的变化引起。气温日变化也可用余弦函数来表示：

$$T_a = T_{am} + A_a \cos\left[\frac{\pi}{182.5}(\tau - 198)\right] \tag{6.2.18}$$

式中　τ——距离 1 月 1 日的时间，d；

其他符号意义同式（6.2.17）。

（2）库水温度。库水温度分布可分为三个类型：

1）稳定分层型，即全年内库水温度都呈层状分布；其基本公式如下：

任意深度的水温变化：

$$T(y,\tau) = T_m(y) + A(y)\cos\omega(\tau - \tau_0 - \varepsilon) \tag{6.2.19}$$

任意深度的年平均水温：

$$T_m(y) = c + (T_s - c)e^{-\alpha y} \tag{6.2.20}$$

水温年变幅：

$$A(y) = A_0 e^{-\beta y} \tag{6.2.21}$$

水温相位差：

$$\varepsilon = d - f e^{-\gamma y} \tag{6.2.22}$$

式中　　y——水深，m；

　　　　τ——时间，月；

$\omega = 2\pi/P$——温度变化的圆频率；

　　　　P——温度变化的周期，12 个月；

$T(y,\tau)$——水深 y 处在时间为 τ 时的温度，℃；

$T_m(y)$——水深 y 处的年平均水温，℃；

$A(y)$——水深 y 处的温度年变幅，℃；

　　　　τ_0——气温最高的时间。

2）混合型，全年内库水温度都近乎均匀分布。

3）过渡型，介乎上述二者之间，入库流量大时水温均匀分布，入库流量小时水温层状分布。

6.2.1.2　温度徐变应力计算原理

由于混凝土弹模 E 和徐变度都随时间而变化，不能采用常规的方法，可以采用增量法计算，把时间 τ 划分为一系列时段 $\Delta\tau_n$（$n=1$，2，…，n）。如图 6.2.3 所示。

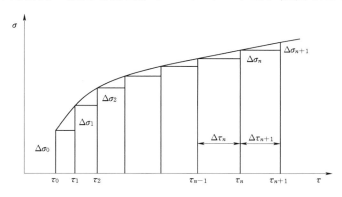

图 6.2.3　应力增量图

$$\Delta\tau_n = \tau_n - \tau_{n-1} \tag{6.2.23}$$

混凝土在复杂应力状态下的应变增量包括弹性应变增量、徐变应变增量、温度应变增量、干缩应变增量和自生体积应变增量，在时段 $\Delta\tau_n$ 内产生的应变增量为

$$\{\Delta\varepsilon_n\} = \{\Delta\varepsilon_n^e\} + \{\Delta\varepsilon_n^c\} + \{\Delta\varepsilon_n^T\} + \{\Delta\varepsilon_n^g\} + \{\Delta\varepsilon_n^s\} \tag{6.2.24}$$

式中　　$\{\Delta\varepsilon_n^e\}$——弹性应变增量；

　　　　$\{\Delta\varepsilon_n^c\}$——徐变应变增量；

　　　　$\{\Delta\varepsilon_n^T\}$——温度应变增量；

　　　　$\{\Delta\varepsilon_n^g\}$——自生体积应变增量；

　　　　$\{\Delta\varepsilon_n^s\}$——干缩应变增量。

采用隐式解法，假定在 $\Delta\tau_n$ 内应力速率 $\partial\sigma/\partial\tau =$ 常量，得到弹性应变增量 $\{\Delta\varepsilon_n^e\}$ 为

$$\{\Delta\varepsilon_n^e\} = \frac{1}{E(\overline{\tau_n})}[Q]\{\Delta\sigma_n\} \tag{6.2.25}$$

式中 $E(\overline{\tau_n})$ ——时段中点 $\overline{\tau_n} = (\tau_{n-1} + \tau_n)/2$ 的弹模。

[Q] 对于空间问题见式（6.2.26）

$$[Q] = \begin{bmatrix} 1 & -\mu & -\mu & 0 & 0 & 0 \\ -\mu & 1 & -\mu & 0 & 0 & 0 \\ -\mu & -\mu & 1 & 0 & 0 & 0 \\ 0 & 0 & 0 & 2(1+\mu) & 0 & 0 \\ 0 & 0 & 0 & 0 & 2(1+\mu) & 0 \\ 0 & 0 & 0 & 0 & 0 & 2(1+\mu) \end{bmatrix} \tag{6.2.26}$$

徐变应变增量 $\{\Delta\varepsilon_n^c\}$ 可由下式计算

$$\{\Delta\varepsilon_n^c\} = \{\eta_n\} + C(t, \overline{\tau_n})[Q]\{\Delta\sigma_n\} \tag{6.2.27}$$

式中

$$\{\eta_n\} = \sum_s (1 - e^{-r_s \Delta \tau_n})\{\omega_{sn}\} \tag{6.2.28}$$

$$\{\omega_{sn}\} = \{\omega_{s,n-1}\}e^{-r_s \Delta \tau_{n-1}} + [Q]\{\Delta\sigma_{n-1}\}\Psi_s(\overline{\tau_{n-1}})e^{-0.5r_s \Delta \tau_{n-1}} \tag{6.2.29}$$

应力增量和应变增量关系为

$$\{\Delta\sigma_n\} = [\overline{D}_n](\{\Delta\varepsilon_n\} - \{\eta_n\} - \{\Delta\varepsilon_n^T\} - \{\Delta\varepsilon_n^g\} - \{\Delta\varepsilon_n^s\}) \tag{6.2.30}$$

式中

$$[\overline{D}_n] = \overline{E}_n[Q]^{-1} \tag{6.2.31}$$

$$\overline{E}_n = \frac{E(\overline{\tau_n})}{1 + E(\overline{\tau_n})C(t, \overline{\tau_n})} \tag{6.2.32}$$

6.2.1.3 水管冷却问题的等效计算原理

水管冷却作为混凝土坝的一种冷却方法，因其具有很大的适应性和灵活性而被广泛地采用。大量的工程实践经验表明，采用冷却水管进行早期通水冷却是降低混凝土最高温升，减小温度应力的一项有效措施。当前工程多采用高强聚乙烯管，直径 32mm，壁厚 2mm，内径 28mm。在混凝土浇筑过程中埋入坝内，为便于施工，通常在浇筑混凝土之前把水管铺设在水平层面上，由直段、接头、弯段组成蛇形管圈，水管铅直间距一般为 1.5～3.0m，水平间距一般也为 1.5～3.0m。冷却水管通常在仓面上的布置如图 6.2.4 所示。水管的间距可按表 6.2.1 初步估算。通水流量控制在 20～25L/min，在水管进出口设置流量计和闸阀，以控制通水流量，每 12h 改变一次通水方向，进水温度与混凝土内部最高温度不超过 20℃，初期通水降温速度不大于 1℃/d。通水温度根据需要，通制冷水或河水。

表 6.2.1　　　一期水管冷却的效果

水管间距/m	削弱的水化热温升/℃	水管间距/m	削弱的水化热温升/℃
1.0×1.5	5～7	2.0×1.5	2～4
1.5×1.5	3～5	3.0×3.0	1～3

在铅直断面上，如把水管布置成梅花形，如图 6.2.5 所示，水平间距为 S_1，铅直间距为 S_2，显然 $S_2 = S_1\cos30°$，$S_1 = 1.1547S_2$。这时每根水管承担的冷却范围为一六角形棱柱体，六角形的边长为 $S_2/1.5$，六角形的面积为 S_1S_2。由于对称棱柱体表面为绝热面。

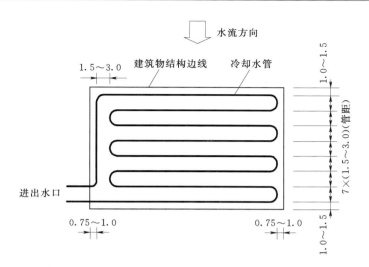

图 6.2.4　冷却水管平面布置示意图（单位：m）

计算模型可取一空心圆柱体，外半径 b，内半径 c（c 为冷却水管外半径），如图 6.2.6 所示。由面积相等可知：

$$b = \sqrt{S_1 S_2 / \pi} \tag{6.2.33}$$

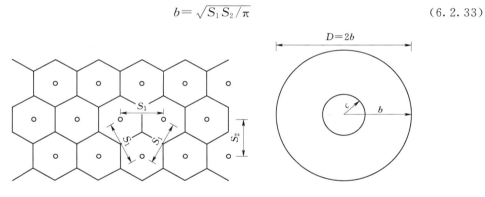

图 6.2.5　梅花形布置的水管（立面图）　　图 6.2.6　计算简图

　　冷却过程通常分为两期：一期冷却和二期冷却。一期冷却是在混凝土刚浇筑完甚至正浇筑时就开始进行，以削减水化热温升，一般冷却时间不少于 20d。二期冷却是在接缝灌浆前进行的，主要目的是为了把混凝土温度降低到坝体稳定温度。也可进行三期冷却，即在入冬前对高温混凝土进行一次中期冷却，以减小内外温差。

　　水管冷却效应的计算总体上可分为两类：一类是解析法，不考虑混凝土表面与水管共同散热的单根水管的冷却问题，可用解析方法进行求解；另一类是数值法，包括差分法和有限单元法，现在较多采用的是有限单元法。

　　由于水管管径细小，将水管和混凝土分开单独形成网格时，单元的数目庞大，特别是进行三维计算时非常困难，采用等效法计算。该法把冷却水管看成内部热源，建立大体积混凝土的等效热传导方程，在平均意义上考虑水管的冷却效果。等效法实际上是一种经验计算方法，它是建立在实际工程经验的基础之上的，这种方法的精度是可以满足工程要求的，且更容易为程序所实现。

6.2.1.4 混凝土表面保温层计算原理

当混凝土表面附有模板或保温层时，仍可按第三类边界条件计算，但用选择放热系数的方法来考虑模板或保温层对温度的影响。如图 6.2.7 所示，设在混凝土表面外附有若干保温层，每层保温材料的热阻为

$$R_i = \frac{h_i}{\lambda_i} \qquad (6.2.34)$$

式中　h_i——保温层厚度，m；

　　　λ_i——保温层的导热系数，kJ/(m·h·℃)。

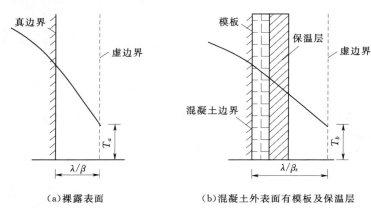

图 6.2.7　保温层的近似处理

最外面保温层与空气间的热阻为 $1/\beta$，所以若干保温层的总热阻可按下式计算

$$R_s = \frac{1}{\beta} + \sum \frac{h_i}{\lambda_i} \qquad (6.2.35)$$

式中　β——在空气中固体表面的放热系数，kJ/(m²·h·℃)。

通常保温层本身的热容量很小，可以忽略。混凝土表面通过保温层向周围介质发热的等效放热系数 β_s 可由下式计算：

$$\beta_s = \frac{1}{1/\beta + \sum(h_i/\lambda_i)} \qquad (6.2.36)$$

若混凝土外表面为 1cm 厚泡沫塑料板 [$\lambda = 0.1256$kJ/(m·h·℃)]，通过计算可知，塑料板在空气中的放热系数 $\beta = 82.2$kJ/(m²·h·℃)，由式 (6.2.36)，等效放热系数 $\beta_s = 10.89$kJ/(m²·h·℃)。而钢模板基本没有保温作用。

6.2.2　温度控制设计方法和研究路线

碾压混凝土坝应针对其通仓、薄层、连续升高等施工工艺特点，进行防裂及温度控制设计，一般可采用差分法或有限单元法。差分法是用差分代替微分的一种数值解法。实际经验表明，一维温度场的计算，采用差分法是方便的。二维和三维温度场的计算，则以采用有限单元法为宜。与差分法相比，有限单元法具有以下优点：①易于适应不规则边界；②在温度梯度大的地方，可局部加密网格；③容易与计算应力的有限单元法程序配套，将

温度场、应力场和徐变变形三者纳入一个统一的程序进行计算。下面就通常采用有限单元法进行温度控制设计的流程做一简单介绍，如图 6.2.8 所示。整个温控仿真计算主要包括前处理、求解、后处理三部分。

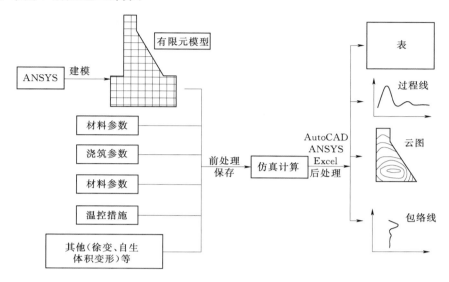

图 6.2.8　采用有限单元法进行温度控制设计的流程图

（1）收集资料。包括工程水文气象资料、大坝体型和材料分区图、混凝土配合比及混凝土和基岩的热力学参数、工程施工进度计划、混凝土施工方案、施工期挡水和过水工况及蓄水计划等。

（2）整理分析资料。参数拟合、分析建模方法及步骤。

（3）建模及网格划分。采用 ANSYS 有限元软件进行建模并划分网格。

（4）检查模型。与原始资料对比，检查结构尺寸、材料参数是否与图纸、报告一致。

（5）编写批处理程序。根据原始资料和有限元模型，并结合拟定的温控方案，利用生死单元编写计算温度场的 ANSYS 批处理程序。

（6）检查批处理程序。首先检查语句，然后导入计算模型检查效果。

（7）计算温度。使用 ANSYS 软件热计算模块进行温度场仿真计算。

（8）分析温度结果。主要分析温度场分布和典型温度特征值。

（9）温度徐变应力计算建模。模型结构尺寸与温度分析模型相同，需要改变把温度分析材料参数改为应力分析材料参数。

（10）检查应力模型。与原始资料对比，检查结构尺寸、材料参数是否与图纸、报告一致。

（11）计算温度徐变应力。使用 ANSYS 软件及其二次开发程序进行温度徐变应力计算。

（12）分析应力结果。主要分析应力场分布和典型应力特征值。

（13）编写报告。根据提取的温度场应力场结果，对拟定的温控方案进行评价，并比较后推荐适合该工程的温控防裂措施，并编写施工温控仿真计算分析报告。

在碾压混凝土坝实际施工过程中，可根据现场实际浇筑工期、水文气象资料、混凝土原材料等资料，进行温控实时反馈分析，能对坝体内的温度和应力情况提前预报，并能对超标的温度和应力分布范围进行预警，以便及时、动态、有效地调整温控方案和温控措施。温控反馈分析为混凝土坝温度控制的一大趋势。

6.2.3 温度控制标准

6.2.3.1 温度控制标准的设计内容

碾压混凝土坝温度控制标准设计内容：主要是按照温控仿真计算成果及规范要求，并同时类比其他已建工程，确定坝体不同部位的稳定温度场，以此作为计算坝体不同部位的温度控制标准。坝体温度控制标准主要是基础温差控制、新老混凝土结合处上下层温差控制、坝体混凝土内外温差控制、坝体内部允许最高温度控制、表面保温标准、水管冷却温差标准等。

（1）基础温差。是指坝体基础约束范围内混凝土最高温度与稳定温度之差。

（2）新老混凝土结合处上下层温控标准。在间歇期超过28d的老混凝土面上继续浇筑时，老混凝土面以上 $\frac{L}{4}$ 范围内的新浇筑混凝土按上下层温差控制。

（3）表面混凝土温控标准。混凝土内外温差控制不允许超过设计的内外温差标准。

（4）坝体内部容许最高温度。控制坝体混凝土浇筑块容许最高温度不允许超过设计的容许最高温度。

6.2.3.2 基础容许温差

基础温差是控制基础约束区混凝土发生深层裂缝的重要指标，主要随碾压混凝土性能、浇筑块的高长比、浇筑块长边长度、混凝土与基岩的弹模比、坝址区水文气象条件等因素而变化。对于碾压混凝土坝而言，由于一般不设纵缝，其底宽较大，基础约束区范围也较高。为了防止基础混凝土裂缝，应对基础容许温差进行控制。

基础部位出现裂缝主要有以下几种情况。

（1）基岩表面起伏很大，局部有深坑或突出尖角，致使混凝土浇筑块厚度不均匀，造成局部应力集中，形成基础混凝土裂缝。

（2）基础约束区范围内的薄层浇筑块，长时间停歇，以致混凝土薄层的约束应力和由于内外温差引起的应力相叠加，使其内产生的拉应力远大于混凝土的抗拉强度，形成贯穿裂缝。

（3）施工期坝上预留缺口导流、底孔或汛期过水，在混凝土温度较高时，因受来水的冷击，造成基础混凝土开裂。

对碾压混凝土坝基础容许温差要求，应根据建筑物分缝、分块尺寸、混凝土及基岩的热力学指标、混凝土允许最高温度及《碾压混凝土坝设计规范》（SL 314）中的有关规定执行。碾压混凝土重力坝的基础容许温差参照《混凝土重力坝设计规范》（DL/T 5108—1999），当碾压混凝土28d龄期极限拉伸值不低于 0.70×10^{-4} 时，规范建议的基础容许温差见表6.2.2。对于基础填塘混凝土、陡坡坝段混凝土，基础容许温差应较表中的值适当加严控制。

表6.2.2   碾压混凝土重力坝基础容许温差

距基础面高度 h	浇筑块长边长度 L		
	30m 以下	30～70m	70m 以上
(0～0.2) L	18～15.5℃	14.5～12℃	12～10℃
(0.2～0.4) L	19～17℃	16.5～14.5℃	14.5～12℃

注 L—浇筑块长边长度。

由于碾压混凝土胶凝材料的水化热较少、水化速率低、施工铺筑速度快、层面散热差、发热过程长以及通仓浇筑、基础约束作用大等特点，其基础温差标准的影响因素较多。鉴于基础容许温差是导致大坝发生深层裂缝的重要指标，故碾压混凝土高坝、中坝的基础容许温差应根据工程的具体条件，根据碾压混凝土对温度变形的适应能力并结合工程经验确定。国内部分碾压混凝土的基础容许温差见表6.2.3。

表6.2.3   国内部分碾压混凝土坝的温差标准

序号	工程名称	浇筑块长边长度 L/m	基础容许温差标准/℃ (距基础面高度 h)		允许浇筑温度 /℃		坝体内外温差 /℃	容许最高温度 /℃
			(0～0.2) L	(0.2～0.4) L	约束区	自由区		
1	普定	30～70	14	17			17～19	
2	龙首	30～70	14	16	20	24	17～19	38
3	索风营	＞70	14	17	18	22	20	36.5
4	光照	＞70	16	18	20	20	15	38
5	百色	＞70	10	21	16	22		36
6	招徕河	30～70	14	16	16	20	22	35
7	龙滩	＞70	16	19	17	22	20	35
8	金安桥	＞70	12	13.5	17	22	15	33
9	彭水	＞70	12	15	15	17	18～20	35
10	喀腊塑克	＞70	12	14.5	15	18	16	34
11	官地	＞70	12	13	17	17	15	33
12	功果桥	20～70	13	15	17	19	15	34

6.2.3.3 上下层温差

在老混凝土上浇筑新混凝土时，应进行上下层温差控制。

上下层温差系指在老混凝土面（龄期超过28d）上下各 L/4 范围内，上层混凝土最高平均温度与新混凝土开始浇筑时下层实际平均温度之差。当上层混凝土短间歇均匀上升的浇筑高度 h＞0.5L 时，其容许值为 15～20℃，浇筑块侧面长期暴露时，宜采用较小值。对于长间歇混凝土，宜按照基础容许温差考虑。

6.2.3.4 内外温差或坝体最高温度

坝体混凝土内外温差是指坝体混凝土的平均温度与表面温度（包括拆模或气温骤降引起的表面温度下降）之差。为了防止混凝土表面裂缝，在施工中应控制其内外温差。

根据具体工程的实际情况，碾压混凝土内外温差一般为 15～22℃（其下限用于基础和老混凝土约束范围的部分），见表 6.2.3。在施工中，由于内外温差不便于控制，所以多用控制坝体最高温度来代替。

碾压混凝土坝最高温度的确定可分为两种情况。一种为基础约束区混凝土，另一种为脱离基础约束的上部混凝土。

（1）对于基础约束区混凝土，应分别由满足基础温差和内外温差要求来确定混凝土容许最高温度 T_{max}，然后择其小者定为设计值。

（2）对于脱离基础约束的混凝土，按照内外温差要求确定混凝土容许最高温度。

大量的试验研究结果表明，混凝土浇筑温度越高，水泥水化热化学反应越快，温度对混凝土水化热反应速率的影响进一步加重了温度裂缝的严重性。因此，在实际工程中，根据各浇筑时段、浇筑部位的不同，对坝体允许浇筑温度进行控制。

6.2.3.5 表面保温标准

对碾压混凝土坝采用表面保温，可减小内外温差，防止裂缝发生，在工程实际中是一种很有效的温控措施。

日平均气温在 2～6d 内连续下降超过 5℃者为气温骤降或寒潮，未满 28d 龄期的混凝土的暴露表面可能产生裂缝。因此，在基础混凝土、上下游坝面及其他重要部位，应有表面保护措施。此外，对于长期暴露部位，由于气温年变化，可能形成大的内外温差，在后期也可能产生裂缝。根据当地水文气象条件，研究确定进行表面保护的时间和材料。

6.2.3.6 冷却水管温差标准

为了防止初期水管冷却时水温与混凝土块体温度的温差过大、冷却速度过快和冷却幅度太大而产生裂缝，要对冷却水温、初期冷却速度、允许冷却时间或降温总量进行适当控制。实际工程中规定的水管冷却温差一般约 20℃，初期允许冷却速度一般控制在 1.0℃/d。

6.3 碾压混凝土的温控防裂措施及当前发展水平

在碾压混凝土坝体结构中一旦出现深层裂缝或贯穿裂缝，要通过灌浆修补以恢复结构的整体性，实际处理过程中是很费时，而且损失也很大。因此，对于碾压混凝土的裂缝应以预防为主。由于裂缝问题牵涉的因素较多，施工周期较长，经验表明，要完全防止碾压混凝土裂缝，既有可能，又不容易，需要精心设计、精心施工、严格管理。

总结当前国内碾压混凝土温控防裂经验，为了防止碾压混凝土裂缝，应从降低混凝土水化热温升、降低混凝土浇筑温度、通水冷却、混凝土养护及表面保护、加强施工管理等方面入手。

6.3.1 降低混凝土水化热温升

6.3.1.1 控制原材料温度及相关参数

为了控制碾压混凝土大坝的温度，需要从混凝土组成材料源头上控制水化热温升。在满足混凝土各项指标时，原材料选择应考虑以下因素。

（1）尽量选择水化热温升较低的水泥，如选用中低热水泥、低热水泥。一般要求水泥温度不得超过60℃。

（2）选择热膨胀系数较小的骨料，如灰岩骨料的热膨胀系数最小。

（3）选择优质的掺合料，尽量选择需水量较小的掺合料，如Ⅰ级粉煤灰。

（4）选择具有减水率高、满足凝结时间的缓凝高效减水剂。

（5）尽量提高碾压混凝土极限拉伸值、降低弹性模量。

（6）控制混凝土自生体积变形收缩性最小。

（7）尽量使碾压混凝土徐变度大，以求松弛系数 K 较小。

（8）掺加适量的氧化镁，利用氧化镁材料水化反应后期的微膨胀特性，以抵消一部分后期混凝土降温收缩，从而减小温度应力。

（9）通过在特定部位采用强度较高混凝土，可以有效提高抵抗温度应力的能力。一般在散热较快而且有较高强度要求的部位使用，如坝前上游防渗碾压混凝土。

6.3.1.2　优化配合比设计

在进行混凝土配合比设计时，除满足混凝土设计要求的强度、抗冻、抗渗、极限拉伸值等主要指标和施工性能外，应通过优化配合比设计，科学合理地降低混凝土单位用水量，其对降低混凝土水化热温升具有明显的效果。

优化碾压混凝土配合比主要的技术路线如下：

（1）选择优质的外加剂，提高减水率，降低单位用水量。

（2）提高掺合料掺量，降低水泥用量。

（3）合理选择骨料粒径和级配，降低空隙率。

（4）提高砂中石粉的含量，达到有效改善碾压混凝土工作性能和降低胶凝材料用量的目的。

（5）对碾压混凝土采用长龄期的设计指标，减少水泥用量，降低水化热温升。

6.3.2　降低混凝土浇筑温度

6.3.2.1　降低料仓骨料温度

1. 料仓骨料降温

降低混凝土出机口温度最有效的措施是降低骨料温度，因为骨料约占混凝土质量的80%以上，粗骨料约占60%以上。骨料温度对混凝土出机口温度影响最大，故《水工混凝土施工规范》（DL/T 5144—2001）对降低成品料的温度措施进行了专门规定。

（1）成品料仓骨料的堆料高度不宜低于6m，并应有足够的储备。当堆料高度大于6m时，堆存时间大于5～7d的骨料堆内部温度可接近月平均温度。

（2）对成品料仓应搭设遮阳防雨棚，避免太阳照射温度升高及下雨含水量超标。

（3）骨料料堆下设地弄廊道，通过地弄取料，地弄出料的廊道半埋藏或全埋藏于地下，以求获得较低的骨料温度。

（4）在使用骨料时要特别注意各漏斗口的弧门轮流开启，使已堆存几天温度较低的骨料得以利用。

（5）避免刚加工或刚运至净料堆场温度较高的骨料上拌和楼。

在高温季节，对堆料场的骨料采用喷雾、喷淋冷水措施，要考虑碾压混凝土单位用水量少的特性，应严格控制骨料的含水率不超标，以保证碾压混凝土拌和物VC值在可控范围内。

2. 风冷骨料降温

风冷骨料通常在拌和楼的储料仓内或骨料输送廊道内进行，其含水量在冷却过程中略有下降，拌和楼停产时也能维持或降低骨料温度。风冷骨料可将骨料温度降至零下，与加冰冷却相结合是最常用的冷却措施。风冷骨料主要采用一次风冷、二次风冷。效果十分显著。如一次风冷的进风温度为 $-5 \sim 0℃$，骨料出料温度在 6℃ 以下。风冷骨料的时间，冷透程度在 70%～80% 时，大石需 45～50min，中石需 40～45min，小石需 35～40min。

6.3.2.2　加冰拌和

近年来，通常采用加冰片拌和以降低混凝土出机口温度。冰片厚度一般为 1.5～2.5mm，每吨冰片比表面积大约有 $1700m^2/t$，因此掺在混凝土中极易融化。

根据国内工程加冰片降温效果，混凝土中加冰片 $10kg/m^3$，大约降低混凝土温度 1.2～1.4℃。碾压混凝土由于用水量较少，一般加冰片为 $20 \sim 30kg/m^3$。$30kg/m^3$ 的加冰片量，一般可降低混凝土温度 2.5℃。

加入冰片后，拌和时间要适当延长。为了提高混凝土的降温效果，确保拌和的均匀性，应严格控制砂石料含水率和外加剂用水量，砂含水率应严格控制在 6% 以下，5～20mm 骨料控制在 1% 以下，20～40mm 骨料控制在 0.5% 以下，40～80mm 骨料控制在 0.3% 以下。

6.3.2.3　降低混凝土运输过程中的温度回升

（1）在自卸汽车或真空溜管顶部设置遮阳篷，根据光照的测温结果，碾压混凝土温度回升一般控制在 1℃ 以内，这对减少温度回升十分有利。同样，在未采取遮阳篷、太阳照射的情况下，碾压混凝土温度回升将达 2～5℃。

（2）采用自卸汽车运输混凝土时，空车返回拌和楼时，在拌和楼前对自卸汽车喷雾降温效果良好。喷雾装置可架设在进入拌和楼前 10～25m 长的道路两侧，略高于自卸车厢，使该范围形成雾状环境。一方面给车厢降温，另一方面雾状环境可避免阳光直射车厢。

此外，设冲洗台对自卸汽车车厢经常冲洗，对降温和保持汽车清洁及顺利下料都是有好处的。

6.3.2.4　仓面喷雾及搭设遮阳篷，改变仓面小环境的气候

在高温季节、多风和干燥气候条件下进行碾压混凝土施工，其表面水分迅速蒸发，造成混凝土表面极易发白和温度升高。实践证明，采取仓面喷雾及搭设遮阳棚的措施，可以起到保湿和降温的双重效果。

（1）仓面喷雾及搭设遮阳棚的保湿效果，可以有效改善碾压混凝土的可碾性、层间结合效果，还可以改变仓面小环境的气候。通过沙沱现场测量，可有效降低仓面温度 4～6℃，因此对温控十分有利。

（2）仓面喷雾措施，可以在碾压混凝土仓面上空形成一层雾状隔热层，使仓面混凝土在浇筑过程中减少阳光直射的强度，其是降低仓面环境温度和降低混凝土浇筑温度回升十分重要的温控措施。

喷雾可以采用人工喷雾，也可以采用喷雾机。喷雾枪的喷嘴要求喷出的雾滴一般为

$40\sim100\mu m$，保证仓面形成雾状。

仓面喷雾及搭设遮阳棚是碾压混凝土层间结合和温度控制极其重要的环节和保证措施，必须引起高度重视，在施工过程中严格执行。

6.3.2.5　及时碾压、及时覆盖，防止温度回升

1. 及时碾压

碾压混凝土摊铺后及时进行碾压，一方面可以有效控制仓面温度回升，另一方面也是保证碾压层间结合质量的关键。碾压混凝土经拌和、运输、入仓后，必须要做到及时摊铺、及时碾压、喷雾保湿及覆盖，即碾压混凝土要求施工越快越好，这是保证层间结合质量和防止浇筑温度回升的关键技术。

2. 及时覆盖

对已碾压完毕的混凝土仓面，在白天太阳辐射下，混凝土温度回升很快，所以对新浇混凝土仓面及时覆盖是防止温度回升和温度倒灌的关键。仓面温度回升随混凝土入仓到上层覆盖新混凝土的时间长短而不同，一般间隔 1h 回升率 20%，间隔 2h 回升率 35%，间隔 3h 回升率 45%。碾压混凝土入仓到覆盖上层混凝土一般长达 2～4h，这对高温时段混凝土的温控很不利，日照强时通常回升率达 30%～70%。

仓面混凝土温度回升和温度倒灌是温度控制的关键，在实际施工时，铺设保温材料是控制仓面温度回升的一种方便和有效措施。近年来，仓面保温材料一般选择保温被，保温被采用两层 1cm 厚聚乙烯保温卷材外套塑料编织彩条布。该保温材料导温系数小，柔软可折性强，抗拉强度高，防水性能好，密度小、耐老化性好，且耐低温、耐油及防火性也好，因此可适用仓内高低不平的任何形状混凝土面作为覆盖物，而紧贴混凝土表面起到隔温效果。

在高温季节或高温时段进行碾压混凝土施工时，开仓浇筑前要求每仓配备不少于 50% 仓面面积的保温被，对已经碾压好的混凝土立即覆盖。对已摊铺而未能及时进行碾压、且停放时间过长的混凝土也要进行覆盖。

预冷碾压混凝土入仓后要求及时碾压、及时覆盖，其是防止浇筑温度回升的关键，也是十分有效的、简单的技术措施。

6.3.3　通水冷却，降低坝体内外温差

1. 坝内埋设冷却水管的作用

国内工程大量的碾压混凝土坝温控仿真计算和通水冷却结果表明，在坝体内部埋设冷却水管，采取通水冷却措施以降低坝体内部温度是有效的。一般坝体内部水管水平间距 1.5～3.0m，上下层垂直间距也为 1.5～3.0m，混凝土碾压完毕后即可通水，初期通水约 20d，可将坝体最高温度降低 2～5℃。

坝体内部埋设冷却水管主要作用为：削减混凝土浇筑块一期水化热温升，降低越冬期间混凝土内部温度，以利于控制混凝土最高温度，且减小基础温差和内外温差，有效改变坝体施工期内部的温度和应力分布状况。

水管通水冷却一般分两期，即一期冷却（初期通水冷却）和二期冷却（后期通水冷却）。一期冷却是在碾压混凝土浇筑完毕后通水，应严格控制碾压混凝土施工过程中的通水冷却，以防止冷却水管被碾爆破漏水。一期冷却的作用是削减混凝土的水化热温升，控

制混凝土的最高温度。二期冷却的目的是在入冬前或蓄水前降低坝体混凝土的最高温度，使坝体上游面的温度降低以满足下闸蓄水时要求的坝面温度，防止库水冷击导致大坝上游面温差过大而产生裂缝。

2. 冷却水管技术要求

对坝体需要通水冷却的混凝土按照要求埋设冷却水管，用向冷却水管压送制冷水或天然河水的方法进行冷却。

(1) 通水时坝体混凝土温度与水温之间的温差不宜过大，一般控制不超过 20℃，一期通水每天降幅不宜大于 1℃，二期通水每天降幅不大于 0.4℃。以此避免由于通水而导致内部温差过大、坝体降温速度过快而产生温度裂缝。

(2) 当前，坝体冷却多采用集装箱式冷却机组，其制冷容量根据需通水的碾压混凝土浇筑强度和通水参数等进行确定。目前大量采用高密度聚乙烯塑料水管，其内径 28mm，外径 32mm，导热系数不小于 1.0kJ/(m·h·℃)，拉伸屈服应力不小于 20MPa，纵向尺寸收缩率小于 3%，破坏内水静压力不小于 2.0MPa。

(3) 循环冷却水管的单根长度一般不超过 250m 为宜，特别注意预埋冷却水管不能跨越横缝或诱导缝。

(4) 冷却水管宜垂直水流方向布置。在碾压混凝土之前应进行通水试验，检查水管是否堵塞或漏水。水管应细心加以保护，防止在混凝土浇筑或混凝土浇筑后的其他项目中，以及水管试验中使冷却水管移位或被破坏。

(5) 在混凝土浇筑过程中，冷却水管应通不低于 0.18MPa 压力的循环水，看是否有水渗出。如果冷却水管在混凝土碾压过程中受到任何破坏，应立即停止碾压混凝土直至冷却水管修复并通过试验后方可继续进行施工。

(6) 冷却水管在使用完毕之后，应按要求用 M30 水泥砂浆进行灌浆回填。坝面露出的水管接头应割除，留下的孔口应立即用灰浆完全填充。

3. 通水冷却一般要求

(1) 一期通水冷却水的温度应按混凝土的温度适时动态变更，使混凝土的最高温度不超过允许的最高值。

(2) 一期通水单根水管通水流量不小于 20L/min，在混凝土碾压完成收仓后即开始通水，一期冷却时间不少于 20d，通水方向 24h 调换一次，通水降温速度不宜大于 1℃/d，否则由于降温速度过快，易导致内部裂缝的产生。

(3) 冷却水应为含泥沙量很少的清水，应保持干净，无泥浆和岩屑。其流量、流速应保证在管内形成紊流。内径 28mm 的水管，流量以 20~25L/min 为宜。应采取有效措施，防止冷却系统的任何一部分被堵塞而不能使用。

(4) 二期通水冷却水温可根据坝体接缝灌浆时间及坝体接缝灌浆温度等因素确定。通水时间较短及坝体接缝灌浆温度较低时，可采用制冷水；通水时间较长及坝体接缝灌浆温度较高时，可采用河水。冷却水温与混凝土温度之差应控制在 20℃。

(5) 为充分掌握混凝土冷却降温的效果，坝体内应埋设适量的温度计，也可有计划地利用冷却水管进行闷管测温，闷温时间一般 5~7d。

6.3.4　混凝土养护及表面保护，防止表面裂缝

6.3.4.1　混凝土养护

碾压混凝土养护可使其在一定时间内保持适当的温度和湿度，造成混凝土良好的硬化条件，是保证混凝土强度增长，不发生表面干裂的必要措施。碾压混凝土连续养护时间不宜少于设计龄期的 90d 或 180d。混凝土养护要求如下：

（1）碾压混凝土浇筑完毕后，在适宜气候条件下，应对混凝土表面及所有侧面应及时洒水养护，以保持混凝土表面经常湿润。表面流水养护是降低混凝土最高温度的有效措施之一，采用表面流水养护可使混凝土早期最高温度降低 1.5℃左右。

（2）碾压混凝土浇筑完毕后，早期应避免日光曝晒，混凝土表面宜加遮盖。一般应在混凝土浇筑完毕后 12～18h 内即开始养护，但在炎热、干燥气候条件下应提前养护。

（3）对于表面收仓混凝土，在混凝土能抵抗水的破坏之后，立即覆盖持水材料或用其他有效方法使混凝土表面保持潮湿状态。

（4）模板与混凝土表面在模板拆除之前及拆除期间都应保持湿润状态，其方法是让养护水从混凝土顶面向模板与混凝土之间的缝隙缓缓流入，以保持表面湿润。水养护应在模板拆除后继续进行，永久暴露面采用长期流水养护，且养护应保持连续性，不得时干时湿。

6.3.4.2　混凝土表面保护

1. 混凝土表面保护要求

工程实践表明，大体积混凝土所产生的裂缝，绝大多数是表面裂缝，在一定的条件下，其中有一部分表面裂缝后来会发展为深层裂缝或贯穿裂缝，进而影响结构的整体性和耐久性，因而危害极大。引起混凝土表面裂缝的原因是干缩和温度应力。干缩引起表面裂缝可达数厘米深度，主要靠养护水解决。引起表面拉应力的温度因气温变化和水化热。气温变化主要有气温骤降、气温年变化和日变化。气温骤降是引起表面裂缝的主要原因；在寒冷的地区，由于冬季气温很低，气温年变化也是引起表面裂缝甚至深层裂缝的重要原因。气温日变化在西北地区表现较为明显，昼夜温差较大。在混凝土施工过程中，有时要留一些缺口作为汛期过水通道，混凝土与低温水接触后，在缺口的底部和两侧往往会出现裂缝。

理论与实践经验均表明，表面保护是防止混凝土表面裂缝的最有效措施。混凝土表面保温后保温层应达到的等效放热系数应根据坝址区气温骤降及气温年变化等情况通过计算确定。混凝土表面保护要求如下：

（1）应选择保温效果好且方便施工的保温材料，选定的保温材料须通过现场试验来演算其等效放热系数 β 值。

（2）对于永久暴露面，低温季节浇筑的混凝土，拆模后必须对混凝土表面进行保温。

（3）每年的低温季节到来之前，应将所有孔洞进出口进行挂帘遮挡保护。

（4）在出现气温骤降之前，混凝土表面必须提前进行表面保温。

（5）低温季节如拆模后混凝土表面温降可能超过 6～9℃，应推迟拆模时间，否则拆模后立即采取其他表面保护措施。

（6）当气温降至 0℃以下时，为了防止混凝土早期被冻坏，龄期小于 7d 的混凝土应覆盖高发泡聚乙烯泡沫塑料或其他合格的保温材料作为临时保温层。

2. 表面保温材料选择

混凝土表面保温材料应根据温度应力计算结果和现场保温试验的效果来确定，施工过程中保温材料必须紧贴混凝土面，防止冷空气对流。目前国内应用于水利水电工程的保温材料有：珍珠岩、纤维板、聚乙烯、聚苯乙烯、聚氨酯（喷涂）、麻布片、稻草帘等，应用最为普遍的是聚乙烯卷材、聚苯乙烯保温板和喷涂聚氨酯等。稻草帘（龙首用过）和麻布片作为保温材料在早期工程中应用较多，保温性能较塑料泡沫稍差。由于原料获得受地域和季节限制，现在应用已经较少。

混凝土表面保温材料的施工方法有喷涂、内贴和外贴三种。喷涂就是直接将保温材料用机械喷涂在混凝土表面上，利用材料发泡形成一定厚度的保温层。内贴就是将保温材料粘贴或固定在所架立模板的内侧面上，待混凝土浇筑拆模后，即形成混凝土的表面保温层。外贴就是在混凝土浇筑拆模后，将保温材料钉铆或粘贴在混凝土表面上，形成较为长久的保温。

一般而言，内贴较外贴简便，并避免了高空作业，有利于提高混凝土表面的保温效果，但对于混凝土表面平整度要求较高、溢流面或其他特殊要求的混凝土面，则应以外贴为主。此外，在高温季节浇筑的混凝土，需要在低温季节或寒潮来临前才表面保温时，应采用外贴法或喷涂法。

朱伯芳院士提出的混凝土表面永久保温，已在三峡工程通过试验，证明永久保温措施良好的效果，值得在其他工程推广。

3. 表面保温效果

由于碾压混凝土采用通仓薄层碾压的方式，高温季节受到太阳辐射的影响，仓面混凝土温度回升较快。为此采用仓面喷雾、盖保温被、及时覆盖对降低高温季节的浇筑温度是十分有效的。

高温季节浇筑时的仓面保护是防止浇筑温度回升的一项重要措施。工程实践表明，采用 1.5cm 厚聚乙烯保温被覆盖时，当这种保温被不持水时，其保温效果可相当于 0.5～0.6m 厚的混凝土。高温季节碾压混凝土浇筑完毕后，即用保温被保温，待混凝土温度高于考虑辐射热的环境温度后，需及时除去保温被以利于表面散热。据统计，表面保温被可使高温季节浇筑混凝土最高温度降低 2～4℃。

6.3.5 加强施工规划和管理

（1）提高混凝土施工质量。为了防止裂缝，除了严格控制混凝土温度外，还需要加强施工管理、提高混凝土施工质量。从国内碾压混凝土调研来看，碾压混凝土施工质量较好的工程，裂缝较少，反之，裂缝就多。因此，为了防止裂缝，一定要加强施工管理，提高混凝土施工质量。

（2）短间歇、均匀上升。应避免在基岩或老混凝土上浇筑一薄层而后长期停歇，即避免"薄层、长间歇"，经验表明，这种情况极易产生裂缝。混凝土长停歇后，混凝土弹模已充分发展，对于重新开始浇筑的上层碾压混凝土而言却是很大的约束，会产生比较大的温度应力，结合面也容易成为薄弱面。如果由于各种因素无法避免面长停歇，可在老混凝土表面铺一层水泥砂浆，一方面提高结合面的强度，另一方面使老混凝土对新混凝土的约束减小。

（3）碾压混凝土在同一浇筑层面应避免基础过大的起伏，在结构形式上应尽量避免或减缓应力集中。

（4）合理安排施工进度，尽量利用低温季节浇筑基础约束区混凝土。在条件具备的情况下，一般选择夜间、阴天和秋冬季节浇筑，可以避免高温阳光直射，降低入仓温度。

（5）建立健全混凝土现场管理机制，加强混凝土表面保护和养护以及通水制度等。

（6）施工过程中的温度观测可分为对预冷骨料的温度观测、对出机口混凝土的温度观测以及对混凝土入仓温度、浇筑温度的观测。混凝土最高温度可利用预先埋设在坝体内的差组式温度计或光纤测温。通过温度监测成果，建立碾压混凝土温控预警机制，及时、动态、有效地调整温控措施。

（7）碾压混凝土坝分缝可以有效地减小地基对于坝体的约束，并且通过分缝诱使温度应力在分缝部位释放，减少随机裂缝的发生概率。

（8）重视施工前期的准备工作。不仅要重视混凝土制备和浇筑方面的准备工作，而且需要重视混凝土温度控制方面的准备工作，如制冷厂的安装调试，冷却水管及保温材料的准备等。

6.4　碾压混凝土坝温度控制标准及温控措施

6.4.1　温度控制设计基本资料

贵阳院自设计我国第一座碾压混凝土拱坝——普定以来，已历经约 20 个春秋，积累了丰富的温控设计和实践经验。据统计，贵阳院目前所设计的已建碾压混凝土坝包括普定、天生桥二级、索风营、龙首、光照、大花水、思林、洗马河赛珠、马岩洞、格里桥、石垭子、阿珠水电站；在建的碾压混凝土坝包括沙沱、马马崖一级、毛家河、立洲、善泥坡、沙阡水电站；未建的碾压混凝土坝包括达维电站。贵阳院监理的碾压混凝土坝包括福建溪柄、新疆石门子等大坝。

贵州地区、西北地区和西藏地区碾压混凝土的温度控制标准不完全相同。贵州地区的碾压混凝土基础容许温差控制在 $16\sim18℃$，而西北地区和西藏地区的基础容许温差控制要严格一些，控制在 $14\sim16℃$。且碾压混凝土拱坝的基础容许温差较重力坝更为严格。三地的内外温差基本相似，控制在 $15\sim19℃$。

碾压混凝土坝温度控制标准及措施与坝址区水文气象等自然条件密切相关，必须认真收集坝址区气温、水温和坝基地温等资料并进行整理分析，作为大坝温度控制设计的基本依据。此外，影响蓄水后水库水温的因素很多，且关系复杂，上游水库分层水温可参考类似已建水库的水温确定。

碾压混凝土坝温度控制设计与碾压混凝土配合比、力学和热学性能及变形性能密切相关。目前温度控制设计已由单纯地分析温度场、温度应力场及研究温降措施，转向结合碾压混凝土材料性能进行研究，更多地从碾压混凝土材料方面考虑它的防裂问题，如提高其极限拉伸值、选择热膨胀系数低的骨料以及利用碾压混凝土自生体积变形及徐变补偿温度收缩等。

6.4.1.1 气温和水温

贵阳院部分工程碾压混凝土坝址区多年平均气温和水温见表6.4.1。

表6.4.1　　　　　　　部分工程碾压混凝土坝址区多年平均气温和水温　　　　　　单位:℃

序号	工程名称	温度类别	1月	2月	3月	4月	5月	6月	7月	8月	9月	10月	11月	12月	全年平均
1	普定	气温	5.0	6.7	11.6	16.2	19.1	20.6	21.5	21.5	19.6	15.8	11.3	6.7	14.7
2		水温	10.4	11.2	14.5	17.6	19.7	19.7	20.9	21.0	19.4	17.5	14.7	11.8	16.5
3	天生桥二级	气温	10.9	13.0	17.5	21.7	24.6	25.7	26.4	25.7	23.8	20.5	16.1	12.3	19.8
4		水温	12.5	14.0	16.0	20.6	22.8	23.4	22.7	22.5	21.9	19.4	17.8	15.3	19.1
5	索风营	气温	6.5	7.8	12.6	17.9	20.9	23.2	25.5	24.8	21.6	17.3	12.7	8.2	16.5
6		水温	9.9	10.4	13.2	16.7	19.1	19.8	21.0	21.5	20.2	17.6	15.2	11.9	16.4
7	光照	气温	11.8	13.5	18.0	22.5	24.5	25.8	26.7	26.4	24.7	21.5	17.4	13.0	18.0
8		水温	12.8	13.3	16.1	19.2	20.9	21.3	21.2	21.3	20.4	18.6	16.4	13.8	17.9
9	大花水	气温	3.6	4.7	9.6	14.5	18.4	21.2	23.2	22.4	19.4	15.0	10.1	5.5	14.0
10		水温	9.1	9.9	12.7	16.8	19.7	21.2	23.0	23.4	21.7	18.3	14.7	11.0	16.8
11	思林	气温	6.2	7.5	12.1	17.7	22.1	25.0	27.9	27.1	23.6	18.2	13.2	8.2	17.4
12		水温	12.7	12.3	15.4	17.8	20.3	21.6	23.1	23.6	22.5	20.0	17.3	14.4	18.4
13	沙沱	气温	6.4	7.7	12.2	17.6	21.6	24.9	28.0	27.3	24.0	18.3	13.3	8.5	17.5
14		水温	12.7	13	15.3	18.4	20.6	21.7	23.3	23.7	22.5	20.0	17.3	14.4	18.6
15	格里桥	气温	6.1	7.0	12.1	17.3	21.0	23.7	26.2	25.7	22.4	17.8	12.7	8.2	16.7
16		水温	9.1	9.9	12.7	16.8	19.7	21.2	23.0	23.4	21.7	18.3	14.7	11.0	16.8
17	石垭子	气温	8.3	9.5	13.9	19.3	23.4	26.4	29.6	29.2	25.2	19.9	14.8	10.2	19.1
18		水温	8.9	9.4	12.1	16.3	19.2	21.0	23.2	24.4	22.3	18.4	15.0	10.9	16.7
19	马马崖一级	气温	9.7	11.4	16.1	20.6	23.7	25.5	26.6	26.3	23.8	20.1	15.7	11.6	19.3
20		水温	12.8	13.3	16.1	19.2	20.9	20.4	21.3	21.5	20.4	18.6	16.4	13.8	17.9
21	善泥坡	气温	10.5	12.4	17.1	21.2	23.7	25.3	26.5	25.9	23.5	19.9	16.0	12.1	19.5
22	龙首	气温	—	—	3.3	10.1	15.7	21.0	23.0	21.6	16.7	8.6	−0.4	−6.3	8.5
23	果多	气温	−4.7	−1.4	2.0	7.4	11.5	11.9	14.0	13.3	10.6	6.4	0.2	−4.4	5.6
24		水温	0.1	0.9	4.0	7.6	10.7	12.4	13.5	13.5	11.6	7.9	2.7	0.3	7.1

6.4.1.2 混凝土的极限拉伸值和弹性模量

贵阳院部分工程碾压混凝土极限拉伸值和弹性模量见表6.4.2。

6.4.1.3 混凝土的热学性能

混凝土的热学性能一般包括导温系数 a、导热系数 λ、比热容 c、热膨胀系数 α 及绝热温升等。大中型工程混凝土推荐配合比和热学性能通过试验确定。贵阳院部分工程碾压混凝土的热学性能见表6.4.3。

表 6.4.2　　　　　　　　　　贵阳院部分工程碾压混凝土极限拉伸值和弹性模量

序号	工程名称	设计指标	配合比参数				极限拉伸值 /10^{-4} 90d	弹性模量 /GPa 90d
			级配	水胶比	水泥 /(kg·m^{-3})	胶材用量 /(kg·m^{-3})		
1	普定	$R_{90}150$	三	0.55	54	153	0.81	34.5
2		$R_{90}200$	二	0.50	85	188	0.99	39.2
3	索风营	$C_{90}15$	三	0.55	64	160	0.71	34.5
4		$C_{90}20$	二	0.50	94	188	0.86	37.8
5	光照	$C_{90}15W6F50$	三	0.50	60.8	152	0.81	31.1
6		$C_{90}20W6F100$	二	0.48	71.2	158.3	0.86	33.3
7	大花水	$C_{90}20W6F50$	三	0.50	85	170	0.84	41.6
8		$C_{90}20W6F100$	二	0.50	95	190	0.86	42.1
9	思林	$C_{90}15W6F50$	三	0.50	66	166	0.82	32.6
10		$C_{90}20W8F100$	二	0.48	87	194	0.86	33.8
11	沙沱	$C_{90}15W6F50$	三	0.53	63.4	158.4	0.80	40.5
12		$C_{90}20W8F100$	二	0.48	100	200	0.84	42.0
13	格里桥	$C_{90}15W6F50$	三	0.53	61.9	154.7	0.81	32.8
14		$C_{90}20W8F100$	二	0.50	92	184	0.89	37.7
15	石垭子	$C_{90}15W6F50$	三	0.50	70	174	0.74	36
16		$C_{90}20W8F100$	二	0.48	91	202	0.84	37.2
17	马马崖一级	$C_{90}15W6F50$	三	0.53	63.4	158.5	0.79	37.5
18		$C_{90}20W8F100$	二	0.48	87.2	193.8	0.88	39.8
19	善泥坡	$C_{90}20W6F50$	三	0.50	76.5	170	0.84	38.3
20		$C_{90}20W8F100$	二	0.50	95	190	0.86	39.2
21	龙首	$C_{90}20W6F100$	三	0.48	82	171	0.78	29.6
22		$C_{90}20W8F300$	二	0.43	88	205	0.87	33.8
23	果多	$C_{90}15W6F50$	三	0.53	64.9	162.3	0.68	34.2
24		$C_{90}20W8F300$	二	0.44	130.9	218.2	0.82	37

表 6.4.3　　　　　　　　　　贵阳院部分工程碾压混凝土热学性能特征

序号	工程名称	设计指标	级配	导温系数 a /(m^2·h^{-1})	导热系数 λ /[kJ·(m·h·℃)$^{-1}$]	比热容 c /[kJ·(kg·℃)$^{-1}$]	热膨胀系数 α /(10^{-6}·℃$^{-1}$)	密度 /(kg·m^{-3})	绝热温升 (28d) /℃
1	普定	$R_{90}150$	三	0.0038	8.09	0.88	5.82	2481	16.05
2		$R_{90}200$	二	0.0033	7.94	0.96	5.10	2475	22.95
3	索风营	$C_{90}15$	三	0.0035	8.04	0.96	5.61	2450	16.79
4		$C_{90}20$	二	0.0033	7.76	0.96	5.67	2468	17.75

序号	工程名称	设计指标	级配	导温系数 a /(m²·h⁻¹)	导热系数 λ /[kJ·(m·h·℃)⁻¹]	比热容 c /[kJ·(kg·℃)⁻¹]	热膨胀系数 α /(10⁻⁶·℃⁻¹)	密度 /(kg·m⁻³)	绝热温升 (28d) /℃
5	光照	C₉₀15W6F50	三	0.0034	8.11	0.92	5.47	2438	15.40
6		C₉₀20W6F100	二	0.0038	8.14	0.94	5.54	2445	16.04
7	大花水	C₉₀20W6F100	二	0.0036	8.22	0.94	6.5	2400	19.3
8		C₉₀20W6F50	三	0.0035	7.88	0.93	6.5	2400	17.9
9	思林	C₉₀15W6F50	三	0.0034	8.12	0.97	5.51	2455	19.8
10		C₉₀20W8F100	二	0.0035	8.26	0.98	5.62	2427	21.9
11	沙沱	C₉₀15W6F50	三	0.0039	9.03	0.96	5.59	2488	19.2
12		C₉₀20W8F100	二	0.0039	8.86	0.95	5.68	2433	20.8
13	格里桥	C₉₀15W6F50	三	0.0034	7.26	0.87	5.53	2465	19.7
14		C₉₀20W8F100	二	0.0036	7.85	0.89	5.81	2437	22.8
15	石垭子	C₉₀15W6F50	三	0.0034	8.12	0.97	5.51	2455	19.8
16		C₉₀20W8F100	二	0.0035	8.26	0.98	5.62	2427	21.9
17	马马崖一级	C₉₀15W6F50	三	0.0035	7.72	0.91	5.5	2476	20.1
18		C₉₀20W8F100	二	0.0035	7.85	0.93	5.7	2449	23.3
19	善泥坡	C₉₀20W6F50	三	0.0038	8.65	0.94	5.63	2446	20.4
20		C₉₀20W8F100	二	0.0037	8.56	0.95	5.82	2428	22.9
21	龙首	C₉₀20W6F100	三	0.0047	8.29	0.85	10.5	2400	17.8
22		C₉₀20W8F300	二	0.0036	8.09	0.92	10.2	2400	20.3
23	果多	C₉₀15W6F50	三	0.0031	7.05	0.93	9.3	2430	21.9
24		C₉₀20W8F300	二	0.0030	7.22	0.96	9.8	2370	26.9

由以上所列材料热学性能特征比较可知，贵州地区的项目（如普定、沙沱、光照、索风营等）大多采用灰岩骨料，因而混凝土的热膨胀系数均在 6×10^{-6}/℃左右，相对较小，对温控防裂有利。而龙首和果多项目采用天然砂石骨料，混凝土的热膨胀系数达 10×10^{-6}/℃左右，对温控防裂不利。

6.4.2 贵阳院碾压混凝土坝温度控制标准及温控措施

贵阳院在碾压混凝土坝 20 多年的温控设计中，通过不断的生产实践和总结，无论在温控标准设计，还是在温控措施制定上，走出了一条温控方案的特色之路。

由于碾压混凝土坝受坝址区水文气象条件影响较大，根据地域分布特点，贵阳院所涉及的碾压混凝土坝，主要分为云贵地区（以普定、索风营、光照、沙沱水电站大坝为代表）、西北地区（以龙首水电站大坝为代表）、藏区（以果多水电站大坝为代表）。下面针对以上三个不同地区的特点分别对有代表性的碾压混凝土坝温控设计和温控措施进行介绍。

6.4.2.1　贵州地区碾压混凝土坝温控标准及温控措施

以普定、光照、索风营、沙沱水电站大坝为代表。由表 6.4.1 可知，贵州地区的多年平均气温均处于 15～20℃ 之间，气候相对温和，空气湿度也较大，对碾压混凝土的温控防裂有利。

1. 普定水电站大坝温控设计

普定水电站装机 75MW，年发电量 3.4 亿 kW·h。普定水电站是我国应用碾压混凝土筑坝新技术兴建的第一座碾压混凝土拱坝，坝高 75m，碾压混凝土约 11 万 m³。1989 年 12 月 15 日正式开工，1994 年 6 月首台机组发电，1995 年 3 月三台机组全部投产。

坝区多年平均气温 14.7℃，实测极端最高气温 36.3℃，实测最低气温 −4.3℃。普定碾压混凝土主要是采取自然低温铺筑，原计划是安排一个枯水期完成，由于诸多因素，实际用了两个枯水期完成。

贵阳院根据碾压混凝土筑坝能加快建坝速度、节约水泥、节省劳力、降低造价、简化温控的特点，提出了普定拱坝采用碾压混凝土筑坝新技术的大胆建议，得到了业主、有关各级领导和国内有关专家的大力支持，1990 年列入能源部重点科技项目并投入研究，1991 年转为国家"八五"科技攻关项目。贵阳院结合工程实际，走科研与实践相结合，边研究、边总结、边提高的道路，针对坝体温控及防裂进行了专题研究。

（1）通过对碾压混凝土筑坝材料优选和配合比的研究，为普定工程优选出了具有高效减水及强缓凝性的三复合外加剂。

（2）针对普定工程在充分利用灰岩人工砂石骨料混凝土热膨胀系数低、抗裂性能优良特性的基础上，适度提高人工砂的石粉含量，以提高混凝土的可碾性、密实性和抗渗性。

（3）推荐给普定工程上坝的 C20 二级配碾压混凝土：水泥用量 85kg/m³，掺 55% 的粉煤灰，21d 绝热温升 16.7℃；C15 三级配碾压混凝土：水泥用量 54kg/m³，掺 65% 的粉煤灰，21d 绝热温升 15.8℃。它们具有防渗、抗裂、层面结合优良等特点。

（4）通过粉煤灰质量、气泡特性、水灰比、粉煤灰掺量、龄期等对碾压混凝土抗冻耐久性影响的系统研究发现，采用优质粉煤灰、将含气量控制在 5% 左右、降低水灰比、适当控制粉煤灰的掺量和延长碾压混凝土的养护时间，可大大提高和改善碾压混凝土的抗冻耐久性。碾压混凝土这项新的筑坝技术，不但适宜于气候温和的南方地区，也可推广运用到较寒冷的北方地区。

（5）根据普定碾压混凝土试验资料，28d 极限拉伸值达不到规范要求值，此外碾压混凝土还存在层间较薄弱的问题，拟定坝内最大温降差，强约束区为 14℃，弱约束区为 17℃。低温寒潮时应加强混凝土早期（28d）保护工作。

（6）经过汛期洪水的考验，没有出现裂缝，归纳起来有以下有利因素：

1）普定工程所选用的水泥熟料其 MgO 含量较高，拌制的混凝土具有微膨胀性能，可以有效地补偿因温降而产生的收缩变形，从而提高混凝土的抗裂性能。

2）普定工程优质的人工灰岩骨料拌制的混凝土，其线膨胀系数较小，具有较好的抗裂性能。

3）贵州气候条件优越，气候温和，气候变幅较小，这对防止混凝土表面裂缝的产生极为有利。

4）基岩的弹模较混凝土的弹模低得多，这对降低基础的约束有利，从而防止贯穿性裂缝的产生。

5）利用低温季节施工，其底部基础混凝土入仓温度不超过 18℃，从而使坝体内部最高温升降低。

2. 光照水电站大坝温控设计

北盘江光照水电站位于贵州省关岭县与晴隆县交界的北盘江中游，是北盘江干流梯级的龙头电站。正常蓄水位 745m 时，相应库容 31.35 亿 m³。电站总装机容量 1040MW。光照水电站碾压混凝土重力坝最大坝高达 200.50m，最大底宽 159.05m，顶宽 12m，坝顶长 410m，碾压混凝土量约 240 万 m³。坝址区多年平均气温为 18℃，多年最高月平均气温为 7 月的 26.7℃，多年最低月平均气温为 1 月的 11.8℃。坝体混凝土最低月平均稳定温度为 15℃，强、弱约束区碾压混凝土容许最高温度分别为 31℃和 33℃，脱离基础约束区的碾压混凝土限制容许最高温度不超过 38℃。光照碾压混凝土坝基础约束区温控标准见表 6.4.4。

表 6.4.4　　　　　　　　　　　光照碾压混凝土坝基础约束区温控标准

基础约束范围		基础允许温差/℃	稳定温度/℃	允许最高温度/℃
(0~0.2)L	常态垫层混凝土	20	15	35
	碾压混凝土	16	15	31
(0.2~0.4)L	碾压混凝土	18	15	33

注　L—浇筑块的最大长度。

光照水电站大坝为目前世界上最高的碾压混凝土重力坝，其温控措施经验值得学习和借鉴。光照碾压混凝土各月温控标准见表 6.4.5。

表 6.4.5　　　　　　　　　　　光照碾压混凝土各月温控标准表

月　　份	1	2	3	4	5	6	7	8	9	10	11	12
基础强约束区 (0~0.2)L	☆	☆	☆	☆	√	√	√	√	√	☆	☆	☆
基础弱约束区 (0.2~0.4)L	△	△	☆	☆	○	√	√	√	○	☆	☆	△
其他区域	△	△	☆	☆	☆	○	○	○	☆	☆	☆	△

注　△表示自然入仓，可满足混凝土温控要求；
　　☆表示自然入仓，通河水冷却条件下可满足混凝土温控要求；
　　○表示混凝土浇筑温度小于 20℃，一期通河水冷却即可满足温控要求；
　　√表示混凝土浇筑温度小于 20℃，一期通 15℃制冷水冷却即可满足温控要求。

针对不同坝段多种温控方案的温度徐变应力仿真及设计综合分析，采取了如下的温控措施。

（1）合理利用施工时段，严格控制浇筑层厚。尽量利用每年 11 月至次年 3 月低温季节及高温季节夜间多浇、快浇混凝土，以此节省温控费用和确保混凝土质量。碾压混凝土采用薄层、短间歇、连续浇筑，碾压层厚 0.3m，10 层停歇 3~7d。

（2）采用制冷工艺，仓面喷雾，控制浇筑温度。在 5—9 月对混凝土骨料采用二次风冷措施，以降低碾压混凝土的出机口温度至 15℃。自卸汽车运输过程中采取遮阳措施，上部混凝土运输通过皮带输送洞，减少运输过程中的温度回升。采取仓面喷雾措施，同时控制碾压混凝土拌和物从拌和到现场碾压完毕历时不超过 2h，层间覆盖时间控制在 6h 内（高温季节控制在 4h 内）。通过以上温控措施，控制高温季节的浇筑温度不超过 20℃。

（3）采用通水冷却措施。为了降低混凝土的内部最高温度，并满足施工进度的要求，在坝体内埋设 DN32 高密度聚乙烯塑料冷却水管，冷却水管间距 1.5m×1.5m，导热系数不小于 1.0W/(m·℃)。控制通水温度与坝体内部混凝土温差不大于 20℃，初期混凝土降温速度不大于 1℃/d，单根水管通水流量 20～25L/min。光照大坝通水冷却分三期进行。

一期冷却主要目的是削减混凝土初期水化热温升，6—8 月通 15℃冷却水，其他季节通河水，混凝土浇筑完毕后即可通水，初期通水 20d。

二期冷却主要是使高温季节浇筑的混凝土满足低温季节内外温差的要求，通水自 9 月初开始，通水时间根据温度监测资料确定。

三期冷却主要目的是使坝体混凝土满足蓄水和接缝灌浆的要求。下闸蓄水前对距迎水面 15m 范围内的坝体混凝土进行通水冷却，使其满足内外温差的要求。为了满足接缝灌浆要求，继续通水使坝体混凝土温度降至稳定温度后进行接缝灌浆。

冷却水管完成三期冷却任务后，采用 M30 水泥砂浆进行封堵。

（4）加强混凝土表面保温和养护。坝体上下游面处于长期暴露状态，采用气垫薄膜内贴在模板上，既可保温又可保湿。在日平均气温在 2～4d 内连续下降 6℃以上时，对龄期 5～60d 的混凝土暴露面，尤其是基础块、上下游面、廊道孔洞及其他重要部位，及时覆盖保温被。

3. 索风营水电站大坝温控设计

索风营水电站位于贵州省修文县、黔西县交界的乌江中游六广河段，电站装机容量 600MW。碾压混凝土大坝最大坝高 115.8m，最大底宽 97m，碾压混凝土约 45 万 m³。

坝址区多年平均气温为 16.5℃，多年平均水温为 16.4℃，多年平均风速 1.9m/s。

在索风营水电站碾压混凝土的施工中，混凝土的稳定温度按 14℃计算，控制基础强约束区温差为 14℃，基础弱约束区温差为 17℃，4—10 月内外温差取 20℃，1 月、2 月、11 月、12 月取 22～24℃。本工程的温控措施特色：

（1）降低混凝土的出机温度，用 4℃冷水拌和，比自然拌和混凝土的出机温度约低 2℃左右。由于要求出机口温度降到 16℃以下，4 月加 4℃冷水拌和可满足温控要求，5—9 月需风冷骨料才能满足温控要求。

（2）仓面采取 15℃冷水喷雾措施，必要时搭设遮阳棚以形成人工小气候，具体高温时段在仓面上布置喷雾设施，每隔 4m 左右布置一个喷雾头，在碾压混凝土仓面上形成水雾，喷雾管固定在交替上升模板顶部，随模板翻升而上升，局部采用人工喷雾。

（3）埋设通水冷却水管。基础垫层埋一层水管，管距 1.5m，通 10℃冷水，垫层以上部分混凝土层距 2m、管距 1.5m，冷却水管冷却时混凝土日降温幅度不应超过 1℃，每天改变一次水流方向，连续冷却 15d 以上，冷却水温度与坝体混凝土温差不得超过 20℃。高温季节浇筑的混凝土宜早通冷却水，在封仓后及可开始通水，通水时间约 2 个月，前期通 6～8℃的冷却水，后期可通河水，通冷却水能有效削减混凝土水化热最高温峰值。

（4）索风营水电站大坝坝体混凝土采用高掺粉煤灰和外掺微膨胀材料 MgO，以减少水泥用量和提高混凝土微膨胀性能，对防止坝体混凝土危害性裂缝起到了积极作用。外掺 MgO 对坝体混凝土的温降收缩应力有一定补偿作用，但其掺量需经过计算和试验确定。

4. 沙沱水电站大坝温控设计

沙沱水电站碾压混凝土重力坝坝高 101m，坝顶宽 10m，坝顶长 631m，溢流坝最大底宽 83.39m，消能池长度 100m，碾压混凝土约 124 万 m^3。大坝分为九个碾压区，采用通仓薄层连续碾压施工，最大仓面面积约 5000m^2，不分纵向施工缝，坝体横缝采用切缝或诱导缝形式造缝。坝体除与基岩接触部位、孔洞周边、溢流面、闸墩及坝顶部位采用常态混凝土浇筑外，其余均为碾压混凝土，其中上下游面防渗层采用二级配混凝土，坝体采用三级配和四级配混凝土。

沙沱水电站碾压混凝土大坝的温控特色为：

（1）选用低水化热水泥、高掺粉煤灰和磷矿渣、高温型高效缓凝减水剂，以减少混凝土的水化热温升，此举是沙沱水电站大坝碾压混凝土高温季节连续施工的关键措施。

1）高掺粉煤灰和磷矿渣：$C_{90}15W6F50$ 三级配碾压混凝土，其水胶比 0.54，粉煤灰和磷矿渣总掺量达 65%。此举既减少了水泥用量，降低了水化热温升，又节约了工程投资。

2）在相同条件下，采用高效缓凝减水剂能显著延缓混凝土的凝结时间，可延缓水泥水化热过程，从而降低早期混凝土水化热，削减水化热温升峰值。沙沱水电站大坝碾压混凝土采用掺量 0.7% 的高温型 HLC-NAF 高效缓凝减水剂。现场施工表明，掺入高效缓凝减水剂后，夏季混凝土初凝时间在 12h 左右，有效解决了高温季节混凝土初凝时间短的问题。

（2）仓面喷雾和搭设遮阳棚保湿降温。沙沱水电站坝区每年 4—10 月最高气温达 35℃以上，在碾压混凝土施工中采用具有良好透气性的防晒网搭设遮阳棚，将整个仓面遮盖，防止阳光直射仓面，降低仓面气温。经现场检测，搭设遮阳棚后可有效降低仓面气温 5~8℃。同时在上下游侧模板上方各安装 2 台喷雾机，另根据仓面情况，增配数把移动式高压喷雾枪。由于仓面喷雾保湿的作用，碾压混凝土未出现发白、变硬的现象，VC 值在 2h 内未发生明显变化。

通过搭设遮阳棚、在仓面上方喷雾，形成仓面人工小气候，此举是在高温条件下碾压混凝土施工极为有效的温控措施。

（3）合理规划碾压混凝土仓面的摊铺面积。根据混凝土的拌和能力、仓面摊铺、碾压能力等因素，需合理规划碾压混凝土仓面的摊铺面积。高温时段碾压混凝土从加水拌和至碾压完毕必须控制在 2h 之内，层间间歇时间不得超过 4h。对于较大仓号，若经计算平层碾压浇筑强度不能满足每层覆盖时间小于 4h 的要求时，可采用斜层铺筑法施工。斜层铺筑法的仓面作业面积比较小，覆盖时间较短，对高温季节施工的碾压混凝土，可以减少温度倒灌，仓面喷雾等措施也易于实施。

（4）快速碾压施工。大坝碾压混凝土碾压层面多且薄，快速施工的目的就是在下层碾压混凝土初凝之前，上层碾压混凝土必须碾压完毕，从而使层间混凝土能够达到良好的层面结合效果。快速施工的同时，可以减少混凝土层面与外界的接触时间，从而减少外界与碾压混凝土的热量交换，减少外界温度倒灌，从而能更好地控制混凝土的浇筑温度。

（5）避开高温时段浇筑，尽量避免在白天高温时段浇筑混凝土，充分利用早晚和夜间低温时段及阴天浇筑，以减少混凝土在运输和仓面上的温度回升。

（6）为了削减混凝土水化热温升，在高温季节浇筑混凝土时，采取坝体全断面预埋冷却水管。冷却水管采用导热系数不小于 0.45W/（m·℃）的 ϕ32mm HDPE 管，在仓面上蛇形布置，同一层中每根冷却水管长度按 250m 控制，水管水平和垂直间距 1.5m×1.5m 或 3m×3m；在水管进出口设置流量计和闸阀，以控制通水流量，通水流量控制在 20～25L/min，每 12h 改变一次通水方向；冷却水管初期通水时间为 20d，降温速度不大于 1℃/d。冷却水平均水温与混凝土最高温度之差不宜超过 20℃，若超过可采取先通天然河水再通制冷水的方法。冷却水管在混凝土收仓后 12h 内开始通水。

汛前，对过水面以下的大坝混凝土冷却水管应保证有足够的通水时间，以降低水温与混凝土内部温度梯度。具体通水参数应根据现场混凝土浇筑情况进行适当调整。

（7）沙沱水电站大坝混凝土的温控是工程进度和质量的关键问题，参建四方高度重视，在组织和管理上采取了以下措施：

1）成立大坝温控防裂研究小组。根据初定的温控防裂标准，以设计单位为龙头，联合高校对沙沱水电站大坝的典型坝段进行仿真分析，研究不同的温控措施对坝体温度和应力的影响，制定出不同部位和不同季节的温控措施。

2）成立现场温控工作小组。为了切实保障各项温控措施的顺利开展，成立了由四方代表组成的温控工作小组。在现场施工中开展了碾压混凝土"样板仓"评比活动并对有效的温控措施进行宣贯，使之具有很强的操作性。同时对温度监测值采取预警机制，监测情况一旦出现异常，立即向温控小组通报，共同分析原因，及时采取相应措施处理。

3）现场温控管理。为加强对现场各环节温控工作和效果的检查，确保各项温控措施的落实，成立了由监理和施工单位有关人员组成的现场温控工作小组。

a. 对气温、水温、混凝土原材料温度及混凝土出机口温度等进行定期观测。

b. 控制高温时段碾压混凝土从出料到碾压完毕的时间、每层覆盖时间，同时加强对混凝土入仓温度、浇筑温度的检测。

c. 对喷雾设施及效果进行持续跟踪检测。

d. 建立通水检查和监督制度，每天检查通水组数、流量，检测通水进口温度和出口温度。

e. 预埋和观测温度计，及时掌握混凝土内部的温度变化情况，对监测资料及时分析并对异常情况迅速提出解决措施。

f. 现场温控工作小组每天对温控措施进行严格的检查，包括骨料温控（骨料堆存、运输、预冷骨料等）、混凝土温控（混凝土运输、仓面喷雾、仓面保温、通水冷却、流水养护、保温等）。

（8）沙沱部分坝体结构采用四级配碾压混凝土，在国内属于首例。由于四级配混凝土减少了水泥的用量，相对于三级配碾压混凝土水化热更低，四级配相对三级配混凝土可降低水化热温升 2.2～2.5℃，一方面可简化温控措施，减少了温控的难度；另一方面可加快碾压混凝土的施工进度，具有较大的技术经济效益。

（9）沙沱大坝在高温季节弱化了对碾压混凝土的出机口温度控制，而是在后期通过延长通水时间（现场一期通水时间长达 60d）将坝体内的温度缓慢降下来。实践表明，该方法在该气候条件下是适用的，节约了混凝土骨料预冷的费用。通过实践，在气候温和地区，该方法值得借鉴。

为反映出以上综合性温控措施的成效，特选取了 11 号坝段 $T_{bc}-10$ 温度计（坝横 0＋408.00，坝纵 0＋28.50，高程 292m，位于坝体中部）监测值与外界气温的时间历程曲线进行分析，如图 6.4.1 所示。

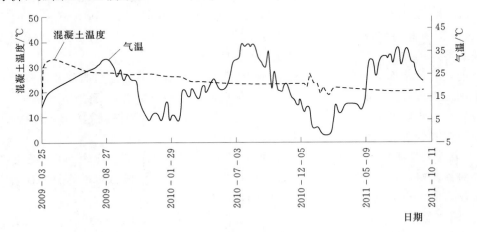

图 6.4.1　$T_{bc}-10$ 温度计监测值与外界气温的时间历程曲线图

$T_{bc}-10$ 温度计（位于坝体中部）处的混凝土于 2009 年 3 月 25 日上午 9：30 开始浇筑，当时外界气温 18℃，混凝土入仓温度 16℃，于 2009 年 4 月 18 日达到最高温度 33.25℃，最高水化热温升 17.25℃；随着混凝土内部通水冷却持续进行，其温度缓慢下降，于 2009 年 8 月 14 日混凝土温度降至 28℃；后期由于受到外界气温的影响，坝体内部温度缓慢下降。至 2011 年 9 月 29 日温度降至 21.05℃。2010 年和 2011 年低温季节，坝体内外温差梯度均满足要求。而气温的时间历程曲线随季节上下波动，呈近似的余弦曲线。

通过坝体监测资料的统计分析，对各项温度控制措施的成效进行评价，实践表明沙沱水电站大坝碾压混凝土温控工作基本取得了预期成效，施工至今大坝碾压混凝土未发现危害性的温度裂缝。

6.4.2.2　西北地区碾压混凝土坝温控标准及温控措施

龙首水电站位于甘肃省张掖市西南约 30km，黑河干流莺落峡出口处，电站总装机容量 52MW。

龙首水电站地处中国西北内陆腹地，大陆性气候，夏季酷热，雨量稀少，蒸发强烈，冬季严寒，冰期长达 4 个月之久。该区多年平均降水量为 171.6mm，多年平均蒸发量为 1378.7mm，年平均气温 8.5℃，绝对最高气温 37.2℃，绝对最低气温 -33℃，最大冻土深度 1.5m。龙首水电站碾压混凝土拱坝是世界上第一座在高寒、大蒸发量、大温差、高地震烈度地区修建的碾压混凝土双曲薄拱坝，坝高 80m，厚高比 0.17，坝区地震基本烈度Ⅷ度，建坝条件极端恶劣。

在龙首水电站碾压混凝土的施工中，混凝土的稳定温度按 10℃ 计算，控制温差如表 6.4.6 所示。

表 6.4.6 龙首水电站混凝土控制温差

基础温差/℃		内外温差/℃
强约束区	弱约束区	
14	16	17~19

围绕这一控制标准，龙首水电站在特殊季节（低温、高温季节）碾压混凝土的施工中采取了下述措施：

（1）所有在负温下施工的混凝土，均需掺防冻剂，但总量不超过总胶凝材料用量的 4%；试验证明，掺加后碾压混凝土可以保证在 −10℃ 条件下不被冻结。防冻剂所规定的温度应不大于 −15℃，防冻剂产品不得对混凝土内的钢筋产生任何腐蚀作用。

（2）混凝土骨料采用湿法生产，在成品料堆底部用蒸汽排管（锅炉供蒸汽）加热骨料，并在配料仓、拌和楼及各种上楼皮带等底部用蒸汽排管、保温被（板）等对骨料进行保温，混凝土拌制水采用蒸汽加热，外加剂也用热水溶化，以提高混凝土出机口温度。

（3）混凝土浇筑仓面环境温度宜按拱坝不低于 −5℃ 及重力坝、推力墩不低于 −10℃ 设计。

（4）在拱坝上设置诱导缝和在拱坝与重力坝及推力墩接触面上设置周边缝相结合的防裂形式。诱导缝布置在表孔外侧，两条诱导缝将拱坝分为 3 段，各坝段长分别为 40m、60m、41m；诱导缝从高程 1695m 坝体设起，缝端设置双层并缝钢筋，采用径向间断的型式，即沿水平方向和竖直方向设置一定数量的间断六面体空隙（空隙由特制的混凝土预制板形成），使其在坝体内同一径向断面上形成若干个人造缝隙。为了能够对产生的裂缝进行灌浆，在诱导缝中埋设两套灌浆系统，一套进行水泥灌浆，另一套进行化学灌浆；灌浆系统可以进行多次重复灌浆，以确保拱坝的整体性。

（5）在碾压混凝土施工过程中，在碾压混凝土坝内埋设冷却水管，对碾压混凝土采取强制冷却降温。每一通水冷却区的水管长度控制在 200m 以内，采用天然河水冷却，冷却水管单管进水量不小于 20L/min，24h 更换一次进水方向，通水时间不小于 3 个月。碾压混凝土施工采用分层间隙上升，在层间间隙期内混凝土表面系采用养护水漫流养护，加强表面散热。

（6）对碾压混凝土仓面进行喷雾。实施效果表明：喷雾作业能有效地保持混凝土表面湿润，与不喷雾、不覆盖方式相对比，综合降低混凝土浇筑温度（6h 左右时间的暴露）7~9℃，效果相当明显。

6.4.2.3 藏区碾压混凝土坝温控标准及温控措施

某水电站为碾压混凝土重力坝，坝顶宽 8m，最大坝高 93m，最大底宽 75m，坝顶全长 235.50m。

该区域多年平均气温 5.6℃。该区域昼夜温差较大，最大月平均日温差高达 18.8℃，年平均日温差为 16℃。主要为季节性冻土，最大冻土深度 90cm，最大积雪厚度 15cm。

最大风速 15m/s，风向 NW 或 W。年日照时数为 2289h，多年平均降水量为 499.5mm。

结合上述坝址区的气象资料，温控防裂设计有以下特点：

（1）低温季节（每年 11 月至次年 3 月）月平均气温在 -4.7～2℃，具有高寒、高原地区的气候特点，混凝土施工的防冻问题突出，12 月至次年 2 月停工，不浇筑坝体混凝土，需做好混凝土低温季节保温和防冻措施。

（2）高温季节（每年 5—9 月）气温虽不高，但太阳辐射较强，亦必须采取控制出机口温度、坝体混凝土水管冷却等有效人工降温措施，把混凝土温度控制在允许范围内，并做好混凝土浇筑的仓面保护和养护。

（3）坝区昼夜温差较大，需加强混凝土表面保护，以减少内外温差、降低混凝土表面温度梯度，防止因内外温差过大而导致的混凝土开裂。

为了防止混凝土裂缝，必须从结构设计、原材料选择、配合比设计、施工安排、施工质量、混凝土温度控制、养护和表面保护等方面采取综合措施。混凝土应避免薄块长间歇，基础部位必须从严控制。

1. 出机口温度要求及控制

（1）要求高温季节（5—9 月）对混凝土骨料采用风冷等措施进行预冷，并采取加 4～6℃制冷水拌和等措施以降低混凝土出机口温度。

（2）在日平均气温低于 5℃时，浇筑混凝土应采取加热水拌和等措施提高混凝土出机口温度；当日平均气温稳定在 -5℃以下时，应将骨料加热。

（3）11 月至次年 3 月浇筑混凝土的出机口温度不小于 10℃，其中 12 月初至次年 2 月底为冬歇期，不浇筑大坝混凝土。

（4）4 月、10 月可采取自然拌和，"自然"指不采取预冷或预热措施，自然条件下进行拌和混凝土，但夏季是按料堆高度大于 6m，地笼取料并且料堆有遮阳、洒水措施。当自然拌和不能满足最高温度控制的要求时，要采取相应措施。

（5）5—9 月强约束区混凝土出机口温度不大于 10℃，弱约束区出机口温度不大于 12℃。

2. 浇筑温度要求及控制

（1）要求高温季节控制混凝土从出机口至上层混凝土覆盖前的温度回升值不超过 3℃，低温季节控制混凝土从出机口至上层混凝土覆盖前的温度回落值亦不超过 3℃。

（2）高温季节，尽量避免高温时段浇筑混凝土，应充分利用早晚及夜间气温低的时段浇筑；低温季节，尽量避免夜间浇筑混凝土，应充分利用白天气温高时浇筑。

（3）当浇筑仓内气温大于 25℃时，可搭设遮阳棚以及进行仓面喷雾，至上层混凝土浇筑准备工作开始时结束，以降低仓面环境温度。

（4）本工程每年 11 月至次年 3 月初（其中 12 月初至次年 2 月底为冬歇期），日平均气温较低，混凝土即进入低温季节施工。混凝土的浇筑温度不能低于 5℃。同时在基岩面上或老混凝土上浇筑混凝土前，应检测表面温度，如为负温，应加热至正温，并且深度不小于 10cm。

（5）高温季节浇筑混凝土，每一层碾压完毕在上一层覆盖前，每天高温时段采用覆盖临时保温被或导热系数不大于 0.035W/(m·℃)、5cm 厚的聚苯乙烯泡沫材料，仓面洒水养护，以减少混凝土的温度倒灌。

（6）4月、10月自然拌和浇筑，但浇筑温度高于20℃时，要采取控制措施。

（7）对拌和楼和运输混凝土车辆的外侧贴保温板进行保温，确保低温时段的浇筑温度。在施工过程中，应注意控制并及时调节混凝土的出机口温度，尽量减少波动，保持浇筑温度均匀。

（8）低温季节拌制混凝土，首先应采用加热水拌和，但热水不能超过60℃，不得直接加热水泥。

3. 表面保护和养护要求

（1）5—9月新浇混凝土层面应采用湿养护法进行28d以上的养护，对于侧面，保持持续湿润，养护从混凝土终凝后即开始洒水养护，养护应全面且不间断的进行，避免干湿交替，模板与混凝土表面在模板拆除之前及拆除期间亦应保持潮湿状态。

（2）混凝土养护结束后，在10月入冬之前，应粘贴导热系数不大于0.035W/(m·℃)、10cm厚聚苯乙烯保温板（表观密度不小于32kg/m³，吸水率不大于1%，并具有阻燃性能）。对于大坝混凝土浇筑层上表面，混凝土终凝后采用蓄水流水养护散热，其他部位混凝土浇筑层上表面采用洒水保湿养护。

（3）低温季节（11月至次年3月，其中12月初至次年2月底为冬歇期）碾压混凝土，采用模板内贴保温材料（一层土工膜＋10cm厚聚苯乙烯保温板）进行施工，并采取措施使保温材料拆模后牢固紧密地固定在混凝土侧面。每层混凝土浇筑结束后，在其上表面采用一层土工膜＋10cm厚聚苯乙烯保温板压紧覆盖。

（4）气温骤降期间应暂停保湿养护，对龄期未满28d的混凝土采用导热系数不大于0.035W/(m·℃)、10cm厚聚苯乙烯保温板材料进行全面保护，并对棱角部位采取加强措施。

（5）低温季节浇筑的混凝土应适当推迟拆模时间，气温骤降期间不允许拆模。

（6）施工期间坝体未超出基坑部分，上游及下游方向可采用回填土石渣料覆盖保温。

（7）廊道等孔洞部位在低温季节或寒潮来临之前应进行保温封闭。

（8）坝体上下游面处于长期暴露状态，采用永久性保温材料进行保温，为了达到永久保温的效果，具体方案如下：

1）上游面。在蓄水之前，将坝面施工期原有的保温板拆除，检查是否有裂缝。然后对上游面采用"聚氨酯防渗涂层（厚2mm）＋粘贴聚苯乙烯保温板（10cm厚）"的保温防渗结构型式。

2）下游面。采用"粘贴聚苯乙烯保温板（厚10cm）＋外涂防裂聚合物砂浆（厚1.5cm）"的保温结构型式。

（9）越冬层面保温：在3350m和3395m两个越冬层面上，采用一层土工膜＋20cm厚（5cm为一层）聚苯乙烯保温板覆盖，其上可加盖1.5m厚的土渣，同时特别加强对侧面与顶面交接拐角的保护。来年3月进入施工期之前，要根据气温变化，逐步分层揭开20cm厚保温被，以逐步适应外界气候的变化。

4. 坝体预埋冷却水管通水冷却

在基础约束区和高温季节浇筑的混凝土内部埋设冷却水管，进行通河水冷却，以满足混凝土内部的最高温度控制要求。混凝土坝水管冷却的方式：小温差、早冷却、缓慢冷却，这种方式不仅减少了自身应力，也减少了约束应力。

（1）冷却水管采用高导热 HDPE 塑料管，其导热系数应不小于 1.6kJ/（m·h·℃），外径 32mm，壁厚 2mm。

（2）基础约束和每年 4—10 月浇筑的混凝土采用预埋冷却水管通水，水温 5～12℃。通水流量 1.2～1.5m³/h；每 24h 改变一次通水方向；初期通水 25d；同时要求降温阶段最大日降温速率不大于 1℃/d，通水温度与混凝土温度相差不大于 20℃。

（3）入冬前冷却问题。在每年 10 月入冬之前，需根据坝体内埋设混凝土温度计的观测情况，对于坝体内温度超标的位置，进行相应的通水措施，以降低坝体内部的温度值，减少内外温差。

（4）后期封堵事宜。蓄水之前，针对坝体的温度监测资料，确定是否对坝体混凝土进行二期冷却。后期将对坝体内的冷却水管采用 M30 水泥砂浆进行封堵。

5. 合理利用施工时段，严格控制浇筑层厚度

（1）碾压混凝土采用薄层、短间歇、连续浇筑法施工，碾压层厚 0.3m，10 层停歇 3～5d。

（2）合理规划仓面面积，加快混凝土入仓至覆盖的施工速度，缩短混凝土暴露时间，碾压混凝土从出料到碾压完毕必须控制在 2h 之内。

（3）高温季节 5—9 月施工期间，尽量避免在白天高温时段浇筑碾压混凝土，充分利用早晚和夜间低温时段及阴天浇筑；低温季节，尽量避免夜间浇筑混凝土，应充分利用白天气温高时浇筑。

（4）建议在实际施工中根据情况将强约束区尽量安排在较低温度月份浇筑。

6. 加强施工控制与管理

（1）施工期间应加强气象预报工作，及时了解雨情和气温情况，妥善安排施工进度。

（2）经常检查温控措施的到位情况，发现问题及时采取补救措施；温控条件发生变化时应随时改变温控措施或增加温控手段。

6.5 碾压混凝土温控防裂技术与创新

6.5.1 温控防裂技术

贵阳院在 20 多年的碾压混凝土坝温控技术设计中，经过不断地努力创新，探索出一系列在碾压混凝土温控方面的关键技术。这些关键技术已在实际工程中得到了成功的应用，初步解决了碾压混凝土温度应力产生裂缝的工程难题，取得了巨大的经济效益及社会效益。

通过以上碾压混凝土坝温控总结可知，目前采用的主要温控措施有：降低水化热温升；采用制冷工艺，控制混凝土的浇筑温度；合理利用施工时段，严格控制浇筑层厚度；坝体通水冷却；加强混凝土表面保护和养护；加强过水度汛层的保护；加强施工质量与管理。

1. 降低水化热温升

选用优质原材料，包括水泥、粉煤灰、砂石骨料及外加剂，从而提高混凝土性能指标，在保证不降低混凝土性能指标的前提下，尽可能减少水泥用量来降低水化热温升。

2. 采用制冷工艺，控制混凝土的浇筑温度

混凝土拌和系统需配置制冷厂，成品料堆应设置遮阳棚，成品料堆、骨料罐搭盖遮阳棚，以避免阳光直射，要求成品骨料堆高不低于 6m；高温季节可考虑采用低温冷水拌和，对粗骨料采用两次风冷连续冷却方式，以便在高温季节控制混凝土的出机口温度。

3. 合理利用施工时段，严格控制浇筑层厚度

碾压混凝土采用薄层、短间歇、连续浇筑法施工，碾压层厚 0.3m，低温季节 10 层停歇 3～7d；高温季节 5 层停歇 3～7d。合理规划仓面面积，加快混凝土入仓至覆盖的施工速度，缩短混凝土暴晒时间，高温时段碾压混凝土从出料到碾压完毕必须控制在 1h 之内，每层覆盖时间不得超过 2h。夏季施工期间，尽量避免在白天高温时段浇筑碾压混凝土，充分利用早晚和夜间低温时段及阴天浇筑。

4. 坝体通水冷却

在坝体全部区域内埋设冷却水管进行通水冷却，以满足混凝土内部的最高温度控制要求。冷却水管采用导热系数 $\kappa \geqslant 1.0\mathrm{W/(m \cdot ℃)}$ 的塑料管，在仓面上蛇形布置，同一层中每根冷却水管长度按 250m 控制，水平管距 1.5m，垂直间距 1.5m，水管弯曲半径 0.75m；通水流量控制在 20～25L/min，在水管进出口设置流量计和闸阀，以控制通水流量；每 12h 改变一次通水方向；冷却水管初期通水时间为 20d，进水温度与混凝土内部最高温度不超过 20℃，降温速度不大于 1℃/d。

5. 加强混凝土表面保护和养护

施工过程中，碾压混凝土的仓面应保持湿润，采用仓面喷雾改造小环境，应尽量减少混凝土的暴露面和暴露时间，避免混凝土直接与寒冷空气接触，特别是坝体孔洞部位更应加强保护。根据工程经验拟定在坝体上、下游面采用不拆除的气垫薄膜保护，浇筑块顶面、分缝面及孔洞部位根据实际情况采用保温被保护。此外，表面保护工作应与气象预报工作密切联系，才能做到防患于未然。当气温骤降时，对未满 28d 龄期的混凝土表面，必须覆盖保温被。

碾压混凝土因水泥用量少，掺有大量粉煤灰，其水化热反应较慢，早期强度较低。因此，应十分注意其养护工作，养护时间要长些，一般要保持 28d 左右，养护方式以喷雾为好。

6. 加强过水度汛层的保护

对于即将要度汛的碾压混凝土，应延长养护时间，在混凝土表面可采用流水养护，增加浇筑块顶面散热并降低混凝土表面温度，必要时可在顶层铺钢筋网，以避免碾压混凝土因突然遭受洪水的侵袭而产生裂缝。

7. 加强施工控制与管理

应确保混凝土的施工质量，只有质量达到要求的混凝土才能实现抗裂的要求。混凝土的施工质量主要从原材料生产、混凝土拌和、运输、平仓、振捣及碾压环节上加以控制，应严格遵循水工混凝土及水工碾压混凝土施工规范。除此之外，根据已有工程经验，重点

强调以下几方面：

（1）加强原材料的生产质量控制，优化砂石系统生产工艺及设备选型，对成品骨料的级配要求、砂的细度模数、石粉含量等重要参数应严格要求达标。

（2）对细骨料的含水率应严格控制，成品砂仓应有充分的脱水时间，尽可能加大堆料高度，不少于 6m。

（3）优化混凝土拌和系统生产工艺及设备选型。对于碾压混凝土宜优先采用强制式拌和设备，搅拌设备的称量系统应灵敏、精确、可靠，宜配备细骨料的含水率快速测定装置，并应具有相应的拌和水量自动调整功能。

（4）加强混凝土运输过程中的质量控制，包括保温、保湿、防骨料分离等措施。

（5）混凝土层面施工（卸料、平仓、振捣及碾压等）质量控制同样应注重保温、保湿、防骨料分离等措施。对碾压混凝土仓面施工应按要求制定相应的施工工法并严格执行，以达到确保混凝土施工质量的目的。

8. 冬季混凝土施工温控防裂

日平均气温连续 5d 稳定在 5℃以下或最低气温连续 5d 稳定在 −3℃以下时，即进入冬季施工。

（1）混凝土早期允许受冻临界强度应满足下列要求：大体积混凝土不应低于 7.0MPa（或成熟度不低于 1800℃·h）；非大体积混凝土和钢筋混凝土不应低于设计强度的 85%。

（2）在严寒和寒冷地区预计日平均气温 −10℃以上时，宜采用蓄热法；预计日平均气温 −15～−10℃时可采用综合蓄热法或暖棚法；对风沙大，不宜搭设暖棚的仓面，可采用覆盖保温被下布置供暖设备的办法。

（3）混凝土的浇筑温度应符合设计要求，但温和地区不宜低于 3℃；严寒和寒冷地区采用蓄热法不应低于 5℃，采用暖棚法不应低于 3℃。

（4）在施工过程中，应注意控制并及时调节混凝土的机口温度，尽量减少波动，保持浇筑温度均匀。控制方法以调节拌和水温为宜。提高混凝土拌和物温度的方法：首先应考虑加热拌和用水；当加热拌和用水尚不能满足浇筑温度要求时，要加热骨料。水泥不得直接加热。拌和用水加热超过 60℃时，应改变加料顺序，将骨料与水先拌和，再加入水泥，以免假凝。

（5）对拌和楼和运输混凝土车辆的外侧贴保温板进行保温，确保低温时段的浇筑温度。在施工过程中，应注意控制并及时调节混凝土的出机口温度，尽量减少波动，保持浇筑温度均匀。

（6）在基岩面上或老混凝土上浇筑混凝土前，应检测表面温度，如为负温，应加热至正温，并且深度不小于 10cm。

6.5.2　温控防裂创新

碾压混凝土坝的温度控制与常态混凝土相比，既有简化的方面，也有复杂的一面。结合贵阳院和国内碾压混凝土坝近 20 多年来的温控防裂研究和实践，有以下几点创新。

（1）针对碾压混凝土水化热温升缓慢，早期强度低的特点，应充分利用碾压混凝土的后期强度，设计龄期宜采用 90d 或 180d，同时设计指标（如极限拉伸值）尽量匹配。

（2）绝热温升低，有利于温控，而极限拉伸值小，尤其是层间抗拉能力低，对温控防裂不利。

（3）温度控制标准以基础温差和内外温差控制为主。坝上游面约束区受内外温差和基础温差的双重控制，坝体中下游部位的基础温差可适当放宽。

（4）在满足施工期抗拉强度的要求下，采用四级配碾压混凝土，进一步降低水泥用量和水化热温升，其温控实践值得广泛推广。

（5）由于预冷混凝土温度回升较快，因此在施工过程中对浇筑温度的弱化控制，而采取延长通水时间的措施，将坝体内的温度控制在合理的范围内。

1）对于气候温和地区，在夏季高温季节，对混凝土浇筑温度的弱化控制，采取加强混凝土冷却水管的通水流量和通水时间，将坝体温度降至设计要求的范围内。

2）对混凝土浇筑温度的弱化控制，需加强混凝土冷却水管的通水控制和管理。

3）对混凝土浇筑温度的弱化控制，对于温度变幅较大，没有充足通水时间即进入低温季节的混凝土不适用。

4）若可以实现对混凝土浇筑温度的弱化控制，就可以减少投资，简化施工程序，对于发挥碾压混凝土坝快速施工的优势更为有利。

5）通过掌握的温度场和应力场计算技术进行分析，材料自身性能是影响温度应力的主要内因；通水冷却和表面保护是最重要的温控措施，外界气温是影响温度应力的主要外因。

6）从外因来考虑，某些地区气候条件如果满足要求，可以采用弱化浇筑温度的方法；从内因来考虑，减少胶凝材料用量、掺加粉煤灰、磷矿渣和氧化镁，采用导热性能较好的骨料，使用钢筋都可以在一定程度上减少对温控措施的依赖。如果通过计算试验证明加强措施力度和采用新材料新工艺可以满足防裂要求，无温控或者少温控混凝土就是可行的。

（6）斜层碾压缩短了覆盖时间，从而可以减少热量倒灌，起到很好的温控作用。

（7）采用聚合物水泥柔性保温材料给大坝穿衣服，可以有效快速地对大坝混凝土表面进行保护，是目前防止大坝表面裂缝十分有效的技术措施。

（8）碾压混凝土的优势之一就是简化温控或适当取消温控，如何使温控标准和快速施工有一个最佳结合点，是面临解决的一个新课题。

（9）温控仿真和温控反馈分析是未来大体积混凝土温度控制的设计与管理的趋势。

温控仿真是指通过建立有限元模型，然后模拟外界温度变化和自身水化热，用有限元软件计算温度场分布，并在此基础上计算温度应力。温控正分析是指工程施工前根据推测施工计划等资料进行温控分析。

温控反馈分析是指施工阶段先按照正分析结论制订温控措施，随着现场情况变化进行调整计算，实时为工程现场提供温控调整服务。目前温控反馈分析已在三峡二期大坝、普定、溪洛渡拱坝、锦屏一级拱坝等工程中采用，取得了很好的效果。贵阳院在承担设计的格里桥电站进行了大坝温控反馈计算，并用于指导碾压混凝土的施工，起到了较好的实时指导作用。

反馈仿真计算相对于常规的温控设计，其优势在于根据实际的施工进度安排，全面反映坝体的温度和应力情况，能够按照高程和分区进行细致的分析，并能够通过计算结果和实际对比分析，判断出原始数据是否有错误，及时提出合理的温控调整意见。

碾压混凝土坝温控仿真分析技术已经相对比较成熟了，但是应用在反馈分析上面还有很多需要注意的地方。首先，反馈分析需要收集大量的现场资料。为了保证资料的可靠性和及时性，最好由计算人员现场测量资料；其次，反馈分析需要与工程进程紧密联系，这就需要仿真计算及前后处理时间不能太长，否则不能满足实际需要。

今后，碾压混凝土坝仍然是水电站工程重要的坝型之一，其快速施工的特点也具有很好的经济性，只要妥善解决温控问题，碾压混凝土坝就具有很好的安全性。各地气候、水文、筑坝原材料及受其影响的施工进度都有很大差别，通过温控仿真计算和反馈分析，能更好地为工程服务。

第7章　碾压混凝土坝施工设计

7.1　概述

碾压混凝土与常态混凝土施工的各种程序基本相同，是用强力振动和碾压的共同作用下，振动压实的干硬性混凝土。所不同的是碾压混凝土采用土石坝施工运输及铺筑设备，即通过综合优化土石坝施工中用振动碾分层压实的施工技术的一种混凝土筑坝技术。与土石坝结构相比，碾压混凝土坝具有体积小、强度高、防渗性能好的优点。与常态混凝土坝比，碾压混凝土施工工序简单、碾压机械可在仓面行走，施工中均可采用通用机械连续作业等特点。

自1981年开始，我国对碾压混凝土筑坝技术进行全面的探索研究和建设实践，在科学技术研究及筑坝建设方面都取得了令人瞩目的丰硕成果，形成一整套较成熟的筑坝新技术，它在水利水电工程建设中发挥了重要的作用。我国碾压混凝土具有低水泥用量，高掺粉煤灰的特征。从坝工设计、混凝土原材料、施工技术、施工工艺、施工机具等方面总结我国碾压混凝土筑坝技术30年来的发展水平，我国碾压混凝土筑坝技术的研究和工程的实践表明：不论在筑坝数量上（2006年不完全统计有126座），还是在筑坝高度上（拱坝140m级，重力坝200m级），均处于世界先进水平。

碾压混凝土筑坝因其具有速度快、工期短、投资省等优越性。在我国水利水电工程施工中正处于快速发展时期，目前我国碾压混凝土筑坝技术已形成自己的特色，拥有先进的碾压混凝土工法。

碾压混凝土的施工主要采用薄层连续碾压施工。碾压层厚一般为30cm，薄层铺筑是碾压混凝土取得快速施工的基础。采用低工作度碾压混凝土是当前的发展趋势，碾压混凝土的工作度VC值是施工现场质量控制的重要指标之一，20世纪80年代初，日本在岛地川坝上采用的VC值为（20±10）s，我国的碾压混凝土施工规范中规定VC值在5～12s范围内，而实际采用的VC值在仓面上一般为5～8s，机口为3～5s，较低的VC值对于方便施工、层间结合抗剪指标和防渗性能都有明显的改善。尤其在高温、高蒸发地区，机口

VC 值控制在 2～4s 其效果更加显著。

碾压混凝土筑坝保证施工质量的首要问题是快速施工，尽量缩短层间覆盖时间是提高碾压混凝土筑坝质量的关键，特别是在改善层间结合上，间歇时间越短，层间结合越好，防渗性能越好。斜层碾压对于大仓面碾压混凝土快速施工是有效方法，近几年得到推广和引用，光照、棉花滩和百色大坝广泛使用该技术取得良好的效果。

碾压混凝土采用全断面施工是未来发展的趋势。目前在建的碾压混凝土坝绝大多数取消碾压混凝土外包常态混凝土的型式，而采用全断面碾压混凝土结构型式。全断面碾压混凝土结构型式，以二级配富胶凝材料混凝土本身作为防渗主体，采取其他型式作为辅助防渗，并在建筑物周边、廊道、竖井、岸坡等部位采用变态混凝土。变态混凝土的应用，使碾压混凝土筑坝施工程序进一步简化，使碾压混凝土施工更快捷。

真空溜管（负压溜槽、满管溜槽）的应用，为狭窄河谷碾压混凝土坝施工创出了一条出路，有效地避免了混凝土在垂直输送过程中的分离。而翻升悬臂模板为碾压混凝土连续上升浇筑，实现更快速施工创造条件，它是当前碾压混凝土筑坝采用较多的一种模板型式。

贵阳院最早是 20 世纪 80 年代中期开始，在天生桥二级水电站首部枢纽大坝推广应用碾压混凝土筑坝技术研究，之后相继在普定（"八五"攻关）、索风营、大花水、龙首、马岩洞、光照、思林、格里桥、石垭子、洗马河赛珠、阿珠、马马崖一级，毛家河、立洲、沙沱、善泥坡、沙阡、果多、象鼻岭等水电站工程中开展了大量的设计研究工作，取得了较丰富的设计和工程实践成果。

7.2　施工导流

7.2.1　概述

施工导流虽属临时工程，但在整个水电工程的施工中又是一项至关重要的单位工程，它不仅关系到整个工程施工进度及工程完成时间，而且对施工方法的选择，施工场地的布置以及工程的造价有很大影响。

为了解决好施工导流问题，在工程的施工组织设计中必须做好施工导流设计，其设计任务是：分析研究当地的自然条件、工程特性和其他行业对水资源的需求来选择导流方案，划分导流时段，选定导流标准和导流设计流量；确定导流建筑物的型式、布置、构造和尺寸，拟定导流建筑物的修建、拆除、封堵的施工方法；拟定河道截流、拦洪度汛和基坑排水的技术措施；通过技术经济比较，选择一个较经济合理的导流方案。

对于狭窄河床碾压混凝土坝的施工导流方式主要为围堰一次拦断河床，隧洞导流方式较为普遍，洪枯变化较大的贵州山区河流，前期施工导流主要的特色是枯期过水围堰＋自溃堰挡水，中期导流主要为导流洞＋土石过水围堰堰顶过水联合度汛及导流洞＋预留缺口或底孔度汛的方式导流，典型的工程有普定、索风营、大花水、光照、思林水电站等施工导流。但对于河床较为宽阔的坝址，亦可进行分期导流，典型的工程有沙沱水电站施工导流。

对于藏区，枯期也正好是封冻期，混凝土停止施工，混凝土只能在 3—11 月底期间施工，因此施工导流设计一般采用全年挡水围堰，以果多水电站施工导流为典型代表。

7.2.2　施工导流设计回顾

　　贵州省境内水资源丰富，河流众多，分属长江和珠江流域，流域面积在 $1000km^2$ 以上的河流就有 7 条。在贵州乌江、北盘江等主要的大江大河上修建了一批大中型水电枢纽工程（图 7.2.1，表 7.2.1），设计工程师通过对贵州地区特殊的自然条件和水文条件的研究，解决了大批水电工程的施工导流问题。从已完建的诸多工程来看，施工导流方案的科学性和经济性已经得到了充分的证明，并形成了诸如"土石过水围堰""一枯抢拦洪"等一系列适用于贵州地区特殊自然条件和水文条件的施工导流设计理念，大大节省了工程投资，缩短了工程施工工期，为推动贵州水电事业的发展和进步做出了贡献。

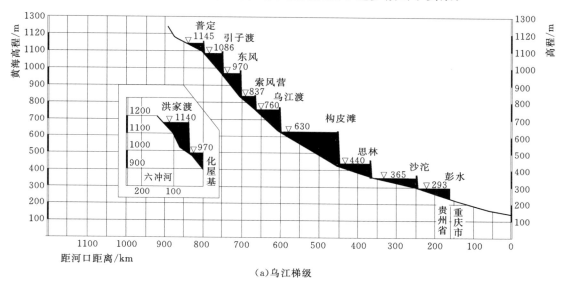

(a)乌江梯级

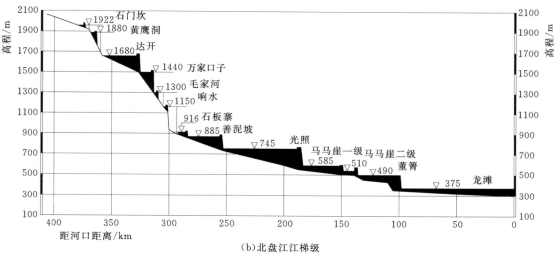

(b)北盘江梯级

图 7.2.1　贵州省内乌江及北盘江流域水电开发梯级剖面图

表 7.2.1　　　　　　　贵州省部分已建水电工程施工导流特征表

序号	工程名称	所在河流	坝型	最大坝高/m	导流方式	导流标准/%	导流时段	导流流量/(m³·s⁻¹)	度汛方式（截流后第一年）	泄水建筑物断面/(m×m)	围堰型式	围堰最大高度/m	围堰防渗方式
1	普定	三岔河	碾压混凝土拱坝	75	隧洞导流	10	枯期（11月1日至次年4月20日）	423	基坑+导流洞过流	7×8	土石过水围堰	16.2	混凝土防渗墙
2	引子渡	三岔河	面板堆石坝	129.5	隧洞导流	10	枯期（10月16日至次年5月5日）	1170	大坝临时断面挡水、导流洞过流	9×11+12×14.5	土石挡水围堰	23.5	高压灌浆
3	洪家渡	乌江	面板堆石坝	179.5	隧洞导流	10	枯期（11月1日至次年5月31日）	1260	大坝临时断面挡水、导流洞过流	13×14.82+11.6×12.8	土石挡水围堰	16	高压灌浆
4	东风	乌江	混凝土拱坝	162	隧洞导流	10	枯期（11月1日至次年4月30日）	1350	基坑+导流洞过流	12×14.13	土石过水围堰	17.5（不含4.5m高子堰）	高喷板墙
5	索风营	乌江	碾压混凝土重力坝	115.8	隧洞导流	10	枯期（11月6日至次年5月10日）	1350	基坑+导流洞过流	12×14	土石挡水围堰	22（不含3.6m高子堰）	高压灌浆
6	乌江渡	乌江	混凝土拱形重力坝	165	隧洞导流	10	枯期（7个月）	1320	围堰挡水、导流洞过流	10×10	混凝土拱围堰（过水）	40	高压灌浆
7	构皮滩	乌江	混凝土拱坝	232.5	隧洞导流	10	全年	13500	基坑+导流洞过流	3-15.6×17.7	混凝土围堰	72.6	帷幕灌浆
8	思林	乌江	碾压混凝土重力坝	124	隧洞导流	10	枯期（11月11日至次年5月10日）	4380	基坑+导流洞过流	2-13×15	土石过水围堰	48.2（不含6m高子堰）	高喷板墙
9	沙沱	乌江	碾压混凝土重力坝	101	分期导流	10	枯期（11月6日至次年5月5日）	4820	明渠+右岸底孔+坝体缺口	2-13×15	土石过水围堰	28（上堰）	高压灌浆

续表

序号	工程名称	所在河流	坝型	最大坝高/m	导流方式	导流标准/%	导流时段	导流流量/(m³·s⁻¹)	度汛方式（截流后第一年）	泄水建筑物断面/(m×m)	围堰型式	围堰最大高度/m	围堰防渗方式
10	善泥坡	北盘江	碾压混凝土拱坝	110	隧洞导流	10	枯期（11月6日至次年5月25日）	466	基坑+导流洞过流	7×9	土石挡水围堰	17	高喷墙
11	光照	北盘江	碾压混凝土重力坝	200.5	隧洞导流	10	枯期（11月6日至次年5月15日）	1120	基坑+导流洞过流	11.5×16	土石过水围堰	16.3（不含5.5m高子堰）	高喷板墙
12	马马崖	北盘江	碾压混凝土重力坝	109	隧洞导流	10	枯期（11月6日至次年5月15日）	1250	基坑+导流洞过流	11×12	土石过水围堰	24.1（不含5m高子堰）	高喷板墙
13	董箐	北盘江	面板堆石坝	149.5	隧洞导流	10	枯期（11月6日至次年5月15日）	1650	大坝临时断面挡水、导流洞过流		土石挡水围堰	23.5	高喷板墙
14	天生桥一级	南盘江	面板堆石坝	178	分期导流	5	枯期（11月11日至次年5月20日）	1670	大坝临时断面+导流洞过流	2-15×17	土石过水围堰	21	高喷板墙
15	天生桥二级	南盘江	混凝土重力坝	60.7	隧洞导流	5	枯期（11月21日至次年5月10日）	1230	基坑+导流明渠	2-13.5×13.5	土石过水围堰	14.7	混凝土防渗墙
16	石垭子	洪渡河	碾压混凝土重力坝	134.5	隧洞导流	20	枯期（11月6日至次年4月25日）	570	基坑+导流洞过流	8×9	土石挡水围堰	13（不含6m高子堰）	高喷板墙
17	三板溪	清水江	面板堆石坝	185.5	隧洞导流	5	枯期（10月1日至次年4月30日）	3370	大坝临时断面挡水、导流洞过流	16×18	土石过水围堰	30	黏土心墙
18	大花水	清水河	碾压混凝土拱坝	134.5	隧洞导流	10	枯期（10月16日至次年4月15日）	803	基坑+导流洞过流	9×11	土石过水围堰	16.5（不含4m高子堰）	高喷板墙
19	格里桥	清水河	碾压混凝土重力坝	124	隧洞导流	20	枯期（10月16日至次年4月15日）	581	基坑+导流洞过流	7×9	土石过水围堰	14.7（不含4m高子堰）	高喷板墙

通过上述已建大中型水电工程施工导流方案的统计和分析，多数工程无论是堆石坝或是混凝土坝，在施工导流设计方案上有很多相似之处，在施工导流方式、度汛方案、导流时段、围堰堰型、围堰基础防渗处理等方面都有很多共同点。通过对贵州地区流域自然条件、水文条件以及工程本身特点的深入分析，我们就能找到现象后面的规律性和必然性。

（1）多数水电工程采取的导流方式均为"围堰拦断河床、隧洞导流方式"。除了部分堆石坝型不适合其他导流方式的因素外，更主要的是与贵州地区流域地处深山峡谷，河床狭窄，两岸山体陡峻，不适合明渠导流或者分期导流有关。

（2）导流时段选择全年时段的极少，多以枯期导流方式为主。主要原因有三点：①贵州地区属于典型的山区性河流，一年当中枯水期和丰水期的界限相当明显，且两者的流量相差巨大，采取枯期导流方案将大大降低导流工程投资；②贵州境内的水电工程规模普遍不大，大坝的工程量也不是很大，工程截流后，大坝具备在一个枯水期内浇筑（填筑）上来，并在汛前达到挡水的条件，这在堆石坝坝型上表现得尤其明显；③全年导流与枯期导流的投资相差较大，在有些工程能达到1亿元之多，这对于投资规模较小的工程来说是难以接受的。

（3）土石过水围堰在多个工程中得到了应用。由于堆石坝一般不允许坝面过水，土石过水围堰主要应用在混凝土坝型上。由于工程多采取枯期导流，如果在截流后的第一个汛前大坝不具备挡水度汛条件，基坑在汛期就要过水，采用土石过水围堰，通过对堰面的保护，避免围堰在汛期遭到破坏，达到节省修复围堰的时间和费用的目的。多个工程实践证明，土石过水围堰的应用，对保证工程的施工工期起到了至关重要的作用。

（4）导流标准多数取的是规范规定的下限指标。究其原因，主要有三点：①工程规模不大，水库库容小；②工程多处于高山峡谷中，下游人烟稀少，一般没有重要保护对象，工程失事后果较小；③特殊的水文条件决定了不同标准下的流量相差较大，导致不同标准下的导流工程投资相差也较大。

（5）围堰基础防渗方式多以高喷及高压灌浆方式为主，极少用到防渗墙。这主要是由于贵州地区河床覆盖层普遍较浅，围堰高度也不大，防渗体挡水水头不高，另外，河床多以砂砾石为主，能较好地适应高喷灌浆防渗施工技术的要求。

多个工程实践证明，贵州地区水电工程的施工导流设计，做到了因地制宜、统筹考虑，设计是安全、经济和合理的。但回顾工程在建设过程中的施工导流应用情况，应该看到有些设计存在一定的风险。主要体现在以下两个方面：

（1）土石过水围堰的安全性。土石过水围堰在其他地区很少得到采用，主要还是由于相对传统的其他堰型来说，土石过水围堰由于堰面流速大、流态复杂，对堰面结构的设计和施工要求都很高，虽然设计工程师也积累了大量的经验，对土石过水围堰有了较为系统的认识，然而在设计和施工环节稍有不慎，容易出现堰面破坏，直至威胁到围堰安全。

（2）堆石坝的度汛安全风险。"一枯抢拦洪"的设计理念虽能节约工程投资、加快工程施工进度，但其适应性和灵活性较差，一旦工程施工面貌达不到设计要求时，工程将面临巨大的度汛风险，个别工程不得不放宽设计要求，甚至需要降低度汛标准。

施工导流作为水电工程施工期重要的一环，设计的成败不仅关系到整个工程的施工进度及工程安全，还对社会安定有着重要影响，需要在不断总结工程经验及教训的同时，以创新的理念进行设计，取得更为丰富的成果。

随着"西电东送"水电项目的陆续投产发电，贵州境内大中型水电项目的开发已经进入尾声，今后一段时间内，国内水电勘测设计市场将转移到四川、云南、西藏等地，国外水电勘测设计市场涉及的地域将会更广。

我们认为施工导流设计，需要注意以下几个方面的问题：

（1）特殊的地理环境和社会环境对工程安全要求更高。西部地区特别是藏区以及国外工程，所在地特殊的地理环境和敏感的社会环境，要求设计工程师在设计过程中应高度重视工程安全。比如说在导流标准的选取问题上，应该慎重处理，在处理工程投资和工程安全这对矛盾体上，在适当时候应倾向于后者。关于这一点，从目前接触的一些项目来看，从当地政府到项目业主，也都有这方面的共识。

（2）适应特殊的自然条件需要。比如西藏地区高海拔高寒冷的气候条件，决定了冬季施工效率低下，有部分低温月份甚至要停工，而冬季又正好是枯水季节，因此，在贵州地区实用的枯期导流方案在藏区工程中一般都很难适用；国外东南亚地区雨季高温暴雨气候等，对工程施工进度影响很大，对施工导流程序以及工程度汛方案均有较大影响。

（3）重视工程规模及其他一些特殊工程要求。如四川境内龙溪口电站的施工导流设计，通航问题就成了关键，需要放在考虑因素的首位；对于高坝大库，工程的中后期度汛问题就非常重要和突出。这些都是在贵州境内水电工程设计中较少或者不会涉及到的。

（4）其他一些值得关注的问题。如导流洞高地应力问题、围堰深厚覆盖层防渗处理问题、高坝下闸蓄水期向下游供水问题等。

7.2.3　典型工程实例

7.2.3.1　光照水电站施工导流

1. 洪水标准

（1）导流标准。本电站为一等大（1）型工程，主要建筑物拦河坝为一级建筑物，相应的临时建筑物为四级，考虑水文系列较长和工程未处于暴雨中心，采用10年一遇重现期洪水作为导流设计标准。

（2）度汛标准。当大坝浇筑高于围堰后，其临时度汛洪水标准为：当拦洪库容不小于1.0亿 m^3，按全年2%频率流量作为度汛设计标准；0.1亿 m^3＜库容＜1.0亿 m^3，按全年3.33%频率流量作为度汛设计标准；库容小于0.1亿 m^3，按全年5%频率流量作为度汛设计标准。

2. 导流方式及导流时段

（1）导流方式。由于河床狭窄，两岸较陡，河谷宽高比为2.24，洪枯流量变幅较大，不宜采用分期导流或明渠导流，同时考虑混凝土坝的特点，本工程采用土石过水围堰，隧洞导流方式。

（2）导流时段。本工程的水文特点是洪水陡涨陡落，洪枯水位变幅较大；另外大坝为混凝土坝，汛期可以采取预留缺口等措施度汛。综合考虑导流工程造价及工期等因素，在导流工程费用增加不多的前提下，尽量选择施工期较长的时段，经比较分析，选定11月6日至次年5月15日六个月一旬作为枯期导流时段，相应时段10%频率洪水流量为

$1120 \text{m}^3/\text{s}$。

（3）导流程序。

1）2003 年 10 月初至 2004 年 10 月中旬，进行导流洞施工及两岸坝肩开挖，为第二年 11 月截流创造条件。导流洞施工期间利用原河床导流，导流洞全年施工，导流标准为 $P=10\%$，相应导流流量为 $5470 \text{m}^3/\text{s}$，对应水位为 599.16m。

2）2004 年 10 月下旬至 2005 年 5 月 15 日（一枯），主河道截流，堆筑上游土石过水围堰和下游土石过水围堰，同时进行基坑开挖并浇筑垫层混凝土，完成坝基固结灌浆，隧洞导流，导流时段为 11 月 6 日至次年 5 月 15 日，导流标准为 $P=10\%$，导流流量为 $1120 \text{m}^3/\text{s}$。上下游水位分别为 599.5m 和 587.2m。

3）2005 年 5 月 16 日—11 月 6 日，围堰过水，基坑淹没，导流洞与基坑联合度汛，大坝停止施工。本汛期度汛标准为全年 $P=10\%$ 频率洪水，流量为 $5470 \text{m}^3/\text{s}$。上下游水位分别为 603.25m 和 599.16m。

4）2005 年 11 月 6 日至 2006 年 5 月 15 日（二枯），继续浇筑坝体混凝土，溢流坝段缺口上升至 600m 高程，左右岸上升至 615m 高程，隧洞导流。导流标准及流量同一枯。

5）2006 年 5 月 16 日—11 月 5 日，本汛期度汛标准为全年 $P=5\%$ 频率洪水，流量为 $6260 \text{m}^3/\text{s}$，缺口和导流洞联合度汛，缺口两边坝体继续上升。上下游水位分别为 606.6m 和 601.0m。

6）2006 年 11 月 6 日至 2007 年 5 月 15 日（三枯），继续坝体混凝土浇筑，大坝全线上升至 660m 高程，准备度汛。导流标准及流量同一枯。

7）2007 年 5 月 16 日—11 月 5 日，本汛期度汛标准为全年 $P=2\%$ 频率洪水，流量为 $7270 \text{m}^3/\text{s}$，汛期洪水由导流洞和两个底孔下泄，坝体全年施工。

2007 年 10 月 1 日导流洞下闸封堵，2 月初拆除下游围堰。2008 年 6 月第一台机组发电，5 月底坝体浇筑完毕，2009 年 3 月底四台机组全部发电。

3. 导流建筑物

（1）导流洞。导流洞布置于右岸可以避免不利因素，综合比较后优选右岸一条导流洞布置方案。导流洞特征指标见表 7.2.2。

表 7.2.2   光照水电站导流洞特征指标表

序号	项　目	单位	数量
1	进口明渠长	m	51.5
2	出口明渠长	m	25.9
3	进口底板高程	m	583.0
4	出口底板高程	m	581.5
5	洞长	m	804.863
6	底坡	‰	1.874
7	断面尺寸（城门洞形）	m	11.5×16

（2）基坑围堰。

1）自溃堰设计。根据上游水位，确定上游围堰堰顶高程为 600.6m，为了减小围堰过水保护难度，在过水围堰顶部加设自溃堰，自溃堰顶高程 600.6m，顶宽 4m，堰顶长度 133m，自溃堰高 5m，上游边坡 1:1，下游边坡 1:1.2，用草袋土石渣和黏土堆筑而成。整个施工导流期，自溃堰需堆筑两次。自溃堰在结束挡水任务后汛前应人工扒开一个缺口，使堰体能及时冲溃，降低上游水位。

2）过水围堰设计。上游过水围堰顶高程 595.6m，最大堰高 15.6m，堰顶宽 16.0m，堰顶长度 118.8m，堰体由戗堤块石、反滤层、夹土石渣、防渗体、护面体等组成。戗堤块石为截流戗堤堆筑体，上游边坡 1:1.25，下游边坡 1:1.5。反滤层由反滤碎石、反滤砂组成，布置在戗堤块石上游，坡度为 1:1.25～1:1.75。防渗体由高喷板墙组成全封闭垂直防渗体系。在堰顶 595.6m 高程，设计宽 16m、厚 1.0m 的钢筋混凝土护面平台，下游接 1:6 坡度的现浇混凝土楔形体护坡。

下游围堰高程为 591.5m，最大堰高 13m，堰顶宽 10m，堰顶长度 82.0m，堰基覆盖层最大厚度 14.5m。堰体结构与上游围堰基本相同，由夹土石渣、反滤层、下游排水棱体、防渗体、护面体等组成。防渗体由高喷板墙和黏土心墙组成。在堰机设计有宽 10m、厚 1.0m 的钢筋混凝土护面平台，下游接 1:6 坡度的现浇混凝土楔形体护坡。

4. 施工度汛

施工度汛分导流洞封堵以前和导流洞封堵以后两个阶段，各阶段大坝施工度汛特征见表 7.2.3，其中 2006 年汛期共考虑 4 个方案，以在 600m 高程预留缺口的方案三最为合理。

表 7.2.3　　　　　　　　　　　　　光照水电站大坝施工度汛特征表

项目 年份		度汛标准		泄洪途径		分泄流量 /(m³·s⁻¹)		上游水位 H_1/m	下游水位 H_2/m
		频率	流量 /(m³·s⁻¹)	1	2	Q_1	Q_2		
2005 年汛期		$P=10\%$	5470	导流洞	基坑	1040	4430	603.25	599.16
2006 年 汛期	方案一	$P=10\%$	5470	导流洞	590 缺口 （宽 91m）	1170	4300	604.6	599.16
	方案二	$P=5\%$	6260	导流洞	595 缺口 （宽 91m）	1200	5060	606.6	601.0
	方案三	$P=5\%$	6260	导流洞	600 缺口 （宽 91m）	1600	4660	611.1	601.0
	方案四	$P=5\%$	6260	导流洞	590 导流底孔 （4 孔 8×10m）	1950	4310	615.0	601.0
2007 年汛期		$P=2\%$	7270	导流洞	640 底孔 （2 孔 4×6m）	3915	445	654.08	596.45
2008 年汛期		$P=0.1\%$	10400	表孔	底孔	大坝竣工			

7.2.3.2　思林水电站施工导流

1. 导流标准及方式

思林水电站为一等工程，主要建筑物为Ⅰ级。导流建筑物级别确定为Ⅳ级。

综合分析，选定洪水标准为 10 年一遇洪水重现期，枯期施工期时段为 11 月 11 日至次年 5 月 10 日（6 个月），相应流量为 4380m³/s。

根据区域水文特性、地形地质条件以及枢纽布置对导流方式进行分析，从简化临建工程规模、节约投资、缩短工期的角度出发，前期选用过水围堰挡水、隧洞泄流，河床度汛的枯期导流方式，中、后期则采用在坝体上预留缺口，汛期洪水由导流洞、坝体缺口及底孔联合下泄的全年导流方式。

2. 导流程序

（1）第一年 8 月初至第三年 10 月底。进行导流洞施工及两岸坝肩开挖，为第三年 11 月截流创造条件。此时段由原河床导流，全年施工，导流标准为全年 $P=10\%$，相应导流流量为 14000m³/s。

（2）第三年 11 月初至第四年 5 月 10 日。主河道截流，堆筑围堰，同时进行基坑开挖及浇筑垫层混凝土，此时段由导流洞导流。导流时段为 11.6～5.15，导流流量为 4380m³/s（上游水位 389.7m，库容 0.92 亿 m³）。

（3）第四年 5 月 11 日至第四年 11 月 10 日。围堰过水，基坑度汛，主要进行通航建筑物水上部分开挖。

洪水经导流洞及河床围堰联合下泄。度汛标准采用全年 $P=10\%$，相应导流流量为 14000m³/s（上游水位 397.9m，库容 1.8 亿 m³，仍需围堰保护）。

（4）第四年 11 月 11 日至第五年 5 月 10 日。大坝碾压混凝土施工，并在坝体中部 375m 高程处预留缺口，宽度为 47.5m，5 月 11 日缺口两边升至 410m 高程。此时段由导流洞导流，流量为 4380m³/s。

（5）第五年 5 月 11 日至第五年 11 月 10 日。坝体缺口两边继续浇筑，按 $P=5\%$ 的全年洪水标准设计，流量为 16400m³/s。此期泄流途径为导流洞、坝体预留缺口及底孔（高程 380m）（上游水位 399.8m，库容 2.08 亿 m³，仍需围堰保护）。

（6）第五年 11 月 11 日至第六年 5 月 10 日。将坝体缺口浇至坝顶设计高程，拆除下游围堰，封堵导流洞。河水经导流洞（前期）及底孔（后期）下泄。

（7）第六年 5 月 11 日至第六年 11 月 10 日。第六年 6 月初底孔下闸蓄水，7 月 1 日第一台机组发电，此期间度汛标准按 $P=1\%$ 的全年洪水设计，相应流量为 21600m³/s，按 $P=0.5\%$ 的全年洪水校核，相应流量为 23600m³/s，泄流途径为溢流坝。

3. 导流建筑物

（1）导流洞。导流洞布置主要考虑枢纽格局和河谷地形、地质条件。由于枯期导流设计流量为 4380m³/s，单洞泄流量宜为 2000～2500m³/s，采用左岸、右岸各布置一条导流洞方案。

左岸导流隧洞过流断面尺寸 13m×15m（宽×高），右岸导流洞过流断面尺寸 13m×15m（宽×高）。

（2）围堰。

1) 上游围堰。上游土石围堰主要由截流戗堤、小于 30cm 石渣、夹土石渣料、护坡料及子堰构成。上游戗堤顶宽 15m，迎水坡坡比 1：1.3，背水坡坡比 1：1.5，堤头坡度 1：1.1；防渗结构灌浆平台高程（381.4m）以下防渗采用控制性水泥灌浆帷幕和速凝膏浆高压灌浆防渗，灌浆平台与围堰面板混凝土之间采用复合土工膜防渗，子堰采用黏土心墙防渗。上游面 373m 高程以下采用 2m 厚大块石护坡。

堰面过水保护：堰顶平台钢筋混凝土面板厚度 1.5m，顶宽 31.00m，面板尺寸为 15m×20m；斜坡面为混凝土护坡；堰后平台 373.5m 高程，钢筋混凝土面板厚度 1.5m，顶宽 8.0m，面板尺寸为 8m×20m，钢筋笼间采用短钢筋焊接连接成整体，喷射 20cm 厚混凝土；堰脚为钢筋混凝土挡墙护脚。混凝土护面板和钢筋笼与堰肩结合采用现浇压边混凝土衔接。

子堰填筑：子堰堰顶高程 389.20m，顶宽 6.0m，两侧边坡均 1：1.5。子堰黏土心墙土石围堰，上游侧采用块石护坡。子堰在汛前从围堰中部挖开。

2) 下游围堰。下游围堰为混凝土面板土石过水围堰，最大高度 24.95m，最大底宽 185m。堰顶平台为钢筋混凝土板，起镇头作用，斜坡段为钢筋混凝土面板，起防护和稳定水流作用，堰后平台为钢筋混凝土板，起镇脚和堰后防护作用，堰前设有大块石护坡，堰后设有 12～15t 合金网兜装块石护脚。

堰顶高程 379.0m，围堰轴线长度 168.53m，堰顶有交通要求，堰顶顶宽 10m。

灌浆平台高程（370.0m）以下防渗采用控制性水泥灌浆帷幕和速凝膏浆高压灌浆防渗，灌浆平台与围堰面板混凝土之间采用复合土工膜防渗。

上游护坡、护脚材料为大块石、石串（要求块石粒径 $d \geqslant 0.8m$），坡顶为钢筋混凝土面板护坡。护坡背面设置 1.0m 厚的砂砾石反滤过渡料。堰面保护基本同上游围堰。

4. 施工度汛

（1）2004 年及 2005 年汛期（截流前的汛期）。汛期由原河床导流，全年施工，导流标准为全年 $P=10\%$，相应导流流量为 $14000m^3/s$。

（2）2006 年汛期（截流后第一个汛期）。洪水经导流洞及河床围堰联合下泄。度汛标准采用全年 $P=10\%$，相应导流流量为 $14000m^3/s$（上游水位 397.9m，库容 1.8 亿 m^3，仍需围堰保护）。

（3）2007 年汛期（截流后第二个汛期）。按 $P=5\%$ 的全年洪水标准设计，流量为 $16400m^3/s$。此期泄流途径为导流洞、坝体预留缺口及底孔（高程 380m）（上游水位 399.8m，库容 2.08 亿 m^3，仍需围堰保护）。

（4）2008 年汛期（截流后第三个汛期）。大坝工作面已全部超出上游围堰堰顶高程，坝体直接挡水，其度汛设计标准为全年 50 年一遇洪水，流量为 $19400m^3/s$，左右岸导流洞和 7 个表孔联合泄流，上游河床水位为 436.14m，下游河床水位为 394.47m。

（5）2009 年汛期（截流后第四个汛期）。2009 年 3 月 28 日下闸蓄水，5 月 28 日第一台机组发电，此期间度汛标准按 $P=0.2\%$ 的全年洪水设计，相应流量为 $26600m^3/s$，泄流途径为溢流表孔，上游水位为 444.83m，下游河床水位为 401.24m。

7.2.3.3 沙沱水电站施工导流

沙沱水电站河床两岸相对较平缓，河床相对较宽阔，坝址处河床宽约 190m，且在枯水期河床有礁滩出露，可利用礁滩修筑纵向混凝土围堰。从地形、地质和枢纽布置条件考虑，采用分期导流和明渠导流方式均有明显优势。通过分析比较，确定本工程采用分期导流方式，前期右岸施工，由左岸河床泄流；中、后期由右岸坝体导流底孔及缺口联合下泄。

1. 导流标准

本工程属于Ⅱ等大（2）型工程，主要建筑物为Ⅱ级，根据相关规范规定，相应导流建筑物级别及导流标准见表7.2.4。

表 7.2.4　　　　　　　　　　沙沱水电站导流设计标准及流量

项　　目	建筑等级	时　　段	标准	流量/(m³·s⁻¹)
纵向混凝土围堰施工	V	12月1日至次年2月28日	枯期5年一遇	871
施工右岸坝段、左岸导流施工期	Ⅳ	11月6日至次年11月5日	全年10年一遇	14800
施工左岸坝段、右岸导流施工期	Ⅳ	11月6日至次年5月5日	枯期10年一遇	4820

施工期间当坝体高度高于围堰后，其临时度汛洪水标准根据规范规定如下：

（1）导流前期，当坝前拦洪库容小于0.1亿 m³ 时，采用 $P=10\%$ 的全年洪水标准，相应流量为 14800m³/s。

（2）导流中期，当坝前拦洪库容大于0.1亿 m³ 而小于1.0亿 m³ 时，采用 $P=5\%$ 的全年洪水标准，相应流量为 17300m³/s。

（3）导流后期，当坝前拦洪库容大于1.0亿 m³ 时采用 $P=2\%$ 的全年洪水标准，相应流量为20300m³/s。

（4）导流泄水建筑物封堵后，永久泄洪建筑物尚未具备设计泄洪能力，此时坝体度汛洪水标准采用 $P=1\%$ 设计，相应流量为22700m³/s；按 $P=0.5\%$ 校核，相应流量为24900m³/s。

2. 导流布置及导流程序

分期导流纵向混凝土围堰布置于河床中部，将河床分为左右两部分，利用枯期出露的礁滩修筑纵向混凝土围堰。

因左岸河床高，先围左岸进行纵向混凝土围堰施工，其施工时段较短，可修筑一纵向土石子围堰保护施工。纵向混凝土围堰最大高度为 40.85m，上游端顶高程为 316.50m，下游端顶高程为 313.85m，长度为 608m，纵向土石子围堰挡水标准为枯期（12月至次年2月底）5年一遇洪水，流量为 871m³/s，堰顶高程 296.00m，顶宽5m；一期围右岸，施工右坝段和通航建筑物，导流标准为全年10年一遇洪水，流量 14800m³/s，上游围堰高程316.50m，最大高度为41.5m，下游围堰高程313.85m，最大高度为40m；二期围左岸河床，施工左岸坝段和厂房，导流标准为枯期（11月6日至次年5月5日）10年一遇洪水，流量4820m³/s。在右岸溢流坝段设置3个导流底孔，断面尺寸10m×12m，底高程为287.00m，在通航坝段预留缺口，宽38m，底高程为295.00m，泄流通道为缺口和底孔，上游围堰堰顶高程为307.00m，高度为17m，下游围堰堰顶高程为300.60m，高度13.6m。

根据枢纽建筑物布置特征和水文特点选定导流方式，导流程序如下：

（1）筹建年 12 月初至第一年 2 月下旬，在纵向土石子围堰的保护下进行纵向混凝土围堰施工、左岸河床扩挖，为第一年 11 月上旬右岸河道截流创造条件。设计洪水标准选择天然状态下枯期 5 年一遇洪水，流量为 871m³/s。

（2）第一年 10 月下旬拆除纵向土石子围堰，11 月上旬至第二年 11 月上旬，右岸河道截流，堆筑一期上、下游围堰，同时进行右岸坝段、通航建筑物的常枯水位以下部位的开挖及混凝土浇筑施工。设计洪水标准选择全年 10 年一遇洪水，流量为 14800m³/s，泄流通道为左岸河床。此间右岸坝段整体浇筑至 320.50m 高程。

（3）第二年 10 月拆除一期土石围堰，11 月上旬至第三年 5 月上旬，左岸河道截流，堆筑二期上、下游围堰，同时进行左岸坝段、厂房等常枯水位以下部位的开挖及混凝土浇筑施工。设计洪水标准选择枯期 10 年一遇洪水，流量为 4820m³/s，泄流通道为右岸坝体缺口和导流底孔。此间右岸挡水坝段连续浇筑，溢流坝段停止浇筑。

（4）第三年 5 月上旬至第三年 11 月上旬，左岸坝段河床过水，左岸坝段停止施工。泄流通道为左岸河床、右岸坝体缺口和导流底孔。度汛流量为全年 20 年一遇洪水标准，相应流量为 17300m³/s（坝前上游水位 319.55m，拦洪库容 0.817 亿 m³）。

（5）第三年 11 月上旬至第四年 5 月上旬，恢复二期上、下游围堰至原设计高程，左右岸坝体及厂房继续施工。泄流通道为右岸导流底孔和坝体缺口。设计洪水标准选择枯期 10 年一遇洪水，流量为 4820m³/s。此间左右岸坝体同时上升至 336.80m 高程。

（6）第四年 5 月上旬至第四年 11 月上旬，坝体已碾压至 336.80m 高程（坝前上游水位 336.02m，拦洪库容 2.202 亿 m³），可满足全年施工要求，泄流通道为右岸导流底孔和坝体缺口，度汛流量为全年 50 年一遇洪水标准，相应流量为 20300m³/s。

（7）第四年 12 月上旬至第五年 2 月下旬，右岸坝体缺口封堵，泄流通道为右岸导流底孔。第五年 2 月下旬，导流底孔开始下闸，先封 1 号、3 号两个导流底孔，由最后一个导流底孔导流。2 号导流底孔于第五年 4 月底下闸，2 号导流底孔下闸后，进行二期下游土石围堰及纵向混凝土围堰下游段的拆除。2 号底孔下闸后库区开始蓄水，并于第五年 12 月 1 日第一台机组发电。

3. 导流建筑物设计

（1）纵向导墙土石围堰设计。纵向土石子围堰堰顶高程 296.00m，堰长 876.88m，顶宽 5m，迎水面坡度 1∶1.75，背水面坡度 1∶1.5，采用黏土防渗，黏土防渗墙底宽 6.3m，顶宽 1.5m。

（2）纵向导墙设计。纵向混凝土围堰体型为梯形结构，围堰上游端顶高程 316.50m，下游端顶高程 313.85m，顶宽 5m，两侧坡度为 1∶0.35，最大高度 40.85m，最大底宽 36.19m，长度 608m。

（3）二期围堰设计。上游围堰为不过水围堰，堰顶高程 316.50m，围堰底部高程 275.00m，最大堰高 41.5m，堰顶宽 10.0m，堰顶长度 119.0m。堰体由块石、反滤层、夹土石渣、防渗体组成，上游边坡为 1∶2.0，下游边坡为 1∶1.5。堰体上游面由外至内分别为护坡块石（厚 2m）和反滤料（厚 1.0m）。堰体防渗 294.5m 高程以下为高喷板墙防渗，以上为复合土工膜防渗。

下游围堰堰型与上游围堰基本相同，堰顶高程 313.85m（已考虑下游彭水电站回水影响），围堰最低高程 274.00m，最大堰高 40.0m，堰顶宽 8.0m，堰顶长度 116.0m。

（4）三期导流建筑物设计。为能形成底孔出口消能，将底孔布置于溢流坝段，底孔出口高程与护坦结合，将导流底孔底高程定为 287.00m；缺口封堵时由底孔导流，为保证缺口封堵时不受洪水的影响，将缺口高程定为 295.00m。导流底孔共 3 个，分别布置于溢流坝段的第 11 和 12 坝段，断面尺寸为 10m×12m。由于通航建筑物的下游引航道出口宽度为 38m，将缺口设置于通航坝段，缺口宽度为 38m。

三期围堰为Ⅳ级建筑物，围堰按枯期 10 年一遇洪水设计，流量 4820m³/s。上游围堰挡水水位为 306.45m，相应下游围堰挡水水位为 300.11m，上、下游水位落差为 6.34m。上、下游均为土石过水围堰。

上游围堰堰顶高程 307.00m，底高程 290.00m，最大堰高 17.0m，堰顶宽 15.0m，堰顶长度 92.0m。由于围堰过水时基坑落差大，为降低围堰护面保护难度，在上游围堰顶设置子堰，堰高 4.0m，顶宽 4.0m，汛前需人工引溃。过流面高程 303.00m，宽度 15.0m，下接 1∶6.0 的泄流面，然后接 298.00m 的消能平台，平台顶宽 15m。堰体由戗堤块石、反滤层、夹土石渣、防渗体、护面结构组成。围堰上游边坡为 1∶2.0，下游边坡为 1∶1.5。295.00m 以下堰体为高喷板墙防渗，高程 295.00m 以上堰体采用复合土工膜防渗。

下游围堰挡水水位 300.11m，围堰高程为 300.60m（已考虑下游彭水电站回水影响），此高程高于上堰消能平台高程，使上堰消能平台上形成水垫消能，有利于堰体稳定。最大堰高 13.6m，堰顶宽 10.0m，下接 1∶6.0 的泄流面，然后接高程 296.00m 的消能平台，平台顶宽 10.0m。堰体由块石、反滤层、夹土石渣、防渗体、护面结构组成。下游围堰迎水面边坡为 1∶1.5，背水面边坡为 1∶2.0。

4. 施工度汛

（1）一期度汛。右岸截流后第一个汛期，基坑不过水，右岸坝体混凝土浇筑，左岸河床度汛标准按全年 10 年一遇洪水 14800m³/s 设计。该流量下河床内平均流速为 7.27m/s。

（2）二期度汛。左岸截流后第一个汛期，基坑过水，左岸坝体垫层混凝土浇筑完成，导流底孔和缺口与基坑联合泄流。汛期右岸坝体浇筑到 320.50m 高程，该高程下相应库容 0.817 亿 m³，根据规范规定，施工度汛标准按 20 年一遇洪水 17300m³/s 设计，由左岸基坑、导流底孔和坝体缺口联合下泄，坝前水位为 319.55m，低于坝体挡水断面顶高程，右岸坝体可继续施工。左岸基坑过流量为 7990m³/s，流速 5.68m/s；导流底孔过流量为 2681m³/s，流速 7.45m/s；坝体缺口过流量为 6629m³/s，流速 7.11m/s。

左岸截流后第二个汛期，左、右岸坝体混凝土整体碾压至 336.80m 高程，相应拦洪库容 2.202 亿 m³，根据规范规定，施工度汛流量为全年 50 年一遇洪水标准，相应流量 $Q_{2\%}=20300m^3/s$。此间泄流通道为右岸导流底孔和坝体缺口，坝前水位为 336.02m，低于坝体挡水断面顶高程，坝体可继续施工。导流底孔过流量为 5963m³/s，流速 16.7m/s；坝体缺口过流量为 14337m³/s，流速 9.23m/s。

7.2.3.4 某电站施工导流

工程等别为三等工程，工程规模为中型。

1. 导流标准及方式

本工程为三等工程，永久性主要建筑物级别为 3 级，次要建筑物为 4 级，导流建筑物级别确定为 4 级。导流标准选择全年 10 年（$P=10\%$）一遇洪水，相应流量为 2100m³/s。

工程地处高原高寒地区，冬季枯水封冻期难以进行混凝土施工，施工导流采用全年土石不过水围堰一次拦断河流、隧洞导流方式。

2. 导流程序

（1）第二年 4 月初至第三年 10 月底，进行导流洞工程和坝肩常枯水位以上开挖施工，为第三年 11 月初截流创造条件。导流洞施工期间利用原河床导流，导流洞洞身全年施工，导流标准为全年 $P=20\%$ 频率洪水，相应洪峰流量为 1710m³/s，对应河水高程为 3365.73～3365.23m。

（2）第三年 11 月初至第四年 4 月底，主河道截流、围堰堆筑及防渗体施工、坝基开挖、基础处理。本时段内由导流洞过流，上下游围堰挡水，导流标准为枯期 10 年一遇洪水，相应流量为 450m³/s，上、下游水位分别为 3371.14m、3361.29m。

（3）第四年 5 月初至第五年 10 月底，进行坝体垫层混凝土浇筑和碾压混凝土施工，并于第五年 10 月底前将大坝混凝土浇筑至 3388.00m，本时段内由导流洞过流，上下游围堰挡水，导流标准为全年 10 年一遇洪水，相应流量为 2100m³/s，上、下游水位分别为 3390.32m、3366.16m。

（4）第五年 11 月初至第六年 4 月底，考虑气温较低以及物资运输不便（封冻），第五年 12 月初至第六年 2 月底坝体混凝土停止施工，第六年 3 月初坝体混凝土继续浇筑施工，并于第六年 4 月底已将坝体施工至 3415.00m。本时段内由导流洞过流，上下游围堰挡水，导流标准为枯期 10 年一遇洪水，相应流量为 450m³/s，上、下游水位分别为 3371.14m、3361.29m。

（5）第六年 5 月初至第六年 10 月底，由于坝体施工至 3415.00m，相应库容为 0.68 亿 m³，根据规范规定，当坝体超过上游围堰高程时，坝体施工期临时度汛洪水标准为 20 年一遇，相应流量为 2500m³/s。洪水由导流洞和冲沙中孔联合泄流，坝前水位为 3391.36m，坝体满足全年施工要求。此间进行大坝混凝土浇筑、接触灌浆施工、溢流堰弧门及厂房电气、机组安装。

（6）第六年 11 月初导流洞下闸封堵（下闸时选取 11 月、5 年一遇月平均流量作为设计标准，相应流量为 222m³/s），水库开始蓄水（蓄水流量按 11 月流量的 75% 保证率进行计算，相应流量分别为 159m³/s），于第六年 12 月底首台机组发电。

3. 导流建筑物设计

（1）导流洞设计。从工程投入、地质条件和工程施工总进度角度综合考虑，导流洞布置于左岸。

导流洞断面尺寸 11.5m×14m（宽×高），城门洞型。进口明渠长 48.45m，出口明渠长 92.23m，洞身段长 547m。进出口高程分别为 3362.0m、3360.0m，设计纵坡为 3.656‰。

（2）围堰设计。由于混凝土围堰与土石围堰相比，投资大，工期长，难以满足施工进度要求，因此，上下游围堰均选择土石类结构。

上游围堰为土石不过水围堰，堰顶高程 3391.00m，堰体由护坡块石、铅丝笼＋混凝土（15cm 厚）护面（上游侧右岸护坡）、土石渣、戗堤块石和防渗体组成。

下游围堰为土石不过水围堰，堰顶高程 3370.00m，堰体由护坡块石、土石渣和防渗体组成。

4. 施工度汛

当大坝筑高到不需围堰保护后，其临时度汛洪水标准为：当库容小于 0.1 亿 m^3 时，坝体施工期临时度汛洪水标准采用 10 年一遇，相应洪峰流量为 $Q_{10\%}=2100m^3/s$；当 0.1 亿 m^3≤库容<1.0 亿 m^3 时，坝体施工期临时度汛洪水标准为 20 年一遇，相应洪峰流量为 $Q_{5\%}=2500m^3/s$；当 1.0 亿 m^3<库容<10 亿 m^3 时，坝体施工期临时度汛洪水标准为 50 年一遇，相应洪峰流量为 $Q_{2\%}=3020m^3/s$。

当导流泄水建筑物封堵后，若永久泄水建筑物尚未具备设计泄洪能力，坝体度汛按照 50 年一遇洪水设计；当导流泄水建筑物完全封堵完成时，坝体度汛按照 100 年一遇洪水设计。

7.3 砂石料与混凝土生产系统

7.3.1 砂石加工系统

7.3.1.1 概述

随着我国碾压混凝土筑坝技术和施工工艺的快速发展，碾压混凝土筑坝技术日趋成熟，并得到普遍的推广应用。其中人工砂石加工系统工艺也随着碾压混凝土筑坝技术和原材料的要求不同，其加工规模和加工工艺也有了明显的改变和发展，并逐步趋于完善。贵阳院最早是20世纪80年代中期开始，在天生桥二级水电站首部枢纽大坝推广应用碾压混凝土筑坝技术研究，之后相继在普定（"八五"攻关）、索风营、大花水、龙首、马岩洞、光照、思林、格里桥、石垭子、赛珠、阿珠、马马崖一级，毛家河、立洲、沙沱、善泥坡、沙阡、果多、象鼻岭等水电站工程中开展了大量的设计研究工作。其中除首座普定碾压混凝土拱坝，另有东风、洪家渡、天生桥等电站常态混凝土砂石骨料加工工艺采用传统的生产工艺生产人工砂石骨料，其余均采用目前的以破代磨半干法生产工艺加工人工砂石料。其传统工艺主要延用于乌江渡人工砂石加工系统工艺，至 2001 年的索风营水电站开始逐步演变成目前的以破代磨半干法生产工艺加工人工砂石料。

1. 传统工艺（图 7.3.1）

（1）破碎：粗碎＋中碎＋"细碎 ＋棒磨机"

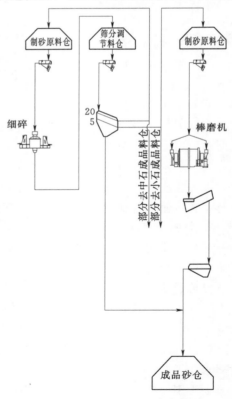

图 7.3.1 传统制砂工艺流程图

（制砂）。

（2）筛分：预筛＋筛分＋检查筛。

（3）成品：4 级配或 3 级配粗骨料＋人工砂。

2. 目前工艺（图 7.3.2）

（1）破碎：粗碎＋中碎＋"细碎＋超细碎"（制砂）。

（2）筛分：预筛＋筛分＋检查筛。

（3）成品：4 级配或 3 级配粗骨料＋人工砂。

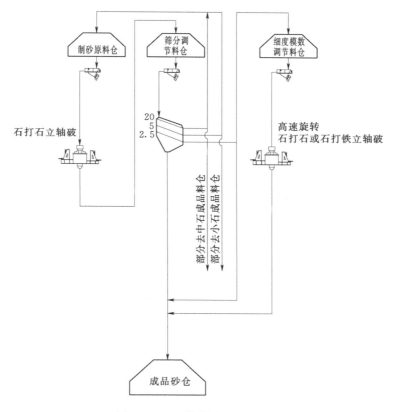

图 7.3.2　目前制砂工艺流程图

3. 两种工艺主要不同点

（1）制砂工艺不同。

（2）适用于加工母岩的不同。传统工艺适用于所有中等可碎性岩石和硬岩，不适宜破碎石粉含量较高的岩石（如大理岩），现阶段目前工艺仅适用于中等可碎性岩石和部分破碎石粉含量较高的岩石（如大理岩），对于硬岩，制砂现多数采用的是目前工艺与棒磨机联合制砂工艺。也有少数工艺在招标时要求预留棒磨机机位和工艺，在系统建成试运行时检测砂的产品质量，不合要求时可加装棒磨机工艺。对于安装好的棒磨机，尽可能少开或不开，尽可能以破代磨制砂，减少棒磨机数量。

（3）对砂的产品质量要求不同（主要有石粉含量和含水率要求不同，碾压混凝土要求石粉含量 16％～22％、含水率 6％以下）。

传统工艺棒磨机制砂的主要优点是砂的生产工艺简便易控制，成品砂的质量级配和粒形优良，砂的细度模数容易调整、砂级配好、生产稳定，但前提条件是棒磨机制砂车间前必须设置有细碎，以破碎小于 20mm 以下的料方能达到棒磨机的最佳进料粒径，进入棒磨机前需设转料仓和给料机，以保证系统能够定量均匀地给料，同时需要配置水流量表，严格控制给水量和棒磨机钢棒量。棒磨机制砂的主要缺点是：

1) 能耗和噪声大 [每生产 1m³ 人工砂石料需 4m³ 水，14～16 度电（kW·h）]。

2) 对磨蚀性的岩性钢棒耗量大，生产效率低、运行成本高、土建及安装工程量大。

3) 由于棒磨机制砂为湿法制砂，成砂率偏低、石粉大量被水洗流损，水洗后的石粉含量在 12％以下，要想达到碾压混凝土的石粉含量，需另设石粉回收工艺，通常选用的有美国 DERRICK 公司生产的 2SG48-120W-4A 型高效强力脱水石粉装置和国产黑旋风强力脱水石粉装置。但回收效果不是很理想，并且要想掺合均匀非常困难。同时增加了水处理系统的投入和运行成本。

4) 成品砂中含水率高，成品砂仓需设使用仓、脱水仓、进料仓，三仓循环使用，脱水时间长达 7d，其含水率基本可降至 6％以下方可使用，其结果是系统成品砂仓容量增大，水处理系统规模较半干法制砂工艺要大近 2/3。石粉含量难以保证，环保问题突出。

鉴于上述棒磨机制砂的种种缺点、国家对节能降耗的重视及立轴冲击破碎机近十年来在中等可碎岩石中的应用与总结，立轴冲击式破碎机具有破碎比大、粒形好、处理量大、产品石粉含量相对较高、能耗较低、土建工程量小等优点，但是产品细度模数较高。目前工艺根据传统工艺做如下改进：将产品中 5～2.5mm 粒级范围的部分粗砂通过细度模数调节料仓和高速旋转的立轴破重复破碎，达到调节产品细度模数与级配的目的。另外，在立轴冲击式破碎机选择上，要充分考虑立轴冲击式破碎机的破碎机理，目前的立轴冲击式破碎机有两种类型："石打石"系列和"石打铁"系列，两种类型都属于"自冲击破碎"。"石打石"系列是将一部分物料加速到一定速度，冲击另一部分物料，利用物料之间的上到冲击和涡动摩擦来破碎物料；"石打铁"系列是将物料加速到一定速度，冲击金属衬板，利用物料和衬板间的上到冲击和涡动摩擦来破碎物料。对于硬岩优选"石打石"系列立轴式破碎机，利用其"物物碰撞"的破碎机理，可大大降低岩石对设备的磨损。上述制砂工艺均在贵阳院设计的索风营、大花水、格里桥、光照、思林、沙沱、石垭子、善泥坡、马马崖、沙阡等近 10 多座碾压混凝土拱坝、重力坝的工程中得以采用。其砂石质量均基本满足规范要求。其加工母岩全部为灰岩。对于硬岩目前暂且还没有完全采用以破代磨的制砂工艺。因目前工艺对于传统工艺具有系统耗水率低、土建小。制砂成品质量的三项指标，细度模数、石粉含量、成品砂的含水率，其后两项指标目前工艺均优于传统工艺，仅细度模数一项指标，对于中等可碎性岩石同样优于传统工艺（主要以灰岩为代表），已有近十个以上的工程实践证明了这一点。

目前工艺制砂的关键是：以破代磨，降低能耗，减少土建，破碎部分 5～2.5m 的粗砂，以调节砂的细度模数，同时可在 5mm 筛网上做量的控制。根据细度模数公式推导，关键是要确定进入细度模数调节料仓的 5～2.5mm 粗砂的比例。

假定系统第一次破碎后砂子产品 5～2.5mm、2.5～1.25mm、1.25～0.63mm、0.63～

0.315mm、0.315～0.16mm 各级配量占总量的百分比数分别为 m_1、m_2、m_3、m_4、m_5，$(m_1+m_2+m_3+m_4+m_5=100)$，则砂子的细度模数计算公式如下：

$$F_m=\frac{5m_1+4m_2+3m_3+2m_4+m_5}{100} \tag{7.3.1}$$

假定原始 F_m 偏大，为粗砂，需将 5～2.5mm 粒级范围内的部分粗砂拿出来继续加工破碎，假设拿出加工的比例为 K_0，令 $5m_1+4m_2+3m_3+2m_4+m_5=Q$（为常量），则 K_0 的计算公式如下：

$$K_0=\frac{100F_m-Q}{(5A_1+4A_2+3A_3+2A_4+A_5-5)m_1} \tag{7.3.2}$$

在具体生产实践中，可根据所选的立轴冲击设备的型号及产品粒度曲线或者试验，得到 A_1、A_2、A_3、A_4、A_5 及 m_1，根据实际要达到的细度模数要求，利用公式（7.3.2）求出进入细度模数调节料仓的粗砂比例，以筛网面积控制量，从而达到有效调节产品细度模数的目的。本工艺不仅能够满足规范对砂的质量要求，而且还能够简化制砂工艺，有效改善传统的棒磨机制砂所带来的高能耗及环境污染等一系列问题，大幅提高了制砂工艺的效率，且具有能耗低、污染小、制砂效率高等优点。在目前新的形势下，在生产实践中，单一采用立轴冲击式破碎机制砂在高强度岩石方面可以做出新的尝试，棒磨机被完全取代是大势所趋，也是势在必行。若本工艺在生产实践中得到广泛应用，则对于人工砂石料系统，是一场巨大的革新，必将可以大大降低人工砂石料的生产成本，更好地做到节能降耗。

7.3.1.2　工程实例（光照水电站砂石加工系统）

1. 系统布置

光照水电站左岸光照基地砂石加工系统（主系统）紧临大坝左岸下游的人工灰岩石料场（光照基地料场）布置，场地地势坡陡，成台阶式布置，主要车间高程在 745～890m 之间。砂石加工系统由一破车间、半成品转料仓、半成品料仓、第一筛分车间、二破车间、第二筛分车间、第三筛分车间、制砂车间、成品料仓、成品供料系统、供排水系统、供电系统及相应的辅助设施等组成，各车间之间用胶带机连接。右岸光照小河砂石加工系统（辅系统）利用右岸地面厂房下游的光照小河弃渣场地进行布置，主要用于加工生产本工程的开挖利用料。

2. 系统规模

左岸主系统生产规模毛料小时处理量按 1200t/h 设计，成品砂石料小时生产能力为 957t/h，其中成品碎石生产能力为 664t/h，成品砂为 293t/h。

右岸辅系统生产规模毛料小时处理量按 250t/h 设计，成品砂石料小时生产能力为 200t/h，其中成品碎石生产能力为 141t/h，成品砂为 59t/h。

3. 左岸系统主要设备选型与配置

（1）一破。根据一破车间处理量为 1200t/h 的要求，由于采场爆破后的物料中粒径小于 150mm 的石料占有约 30%，这部分石料可直接通过给料机，故破碎机的实际需求处理量为 840t/h，一破选用 2 台美卓 NP1415 反击式破碎机（单机处理能力为 550t/h），该破碎机最大进料粒径为 1000mm。

（2）二破。二破车间处理量为 645t/h，选用 2 台美卓 NP1315 反击式破碎机、1 台 NP1007 反击式破碎机，NP1315 破碎机单机处理能力为 350t/h，NP1007 破碎机单机处理能力为 150t/h。

（3）制砂设备。立轴式破碎车间处理量为 518t/h，选用 3 台国产成智生产的 PL-9500 立轴冲击式破碎机，设备单机通过能力为 350t/h 左右，该设备性能优越，产品粒形好，并且成功应用于贵州索风营砂石系统。

棒磨车间处理量为 74t/h，选用 2 台 MBZ2136 棒磨机，该设备曾被广泛应用，且砂产品质量好。

（4）筛分与脱水设备。第一筛分选用 2 台 2YKR2460 圆振筛，第二筛分选用 3 台 3YKR2460 圆振筛，第三筛分选用 3 台 3YKR2460 圆振筛；成品砂脱水选用 ZSJ10×33 直线筛，单机处理能力为 40~60t/h；细砂脱水设备选用 1 套美国 DERRICK 公司生产的 2SG48-120W-4A 型高效强力脱水装置。

4．工艺流程

根据本工程的特点和对关键工艺的研究，本系统采用如下加工工艺：

（1）破碎。采用一破→二破→立轴破碎的破碎流程。

（2）筛分。采用一次筛分，二次筛分，三次筛分。

（3）一破开路。一次筛分与二破 NP1315 破碎开路、NP1007 破碎与二次筛分闭路；三次筛分与立轴碎闭路。

根据工艺要求，本砂石加工系统由一破、第一筛分、二破、洗石、第二筛分、第三筛分、立轴式制砂、棒磨机、细砂回收等车间组成。具体流程过程如下：

采场毛料经自卸汽车运输进入一破车间，一破设受料坑，受料坑内给料口尺寸为 2m×3m，下部设有 1 台 HGF-1652-2G 型振动给料机，1 台 NP1415 反击式破碎机，2 台破碎机并列布置。破碎机加工后的粒径小于 300mm 的物料连同给料机筛下的小于 150mm 的物料，经胶带机输送至转料仓，然后经转料仓输送至半成品料仓堆存。

第一筛分车间并排设置 2 台 2YKR2460 型圆振筛，筛孔尺寸分别为 80mm×80mm、40mm×40mm，经筛分分级后，大石由胶带机输送到成品料仓，大于 80mm 的块石和满足入仓需要后多出的大石进入二破车间破碎。第一次筛分后小于 40mm 经洗石机清洗脱水后的产品和二破破碎后的产品由 B_7、B_9 进入第二筛分调节仓。

二破车间布置有 3 台反击式破碎机。经二破破碎后的物料直接经 B_5、B_7、B_9 胶带机流入第二筛分车间。

第二筛分车间共布置 3 台 3YKR2460 型圆振筛，筛孔尺寸分别为 40mm×40mm、20mm×20mm、5mm×5mm。筛分后满足混凝土用量要求的 5~20mm 物料经 B_{15}、B_{19} 胶带机进入成品料仓；20~40mm 的物料经 B_{14}、B_{18} 胶带机进入成品料仓；大于 40mm 的物料经 B_{13}、B_{17} 胶带机一部分经 B_8 进入成品料仓，其余部分返回二破破碎；成品砂经洗砂机-脱水筛处理后由 B_{16}、B_{40}、B_{41} 进入成品砂仓；满足进仓需要后多余的米石、中石经 B_{20}、B_{24}、B_{25} 进入立轴破碎制砂原料仓。

立轴破碎车间布置有 3 台 4500（H）破碎机，立轴破碎制砂原料仓的物料经 B_{28}、

B_{29}、B_{30} 进入立轴式破碎机破碎，破碎后的产品经 B_{31}、B_{32}、B_{33} 进入第三筛分车间原料仓。

第三筛分车间布置 3 台 3YKR2460 型圆振筛，筛孔尺寸分别为 20mm×20mm、5mm×5mm、3mm×3mm。经 B_{34}、B_{35}、B_{36} 胶带机进入第三筛分车间物料分级后小于 3mm 的物料经 B_{23}、B_{40} 进入成品砂仓；3～5mm 的物料经 B_{22}、B_{26}、B_{27} 进入棒磨制砂原料仓；5～20mm 的物料一部分经 B_{21}、B_{26} 进入棒磨制砂原料仓，其余部分返回立轴破碎车间反复破碎；大于 20mm 的物料直接返回立轴破碎车间重新破碎。

棒磨车间共布置有 2 台 MBZ2136 型棒磨机，棒磨制砂原料仓的物料由地弄给料机经 B_{37}、B_{38} 胶带机进入棒磨机进行制砂，经分级脱水后的成品砂经胶带机输送至成品砂仓。

细砂回收车间由料浆池、抽砂泵、细砂脱水装置等组成，共布置 4 台 PN40 型砂泵，1 套美国 DERRICK 公司生产的 2SG48－120W－4A 高效强力脱水装置。来自第二筛分车间和棒磨机的废水集中进入料浆池，由砂泵抽至高效强力脱水装置的水力旋流器中，经旋流脱水装置处理后，石粉由胶带机输送至成品砂仓堆存，废水自流进入水回收车间进行回收。

第一筛分车间排出的废水，由于石粉含量少且含泥量较高，不考虑回收。

光照水电站左岸砂石加工系统布置如图 7.3.3 所示。

图 7.3.3　光照水电站左岸砂石加工系统布置照片

7.3.2　混凝土拌和系统

7.3.2.1　概述

碾压混凝土坝施工技术的主要特点是混凝土浇筑强度高，混凝土系统规模大，混凝土浇筑高峰时段持续时间长。随着碾压混凝土筑坝技术和施工工艺的快速发展，传统自落式拌和楼基本满足不了碾压混凝土高强度的混凝土拌制任务，从而逐步引进国外强制式拌和楼与国产自落式拌和楼联合使用。如龙滩、百色、光照等水电站均采用了 $2\times6m^3$ 或 $2\times4.5m^3$ 等大型混凝土强制式拌和楼。当然自落式拌和楼不是不能拌制碾压混凝土，只是在拌和时间上要比强制式拌和楼拌和时间长，铭牌产量要少近 25%。经过多个工程的实践与总结，对于高强度碾压混凝土拌和系统的设计，一要做好系统全面规划，二要做好方案技术经济比选，三要合理确定混凝土生产系统规模，四要做好混凝土生产系统的选址布置、设备选型及配套等设计。

7.3.2.2 工程实例（光照水电站混凝土拌和系统）

1. 系统布置

根据本工程施工总体规划，左岸高高程设置主系统，右岸低高程设置辅系统。左岸系统紧临砂石系统利用上坝公路开挖平台进行布置，右岸系统利用弃渣场及进厂公路平台进行布置。

2. 系统规模

（1）左岸高程 710m 混凝土生产系统。本工程碾压混凝土重力坝混凝土总量约 280 万 m^3，其中碾压混凝土 240 万 m^3，常态混凝土 40 万 m^3。按照工程的施工总进度计划和大坝混凝土浇筑方案，本系统须满足大坝混凝土高峰月浇筑强度为 15.03 万 m^3 的生产要求，其中碾压混凝土为 12.65 万 m^3/月，常态混凝土为 2.38 万 m^3/月。由此分析计算，确定左岸混凝土生产系统的总生产规模为 $512m^3/h$，其中，碾压混凝土为 $440m^3/h$，常态混凝土为 $72m^3/h$。

（2）右岸高程 608m 混凝土生产系统。右岸系统分为前期和后期两种生产规模，由一座大楼和一座小楼组成。

小楼主要承担引水系统、厂房及其他临时工程所需混凝土约 39 万 m^3 混凝土生产任务。根据施工进度安排，混凝土高峰月浇筑强度为 2.06 万 m^3，确定右岸小楼的混凝土生产系统的生产规模为 $62m^3/h$。

大楼主要承担大坝高程 615m 以下的碾压混凝土生产任务，混凝土总量约 24 万 m^3，按其设计生产能力，大楼的生产规模为 $200m^3/h$。

3. 主要设备选型

根据大坝左右岸混凝土生产系统的生产规模，在综合考虑混凝土种类、浇筑运输方案、厂区布置条件，以及国内外大型水电站混凝土搅拌设备的实际使用情况等因素后，本工程混凝土主要设备选型考虑强制式搅拌楼与自落式搅拌楼组合方案。即选用 $2\times4.5m^3$ 强制式搅拌楼 2 座，$4\times3.0m^3$ 自落式搅拌楼 1 座，HZD75 型混凝土搅拌站 1 座，共计 4 座楼。

4. 混凝土生产系统设计

（1）左岸高程 710m 混凝土系统。本系统主要承担大坝工程混凝土的制备任务，选用 $2\times4.5m^3$ 双卧轴强制式搅拌楼 2 座，其搅拌楼铭牌产量为 300~320m^3/h，可满足不同级配碾压混凝土拌和需要，另设一台 $4\times3m^3$ 自落式拌和楼，其楼铭牌产量为 180~240m^3/h，可满足不同级配碾压混凝土和常态混凝土拌和需要。前期将 1 台 $4\times3m^3$ 自落式拌和楼布置在右岸，完成使命后再拆迁布置于左岸。为了控制混凝土出机口温度，设混凝土制冷系统 1 座。

拌和系统主要由拌和楼、制冷楼、散装灰罐和袋装水泥储存输送系统、空压机房、混凝土运输皮带、廊道及其他附属设施组成。共计拌和楼为 3 座、制冷楼 1 座，8 座容量各为 1000t 的钢质水泥罐，设置 1500t 容量的袋装水泥库 1 座，储存拌和系统 5～7d 生产所需的水泥、粉煤灰用量。

水泥、粉煤灰的场外运输考虑采用散装水泥运输车、袋装水泥用载重汽车直接从水泥厂运输，散装水泥、粉煤灰采用压缩空气直接向散装水泥罐卸料；袋装水泥运进袋装库后，经拆包机解包后用仓泵转送至散装水泥罐。水泥、粉煤灰由双仓泵经管道用风力输送上拌和楼。

砂石骨料由砂石系统加工成品料仓的取料地笼及胶带输送机送至拌和系统的调节料仓，经风冷后由双线皮带机上拌和楼。

混凝土出料：碾压混凝土直接采用楼下设置的可左右移动的皮带机转 $B=1200\sim1400$ 的高速皮带机，经 360m 长的皮带机运输廊道送至左坝顶转真空溜管及满管溜槽入仓，也可由汽车直接从拌和楼底部接料直接运送入仓。常态混凝土采用汽车配 $6m^3$ 立罐运输，用缆机吊运入仓。

光照水电站左岸砂石加工及混凝土拌和系统布置如图 7.3.4 和图 7.3.5 所示。

图 7.3.4 光照水电站左岸料场、砂石加工系统、混凝土拌和系统照片

（2）右岸高程 608m 混凝土系统。本系统主要承担引水系统、厂房、其他临时工程所需混凝土拌制任务。选用 HZD75 型混凝土搅拌站 1 座，其拌和楼铭牌产量为 $75m^3/h$。另外在工程施工前期还布置有 1 座 $4\times3m^3$ 自落式拌和楼，以尽可能满足大坝高程 615m 以下混凝土的浇筑。光照水电站右岸砂石加工及混凝土拌和系统布置如图 7.3.6 所示。

图 7.3.5　光照水电站左岸混凝土拌和系统照片

图 7.3.6　光照水电站右岸砂石加工及混凝土拌和系统照片

7.4　混凝土运输与入仓工艺

碾压混凝土运输与入仓工艺研究，经过我国碾压混凝土筑坝技术发展的"八五""九五"和"十五"各个阶段。目前国内、外碾压混凝土运输入仓主要手段有自卸汽车、皮带机（塔带机、胎带机）、斜坡轨道车、真空溜管、满管溜槽、缓降溜管、缆机等单独入仓或组合入仓各种方案。

7.4.1　自卸汽车

自卸汽车直接入仓是最简单、最直接的入仓方式,在已建工程中普遍采用。其优势是施工强度高,机动性好,无须中间转运,可直接将混凝土从拌和楼运到仓面浇筑位置,经济实惠。不利的是需要填筑入仓道路和解决仓面污染问题。因此该方式较适合于低碾压混凝土坝、中高碾压混凝土坝的低部位混凝土浇筑和有条件修筑入仓道路工程。自卸汽车入仓需要解决三个关键问题:一是入仓之前必须把汽车冲洗干净,避免污染仓面;二是入仓口的倒换和过度碾压的处理;三是仓内的行驶路线、指挥、卸料等各个环节必须经过严格规划,以便使整个施工组织有序进行。其缺点是必须随着不同高程铺设施工道路。

7.4.2　皮带布料机

皮带布料机是各种形式的混凝土输送皮带机、布料机的简称,皮带布料机入仓在欧美工程中应用较广,我国最早在岩滩和万安围堰工程试验采用,目前较为先进的专用设备(塔带机和胎带机)在我国也逐渐引进,如小浪底、三峡和龙滩等诸多工程。皮带运输机入仓的优点是可实现快速、连续高强度的送料、灵活性好、控制的空间范围大,对于其他入仓手段不便实施的情况下,其优势更为突出;不利的是系统庞大、设备费投入较高,运行管理费用相对较高。

塔带机由皮带机演变而来。其优点是施工速度快,效率高,可满足碾压混凝土大仓面连续作业要求,可从岸边集中供料,仓面不受缺口度汛的影响,施工干扰少。其缺点是设备购置费比其他方案要高,其单台设备价值达 1000 万美元以上,仅有三峡、龙滩电站等特大型电站能够投入使用此设备。

7.4.3　斜坡轨道车

斜坡轨道车入仓最早始于意大利,之后在日本应用较多,由于受地形条件限制较多,加上运输强度相对较低和运行费用偏高,我国还没有工程采用。移动式斜坡车联合运输系统由两组轨道构成,每组轨道上分别有移动式斜坡车通过钢丝绳和滑轮与卷扬机连接。系统工作时重车就位于斜坡轨道的上平台,靠重力随斜坡车一同下滑,同时位于另一轨道上的空车将被拉至上平台,斜坡车的制动和速度由电动机控制。轨道坡度与地形坡度基本相同,伸入坝体的轨道将埋在坝内,底部端头使用移动平台,系统工作时此平台与轨道固定在一起,随着坝体的上升而上升,斜坡车下行的最低位置由钢丝绳控制。

7.4.4　真空溜管

真空溜管入仓是贵阳院在普定工程中结合我国"八五"科技攻关进行了专题研究,当时的入仓高差在 50m 以内。随后又经过"九五"并在我国很多工程中推广应用(如大朝山、沙牌、索风营、江垭、龙首、光照、大花水、思林等工程),其特点是施工管理简单、运行费用低、输送强度高、设备投资省、设备制造安装方便等优点,是目前提倡节能降耗的建设环境下十分环保的工艺。真空溜管较适合于狭窄河床碾压混凝土坝入仓浇筑,目前单级真空溜管入仓高差已达到 100m 级。真空溜管入仓就是将碾压混凝土通过安装在斜坡面上半刚半柔可形成负压的溜管向下输送至仓面,在溜管中由于摩阻力和真空度所产生的滞流阻力,控制了碾压混凝土的下滑速度,而碾压混凝土被溜管上部柔性胶带裹夹,形成有序下滑的混凝土柱，达到不飞溅、不堵塞、不分离，从而保证了输送质量。其缺点是柔性胶带及管身磨损大，当混凝土输送量较大时，柔性胶带需要更换，而且输送坡度一般在45°~50°之间为最佳。

7.4.5 满管溜槽

满管溜槽入仓首次在光照工程采用，随后在其他推广应用（如马马崖一级、善泥坡等工程），其特点是施工管理简单、运行费用低、输送强度高、管身磨损相对较小、设备投资省、设备制造安装方便等优点，是目前提倡节能降耗的建设环境下十分环保的工艺。目前单级满贯溜槽入仓高差已达到70m。满管溜槽入仓就是将碾压混凝土通过安装在斜坡面上封闭溜管（一般为方形、圆形）向下输送至仓面。溜管末端采用弧门控制，首先关闭弧门，向满管中加料，满管中混凝土超过一定储量后，打开弧门、自卸汽车在弧门底部接料。其缺点是满管溜槽输送混凝土只有在满管情况下才能避免骨料分离，但实际使用过程中受多方面因素影响，不可能实现满管输送，存在骨料分离问题。同时，在满管输送状况下，荷载很大，对支撑结构要求很高，临建工程量大。满管输送坡度一般要大于45°。

7.4.6 缓降溜管

缓降溜管运输方案的优点是适用高陡边坡、结构简单、制造成本低、维护费用低、输送强度高。其缺点是缓降溜管要求边坡坡度陡、更多用于常态混凝土的输送。

缓降溜管是将缓降器和溜管组合配套使用的一种混凝土入仓技术。缓降器根据旋转方向可以分为左旋缓降器和右旋缓降器，对于每个缓降器其断面为矩形，隔板从中部将其分为两半，然后同向互捻，旋转后进口与出口成90°，每半进出口的断面为1:2的长方形。溜管通常采用圆径钢管，两端突出且有孔以便于和缓降器及其他装置连接。缓降溜管的工作原理：溜管与缓降器通过渐变节连接（若混凝土从溜管流入缓降器，则为圆变方渐变节；若混凝土从缓降器流入溜管，则为方变圆渐变节，统称为渐变节）。缓降器、溜管与渐变节之间通过法兰连接，通过自卸汽车、皮带机或其他运输方式将混凝土运至料斗，混凝土在自重作用下通过与料斗连接的溜管向下流动，然后经渐变节进入缓降器，通过混凝土内部颗粒之间的相互碰撞以及颗粒与缓降器表面的碰撞作用，实现对混凝土进行多次搅拌，减缓混凝土的下落速度，从而达到改善混凝土和易性及防止骨料分离的目的。

7.4.7 缆机

缆机是大坝浇筑的常用设备，特别是在高山峡谷地区修建混凝土高坝枢纽。目前缆机正在向高速、大型、自动化发展，国产和从国外进口的缆机，一般起升高度在150~200m，跨距在500~1000m，其满载起升速度在180~200m/min，小车横移速度为450~480m/min。其优点是不仅可以运输混凝土，还可以运输器材、设备、模板等附属设施。但是由于受运输能力的限制，对于高强度施工的碾压混凝土坝，其主要应考虑用于大坝常态混凝土浇筑（如溢流面、闸墩和其他孔洞等）和进行其他辅助作业。一般当建筑物顶长与高度之比大于7时，选用以缆机为主的浇筑方案是不经济的。

7.4.8 工程实例

1. 普定碾压混凝土拱坝入仓工艺

普定水电站大坝为碾压混凝土拱坝，最大坝高75m，坝顶弧长170.95m，坝顶高程为

1150m，采用坝顶泄洪、右岸引水式岸坡厂房发电的枢纽形式。坝体混凝土总方量为 13.7 万 m^3，其中碾压混凝土 10.3 万 m^3，占 75.2%；常态混凝土 3.4 万 m^3，占 24.8%。在碾压混凝土中，三级配 8.3 万 m^3，占 81%；二级配 2.0 万 m^3，占 24.8%。碾压混凝土最大仓面面积为 2246m^2。

普定拱坝碾压混凝土运输入仓工艺选用"固定式缆机＋斜坡真空溜管＋自卸汽车"组合入仓方案。自卸汽车直接入仓控制坝体 1100m 高程以下坝体施工，其中碾压混凝土为 4.30 万 m^3，常态规混凝土为 0.41 万 m^3；斜坡真空溜管控制坝体 1100~1140m 高程之间的约 6.18 万 m^3 碾压混凝土入仓；固定式缆机控制左岸 1131m（溢流堰顶）高程以上及右岸 1140m 高程以上的碾压混凝土入仓，另外还承担大坝溢流面、闸墩、电梯井及廊道等常规混凝土的浇筑以及材料、机械设备、模板等吊运，缆机浇筑常规混凝土量约 3.3 万 m^3、碾压混凝土量约 1.15 万 m^3。

普定碾压混凝土拱坝入仓工艺研究（国家"八五"攻关子题项目）有以下主要结论：

（1）通过对普定水电站坝体碾压混凝土入仓工艺多种方案的设计及系统论证和比较，解决了普定工程碾压混凝土入仓难题，为其他工程经济合理地选择入仓方案提供了有实用价值的技术资料。

（2）真空溜管入仓新工艺在普定工程的成功应用和系统分析，为解决狭窄河床上高碾压混凝土坝入仓难题开辟了一条新途径，为国内尽快普遍推广应用真空溜管入仓工艺提供了设计和运行经验。

（3）真空溜管、皮带机、斜坡轨道车及缆机等入仓工艺均可用于狭窄河床碾压混凝土的施工，应根据工程特点采用多种手段，选择经济合理的最佳匹配方案。其中真空溜管入仓工艺具有施工管理简单、设备投资省、设备制造安装方便等优点，适合于目前的国情。真空溜管的推广应用将对节省工程投资、加快工程施工进度具有重要意义。真空溜管还可推广应用于其他建筑工程。

（4）普定水电站碾压混凝土拱坝施工采用"固定式缆机＋真空溜管＋自卸汽车"方案，比最初设计方案节省投资 200 万元（当时 1992 年的价格水平）以上。

2. 光照碾压混凝土重力坝入仓工艺

光照大坝为碾压混凝土重力坝，坝顶高程 750.5m，最大坝高 200.5m。大坝高程 622.5m 以下全部采用自卸汽车直接入仓，入仓高度达到 72.5m（约 1/3 坝高），碾压混凝土最高月浇筑强度达到 20 万 m^3/月；高程 622.5m 以上全部采用高速皮带机＋真空及满管溜槽＋自卸汽车仓内转运，碾压混凝土最高月浇筑强度达到 22.25 万 m^3/月。其工艺布置如图 7.4.1~图 7.4.4 所示。

3. 索风营碾压混凝土重力坝入仓工艺

索风营大坝为碾压混凝土重力坝，坝顶高程 843.8m，最大坝高 115.8m。大坝高程 740.6m 以下全部采用自卸汽车直接入仓，入仓高度达到 12.6m，碾压混凝土最高月浇筑强度达到 20 万 m^3/月；大坝高程 740.6~770m 之间采用自卸汽车＋皮带机＋自卸汽车仓内转运，碾压混凝土最高月浇筑强度达到 20 万 m^3/月；大坝高程 770m 以上采用自卸汽车＋真空溜管＋自卸汽车仓内转运，碾压混凝土最高月浇筑强度达到 20 万 m^3/月。

图 7.4.1 光照水电站左岸缆机平台、混凝土供料线照片

图 7.4.2 光照水电站左岸高速皮带机廊道供料线照片

图 7.4.3　光照水电站左岸满管溜槽照片

图 7.4.4　光照水电站右岸满管溜槽照片

4. 思林碾压混凝土重力坝入仓工艺

思林大坝为碾压混凝土重力坝,坝顶高程452m,最大坝高124m。坝址地形陡峻,混凝土系统与大坝距离近,但高差大,公路运输不经济,主要采用皮带机+缓降溜管及皮带机+真空溜管输送混凝土。大坝下游高程328~348m及消力池的仓面采用皮带机+缓降溜管输送混凝土,混凝土输送最大高差为124 m,混凝土水平输送用皮带机,垂直输送使用缓降溜管。实际输送强度达到210m³/h,合计完成12万 m³碾压混凝土输送量。大坝高程335m以上采用皮带机+真空溜管输送混凝土,混凝土输送最大高差为117m,混凝土水平输送用皮带机,垂直输送使用真空溜管。最高月浇筑强度达到14万 m³/月,合计完成65.1万 m³碾压混凝土输送。

5. 大花水碾压混凝土拱坝入仓工艺

大花水大坝采用河床拱坝加左岸重力坝的组合坝型,河床拱坝为抛物线双曲拱坝,坝顶高程873.0m,最大坝高134.5m,厚高比0.176。高程766m以下采用自卸汽车直接入仓,入仓高度达到27.5m;左岸采用高速皮带机+缓降溜管运输,溢流面以上右岸挡水坝段碾压混凝土采用自卸汽车+缓降溜管运输。本工程创造了拱坝全断面连续上升33.5m新纪录,最高浇筑强度达8.17万 m³/月。

6. 沙沱碾压混凝土重力坝入仓工艺

沙沱水电站拦河大坝为全断面碾压混凝土重力坝,坝顶高程371m,河床最低建基面高程270m,最大坝高101m。高程315m以下采用自卸汽车直接入仓,入仓高度达到45m;以上部位采用自卸汽车(仓外)+皮带机+满管溜槽(门塔机)入仓。

7. 善泥坡碾压混凝土拱坝入仓工艺

善泥坡大坝为碾压混凝土抛物线双曲拱坝,坝身布置3泄洪表、2中孔,坝顶高程888m,坝底高程778m,最大坝高110m。坝顶宽6.00m,坝底厚24.0m,厚高比0.214。790m高程以下采用自卸汽车直接入仓,以上部位采用自卸汽车(仓外)+真空及满管溜槽入仓。

8. 果多碾压混凝土重力坝入仓工艺

果多碾压混凝土重力坝由左岸挡水坝段、左岸取水坝段、河床溢流坝段和右岸挡水坝段组成。河床坝基高程3328.00m,坝顶高程为3421.00m,坝顶宽8.00m,最大底宽83.80m,最大坝高93.00m,坝顶全长235.50m。本工程枢纽大坝碾压混凝土46.6万 m³,常态混凝土16.4万 m³。选择了"自卸汽车+真空溜管或满管溜槽+门塔机"的大坝混凝土施工方案,大坝3370m高程以下碾压混凝土拟采用自卸汽车直接入仓,3370m高程以上碾压混凝土由自卸汽车+满管溜槽联合入仓。

7.5 坝体混凝土施工与仓面规划

7.5.1 概述

目前,碾压混凝土施工主要采用平层碾压和斜层碾压。从混凝土覆盖时间角度出发,保证碾压混凝土施工质量的两大控制指标如下:

(1)从拌和楼出料口至仓面碾压完毕控制在2h以内。

（2）碾压混凝土层间间隔时间控制在混凝土初凝时间以内。平层碾压施工就是在给定浇筑区域内，按照一定的厚度整体均匀上升，每一小层浇筑完成后顶面保持水平，每个摊铺层碾压合格后，再铺上一层混凝土。这是碾压混凝土坝初始采用的施工方法，也是目前碾压混凝土坝主要的施工方法之一。该方法施工简单，施工质量容易保证，适合小仓面碾压混凝土施工。在仓面较大的情况下，为满足层间允许间隔时间，必须研究可行的施工方案。①分仓浇筑：将整个坝面分解成若干浇筑块分开浇筑，以满足两大控制指标的要求；②增加设备资源：碾压混凝土的浇筑必须按最大浇筑仓面配置混凝土的拌和、运输、平仓、碾压所需设备，必须加大施工辅企（砂石加工系统、混凝土拌和系统和入仓设备）规模，增加仓面摊铺碾压设备。但资源配置也是要受到约束的。

斜层碾压是采用浇筑许多斜坡单层的办法形成厚块碾压混凝土而向前推进的，各单层都从本块顶部向下斜延到前一厚块的顶部。各子层的坡度是根据浇筑能力和浇筑面积规定的，而要确定的是浇筑每一层所需的时间。陡坡降低层间浇筑时间，但太陡会造成施工设备利用不够充分，碾压不够密实。

1. 平层碾压

（1）卸料摊铺。仓面碾压混凝土一般采用自卸汽车运输，卸料摊铺平仓条带原则上垂直于水流方向，受横向廊道切割及孔底侧边的窄条形部位，摊铺平仓条带可平行水流方向，但迎水面 8~15m 范围内碾压方向应垂直水流方向。通常平仓厚度每层 34cm，每次摊铺厚度为 17cm 左右。摊铺平仓设备一般采用小型推土机。

汽车卸料要做到边慢行边卸，分两点式卸料减小堆料高度，减轻骨料分离。从下游向上游平行于坝轴线方向按条带铺摊，条带宽 4m。卸料、平仓条带表面出现局部骨料集中时辅以人工分散。与模板接触的条带采用人工铺料，反弹回来的粗骨料及时分散，并在上下游大模板上刻划出层厚线，以做到条带平整、层厚均匀，平仓后的整个坝面略向上游倾斜。汽车卸料均应卸在已平仓尚未碾压的碾压混凝土面上，以便平仓机摊铺平仓时，扰动料堆底部，使料堆底部骨料集中现象得以分散。卸料后及时平仓，原则上要求边卸料、边平仓以便碾压混凝土料始终卸在已平仓的碾压混凝土面上。

（2）碾压。碾压层厚度不宜小于混凝土最大骨料粒径的 3 倍，上游防渗体距坝面 80~120cm 范围内碾压层厚度为 15cm，一般坝体碾压层厚度宜为 30cm。在迎水面 8~15m 范围内，碾压方向应垂直水流方向。碾压作业采用搭接法，碾压条带清楚，走偏控制在 10cm 范围内，碾压条带间的搭接宽度不少于 20cm，同一碾压条带的各碾压段之间重叠 1~2m，以免漏碾。振动碾的行走速度为 1~1.5km/h，碾压机械在刚碾压完的层面上行走或转弯时，不得使层面产生拉裂等破坏现象。

连续上升铺筑的碾压混凝土层间允许间隔时间（系指下层混凝土拌和物拌和加水时起到上层碾压混凝土碾压完毕为止）应严格控制在混凝土初凝时间以内，混凝土拌和物从拌和到碾压完毕的时间以不大于 2h 为宜，否则须按冷缝处理。宜采用边卸料、边平仓、分段碾压的循序向前推进作业；要做到及时摊铺，及时碾压，每个碾压层面作业必须连续进行，不中断。

所有运输、摊铺、碾压等入仓作业的机械，必须避免油渍对混凝土的污染，保持仓面清洁。层面应平顺、湿润、无任何骨料集中现象，有泌水现象的部位必须挖除。碾压并检测完的层面应及时用塑料薄膜覆盖。

碾压条带平行于平仓条带，仓面边缘部位一般采用变态混凝土，主区域通常采用德国宝马 BW202AD 型双轮高频振动碾碾压，边角部位通常采用德国宝马 BW75 型手扶式振动碾碾压。碾压按照先无振碾压，然后有振碾压，再无振碾压的程序进行，碾压遍数通常要试验确定，一般为"2＋6＋2"方案，直至压实度和混凝土容重达到设计要求为止（以核子密度仪检测数据为依据）。

2. 斜层碾压

斜层铺筑法具体做法是开仓段先平层铺筑，且铺筑层自下而上依次伸展，从而使新浇筑的混凝土表露面形成一个斜面，至收仓端的大部分混凝土按此斜面铺筑，铺筑方法与碾压混凝土平层铺筑法基本相同，收仓端通过几个依次加长的平层收仓。

斜层坡度、厚度和坡脚处理是斜层平推铺筑法的三个要点，通过选择合适的参数，达到层间间隔时间控制在碾压混凝土初凝时间之内和保证碾压混凝土施工质量的目的。一般碾压层的倾斜坡度在 1：10～1：20 之间，一次连续浇筑高度为 3～4.5m，碾压层厚度为 30cm；斜层倾向有倾向上游和倾向左右岸两种。

（1）斜层平推铺筑法的优点。

1）可以大大缩短碾压混凝土层间间隔时间，较好解决了碾压层面接合问题，施工质量与传统方法相比达到了同等水平，某些方面会更优。

2）可以用较小的浇筑强度覆盖较大的坝体浇筑面积，从而减少浇筑能力配置难度，全面降低了设备投入和临建工程费用，从而节省工程投资。

3）可以从一岸到另一岸或从下游至上游进行大规模的循环流水作业，减少层面处理工序、模板工程量和浇筑分块面积过小的影响，在不增加浇筑强度的前提下提高施工效率，加快工程进度。

4）由于层面间隔时间大大缩短，上层混凝土覆盖快，能减少预冷后混凝土的温度回升，且因浇筑面积小，仓面喷雾保温等措施容易实施，因而对高温季节施工具有良好的适应性。

5）在多雨地区，由于斜面便于排水，浇筑面积小便于处理，从而降低了降雨的影响范围和程度，故也适合在多雨天气施工。

（2）斜层平推铺筑法的缺点。

1）与平层碾压相比，斜层碾压层面较多，而且层面面积之和要比平层碾压大，若层面处理不好，结合质量不保证，出现缺陷的概率较大，因此，斜层碾压铺筑应加强层面施工质量控制。

2）斜层碾压施工过程中，坡顶和坡脚处理要求很高，稍不留神，容易造成坡脚骨料压碎，坡顶碾压不密实等施工缺陷，同时，层面铺浆过程中，容易造成坡脚浆液丰富、坡顶浆液贫乏现象，施工中必须引起重视。

3）在斜层向前推进过程中，水平施工缝面及已收仓面是自卸汽车集中的运输通道，二次污染集中，污染较重，在下层施工前，需将其彻底清除。

4）采用相同的碾压层厚时，斜层铺筑法单位体积碾压混凝土所获得的压实能量小于平层铺筑法，为此，斜层碾压施工时要严格控制碾压层厚和碾压遍数。

7.5.2 工程实例

1. 光照水电站大坝仓面规划及斜层碾压施工

（1）仓面规划。光照水电站大坝最初是考虑采用平层碾压施工，其大坝碾压分区规划如图 7.5.1 所示。图中 6 号及 10 号碾压区在施工期每年的汛前始终低于左右侧两岸碾压区，以确保大坝安全度汛施工。本仓面规划综合考虑了大坝施工进度计划、施工度汛方案、混凝土运输入仓浇筑方案、砂石料及混凝土生产系统规模等因素，最大仓面面积 $8000 \sim 9000 \text{m}^2$，其中 $3000 \sim 5000 \text{ m}^2$ 的仓面居多，分区规划均衡合理，有利于加快工程施工进度。

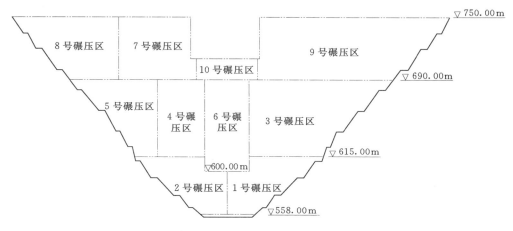

图 7.5.1 光照大坝碾压分区规划示意图

（2）斜层碾压施工。本工程实际施工期间（2006—2008 年），恰逢连续的枯水年，设计考虑的预留缺口度汛施工方案基本没有实现。所以，为了更快的速度，大坝施工的中后期基本上是采用全线同步碾压上升施工。由于通仓施工最大仓面面积达到了 22000m^2，平层碾压施工不能满足层间间隔时间要求。因此，斜层碾压施工方案在光照水电站大坝施工中得以研究运用。

碾压层厚度一般为 30cm，分两次摊铺，摊铺平仓厚度 17cm 左右，斜层碾压的坡度 1：12～1：15。在斜层坡脚、坡顶处形成的尖角，用小型振动碾碾压密实。平仓过程出现在两侧集中的骨料由人工均匀分散于未碾压的条带上。采用大仓面、薄层、连续浇筑，斜层碾压的升程高度 3～4.5m。采用 BM202AD 型双轮高频振动碾，碾压条带的搭接宽度 20cm，振动碾的行走速度为 1～1.5km/h，碾压遍数按"无振＋有振＋无振"方式为"2 ＋6＋2"遍。

斜层碾压坡脚处理要求如下：

斜层碾压开仓段平碾长度不小于 8m，减薄每个铺筑层在斜层前进方向的厚度，并使上一层全部包容下一层，逐渐形成倾斜层面，开仓段施工如图 7.5.2。图中 a、L、m 需根据仓面具体条件和环境因素，在每次开仓前确定。沿斜层前进方向每增加一个升程，都要对老混凝土面（水平施工缝面）进行清洗并铺砂浆。

为防止坡角处骨料被压碎而形成质量缺陷，施工中应采取预铺水平垫层的办法，并控

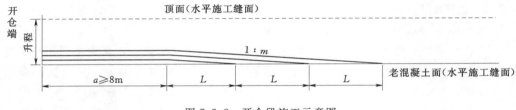

图 7.5.2　开仓段施工示意图

制振动碾不能行驶到老混凝土面上。水平垫层与斜层铺筑的程序如图 7.5.3 所示，施工中按图中的序号顺序施工。首先清扫①部位的老混凝土面（水平施工缝面），摊铺砂浆，然后沿碾压宽度方向摊铺并碾压混凝土拌和物，形成水平垫层。水平垫层超出坡角前沿 30～50cm，第一次不予碾压，而与下一层的水平垫层一起碾压，宽度 b 由坡比及升程高度确定。

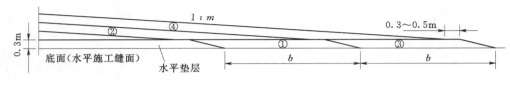

图 7.5.3　水平垫层及坡角施工示意图

收仓段碾压混凝土施工应首先进行老混凝土面的清扫、冲洗、摊铺砂浆，然后采用图 7.5.4 所示的折线形施工，收仓段长度控制在 8～10m。

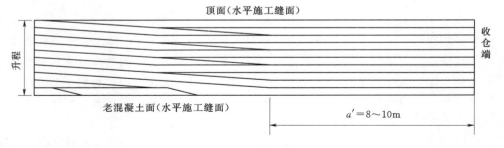

图 7.5.4　收仓段施工示意图

光照大坝实际施工中，斜层碾压从 566m 高程开始，斜层方向倾向上游，从 662m 高程以后，开始从右岸向左岸倾斜。实现斜层碾压坝体高度达到 184m 的纪录，钻孔取芯检查结果表明，混凝土质量优良，为斜层碾压发展提供了实践经验。图 7.5.5 为光照水电站斜层碾压仓面情况。

2. 大花水电站平层碾压施工

大花水根据大坝碾压混凝土运输入仓方案，拌和能力以及碾压混凝土的初凝时间，当仓面面积小于 3000m²，碾压层厚度为 30cm；当仓面面积积大于 3000m²，碾压层厚度为 25cm。混凝土料在仓面上采用自卸车两点叠压式卸料串联摊铺作业法，铺料条带从下游向上游平行于坝轴线方向摊铺，每一条带 4m 宽。对于卸料、平仓条带表面出现的局部骨料集中采用人工分散，与模板接触的条带采用人工铺料，反弹回来的粗骨料及时分散

图 7.5.5　光照水电站斜层碾压仓面照片

开，并在上下游大模板上刻划出层厚线，以做到条带平整、层厚均匀，平仓后的整个坝面略向上游倾斜。

采用大碾振动碾压时，碾压遍数为：先无振 1 遍，再有振 6～8 遍，最后无振 1 遍。碾压机作业行走速度为 1～1.5km/h。小碾压机碾压遍数为：先无振 2 遍，再有振 25～30 遍，最后无振 1～2 遍，碾压机作业行走速度为 1.6km/h。碾压机沿碾压条带行走方向平行于坝轴线，相邻碾压条带重叠 15～20cm，同一条带分段碾压时，其接头部位应重叠碾压 2～3cm。在一般情况下不得顺水流方向碾压。碾压混凝土从拌和至碾压完毕，要求在 2h 内完成。碾压作业完成后，用核子密度仪检测其压实容重，以压实容重达到规定要求为准，检测点控制范围为每测点 100～150m²。

3. 普定水电站平层碾压施工

（1）碾压混凝土摊铺。摊铺作业应避免造成骨料分离，并做到使碾压混凝土层面平整、厚度均匀，这些是使碾压混凝土获得均匀密实度的基本条件。

普定工程初期（1110m 高程以下）采用的是对履带板进行了削齿处理的 D85 推土机进行摊铺平仓，后来又引进日产小松平仓机（D31P 湿地推土机）进行摊铺平仓。相比之下，后者比前者操作灵活、效率高，且可以获得较好的平仓质量。实践证明，本工程一台平仓机作业即可满足相应的拌和生产能力的要求。

本工程是一次摊铺到预定的厚度进行平仓，平仓厚度为 28～35cm。

在卸料和摊铺过程中，骨料分离常常是不可避免的，在自卸汽车卸料料堆的周边和平仓机铲刀两侧有粗骨料集中现象。为防止骨料分离，在卸料和摊铺过程中采取的措施有：

①降低卸料料堆的高度，采用多点式卸料法，可以减少骨料分离；②采用边卸料边平仓的方法，自卸汽车卸料时应尽可能卸在已摊铺混凝土的边缘处，这样可以减少粗骨料在层面接缝上的集中；③辅以人工及时地将集中的粗骨料均匀分散。

（2）碾压混凝土压实。本工程用于碾压混凝土压实的机械为西德产 BW201AD 和 BW202AD 振动碾各 1 台以及 BW75S 手扶式振动碾 2 台。

碾压层厚度根据最大仓面面积及拌和能力确定，仓面面积大于 1900m² 时，碾压层厚度为 25cm，其余碾压层厚度为 30cm（设计值）。碾压层厚度定为 25cm 主要是弥补拌和能力不足，保证通仓连续施工。试验认为 25cm 碾压厚度是可行的，同时认为三级配碾压混凝土的碾压厚度不宜再减薄。

碾压遍数是根据已有工程经验和现场试验后确定。大碾为无振 2 遍，有振 6～8 遍，再无振 2 遍；小碾为无振 2 遍，有振 24～30 遍，再无振 2 遍。碾压遍数最终还要以仓面核子密度仪检测密实度为准，没有达到规定值时要求补碾。

VC 值是反应碾压混凝土可碾性的一个重要指标。设计提出的 VC 值为 10～20s。本工程抽样实测的 VC 值为：机口平均值 9s，仓面平均值 11s。普定工程的经验认为，VC 值适当偏小（后来的工程一般控制在 3～7s）可以获得较好的压实效果，用核子密度仪实测的混凝土密实度表明，其合格率在 98％以上。

碾压混凝土层面允许间隔的时间取决于混凝土本身的凝结时间。影响混凝土凝结时间的因素有混凝土温度、周围气温、掺入外加剂的种类和数量、掺合料的掺量以及空气湿度等，其中温度是影响混凝土凝结时间的主要因素。

根据工程经验及普定工程的实际情况，碾压混凝土层间间隔时间设计允许值定为 8h。由于本工程混凝土拌和能力不足，实际情况超出了设计允许值，为此采取了减薄碾压层厚度和掺入具有缓凝作用的外加剂，以期满足设计要求。其中掺入外加剂（糖蜜 0.15％～0.25％）后混凝土初凝时间可延至 13～22h。本工程碾压混凝土层间间隔时间实际情况为：仓面较大时（2000m² 左右）15h 左右，仓面较小时（1500m² 以下）7～10h。

压实方法采用往返错辙法，碾压条带自下游向上游与坝轴线平行布置，即振动碾碾压行进方向与水流方向垂直。振动碾的行走速度为 1.0～1.5km/h。本工程目测其碾压过程发现，VC 值适中的可碾性好的混凝土，当振动碾压 3～4 遍后，振动碾滚筒前后略呈弹性起伏状，碾压后有微浆出露。

普定拱坝两岸坝肩和基岩接触部位及廊道、电梯井周边采用常规混凝土浇筑。异种混凝土采用同步上升先碾压后常规的方法施工，异种混凝土交接处用插入式振捣器交叉振捣密实，最后再根据实际情况用振动碾补碾数遍。普定拱坝有部分常规混凝土尝试过在干硬性混凝土中注入水泥浆的方法进行施工（实践证明该方法已被成功推广应用到后来的工程实践中），以避免拌和系统频繁地更换配合比，从而弥补拌和能力不足的缺陷。

7.6 模板与升程

模板是能否确保碾压混凝土坝连续上升施工的关键之一。目前我国碾压混凝土坝施工普遍采用了可上下交替上升的全悬臂钢模板型式，其最早在普定碾压混凝土拱坝施工中研究使用，其上、下两块面板可脱开互换，交替上升，满足了坝体快速施工要求。

由于碾压混凝土可实现连续上升浇筑施工，所以，一次升程高度主要是受其他因素制约，如混凝土生产和浇筑能力、大坝温度控制要求、施工设备维护检修等。多数工程一次升程高度为 3～9m，有些工程抢工期一次连续上升达 30m 以上，如索风营为 31m、大化水为 33.5m，等等。当碾压混凝土坝仓面面积较大而考虑采用斜层碾压施工时，则一次升程高度即为一次立模高度。

普定碾压混凝土拱坝上游面弧线较长，模板拆装循环时间较长，为了保证碾压混凝土通仓连续施工，上游面模板布置成两个台阶，采用能交替连续上升可调式全悬臂组合模板。每套自重为 2555kg，内倾最大可调值为 250mm，外倾最大可调值为 200mm，宽 4m，每拆装一次浇筑 3m 高，每次拆装部分的重量为 1277.5kg。此模板的特点是变位小，加工简单，造价低廉，拆装简便，一部 5t 轮胎吊即可满足拆装任务，此外还可为 BW75S 手扶碾起行走导向作用。拱坝非溢流坝段下游面自上而下为 1∶0.24～1∶0.555 的倾斜面，施工初期（高程 1099.5m 以下）采用混凝土预制模板，使用中发现定位困难，安装复杂，跑模严重，难以适应碾压混凝土快速连续上升的要求。后来又使用普通钢模板替代了混凝土预制模板，采用边拆边立交替连续上升的方式，每次拆立高度为 1.2m。改换后的模板仍然存在跑模现象，因此下游面模板型式还值得研究。拱坝溢流坝段挑流坎以下碾压混凝土为直立面，模板型式与上游面相同。挑流坎以上为台阶面，台阶高度一般为 1.2m，采用两套枋木三脚架挂钢模板立模，随着碾压台阶上升，两套模板交替使用。

索风营碾压混凝土重力坝模板主要有交替式上升模板、坝后台阶及廊道模板三种结构型式。交替上升模板单块尺寸为 3.1m×3.0m（高×宽），每两块组成一套模使用，模板后面支撑采用钢桁架结构，面板采用芬兰 VISA 面板，采用汽车吊拆立模，主要用于大坝迎水面和横缝。坝后台阶模板用于溢流面和非溢流面台阶，尺寸为 1.2m×3m（高×宽），面板采用 4mm 厚钢板，后部采用钢桁架，先支立 4～5 层，浇筑过程中逐层循环上升。混凝土预制廊道采用边墙和顶拱整体预制，现场吊装的施工工艺，廊道三通、四通部位采用现立木模。

大花水碾压混凝土拱坝模板设计除考虑模板的刚度、操作性能外，还考虑了调整曲率来满足大坝体型。模板的结构主要包括面板、支撑桁架、侧向伸缩装置、竖向调节杆、工作平台共五部分。单块模板的外型尺寸为 1.8m×3.0m（高×宽），面板按两部设计，中部 150cm 为不可调面板，两侧 75cm 面板设侧向伸缩装置调整水平曲率，在竖直方向单块模板间设竖向调节杆调整倒悬度。

思林碾压混凝土大坝上游面主要采用 3.0m×3.0m 全悬臂大模板交替上升，钢面板厚 5mm。高程 348.0m 以下按整块浇筑，高程 348.0m 以上原则上按坝横 0+000 分两块浇筑；根据度汛要求，高程 372.5～405.0m 按坝左 0+17.0 和坝左 0+51.0 分三块浇筑，高程 405m 以上按坝左 0+17.0 分两块浇筑；基础强约束区按 3.0m 分层，其他区域最大分层为 25m。

其他工程如龙首、光照、沙沱、马马崖等碾压混凝土模板设计大同小异，目前我国碾压混凝土坝施工也都大致如此，其设计理念就是要简便实用，有利于发挥碾压混凝土坝快速施工的特点。

7.7 变态混凝土施工技术

为了解决两种混凝土同时上升施工的相互干扰、结合部位容易形成沿结合面的软弱带、产生面层裂缝的概率大、拌和楼频繁变换配合比、影响碾压混凝土施工工效等问题，我国首先在坑口围堰、荣地、普定水电站碾压混凝土大坝施工中提出并实施了变态混凝土施工技术。变态混凝土是在已摊铺的碾压混凝土中，掺入一定比例的净浆后振捣密实的混凝土。采用变态混凝土可真正做到通仓薄层连续上升，简化施工、提高工效、减少工程造价、确保工程质量。

大花水根据设计技术要求，大坝与岩基面接触部位为1m厚的变态混凝土、廊道周边为50cm厚的变态混凝土、诱导缝的上游为常态混凝土塞。在施工中，对上述部位的混凝土，除廊道的底板外，均采用变态混凝土。其施工方法是混凝土铺摊平仓后，人工抽槽后再注入适量的水泥粉煤灰净浆，并用插入式振捣器从变态混凝土的边缘附近向碾压混凝土方向振捣。在岸坡变态混凝土与碾压混凝土的结合部，顺水流方向再碾压1～2次，其他部位的变态混凝土与碾压混凝土结合部位，用BW57S小碾往返碾压数次，以保证其结合部不形成顺水流的渗水通道。在大花水工程施工中，变态混凝土所用的水泥粉煤灰净浆水灰比比碾压混凝土水灰比略低，加浆量为4％～6％（体积比）。

变态混凝土是在碾压混凝土拌和物摊铺后，在其上铺洒水泥粉煤灰净浆，改变其施工形态，按常态混凝土振捣的方法使其密实，并满足设计要求的混凝土。一般情况下，变态混凝土施工方法为同相邻碾压混凝土一起拌和、运输、摊铺，铺洒水泥粉煤灰浆液、振捣密实。水泥粉煤灰浆液由集中制浆站生产，专用管路输送到仓面，翻斗车转运到施工部位，人工定量洒铺加浆。变态混凝土主要用于大坝上下游面、靠近岸坡部位、廊道、电梯井和其他孔口周边等振动碾不能碾压密实的部位，其施工部位分散，工程量小。

7.7.1 普通变态混凝土施工

普通变态混凝土施工工序为：混凝土拌制摊铺→净浆拌制→净浆掺入→加浆量选择和控制→振捣→结合部碾压。

（1）混凝土的拌制、摊铺。变态混凝土的拌制、摊铺和碾压混凝土拌制、摊铺同时进行，其施工工艺与碾压混凝土完全相同。为防止变态混凝土的灰浆往碾压混凝土仓面流失，造成变态混凝土灰浆不足而碾压仓面因灰浆流入而脏乱甚至软化，就需要将其部分进行摊铺且呈槽状，在控制高度时，应与碾压混凝土低6～10cm。

（2）净浆拌制。净浆可以在仓面附近用灰浆搅拌站拌制。净浆应随用随拌，不能放置太长，通常从拌制净浆直到用完的时间应控制在1h以内。

（3）净浆掺入。将拌制好的净浆利用灌浆泵加压，高压管道输送到仓面；或者人工掺入净浆，也可以用仓面储浆机在仓面洒浆。目前各工程已实施的变态混凝土掺浆通常有三种方法：

1）水平铺浆法。按碾压层中加浆部位分类有底部加浆、顶部加浆和中部加浆。即在铺料前和铺料中间或在铺料后掺加水泥粉煤灰净浆。如普定大坝在变态混凝土施工部位混凝土铺料前，先在底部喷洒5mm左右厚的水泥粉煤灰净浆，然后摊铺碾压混凝土，在摊铺到每个浇筑层中部时再喷洒 5mm 左右的水泥粉煤灰净浆。

2）垂直注浆法。碾压混凝土摊铺后，均匀地在混凝土面上垂直造孔，然后将水泥粉煤灰净浆注入孔中的施工方法。棉花滩工程采用顶部造孔加浆。采用 100mm 高频振捣器或 50mm 软轴式振捣器振捣密实。

3）顶部掏槽注浆法。该方法是碾压混凝土摊铺后，在变态混凝土部位采用人工掏槽，一般槽宽 20～50cm，然后将水泥粉煤灰净浆人工注入槽中的施工方法。沙牌大坝采用的是沟槽铺浆法。即，碾压混凝土摊铺平仓后，在变态混凝土部位采用人工掏槽，加入适量的水泥粉煤灰净浆。

（4）加浆量选择和控制。在变态混凝土范围内，在已摊铺好的混凝土中掺入由水泥与粉煤灰和外加剂拌制成的灰浆，掺入量一般为 3%～10%（体积比）。加浆量多少与振捣泛浆时间有关，加浆量大，泛浆时间短，泌水增加，当加浆量为 3% 或 10% 时，泛浆时间一般在 36～16s 之间。当加浆量采用 4% 时，振实时间一般在 30s 左右。人工掺入净浆量可用人工控制，采用仓面储浆机在仓面洒浆的，掺入量可用车上自动记录仪控制。

（5）振捣。振捣施工是变态混凝土施工中又一重要环节。在振捣施工过程中，应做好以下几方面的工作：一是通常在碾压混凝土相临近之前进行，亦可在周边混凝土碾压结束之后进行，在选用振捣器时通常选用直径为 100mm 的高频振捣器和直径为 70mm 的软轴式振捣器；二是在确定振捣工序时，通常应在加浆一刻钟之后方能开始振捣，且在振捣过程中振捣至下层的深度应在 10cm 以上，振捣时间应控制在 25～30s 之间；三是在变态混凝土与碾压混凝土交叉部位选用高频振捣器振捣时，其振捣范围应大于两者的交叉范围，从而确保两者紧密连接；四是对于变态混凝土与碾压混凝土搭接处出现的突出部分，应选用小型的振动碾碾压夯实。

（6）结合部碾压。与碾压混凝土结合部位，用手扶式振动碾按规范往返碾压，完成骑缝碾压，使两者互相结合密实。两种混凝土搭界宽度应大于 20cm。

采用变态混凝土可将碾压混凝土改性代替传统的常态混凝土，真正做到通仓薄层连续上升，有效避免了在紧靠上、下游坝面模板附近及靠近两岸坝肩地段碾压混凝土不容易被振实的现象，形成平整的外部表面和良好的内部结合面，解决了结合部两种混凝土初凝时间不同带来的质量问题，确保了工程质量；在施工中避免了两种混凝土施工工艺不同产生的干扰，减少了由于异种混凝土结构分缝、温控等方面的要求不同而出现裂缝的机会，从而简化了施工，提高了施工工效，减少了工程投资，确保了工程质量。

7.7.2　机拌变态混凝土施工

主坝的部分岸坡坝基垫层坝面拼缝钢筋网部位及廊道周边等采用振动碾难于施工部位，采用变态混凝土量大而集中的，若按现场加浆的方法施工加浆工作量过大，且均匀性很难保证，故在施工中能够使用皮带机或缆机直接入仓的部位，采用拌和楼直接拌制变态混凝土。机拌变态混凝土是在拌制碾压混凝土时加入规定比例的水泥粉煤灰浆液，从而拌制成一种干塑性混凝土，这种新的变态混凝土施工工艺不仅简化了操作程序，而且有利于保证大体积变态混凝土的施工质量。

光照大坝在 560m、597m、612m 高程岸坡附近存在顺河向廊道，廊道距离岸坡较近，廊道与岸坡之间仓面顺水流方向长度超过 120m，垂直水流方向宽度在 3～10m，岸坡部位布置有结构钢筋，且顺河向廊道阻断了振动碾进入该区域施工的通道，经研究决定在该部位采用机拌变态混凝土，即在拌和楼直接按照变态混凝土配合比投料拌制，自卸汽车或缆机运输到仓面，人工振捣密实。该方法较好地解决了振动碾不能施工部位的变态混凝土施工，降低了施工难度，加快施工进度。

7.8 基础结合技术

常态混凝土垫层位于在碾压混凝土坝的底部，主要用于提高碾压混凝土坝层面抗滑稳定，保证碾压混凝土与基岩结合良好，高坝中应用较多。通常垫层混凝土厚度不宜超过3m，如果垫层太厚，不能采用大仓面施工。垫层混凝土厚度较薄，长度、宽度尺寸远大于厚度，直接与基岩接触，坝基约束作用明显，厚度超过1m的一般为钢筋混凝土。其一般都在截流后的第一个枯期末或者第二个枯期初浇筑，浇筑时气温较低，浇筑后很快进行坝基固结灌浆。受以上因素影响容易出现裂缝。

垫层混凝土一般采用自卸汽车、混凝土搅拌车或皮带机从拌和楼运输至大坝基坑，然后采用皮带机、缆机、混凝土泵、溜槽或挖机入仓，插入式振捣棒振捣密实。

由于常态混凝土与碾压混凝土的工艺不同，施工时常互相干扰，同时在材料制备、分缝、温控等方面也各有不同，增加了出现裂缝的可能性，因此目前在碾压混凝土坝设计施工中尽量减少使用常态混凝土垫层。常态混凝土垫层最好尽量减薄，建基面验收后，建议采用常态混凝土找平，并迅速覆盖碾压混凝土。

光照大坝坝基垫层混凝土顺水流方向最大长度159.05m，坝轴线方向宽度20.5m，坝基垫层混凝土厚度最初确定为3m，采用C25混凝土。垫层混凝土处于坝基强约束区，容易产生裂缝，钢筋多，施工难度大，再加上工期紧张，经设计研究，决定将坝基垫层混凝土厚度优化至1.5m，同时，分别在坝纵k0+030、k0+065、k0+104桩号设置1.2m宽后浇带，减少单个垫层块的长度（图7.8.1）。该3条后浇带被558m高程廊道覆盖，558m高程廊道以上坝体混凝土通仓浇筑，后期待坝体垫层混凝土降至稳定温度后，采用微膨胀混凝土回填并进行接缝处理。设置后浇带将垫层混凝土划分为多个浇筑块，减少浇筑块尺寸，较好地解决了坝基垫层混凝土开裂问题，简化施工，加快施工进度，应用十分成功。同时，为便于通仓碾压，取消岸坡常态混凝土垫层，改为变态混凝土，简化施工工序，加快施工进度。

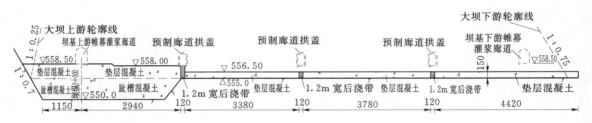

图 7.8.1 光照大坝垫层混凝土后浇带设置示意图

索风营坝基垫层混凝土厚度1～2m，采用C20混凝土；思林坝基垫层混凝土厚度

1m，采用 C20 混凝土；岸坡采用变态混凝土；大花水坝基垫层混凝土厚度 1m，采用 C20 混凝土；善泥坡拱坝基础仅浇筑找平层，直接开始碾压混凝土施工。

7.9　廊道与排水施工

为了发挥碾压混凝土坝快速施工的特点，廊道主要采用预制后安装，目前我国碾压混凝土坝廊道与排水施工都大同小异。

思林水电站坝体共布置两层廊道，即高程 348～351.5m 基础灌浆廊道及排水廊道和高程 392m 交通及观测廊道，全部位于碾压混凝土内，廊道采用侧墙及顶拱一起预制，混凝土预制廊道采用整体预制，现场吊装的施工方法，预制廊道厚度为 30cm，标准节长度为 1m，廊道三通、四通部位采用现场立模浇筑。预制廊道由 15t 汽车运输至浇筑仓面，通过 16t 汽车吊进行廊道的安装就位，每节廊道的重量为 7.5t，对于爬坡廊道，则在已浇筑好的混凝土面上进行廊道的钢支架安装，在浇筑上层常态混凝土前将预制廊道安装在钢支架上。安装廊道底板钢筋时廊道排水沟用木盒预埋成型，廊道底板 10cm 厚混凝土用一级配富浆混凝土浇筑，待混凝土浇筑强度达到设计强度的 50% 以上，进行预制廊道安装。

索风营水电站碾压混凝土重力坝混凝土预制廊道采用边墙和顶拱整体预制，现场吊装的施工工艺，廊道三通、四通部位采用现立木模。

坝体排水孔通常都是采用预埋无砂管与坝体碾压同步上升的方法施工，无砂管周边采用变态混凝土结合施工，也有工程在大坝浇筑完后采用钻孔的方法施工。坝基排水孔通常都是在坝基帷幕灌浆和排水廊道内施工，在施工安排上与帷幕灌浆同期进行，采用钻机造孔施工。

7.10　压实与层间结合

碾压混凝土坝的主要特点之一是具有大量的铺筑层面，特别是高坝。若层面处理不善，不仅会影响到坝身的整体强度和防渗效果，对施工进度也有影响，层面抗剪强度过低甚至会影响到大坝安全。碾压混凝土层面是否需要处理及其处理方式，与层面的状态有关，而层面的状态又与很多因素有关，其中最重要的因素是铺筑层之间的间隔时间、碾压混凝土材料的性质、铺筑层的铺筑方法、施工期的环境条件等。层间间隔时间指的是从下层混凝土拌和物拌和加水时起至上层混凝土碾压完毕为止的历时。

对于碾压混凝土坝，层间结合的好坏直接关系到大坝建成后能否投入正常运行。对于连续上升的层间缝，只要层间间隔时间不超过初凝时间的不做处理；对迎水面二级配防渗区，在每一条带摊铺碾压混凝土前，先喷洒 2～3mm 厚的水泥粉煤灰净浆，以增加层间结合的效果。所需的水泥粉煤灰净浆严格按照试验室提供的配料单配制，洒铺的水泥灰浆在条带卸料之前分段进行，不得长时间地暴露。在每一大升层停碾的施工缝面上，均要充分打毛，并用压力水冲洗干净；下一个升程开浇前，在全仓面铺一层 2～3cm 厚的水泥砂浆，以增强新老碾压混凝土的结合。

基础垫层常态混凝土上碾压混凝土时，常态混凝土面需凿毛且常态混凝土有 5～7d 龄期间隔时间，碾压前应在已浇混凝土面上，先铺一层 1.5～2.0cm 厚的水泥砂浆，其强度应比碾压混凝土等级高一级，摊铺面积应与浇筑能力相适应，铺后 15min 内，方可在其上铺筑碾压混凝土并继续上升。除垫层外，上游防渗区内（二级配混凝土范围内）每个碾压层面、超过初凝时间尚未覆盖上层碾压混凝土的层面也应铺洒砂浆。

施工缝及冷缝的层面应采用高压水冲毛或人工凿毛等方法清除混凝土表面的浮浆、乳皮及松动骨料，处理合格后，均匀铺 1.5～2cm 厚的砂浆或铺 5mm 厚的水泥掺合料浆，其强度应比碾压混凝土等级高一级，在其上摊铺碾压混凝土后，须在砂浆或水泥掺合料浆初凝前碾压完毕。

砂浆、水泥掺合料浆等的配合比及从拌和完毕到被覆盖的时间应通过试验确定，以保证胶结效果和质量。已处理好的层面和缝面，在浇筑过程中应保持洁净和湿润，不得有污染、干燥区和积水区。

7.11 防渗混凝土施工

目前国内大多数碾压混凝土坝均采用二级配碾压混凝土防渗，变态混凝土防渗结构是在碾压混凝土坝上游面内已铺摊的碾压混凝土料中掺加水泥粉煤灰浆，之后用插入式振捣器进行振捣使碾压混凝土改性，既能增强层面结合，又能改善混凝土密实性。变态混凝土防渗解决了异种混凝土结合部胶结和压实差的问题，保证了层面结合质量、接触模板部位混凝土的密实和拆模后混凝土表面平滑，简化了仓面的管理并加快了施工速度，使碾压混凝土通仓薄层连续上升的快速筑坝施工工艺得到了充分发挥。另外，对迎水面二级配防渗区（目前已发展到有直接采用三级防渗透的，如马马崖碾压混凝土重力坝工程），目前的做法是要求在每一碾压层摊铺碾压混凝土前，先喷洒 2～3mm 厚的水泥煤灰净浆，以确保层间结合。贵阳院设计的普定、光照、龙首、索风营、思林、沙沱、大花水、善泥坡、果多、象鼻岭等碾压混凝土坝均采用变态混凝土及二级配碾压混凝土防渗。

7.12 成缝方法与工艺

碾压混凝土成缝工艺直接影响到大坝施工进度，通仓法施工的碾压混凝土坝有重力坝的结构缝（横缝）和施工缝（纵缝）以及拱坝的施工缝或是诱导缝。

对于碾压混凝土重力坝结构缝目前已普遍使用振动切缝机成缝，填缝材料有泡沫板和尼龙彩条布。振动切缝机有手持式和大型液压式（液压反铲加装一个振动切缝刀片改装）。手持式振动切缝机施工效率相对较低，成缝质量也差些，通常难以满足大仓面碾压混凝土坝施工要求。目前大都采用大型液压振动切缝机（液压反铲改装），在振动力作用下使混凝土产生塑性变形刀片嵌入混凝土而成缝，填缝材料为四层尼龙彩条布，并随刀片一次嵌入缝中。该方法成缝整齐，松动范围小，施工干扰小，速度快，一台切缝机可满足 1 万 m² 左右大仓面施工需求。振动切缝一般采用先碾后切，填充物距压实面 1～2cm，切缝完毕后用再用振动碾碾压 1～2 遍。贵阳院设计的天生桥二级、光照、索风营、思林、格里桥、石垭子、沙沱、马马崖一级、毛家河、沙阡等碾压混凝土重力坝工程都是采用上述方法施工的。

对于碾压混凝土坝施工缝或拱坝的诱导缝通常是采用诱导板成对埋设的方式形成，诱导板在缝面上是不连续间断布置的，并设有重复灌浆系统和裂缝导向器等。如普定、龙首、大花水、立洲、善泥坡等碾压混凝土拱坝诱导缝的成缝方法大体类同。

沙沱水电站碾压混凝土重力坝切缝设备采用自制的小型切缝机 NPFQ-1，填缝材料采用塑料薄膜（彩条布），切缝方式进行"先切后碾"和"先碾后切"两种方式比较，选择先碾后切的切缝方式，要求成缝面积不小于 60% 或达到设计要求。

普定碾压混凝土拱坝不分竖向施工缝，根据温控计算、结构模型试验成果资料及国内外工程经验，为了防止拱坝产生不规则的贯穿性裂缝，本工程设置 3 条诱导缝，将坝体分成 30m、55m、80m 和 31.04m 四段。诱导缝采用预埋双向间断的诱导板形式诱导板中心点沿水平方向间距为 2m，沿垂直方向间距为 0.9m，在诱导缝的上下游面预留跨缝布置的梯形键槽，在诱导缝中预埋有灌浆管，两块重叠的诱导板即为出浆盒。在上下游键槽内设置竖向止浆片，另外在每个灌浆分区处还设水平止浆片，与竖向止浆片形成封闭区，在竖向止浆片内设裂缝导向器。诱导缝的施工原则是一要保证施工质量，二要尽可能不形成施工干扰。遵循以上原则，诱导缝中诱导板的预埋采用先碾压后挖沟槽埋设的方法施工，这样可以防止诱导板在碾压过程中偏斜错位和损坏；诱导缝的施工，包括人工挖沟槽、埋设诱导板及灌浆管路要求迅速，以免形成施工干扰；诱导缝上下游两端处的梯形键槽、止水（止浆）片及诱导腔部位采用塑性混凝土，以便于混凝土振捣密实。

大花水碾压混凝土拱坝设两条诱导缝。诱导缝采用重力式混凝土板结构，构件尺寸为上口 10cm、下口 20cm、高 30cm 或 25cm、长 100cm、重 50kg 左右，可满足人工安装要求。根据碾压层的厚度，每碾压 2 层埋 1 层诱导板，诱导板内设置自制的重复灌浆系统的进出浆管，并将管头引至坝的下游。成对重力式诱导板的埋设采用先固定安装后铺料覆盖的方式进行，对诱导缝的止浆片和诱导腔部位，采用改性混凝土浇筑。

7.13　施工进度与施工仿真

7.13.1　施工进度

7.13.1.1　概述

碾压混凝土坝由于采用类似土石坝的运输、入仓及碾压施工工艺，可实现大仓面高强度施工，其施工进度较常规混凝土坝具有明显的优势。目前，我国大型工程碾压混凝土坝均实现了高强度快速施工，如龙滩及光照 200m 级碾压混凝土重力坝其高峰月浇筑强度突破了 20 万 m³，三峡围堰工程突破了 30 万 m³。对于碾压混凝土拱坝其浇筑上升速度也是惊人的，如大花水碾压混凝土拱坝最高月上升高度突破了 30m。碾压混凝土坝施工进度计划是一项系统工程，应考虑各种影响因素的基础上综合研究制定，主要因素有工程规模、施工条件、施工导流及大坝度汛方案、大坝温控要求、大坝浇筑方案、施工工厂设计方案以及业主对工程的建设要求等。

7.13.1.2　工程实例（光照 200m 级碾压混凝土重力坝施工进度规划）

光照水电站设计总进度计划目标为：2004 年 10 月下旬大江截流，2007 年 10 月初下闸蓄水，2008年6月初首台机发电。

设计研究拟定的大坝碾压混凝土施工分区规划参见7.5节图7.5.1所示。

本方案将大坝分为10个分区共211个浇筑单元，最大仓面面积9121m²。经过严密的进度安排及三维仿真模拟，该方案可以实现2007年下闸蓄水的目标。其大坝浇筑规划见表7.13.1。

表7.13.1　　　　　　　　　　　　光照水电站大坝浇筑规划特性表

碾压分区	底部	顶部	入仓方式	浇筑强度	总方量	最大仓面	开工日期	完工日期
	m	m		m³/月	m³	m²		
1号	558	615	汽车＋缆机	91744.5	385327	9120.9	2006-01-05	2006-05-11
2号	558	615	汽车＋缆机	93224.2	385327	9120.9	2006-01-14	2006-05-18
3号	615	690	皮带机＋溜管	69245.0	387772	7679.4	2006-05-12	2006-10-27
4号	615	690	汽车＋缆机＋溜管＋跨缺口皮带机	32967.0	221978	5032.7	2006-05-25	2006-12-13
5号	615	690	汽车＋缆机＋溜管＋跨缺口皮带机	34983.8	233225	3750.9	2006-05-19	2006-12-05
6号	615	691	皮带机＋溜管	71840.8	323284	5135.3	2006-10-28	2007-03-12
7号	690	750	汽车＋缆机＋溜管	22453.3	84574	3941.1	2006-12-17	2007-04-09
8号	690	750	汽车＋缆机＋溜管	22885.9	88492	2126.5	2006-12-08	2007-04-03
9号	690	750	皮带机＋溜管	63982.7	174886	5980.4	2007-03-13	2007-06-03
10号	691	750	皮带机＋溜管	40898.0	31355	2137.5	2007-11-05	2007-11-28

本工程实际施工期间（2006—2008年），为连续的枯水年，设计考虑的预留缺口度汛施工方案基本没有实现。所以，为了更快的速度，大坝施工的中后期基本上是采用全线同步碾压上升施工（采用了大仓面斜层碾压施工方案）。但施工总体进度与计划目标基本吻合，实现了2007年年底水库下闸蓄水的建设目标。

7.13.2　施工仿真

碾压混凝土坝尤其是高坝通常位于地质条件复杂的高山峡谷地区，地形陡峻河谷深切，空间资源有限，不利于施工场地和交通的布置，且施工存在很强的随机性和不确定性，因此高混凝土坝的施工进度和施工质量往往直接影响着工程的建设工期和安危。高混凝土坝是一个非常复杂的随机动态过程，随着高碾压混凝土坝的不断修建，要想合理安排坝块浇筑顺序，对多个施工方案和施工机械配置进行快速的比选和优化，系统施工仿真就显得很有必要。

1. 施工仿真的发展与现状

国外计算机仿真技术应用于混凝土工程施工过程始于20世纪70年代初，1973年第11届国际大坝会议上，首次结合混凝土重力坝施工提出了混凝土浇筑过程模拟，并应用于奥地利施立格坝的建设中。Halpin将计算机模拟与网络计划技术结合起来，对建筑工程混凝土运输进行模拟，并逐步发展形成了仿真系统软件 CYCLONE。随后陆续出现了施工仿真统一建模理论、施工运输过程的三维动态可视化、施工过程智能仿真建模思路等研究成果。由于目前国外在建和拟建的高混凝土坝较少，有关的施工过程动态仿真的研究主要集中在土木建筑和公路工程设计与建设管理中，有关水利水电工程高混凝土坝施工仿真方面的研究成果还较少。

我国在 20 世纪 80 年代，天津大学与成都勘测设计研究院对二滩水电站双曲拱坝混凝土分块柱状浇筑采用计算机模拟。此后施工仿真在水利水电工程高混凝土坝施工组织研究中得到了广泛的应用，如三峡、龙滩、小湾、拉西瓦、锦屏一级、溪洛渡、向家坝等水利水电工程都采用了施工仿真来辅助混凝土大坝施工设计，为施工机械设备的合理配置和施工进度的合理安排提供了可靠的定量分析依据，为合理安排施工顺序、优化施工方案和工期论证提供了技术支持，节省了投资，带来了显著的经济效益和社会效益。

2. 施工仿真基本思路

碾压混凝土坝施工系统由混凝土浇筑施工系统与灌浆工程、金属结构安装及辅助作业等非浇筑施工系统组成。混凝土浇筑施工系统又包括混凝土拌和子系统、混凝土运输子系统和混凝土浇筑子系统。灌浆工程主要指大坝的固结灌浆和帷幕灌浆等，这些作业都必须在大坝施工到一定高程后才能施工。坝基固结灌浆，尤其是河床溢流、底孔坝段固结灌浆，设计为有盖重灌浆，与坝体混凝土浇筑干扰较大，需要考虑坝体的间歇。帷幕灌浆和排水孔施工均在廊道内进行，与坝体施工无干扰，不应先坝体上升，故不进行进度分析。大坝金属结构安装是指闸门、启闭机和压力钢管等的吊装作业，这些大型金属结构起重量大，占用大坝施工直线工期。辅助作业只为满足混凝土浇筑需要的模板、钢筋、预埋件安装作业。

碾压混凝土坝施工仿真系统以混凝土浇筑子系统为中心，并对系统边界和系统内部做了一定的简化假设。坝体的浇筑仿真以机械扫描和坝块选择，一级坝块浇筑为主导。仿真假设砂石料充分供应；如果浇筑设备为缆机、塔机等离散型服务，则模拟罐车的运输过程，如果为皮带机等连续性服务，则以设备的强度来计算坝块浇筑时间，并分配足够的供料或转料设备；对于灌浆工程、金结安装和辅助作业，按照各自的施工特性，作为一个活动，按照施工逻辑插入到仿真系统中。

施工仿真以一天为步长，每天开始时，判断该天是否已到仿真终止时间，是则仿真结束，否则继续判断该天是否可以施工，不施工则不进行坝块选择和浇筑作业。如果施工则产生台班事件，一天被分为 2 个或 3 个台班，在每个台班里，扫描所有机械，为空闲的机械设备选择合适的浇筑坝块，分配合理的运输设备。模拟混凝土运输过程大坝中的基本单元；一个具体浇筑部位的浇筑过程，主要包括混凝土拌和、运输、浇筑、振捣等工序。常态混凝土坝与碾压混凝土坝的坝块浇筑施工主要区别在仓面作业上，常态混凝土只需要进行平仓振捣，而碾压混凝土需要振动、碾压、切缝等工序。混凝土的运输模拟假定混凝土供料充足，并且假定坝面设备充分，忽略坝面作业过程，在运输车进入拌和楼前，首先查看本次台班是否结束，结束则统计本台班相关变量，进入下一台班，如果没有，则判断本运输车对应的坝块是否浇筑完毕，浇筑完毕则重新选择浇筑块进行浇筑过程仿真。

第8章　碾压混凝土坝安全监测技术

8.1　概述

依据《混凝土坝安全监测技术规范》（DL/T 5178—2003）之规定，混凝土坝必须设置必要的监测项目，用以监控大坝安全、掌握大坝运行状态、指导施工、反馈设计。

碾压混凝土坝是刚性坝中的一个分支，与常规的混凝土坝相比，在混凝土原材料、配合比、施工工艺、温控等方面有其自身的特点。随着碾压混凝土坝优势的显现，碾压混凝土作为一种主要筑坝材料被广泛应用。在碾压混凝土坝建设数量持续增加，筑坝高度不断攀升的同时，碾压混凝土坝安全监测工作不断发挥着积极的作用，并且监测技术也随之得到不断发展与提高。如在监测设计理念上，不同坝型的监测设计重点有所不同；地形地质条件及施工工艺的不同，其监测设计也有一定的差别，监测部位或侧重点也略有不同。

碾压混凝土坝监测在常态混凝土坝的常规监测外，更多关注上游面的渗透压力监测、碾压层间结合部位的渗漏及抗剪参数、混凝土水化热温升及准稳定温度场等，随着碾压混凝土筑坝技术的进步，上游防渗材料由"金包银"改为变态混凝土防渗加二级配碾压混凝土，中低坝安全监测内容同常态混凝土坝的监测项目相当，但在高坝及200m级以上的高坝，宜根据工程布置特点与需要，对大坝上游防渗混凝土和碾压层面的渗流渗压、坝体温度以及重要结构，还需做专项监测。

与常态混凝土坝相比，碾压混凝土内的监测仪器在选型、安装埋设和电缆敷设方法等方面存在较大差异，尤其是碾压混凝土内的无应力计和应变计组安装埋设的可靠性、有效性值得认真探讨与研究。

总之，安全监测工程是一个系统工程，包括监测设计、仪器埋设施工、观测、资料的整编分析及反馈、监测设备的维护和定期鉴定等都是安全监测工作的重要环节。设计是龙头，也是基础；仪器安装埋设施工是关键；仪器是保障；资料的整编分析及反馈是根本，也是安全监测的根本目的。

8.2　安全监测设计

8.2.1　概述

监测设计是整个安全监测重要组成部分，应由熟悉工程地质、水文地质、大坝结构及其基础设计、施工工艺、工程运行条件的坝工技术人员，以及熟悉监测方法、监测仪器设备性能和安装埋设的监测技术人员，共同精心拟定。在监测设计时，需要依据的资料主要包括以下方面。

1. 工程基本资料

工程基本资料包括工程规模、大坝级别及地质、水文、泥沙、气象、水库特征水位等环境条件，以及枢纽和坝体结构设计图纸和施工规划，用以确定必须设置的监测项目。工程规模越大、地质、水文等环境条件越复杂，设置的监测部位和项目也越多。

2. 水工结构计算和科研试验成果

工程设计和施工采用的新技术、新工艺，设计所期望解决的问题，设计、施工的重点和难点等都是监测设计专项研究的依据，碾压混凝土坝监测主要关注的内容如下。

（1）各种荷载组合工况下的应力、位移与渗流设计计算成果，地质力学模型试验在设计荷载下的坝体及基岩弹性变形或超载下的破坏变形情况，建基面断层、裂隙等地质缺陷分布及必要的处理措施，坝基固结灌浆、防渗帷幕及排水系统设计等，这些成果可用于了解控制大坝安全的关键部位，应有针对性地布设监测项目。

（2）坝体混凝土的物理力学特性资料。包括混凝土抗拉强度号抗压强度、弹性模量、级配、温度线膨胀系数、徐变度、自生体积变形等参数，以便根据应力应变监测资料转换计算坝体的实测应力。

（3）地质条件和基岩物理力学性能资料。包括基岩抗拉强度、抗压强度、变形模量、流变、地应力、坝基下的地质缺陷（断层、裂隙、软弱夹层等）等。以了解坝基岩体特性，布置基岩变形和应力监测仪器，计算分析实测基岩变形和应力。

（4）坝体混凝土分区、施工方法和程序。了解不同分区部位混凝土的性能、浇筑进度和先后顺序，为计算分析坝体不同强度等级混凝土的实测应力，评价混凝土温度控制措施实施效果提供依据。同时，便于监测仪器电缆走线规划及现场数据采集站的布置。

（5）水工模型试验资料。了解水流形态号泄水及消能建筑物过流面的压力、流速、掺气分布等，以便确定水力学监测仪器的布置项目和部位，如时均压力、脉动压力、底流速仪、空蚀、雾化等测点的布置。

8.2.2　设计目的

1. 指导施工

（1）坝肩边坡开挖，通过安全监测，进一步调整设计或施工方案，能确保施工安全，加快施工。

（2）坝肩边坡支护，开挖后一般需进行支护处理，其支护处理措施可进行观测数据反馈分析，为支护处理措施提供依据，以利节省工程投资。

（3）变形监测，通过掌握坝体的变形规律，并对观测资料进行分析，为下闸蓄水提供可靠依据。

（4）应力应变监测，掌握混凝土施工过程中坝体的最大应力及应力应变分布规律，对施工进度作出指导。

（5）混凝土温度监测，掌握坝体混凝土施工过程中的水化热温升及温度变化规律，为坝体温控提供可靠依据。

（6）为其他水工建筑物的施工、运行提供依据。

总之，施工期的观测数据，对了解施工情况，加快施工速度，确保施工安全，提高施工质量是非常重要的。

2. 监控大坝运行安全

（1）水库首次蓄水，对大坝是一次重大考验。设计参数取用是否恰当，同时由于基础情况或施工中留下的工程隐患等存在不确定性，需要通过动态监测蓄水过程中的坝体工况，为及时分析可能出现的安全隐患提供确切依据。

（2）大坝在第一次外荷载作用下，变位有一个适应过程，其变形也是后期运行的重要依据，通过观测数据分析掌握变化规律，调整蓄水进程，在确保安全情况下，发挥效益。

（3）通过安全监测可掌握库水位变化、时效、季节变化引起的大坝变形。库水位陡升陡降时大坝变形将发生变化，根据监测值和设计计算值对比，判断安全富裕度。

总之，在库水作用下，需对大坝实施动态监测，随时掌握大坝的变形，确保大坝安全。

3. 验证设计

通过对监测资料系统分析和反馈分析，验证设计计算的参数取值、计算方法、计算模型等是否正确，从而为同类工程设计积累经验。

4. 服务科研

通过对监测资料系统分析，找出坝体温度、变形、库区两岸渗流场规律，为科研工作提供依据。

8.2.3 设计原则

（1）工程监测是全过程监测，设计时应明确各阶段的监测目的。对各部位不同时期的监测项目选定应从施工、首次蓄水、运行期全过程考虑，监测项目相互兼顾，做到一个项目多种用途，在不同时期能反映出不同重点。在设备选型时，种类尽量少，同时要保证耐久、可靠、实用、有效，力求先进，便于管理和实现自动化。

（2）监测布置宜选地质结构复杂及有针对性、代表性的断面；应全面反映建筑物实际工作性态，目的明确、重点突出。测点布置时，对关键部位应优先布置，重点监测。对互有联系的监测项目，要结合布置。

（3）测点布设应相对集中，观测方法宜简捷、直观，满足精度要求，重点部位的观测值力求能相互校核。监测项目的设置应满足监控各建筑物的运行状态，了解测值变化的规律。

（4）仪器监测与人工巡视检查相结合。

8.2.4　监测项目选择

根据工程规模和具体工程结构特点、工程地质特征等，按照现行《混凝土坝安全监测技术规范》（DL/T 5178—2003）要求，仪器监测划分为必需监测项目和专门监测项目。针对混凝土坝本身而言，必需监测的项目分为五大类：

（1）变形监测。包括水平位移及挠度监测、垂直位移及倾斜、深部变形、谷幅监测和坝体接缝及裂缝监测等。

（2）渗流监测。包括坝基、岸坡及坝体（含碾压混凝土间歇层）的渗漏量，坝体渗流压力、坝基扬压力、绕坝渗流、地下水位和水质监测。

（3）应力应变及温度监测。包括混凝土及结构应力应变、岩体应力、坝基与混凝土温度、预应力锚索（杆）荷载、普通砂浆锚杆应力监测等。

（4）环境量监测是涉及监测物理量分析的自变量，根据具体工程进行选择。主要包括水位、库水温、气温、降水量、冰压力、坝前淤积和下游冲淤等项目。

（5）巡视检查是必不可少的监测项目之一，从施工期到运行期，对各级大坝均应开展巡视检查工作。大坝施工及运行中的异常迹象，大多是工程技术人员在巡视检查中发现的。对于混凝土坝，巡视检查应注意相邻坝段之间的错动；伸缩缝开合情况和止水的工作状况；上下游坝面、廊道壁上有无裂缝；裂缝中漏水情况；混凝土有无破损；混凝土有无溶蚀、水流侵蚀或冻融现象；坝体排水孔的工作状态，渗漏水的漏水量和水质有无显著变化；坝顶防浪墙有无开裂、损坏情况。

坝基和坝肩应注意检查基础岩体有无挤压、错动、松动和鼓出；坝体与基岩（或岸坡）结合处有无错动、开裂、脱离及渗水等情况；两岸坝肩区有无裂缝、滑坡、溶蚀及绕渗等情况；基础排水及渗流监测设施的工作状况、渗漏水的漏水量及浑浊度有无变化。

专门监测项目分为：坝体地震反应监测、泄水建筑物水力学监测。专门监测项目根据工程具体情况并通过论证后进行设计。针对具体工程而言，有库盘变形、断层活动性监测、地质缺陷处理工程措施监测等特殊监测内容。

重力坝和拱坝的结构特点及受力作用机理有较大差异，因此，在监测项目选择时还需结合各自特点，有针对性地选取和进行监测设计。混凝土坝仪器监测项目分类见表 8.2.1。

8.2.5　碾压混凝土重力坝安全监测

8.2.5.1　重力坝结构特点

重力坝是在水压力及其他外荷载作用下，主要依靠坝体自重来维持稳定的坝，是历史最悠久的坝型之一，人们已在重力坝的设计、施工与运行等方面积累了丰富的实践经验，筑坝技术已相当成熟。它通常沿坝轴线用横缝分成若干坝段，每一坝段在结构型式上类似三角形悬臂梁，上游水荷载在坝的水平截面上所产生的力矩将在上游面产生拉应力，在下游面产生压应力，而在坝体自重作用下，在上游面产生的压应力足以抵消由水荷载产生的拉应力。因此，重力坝依靠自重来维持坝体的稳定。一旦稳定和强度得不到满足，将危及重力坝的安全。

表 8.2.1 混凝土坝仪器监测项目分类表

序号	监测类别	监测项目	大坝级别			备　注
			1	2	3	
一	变形	1. 坝体位移	●	●	●	高拱坝及坝肩地质条件较差，应加强坝肩切向位移监测
		2. 倾斜	●	○	—	
		3. 接缝变化	●	●	○	
		4. 裂缝变化	●	●	○	
		5. 坝基位移	●	●	●	
		6. 近坝岸坡位移	○	○	○	
二	渗流	1. 渗流量	●	●	●	
		2. 扬压力	●	●	●	
		3. 渗透压力	○	○	●	
		4. 绕坝渗流	●	●	○	
		5. 水质分析	●	●	—	
三	应力	1. 应力	●	○	—	
		2. 应变	●	○	—	
		3. 混凝土温度	●	●	○	
		4. 坝基温度	●	●	●	
四	环境量（水文、气象）	1. 上下游水位	●	●	●	
		2. 气温	●	●	●	
		3. 降雨量	●	●	●	
		4. 库水温	●	○	—	
		5. 坝前淤积	●	○	—	
		6. 下游冲淤	●	○	—	
		7. 冰冻	○	—		
五	巡视检查	坝体、坝基及近坝库岸	●	●	●	

注　1. 有●者为必设项目；有○者为可选项目，可根据需要选设。

　　2. 坝高 70m 以下的 1 级坝，应力应变为可选项。

　　由于地形地质、水文气象等环境条件的复杂性，针对具体工程又有加大差异。因此设计计算时的有关计算假定不全，引用假设进行简化而使结果偏差，致使设计很难做到完美无缺。施工中，也可能发生施工方法不当，浇筑振捣不透，温度控制、选用材料不严等问题，从而引发一系列质量问题。竣工运行后，大坝受各种力的作用和自然环境的影响，筑坝材料的逐渐老化，加之高压水的不断渗流溶蚀，使得大坝及其基础的物理力学性能逐渐变异，偏离设计要求，出现一些安全隐患。如果不被我们及时掌握，并采取必要的措施，任其发展，其后果不堪设想。而安全监测是掌握大坝运行性态的"耳目"，因此，有必要对重力坝及其基础的运行性状直接或借助仪器进行监测。

8.2.5.2　重力坝监测重点

重力坝安全监测的重点是坝基扬压力、渗流量、绕坝渗流，坝基、坝体变形、坝体温度等。监测范围应包括坝体、坝基以及对重力坝安全有重大影响的近坝区岸坡和其他与大坝安全有直接关系的建筑物。

从重力坝特点来看，由于重力坝坝体与地基接触面积大，因而坝底的扬压力较大，对稳定不利，重力坝失事大多也是由基础引起，因此，应把坝基面扬压力、基础渗透压力、渗流量及绕坝渗流作为重点监测项目；重力坝的变形能最直接的反映其在各种荷载作用下的工作状态，变形监测的目的是了解坝体抗滑、抗倾稳定情况以及基础及坝体混凝土材料受外荷载产生的压缩、拉伸等变形情况，是重力坝安全监测的重点；由于重力坝体积大，施工期混凝土的温度应力和收缩应力较大，在施工期对混凝土温度控制的要求较高，因此也需要重视施工期坝体混凝土温度监测。

由于重力坝坝体应力较小，一般只有高坝（不小于 100m）在地震工况下，才有可能出现对坝体结构产生破坏的应力，因此坝体内部的应力应变不是重力坝安全监测的重点，只需对结构特殊的坝体或溢流闸墩、泄洪低孔、中孔等特殊部位，结合计算分析成果，在重点部位布置混凝土应力应变、钢筋应力或锚索力监测点。

8.2.6　碾压混凝土拱坝安全监测

8.2.6.1　拱坝结构特点

拱坝是固结于基岩的空间壳体结构。坝体结构既有拱作用又有梁作用，其承受的荷载一部分通过拱的作用传递至两岸抗力体，另一部分通过竖直梁的作用传到坝底基岩。坝体的稳定主要是依靠两岸拱端的反力作用来维持。因此拱坝对坝址的地形、地质条件要求较高，对地基处理的要求也较严格。拱坝属于高次超静定结构，超载能力强，安全度高，当外荷载增大或坝的某一部位开裂时，坝体的拱和梁作用将会自行调整，使坝体应力重新分配。拱坝坝身一般不设永久伸缩缝，温度变化和基岩变形对坝体应力的影响比较显著。

与其他坝型相比，拱坝结构具有如下特点：从其受力特点来说，拱坝主要依靠材料的各种强度，特别是抗压强度来保证大坝安全，而且应该把坝体和坝基坝肩作为一个统一体来考虑。从其经济性来说，拱坝由于其坝体受力特点，一般较之其他混凝土坝型混凝土用量少，造价低。在一般常遇到的峡谷河段，如果地质条件许可，拱坝常常是一种经济的坝型；如果设计得当，在更宽一点的河谷，拱坝经济上也还是有利的。国内一些专家认为，拱坝所需的坝体混凝土为同规模重力坝的 1/3～2/3，有的认为坝低者接近后者，坝高者接近前者。从其安全性来说，拱坝是一种坝身及基础工作条件较好，超载能力极强的坝工结构，有很高的抵御意外洪水和涌浪翻坝的能力，抗震性能较好，垮坝事故率低和耐久性能好。从其拱坝不同高度的适应性来说，从国内外的工程实际建设情况统计来看，拱坝当坝高低时综合适应性不太高，随着坝高的增加而逐渐增加，坝高大于 200m 则成为主要坝型。

8.2.6.2　拱坝监测重点

拱坝安全监测范围应包括坝体、坝基、坝肩以及对拱坝安全有重大影响的近坝区岸坡和其他与大坝安全有直接关系的建筑物。从上述拱坝特点来看，拱坝其实应把"拱坝＋基础"作为一个统一体来对待，故其安全监测宜把坝体、坝基及坝肩抗力体均作为监测重点部位，根据各自结构和受力特点，统筹考虑监测项目和布置。

坝体监测应结合计算成果、拱坝体型等因素，以坝段为梁向监测截面，以高程为拱向监测基面，构成拱梁监测体系。监测点布置于拱梁交会的节点处，分别与多拱梁法和有限元法的计算成果予以对比分析。其中拱冠梁是坝体最具代表性的部位，且很多指标均是控制性极值出现处；左右岸 1/4 拱坝段一般可同时兼顾坝基坝肩变形，在坝段空间分布上具有代表性，这些部位对监控大坝正常运行至关重要。坝体监测项目以变形、应力应变及温度监测为重点。

坝基坝肩监测重点部位原则上以与坝体拱梁监测体系和坝基交会处一致，但坝基开挖体型突变处和分布有地质缺陷部位也应作为重点监测。由于拱坝对基础要求很高，所以其基础开挖一般较深且地应力较高，且在拱壳作用下坝基岩体中传力较深，地质赋存条件较好，并动用了较多的侧向约束，基础监测深度原则上取坝体高度的 1/4～1/2 或 1～3 倍拱端基础宽度。坝基监测项目以梁向和拱推力方向变形、渗流监测为重点。

8.2.7　监测项目

8.2.7.1　变形监测

一般而言，无论重力坝还是拱坝，变形监测主要有坝体和坝基水平位移、垂直位移监测、接缝和裂缝监测，以及通过各高程监测成果计算坝体的倾斜等，垂直位移多以坝基及坝顶垂直位移监测为主，高坝视坝廊道系统布置，可在坝体中部设置观测高程。重力坝不同坝段的垂直位移监测，可分析坝体的不均匀沉降。拱坝宜关注切向位移，理论上拱冠梁的切线位移应为零。但多数因设置位置差异及左右坝肩的不对称性可能会向左或右位移，特别应关注两坝肩的切向位移，它是分析判断坝肩及抗力体的关键物理量。

变形测量系统测得的变形，严格意义上都是相对的，包括相对基准点和相对某次基准测值。但在工程实际应用中，相对大地测量基准和工程变形影响范围之外的倒垂线锚固点的变形也称为绝对变形，相对工作基点、相对坝基面的变形或相邻两点或相邻接缝间的变形称为相对变形。

重力坝水平、垂直位移监测纵断面是指平行于坝轴线的断面，纵断面上的测线一般应尽量设在坝顶和基础廊道，坝高大于 100m 的高坝还应在中间高程设置。一般纵断面上测点布置应兼顾全局，每个坝段至少均应设一个监测点。变形监测横断面布置在地质或结构复杂的坝段或最高坝段和其他有代表性的坝段。横断面的数量视地质情况、坝体结构和坝顶轴线长度而定，一般设 1～3 个，对于坝顶轴线长度大于 800m，宜设置 3～5 个。

拱坝水平、垂直位移监测，一般选择拱冠梁、1/4 梁及坝肩断面，高坝或弧长较长的拱坝可能还会有选择 1/8 梁断面进行监测布置，断面是指径向的梁断面，其监测方法与重力坝类似。

1. 水平位移

坝体及坝基坝肩水平位移一般采用正、倒垂线、表面变形监测点。其中表面变形监测点监测采用大地测量方法，激光准直系统等，可同时监测水平和竖直位移。近年来还可通过卫星系统采用 GPS 测量系统进行观测。

正倒垂线组是监测坝体水平位移的主要手段。正倒垂线一般都是成组布置在坝体重点监测坝段，重点监测坝段的选择应结合地质条件、计算成果和工程处理措施等因素，在平面上以能监控整个坝体、坝基及坝肩的宏观变形为原则。应首先选择地质或结构复杂的坝段，其次是最高坝段和其他有代表性的坝段，位于河床部位的拱冠，由于坝体高、变形大是必测部位。对 200m 以上的特高拱坝至少需要布置 5 组正倒垂线组。同时倒垂线的设置还应结合引张线、铟钢丝位移计和折线式激光测量系统等的校核基点需要。与其他坝型相区别，拱坝的拱座稳定是结构安全的基本前提，历来是工程界十分关注的问题。其坝肩抗力体应设置正、倒垂线系统监测在拱推力的作用下的绝对变形，两岸坝顶宜在灌浆洞内直接设置倒垂线。

单根正垂线的悬挂点应尽量设在坝顶附近，以便测得坝顶位移。按现行规范（DL/T 5178—2003）单根正垂线过长的，应分段设置，分段长度可根据计算位移量、挂重、防风稳定等因数综合考虑，一般不宜超过 50m。

倒垂线的深度在坝基中宜以 1/4～1/2 坝高，在拱坝坝肩抗力体中宜以 1～3 倍同高程拱端控制或根据计算成果确定。但对超过 200m 的特高拱坝，按照现行规范（DL/T 5178—2003）倒垂线锚固点深入基岩的深度应参照坝工设计计算成果，达到变形可忽略处。假定基础 0.5～1mm 的变形可忽略，则锚固点距基岩面约 100m。则倒垂线的长度就远远超过规范提出的适宜长度。倒垂线体越长需要张紧其的浮力就越大，若线体强度不够则可能拉断线体，若张拉的浮力不够线体准值性差，可能导致测值不稳。因此倒垂线深入基岩的深度除了要考虑有限元计算成果外，还要考虑浮力、线体的承受能力、仪器及垂线系统精度等因素，在保证线体准值性的条件下，尽量深入到基岩不动点。另外，也不要机械地追究绝对不动点，需要考虑垂线系统及仪器的精度。

对双曲拱坝断面形状也呈弧形，而且坝体较薄，不同高程的廊道在平面上大多不在同一位置，为了便于布置垂线，各层检查廊道内都需布设长短不一的垂线支廊道。

正垂线孔必须设置防风管。倒垂孔内宜埋设保护管，必要时孔外还应装设测线防风管。护管的有效孔径不能小于 2 倍计算位移变幅。分段长度要综合考虑线体直径、挂锤重量、防风稳定，坝体廊道布置等因素。

2. 垂直位移

坝垂直位移一般采用几何水准和静力水准法进行监测，此外真空激光准值系统可以兼测垂直位移。测点应尽量与水平位移测点结合布置。一般几何水准测点布置相对较灵活，在满足起测、校测的情况下，可布置在大致相同（高程传递误差允许范围内）的高程、不同部位。但垂直位移测点是由设在其附近的起测点（水准工作基点）来测定的，而起测点是否有变动，是由离坝址较远的水准基点来监测的。起测点是测定几何水准测点垂直位移的起始或终结点。为了便于观测，减小高程传递误差，起测点应力求布设在与测点高程大致相同，坝外两岸山坡的基岩或原状土上。若重力坝廊道条件不允许设坝外同高程起测点时，就需要再设竖井垂直高程传递系统传递起测高程或采用双金属标作为起测点。

水准基点是垂直位移观测的基准点，其稳定与否直接影响整个观测成果的准确性，应埋设在不受库区水压力影响的地区。一般设在坝下游 1～3km 处，埋设在稳定的基岩上。为了检查水准基点是否变动，应成组设置，每组不得少于三个水准标石，一般其中一个为主点，另两个为辅点。三个水准基点组成一个边长约为 100m 的等边三角形，并在三角形的中心，与三个水准基点等距离的地方设置固定测站，由固定测站定期观测三点之间的高差，即可检验水准基点是否有变动。

液体静力水准测点应布置在同一高程上，同一条静力水准线上测点间的高差不能超过仪器量程允许范围。静力水准的起测点和水准基点的布置原则同几何水准。但在工程实际应用中，为了便于自动化观测，静力水准的起测点一般采用双金属标，标管深入变形影响线以下，可作为水准基点。

视地质情况和坝长设 1～3 个坝体倾斜监测坝段。测点可根据地质及坝体结构情况在基础和坝顶部位沿上下游方向布置，以监测坝基的不均匀沉陷和倾斜。坝体倾斜一般也采用几何水准和静力水准法观测，也可采用倾斜计进行监测。

3. 接缝及其他监测

接缝通常指结构缝、坝体与坝基、岸坡接触缝等。

对重力坝，接缝主要指各个坝段间的横缝和纵缝。由于重力坝各个坝段是相互独立的，横缝监测的主要目的是监测相邻两坝段之间的不均匀变形，主要包括上下游方向的错动和竖直向的不均匀沉陷，同时可兼测接缝的开合度，以了解各坝段间是否存在相互干扰。一般选择在基础地质或坝体结构形式差异较大的相邻两坝段的接缝处，在坝顶、基础廊道和高坝的坝中部位廊道设置接缝监测点。一般采用三向机械测缝标点或三向测缝计进行监测。

对一些施工期设纵缝的大型重力坝，采用分缝浇筑，为了选择纵缝灌浆时间或了解不灌浆纵缝的状态以及纵缝对坝体应力的影响，可在纵缝不同高程处布置 3～5 支测缝计。另对运行或施工中出现危害性的裂缝，可根据结构和地质情况增设测缝计进行监测。

拱坝接缝一般包括建基面与坝体之间、横缝、诱导缝、周边缝和结构缝等，裂缝一般包括坝体开裂区的潜在随机裂缝及已有裂缝等。拱坝横缝、周边缝在后期均需进行封拱灌浆和接触灌浆，诱导缝视缝的开度是否灌浆，对缝缝的开合度监测还需结合坝体材料特性，如外掺膨胀剂、MgO 等对材料特性监测相结合。因此，对缝的开合度监测尤为重要，一般情况测缝计布置均按灌区进行布置，在拱冠梁坝基结合部需监测开度，与坝踵、坝趾拉压应力监测相互结合。主要观测缝的开度和温度。

（1）建基面与坝体之间接缝。拱坝建基面与坝体之间接缝监测一般分为缝的开合度和错动监测。缝的开合度监测坝段宜与垂线、应力应变及温度坝段重合，一般布置于坝踵、坝中和坝趾，采用竖向布置单向埋入式测缝计，为便于监测成果验证和对比分析，测缝计宜与建基面压应力计配套布置。根据相关文献，在拱坝建基面较陡或拱推力较大部位，施工期在坝体自重作用下，坝段相对于建基面有向下相对滑动的趋势；蓄水期在水推力作用下，坝段相对于建基面有向下游和向上相对滑动的趋势。为监测上述沿径向和坝基面的错动变形，应在这些部位布置双向测缝计，测缝计宜采用带有不少于 1m 加长杆单向测缝计予以组装或线体式测缝计。

（2）横缝。基于横缝灌浆质量对于拱坝整体作用的重要性，拱坝横缝开合度监测应作为重点监测项目，在施工期指导接缝灌浆的时机、压力和监测灌浆效果，在运行期监测横缝的开合度变化。横缝开合度监测应对施工期和永久监测统筹考虑，平面上，河床和低高程坝段，宜间隔 1～2 个坝段横缝布置；在岸坡和高高程坝段，宜间隔 2～4 个坝段横缝布置。高程上，低高程宜在每个横缝灌浆区布置至少一支测缝计，在高高程可间隔 1～2 个横缝灌区布置一支测缝计。拱坝选址一般均为 V 形河谷，施工期坝段均有向河床挤压的特性，宜在横缝上典型测缝计部位并结合坝体应力应变监测布置沿某一拱圈配套布置压应力计，以便于监测成果验证和对比分析。

（3）诱导缝。有的拱坝为改善坝踵的应力状态，在拱坝某些高程坝踵部位设置了诱导缝。诱导缝接缝监测一般分为缝的开合度和错动监测。缝的开合度监测一般沿缝面上游、中部和下游布置单向埋入式测缝计；缝的径向错动变形监测应布置水平测缝计，测缝计宜采用带有加长杆或线体式测缝计。为便于监测成果验证和对比分析，测缝计宜与压应力计和渗压计配套布置。

（4）周边缝。有的拱坝为改变建基面受力情况，沿建基面设有混凝土垫座形成周边缝，周边缝接缝开合度和错动变形监测布置基本同建基面与坝体之间接缝监测原则一致。

（5）结构缝。有的拱坝因布置或施工的需要，坝体与闸墩、坝体与贴角混凝土等之间会形成结构缝，这些部位的接缝监测应根据实际受力情况采用相应的监测仪器对其接缝的变化进行监测。

（6）裂缝。拱坝裂缝一般分为坝体开裂区的潜在随机裂缝及已有裂缝，已有裂缝又可分为表面裂缝和坝体内部裂缝。坝体已有裂缝直接削弱了坝体的承载能力，破坏了坝体的整体性，降低了坝体的刚度，故对坝体运行性态有潜在影响，故一直作为监测和分析研究的重点。

1）潜在随机裂缝。拱坝坝体潜在随机裂缝的布置部位应根据拱坝体型、应力计算成果等因素综合考虑，一般应布置于坝踵、坝趾和坝身孔口周边部位，监测仪器一般采用裂缝计或连续式光纤。

2）已有裂缝。拱坝已有裂缝观测的内容包括裂缝的分布、长度、宽度、深度及发展等，有漏水的裂缝，应同时观测漏水情况。

a. 表面裂缝。拱坝表面裂缝监测一般采用简易测量标点、测缝计、有机玻璃或砂浆条带等定量或定性监测等。裂缝位置和长度的观测，可在裂缝两端尖灭处用油漆画线作为标志，或绘制方格坐标丈量。裂缝宽度的观测可借助读数放大镜测定，重要的裂缝可在缝两侧各埋设一金属标点，用游标卡尺测定缝宽。裂缝的深度可用金属丝探测或用超声波探伤仪测定。

b. 坝体内部裂缝。坝体内部裂缝应使用钻孔电视、孔壁数字成像、压水等手段揭示裂缝位置、产状等，坝体内部裂缝发展监测可采用用钻孔测缝计、滑动测微计等。

8.2.7.2　渗流监测

渗流通道主要有坝体、坝基及两岸坝肩。渗流监测包括扬压力监测、坝体渗透压力监测、渗漏量监测、绕坝渗流监测以及渗漏水的水质分析，是监测大坝安全的重要物理量。

1. 坝基扬压力

扬压力是指库水对坝基或坝体上游面产生的渗透压力及尾水对坝基面产生的浮托力。坝基扬压力的大小和分布情况，主要与基岩地质特性、裂隙程度、帷幕灌浆质量、排水系统的效果以及坝基轮廓线和扬压力的作用面积等因素有关。向上的扬压力减少了坝体的有效重量，降低了重力坝的抗滑稳定性，在重力坝的稳定计算中，为平衡扬压力需增加的大坝体积可达 1/3～1/4，扬压力的大小直接关系到重力坝的安全性。

重力坝至少第一道排水幕线上布置一排纵向扬压力监测点；低矮闸坝，不设排水幕时，可在防渗灌浆帷幕后布置。纵向监测断面上每个坝段至少应设一个测点，若地质条件复杂时，如遇大断层或强透水带，可适当增加测点数。

横向监测断面的选择要考虑坝基地质条件，坝体结构型式、计算和试验成果以及坝的重要性等。一般选择在最高坝段、地质构造复杂的谷岸台地坝段及灌浆帷幕转折的坝段。横断面间距一般为 $50\sim100m$，如坝体较长，坝体结构和地质条件大体相同，则可加大横断面间距，但对 1 级、2 级坝横向监测断面至少 3 个。

在岩基上的重力坝，坝基面上下游边缘的扬压力接近上下游水位，可不设测点；而软基上的重力闸坝，横断面靠上下游面两点的扬压力的大小会受到上游铺盖和下游护坦的影响，测点布置应考虑坝基地质特性、防渗、排水等因素，应在坝基面上下游边缘设测点，必要时还可在帷幕前设测点。

每个横断面上测点的数量，一般是 $3\sim10$ 个。第 1 个测点最好布置在帷幕、防渗墙或板桩后，以了解帷幕或防渗墙对扬压力的影响，其余各测点宜布置在各排水幕线上，两个排水管中间，以了解排水对扬压力的影响。若坝基只设 $1\sim2$ 道排水，或排水幕线间距较大，或坝基地质条件复杂时，测点可适当加密，测点间距一般 $5\sim20m$。但如果为了了解泥沙淤积、人工铺盖、齿墙对扬压力的影响，也可在灌浆帷幕前增设 $1\sim2$ 个测点。下游设帷幕时，应在其上游侧布置测点。此外，当对坝基某些部位有特殊监测要求，如需要专门了解排水管的效果时，可在距排水管上、下游 2m 的部位各设一个扬压力测点。

坝基扬压力可采用深入基岩面 1m 的测压管或在坝基面上埋设渗压计进行监测。若坝基存在有影响大坝稳定的软弱带（或称滑动面），有必要设深层扬压力监测点，若采用渗压计，则可埋设在软弱带内（滑动面上）；采用测压管时，测压管的进水管段应埋设在软弱带以下 $0.5\sim1m$ 的基岩中，同时做好软弱带处导水管外围的止水，防止下层潜水向上渗漏。为了解坝基温度对裂隙开度和渗水的影响，扬压力监测孔内宜设温度测点。

2. 坝体渗透压力

坝体渗透压力大小能反映筑坝混凝土的防渗性能及施工质量。随着常态混凝土质量和施工水平的提高，已很少在常态混凝土内设渗透压力监测，而碾压混凝土坝，因其采用的是一种无坍落度的少胶凝材料的干硬性混凝土，薄层摊铺，通仓连续浇筑，坝体水平施工缝未经特殊处理，可能结合不好，因此，在坝体水平施工缝上埋设渗压计，监测渗透压力。

埋设断面可与坝体应力、应变监测断面相结合。在竖直向，测点宜设在死水位以下，靠近坝基面压力水头大的部位密些，上部稀疏些；在顺河向，测点应布设在上游坝面至坝体排水管之间。测点间距自上游面起，由密渐稀。靠近上游面的测点，与坝面的距离不应小于 0.2m。

3. 绕坝渗流

绕坝渗流是指库水绕过与大坝两坝肩连接的岸坡产生的流向下游的渗透水流。在一般情况下绕坝渗流是一种正常现象，但如果大坝与岸坡连接不好，岸坡过陡产生裂缝或岸坡中有强透水层，就有可能造成集中渗流，引起变形和漏水，威胁坝的安全和蓄水效益。因此需要进行绕坝渗流观测，以了解坝肩与岸坡或与副坝接触处的渗流变化情况，判明这些部位的防渗与排水效果。

绕坝渗流测点布置以能使观测成果绘出绕流等水位线为原则。通常是沿着绕渗流线和沿着渗流可能较集中的透水层来布设的，至少要布置两排，每排不少于 3 个观测孔，靠坝肩附近较密，孔底应深入到强透水层及深入到筑坝前的地下水位以下。

对于层状渗流，应利用不同高程上的平洞布置监测孔；无平洞时，应分别将监测孔钻入各层透水带，至该层天然地下水位以下的一定深度，一般为天然地下水位以下 1～5m。必要时，可在一个钻孔内埋设多管式测压管，或安装多个渗压计。但必须做好上下两个测点间的隔水设施，防止层间水互相贯通。

绕坝渗流监测布置还应与两坝肩山体地下水位监测统筹考虑，若两坝肩存在对大坝安全有较大影响的滑坡体或高边坡，已查明有滑动面者，宜沿滑动面的倾斜方向或地下水的渗流方向，布置 1～2 个监测断面。对坝体或坝基的稳定性有重大影响的地质构造带，沿渗流方向通过构造带至少应布置一排地下水位观测孔。监测活动面地下水位孔的深度应在滑动面以下 0.5～1m。若滑动面距地表很深，可利用勘探平洞或专设平洞，设置测压管安装渗压计进行监测。若滑坡体内有隔水岩层时，应分层布置，同时亦应做好层间隔水。无明显滑动面的近坝岸坡，应分析可能的滑动面布设监测断面。若有地下水露头时，应布置浅孔监测，以监视表层水的流向和变化。

4. 渗漏量

渗漏量是指库水穿过大坝地基介质和坝体孔隙产生的渗透水量。一般当渗流处于稳定状态时，其渗流量将与水头的大小保持相对稳定的关系，在同样水头及环境温度情况下渗流水量的显著增加或减少，都意味着渗流稳定的破坏。渗流量显著增加则有可能发生帷幕破坏或产生新的集中渗流通道；渗流量显著减小，则可能是排水系统堵塞的反映，因此为了判断渗流是否稳定，还必须进行渗漏量的观测，保证重力坝的安全运行。

应根据坝体、坝基排水设施的布置和渗漏水的流向，布置渗漏量监测点。一般设在基础灌浆廊道和两坝基排水平洞内，为了便于分析，应尽可能分区拦截，分区观测。

坝体靠上游面排水管渗漏水以及坝体混凝土缺陷、冷缝和裂缝的漏水为坝体渗流，大多流入基础廊道上游侧排水沟内，可根据排水沟设计的渗流水流向，分段集中量测，也可对单处渗漏水采用容积法量测；坝基排水孔排出的渗漏水为坝基渗流，一般流入基础廊道下游侧排水沟，河床和两岸的坝基渗漏水宜分段量测，也可对每个排水孔单独采用容积法量测渗漏量。同时还可在坝体廊道或坝基的排水井集中观测总渗漏量。

渗透流量的观测要与绕坝渗流水位、扬压力及水库上下游水位配合进行。廊道或平洞排水沟内的渗漏水，一般用量水堰量测，堰上水头可人工测读，也可用专用的小量程水位计量测。排水孔的渗漏水可用容积法量测。

5. 水质分析

在渗流量观测的同时，还要注意观测渗水是否透明清澈，发现渗水浑浊或有可疑成分时，应进行透明度检定或水质分析。渗水的浑浊不清，在水中带有泥沙颗粒或某种析出物，可能反映出坝基、坝体或两岸接头岩土受到溶蚀后或被渗流水带出，这些现象往往是内部冲刷或化学侵蚀等渗流破坏的先兆。

在观测渗透流量的同时，还应选择有代表性的排水孔或绕坝渗流监测孔，定期进行水质分析。若发现有析出物或有侵蚀性的水流出时，应取样进行全分析。在渗漏水水质分析的同时应做库水水质分析。

水质分析一般可作简易分析，必要时应进行全分析或专门研究。简易分析和全分析项目见规范《混凝土坝安全监测技术规范》（DL/T 5178—2003）附录 D.4，其中物理分析项目，最好在现场进行。

8.2.7.3　应力应变监测

应力、应变及温度监测布置应与变形监测和渗流监测项目相结合，重要部位可布设互相验证的监测仪器。在布置应力、应变监测项目时，应对所采用的混凝土进行热学、力学及徐变、自身体积膨胀等性能试验，以便将应变换算成应力。

1. 应力、应变

重力坝的应力分布受坝体施工方法的影响，重力坝的应力应变监测布置应根据坝体应力分布状况及混凝土分层分块的施工计划和分期蓄水计划合理布置，使监测成果能反映结构应力分布及最大应力的大小和方向，能和计算成果及模型试验成果进行对比，以及与其他监测资料综合分析，并能满足工程需要。

一般 2 级以上，坝高超过 70m 的重力坝才设置应力应变监测项目，但一些结构状态特殊的低于 70m 或 2 级以下的重力闸坝，也可根据结构受力状态设置应力应变监测项目。

对需要进行应力监测的重力坝，先应根据坝高、结构特点及地质条件选定监测坝段。如可以选择高度最大或基岩最差的坝段作为监测坝段，也可以在非溢流坝段和溢流坝中各选一个坝段作为监测坝段。一般选 1～4 个应力应变监测坝段，坝段的中心部位作为监测横断面。

在监测横断面上，可在不同高程布置 1～4 个水平监测截面。由于重力坝距坝底越近，水荷载和自重引起的应力越大，因此基础观测截面的应力状态在坝体强度和稳定控制方面起关键作用，是重点监测部位。但是为了避开基坑不平和边界变化造成的应力集中，水平监测截面距坝底宜 5m 以上。必要时（想了解坝踵、坝趾和坝基面的集中应力现象时），可另在混凝土与基岩结合面附近布置测点。

对通仓浇筑的重力坝，基础监测截面的应力分布是连续的，一般布置 5 个测点，测点（应变计组）与上、下游坝面的距离应大于 1.5～2m，在严寒地区还应大于冰冻深度。表面应力梯度较大时，应在距坝面不同距离处布置测点；柱状分缝浇筑的重力坝，应力分布是不连续的，坝底正应力和按整体断面计算的应力很不相同，随着纵缝的开合，坝体应力随之变化。在这种情况下，同一浇筑块内的测点应不少于 2 点，在纵缝两侧应有对应的测点，距纵缝 1～1.5m；采用斜缝分期施工蓄水的一期截面内可以布置 3～5 个测点，在后期断面内布置 2～3 个测点。

重力坝的上游坝踵不允许出现拉应力，但分期施工的重力坝、空腹坝等坝型有可能在上游坝踵出现拉应力，因此上游坝踵部位除了用应变计组监测应力外，还应配合布置其他仪器（测缝计、基岩变位计、渗压计等）。

重力坝的下游坝趾通常是外荷引起最大压应力的部位，在距坝面 1m 处布置应变计组外，还可在其附近布置压应力计直接监测压应力，其测值直接可与同方向的应变计互相校核，压应力计和其他仪器的间距应保持 0.6～1.0m 的距离。

重力坝的岸坡坝段，如边坡较陡，坝体应力是空间分布的，应根据设计计算及试验的应力状态布置应变计组。

在重力坝溢流闸墩、穿过坝体的压力钢管或泄流孔等可能产生局部拉应力并配置钢筋的部位，应根据计算应力分布情况，除布置应变计组外，还可布置钢筋应力测点。对预应力闸墩可按需要进行预应力监测。

测点应变计组的应变计支数和方向应根据应力状态而定。空间应力状态宜布置 7～9 向应变计，平面应力状态宜布置 4～5 向应变计，主应力方向明确的部位可布置单向或两向应变计。每一应变计组旁 1.0～1.5m 处宜布置 1 支无应力计。

2. 温度

温度是影响重力坝位移和应力的重要因数，也是施工期间混凝土浇筑和进行坝缝灌浆的主要控制参数。温度监测坝段可与应力监测坝段结合，也可根据坝体结构和施工方案另行选择。

重力坝大体积混凝土内部温度有一个十分复杂的变化过程，混凝土浇筑以后，由于水泥水化热而引起温度的急剧上升，到最高温度后，随着热量的发散而逐渐冷却。由于分层浇筑，新浇混凝土的水化热将对下层老混凝土产生影响，新老混凝土之间的热量交换和老混凝土内强迫冷却都使混凝土内部温度分布复杂化。由于混凝土温度的不均匀性以及混凝土内部约束和边界约束，导致混凝土产生温度应力。混凝土大坝建成后，内部温度将逐渐趋于稳定。坝上游迎水面受库水温度的影响，水温日变幅的影响在表面附近约 0.8m 之内，年变幅的影响大约深入 15m 左右。混凝土的下游面通常受气温和日照的影响，其影响深度大体与水温相似。

（1）坝体温度。坝体温度监测应与应力监测统筹考虑，温度监测点布置应根据混凝土结构的特点和施工方法及计算分析的温度场状态进行布置。一般按网格布置温度测点，网格间距为 8～15m。若坝高 150 m 以上，间距可适当增加到 20m，以能绘制坝体等温线为原则。宽缝重力坝和重力坝引水坝段的测点布置应顾及空间温度场监测的需要，加密测次。一般情况下，坝体温度监测与应力监测可取同一坝段布置。差阻式应变计、测缝计等一般都能兼测温度，在这些仪器布设部位，不需再布置温度计。

（2）坝面温度。可在距上游 5～10cm 的坝体混凝土内沿高程布置坝面温度计，间距一般为 1/10～1/15 的坝高，死水位以下的测点间距可加大一倍。但多泥沙河流的库底水温受异重流影响，该处测点间距不宜加大。该表面温度计在蓄水后可作为水库温度计使用。在受日照影响的下游坝面可适当布置若干坝面温度测点。

（3）基岩温度。为了解基岩温度的变化对坝体基岩和坝体应力的影响，可在温度监测断面的底部，靠上、下游附近设置一深 10～20m 的钻孔，在孔内不同深度处布置温度测点，温度计到位后可用水泥砂浆回填孔洞。

8.2.7.4　环境量监测

环境量监测包括上下游水位、气温、水温、降雨量、坝前淤积、坝下冲淤等。根据重力坝的级别及工程特性，依据 DL/T 5178 进行监测项目选择。

8.2.7.5　坝基及特殊部位监测

坝基范围内存在断裂或软弱结构面或基础覆盖层时，可采用多点位移计、基岩变位计、测温钢管标组、滑动测微仪等仪器监测基岩的压缩、拉伸变形。

（1）基岩变位计。基岩变位计一般采用测缝计改装而成。若重力坝的建基面岩石较风化或软弱，可在重力坝的坝踵和坝趾部位的基岩垂直钻孔，埋设基岩变位计，监测基岩沿钻孔轴向的变形。

（2）多点位移计。多点位移计用于监测钻孔轴向的变形，其特点是位移传递杆的刚度较小，1个钻孔内可埋设多测点，以监测拉伸变形为主。一般用于监测岸坡坝段基础断层或两坝肩边坡不同深度的变形。

（3）滑动测微计。滑动测微计也用于监测钻孔轴向变形，其特点是精度高，可在整个测孔深度内以米为间隔单位连续监测。但是，需要人工将探头放入钻孔内，逐点测读，观测工作量较大。当重力坝的基础岩性较硬，但节理、裂隙构造密集，需要监测灌浆时的基础抬动情况时，可采用滑动测微计进行监测。

（4）倒垂线组。若重力坝有较大的顺河向缓倾角断层或软弱结构面，需要监测基础沿结构面的滑动时，可以在断层或软弱结构面的上下层，即不同深度设置倒垂线，以监测垂直于钻孔方向的位移。

8.2.7.6 专项监测

专项监测多以坝体地震反应监测、泄水建筑物水力学监测，其监测项目及布置与常态混凝土坝类似。

1. 强震动监测

监测项目。强震动监测是指当发生地震时建筑物的状态，发生地震一般有两种情况：一是建筑物本身处于地震带，根据规范规定，在地震基本烈度为Ⅵ度及以上，1级建筑物和特别重要的2级建筑物，应设置强震动监测项目；二是高坝大库处于地震诱发地带，由于水库蓄水后库盆区基岩受到重新加载，地应力重新调整造成岩体错动诱发地震，应对建筑物设置强震动监测项目。地震监测仪器一般选用微震仪和强震仪。微震仪由拾震器、接收记录部分和石英钟计时部分组成，拾震器可微单向或者三向，测定垂直方向或者再加测水平内两个方向的地面运动。

水工建筑物地震反应台阵设计的目的是取得在强地震，特别是破坏性地震作用下水工建筑物整体振动反应和场地输入地震动的完整记录，以评价水工建筑物的抗震安全。

台阵设计的内容包括确定台阵的类型和规模，给出仪器的布设方案和设置方法，提出对仪器的性能要求和选型，仪器安装和管理维护的技术要求。

台阵设计必须在水利水电工程地质勘察、建筑物抗震设计和现场勘察的基础上，把测点布置在能反映输入地震动和建筑物反应的特征部位。既要考虑建筑物的整体反应，又应突出重点部位，贯彻少而精的原则。

台阵的类型包括大坝反应台阵、地震动输入机制台阵、强震动衰减台阵等。应根据工程等级、场地地质条件和台阵类型确定台阵规模，1级工程一般不少于30通道，2级工程以不少于12通道为宜。

测点布置。对地震基本烈度Ⅶ度及以上地区的70m以上的重力坝，经论证有必要时可进行坝体地震反应监测。

重力坝的各个坝段的振动基本上可以看作独立的。当坝段独立进行振动时，它不仅呈顺河向振动和竖向振型，而且还会呈现横河向、扭转和鞭梢振型，是一个三维空间体系的振动问题。对于实体重力坝，前几阶振型，都是顺河向位移较竖向位移大。顺河向位移最大值一般都出现在坝顶，沿坝高两个 1/3 点位移也较大。

重力坝强震反应测点的布设首先应考虑振型，特别是对主振型的监测，应尽量布设在能够反映出坝体结构特征的位置上。

一般可在溢流坝段和非溢流坝段各选一个最高坝段或地质条件较为复杂的坝段进行监测。测点应布置在坝顶和坝基廊道内；高坝可在中间不同高程加设 1～3 个测点。并应根据结构特点选择 1～3 个其他坝段及两坝头，在坝顶各布设 1 个测点；在局部应力集中部位以及局部薄弱环节也宜布置测点；在离坝址 2 倍坝高的基岩上应设置 1 个测点，监测地面震动，作为地震输入点。

2. 泄水建筑物水力学

包括流态及水面线、动水压力、底流速、空穴监听、掺气浓度、掺气空腔负压、通气孔（井）风速、泄流水舌轨迹、不平整度及空蚀调查、闸门膨胀式水封、坝体泄洪时振动、工作闸门振动与下游雾化等。

8.3　监测仪器设备选型与检验

8.3.1　仪器设备选型要求

监测仪器种类繁多，不同型号、类别的仪器各有特点，因此，仪器设备选型应按以下要求控制：

（1）仪器设备的选型与采购应按设计文件规定，选择和采购性能稳定、质量可靠、耐用、技术参数（量程、精度等）符合要求的仪器设备，包括电缆及其套管、支架、导管，以及其他附属设施。

（2）使用原装进口监测仪器设备，其生产厂家必须获得 ISO9001 质量体系认证，所生产的仪器设备应有在不少于 3 个类似工程中使用实例。采用的国产监测仪器设备，其生产厂家必须持有国家相关部门颁发的大坝、岩土工程仪器生产许可证，或者获得 ISO9001 质量体系认证书，所生产的仪器设备应有在不少于 3 个同类工程中使用实例，并且已经满意地运行三年以上。

（3）采购的所有仪器、设备及其附属设施均必须持有制造厂家提供的标准校准度、检验证书和报告及产品制造厂家的长期售后服务保证，且为未经使用过的新产品。

（4）监测仪器的电缆应是能负重、防水、防酸、防碱、耐腐蚀、质地柔软的水工监测专用电缆，其芯线应为镀锡铜丝，适应温度范围在 −20～80℃ 之间。电缆芯线应在 100m 内无接头。

（5）针对所采购的监测仪器设备应提交的资料包括：

1）制造厂家名称及地址。

2）仪器使用说明书。

3）仪器型号、规格、技术参数及工作原理（包括数据采集装置）。

4）测量方法、精度和范围。

5）测试和程序。

6）仪器设备安装方法及技术规程。

7）安装后的测试和检验程序。

8）安装期间的读数和其他要记录的数据。

9）仪器初始和长期测读方法及操作规程。

10）仪器和读数设备的定期检验、校正和方法。

11）人员和设备安全的注意事项。

12）读数设备和动力要求。

13）监测数据处理方法。

14）维修的要求和程序。

15）故障检查和维修指南。

16）零配件清单（包括消耗品和工具）。

17）原装进口监测仪器设备制造厂家的 ISO9001 质量体系认证书。

18）厂家的监测仪器设备产品介绍书。

19）仪器使用的实例资料。

20）国产仪器检验合格证及出厂率订单。

8.3.2 仪器设备现场验收

仪器设备到货后，应按以下要点进行现场验收：

（1）生产厂家在仪器设备出厂前，将完成全部仪器设备的装配、调试和等检验工作，并提供检验合格证书。

（2）仪器及其辅助设备运至现场后，监测实施单位对全部仪器设备进行外观检查、主件和备品备件数量清点，以及初步测试验收。

（3）仪器设备应按厂家的要求小心装卸、入库存放和保管，以免损坏。

8.3.3 仪器设备检验

8.3.3.1 一般原则

仪器设备的检验率定是检查仪器完好性、可靠性的重要环节，通常情况下，应遵照以下原则：

（1）在监测设备安装埋设前，按监测规程规范要求，对全部监测仪器设备进行全面测试、校正、检验，主要检验项目为：传感器力学性能、温度性能、绝缘性能；材料、管线、接头其检验结果需填写《进场仪器设备检验成果表》并编写《进场仪器质量检验报告》，检验合格且经批准后方可投入使用。

（2）所有光学、电子测量仪器必须经国家计量部门或国家认可的检验部门进行检验。

（3）用于检验的设备，必须经过国家标准计量单位或国家认可的检验单位检定、检验合格，并且检验结果在有效期内，逾期必须重新送检。

8.3.3.2 力学性能检验

1. 差动电阻式仪器

（1）参比工作条件。

1）环境温度为 10～30℃，试验时，环境温度应保持稳定。

2）环境相对湿度不大于 80%。

（2）主要设备。

1）应变标准仪，零级千分表，10mm 和 15mm 的零级百分表。

2）一级活塞式压力计。

3）压应力计的承压板、压块和球座。

4）一级万能材料试验机。

5）水工比例电桥。

（3）注意事项。

1）将仪器在参比工作条件下预先置放 24h 以上。

2）将仪器安装到检验设备上时应控制电阻比的变化不大于 20×0.01%。

3）检验前，应在测量范围上、下限值的 1.2 倍内预先拉压循环三次以上，直至测值稳定。

4）不同差动电阻式仪器的分档加载间距和测点数按相关规范执行。

（4）端基线性度检验。

1）各点总平均值计算公式如下：

$$(Z_a)i = \frac{(Z_u)i + (Z_d)i}{2}$$

式中　$(Z_u)i$——上行第 i 挡测点电阻比测值的平均值；

　　　$(Z_d)i$——下行第 i 挡测点电阻比测值的平均值。

2）各挡测点的理论值计算公式如下：

$$(Z_t)i = \frac{\Delta z i}{n-1} + (Z_a)$$

式中　i——测点序号（0，1，…，$n-1$）；

　　　Δz——量程上下限各自六次电阻比测值的平均值之差。

3）各测点电阻比测值的偏差计算公式如下：

$$\delta_i = (Z_a)i - (Z_t)i$$

4）仪器端基线性度误差计算公式如下：

$$a_1 = \frac{\Delta l}{\Delta z} \times 100\%$$

式中　Δl——取 δ_i 的最大值。

（5）非直线度 a_2 检验。可利用端基线性度检验的测值计算非直线度：

$$a_2 = \frac{\Delta_2}{\Delta z} \times 100\%$$

式中　Δ_2——每一循环各测点上行及下行两个电阻比测值之间的差值取最大值。

（6）不重复性误差 a_3 检验。可利用端基线性度检验的测值计算不重复性误差：

$$a_3 = \frac{\Delta_3}{\Delta z} \times 100\%$$

式中　Δ_3——三次循环中各测点上行及下行的各自三个电阻比测值之间的差值取最大值。

（7）最小读数 f 检验。可利用端基线性度检验的测值计算和检验各仪器的最小值读数 f。各类仪器的最小值读数 f 方法见《混凝土坝安全监测技术规范》（DL/T 5178—2003）。

（8）检验结果的评判标准。力学性能检验的各项误差，其绝对值不得大于表 8.3.1 的规定。

表 8.3.1　　　　　　　　　　　　　力学性能检验标准表

项　目	a_1	a_2	a_3	a_f
限差/%	2	1	1	3

2. 振弦式仪器

各种规格和类型的振弦式仪器的检验项目、检验条件、使用设备及检验方法可参照差动电阻式仪器进行。所不同之处在于：

（1）测量仪表由水工比例电桥改为钢弦频率计。

（2）将对差动电阻式仪器最小值读数 f 的检验改为对振弦式仪器灵敏度系数 K 的检验。

检验结果的评判标准为：灵敏度系数 K 的检验误差 a_k，其绝对值不大于 1%。

8.3.3.3　温度性能检验

1. 参比工作条件

（1）环境温度为 $20℃±2℃$。

（2）环境相对湿度不大于 80%。

2. 主要设备

（1）双层保温桶。

（2）二级标准水银温度计。

（3）恒温水槽和水银导电表。

（4）水工比例电桥。

（5）500V 直流兆欧表。

3. 注意事项

（1）试验 $0℃$ 电阻时，仪器之间需铺 $8～10cm$ 厚、直径小于 $3cm$ 的碎冰层，用洁净的自来水（水与冰比例为 $1:2$）或蒸馏水。保证仪器在 $0℃$ 情况下恒温 2h，测值已稳定不变时再测读。

（2）试验温度系数时，仪器要浸入水下 $5cm$，勿使仪器碰到加热器，保持温度变化在 $±0.1℃$ 以内的情况下恒温 1h 以上，测值已稳定不变时再测读。

（3）应在测记温度和电阻的同时，测量仪器的电阻比和绝缘电阻。

4. $0℃$ 电阻检验

（1）温度计。测量 $0℃$ 时仪器的电阻。

（2）差动电阻式仪器。除温度计外，其他差动电阻式仪器测量 $0℃$ 电阻后，均应按下式计算出计算 $0℃$ 电阻：

$$R_0' = R_0 \left(1 - \frac{\beta}{8} T_1^2 \right)$$

式中 R_0'——计算0℃电阻;

         R_0——实测0℃电阻;

         β——由厂家提供,或取 $\beta = 2.2 \times 10^{-6} ℃^{-2}$;

         T_1——60℃。

(3) 温度常数检验。

1) 温度计的温度常数 a 按下式计算:

$$a = \frac{1}{R_0 a_0}$$

式中 a_0——铜丝材料的电阻温度系数,由厂家提供,或取 $a_0 = 42.5 \times 10^{-4} ℃^{-1}$。

2) 除温度计外,其他差动电阻式仪器的0℃以上和0℃以下的温度常数 a'、a'' 按下式计算:

$$a' = \frac{1}{R_0(a + \beta T_1)}$$
$$a'' = (1.066 \sim 1.097)a'$$

式中 a'——由厂家提供,或取 $a' = 2.89/10^3 ℃$。

(4) 温度绝缘检验。

高温绝缘:在进行温度性能检验时,应测量温度达到量程上限时的仪器绝缘电阻。

低温绝缘:在进行0℃电阻检验时,应测量仪器处于0℃时的绝缘电阻。

(5) 检验要求。仪器温度性能检验后,各项指标与出厂系数计算结果之差的绝对值及绝缘电阻应满足表8.3.2的规定。

表8.3.2   温度性能检验标准表

项目	R_0'/Ω	$R_0'a'/℃$	$T/℃$		$R_x/M\Omega$
			温度计	差动电阻式仪器	绝缘电阻绝对值
限差	≤0.1	≤1	≤0.3	≤0.5	≥50

8.3.3.4 防水性能检验

1. 主要设备

(1) 能承受2MPa的高压容器1台,相应压力的水压机1台。

(2) 1~2级压力表,量程1MPa。

(3) 500V直流兆欧表。

(4) 专用夹具及电缆引出管止水橡胶塞。

2. 注意事项

(1) 高压容器内应无空气,高压容器和水压机中均应注满水,防止漏水。

(2) 在高压容器上设置电缆引出管,将仪器电缆头引出到容器以外。

(3) 螺杆螺帽等必须拧紧,以保证试验安全。

3. 防水检验

(1) 检验时对仪器施加水压为0.5MPa,持续时间应不少于0.5h,渗压计应在规格范围内加压。

（2）量测仪器电缆芯线与外壳（或高压容器外壳）之间的绝缘电阻，量测温度为室内温度。

（3）要求被检仪器的绝缘电阻不小于 $200M\Omega$。

8.4 安全监测施工技术

8.4.1 一般原则

安全监测施工不仅是监测仪器的埋设，还包括与土建进度紧密结合、现场配合、保护及补救等工作，其基本原则如下：

（1）根据建筑物施工的进度计划，制定详细的监测仪器设备安装埋设计划，当土建施工到监测仪器布置部位时，及时进行监测仪器设备的安装埋设，不应有任何拖延。

（2）将监测仪器设备安装埋设计划，列入建筑物施工的进度计划中，以便及时提供监测仪器安装埋设所必需的工作面，协调好监测仪器设备安装埋设和建筑物施工的相互干扰，同时将已完成的仪器安装埋设部位及电缆埋设走向图提供给土建施工单位，以免施工损坏。

（3）所有监测仪器设备安装埋设后应立即测读初始值。

（4）使用经过批准的编码系统，对各种仪器设备、电缆、监测断面、控制坐标等进行统一编号，每支仪器均须建立档案卡，录入仪器档案库中。

（5）每支仪器安装埋设后应填写"安装埋设考证表"。

（6）仪器电缆敷设应尽可能减少接头，拼接和连接应按设计和厂家要求进行。

（7）施工期间，所有仪器的电缆上应采用 3 个耐久、防水、间距 10m 的标签，以保证识别不同仪器所使用的电缆。

（8）在施工过程中，所有仪器设备（包括电缆）和设施应予有效保护，有必要时应加装保护罩、设立标志和路障。

（9）监测房（站）应牢固、防水，如有必要时应安装避雷针等设施。

（10）在仪器安装埋设、回填作业中，如发现异常或损坏现象，应及时采取补救。

8.4.2 表面变形测点建立

1. 平面位移工作基点和表面变形监测点

（1）平面位移工作基点和表面变形监测点标墩均为现浇钢筋混凝土监测墩，监测点标墩高于地面 1.2m，并与监测部位紧密结合。

（2）标墩顶部设置强制对中盘。强制对中盘应调整水平，其倾斜度不得大于 4°。

（3）布设时，应注意与交会视线上任何障碍特的距离必须大于 1m 以上。

2. 水准基点和水准测点

（1）水准工作基点，标石为基岩水准标或岩石水准标。

（2）水准测点为混凝土水准标或岩石水准标。

（3）点位选择在隐蔽不易被破坏，基础稳定的地方，埋设时标心采用不锈钢标心，表面加保护盖防止破坏。

（4）水准标心顶端高于标面表面加 5～10mm。

8.4.3　常规监测施工安装埋设

8.4.3.1　多点位移计

对于常规的多点位移计，其主要埋设方法、程序以及质量控制要点如下：

（1）多点岩体位移计的钻孔埋设位置根据施工图纸要求和监理人的指示确定。

（2）使用回旋地质钻机造孔，终孔孔径不小于 $\phi89mm$。采用低速慢进的方式控制钻孔的弯曲度，且钻孔结束后应全孔段返水。

（3）对钻取的岩芯进行拍照，做出钻孔柱状图描述，岩芯取出后装箱保留。

（4）钻孔结束后应冲洗干净，检查钻孔通畅情况，测量钻孔深度、方位、倾角。

（5）将锚头、位移传递杆、护管、安装基座在现场附近进行组装，也可在室内事先组装。

（6）将组装好的测杆和灌浆管，排气管逐段捆扎好，按照预先编好的顺序号组装位移计，经专人质量检查后，将其缓慢送入孔中，全部锚头和传递杆安装后，经检测确定无误，固定传感器装置，并使其与孔口平齐，引出电缆和排气管。插入孔口灌浆管之后，用水泥砂浆密封孔口。

（7）埋设在顶部上垂孔内或向上倾斜的位移计时，埋设时充分估计仪器安装埋设时孔口承受的荷载（仪器自重和灌浆压力）。若孔口岩面较好，用锚栓和钢筋做担梁支撑；岩石差的孔口专门搭设构架作孔口支撑，直至钻孔注浆固化后再将构架拆除。对于水平孔和下斜孔，孔口固定件只要保证组装头壳体稳定不动即可，同时防止因孔内沉浆而导致壳体固定不牢；对于上斜孔或竖向孔，除以上安装步骤外，还应注意将灌浆管出口与排气孔倒置，以确保灌浆密实度。

（8）孔口水泥砂浆固化后，若检测正常，开始进行封孔灌浆，封孔砂浆的灰砂比为 1:1，灌浆水灰比为 0.5:1。待封孔砂浆固化后开始灌浆，灌浆时严防杆体和锚头移动，待孔内注满浆并回浆后，在此结束，期间严防锚头部位岩体受振动或人为扰动。

（9）浆液终凝 24h 后安装传感器组件，并根预期位移方向调节其预拉或预压量，最后安装保护罩及孔口防护装置。

（10）砂浆固化两天后，观测人员进行初始值采集。

8.4.3.2　测斜管

钻孔成孔后，报请监理验收，待验收符合埋设要求后进行下一道工序——测斜管埋设安装。

为便于现场实施，安装前在室内用电钻对测斜管进行打孔并编号，孔底第一节测斜管底部用底盖密封。现场安装时测斜管主槽方位通过地质罗盘按设计图纸要求确定方位，上下相邻段用铆钉连接。在测斜管加长时接头处用橡皮泥密封，外缠胶带粘接牢固，确保注浆时浆液不进入管内，避免测斜管导向槽阻塞和变形。以此类推逐接连续下管，直至孔底。再一次检验主槽方位，下模拟测头检查管内是否顺畅，在确认无误后，拌制砂浆至孔底进行自下而上一次性灌浆至孔口。待孔口砂浆初凝后进行第二次回填灌浆，最后在孔口浇筑混凝土墩加以保护，并进行编码标识。

8.4.3.3 测压管

1. 钻孔

(1) 测压管施工在基础防渗帷幕及测压管两侧的基础排水孔施工完毕，并经检查合格后进行。

(2) 在监测设计图纸指定的位置造孔，孔径与孔深根据设计要求确定。

(3) 严格控制测压管钻孔孔位、孔深、方位角和倾角，使之符合设计要求，孔位偏差不超过 5cm，孔深达到设计深度，超、欠深一般不大于 10cm，孔斜偏差不大于 0.02m/m。

(4) 测压管钻孔达到设计深度后，首先进行灵敏度检查。灵敏度检查的水压力为 0.1～0.2MPa。如漏水量极微或基本不漏水，及时通知监理工程师，以确定是否需加深或重新布置钻孔；当钻孔有涌水时，不进行压水检查，只测定涌水流量和涌水压力。

(5) 钻孔完成后，会同监理人进行检查验收，检查合格，并经监理人签认后，再进行下一步操作。

2. 测压管制作

(1) 根据设计要求，确定测压管进水管段的位置和长度。测压管用镀锌管加工，包括进水管和导管两段，外径 ϕ50mm，壁厚 4mm。

(2) 进水管长 75～80cm，透水孔孔径 4～6mm，开孔率 20%，梅花形布置，内壁无刺。管外壁包裹土工布，长 75cm。

3. 测压管埋设

(1) 在钻孔底部充填洗净的粒径为 5～8mm 的砂卵石垫层，厚 30cm 并捣实。将测压管放入孔内，进水管段底部位于砂卵石垫层上。

(2) 在进水管周围填入上述规格洗净的砂砾石，并使之密实。填至设计高度后，铺 5mm 厚橡胶垫板和 3mm 厚钢垫板。

(3) 导管与导管之间，导管与透水段之间采用内丝扣牢固相连。下管过程中，将测压管吊系牢固，保持管身顺直，并保证接头不漏水。

(4) 然后回填 M10 水泥砂浆直至管口高程，水泥砂浆水灰比不大于 0.4，并应很好地捣实，以防产生气泡和收缩。

(5) 孔口装置埋设时应严格止水，不允许有漏水现象。

(6) 待水泥砂浆终凝后，测定管口高程，安装水位计和孔口附件，并将电缆引出或测压管到达廊道或出露坝面时，装 2 个闸阀组成三通，测压管的末端用螺纹闷头涂抹黄油后封死，测量时再打开装压力传感器。

8.4.3.4 渗压计

渗压计的埋设方法受埋设的位置或用途等因素影响，各有不同，一般情况下应做好以下几点：

(1) 根据监测设计图中埋设位置，在已经清理好的围岩面上凿一尺寸为 15～20cm、深度 50cm 的埋设坑。如无透水裂隙，可根据该部位地质情况，在孔底套钻一个直径为 30mm、深度为 1m 左右的孔，孔内填石（粒径 5～10mm），再在孔内填细砂，将渗压计埋入细砂中，并将孔口用盖板封堵，然后用水泥砂浆封住。

（2）渗压计测头在未装透水石前，在大气中测量初始频率，置于盛水容器中煮沸，将冷却后的透水石，在水中装在传感器上，仍置于水中备用。

（3）在凿的测头埋设坑内填入经冲洗干净的 $\phi 2mm$ 中粗砂，厚 10cm，并充水饱和。

（4）将测头在桶内饱水装入塑料袋中，水平放入埋设坑内，移去塑料袋，在其周围填充满干净的中粗砂，并充水饱和，轻轻捣实，并用纱网封盖坑口。

（5）读取初始值，同时做好电缆的标识、牵引及保护。

8.4.3.5　量水堰及堰流计

（1）按照设计要求和现场的渗流量情况选购和加工不锈钢堰板。

1）直角三角堰。流量在 1～70L/s、堰上水头 50～300mm 时用。

2）梯形堰。流量在 10～300L/s 时用，采用边坡 1∶0.25，底边宽控制在 3 倍堰上水头以内。

3）矩形堰。流量大于 50L/s 时，堰口宽控制在 2～5 倍堰上水头，在 0.25～2m 范围之内。

4）流量小于 1L/s 时，设立孔口堰，用容积法测量。

（2）量水堰堰板为平面，局部不平处不大于 ±3mm，堰口局部不平处不大于 ±1mm；堰板顶部水平，两侧高差不大于堰宽的 1/500，直角三角堰的直角误差不得大于 30″；堰板与侧墙保持铅直，倾斜度小于 1/200，侧墙局部不平整小于 ±5mm，堰板与侧墙互相垂直，误差小于 30″，两侧墙间局部距离误差小于 ±10mm；堰板采用不锈钢板，过水堰口下游边缘制成 45° 角。

（3）按量水堰设计尺寸进行基础开挖并形成堰槽，将堰槽边墙与底板用水泥砂浆抹平并保证局部的不平整度小于 ±3mm，堰板应直立且与水流方向垂直，其误差不大于 30″，同时使其顶缘水平。

（4）安装在堰体外侧，其进水口距堰板上游 1m。

8.4.3.6　锚索测力计

锚索测力计是了解锚索后期锚固力的重要仪器，控制其安装质量对于后期观测数据的可靠性非常关键，因此，应该按照以下要点进行控制：

（1）仪器安装时间。锚索施工时，观测锚索选择在对其有影响的周围其他锚索张拉之前进行张拉加荷。

（2）仪器安装前，人工剔除外锚墩孔口垫板上的积渣，将锚索测力计安装在孔口垫板上，并将测力计专用的传力板安装在孔口垫板上，确认垫板与锚板平整光滑，并与测力计上下面紧密接触，测力计或传力板与孔轴线垂直，其倾斜度确保小于 0.5°，偏心不大于 5mm。

（3）安装锚具和张拉机具，并对测力计的位置进行检验，检验合格后进行预紧。

（4）测力计安装就位后，加荷张拉前，准确测量其初始值和环境温度，连续测三次，当三次读数的最大值与最小值之差小于全量程的 1% 时，取其平均值作为监测的基准值。

（5）基准值确定后按设计技术要求分级加荷张拉，逐级进行张拉监测；每级荷载应测读一次，最后一级荷载进行稳定监测。每 5min 测读一次，连续测读三次，最大值与最小值之差小于全量程的 1% 时则认为稳定。

（6）张拉荷载稳定后，及时测读锁定荷载。

（7）张拉结束后根据荷载变化速率确定监测时间间隔，最后进行锁定后的稳定监测。

（8）锚索测力计及其电缆设置保护装置。

8.4.3.7　温度计

1. 变态混凝土温度计安装

根据设计图纸进行定位，然后在仪器埋设位置焊接好仪器安装支架以便仪器埋设时准确定位，待混凝土浇筑到监测仪器埋设位置时，将温度计固定在预先焊接好的支架上。注意温度计埋设不能与钢筋支架接触，将温度计埋入混凝土中，注意仪器保护以免振捣泵将仪器振坏，同时将电缆按照设计图纸引致测站进行观测。

2. 碾压混凝土温度计安装

当混凝土碾压到超过测缝计埋设高程的那一层完成后，在仪器埋设的断面位置挖一条宽×深为 10cm×15cm 的沟槽，将温度计和电缆埋入沟内并将电缆集中挖沟（仪器周围及电缆周围的碾压混凝土要求与测缝计相同）牵引至测站进行观测。

3. 坝基内温度计埋设

（1）按设计要求，先测量放样，确定温度计的高程、埋设位置。

（2）在坝基面按设计深度钻孔，将温度计绑扎在细竹片上，小心地放入孔内。

（3）将电缆引出，用水泥砂浆回填钻孔。

8.4.3.8　单向及应变计组

应变计在埋设过程中，经常与碾压混凝土施工交错进行，如埋设不当，容易造成仪器还未开始观测就已损坏的后果，因此，应遵照以下方法执行：

（1）根据设计施工图仪器埋设安装部位要求，当混凝土浇筑或碾压接近仪器设备安装埋设部位时，进行现场放样确定应变计的具体埋设位置，同时做好标识。

（2）单向应变计采用细铅丝将仪器两端固定，铅丝另一端分别固定在临近钢筋上（在碾压混凝土中安装埋设竖向单支应变计时，采用垂直钻孔方式进行埋设）。应变计组采用支杆支座方式安装埋设，先将支杆支座焊接在钢筋或专设的钢筋托架上，然后将各支应变计分别安装固定在支杆上。当在碾压混凝土中安装埋设应变计组时，结合现场具体情况采用挖坑钻孔倒埋、或挖坑立笼正埋、或掏槽倒埋等方式进行安装埋设。

（3）应变计安装时严格控制方向，埋设仪器的角度误差不大于 1°，位置误差不大于 2cm。

（4）当仪器埋设后进行仪器边缘混凝土人工回填时，细心剔除混凝土中 8cm 以上的大骨料，人工分层振捣密实或用小型振捣器沿周边小心振捣。下料点距仪器不小于 1.5m，振捣时振捣器与仪器距离大于振动半径，但不小于 1m。同时避免振捣器碰撞钢筋。

（5）在回填和振捣过程中随时检查仪器的角度和方向，如有移动或旋转及时调整固定，并同时测读仪器读数，若发现异常或损坏，立刻更换仪器。

（6）埋设安装后，在所埋仪器处做明显的标记，并派人守护，直至仪器顶部碾压混凝土浇筑厚度超过 90cm 后，守护人员方可撤离。

8.4.3.9　无应力计

无应力计一般作为和应变计配套安装的仪器，也有为了解混凝土自身体积变形而单独埋设的，其埋设条件同应变计基本相当，埋设方法相对容易控制，具体如下：

（1）当在常态混凝土中埋安装无应力计时，采用 16 号铅丝将应变计固定于无应力筒内正中。当在碾压混凝土中埋设无应力计时，先将无应力计筒内中心竖向插入一根略大于仪器外径直而光滑的木棍或钢管，人工铲入同仓周边混凝土并将其振捣密实，小心拔出预埋杆，随即将仪器放入并小心振捣密实。

（2）在相邻应变计埋设点（相距约 1m 的位置）安装无应力计筒，用辅助钢筋固定在埋设点，使之不晃动。

（3）筒内筒外和应变计组位置同时浇筑相同的混凝土，以人工捣实或小型振捣器振实，不伤及仪器。

（4）当筒内混凝土浇至离筒口 5cm 时，用 2cm 厚泡沫板紧密覆盖于筒口，同时穿孔牵出仪器电缆，随后用混凝土将无应力计筒覆盖，振捣时确保无应力计安全。

（5）无应力计埋设安装后，应在仪器旁插上标记，并派人守护，防止振坏或移位，但振捣（碾压）距离不能太远，以免造成仪器附近积水，影响埋设质量及观测成果。

8.4.3.10　测缝计

1. 碾压混凝土诱导缝测缝计埋设

（1）当碾压混凝土施工达到并略高于仪器埋设高程时，通过现场放样确定仪器具体埋设安装部位。首先对仪器埋设部位沿垂直缝面掏一条沟槽，沟槽深度与宽度以能埋入仪器及配件为宜。

（2）将经加长连接杆的测缝计按生产厂家安装要求进行安装埋设，并确保加长杆两端能与混凝土牢固连接，而仪器段应不受周边混凝土约束能自由伸缩。

（3）回填经剔除大骨料的混凝土并人工夯实。回填混凝土，在仪器周围 0.5m 内禁止机械振捣。

（4）埋设安装全过程采用读数仪连续测试，若出现测读异常及时更换所埋仪器。

2. 混凝土与岩体接触面测缝计埋设

（1）在岩体中钻孔，孔径大于 90mm，深度 0.5m，岩体有节理存在时，视节理发育程度确定孔深，一般大于 1.0m。

（2）在孔内填满具有微膨胀性的水泥砂浆，将套筒或带有加长杆的套筒挤入孔中，筒口与孔口平齐，并用砂浆抹平套筒周围，然后将螺纹口涂上机油，筒内填满棉纱，旋上筒盖。

（3）混凝土浇筑至高出仪器埋设位置 20cm 时，挖去捣实的混凝土，打开筒盖，取出填塞物，旋上测缝计，并考虑预拉一定量程，回填混凝土。

（4）测缝计安装埋设时，确保仪器与缝面垂直且传感段能自由伸缩。

3. 混凝土与混凝土接触面测缝计埋设

（1）在先浇混凝土内预埋套筒，筒口与接触面齐平。

（2）混凝土浇至高出仪器埋设位置 20cm 时，挖去捣实的混凝土，取下套筒盖旋上测缝计，预拉 1/3 量程，回填混凝土。

8.4.3.11　钢筋计

碾压混凝土坝中，钢筋计一般布设在孔、梁、洞等应力复杂的结构钢筋中，因此，其埋设方法与其他坝型基本无差异，具体如下：

（1）首先根据设计图确定安装位置，截断该处钢筋，长度等于钢筋计长度，按钢筋直径选配相应规格的钢筋计，将仪器两端的连接杆分别与钢筋螺纹连接以确保同轴性。

（2）若采用焊接时，为保证焊接强度不低于母材，采用坡口焊接。焊接过程中用棉纱包裹钢筋计中部，边焊接边浇冷水在棉纱上，并随时监测温度变化，控制温度小于60℃。

（3）混凝土入仓应远离仪器，振捣时振捣器至少应距离钢筋计0.5m，振捣器不可直接插在带钢筋计的钢筋上，以防损坏仪器，同时做好电缆的标识、牵引及保护。

8.4.3.12　钢板应力计

1. 钢板表面准备

钢结构表面应平滑、无锈、无油及无腐蚀，用适当的清洁试剂擦拭钢板表面，然后用砂纸或锉等磨光其表面，使其平滑。

2. 点焊测试

在点焊钢板应力计之前应进行点焊机的测试，以保证其功能正常，并且焊接能量适度。

3. 点焊钢板应力计

在点焊钢板应力计之前通常利用松紧弦设置一个初始张力，可以按如下要求现场调节。

（1）初始读数的调节。把钢板应力计一端（带有弹簧的一端）于定位装置中，慢慢地调节10～20螺旋。由于转动螺旋，弹簧装置滑至管附近，压缩弹簧。慢慢地进行紧缩，每拧1/2紧圈，要观察一下读数，直至达到希望的初始读数。

（2）焊接。利用点焊模型，点焊钢板应力计的端头，一端完成后才能进行另一端焊接。

从钢板应力计凸缘后排点的中间一个点开始，后排点焊完后，然后对称两侧点焊，当所有凸缘的点完成后，再进行另一端的焊接。

在焊接过程中，要保持手动探示器尖端清洁，不要留有毛边，定时用400号或600号粗砂纸轻擦，使其尖端平滑。

当焊接全部完成后，用小改锥轻轻敲打两端（只需敲打凸缘），在每端敲打四五次后，再进行读数，继续敲打直至读数稳定为止。

4. 钢板应力计焊点的保护

安装完成后，需用防水复合剂对焊点进行保护，严禁防水复合剂侵入钢板应力计管内。

5. 安装振荡线圈盒

6. 仪器外盖上保护铁盒

盒周边与压力钢管接触处点焊，盒内充填沥青等防水材料以防仪器受外水压力或灌浆压力的损害。

8.4.3.13　正、倒垂钻孔施工及仪器设备安装调试

1. 造孔

（1）投入大型的造孔钻机（600型），降低钻孔过程中机具自身的振动带来的影响，

机具经过严格检审，更换磨损的部件，做到机器运转平稳。

（2）钻机安置于混凝土平台上、钻机底盘用预埋混凝土中的螺栓固定，并以管水准器校平钻机滑轨，严格防止钻进过程中机架振动跑位倾斜。

（3）加强钻孔立轴校验、加大钻杆同心度控制。

（4）开口处预埋 1m 长严格调整垂直的导向管，钻具上部装设导向环，使钻具一开始就处于铅垂状况。

（5）正常钻孔过程中，每钻进 2m 进行一次测斜校验；钻孔至软硬交界处和不利的地层时，控制并调整钻机转速和压力，并增加孔斜检校次数。无论任何情况下，一旦发现钻孔偏斜及时进行纠偏处理。

（6）遇到了破碎、软弱带，首先进行灌浆，待凝固后，软弱、破碎带强度与周围完整岩石强度相近后再钻进。

（7）除以上各种主要钻孔质量措施外，还将充分结合现场具体情况和施工全过程状况采取相应的有效对策，以确保钻孔有效孔径满足设计及规范要求。

（8）钻孔完毕即测量钻孔的偏斜情况并确定有效孔径，并绘绘制相关图纸图报监理人审批。

2. 保护管（套管）埋设

（1）采用 $\phi168$mm 管壁 6mm 厚的无缝钢管作为套管管。根据钻孔的偏斜情况套管每隔 3～8m 焊接 4 个大小不同的 U 形钢筋，组成断面的扶正环。

（2）保护管底部加以焊封，保护管应保持平直。底部以上 0.5m 范围内，内壁应加工为粗糙面，以便用水泥浆固结锚杆。保护管采用丝口连接，接头处用机加工方式精细加工，以保证连接后整个保护管的平直度，安装保护管时全部丝口连接缝用防渗漏材料密封。

（3）下保护管前，可在钻孔底部先灌入深度高于孔底约 0.5m 水泥砂浆。保护管下到孔底后略提高 20cm 左右，最后用钻机进行固定。

（4）准确测定保护管的偏斜值，若偏斜过大，及时应加以调整，直到满足设计要求后用 M15 水泥砂浆固结。待水泥砂浆凝固后，拆除固定保护管的钻机。

（5）在双标倒垂安装时，对钢管和铝管线膨胀系数进行严格测定。

3. 正垂线安装

（1）正垂线所在坝段浇筑混凝土时，在土建施工单位进行预埋 $\phi630$mm 管壁厚度大于 7mm 的钢管作为保护管作业时，派测量人员对其安装就位的钢管进行校核，确保实测坐标与设计坐标误差不超过 2cm。

（2）正垂线测线采用 $\phi1.2$mm 高强度不锈钢瓦丝。确保极限拉力大于重锤重量的两倍。

（3）在坝顶安装垂线悬挂装置和钢钢带尺的部件，待预埋件固定后，用夹线装置将垂线固定在悬挂装置上。

（4）垂线穿过各层廊道观测间内，在观测间内衔接，垂线下端吊重锤，并将重锤放入油桶内，油桶上侧的垂线上安装挡尘罩并使其与油桶保持 5cm 间距；钢钢带尺平时处于自由状态，观测时下端吊重锤。

（5）根据垂线位置进行观测墩的放样、立模、浇筑观测墩，在顶部安装强制对中底盘用于人工观测，底盘对中误差不大于 0.1mm。

（6）在条件具备时安装垂线坐标仪，坐标仪用支架固定在观测墩上。

4. 倒垂线安装

（1）由于倒垂线最深达 110m，浮托体恒定浮力式。测线采用 ϕ1.5mm 高强度不锈钢瓦丝。浮体组浮力选用 60kg 的 DC-600 型浮体。

（2）将管底注入深度为 1m 的水泥浆（事先计算好体积），然后将与测线连接好锚杆缓慢放至孔底，注意放入的过程中保持测线始终在保护管有效孔径的中心位置，避免晃动。沉入管底后再将测线往上提起 10cm。最后在孔口将测线固定并保持其中心位置不变。在水泥浆完全凝固前禁止碰撞测线，做好保护并设警示标志。

（3）当水泥浆完全固化（至少 3d）后即可安装浮体组件，安装时先将浮箱防止在支架或支墩上，再将浮体装上并通过连接杆连接好铟钢丝。将浮箱中注入不易挥发的变压器油，待浮体已经浮起并能自由移动时，调整浮箱的位置，使其在浮体不受约束保持测线处于铅直位置时，浮体正好处于浮箱正中，该过程需要 2～3 次反复调整即可达到要求。

（4）确认达到要求后，再往浮箱中注入变压器油，直至距离浮箱边沿 3cm 处，最后加扣箱盖。

（5）在距离倒垂孔边沿 25～30cm 的合适位置建倒垂线观测墩，墩面与倒垂线保护管管口齐平。在墩面上用二期混凝土埋设光学垂线坐标仪的基座底板。

（6）具备条件时将垂线坐标仪用支架安装于观测墩上。

8.4.3.14 激光准直系统

1. 发射端

发射端包括激光源和小孔扩束定位装置、可调整高低支架等，布置在混凝土墩的平台上。激光源由激光器、紫铜管保护套、硬铝或钢制套壳和可调整支架等组成。小孔装置与激光源支架布置在同一块底板上，用预埋在发射墩上的螺栓固紧。

波长：6350；功率：2～3mW；寿命：大于 2 万 h，无放置老化问题。供电：+3V 或 AC220V 防冲击慢启动全密封电源。

2. 测点箱

为使波带板及其自动起落架装置在真空管道内工作，并牢固安装在测点墩上，应设置专门的真空测点箱。测点箱沿轴线两侧设置通光孔与真空管道直径相同。箱体正面或顶部设置工作孔，所有孔均采用国标尺寸和真空专用密封方式，其主要技术指标：压降法检漏，泄漏率不大于 1.3Pa·L/s

3. 波带片

波带片通常采用圆形，材质为 0.2mm 厚的不锈钢片。加工精度 ±0.01mm，最大直径为 120mm。

圆形波带板的环带越多，成像光点就越亮，且光斑也就越小。但是，无限制和过多地增加环带数也是不必要的，它会带来一些其他方面的误差。一般通光的环带数为 15 个即可。

4. 接收端

接收端遥测坐标仪由光学平台、光学成像面、光学透镜、传感器、图像采集接口电路、波带板起落控制电路、真空度状态检测控制电路和计算机等组成。

主要技术指标：

测量范围：200×150mm；分辨率：0.01mm；精度：±0.1mm；图像处理速度：10帧/s；控制波带板数：1～36个；供电电压：AC220V；远程控制接口：RS485。

5. 真空管道等设备

（1）真空泵。真空泵自循环冷却，无须外部常供水，无排泄水，不影响渗流水量。

主要指标：

冷却方式：水冷（自循环）；进气口：Φ80；抽速：70L/s；极限全压强：不大于0.06Pa。

（2）真空电磁阀。主要指标

漏气率：不大于0.1Pa·L/s；温度：-25～70℃；供电电压：AC 220V。

（3）波纹管。选用1.0TB219×9波纹管，主要指标：9波；1.0mm不锈钢板制；活套法兰；漏气率小于0.01Pa·L/s。

（4）真空度自动控制装置。是真空泵自动运行、监视真空管道漏气率的关键设备，其核心元件为高精度真空计。

高精度真空计主要指标：量程，1～10000Pa；精度，全量程的0.1%；输出信号，4～20mA。

真空度自动控制装置功能：真空泵控制信号，真空度状态信号，自动控制真空度，上、下限可任意设置，漏气率自动检测，流体麦式真空计作为标定手段。

（5）平晶密封段。该设备是激光束由大气进出真空管道的关键设备。为确保测量精度，其透光和密封管道的平面平行玻璃，必须要确保其平行，透光性好，无杂质、无光学成像畸变，有足够的刚度和极小的温度变形等，

主要指标：漏气率小于0.01Pa·L/s；K9玻璃；均匀性双折射光吸收1类；条纹值：1C；气泡度：2A；平行度：$\theta=3''$、$N=2$、$N=0.5$。

（6）安装调试测量。

1）安装所有波带板中心应与真空管道轴线偏差小于±10mm。

2）遥测坐标仪光学投影面中点应与真空管道轴线偏差小于±10mm。

3）调试检查系统各功能状态、测值稳定性，确定测量基值。

（7）真空管道安装调试。

1）真空管道轴线放样采用500～1000m专用激光指向仪，固定安装在激光准直发射端，接收端安装一固定靶面，每次工作前打开指向仪，检查激光轴线是否有偏移，真空管道轴线以此为标准。管道施工需从发射端开始安装，全部真空管道、波带板起落架、遥测坐标仪安装完后，拆除激光指向仪。这样可提高安装质量、速度。要求所有设备安装中心与轴线偏差小于±5mm。

2）制作钢管焊接工装，检漏装置。

3）管道所有焊缝用皂泡法检漏。

4）每段管道安装后，均采用压降法检漏，即进行 0.15～0.2MPa 加压检漏，要求 12h 漏量小于 360Pa。

5）真空管道所开孔法兰及密封圈均采用国标件。密封圈用漏率极小的丁腈橡胶。

8.4.3.15　静力水准仪

静力水准仪安装时对外部环境的要求较高，一般待廊道内具备工作面，才开始以下工作：

（1）各测点所提供的仪器安装平面高差控制在 ±5mm 范围内。按各测点之间的管线路径长度顺序铺放连通管，并与各钵体串接起来。连通管材料为纤维增强型 PVC 软管，用热水泡涨后接入钵体液嘴，冷却后即可保证不漏液。连通管内液体工作介质采用蒸馏水甲醛溶液，达到防腐效果。如果在高寒地区工作，则应按当地工作环境下的最低温度配入防冻液。

（2）将组装好的仪器浮子单元和传感器单元的仪器板装在钵体上。调整初始测值为传感器量程中点。

（3）为防止钵体体内液体蒸发，需要在液体内加入硅油，入口在仪器安装板上，平时用橡胶堵住，采用注射器加导管加硅油。

（4）安装仪器的扫尾工作是将连通管和电缆线加以包装保护后放入沟槽或桥架中。

8.4.3.16　水力学通用底座

水力学通用底座一般埋设在过流面混凝土中，其主要方法如下：

（1）通用底座应采用预留底座坑的方法：在过流面浇筑时预埋 30cm×30cm×35m（长×宽×高）的木箱，待过流面浇筑养护好后，再埋设通用底座（二期混凝土），以保证通用底座表面同过流面齐平。

（2）通用底座位置应按施工图放样，平面误差应在 2cm 以内，不平整度不大于 1/30。

（3）通用底座盖板应与过流面齐平，不能高出过流面，允许略低于过流面（不大于2mm），底座轴向中心线应垂直于混凝土表面，其偏差应在 3。以内。

（4）通用底座与电缆管（PVC 管）的连接处要包裹严密不得漏浆。

8.4.3.17　水尺

水尺也属于水力学专项监测的内容之一，主要是便于现场检查时能够随时了解水位状况，其要求如下：

（1）根据设计图中水尺布置的部位、高度进行放样。

（2）将水尺区域混凝土表面找平、清洗、定位并划线。

（3）直接安装固定标准金属反光水尺或采用油漆在混凝土面上绘制标准水尺，水尺宽度为 50～100cm。

8.4.3.18　其他仪器和设备安装

其他仪器设备的安装和埋设应根据仪器的使用说明书、施工图纸的要求和监理人的指示进行。

8.4.4　监测仪器电缆连接与敷设

8.4.4.1　橡胶电缆连接

橡胶电缆的连接采用硫化接头方式，具体要求如下：

（1）根据设计和现场情况准备仪器的加长电缆。

（2）按照规范的要求剥制电缆头，去除芯线铜丝氧化物。

（3）连接时应使各芯线长度一致且芯线接头错开，采用锡和松香焊接。

（4）芯线搭接部位用黄蜡绸、电工绝缘胶布和橡胶带包裹，电缆外套与橡胶带连接处锉毛并涂补胎胶水，外层用橡胶带包扎，外径比硫化器钢模槽大 2mm。

（5）接头硫化时严格控制温度，硫化器预热至 100℃ 后放入接头，升温到 155～160℃，保持 15min 后，关闭电源，自然冷却到 80℃ 后脱模。

（6）将 1.5 个大气压（1 个大气压约等于 10^5 Pa）的空气通入电缆，历时 15min 接头不漏气，在 1.0MPa 压力水中的绝缘电阻大于 50MΩ。

（7）接头硫化前后测量、记录电缆芯线电阻、仪器电阻比和电阻。

（8）电缆测量端芯线进行搪锡，并用石蜡封。

8.4.4.2　塑料电缆连接

塑料电缆的连接采用热缩接头或常温密封接头方式，常温密封接头具体要求如下：

（1）根据设计和现场情况准备仪器的加长电缆。

（2）将电缆头护层剥开 50～60mm，不破坏屏蔽层，然后按照绝缘的颜色错落（台阶式）依次剥开绝缘层，剥绝缘层时避免将导体碰伤。

（3）电缆连接前将密封电缆胶的模具预先套入电缆的两端头，模具头、管套入一头，盖套入另一头。

（4）将绝缘颜色相同的导体分别采用锡和松香焊接，芯线搭接部位用黄蜡绸、电工绝缘胶布和橡胶带包裹，并使导体间、导体与屏蔽间得到良好绝缘。

（5）接好屏蔽（可以互相压按在一起）和地线，将已接好的电缆用电工绝缘胶布螺旋整体缠绕在一起。

（6）将电缆竖起（可以用简单的方法固定），用电工绝缘胶布将底部的托头及管缠绕几圈，托头底部距接好的电缆接头根部 30mm。

（7）将厂家提供的胶混合搅匀后，从模口上部均匀地倒入，待满后将模口上部盖上盖子。

（8）不小于 10m 长的电缆，在 2.0MPa 压力水中的绝缘电阻大于 500MΩ。

（9）24h 后用万用表通电检测，若接线良好，即可埋设电缆。

8.4.4.3　电缆的敷设与保护

（1）电缆连接后，在电缆接头处涂环氧树脂或浸入蜡，以防潮气渗入。在电缆两端每隔 3m 用电缆打字机或永久标志牌打上相应仪器的编号，中间每隔 10m 打一个。

（2）监测电缆一般严格按设计走向敷设，不管上升、水平或下降，均成蛇行放松电缆，在通过填料分区接触面时，成弹簧形放松电缆。

（3）电缆敷设过程中，将配备专人负责将电缆周围较大粒径或锋利棱角的填料剔除，以免刺破电缆。

（4）严格防止各种油类沾污腐蚀电缆，经常保持电缆的干燥和清洁。

（5）电缆在牵引过程中，要严防开挖爆破、施工机械损坏电缆，以及焊接时焊渣烧坏电缆，必要时穿管保护。

（6）电缆跨施工缝或结构缝时，采用穿管过缝的保护措施，防止由于缝面张开而拉断电缆。

（7）面板内的仪器电缆应沿钢筋引向坝顶。面板外和面板下部的仪器电缆可以预埋入面板内但不应穿透面板。面板区域的仪器电缆走向位置应有详细的测量记录并在相应部位的面板表面做好明显标记，以防止面板裂缝处理时损坏电缆。

（8）沿电缆牵引线路挖槽形成电缆沟，电缆应埋设于电缆沟中，并穿管保护，保护管采用镀锌管（$\phi102mm$，厚 6mm），周围回填石渣。

（9）电缆一时不能引入监测站时，要设临时测站，采用电缆储藏箱作为临时测站。

8.4.5　相关土建工程

8.4.5.1　施工材料质量保证

所有施工材料（水泥、钢材、骨料、水、外加剂、砌砖体等）均应符合有关的材料质量标准及设计要求，并附有生产厂家的质量证明书。材料入库前均按规定进行检验验收。

8.4.5.2　钻孔与回填

1. 钻孔设备

（1）除了倒垂孔、外观双金属标钻孔使用 600 型钻机外，其余取岩芯的监测孔的钻孔采用普通地质回转式钻机，按孔径要求采用金刚钻头或硬质合金钻头。

（2）钻孔冲洗采用高压泵。

（3）配备相应的流量计、压力表及其他必须的附件。

2. 钻孔

（1）钻机安装时要平整稳固，必要时在监理人指示下埋设孔口管，钻孔方向应按施工图纸要求确定，钻孔时确保孔向准确。

（2）开孔孔位偏差与设计位置的不超过 50mm。若变更则报监理人同意后实施，同时记录实际孔位。

（3）所有钻孔均进行孔斜测量，若发现超过规定偏差则即时纠正，对于超差且不能纠正的则废弃重新打孔，并对废弃的钻孔进行回填。

（4）多点位移计、倒垂孔钻孔时保证孔向准确，钻孔轴线应保持直线，偏差不大于 2°。尤其是倒垂孔确保其偏差不大于孔深的 0.1%，否则即时纠正。

（5）钻孔孔深最大误差确保满足设计要求，孔壁光滑无台阶。对于扩孔的做到保持被扩段与主孔同轴。

（6）钻孔结束后会同监理人进行检查验收，检查合格并经监理人签认后安装设备。

3. 岩芯取样

（1）所有钻孔均取岩芯，并用红色油漆对按岩芯进行编号，填牌装箱，绘制钻孔柱状图和进行岩芯描述。

（2）取样长度控制在 3m 以内，当发现岩芯卡钻或被磨损，立即取出。除监理人另有指示，对于 1m 或大于 1m 的钻进循环，若取样率小于 80%，则下一次减少循环深度 50%，以后依次减少 50%，直至 50cm 为止。如果芯样的回收率很低，则更换钻孔机具或改进钻进方法。

（3）在钻孔过程中，对钻孔冲洗水、钻孔压力、芯样长度及其他因素进行监测和记录，并提交监理人。

（4）如果监理人认为必要时对岩芯进行试验，并将试验记录和成果提交监理人。

（5）对每盘或每箱芯样拍两张彩色照片，做好钻孔操作的详细记录后一并提交监理人。

（6）钻孔过程中按监理人指定的地点存放岩芯，同孔的芯样独立包装。

4. 钻孔保护

所有的钻孔将采用必要、有效的方式来进行保护，如在孔口设置固定的盖板，混凝土墩以及安全警示标志。

5. 钻孔冲洗

钻孔仪器设备埋设之前，用风高压水进行冲洗，将孔道内的钻屑和泥沙冲洗干净，并用风排除孔内积水。

6. 回填

（1）使用监理人指定的浆料进行回填。必要时做浆液配合比试验，根据试验结果确定配合比设计。

（2）采用水泥浆回填的钻孔，其水灰比采取 0.5～1.0，28d 强度不低于 28MPa。根据需要，在经监理人批准后掺入一定数量的速凝剂、膨胀剂或早强剂，其强度确保符合规范要求。

（3）在回填作业开始前进行"注浆密实性试验"以决定注浆工艺，并报监理人审批。

（4）在回填作业前检查回填设备的工作性能是否正常，避免设备因故造成灌浆间断。

（5）仪器安装后，对监测设施进行醒目标识，严禁在水泥浆和水泥砂浆凝固前敲击、碰撞和拉拔监测仪器的外露部件。

8.4.5.3　混凝土、砌体与装修工程

安全监测工程中的混凝土浇筑、养护和表面保护、伸缩缝和埋设件，以及砌砖建筑均应满足建筑施工规范要求。

8.5　巡视检查

8.5.1　日常巡视检查

在工程施工期和运行期均需进行日常巡视检查，应建立巡视检查机构，制定巡视检查范围、线路、项目和方法。在巡视检查工作中应做好记录，如发现大坝表面有损伤、塌陷、开裂、渗流或其他异常迹象，应立即上报，并分析其原因。检查的次数：在施工期，每周一次；水库第一次蓄水或提高水位期间，每天一次；运行期至工程移交前，可逐步减少次数，但每月不少于一次。汛期应增加巡视检查次数，水库水位达到设计水位前后，每天至少应巡视检查 1～2 次。

8.5.2　年度巡视检查

在每年汛前、汛后及高水位、低气温时，应按规定的检查项目，对大坝、近坝库岸边坡等部位进行较为全面的巡视检查（在汛前可结合防汛检查进行）。巡视检查结束后应提

交简要报告，内容包括发现的问题及拟采取的措施。年度巡视检查通常每年应进行 2～3 次。

8.5.3 特殊巡视检查

若遇到特殊情况，例如大坝附近发生有感地震、大暴雨、大洪水、高水位、地下水位长期持续较高、库水位骤降、低气温、强地震、大药量爆破或爆破失控以及结构受力状况发生明显变化、建筑物出现异常或损坏等情况时，应立即进行巡视检查。

8.6 监测数据质量控制

8.6.1 原始监测资料收集

原始监测资料的收集包括观测数据的采集、人工巡视检查的实施和记录、其他相关资料收集三部分。主要包括以下内容：

（1）详细的观测数据记录、观测的环境说明，与观测同步的气象、水文等环境资料。

（2）监测仪器设备及安装的考证资料。

（3）监测仪器附近的施工资料。

（4）现场巡视检查资料。

（5）有关的工程类比资料、规程规范等。

8.6.2 原始资料检验与处理

（1）每次监测数据采集后，随即检查、检验原始记录的可靠性、正确性和完整性。如有漏测、误读（记）或异常，及时补（复）测、确认或更正。原始监测数据检查、检验的主要内容如下：

1）作业方法是否符合规定。

2）监测仪器性能是否稳定、正常。

3）监测记录是否正确、完整、清晰。

4）各项检验结果是否在限差以内。

5）是否存在粗差。

（2）经检查、检验后，若判定监测数据不在限差以内或含有粗差，立即重测；若判定监测数据含有较大的系统误差时，分析原因，并设法减少或消除其影响。

8.6.3 原始监测资料整理和数据滤差

（1）随时进行各监测物理量的计（换）算，填写记录表格，绘制监测物理量过程线图或监测物理量与某些原因量的相关图，检查和判断测值的变化趋势。

（2）每次巡视检查后，随即对原始记录（含影像资料）进行整理。巡视检查的各种记录、影像和报告等均按时间先后次序整理编排。

（3）随时补充或修正有关监测设施的变动或检验、校测情况，以及各种考证表、图等，确保资料的衔接和连续性。

（4）根据所绘制图表和有关资料及时做出初步分析，分析各监测物理量的变化规律和趋势，判断有无异常值。重点是异常值的判识，如监测数据出现以下情况之一者，可视为异常：

　　1）变化趋势突然加剧或变缓，或发生逆转，而从已知原因变化不能做出解释。

　　2）出现与原因量无关的变化速率。

　　3）出现超过历史相应条件下的最大（或最小）量值、安全监控限或数学预报值等情况。

　　（5）特征信息包括各监测点观测值的统计特征值，通常指算术平均值、均方根均值、最大值、最小值、极差、方差、标准差等。同时，统计渗压系数和测值变化速率以及与相应环境量的相关性等，并对以上特征信息进行纵横向空间分布对比分析，必要时还须统计变异系数、标准偏度系数、标准峰度系数等离散和分布特征。同时，分析信息特征的纵横向分布。

8.7　监测资料整编分析

8.7.1　一般原则

　　（1）在监测资料的基础上，对整编的监测资料进行分析，采用常规分析方法，分析各监测物理量的变化规律，预测发展趋势，分析各种原因量和效应量的相关关系，研究其相关程度。

　　（2）根据分析成果对工程的工作状态及安全性作出评价，并预测变化趋势，提出处理意见和建议。

　　（3）在整编资料和分析成果交印前，需对整编资料的完整性、连续性、准确性进行全面的审查。审查后确保：

　　1）完整性。整编资料的内容、项目、测次等齐全，各类图表的内容、规格、符号、单位，以及标注方式和编排顺序符合规定要求等。

　　2）连续性。各项监测资料整编的时间与前次整编能正常衔接，监测部位、测点及坐标系统等与历次整编一致。

　　3）准确性。各监测物理量的计（换）算和统计正确，有关图件应准确、清晰。整编说明全面，分析结论、处理意见和建议符合实际。

　　（4）对整编分析成果进行编排和汇总，编制监测资料整编分析报告。

8.7.2　监测资料分析方法

　　通过对原始观测资料的收集，检验和处理，观测物理量的计算及各种物理量变化曲线图形的绘制，可以用常规的分析方法对监测成果进行综合评估，以对边坡稳定状况作出初步评价，常规的监测成果综合评估方法一般有比较法、作图法、特征值统计法和数学模型法等。

　　1. 比较法

　　（1）比较同类物理量观测值的变化规律或发展趋势，是否具有一致性和合理性。

　　（2）将监测成果与理论计算或模型试验成果相比较，观察其规律和趋势是否有一致性、合理性；并与工程的某些技术警戒值及同类工程的实测值相比较，以判断工程的工作状态是否异常。

（3）本项目在监测初期拟采用设计允许位移值作为技术警戒值，使用时参考同类工程的实测值。待有足够的监测资料时，对其允许值进行分析预测，并参照设计、计算、试验结果及同类工程值，确定本边坡各监测物理量的技术警戒值。

2．作图法

（1）通过绘制各观测物理量的过程线及相关因素如地下水位、地表水位、江水位、库水位、温度及施工状况等过程线图，考察各观测物理量随时间的变化规律和趋势。

（2）通过绘制各观测物理量的平面或剖面分布图，分析其随空间的分布情况和特点。

（3）通过绘制各观测物理量与原因量的相关图，以考察各物理量的主要影响因素及其相关程度和变化规律。

（4）由各种图形可直观地了解观测值的大小和规律，影响观测值的因素和影响程度，从而综合判断观测结果的正常与异常。

3．特征值统计法

特征值包括各监测物理量历年的最大和最小值与出现时间、变幅、周期、年平均值及年变化率。通过对特征值的统计分析，可以看出监测物理量之间在数量变化方面是否具有一致性和合理性及其重现性与稳定性。从而综合判断观测结果的正常与异常，初步评估边坡的稳定状况。

4．数学模型法

用数学模型法建立效应量（如位移、扬压力等）与原因量（如库水位、气温等）之间的关系是监测资料定量分析的主要手段。它分为统计模型、确定性模型及混合模型。当有较长时间监测资料时，一般常用统计模型进行分析。当有条件求出效应量与原因量之间的确定性关系表达式时（一般通过有限元计算结果得出），亦可混合模型或确定性模型进行分析。

8.7.3 监测资料分析内容

1．分析监测资料的准确性、可靠性和精度

对由于测量因素（包括仪器故障、人工测读及输入错误等）产生的异常测值进行处理（删除或修改），以保证分析的有效性及可靠性。

2．分析监测物理量随时间或空间变化的规律

（1）根据监测物理量的过程线，说明监测物理量随时间而变化的规律、变化趋势，其趋势有否向不利方向发展等。

（2）根据同类物理量的分布图，分析监测物理量随空间变化的分布规律，分析大坝有无异常征兆。

3．统计各监测物理量的有关特征值

统计各监测物理量历年的最大和最小值（包括出现时间）、变幅、周期、年平均值等，分析监测物理量特征值的变化规律和趋势。

4．判别监测物理量的异常值

（1）监测值与设计计算值相比较。

（2）监测值与数学模型预报值相比较。

（3）同一物理量的各次监测值相比较，同一测次邻近同类测点监测值相比较。

（4）监测值是否在该物理量多年变化范围内。

5．分析监测物理量变化规律的稳定性

（1）历年的效应量与原因量的相关关系是否稳定。

（2）主要物理量的时效量是否趋于稳定。

6．应用数学模型分析资料

（1）对于监测物理量的定量分析，一般用统计学模型，亦可用确定性模型或混合模型。应用已建立的模型作预报，其允许偏差一般采用 $\pm 2s$（s 为剩余标准差）。

（2）分析各分量的变化规律及残差的随机性。

（3）定期检验已建立的数学模型，必要时予以修正。

7．分析巡视检查资料

结合巡视检查记录和报告所反映的情况，关注下列有关情况：

（1）在第一次蓄水之际，有否发生库水自坝基部位的裂隙中渗漏出或涌出；有否渗漏量急骤增加和浑浊度变化。

（2）坝体、坝基的渗漏量有无异常。

（3）坝体有无危害性的裂缝，接缝有无逐渐张开。

（4）在高水位时，渗漏量有无显著变化。

（5）大坝在遭受超载或地震等作用后，哪些部位出现裂缝、渗漏；哪些部位（或监测的物理量）残留不可恢复量。

（6）宣泄大洪水后，大坝或下游河床是否被损坏。

8．评价大坝的工作状态

根据以上的分析判断，对大坝的工作状态作出评价。

8.8　监测工程实例

8.8.1　光照水电站碾压混凝土坝安全监测

8.8.1.1　工程概况

光照水电站工程枢纽由碾压混凝土重力坝、坝身泄洪表孔、放空底孔、右岸引水系统及地面厂房等组成。

大坝为全断面碾压混凝土重力坝，由河床溢流坝段和两岸挡水坝段组成，坝顶全长410m，共分 20 个坝段，最大坝高 200.5m，坝顶宽 12m，坝底最大宽度 159.05m。

光照水电站 2005 年截流，2007 年 12 月 31 日开始下闸蓄水，至 2008 年 8 月，上游水位达到 720m 高程，开始投产发电。

8.8.1.2　大坝监测设施

对本碾压混凝土重力坝监测内容，大致分为三大类：

（1）变形监测，包括水平位移、竖向位移、倾斜、接触缝和裂缝开合度等，主要的监测手段有视准线法和前方交会法、坝顶和坝体内的水准线路和真空激光准直线路、坝体内的正倒垂线、静力水准线路、真空激光准直线路、诱导缝和接触缝的测缝计。

（2）渗流监测，包括坝基、岸坡及坝体的渗漏量观测、坝体渗流压力及坝基渗流压力监测、绕坝渗流监测、扬压力监测等，主要监测手段有量水堰、埋入式渗压计和扬压力计等。

（3）应力应变监测，包括坝体应力应变、温度监测，主要的监测手段均为埋入式仪器，有测温光缆、应力计、无应力计、温度计等。

8.8.1.3 大坝应力稳定计算成果

1. 大坝稳定及强度承载能力极限状态计算

选择溢流坝、底孔和非溢流坝典型剖面进行大坝稳定及强度承载能力极限状态计算。经计算，在正常水位、库空情况、校核水位及地震工况下，沿建基面的作用效应值 $\gamma_0 \psi S(\cdot)$ 均小于结构抗力值 $R(\cdot)/\gamma d_1$；说明坝基抗滑稳定承载能力是满足要求的。

非溢流坝段、电梯井坝段、溢流坝段和底孔坝段在持久和偶然状况下坝踵垂直应力均未出现拉应力。坝基垂直正应力最大值为 6.596MPa，出现在溢流坝段，稍稍大于地质提供的基岩的允许承载力 6.5MPa，结合现场实际施工中在坝趾范围的坝基采用 3MPa 的高压固结灌浆对坝趾基础进行处理，可以满足承载力要求；因此，坝基抗压强度承载力极限状态和抗拉强度极限状态可满足规范要求。

2. 典型坝段非线性三维静力数值分析

选取 7 号挡水坝段、11 号溢流坝段、12 号底孔坝段作为典型坝段进行分析，分别建立三维网格模型，如图 8.8.1 所示。有限元分析得到的应力及变形结果列于表 8.8.1。

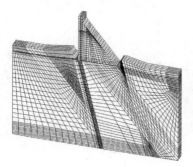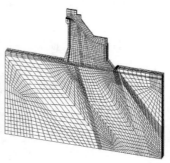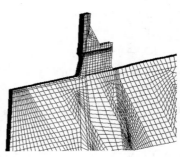

图 8.8.1　7 号、11 号、12 号坝段三维网格模型图

表 8.8.1　　　　　　　　　　各典型坝段最大应力及位移值表

坝段	工况	拉应力最大值/MPa	压应力最大值/MPa	位置	$U_{x\max}$/cm	位置	$U_{y\max}$/cm	位置
7号挡水	正常	无	4.0	坝趾	9.31	坝顶	−1.35/2.17	坝趾/坝顶
	校核	无	4.0	坝趾	10.20	坝顶	−1.2/2.11	坝趾/坝顶
	库空	无	5.0	坝踵			5.50	坝踵
11号溢流	正常	无	5.5	坝趾	7.30	坝顶	−2.16/0.55	坝趾/坝顶
	校核	无	5.5	坝趾	7.61	坝顶	−2.23/0.62	坝趾/坝顶
	库空	无	5.0	坝踵			6.30	坝踵
12号底孔	正常	无	7.0	坝趾	8.25	坝顶	−1.40/1.43	坝趾/坝顶
	校核	无	7.0	坝趾	8.67	坝顶	−1.47/1.39	坝趾/坝顶
	库空	无	8.0	坝踵			5.77	坝踵

注　$U_{y\max}$ 为竖直向最大位移；$U_{x\max}$ 顺河向最大位移。

由以上 3 个不同典型坝段三维非线性静力学分析结果认为：11 号坝段（溢流坝段）在各工况下没有拉应力，最大铅直向压应力 5.5MPa，水平最大位移 7.61cm，铅直向沉降 2.23cm；7 号坝段无拉应力产生，最大铅直向压应力 4MPa，水平最大位移 10.20cm，铅直向沉降 1.35cm；12 号坝段无拉应力产生，最大铅直向压应力 7MPa，水平最大位移 8.67cm，铅直向沉降 1.43cm。铅直向应力除底孔坝段外均满足承载力要求，底孔坝段超出承载力范围的区域非常的小，通过改善坝踵坝趾结构和坝基固结灌浆等措施后可以满足要求。

　　3. 三维整体模型非线性数值分析

　　大坝坝基及坝体整体三维有限元模型如图 8.8.2 所示，正常工况大坝整体上、下游面应力等值线和位移等值线分别见图 8.8.3、图 8.8.4 所示。

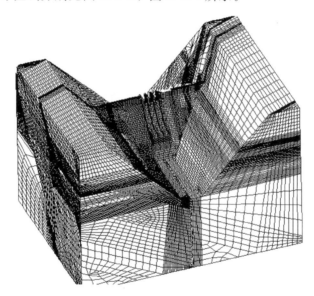

图 8.8.2　大坝坝基及坝体整体三维有限元模型

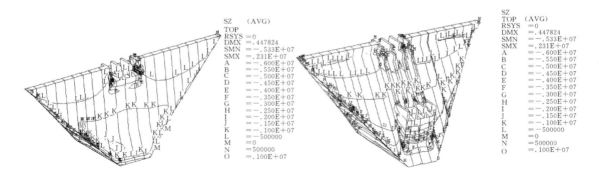

图 8.8.3　大坝整体上、下游面正常工况铅直方向应力等值线图（单位：Pa）

　　（1）整体应力及变形分析。经计算成果表明在蓄水情况下，大坝坝踵位置的铅直向应力普遍较小，大约在 0.5MPa 左右的压应力，而在坝趾处压应力稍大，在 2.5～3.0MPa，

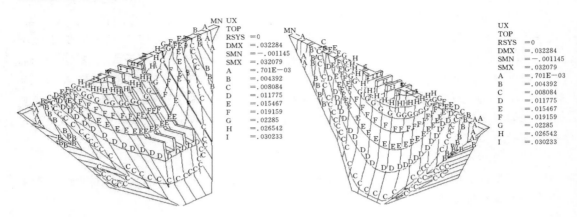

图 8.8.4　大坝整体上、下游面正常工况顺河向方向位移等值线图（单位：m）

最大压应力出现在溢流坝下游折坡处，大约在 5MPa。详细结果见表 8.8.2，均可以满足坝基承载力小于 6.5MPa 的要求。

表 8.8.2　　　　　　　　　　　　　大坝整体应力及变形分析成果表

工况	最大拉应力/MPa	最大压应力/MPa	x 向变形/cm	y 向变形/cm	z 向变形/cm
正常	无	5.5	3.21	0.31	0.93
出现位置		溢流坝下游折坡	溢流坝段顶部	6、16 号坝段下游面中部	溢流坝顶
校核	1.0	6.5	3.44	0.37	0.96
出现位置	溢流坝坝踵	溢流坝下游折坡	溢流坝段顶部	6、16 号坝段下游面中部	溢流坝顶
库空	无	5.5			2.63
出现位置		溢流坝坝踵			溢流坝坝踵

　　（2）各典型坝段的应力及变形分析。为了方便和前面的典型坝段的三维非线性静力学分析进行比较，将三维整体的分析成果的各典型坝段的剖面提取出来，并总结于表 8.8.3。对比整体和单个典型坝段的计算结果可以看出，整体分析所得的结果和各单体坝段的分析结果有所不同。压应力、x 向位移小于单体坝段的分析成果，铅直向位移远远小于单体坝段的分析成果。

表 8.8.3　　　　　　　　　　　　　　典型坝段静力分析结果总表

坝段	工况	拉应力最大值/MPa	压应力最大值/MPa	位置	U_{xmax}/cm	位置	U_{zmax}/cm	位置
11 号溢流坝段	正常	无	5	坝趾	3.21	坝顶	−0.93	坝下游
	校核	无	5.5	坝趾	3.43	坝顶	−0.96	坝下游
	库空	无	4.5	坝踵			−2.5	坝踵
7 号挡水坝段	正常	无	2.5	坝趾	3.00	坝顶	−0.8	坝下游
	校核	无	2.5	坝趾	3.10	坝顶	−0.8	坝下游
	库空	无	3.4	坝踵			−2.2	坝踵

8.8.1.4 大坝温度场计算成果及温控标准

1. 温度场计算成果

采用有限元进行稳定温度场分析，坝体稳定温度场如图 8.8.5 所示，鉴于光照大坝坝高 200.5m，取坝体稳定温度 15℃。

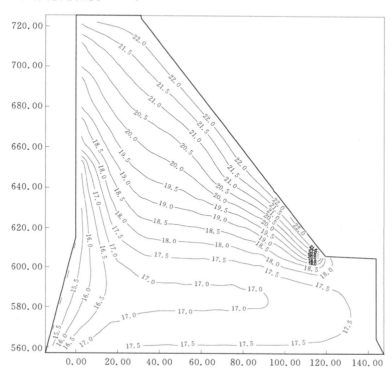

图 8.8.5 9 号坝段稳定温度场（单位：℃）

2. 混凝土温控标准

根据规范要求和温控计算结果，参考其他工程经验，本工程温控标准如下。

（1）基础温差。本工程基础混凝土 28d 龄期的极限拉伸值不低于 $0.7×10^{-4}$（碾压混凝土）和 $0.85×10^{-4}$（常态混凝土），根据《混凝土重力坝设计规范》的规定，并参照国内碾压混凝土坝的施工经验，本工程的基础允许温差见表 8.8.4。

表 8.8.4　　　　　　　　　　混凝土坝基础约束范围内温控标准

基础约束范围		基础允许温差/℃	稳定温度/℃	允许最高温度/℃
（0~0.2）L	常态垫层混凝土	20	15	
	碾压混凝土	16	15	
（0.2~0.4）L	碾压混凝土	18	15	

注　L—浇筑块的最大长度。

（2）上、下层温差。当浇筑块上层混凝土短间隙均匀上升的浇筑高度大于 0.5L 时，

449

上、下层的允许温差取 18℃，当浇筑块侧面长期暴露时，上下层允许温差取 16℃。

（3）内外温差。坝体内外温差不大于 15℃，为了便于施工管理，以控制混凝土的最高温度不超过允许值，并对脱离基础约束区（坝高大于 0.4L）的上部混凝土，限制其允许最高温度不超过 38℃。经计算，坝体混凝土各月允许最高温度见表 8.8.5。

表 8.8.5　　　　　　　　满足内外温差的混凝土允许最高温度

月　　份	1	2	3	4	5	6	7	8	9	10	11	12
允许最高温度 T'_m/℃	26.8	28.5	33	37.5	38.0	38.0	38.0	38.0	38.0	36.5	32.4	28

8.8.1.5　实测应力状况

（1）位于坝踵和坝趾区域的单向应变计实际应力均为压应力，实测最大压应力为 2.13MPa。

（2）由 11 号坝段五向应变计组监测结果表明：拉应力主要发生在上下游方向，上下游方向出现的拉应力主要受内外温差影响，混凝土内部相对收缩所至；垂直方向大部分为压应力，应力基本呈现随测点高程的升高应力减小状态，符合重力坝的规律。

8.8.1.6　实测坝体温度分布规律

选取施工期及初蓄期各年度气温较高和最低两种特征时刻绘制等值线。根据各温度监测坝段的施工时段，选取 11 号坝段 2006 年 8 月 10 日及 6 号、11 号坝段 2007—2010 年度 1 月 1 日和 7 月 1 日绘制温度场。绘制温度场时，将各坝段内布置的应变计及测缝计的温度数据一并纳入。6 号、11 号断面各特征时刻温度等值线如图 8.8.6～图 8.8.21 所示。

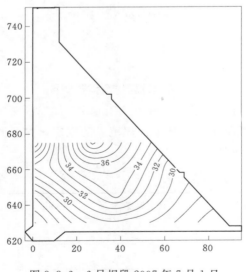

图 8.8.6　6 号坝段 2007 年 7 月 1 日
温度等值线

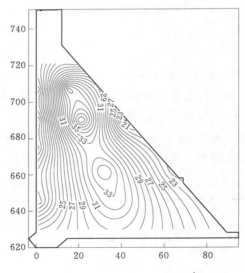

图 8.8.7　6 号坝段 2007 年 12 月 27 日
温度等值线

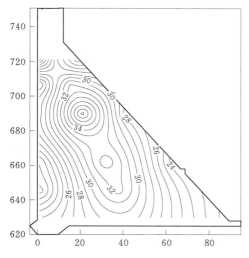
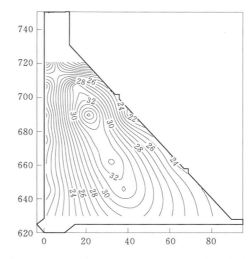

图 8.8.8　6 号坝段 2008－07－01 温度等值线　　图 8.8.9　6 号坝段 2009－01－01 温度等值线

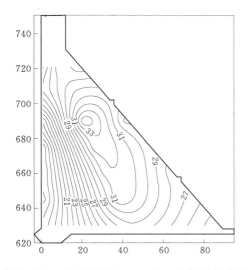
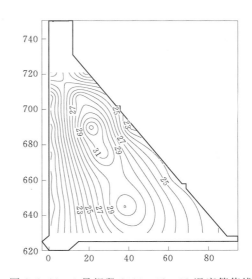

图 8.8.10　6 号坝段 2009－07－01 温度等值线　　图 8.8.11　6 号坝段 2010－01－01 温度等值线

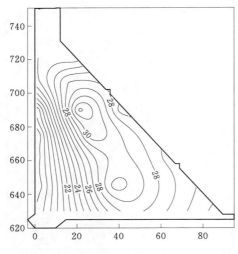

图 8.8.12　6 号坝段 2010 - 07 - 01
温度等值线

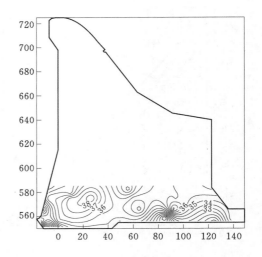

图 8.8.13　11 号坝段 2006 - 08 - 10
温度等值线

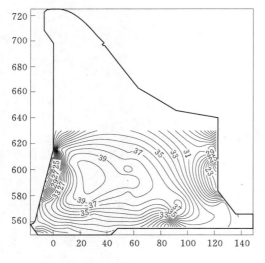

图 8.8.14　11 号坝段 2007 - 01 - 01
温度等值线

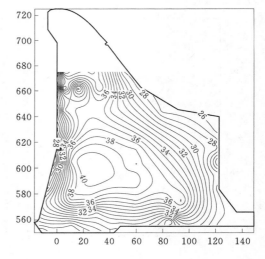

图 8.8.15　11 号坝段 2007 - 07 - 01
温度等值线

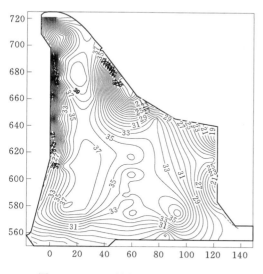

图 8.8.16　11 号坝段 2008 - 01 - 01
温度等值线

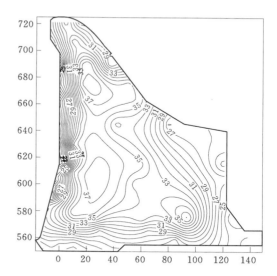

图 8.8.17　11 号坝段 2008 - 07 - 01
温度等值线

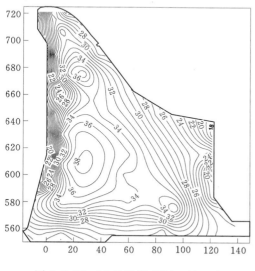

图 8.8.18　11 号坝段 2009 - 01 - 01
温度等值线

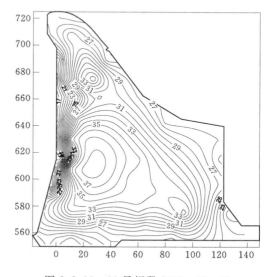

图 8.8.19　11 号坝段 2009 - 07 - 01
温度等值线

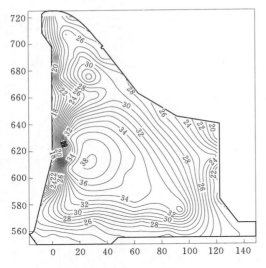

图 8.8.20　11 号坝段 2010-01-01 温度等值线　　图 8.8.21　11 号坝段 2010-07-01 温度等值线

（1）从温度场可以看出：大坝施工后，在溢流坝段及非溢流坝段坝体中部均存在高温区。其中，非溢流坝段高温区位于坝体中上部，溢流坝段位于坝体中下部。

（2）从各特征时刻温度场的变化可以看出，非溢流坝段和溢流坝段高温区域和最高温度均随时间的发展在逐渐变小。

（3）蓄水后大坝上游面高温季节、低温季节温度梯度变化不大。下游坝面受气温的影响较大，其高温季节温度梯度小，低温季节温度梯度相对较大；同时由于大坝下游面对南方，下游面温度受阳光辐射的影响也较大，受阳光辐射时间长的上部温度比下部温度大。

（4）观测坝段温度场还未进入稳定阶段，6 号坝段 2010 年 7 月 1 日实测最高温度31℃，11 号坝段 2010 年 7 月 1 日实测最高温度38℃。

8.8.1.7　结论与建议

通过对大坝变形、应力应变及温度、渗压等监测资料分析，可得出以下结论：

（1）坝体河床坝段水平变形略大于靠近岸坡部位坝段，上部变形大于下部变形；河床部位沉降位移略大于岸坡坝段沉降位移，下游沉降位移略大于上游沉降位移。大坝变形符合重力坝变形的一般规律。大坝最大水平位移只有 8～10mm，远小于设计计算值；基础最大沉降变形 3mm 左右，不均匀沉降量很小，大坝变形值在设计允许范围内。

（2）大坝变形主要受时效、气温变化因素影响，水位影响较小。在初期蓄水阶段，时效是影响坝体变形的主要因素，坝体变形随时间变形量还在增加，回归结果中时效因子所占比重最大；坝顶测点（靠下游面）水平变形受坝体热胀效应明显，温度上升坝体偏向下游变形，垂直方向变形为抬升，反之温度下降坝体偏向上游变形，垂直方向变形为沉降。变形滞后温度变化 2～3 个月。

（3）闸墩锚索锁定后，其拉力受气温影响显著，高温季节拉力较大，低温季节拉力较小，基本上拉力有衰减趋势，符合一般规律。但部分锚索锁定值较设计小且个别锚索应力衰减较大。通过对闸墩应力现场测试，闸门开启前、后锚索应力及闸墩表面应力没有明显变化，说明闸墩运行状况良好。

（4）坝体接触缝低高程接触缝多呈闭合或受压状态，高高程个别接触缝呈微张状态，但张开值均很小，且张开过程均发生于仪器埋设初期的调整期。坝体接触缝现均处于稳定状态。坝体诱导缝测缝计整体上呈张开状态，起到了坝体设计时诱导开缝的作用，说明诱导缝效果较好。

（5）水温度计在下闸蓄水后测值主要受环境温度的影响，呈明显的年周期变化，越深处水温年内变幅越小。坝体温度计，在浇筑初期主要受水泥水化热的影响，温度有个快速上升过程；之后，随着坝体胶凝材料水化热的减弱及坝体散热，坝体温度场高温区范围及最大温度均在逐渐减小，逐步进入准稳定阶段。基岩温度主要受坝体水化温升的影响，受水温及气温的影响不太明显，已基本趋于稳定状态。

（6）坝前主排水孔前的扬压力强度系数 α_1 除 PB1-1 为 0.281 外，其余介于 0.042～0.134 之间，下游残余扬压力强度系数 α_2 介于 0.031～0.214 之间；同时，从实测水头和库水曲线及回归结果看，坝基扬压力和水头关系不明显；说明上、下游防渗帷幕和排水孔的效果良好。坝体渗压计除 599.0m 高程渗压计外，其测值随离坝面的距离迅速折减，在 7.5m 处基本上为零，说明坝体碾压层面胶结较好，防渗层厚度和材料较为合理。但 599.0m 高程渗压计的渗压系数较大，说明所埋设处层面连通性处性较好，后期应加强对该部位的观测。

（7）下闸蓄水后，坝体渗流量和库水位关系不明显，总量水堰实测最大流量为 21.10L/s，远小于大坝估算渗流量。

两岸帷幕后渗压除 PMR1-2 外，其余测点的渗压系数在 0.063～0.442 之间，帷幕折减作用明显。PMR1-2 是位于帷幕端部的斜孔，其渗压系数达 0.745；另外，左岸 F_1 断层带附近渗压计渗压系数相对较大，且测点变形规律同库水位一致，对该处应加强观测。

8.8.2　大花水碾压混凝土拱坝安全监测

8.8.2.1　变形

1. 水平位移

为监测坝体及基础水平位移，在大坝左、中、右的重力墩、拱冠、拱坝与右岸基岩接合部位分别安装了 1 组垂线；为了配合垂线系统对坝体的变形监测，在坝顶设 7 个表面观测墩，在坝后边坡上布置工作基点，用前方交会法对坝体的表面位移进行观测。

（1）垂线。倒垂线监测成果表明，坝基切向和径向位移较小。比较而言，两岸拱端基础水平位移较小，拱坝中心附近基础水平位移相对较大。其中，径向位移呈现两岸向河床中部增大的分布，左岸重力墩基础历史径向位移 -7.51～0.64mm，右岸拱端基础径向位移 -1.91～1.25mm，拱坝中心附近基础径向位移 -8.65～0.19mm（主要向上游方向变形）；切向位移呈自左岸至右岸逐渐增大，整体呈向右岸变形的分布，但位移量值较小，左岸重力墩基础切向位移 -3.49～3.74mm，右岸拱端基础切向位移 -4.75～1.65mm，拱坝中心附近基础切向位移 -19.78～0.00mm。

从正垂线观测数据显示，左岸重力墩及右岸坝肩水平位移亦较小（图 8.8.22、图 8.2.23）。整体来看，左岸重力墩及右岸坝肩径向位移沿高程无明显的突变；拱坝中心附近随高程增加，位移量向下游增加；变形主要发生在高程 830m 以上，最大位移量 5.30mm，位于拱坝中心附近。径向位移，低高程处自左岸向右岸向下游增大，随着高程上升变形自两岸向河床中部逐渐增大。

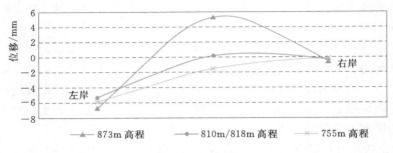

图 8.8.22　各高程径向位移分布图

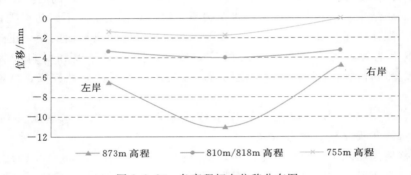

图 8.8.23　各高程切向位移分布图

左岸重力墩径向位移－5.30～－6.65mm，主要呈现向上游变形，且各高程位移相当，无明显突变；右岸坝肩径向位移－0.48mm，位移较小，略向上游变形。左岸重力墩切向位移－6.40～－3.28mm，主要向右岸变形，随高程增加变形增大；右岸坝肩切向位移－4.75mm，主要向右岸变形，随高程增加变形增大，与左岸变形一致。

（2）坝顶表面变形测点。表面变形测点径向位移（Y 方向）：坝顶表面径向变形变化趋势与库水位升降相关，库水位上升，测点向下游位移，库水位下降，测点向上游位移；向下游最大位移 5.33mm（左坝肩），向上游最大位移 16.26mm（拱冠附近）。坝顶表面变形径向总体向上游变形，呈现两岸向河床变形增大的分布特性，位移量－6.39～0.50mm，位移量总体较小。

表面变形测点切向位移（X 方向）：坝顶表面切向变形介于－7.83～2.36mm，主要向右岸变形，总体变形较小，各测点位移相差不大，变形规律不明显。

由于坝顶表面变形测点与垂线起测时间不同，虽量值不同但变形规律一致。

2. 垂直位移

根据坝址区域地形条件和枢纽布置，坝体竖直位移观测仅对坝顶进行观测，即在坝顶 7 个表面观测墩上布置对应水准测点。

监测成果表明，坝顶垂直最大位移介于－3.90～4.00mm 之间。左岸重力墩沉降较小，最大沉降 2.40mm，拱冠部位沉降相对较大，但最大位移量亦仅为 4.20mm，右坝肩表现为抬升，最大抬升 3.90mm。总体上坝顶竖向位移呈现两岸向河床变形增大的特点，右坝肩表现为抬升，其余测点为沉降变形，位移－0.60～1.80mm。坝顶垂直向位移特征值分布如图 8.8.24 所示。

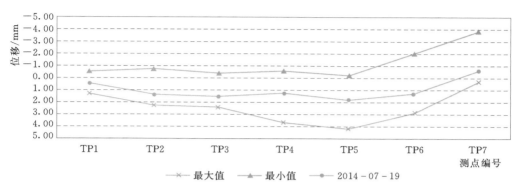

图 8.8.24　坝顶垂直向位移特征值分布图

3. 接触缝

为监测拱坝垫层混凝土与基岩接缝之间的开合度变化情况，在坝基、右岸拱端埋设测缝计，仪器安装埋设参数见表 8.8.6。

表 8.8.6　　　　　　　　　　接触缝测缝计安装埋设参数表

仪器编号	安 装 部 位	安装时间/(年-月-日)	备注
JB1	拱坝中心线 738.5m 高程，距上游面 1m		失效
JB2	拱坝中心线 738.5m 高程，距上游面 2.5m	2005 - 04 - 06	
JB3	拱坝中心线 738.5m 高程，距上游面 5m	2005 - 04 - 06	
JB4	拱坝中心线 738.5m 高程，距下游面 1m		失效
JB16	右拱端 775m 高程，距下游面 2m	2005 - 12 - 10	
JB28	右拱端 830m 高程，距下游面 2m	2006 - 05 - 15	
JB40	右拱端 858m 高程，距下游面 2m	2006 - 07 - 26	

位于坝基上游部位的测缝计自埋设后至蓄水前，随混凝土浇筑呈压缩变化，最大压缩－0.17mm，2007 年 8 月下闸蓄水后，受水推力作用，上游部位坝基略有张开，JB2、JB3 分别张开 0.19mm、0.18mm，库水位稳定后，测缝计开合度变化稳定，开合度为 0.02mm、0.07mm。测缝计开合度变化过程如图 8.8.25 所示。

位于高程 775m 下游面接触缝的测缝计埋设后随温度升高、混凝土浇筑，开合度呈闭合变化，变化较小，最大压缩－0.08mm，库水位稳定后，随温度降低，开合度闭合程度略有减小，总体变化较小。

位于高程 830m、858m 的测缝计开合度随温度呈周期性变化，与温度呈负相关关系，JB28 开合度在－0.05～0.10mm 变化，JB40 开合度在 0.05～0.10mm 之间变化。

总体上，接触缝开合度较小，变化稳定，符合一般规律，未出现异常变化。

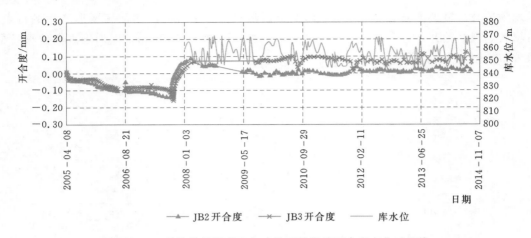

图 8.8.25　基坑垫层混凝土与建基面接触缝开合度变化过程线

4. 周边缝及诱导缝

（1）左岸 1 号周边缝。为监测拱端与重力墩接缝的开合度变化情况，在 1 号周边缝 3 个高程（775m、830m、858m）分别距上下游面 2m 处共安装 6 支测缝计。1 号周边缝测缝计埋设初期，测缝计开合度略有张开，6 支测缝计最大开合度介于 0.31～3.09mm，低高程部位受基础约束，张开幅度不大，高高程部位张开程度相对较大。仪器埋设半年后，测缝计开合度变化趋于稳定，高程 858m 的 JB33 随温度呈周期性变化，变化范围介于 0.30～0.60mm；其余 5 支测缝计开合度变化在 0.10mm 以内。监测数据表明 1 号周边缝开合度总体不大，且变化较小。

（2）左岸 2 号诱导缝。为监测拱坝诱导缝的开合度变化情况，在 2 号诱导缝 6 个高程（760 m、775 m、805m、830 m、845 m、858m）分别距上下游面 2m 处共安装 12 支测缝计。

低高程 760m 测缝计埋设后一周内随温度升高，开合度呈闭合变化，最小为 -0.08～ -0.06mm，然后随混凝土冷却，开合度增大，灌浆前开合度为 0.00mm、-0.03mm，因受基础约束，诱导缝张开较小；灌浆后至蓄水前，混凝土温度回升，开合度随之减小，随着混凝土温度逐渐降低，开合度缓慢增大至 0.06～0.11mm。

高程 775m 以上的测缝计埋设初期变化趋势与低高程相似，10 支测缝计开合度最大值介于 0.01～2.28mm 之间，上游面张开度较下游面大，高高程张开度较低高程大；蓄水后，位于上游面的测缝计开合度基本无变化，下游面的测缝计随温度呈周期性变化，变化幅度在 1.0mm 以内。后期测值介于 -0.08～1.99mm 之间。

（3）右岸 3 号诱导缝。与 2 号诱导缝相似，测缝计埋设后开合度与温度呈负相关关系，随温度降低而张开，最大开合度介于 0～2.41mm，诱导缝上游面与高高程部位张开度相对较大；蓄水后，上游面测缝计开合度基本无变化，下游面开合度随温度呈周期性变化，但变化幅度较小，在 0.1mm 以内。11 支测缝计后期开合度介于 -0.06～2.01mm 之间。

（4）右岸 4 号周边缝。为监测右拱端与垫层混凝土接缝的开合度变化情况，在 4 号周边缝上游距坝面 2m 位置高程 775m、高程 830m、高程 858m 安装 3 支测缝计。

各测点开合度均变化较小,符合正常规律,其中 JB28 埋设后开合度与温度呈负相关关系,测值很小,介于−0.05～0.24mm 之间。

8.8.2.2　坝体裂缝

拱坝与重力墩浇筑过程中出现裂缝,为监测裂缝开合度变化情况,在各纵向裂缝布置 17 支测缝计,并在高程 755m 处 9 号裂缝(劈头缝)布置三支渗压计,监测蓄水后裂缝的渗漏情况,裂缝仪器安装参数表见表 8.8.7。

表 8.8.7　　　　　　　　　裂缝测缝计、渗压计安装埋设参数表

仪器编号	工程部位	埋设高程 /m	埋设日期	备注
JB41	拱坝 9 号裂缝上游	755	2005－11－01	
JB42	拱坝 9 号裂缝中部	755	2005－11－01	
JB43	拱坝 9 号裂缝下游	755	2005－11－03	
PB19	拱坝 9 号裂缝上游	754.5	2007－04－23	
PB20	拱坝 9 号裂缝中部	754.5	2007－04－23	
PB21	拱坝 9 号裂缝下游	754.5	2007－04－23	
JB44	重力墩 7 号裂缝下游	810	2005－11－25	
JB45	重力墩 7 号裂缝中部	810	2005－11－25	
JB46	重力墩 7 号裂缝中部	810	2005－11－25	
JB47	重力墩 7 号裂缝上游	810	2005－11－25	
JB48	重力墩 8 号裂缝下游	846	2006－08－12	2010－10－05 失效
JB49	重力墩 8 号裂缝上游	846	2006－08－12	
JB50	拱坝 10 号裂缝下游	846	2006－08－12	
JB51	拱坝 10 号裂缝上游	846	2006－08－12	
JB52	拱坝 11 号裂缝下游	846	2006－08－12	
JB53	拱坝 11 号裂缝上游	846	2006－08－12	
JB 化 5	重力墩 3 号裂缝上游	872	2007－04－15	
JB 化 6	拱坝 1 号裂缝上游	872	2007－04－15	
JB 化 7	重力墩 3 号裂缝下游	872	2007－04－15	
JB 化 8	拱坝 1 号裂缝下游	872	2007－04－17	

1. 拱坝高程 755m 裂缝

拱坝高程 755m 裂缝平面布置如图 8.8.26 所示。

测缝计埋设后前两周,裂缝开合度随混凝土温度升高而闭合,然后随混凝土冷却开合度略有增大。裂缝开合度变化较小,测值在−0.20～−0.03mm 之间,裂缝总体呈现闭合状态,未出现后期张开现象。

另从相应部位埋设的渗压计监测数据分析:蓄水前,渗压计水位较低,在 756m 以下,裂缝未受渗透压力。下闸蓄水后,靠近上游的两支渗压计渗透压力出现突变,PB19

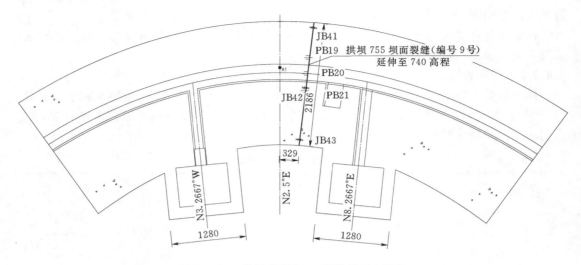

图 8.8.26　拱坝高程 755m 裂缝平面布置图

渗压水位上升 22m，PB20 渗压水位上升 12m，此后渗透压力与库水位保持良好的相关性，随库水位变化而变化，下游面一支渗压计渗透压力较小，与库水位相关性不大，渗透压力在 30kPa 左右。从过程线可以看出，渗压水位变幅在 20m 以内，2011 年 11 月 24 日，上游两支渗压计渗压水位最高，计算渗压系数分别为 0.17、0.26，至裂缝尾部渗压系数为 0.04。2012 年至今，渗压水位变化稳定，渗压系数为 0.07、0.06、0.03，裂缝渗透压力较小。渗压计水位变化过程线如图 8.8.27 所示。

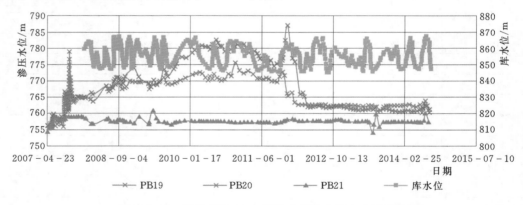

图 8.8.27　拱坝高程 755m 裂缝渗压计水位变化过程线

2. 重力墩高程 810m 裂缝

重力墩高程 810m 裂缝测缝计开合度与温度呈负相关关系，埋设后 4 支测缝计均处于闭合状态，测值在 -0.07~-0.19mm 之间，测缝计开合度变化稳定，未出现后期裂缝张开迹象。

3. 重力墩高程 846m 裂缝

JB49 埋设后温度降低达 20.5℃，开合度随温度降低最大张开 0.48mm；JB48 温度降低 12℃，开合度最大张开 0.16mm；此后开合度随温度的变化有小幅变化，未出现异常变化。

4. 拱坝高程 846m 裂缝

10 号裂缝测缝计埋设初期，温度降低达 28℃，JB50、JB51 开合度随温度降低最大张开 0.80mm、0.88mm，2007 年后，开合度变化在 0.1mm 以内，变化稳定，未出现异常变化。高程 846m 测缝计变化过程如图 8.8.28 所示。

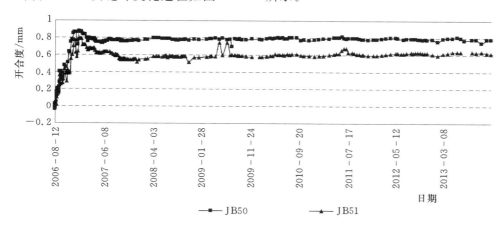

图 8.8.28　拱坝高程 846m 裂缝测缝计开合度变化过程线

11 号裂缝测缝计开合度变化与 10 号裂缝一致，测缝计埋设初期，温度降低 28～30℃，JB52、JB53 开合度随温度降低张开 0.81mm、0.79mm，变化稳定。

5. 重力墩高程 872m 裂缝

重力墩高程 872m 裂缝测缝计在库水位以上，开合度随温度呈周期性变化（温度受气温影响较大），与温度呈负相关关系，JB 化 5 测点开合度为 $-0.28 \sim 0.50$mm；JB 化 7 测点开合度 $-0.03 \sim 1.52$mm。开合度未出现异常变化。

6. 拱坝右岸高程 872m 裂缝

拱坝高程 872m 裂缝测缝计变化与重力墩高程 872m 裂缝相似，主要受温度影响，呈周期性变化，JB 化 6 测点最大开合度 1.48mm，变幅主要在 $0.40 \sim 1.0$mm；JB 化 8 测点最大开合度 2.02mm，变幅主要在 $0.50 \sim 1.50$mm，裂缝开合度变化稳定，未出现异常变化。

8.8.2.3　应力应变及温度

1. 应力应变

9 支无应力计最大压缩应变介于 $-20.16 \sim -89.18 \mu\varepsilon$，最大膨胀应变介于 $24.45 \sim 112.24 \mu\varepsilon$。

单向应变计位于坝踵，主要为压缩应变，最大压缩应变介于 $-97.69 \sim -161.29 \mu\varepsilon$。

三向应变计组最大压缩应变介于 $-28.09 \sim -182.83 \mu\varepsilon$，最大拉伸应变介于 $0 \sim 154.95 \mu\varepsilon$。

五向应变计组最大压缩应变介于 $-26.78 \sim -203.23 \mu\varepsilon$，最大拉伸应变介于 $0 \sim 122.04 \mu\varepsilon$。总体而言，应变测值较小。

左中孔弧门支座扇形钢筋应力与温度呈负相关关系，随温度呈周期性变化，应力在 $-30.37 \sim 45.25$MPa 之间。蓄水后，除位于弧形闸门内侧的 RS8 拉应力增大 29.61MPa，其余钢筋应力无异常变化，与 RS8 位于同一根钢筋上的 RS6 在 2011 年 2 月 23 日失效，蓄水至失效前钢筋应力未见异常变化，RS8 内侧主锚索测力计 PRLLⅢ－3 蓄水至 2010 年 2 月（失效前）未见受力异常变大情况，可以看出左中孔左闸墩总体受力情况良好，仅弧门内侧局部出现拉应力增大现象。

预留孔钢筋应力在 30.22～69.44MPa 之间，钢筋应力随温度呈周期性变化，蓄水后，钢筋应力变化正常。

锚索锚固后预应力损失主要发生在锚固后一年内，然后锚索锚固荷载随温度呈周期性变化，与温度呈现良好的正相关关系，主锚索锚固荷载在 2016.49～2565.00kN 之间，次锚索锚固荷载在 1294.08～1530.97kN 之间，锚索荷载损失在 6.33％～16.50％之间，闸墩受力情况良好。

2. 温度

（1）基岩温度。基坑基岩温度计实测温度数据显示，基坑基岩温度仅在埋设初期阶段温度经历一段温升阶段，之后逐年缓慢降低，经历长时间的热传递后现已处于温度动态平衡状态，温度年变化幅度在 2.5℃以内，变幅较小。

左右岸拱肩基岩温度计实测温度数据显示，左拱肩基岩温度自开始埋设至今，实测温度逐年降低，现已处于温度动态平衡状态，同时由于左拱肩基岩温度计均埋设于 8m 深度岩体中，此深度处的岩体温度基本不受气温影响；右拱肩基岩温度在初期受坝体温度影响较为明显，基本随大坝填筑呈上升趋势，同时由于右拱肩基岩温度计埋设深度为 4m，右拱肩基岩温度在大坝浇筑完成后，气温对实测温度存在一定的影响，不过这种影响程度有限，而且表现出滞后性。

重力墩基岩温度受重力墩温度影响显著，基岩温度基本与重力墩浇筑进度一致，在重力墩浇筑完成后，基岩温度现阶段还未达到稳定状态，呈年周期性浮动变化。

（2）拱坝坝体温度。拱坝高程 740～840m 碾压混凝土坝体和高程 840m 以上常态混凝土坝体温度在浇筑初期均上升速度快，升温幅度大，尤其是常态混凝土坝体温度升温与降温速度快、幅度大，其中碾压混凝土坝体内部温度基本处于稳定状态，温度值处于 20℃以下；而常态混凝土坝体内部温度尚未稳定，基本处于 14.4～20.55℃之间上下波动。

库水温度及表面温度在混凝土浇筑前期受坝体混凝土水化热温度影响较为明显，经历一段时间的热传递后，呈年周期性变化。

（3）重力墩坝体温度。重力墩坝体温度在浇筑阶段均较高，其中高程 801m 垫层混凝土为常态混凝土，在仪器埋设初期，实测温度温升较快，最高温度介于 33.75～44.45℃，之后温度呈缓慢下降的趋势，经历一段时间后温度趋于稳定状态，垫层混凝土温度介于 17.25～19.7℃之间。

高程 811～870m 重力墩内部实测最高温度介于 23.5～37.4℃之间，埋设初期温度上升，在温度达到最高点后缓慢下降，温度处于稳定状态；重力墩高程 870m 由于距离坝顶近，散热条件较好，在混凝土浇筑初期其温度上升，之后受气温影响明显，呈现与气温正相关性的年周期变化规律。重力墩其余部位的温度均表现为在混凝土浇筑初期，温度上升，之后缓慢下降，温度处于稳定状态。

布置于底层的库水温度计实测温度在浇筑初期小幅度上升，之后受库水温影响缓慢下降，温度处于 15℃ 左右，处于温度稳定状态；布设在高程 830m 和高程 845m 的坝体温度由于受外部环境温度的影响，均呈现一定的周期性变化，且高程 830m 实测温度值的变化幅度相对较大；高程 860m 处由于接近坝顶，散热条件好，浇筑阶段受上层混凝土温度影响明显，后期温度处于动态平衡状态，且年变化幅度很小。表面温度计实测温度值与气温基本呈正相关周期性变化，其测值介于 19.1～21.6℃ 之间。

8.8.2.4　渗流渗压

1. 渗流渗压监测内容

渗流渗压观测包括坝体混凝土渗透压力、大坝坝基扬压力和大坝及坝基渗漏量观测。

（1）坝体混凝土渗透压力观测。选取拱冠梁剖面，在高程 753m、770m 的碾压施工缝面上布设 2 组共 6 支渗压计，测点距上游面距离分别为 1.0m、3.0m、6.0m，从而得到坝体内不同位置的渗透压力分布。

（2）坝基扬压力观测。坝基扬压力监测共布置 2 个横向观测断面和 1 个纵向观测断面，横向观测断面分别布置在拱冠梁部位及左岸重力墩中部断面，纵向观测断面布置在坝基排水幕上。在大坝拱冠梁的建基面上布设一组共 3 支渗压计，坝踵、坝趾各布置 1 支，排水幕上各布置 1 支；在左岸重力墩基建面上布设 1 组共 3 支渗压计；在拱坝基础廊道排水幕线上布置 5 个测压管（内放渗压计），在左岸重力墩基础排水幕线上埋设 3 支渗压计。另外在埋基集水井交通廊道内布置 1 个测压管（内放渗压计）。

（3）渗漏量观测。在坝基集水井前端的交通洞内布置三角量水堰，观测坝体及坝基渗漏量。

（4）帷幕观测。帷幕监测选取在高程 755m、高程 810/818m、高程 873m 三层灌浆廊道内钻孔至延伸段帷幕后埋设测压管并放置渗压计，以监测延伸段帷幕后水位变化情况；并在左岸高程 810m 灌浆廊道进口及右岸 6 号施工支洞各安装 1 套量水堰，以观测平洞渗漏情况。

（5）绕坝渗流观测。在坝后左右岸抗力体各布置 3 个测压管并放置渗压计，观测蓄水后的绕坝渗流情况。

2. 渗流渗压监测结果

总体上，坝体上游侧层间结合面渗压相对较大；从空间分布来看，呈现从上游至下游，渗透压力逐渐降低态势。另外，渗压计 PB8、PB10、PB13 均出现超量程现象。

拱坝坝基渗压计 UPB1、UPB2、UPB4、UPB5 蓄水后分别上升 21.45m、22.47m、19.71m、5.64m，UPB3 变化较小，计算五支渗压计扬压力折减系数为 0.23、0.29、0.13、0.26、0.20。小于《混凝土拱坝设计规范》（DL/T 5346—2006）要求的下限 0.40。

重力坝坝基渗压水位变化稳定，蓄水后变化不明显，渗压系数介于 0.02～0.39，从横向上看，扬压力及其折减系数从防渗帷幕至坝趾逐渐降低，折减主要发生在防渗帷幕后，至坝体中部折减系数已降为 0.02。

坝体及坝基渗漏量较小，渗漏量变化介于 13～25L/s。安装在中层灌浆廊道的两个量水堰测值均在 1L/s 以下，渗漏量较小。

帷幕后测压管水位：高程755m灌浆平洞各测压管水位在蓄水后均出现5～10m突变，PW1-2位于山体外侧，受库水位影响较大，水位变化介于770～780m，其余三孔测压管水位介于755～765m。中层灌浆廊道PW2-2、PW2-5基本不受库水位影响，其余三孔测压管水位随库水位变化，变幅在10m以内。高程873m廊道PW3-2水位基本处于870m以上，高于库水位，且测值与库水位有一定正相关关系，分析认为可能该测点处渗透压力受到库水和地下水共同影响；左岸PW3-1测压管水位变化趋势与库水位保持一致且量值相当。

从分布上看，左岸测压管水位稳定，未监测到明显的绕坝渗流现象，右岸高程800m以下，未监测到明显的绕坝渗流现象。结合右岸绕渗孔PR-5、右岸高程818m帷幕后测压管PW2-4数据分析，右岸高程800m以上、6号施工支洞至与坝体连接处的局部可能存在绕渗现象。

8.8.2.5　基本结论

（1）坝基的切向和径向位移较小；径向位移向上游居多，历史最大径向位移出现在拱坝中心附近基础，为-8.65mm；左岸重力墩及右岸坝肩水平位移较小且无明显的突变；拱坝中心附近位移量随高程增加、向下游增加；变形主要发生在高程830m以上，最大位移量5.30mm，位于拱坝中心附近。径向位移，低高程处自左岸向右岸、向下游增大，随着高程上升变形自两岸向河床中部逐渐增大。

（2）坝顶垂直位移总体较小，各测点最大位移介于-3.90～4.20mm之间；坝顶竖向位移呈现两岸向河床变形增大的特点，其中右坝肩表现为抬升。拱冠部位最大位移量仅为4.20mm；右坝肩表现为微小抬升，最大抬升3.90mm。

（3）坝基接触缝开合度变化主要经历三个阶段：①随坝体混凝土浇筑，呈压缩变化，最大压缩-0.15～0.17mm；②下闸蓄水后，坝踵部位开合度略有张开，JB2、JB3分别张开0.19mm、0.18mm；③库水位稳定后，测缝计开合度变化稳定，开合度在0.02mm、0.07mm。斜坡部位接触缝开合度随温度周期性变化，与温度呈负相关关系，开合度变化较小。

（4）1号、4号周边缝测缝计埋设后随温度降低而张开，最大张开0.24～3.09mm，其中高高程部位张开度相对较大；开合度介于0.24～2.92mm，变化稳定。

（5）2号、3号诱导缝埋设后至封拱灌浆前，开合度最大张开-0.03～2.41mm，低高程部位受基础约束，张开度较小，上游面及高高程部位张开较大，封拱后，开合度变化稳定，开合度介于-0.08～2.01mm。

（6）坝体裂缝与温度变化呈负相关关系，正常工作的15支裂缝测缝计，测值介于-1.51～1.44mm，其中8支处于闭合状态。

（7）位于坝踵的单向应变计、拱冠梁部位的三向应变计组和左右拱端的五向应变计组的单轴应变量基本符合一般规律。弧门结构应力、闸墩预应力均处于正常状态。

（8）拱坝坝基扬压力折减系数为0.23、0.29、0.13、0.26、0.20。小于规范要求的下限0.40。重力坝坝基渗压水位变化稳定，蓄水后变化不明显，渗压系数介于0.02～0.39。坝体及坝基渗漏量较小，渗漏量变化介于13～25L/s。

8.9　小结

随着碾压混凝土坝建设数量的持续增加，以及筑坝高度不断攀升和高掺粉煤灰、变态混凝土替代"金包银"坝体防渗、坝体全级配混凝土等技术的应用，碾压混凝土坝的安全监测工作在不断发挥着积极的作用，监测技术也随之得到不断发展与提高。如在监测设计理念上，不同坝型、不同结构和筑坝材料有所以改善的碾压混凝土坝的监测设计重点有所不同；地形地质条件及施工工艺的不同其监测设计方案也具有一定的针对性。监测部位或侧重点也略显不同。与常态混凝土坝相比，碾压混凝土内的监测仪器在选型、安装埋设和电缆敷设方法等方面存在较大差异，尤其是碾压混凝土内的无应力计和应变计组安装埋设的可靠性、有效性值得认真探讨与研究。

本篇对碾压混凝土坝安全监测的设计、仪器设备选型与检验、施工、数据整编分析等全过程进行了较为详细的总结，希望能阐明碾压混凝土坝安全监测技术的精要，总结工程的应用经验，为相关技术人员提供参考。

第9章 碾压混凝土质量控制

9.1 概述

混凝土工程形成具有一次性的特点，这决定其生产过程的检查和控制、使生产始终处于控制状态尤为重要。质量控制的关键是要有一个科学的控制程序和有效的质量保证运行体系。碾压混凝土的质量控制就是对原材料、配合比、拌和物、运输、浇筑仓面的每一道工序的质量控制；有效的质量保证运行体系简单地讲就是对与碾压混凝土相关的每一个环节，都要有一个人或机构依照设计或规范要求标准认真地、严格地负责检查核准，落实质量保证措施，最终达到混凝土产品的质量要求。

9.2 质量检测项目与方法

9.2.1 原材料的检测与控制

1. 胶凝材料

（1）水泥。水泥适用的品种、强度和生产厂家关系到工程成本和工程质量。水泥质量的好坏和波动大小，将直接影响混凝土强度及质量稳定性。一般地讲，水泥物理指标和化学成分的试验方法按《水工混凝土试验规程》进行。抽样频数和地点按表9.2.1进行。对送入拌和楼待用的水泥，也应抽样检查其强度（快速法），以考察水泥储存、保管中有无质量降低现象，如因储存期质量下降，实际水泥胶砂强度达不到标准，应降低标准使用，并查明原因及时解决。

（2）粉煤灰及其他掺合料。每批粉煤灰进库后，应按表9.2.1的规定进行抽样检查。发现异常变化，应及时查明原因并采取对策。粉煤灰在运输和储存过程中要注意防潮、防雨淋、防污染。

对于因受自然地理位置影响或经济因素考虑，需用其他掺合料来替代或部分替代粉煤灰时，必须通过充分的科学论证后方可使用。

表 9.2.1　　　　　　　　　　　　　　原材料的检验项目和检测频率

名称		监测项目	取样地点	检测频率	监测目的
水泥		快速检定强度等级	拌和厂、水泥库	每 200~400t 一次	验证水泥活性
		细度、安定性、标准稠度需水量、凝结时间、强度	水泥库	每 200~400t 一次	检定出厂水泥质量
粉煤灰		密度、细度、需水量比、烧失量	仓库	每 200~400t 一次	评定质量稳定性
		强度比		必要时进行	检定活性
细骨料		石粉含量	拌和厂、筛分厂	每天一次	筛分厂生产控制、调整配合比
		细度模数	拌和厂、筛分厂	每天一次	筛分厂生产控制、调整配合比
		级配	筛分厂	必要时进行	
		含水率	拌和厂	每 2h 一次或必要时进行	调整混凝土用水量
		含泥量、表观密度	拌和厂、筛分厂	必要时进行	
粗骨料	大中小石	超逊径	拌和厂、筛分厂	每班一次	筛分厂生产控制、调整配合比
	小石	含水率	拌和厂	每 2h 一次或必要时进行	调整混凝土用水量
	小石	黏土、淤泥、细屑含量	拌和厂、筛分厂	必要时进行	
外加剂		溶液浓度（或有机物含量）	拌和厂	每班一次	调整外加剂掺量

2. 砂石骨料

（1）细骨料。碾压混凝土用水量的变化，影响到碾压混凝土的稠度和强度。因此应力求砂石骨料表面含水率的稳定，避免骨料的"随筛随用"。骨料中尤以砂子和小石含水对混凝土影响最大，在料场设计中要考虑相应的脱水条件和足够的脱水时间。

拌和前含水率一般控制在 6% 以下，当含水率变化超过 ±0.5% 时，应调整混凝土拌和用水量。对碾压混凝土生产和质量影响较敏感的砂子含水率测定，应力求自动连续进行，以便及时准确调整混凝土用水量，保证混凝土质量。近年来一些工程采用干法生产骨料，如龙首工程的天然骨料，百色工程的人工骨料都采用了干法生产，很好地解决了小石和砂子的含水量不稳定的问题。

砂子由粗细程度不一的颗粒组成，决定了砂子表面积和空隙率的大小，直接影响混凝土的灰浆需要量，故在施工中应按表 9.2.1 的规定进行抽样检查。当细度模数变化超过 ±0.2 时，应调整混凝土配合比。砂中（特别是人工砂），小于 $80\mu m$ 颗粒含量，可起到惰性填充料作用，对碾压混凝土的施工和易性有一定的影响。

近年来，采用人工骨料构筑的大坝工程，呈现出一定的发展趋势。相应地，人工砂中的石粉含量上限的控制也逐渐地由乌江渡水电站的 6% 上升到百色水电站的 19%~22%。试验表明，石粉具有微活性，有利于提高碾压混凝土的各项物理性能指标；特别在施工中对碾压混凝土的黏聚性、抗骨料分离、可碾性。但石粉掺量过大，会引起混凝土强度的降低。因此当石粉含量较大时，需要在施工前经过充分的科学论证。

（2）石子。各级石子的超逊径应控制在允许限度以内。当石子含水率波动超过 $\pm 0.2\%$ 时，应及时给予调整。含水率的检测主要针对小石进行。

3. 外加剂

外加剂的应用要通过严格的试验论证，并力求具有显著的减水效果，能改善和提高混凝土的弹塑性、黏聚性和可碾性，增强骨料抗分离能力，既要方便调整，又要满足混凝土施工对凝结时间的要求。

外加剂应按品种、进场日期分、避免雨淋、日晒及污染。配制完毕后应定期检测。施工中每工作班至少应抽查一次溶液相对密度（表 9.2.1），确定实际浓度，当浓度变化超过 $\pm 0.5\%$ 时，应调整溶液掺量。

9.2.2 拌和生产过程质量控制和检测

1. 配料过程的质量控制与检测

（1）称量。碾压混凝土的配料，特别是对水量的控制，较常规混凝土的要求更严，如衡器精度不够或配料不准，则无法对混凝土质量进行控制。对衡器和各种材料检查次数和允许偏差值见表 9.2.2。

表 9.2.2 配料称量检验标准

材料名称	水	水泥、粉煤灰	粗、细骨料	外加剂
检验次数	\multicolumn{4}{c}{1 次/月（或必要时）}			
称量误差	$\pm 1\%$	$\pm 1\%$	$\pm 2\%$	$\pm 1\%$

（2）配料拌和。碾压混凝土拌和物是无坍落度的松散体，拌和用水量很少，不易拌和均匀，必须按规定程序投料，按规定时间拌和。每作业班抽查拌和时间不得少于 4 次，必要时应对拌和均匀性进行检查。

1）以砂浆容重分析法测定砂浆容重，差值应小于 $30kg/m^3$。

2）采用洗分析法测量粗骨料含量百分比，相差不大于 10%。

为了及时发现拌和过程中的失控现象，可派有经验的人员，经常观察出机口拌和物颜色是否均匀，砂石颗粒表面是否均匀黏附灰浆，目测估计拌和物 VC 值是否合适等等。

2. 原材料变化时配合比的调整

在混凝土拌和生产过程中，应随时掌握各种原材料的品质及含水状况，并根据实际状况及时准确调整配合比，以保证混凝土质量及其均匀性。

当实测水泥强度等级偏低时，应修正配合比参数（主要是水胶比），增加胶凝材料用量，依据已建立的水泥胶砂强度、水胶比与混凝土强度相关式，适当降低水胶比。而当实测水泥强度等级偏高时，为了保证混凝土质量均匀性、节约水泥，在确保混凝土抗渗性、耐久性能否满足设计要求的前提下，可适当增大水胶比（但须校核混凝土抗渗、耐久性有无影响），减少胶凝材料用量。

当粉煤灰含水率（干掺法）大于 1% 时，应增加粉煤灰称量，相应减少拌和用水量，以保证胶凝材料用量的准确性。

砂子颗粒变粗，使混凝土拌和物施工可碾性变差，细度模数每增大 0.2 时，应增大砂率 1%；相反可降低砂率 1%。

根据骨料超逊径含量，对各级骨料进行调整换算时，其方法和常态混凝土一样，是将该级骨料中的超径含量计入上一级骨料中，逊径含量计入下一级骨料中。由于运输原因，各级骨料均可能存在一定数量的逊径颗粒，当偏差超过规范规定时，需根据实际骨料的逊径含量对配合比进行调整。当骨料表面含水超过规定时，应及时减少拌和用水量，以及改变骨料用量。

3. 出机口混凝土质量的抽样检查与控制

机口的抽样检查与控制是检查混凝土各项技术指标，评定混凝土拌和质量，以及调整现场 VC 值，保证碾压混凝土正常施工的重要方法。检测项目和检查频数可见表 9.2.3。

表 9.2.3　　　　　　　　　　碾压混凝土的检测项目和取样次数

检 测 项 目	取 样 次 数	检 测 目 的
VC 值	每 2 小时一次	检测碾压混凝土的可碾性，控制工作度变化
容量	每班一次	测试容重
含气量	每班一次	调整外加剂量
温度	每 2 小时一次	温控要求
抗压强度	每 300～500m³ 碾压混凝土 1 次或每班 1～2 次；不足 300m³，至少每班取样一次	评定碾压混凝土质量及施工质量
弹模、极限拉伸等	酌情取样或根据要求或与芯样对应	施工质量控制和评定

（1）出机口的 VC 值抽样检查和控制。拌和物检测试验方法，按《水工碾压混凝土试验规程》进行，其中 VC 值应控制在规定的范围内，当超出控制界限时，应及时查明原因，调整拌和加水量。对确认不能适应碾压施工的拌和物应作合理的处理。由于碾压混凝土是超干硬性拌和物，与常规混凝土相比有着更高的要求，VC 值随混凝土放置时间的延长而增大，而且受气温、气象条件影响较大。因此，不同季节和天气情况，甚至白天和夜间施工，对 VC 值的要求应有所不同。施工时，拌和物 VC 值应按不同情况选用不同 VC 基准值，进行动态控制。要达到这一目的。在碾压混凝土开始施工之前，应通过试验建立 VC 值与各类条件的关系曲线和图表，作为施工中选择 VC 基准值，并根据 VC 值调整混凝土用水量和配合比。

（2）对于掺有引气型外加剂的碾压混凝土，应严格控制拌和物含气量，其变化宜控制在允许偏差范围内。

（3）出机口的混凝土取样。机口抽样是检查混凝土质量及其均匀性的常规方法。按照《水工碾压混凝土施工规范》的要求，混凝土强度均匀性指标（CV 值）以 28d 龄期强度离差系数为准，故在机口除成型设计龄期的抗压试件之外，还应成型 28d 龄期的试件，以评定碾压混凝土强度均匀性，成型多少应按规定进行。

9.2.3 碾压施工的仓面质量控制

碾压混凝土浇筑仓内的质量控制直接关系到构筑物质量的好坏，对整个工程的运行有着重大的影响。其控制主要内容包括：拌和物 VC 值的控制和检查；卸料、平仓、碾压的控制和检查；碾压密实度的控制和检查。

1. 拌和物碾压时 VC 值的检测和控制

根据不同施工工艺条件和气温气象条件所确定的基准 VC 值，是碾压密实的先决条件，为了能够准确及时掌握，在浇筑地点设置 VC 测试仪，以便随时测试，及时决定拌和物用水量的调整。但有时往往也通过对拌和物进行肉眼观察，凭经验直观判断是否应当采取相应措施。在碾压过程中，拌和物 VC 值是否合适，可根据下述碾压形状进行判断。VC 值太大时，振动碾碾压 3～4 遍后，表面没有明显的灰浆泛出，时有骨料被碾碎的现象，或碾压机过后，混凝土表面有一些条状裂纹；VC 值太小时，振动碾压 1～2 遍后，混凝土表面明显有灰浆泛出，或有较多灰浆粘在振动轮上。当振动碾压 3～4 遍后，碾压面明显有灰浆泛出，表面平整有光泽，呈现一定的弹性，则表明拌和物 VC 值适中。

在碾压过程中发现拌和物 VC 值不合适时，应分析其原因是加水量不当还是因入仓后停放时间过久造成的。

如因骨料含水较高造成的，应及时进行拌和用水量的调整而无需增加胶凝材料用量。这时用水量的调整，实际是对骨料含水量变化的适应，并未改变混凝土的配合比。

若因其他原因，如气温、风速、日照变化造成的，或因拌和物入仓后未能及时碾压，以致 VC 标准值选用不当等原因，则需要根据具体情况重新确定机口控制的 VC 标准值，以满足碾压施工的要求。

现场 VC 值的检测频数与控制标准见表 9.2.4。

表 9.2.4　碾压混凝土铺筑现场检测项目和标准

检 测 项 目	检 测 次 数	控 制 标 准
VC 值	不少于 1 次/班	现场试验确定 VC 值范围，并按其判定
抗压强度	相当于机口取样数量的 5%～11%	
压实容重	每铺筑 100～200m² 至少 1 个测点，每层 3 个测点以上	每个铺筑层测得的容重应有 80% 不小于指标值
骨料分离情况	全过程控制	不允许出现骨料集中现象
层间间隔时间	全过程控制	试验确定的层间允许间隔时间，并按其判定
混凝土加水拌和至碾压完毕时间	全过程控制	小于 2h

2. 卸料、平仓及碾压作业的检查和控制

（1）层间结合质量控制造成层间结合不良的原因是多方面的，其中与现场施工有关的主要有三个方面：层间间歇时间过长，或混凝土已凝结硬化，而未做处理，以及处理不当；已碾压层面被污染或扰动破坏；配合比和施工方法不当，造成骨料分离，使粗骨料分离过分集中于下一层表面上。

1) 碾压层面及处理碾压层面是否允许覆盖上层混凝土，层面覆盖标准应根据现场的具体情况而确定。现行施工规范是以混凝土的初凝时间作为层面覆盖的判断标准，即所谓的"2h"、"8h（或 6h）"控制标准。层间间隔时间的检测频数和控制标准见表 9.2.4。

当不能保证层间的塑性结合时，应做施工缝处理。但处理方法随凝结硬化程度不同而各不相同。常用方法是对已凝结硬化的碾压混凝土层面，在继续碾压施工之前，将层面清理干净，并在接缝垫层料摊开之后，尽快覆盖碾压混凝土拌和物，以确保良好的黏结性。目前多采用铺砂浆或灰浆作垫层，但应注意做到摊铺均匀，以及摊开后及时覆盖，避免砂浆或灰浆发白变干，造成两层混凝土之间形成砂质夹层，使接缝的性态恶化，这一点尤为重要。

2) 防止碾压层面的扰动破坏和污染碾压混凝土施工，大多采用汽车直接入仓，或汽车在仓面内分散倒运。应注意控制汽车行走速度和回转半径，应设专门清洗汽车的场地，入仓前将车轮冲洗干净，防止污物、淤泥带入仓内。

仓内各种机械，应严格防止漏油。油污的憎水性，必然使层间不能黏结。发现油污应挖除。

使用压力冲毛机处理施工缝面，应控制冲毛时间，一般应在混凝土终凝后不久进行。应避免冲毛过早影响层面结合。

平仓机平仓时，不应在硬化中的混凝土表面往返行走，更不要原地转动。履带对硬化混凝土面破坏性很大。当出现外露的石子松动或破碎时，应当在清除干净后，先铺砂浆，再铺混凝土。碾压面除应保持清洁、无污染外，还应保持湿润状态，直到覆盖上层混凝土为止。防止层面干燥，可用喷雾或喷撒水的方法，并以不形成水滴为度。

3) 避免和改善骨料分离。碾压混凝土拌和物，是由颗粒大小和密度各不相同的材料混合而成，在运输、卸料、平仓过程中发生骨料分离是难以避免的。一旦发生明显分离，应用人工分散于未经碾压的混凝土料中，若因配合比变化的分离，应及时查明原因调整配合比。

改善骨料分离的办法可采用：①优选抗分离性好的混凝土配合比；②两次薄层铺料一次碾压；③减小卸料、装车时的跌落和堆料高度；④在拌和机 121 和各中间转运料斗的出口，设置缓冲设施改善骨料分离状况。采用什么方法抗骨料分离因工程具体情况而异，应对症下药，减小骨料分离，保证混凝土质量。

（2）及时铺料和碾压混凝土拌和物入仓后，应尽快摊铺并碾压完毕。平仓、碾压不及时，使 VC 值增大，会造成拌和物不易碾压密实，或根本无法碾压密实的后果。这样也难于保证连续上升的塑性层面要求，造成层面黏结不良的后患。

平仓中还应注意控制铺料层厚度，应控制在允许偏差范围内。一般偏差应控制在±3cm 以内。铺料太厚，不易碾压密实，同时降低与下层混凝土的黏结；平仓厚度过分不均匀，也影响到层间结合效果。当发现平仓厚度不符合要求，应及时处理。摊铺厚度的检查可用简易仓面标识架进行。

如果砂浆或富浆垫层混凝土摊铺厚度不均匀或太厚，在碾压时，有时会出现气泡与水分同时冒出碾压面的现象，这主要是垫层混凝土或砂浆过厚，当受振动挤压后由于孔隙水压力的作用使灰浆汇集而泌出。

实践证明，其对混凝土强度无影响，但在碾压施工中，还是应该尽量把垫层混凝土或砂浆摊铺均匀，以避免孔隙水流形成内部渗水通道、降低混凝土内部抗渗性能。

碾压顺序、遍数、振动碾的行走速度，应严格按现场试验所确定的参数进行，质检人员应记录和抽查。

(3) 碾压密实度的检测与控制碾压混凝土的压实密实度检测采用表面型核子水分密度仪或压实密度计。表面型核子水分密度仪应在使用之前用实际原材料配制的室内混凝土容重进行校定。刚碾压完毕的层面由于受到挤压后有一个反弹过程，密实度的测试宜在碾压完毕 10min 后进行，并将核子水分密度仪测试的结果作为密度的判定依据，相对密度是评价碾压混凝土压实质量的指标，对于建筑物的外部混凝土，相对密度不得小于理论容重的 98%；对于内部混凝土，相对密度不得小于室内实测密度的 97%。碾压混凝土压实容重与振动碾碾压遍数、振动频率、铺料厚度等密切相关，对碾压应全过程控制，保证碾压密实；若发现密实度达不到要求，应及时采取措施补救。

3. 异种混凝土结合部位的质量控制

碾压混凝土施工中避免不了在周边岸坡（廊道周边等）需要浇筑异种混凝土。由于其性能和碾压混凝土有较大的差异，施工方式截然不同，为了保证结合部位的施工质量，应采用专门的方法加以捣实处理。

由于异种混凝土与碾压混凝土工艺上的差异，两者的初凝时间往往有一定的差别，为了保证两种混凝土层面同步上升，除注意控制两种混凝土搭接部位的振捣质量外，还应注意调整控制异种混凝土的凝结时间及异种混凝土施工的先后顺序，使之不至于形成冷缝而影响质量。

4. 关键工序的时间控制

试验表明，碾压混凝土的质量与如下工序的时间存在着密切的关系：

(1) 碾压混凝土拌和时间（一般不小于 90s）。

(2) 碾压混凝土拌和物从出机至碾压完毕的时间（一般不超过 40min）。

(3) 碾压混凝土拌和物从入仓至开始碾压的时间（一般不超过 10～15min）。

(4) 层缝面的垫层料，从摊铺到覆盖的时间（一般不超过 15min）。

(5) 从拌和到碾压完毕的最长允许历时不超过 2h。

9.2.4 养护及保护

1. 养护

碾压混凝土应在到达龄期或覆盖上层混凝土之前，对其层面、暴露面都必须进行湿养。主要养护措施有喷雾、洒水、蓄水、覆盖塑料薄膜或草袋等。养护用水不应对混凝土产生有害的影响，其质量应符合设计要求，凡符合国家标准的生活饮用水，均可养护各种混凝土。施工过程中，碾压混凝土受外界的条件影响很大，保持仓面湿润对防止裂缝的发生很大帮助。此外，还应做好养护的记录工作。

2. 保护

碾压混凝土单位用水量很少，在水化作用发生的过程中，外界温度会对其产生很大的影响。

（1）低温的影响及防护试验表明：低温养护（1℃±1℃）91d 的试件强度只有标准养护的 66%。由此可见，低温对碾压混凝土强度发展有较大影响，但只要不发生冻结，混凝土仍未停止其水化反应，最终并不会产生不利的影响。但若 0℃ 以下的气温时，则需对其暴露面进行保护，主要方法有：采用草垫、乙烯泡沫垫、麻袋保温被等保温材料覆盖，保持碾压混凝土内的温度和防止水分蒸发。

（2）高温的影响及防护夏季高温，一般不进行碾压混凝土施工，但不可避免地还是存在着碾压混凝土在相对高温的气候条件下施工的现象。此时，混凝土 VC 值损失较快，水分蒸发较大，对碾压混凝土的施工质量控制极为不利。采取的防护措施主要有：

1）拌和及砂石料系统设置制冷设施以降低混凝土入仓温度。

2）仓面喷雾形成"小气候"以降低仓面气温和补充水分损失。

3）及时平仓碾压，减少 VC 值损失。必要时可喷洒少许水量以便于施工。

4）采用塑料薄膜覆盖减少水分蒸发等。

碾压混凝土的保护还应包括施工过程中的各类观测仪器、埋线、止水片等的保护。

9.2.5　碾压混凝土缺陷修补

1. 碾压混凝土缺陷

碾压混凝土质量缺陷有表面损坏、表面平整度（错台和扭曲变形）、麻面、蜂窝、狗洞、层间结合不良、异种混凝土结合不良、混凝土与基岩结合不良、渗水、裂缝等。根据缺陷产生的部位可分为混凝土表面缺陷和内部缺陷两种。在施工过程中，应对发现的混凝土质量缺陷产生的原因、处理措施及处理后的质量情况进行检查和评定。

2. 碾压混凝土缺陷修补

（1）混凝土表面质量缺陷的修补混凝土表面缺陷，例如表面损坏、表面平整度（错台和扭曲变形）、麻面、蜂窝、狗洞、表面裂缝等处理起来比较简单，按一般的混凝土缺陷处理方法即可。常用的修补方法有：人工凿毛后胶凝材料（水泥砂浆或环氧砂浆）回填抹平，磨光机修理至符合平整度要求，对于表面细小裂缝、龟裂一般进行凿除后回填即可。表面质量缺陷处理效果应满足有关规程规范要求。

（2）混凝土内部质量缺陷的修补混凝土内部质量缺陷，例如层间结合不良、异种混凝土结合不良、混凝土与基岩结合不良、渗水、裂缝等。内部质量缺陷对混凝土的质量影响较大，甚至危及大坝的安全陆。

1）层间结合不良、异种混凝土结合不良、混凝土与基岩结合不良内部缺陷在钻孔取芯、超声波物探以及钻孔压水过程中表现出来的碾压混凝土内部质量缺陷，主要由于垫层胶凝材料失效、骨料分离、大骨料集中架空、层间间隔时间过长而未进行有效处理、层面受污染、漏振碾等因素造成的，具有局部性、分散性、处理的难度性。对可疑浇筑部位布景钻孔，用钻孔压水，湿孔抽水，定量注水，测量混凝土芯样获得率、容重，记录钻孔过程和混凝土芯样外观等方法检查混凝土内部缺陷的严重程度和范围，以确定处理方法和措施。通常多采用水泥灌浆方法进行处理。有时也根据危害程度进行化学灌浆处理。

2）碾压混凝土裂缝的处理裂缝从形式上可分为表面、深层、贯穿三种裂缝；从成因上可分为干缩、温度、应力裂缝三类。危害性较大的裂缝破坏了建筑物的整体性，改变了建筑物的受力状态，造成渗水、漏水、钢筋锈蚀等，降低了建筑物的耐久性，危害建筑物安全运行。因此，必须认真对待每一条已被发现的裂缝，分析产生裂缝的原因，严格按有关要求进行补强处理。裂缝检测是查明裂缝形状，分析成因和危害，作为拟定处理方案的依据。检测方式有低温季节的普查和对重点裂缝的定期观测。检测方法有表面测绘，压风、压水试验，钻孔取样检查，孔内照相，孔内电视、电视录像和声波法测深等。通过检测，要提出以下成果：①裂缝位置、长度、宽度、深度、倾向、错距、缝口渗水含钙析出的情况；②重要裂缝的开度变化及其与气温、荷载的关系；③缝面状况，裂缝与混凝土架空事故的串通，以及与邻近结构的预留缝、管路串通情况。

大体积碾压混凝土表面裂缝一般只做简单处理，深层、贯穿性裂缝必须进行处理。裂缝分布部位不同，其对建筑物安全影响程度不同，处理要求标准也不尽相同。对重要部位出现的裂缝，需提请设计单位进行裂缝处理补强方案设计，以保障建筑物安全运行。

碾压混凝土裂缝处理补强措施：

a. 裂缝表面处理表面处理措施有沿裂缝铺设骑缝钢筋、缝口凿槽嵌缝、粘贴或涂刷防渗堵漏材料等。凿槽封口材料一般为环氧砂浆或预缩水泥砂浆或微膨预缩水泥砂浆。

b. 裂缝灌浆处理常用措施有水泥灌浆和化学灌浆。

9.3 质量控制与评价方法

9.3.1 质量管理

为了有效地实施混凝土质量控制，必须明确质量目标，建立健全质量保证体系。配备相应的质检人员和必要的检验及试验设备。

碾压混凝土工程施工，应根据现行规程规范、技术要求，在充分考虑碾压混凝土的施工工艺复杂性的基础上，将碾压混凝土各工艺工序诸要素进行分解，产生了从原材料控制到生产过程直至成品保护的各工艺、工序质量控制见证网点或停止网点，也称质量控制网点。使之覆盖碾压混凝土施工的全过程。施工中，只要做好各网点的质量控制工作，就可以确保碾压混凝土的施工质量。

质量控制网点的确定，还需有一套行之有效的质量保证体系来确保它的正常运行。施工过程中通过必要的信息管理、组织协调、质量监督以及质量决策来加以完善。有些水电站大坝碾压混凝土施工采用国际通行的 ISO9002 质量保证体系，再通过增设一道专职巡检质检队伍来强化工程质量管理等等。

此外，国内许多单位还通过将施工规范、技术要求与各单位自身条件结合起来，形成施工工法以规范各作业层的施工行为，通过工程技术人员，将各待浇仓块的各作业内容、施工要点及顺序形成作业指导书（浇筑要领图），最终达到提醒各有关人员注意作业面的施工秩序，关键环节的控制等目的。

碾压混凝土施工期间，还必须建立起一套完整的从原始记录到资料整理、提交、归档的制度。

9.3.2 质量评定与验收

碾压混凝土的质量评定内容主要有：原材料、混凝土拌和物、混凝土试块、施工工序、混凝土外观、芯样评价。

（1）中间产品和原材料评定。原材料在检测的基础上按规程规范进行评定。

（2）拌和物的质量评定。拌和物的质量评定主要对原材料称量偏差、砂子含水率、拌和时间、混凝土 VC 值、混凝土水灰比及混凝土出机口温度进行评定。按《水利水电基本建设工程单元工程质量等级评定标准（一）》（DL/T 5113.1—2005）和《水电水利基本建设工程单元工程质量等级评定标准（八）——水工碾压混凝土工程》（DL/T 5113.8—2000）中有关规定进行。

（3）混凝土试块质量评定试块质量评定主要对试块 28d 龄期的强度、强度保证率、抗拉、抗渗、抗冻指标以及混凝土强度的离差系数的统计评定，其评定标准见表 9.3.1。

表 9.3.1　碾压混凝土试块质量评定标准

项次	检 测 项 目		质 量 标 准	
			优良	合格
1	任何一组试块抗压强度不得低于设计标准的		90%	85%
2	无筋或少筋混凝土强度保证率		85%	80%
3	配筋混凝土强度保证率		95%	90%
4	混凝土抗拉、抗渗、抗冻指标		不低于设计标号	不低于设计标号
5	混凝土强度的离差系数	<C20～90	<0.18	<0.22
		C20～90	<0.14	<0.18

（4）施工工序质量评定按《水利水电基本建设工程单元工程质量等级评定标准（一）》（DL/T 5113.1—2005）和《水电水利基本建设工程单元工程质量等级评定标准（八）——水工碾压混凝土工程》（DL/T 5113.8—2000）中有关规定进行。

（5）钻孔取样钻孔取样是评定碾压混凝土质量的综合方法。对于 Ⅰ 级、Ⅱ 级碾压混凝土水工建筑物，必须进行钻孔取样的质量评定。钻孔数量应根据设计要求或工程的需要确定。钻孔取样评定的内容如下：

1）芯样获得率。评价碾压混凝土的均质性。

2）压水试验。评定碾压混凝土抗渗性。

3）芯样外观描述。碾压混凝土芯样外观主要评定碾压混凝土的均质性和密实性其标准见表 9.3.2。

表 9.3.2　碾压混凝土芯样外观评定标准

级别	评 定 标 准		
	表面光滑程度	表面致密程度	骨料分布均匀性
优良	光滑	致密	均匀
合格	基本光滑	稍有孔	基本均匀
不合格	不光滑	有部分孔洞	不均匀

9.4　碾压混凝土其他质量控制措施及探讨

碾压混凝土施工在我国已经取得了丰富的施工经验，但在高温、高寒、十分干燥的环境下进行碾压混凝土施工，在国内工程实例尚不多见，经验极少，尚在摸索总结阶段。甘肃龙首工程和新疆石门子工程的施工为高温、高寒、高蒸发地区进行碾压混凝土施工提供了一定的经验和可借鉴的依据。

龙首工程位于黑河流域上，坝址在河西走廊，该地区属典型的内陆气候，夏季炎热冬季寒冷，蒸发量大，夏季气温高达 35℃ 以上，冬季最低气温达 −30℃，年蒸发量是降雨量的 8.03 倍。按常规高温期 6 月中旬至 8 月中旬、低温期 11 月和 12 月均不能进行碾压混凝土施工，年内有效施工工期仅为 4 个月，且地处 Ⅴ 形峡谷，入仓方式和强度有限，无论从工期还是整体经济效益上都需突破气温环境的限制。因此在高温酷暑期、严寒冰冻期（0～−15℃）都进行了碾压混凝土施工。到目前工程质量及运行良好。

1. 高温期碾压混凝土施工质量控制特点

在高温期施工碾压混凝土施工质量控制特点就是温度控制和出机口 VC 值的控制。温度控制主要有两方面：一是混凝土出机口的温度，二是仓面温度。出机口的温度控制与常态混凝土相同，通过控制拌和物的温度，即通过降低骨料和拌和用水温度来实现。仓面温度控制主要从以下方面采取措施：

（1）运输设施防护运输混凝土的所有设备如自卸车、皮带机等加设遮阳棚。防止混凝土在运输途中温度倒灌。

（2）降低仓面温度通过仓面喷雾，营造仓面小气候，可使仓内温度较外界气温低 4～7℃，同时可使仓面保持 60%～80% 的湿度。

（3）仓面及时覆盖仓面采用塑料布或其他保水材料（湿麻袋等）进行覆盖以防止混凝土被阳光直射，起到与气温隔离、防止温度倒灌、水分蒸发。VC 值的控制主要针对高温期混凝土水分蒸发快的特点进行的，一般控制在 4s 以下。具体要通过实验统计确定。VC 值的调整原则上并不增加胶凝材料用量，仅对混凝土拌和用水量进行调整。

2. 低温环境下碾压混凝土施工质量控制特点

低温环境下碾压混凝土施工质量控制特点是如何提高出机口混凝土的温度和控制浇筑温度，如何防止混凝土受冻害。提高出机口的温度主要采取以下措施：

（1）骨料预热在骨料仓和配料仓中，夏季用于通冷却水的排管中通蒸汽对骨料进行加温，对所有运输骨料的皮带机密封通暖气防止运输过程中温度散失。

（2）热水拌和混凝土拌和用水通过蒸汽升温法（向水箱内冲蒸汽）提高拌和水温；浇筑温度的控制主要采用蓄热法施工，主要如下：

1）覆盖保温在混凝土运输途中加盖保温被、混凝土平仓或碾压后及时覆盖保温被，模板拆除后挂保温被养护。

2）采用保温模板在模板内侧（非永久面）或外侧贴 3～5cm 厚的泡沫板，防止新浇混凝土受冻害。

3）仓面加温自仓号准备至仓号收面在仓内采用火炉加温使得基础面（或老混凝土面）

温度保持在 0℃ 以上。

为了防止混凝土受冻害，除采用以上的温度控制外，主要采取了在混凝土拌和时适量加入防冻剂。防冻剂对混凝土后期强度影响较大（可通过调整配合比补偿），其掺量必须严格控制，使用前要经过试验论证。

第 10 章 碾压混凝土生产试验、性能测试及原位试验

10.1 概述

碾压混凝土坝综合了混凝土坝的运行安全和土石坝施工快速的特性，具有工期短、造价低，因此发展速度较快。

碾压混凝土坝的主要特点之一是具有大量的铺筑层面，特别是高碾压混凝土坝，若层间结合处理不好，不仅会影响到坝身的整体强度和防渗效果，对施工进度也有影响，层面抗剪强度过低甚至会影响大坝安全。碾压混凝土层面是否需要处理及其处理的方式，与层面状态有关，而层面的状态又与很多因素有关，其中最重要的因素是铺筑层间的间隔时间、碾压混凝土材料的性质、铺筑层的铺筑方法、施工期的环境条件等，层间间隔时间指的是从下层碾压混凝土拌和物拌和加水时起至上层碾压混凝土碾压完毕为止的历时。

根据层面处理方式的差别，国外通常将层面缝分为热缝、冷缝和温缝，通常设计只考虑层面热缝和冷缝，而层面温缝是介于热缝和冷缝之间的状态，区别起来不容易，但同样需要处理。我国连续上升铺筑的碾压混凝土，层间间隔时间控制在直接铺筑允许的时间内，超过直接铺筑允许时间的层面，应先在层面上铺筑一层拌和物，再铺筑上一层碾压混凝土。超过了加垫层铺筑允许时间的层面即为冷缝。直接铺筑允许时间和加垫层铺筑允许时间，根据工程结构对层面抗剪能力和结合质量的要求，综合考虑拌和物特性、季节、天气、施工方法、上下游不同区域等因素经试验确定。不同的坝标准不同，同一个坝在不同条件和不同部位的标准亦有所区别。一般直接铺筑允许时间在正常天气条件下可采用初凝时间或较之稍短些的时间，可以采用贯入阻力仪测定拌和物贯入阻力的变化从而判断初凝时间。碾压混凝土筑坝中的施工缝及冷缝是坝体结构中的薄弱环节，犹如岩土体中的结构面，往往形成渗流通道，影响抗滑稳定，必须引起重视和认真处理。缝面处理采用刷毛、冲毛等方法清除混凝土表面浮浆、污物和松动骨料，增大碾压混凝土表面的粗糙度，以提高层面胶结能力。在处理好的层面上铺垫层拌和物，可保证上下层胶结良好。刷毛、冲毛

时间随碾压混凝土配合比、施工季节和机械性能的不同而变化，一般可在初凝之后、终凝之前进行，过早冲毛不仅造成碾压混凝土损失，而且有损碾压混凝土质量。

通过工程实践与研究，目前对影响碾压混凝土层间胶结的基本因素已经明确，但尚未完全定量化，主要影响因素有以下几个方面：①拌和后的碾压混凝土在运输平仓过程中产生骨料分离；②碾压混凝土在振动碾压过程中形成的孔隙和多余的水分排出困难；③层间间隔时间过长或下层混凝土表面的干湿状态不符合施工要求；④碾压混凝土的稠度（VC值）过大或过小；⑤卸料集中，铺料厚度过大，振动压实能量不足等。为改善碾压混凝土层间胶结状态，提高其和易性、可碾性、密实性、抗渗性和抗剪断强度，碾压混凝土的浇筑需要有足够的胶凝材料数量。

10.2　碾压混凝土生产性试验

碾压混凝土强度影响因素较多，根据各工程特点，需结合现场情况开展生产性试验，结合具体工程特点、施工环境、原材料、拌和物特性、按规程及设计技术要求布置相应的碾压混凝土生产性试验。国内已建或在建碾压混凝土工程大多在现场布置了碾压混凝土生产性试验，如光照水电站、索风营水电站、沙沱水电站、龙滩水电站等都布置了现场碾压混凝土生产性试验。随着生产工艺技术的发展，现在的碾压混凝土高坝较多，碾压混凝土层面抗剪断参数能否满足高坝的建设的要求，需要通过生产试验给予论证，碾压混凝土现场生产性试验以现场碾压混凝土试验为主，通过现场碾压混凝土试验，检验通过室内推荐的碾压混凝土配合比的均匀性、可碾性和施工工艺参数；研究在不同环境条件下，不同层间处理和不同间歇时间，对碾压混凝土层间结合的影响，研究提高层间结合的处理措施；研究在常温和高气温条件下碾压混凝土施工的质量控制指标；现场检测碾压混凝土层间抗剪断强度，抗渗性能和取样进行室内各项物理力学参数测定，以便对碾压混凝土配合比进行进一步优化。目前我国的碾压混凝土主要以二级配和三级配为主，现以贵阳院设计的光照水电站碾压混凝土坝为例对碾压混凝土现场碾压生产性试验作简要叙述。

10.2.1　试验目的

碾压混凝土现场碾压生产性试验主要是进一步验证碾压混凝土设计配合比的合理性以及现场碾压施工工艺流程、碾压混凝土系统及施工设备的适应性，并确定碾压施工工艺和参数，为即将进行的大坝工程碾压混凝土施工提供合理的碾压参数。并通过监测设施测定碾压混凝土材料的特性和参数，为工程设计施工提供科学依据。通过碾压混凝土生产性试验达到以下目的：

（1）测定碾压混凝土是否满足设计要求的容重、物理力学性能、耐久性等各项性能指标。

（2）通过对碾压混凝土生产性试验块的监测，测定该碾压混凝土的特性，为设计计算提供依据。

（3）检验碾压混凝土施工生产系统的运行和配套设施情况，进一步落实施工管理措施。

（4）检验所选用的碾压机械的适用性及其性能的可靠性。通过碾压试验的摊铺、入仓及碾压方式研究，完善坝体碾压的施工工艺和措施。

（5）确定达到设计要求的经济合理的施工碾压参数（如施工铺层厚度、碾压遍数、施工层面运行间隔时间、VC值等）和层间结合及碾压层面处理措施。

（6）通过试验及检测校核坝体设计碾压混凝土配合比的合理性，根据现场碾压混凝土原材料的变化情况，对室内碾压混凝土配合比试验研究成果进行校核和调整。

（7）通过试验和监测资料分析，对本工程拟采用的碾压混凝土自然入仓和预埋冷却水管两种方式进行比较，为确定相应气候条件下适合工程碾压混凝土要求的温控措施提供设计依据。

10.2.2 碾压试验层面工况

碾压混凝土现场碾压试验层面工况为多种组合方式，其层面间隔时间和处理措施见表10.2.1。室内试验推荐的碾压混凝土配合比及其力学性能见表10.2.2和表10.2.3。

表 10.2.1   光照水电站碾压混凝土试验层面工况

碾压混凝土种类及部位	层面工况	设计间隔时间 /h	实际间隔时间 /h	层面处理措施	碾压层数位置 /层
RⅣ $C_{90}25W12F150$ （二级配）	RⅣ-1	6	6	不处理	5~6
	RⅣ-2	6	6	铺砂浆	6~7
	RⅣ-3	12	12	铺砂浆	2~3
	RⅣ-4	48	48	冲毛、铺砂浆	4~5
RⅠ $C_{90}25W8F100$ （三级配）	RⅠ-1	6	6	不处理	6~7
	RⅠ-2	12	12	铺砂浆	2~3
	RⅠ-3	48	48	冲毛、铺砂浆	4~5
	RⅠ-4	72	72	（常态与碾压结合面）冲毛、铺砂浆	5~6
RⅡ $C_{90}20W6F100$ （三级配）	RⅡ-1	6	6	不处理	6~7
	RⅡ-2	12	12	铺砂浆	2~3
	RⅡ-3	48	48	冲毛、铺砂浆	4~5
RⅢ $C_{90}15W6F50$ （三级配）	RⅢ-1	6	6	不处理	6~7
	RⅢ-2	12	12	铺砂浆	2~3
	RⅢ-3	48	48	冲毛、铺砂浆	4~5

10.2.3 试验项目

（1）碾压混凝土原材料：对水泥、粉煤灰、骨料、外加剂等原材料进行检测。

（2）机口碾压混凝土温度、VC值、含气量检测。

（3）仓面碾压混凝土温度、VC值、含气量、凝结时间（初凝、终凝）、碾压后密实度检测及泛浆、工作性评价。

表 10.2.2　　　　　　　　　　光照水电站大坝碾压混凝土推荐配合比

碾压混凝土种类及部位	水胶比	砂率/%	石子级配/(大:中:小)	单位材料用量/(kg·m⁻³) 水	水泥	粉煤灰 用量	粉煤灰 掺量	砂	石	JG-3 减水剂/%	HJAE-A 引气剂	VC值/s	含气量/%	备注
RⅠ (C₉₀25W8F100)	0.45	32	35:35:30	76	84.5	84.5	50%	703	1515		15万	3.7	4.4	贵州畅达水泥公司生产的 P.O42.5 水泥 贵州安顺发电厂生产的粉煤灰
RⅡ (C₉₀20W6F100)	0.48	32	35:35:30	76	71.2	87.1	55%	705	1520	0.7	15万	4.1	4.2	
RⅢ (C₉₀15W6F50)	0.50	33	35:35:30	76	60.8	91.2	60%	738	1511		10万	3.8	3.6	
RⅣ (C₉₀25W12F150)	0.45	38	55:45	86	105.1	86.0	45%	817	1353		10万	3.9	4.7	
RⅤ (C₉₀20W10F100)	0.48	38	55:45	86	80.6	98.6	55%	819	1357		15万	4.2	4.6	

表 10.2.3　　　　　　　　　　光照水电站大坝碾压混凝土推荐配合比力学性能

碾压混凝土种类及部位	抗压强度/MPa 7d	28d	90d	轴拉强度/MPa 7d	28d	90d	极限拉伸/10⁻⁴ 7d	28d	90d	抗压弹模/GPa 7d	28d	90d	初凝时间 h	备注
RⅠ (C₉₀25W8F100)	17.1	25.4	36.8	1.70	2.20	2.91	0.70	0.78	0.86	35.9	39.1	45.6	13.9	贵州畅达水泥公司生产的 P.O42.5 水泥 贵州安顺发电厂生产的粉煤灰
RⅡ (C₉₀20W6F100)	15.0	21.8	31.8	1.59	2.04	2.69	0.68	0.75	0.82	34.9	38.2	44.5	14.1	
RⅢ (C₉₀15W6F50)	11.2	17.8	26.3	1.37	1.83	2.43	0.63	0.70	0.78	33.7	37.3	43.1	14.4	
RⅣ (C₉₀25W12F150)	20.4	26.8	36.8	1.76	2.21	2.97	0.67	0.79	0.94	35.7	41.1	46.9	13.6	
RⅤ (C₉₀20W10F100)	14.3	19.8	29.8	1.44	1.87	2.42	0.60	0.71	0.83	32.0	38.6	44.2	14.0	

　　（4）机口碾压混凝土性能试验项目：容重、抗压强度（7d、28d、90d）、抗拉强度（28d、90d）、极限拉伸值（28d、90d）、抗压弹模（28d、90d）、抗冻等级（90d）、抗渗等级（90d）、自生体积变形过程曲线。

　　（5）碾压混凝土钻孔取芯，芯样的检测项目：外观评价、物理力学性能（容重、抗压强度、抗压弹模）、抗冻等级、抗渗等级（含碾压混凝土本体抗渗、层间结合面抗渗、防渗涂层抗渗效果）试验。

　　（6）现场碾压混凝土钻孔压水试验。

　　（7）现场碾压混凝土本体和层间抗剪断性能试验。

　　（8）现场碾压混凝土试验块监测（监测不同级配的碾压混凝土自生体积变形、水化热温升以及试验块最高温度）。

10.2.4　试验场地布置

　　现场碾压混凝土碾压试验在光照水电站施工现场选址进行，试验块尺寸为 55m×20m，试验块厚度为 2.1m，试验块碾压混凝土体积为 2310m³。试验块分为 4 个碾压混凝土碾压区域，分别为：①C₉₀25 二级配；② C₉₀25 三级配；③ C₉₀20 三级配；④ C₉₀15 三级配；在碾压混凝土试验块周边布置 0.8m 和 1.0m 厚的变态混凝土。碾压混凝土试验块各区域平面分布如图 10.2.1 所示。

10.2.5　试验块碾压混凝土施工

　　（1）所选用的振动碾自重大于 10t，产生的激振力大于 25t，行走速度为每小时 1.0～1.5km。

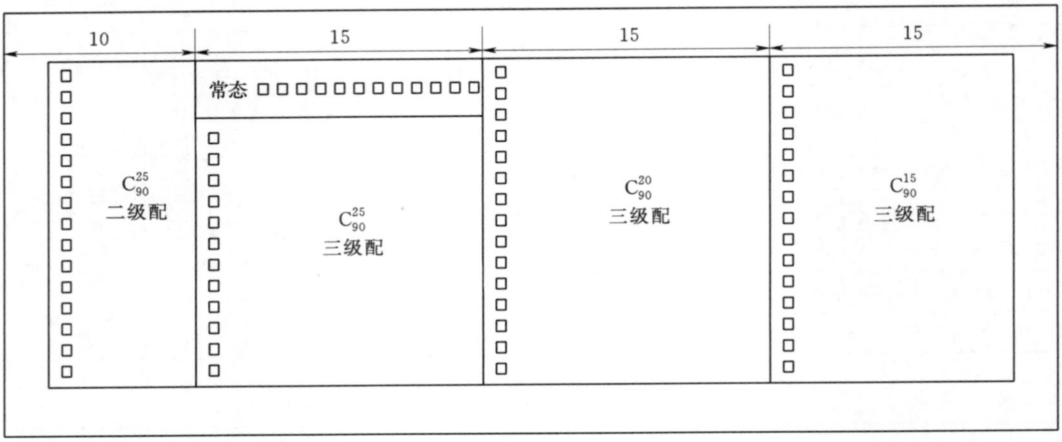

图 10.2.1　光照水电站现场碾压混凝土试验块分区平面布置图

（2）碾压混凝土分层松铺厚度为 $33\sim34\mathrm{cm}$，拟定压实厚度为 $30\mathrm{cm}$，边缘部位松铺层厚度控制为 $17\sim18\mathrm{cm}$，压实厚度为 $15\mathrm{cm}$。

（3）碾压混凝土时，先静碾 2 遍，后振碾 $6\sim8$ 遍，再根据需要静碾 $1\sim2$ 遍，边角部位，采用手扶式振动碾碾压 $16\sim24$ 遍。

（4）每一碾压混凝土条带搭接宽度 $20\mathrm{cm}$（端头部位搭接宽度为 $100\mathrm{cm}$），层面平顺、湿润、无任何骨料集中现象。

（5）各碾压混凝土层面间的间隔时间及处理方式，严格按设计技术文件要求的层面碾压工况控制；无具体规定的层面，其层间允许的间隔时间控制在碾压混凝土初凝时间以内。

（6）碾压混凝土结束且终凝后，开始连续洒水养护，养护期为 28d。

10.2.6　生产性试验结果

光照水电站共开展了两次现场碾压混凝土生产性碾压试验。第一次现场碾压混凝土生产性碾压试验从 2005 年 8 月 30 日开始，9 月 3 日结束。完成情况如下：对设计推荐的碾压混凝土配合比进行现场复核；对 7 层不同混凝土种类、4 种碾压混凝土、2 种变态混凝土进行了温度、VC 值（或坍落度）、VC 值损失、凝结时间（初凝、终凝）、压实度的测试；对各种混凝土进行了力学性能、自生体积变形性能进行了现场取样及试验工作，并进行了室内 28d、90d 龄期的各项性能指标检测，90d 龄期后进行对碾压混凝土钻孔取芯和现场抗剪断性能试验。

由于第一次现场碾压混凝土生产性碾压试验个别项目未达到预期效果，光照水电站进行了第二次现场碾压混凝土生产性碾压试验，于 2005 年 12 月 13 日开始，12 月 17 日结束。完成情况如下：对 5 层不同混凝土种类、2 种碾压混凝土、2 种变态混凝土进行了温度、VC 值（或坍落度）、VC 值损失、凝结时间（初凝、终凝）、压实度的测试；对各种混凝土进行了力学性能取样及试验工作，并进行了室内 28d、90d 龄期的各项性能指标检测。

1. 碾压混凝土现场试验成果

（1）第一次碾压混凝土试验成果。本次碾压混凝土生产性碾压试验在拌和楼机口和现场仓面取样，并进行了相关性能试验，90d 龄期后，又开展了碾压混凝土钻孔取芯、压水、芯样抗压强度、抗冻等级、抗渗等级和抗剪断试验，对已进行的碾压混凝土试验成果统计分析表明：碾压混凝土存在 VC 值控制不严，高温下 VC 值损失太快，凝结时间短，碾压后泛浆不充分，层面结合稍差，芯样有局部骨料集中、分离现象，变态混凝土坍落度控制不严，变态混凝土芯样表面气孔明显。

分析总结第一次碾压混凝土生产性试验成果，注意解决四个方面的问题：

1）右岸砂石系统目前人工砂中的石粉含量与设计要求的 18%±2% 有一定的差距；砂石骨料含水率较大且难以控制，导致碾压混凝土 VC 值波动较大。这两个问题在左岸砂石系统中必须得到解决，否则将难以满足施工高峰期高填筑强度的要求。偶有粗骨料裹粉及逊径。

2）碾压混凝土配合比的适应性不强，在砂中细颗粒含量偏低条件下，通过增加 2% 的砂率，对碾压混凝土泛浆影响不明显。针对右岸人工砂的实际情况，采取粉煤灰代砂的方案加以解决是现实可行的，主要是代砂的粉煤灰品种和代砂的比例应进一步进行试验论证。

在 30℃ 以上的高温下，碾压混凝土拌和系统没有冷却措施，碾压混凝土温度与气温相当，也没有使用高温缓凝型外加剂，致使碾压混凝土凝结时间短，VC 值损失快，层面结合不好，在实际施工中必须充分研究并加以解决。

3）拌和系统。$4 \times 3m^3$ 拌和楼的骨料来料含水率偏差大，难以控制 VC 值；外加剂料斗容积小，投料速度慢，将会对拌和楼连续拌和造成较大的影响，必须重视并加以解决，否则将会影响碾压混凝土质量和产能。

4）碾压工艺控制。碾压混凝土仓面应加强覆盖，采取有效的保湿、控温措施，防止碾压混凝土水分蒸发太快，特别是在高温条件下，更要加强；同时还应加强变态混凝土浆液的计量控制，均匀加浆，同时进行充分振捣。

通过碾压混凝土原材料、配合比、拌和系统与施工工艺措施的认真改进和完善，才能保证光照水电站大坝碾压混凝土的质量。

（2）第二次碾压混凝土生产性试验成果。通过对第一次现场碾压混凝土生产性试验暴露的问题进行认真分析，并加以解决，第二次碾压混凝土生产性试验成果表明：

1）本次砂石骨料的含水控制较好，出机 VC 值较稳定。

2）本次掺用盘县发电厂生产的粉煤灰，并采取粉煤灰代砂措施后，碾压混凝土的可碾性明显提高，浆体量增加明显，泛浆较好。但碾压混凝土的用水量也增加较多。

室内试验表明，若采用安顺发电厂粉煤灰取代人工砂，碾压混凝土的用水量增加 $4kg/m^3$；若采用盘县发电厂粉煤灰取代人工砂，碾压混凝土的用水量要增加 $15kg/m^3$，加上粉煤灰代人工砂的部分，$C_{90}25$ 二级配碾压混凝土总胶凝材料要增加 $50kg/m^3$，导致碾压混凝土的成本增加，也带来碾压混凝土绝热温升升高，对温控不利。因此，针对目前右岸砂石系统生产的砂石料，宜使用安顺发电厂生产的粉煤灰，不宜采用盘县发电厂生产的粉煤灰。

3）豫黔联营体拌和楼对碾压混凝土 VC 值控制较好，波动较小。对豫黔联营体拌和楼的碾压混凝土产能需要进行核实。

4）碾压试验时室外气温在 9～13℃，碾压混凝土温度在 9～14℃，碾压混凝土 VC 值损失小，使用的外加剂的凝结时间初凝较长，碾压混凝土层面结合较第一次生产性碾压试验好。

5）由于左岸砂石料系统还未投入运行，待其投入运行后，应对碾压混凝土配合比进行复核试验。

第二次碾压混凝土生产性碾压试验在总结第一次生产性碾压试验的基础上，碾压混凝土质量得到了较大的改善，试验成果指标满足设计要求。

2. 结论

通过第一次现场碾压混凝土生产性碾压试验和第二次现场生产性碾压试验成果，以及碾压混凝土原材料的生产供应进行试验分析后，提出以下意见。

（1）水泥。贵州畅达水泥有限公司生产供本工程坝体使用的 P.O42.5 水泥满足《硅酸盐水泥、普通硅酸盐水泥》（GB 175—1999）的要求，水泥的细度适中，水化热值中等，热强比较低，其抗折强度与抗压强度的比值较高，对提高碾压混凝土的抗裂性有利，可在该大坝碾压混凝土中使用。

根据该工程水泥用量，在大坝浇注高峰时段以及水泥公司的生产运行检修等情况，贵州畅达水泥有限公司生产的水泥产量不一定能满足光照水电站整个工程混凝土浇筑的水泥用量的需求，因此，需考虑水泥供应商的备选公司。从供应商的实际水泥产能和经济性分析，建议贵州畅达水泥有限公司主供大坝用水泥；贵州明达水泥有限公司生产的水泥供应厂房、引水发电系统等部位。

（2）粉煤灰。安顺发电厂和盘县发电厂生产的粉煤灰均达到《水工混凝土掺用粉煤灰技术规范》（DL/T 5055—1996）中Ⅱ级粉煤灰的要求，烧失量安顺发电厂略高；安顺发电厂粉煤灰的需水量比在 95% 以下，盘县发电厂粉煤灰需水量比在 95% 以上，由于需水量比的关系，导致采用盘县发电厂粉煤灰的碾压混凝土用水量要比安顺发电厂的高 6～8kg/m³，碾压混凝土的胶凝材料也相应增加，致使碾压混凝土的绝热温升值升高。因此，建议大坝碾压混凝土用粉煤灰以安顺发电厂为主，以盘县发电厂粉煤灰作为补充。

（3）砂石骨料。目前左岸及右岸砂石系统均已投产，右岸小河砂石系统生产的人工砂中的石粉含量在 15% 以下，左岸砂石系统经前阶段生产后，石粉含量稳定在 15% 以上。从第一次碾压混凝土生产性碾压试验的过程看，砂石骨料的含水率控制不严导致新拌混凝土用水量不准确，VC 值波动较大，且粗骨料偶尔存在逊径及裹粉的现象，对此应引起重视，并且要加强质量控制管理。

（4）外加剂。南京瑞迪新材料开发公司的 HLC - NAF 缓凝高效减水剂和 HJAE - A 引气剂均满足《混凝土外加剂》（GB 8076—1997）中一等品的要求，减水剂的减水率较高，对混凝土有部分增强效应，在低温季节缓凝时间满足施工要求，针对高温季节需调整外加剂配方，以满足施工缓凝时间的要求。

减水剂要分高温型和普通型分别使用。引气剂的起泡能力较强，混凝土含气量满足设计要求。

（5）本工程水泥和粉煤灰均不可能实现单一厂家供应，粉煤灰还有可能出现多厂家供应的状况，不同厂家的水泥、粉煤灰的品质差异又比较大，现场混凝土原材料供应管理必须高度重视和加强，混凝土原材料入库、配料必须准确无误，绝不能错用、混用。针对不同混凝土原材料的特点，必须认真研究经济性好的碾压混凝土配合比组合，同时满足设计要求。

（6）针对目前右岸砂石系统，砂中石粉含量相对偏低，碾压混凝土泛浆不充分的实际情况，采用粉煤灰代砂的方案，提高碾压混凝土的浆体富裕度是必要的。由于采用粉煤灰代砂，使用盘县粉煤灰的碾压混凝土用水量将比安顺粉煤灰高 $10\sim15\text{kg/m}^3$，其胶凝材料将大幅度上升，对碾压混凝土的温控和经济性将造成较大的影响。建议右岸砂石系统在砂中石粉含量没有明显提高的前提下，宜优先使用安顺粉煤灰，并可采用粉煤灰代砂的措施。

总之，本工程混凝土原材料的供应、管理及使用较复杂，混凝土配合比的适应性也需根据混凝土原材料的变化，做进一步试验研究，使碾压混凝土性能满足设计要求，且经济合理。

10.3 碾压混凝土钻孔取芯

10.3.1 一般要求

碾压混凝土钻孔取芯应根据碾压混凝土特点和有关的规程规范要求，同时采用相应的钻孔技术。碾压混凝土的薄弱部位主要在层间结合面和混凝土施工中的缺陷部位，也是碾压混凝土芯样采取的重点部位。根据国内外碾压混凝土施工情况，碾压混凝土钻孔取芯的直径一般为 $150\sim250\text{mm}$，碾压混凝土芯样质量评定的项目如下：

（1）芯样获得率和折断率。评定碾压混凝土的均匀性。

（2）芯样的渗透试验。评定碾压混凝土的抗渗性。

（3）芯样的物理力学性能试验（容重、抗压强度、抗拉强度、抗剪断强度、抗压弹模、极限拉伸值、抗渗等级、抗冻等级、层间结合面的抗剪断和抗拉特性）。评定碾压混凝土的匀质性和力学性能。

（4）芯样外观鉴别。评定碾压混凝土的致密程度和骨料分布均匀性。

10.3.2 钻孔取芯要求

1. 钻机

选择稳定性好、精度高、具有相应功率的地质回转钻机，以承受钻进过程中的扭矩，消除由于立轴晃动、偏心而产生的钻具振动与不稳定，如选择 XY-2 型或 XY-42 型液压立轴式钻机或其他相应型号的钻机，并在钻孔部位埋设地锚螺栓，在钻孔时固定钻机，使钻机机座水平，立轴紧固，机身稳定不晃动，加压钻进时钻机前部不抬动。

2. 钻杆

选择垂直的、适度长度的机身钻杆，一般 $2.5\sim3.0\text{m}$ 较好，机身钻杆太长，则在钻机时摆动大，对钻机和立轴稳定不利。同时选择轻便高速水龙头、轻型高压胶管，避免头重脚轻现象。

3. 钻具同轴

控制钻具的同轴度。钻具同轴度包括钻杆与钻具同轴、岩芯管及接头的同轴和岩芯管与钻头的同轴等，其中又分为钻杆与岩芯管的弯曲度和丝扣的偏心度两方面，这是取芯成败的重要因素，也是一个常被忽视的因素。如果控制不好，钻具弯曲，必然导致钻进过程中钻具的摆动和振动，而且在更换钻具时也会因为两次钻具不同心而产生芯样磨损，造成芯样断裂，这可能导致大多数芯样完整性差的根本原因。解决和减小影响程度的办法有以下四点：

（1）根据钻头直径和钻孔深度，选择相应刚度与强度均能满足设计要求的岩芯管与钻杆。岩心管、钻杆与锁接头等的加工精度必须满足规定要求。不同轴度误差应小于0.2mm，每米长度内的弯曲度不得大于0.5mm。立轴钻杆必须保持垂直，不得使用弯曲的立轴钻杆。钻孔前应严格进行检查，不合格的不得使用，钻进过程中注意保护钻杆、钻具，轻拿轻放，放置平稳，禁用钻杆当抬杆或撬杆。

（2）尽量使用单根长岩芯管和钻杆钻进，减少接头数量。

（3）尽可能不要更换第一节岩芯管，忌在第一节岩芯管顶部接长岩芯管，可以避免或减轻因为两次下钻钻具不同心而对岩芯的损害。

（4）尽量使用粗径钻具和粗径钻杆钻进，减少钻具与孔壁间隙，从而降低钻具振动。钻头直径171mm以上的取芯孔尽量选用直径73mm以上的粗径钻杆。

4. 钻头

选择合适的金刚石钻头。由于碾压混凝土属于中等硬度，一般可以选择胎体硬度40左右，粒度25～40粒/克拉中粒表镶钻头或孕镶钻头，可以使用标准钻头或薄壁钻头。通常情况下，二级配碾压混凝土宜使用168mm金刚石钻头钻进，三级配碾压混凝土宜使用219mm金刚石钻头。

5. 钻具结构

一般情况应选择单管钻具钻进，并尽量使用长岩芯管钻进，在条件允许时，最好使用全孔岩芯管钻进，即形成全孔管柱式钻具钻进尽量减少钻孔与钻具的环状间隙，可达到导向和减震的目的。岩芯管接头应内孔镗大，防止在接头部位发生芯样阻塞。

6. 钻进参数

一般情况下，钻具转速以中低速为好，转速高，振动大，加剧芯样破坏，转速过低，钻速也低，芯样破坏时间延长。钻压使用8～10kN，钻压过大，加剧钻具弯曲、振动，使芯样受到机械破坏，压力不足，延长芯样磨损时间从而影响取芯质量。

7. 冲洗液选择

一般情况下选用清水作为冲洗液钻进即可，注意根据所选钻头直径和孔深、孔内情况，选择合适的冲洗液量和压力，冲洗液量过大，泵压过高，会造成很大的水压损失，导致芯样折断和堵塞。为了减少钻具振动，可以在冲洗液中加入润滑剂、润滑膏等，甚至可以使用低固相泥浆进行钻进。

8. 其他要求

钻头不得安装卡簧，采芯使用卡石卡取。在钻进时往往由于操作者的原因或卡盘松动不开等原因，造成钻具的上下活动，如果安装卡簧，很容易因为误操作而使芯样折断。采用卡石取芯时，卡石的大小应与钻头与芯样之间的环状间隙来选择，一般应大小搭配，卡石的硬度与芯样相适应，投放数量要足够，并应尽量保证一次将芯样取出，避免因为取芯不当而破坏芯样。

精心操作，防止芯样堵塞。芯样堵塞，造成自磨，不仅会降低取芯率，还会使芯样产生折断。因此，一旦发生芯样堵塞，应立即提钻处理。同时应防止烧钻使芯样烧灼变质而破坏。在退芯样时，不得过分敲打岩芯管，防止造成人为破坏芯样。

10.4　碾压混凝土现场压水试验

10.4.1　试验目的

碾压混凝土压水试验是用高压方式把水压入钻孔，根据碾压混凝土透水率了解碾压混凝土裂隙情况和透水性的一种原位试验。压水试验是用专门的止水设备把一定长度的钻孔试验段隔离出来，然后用固定的水头向这一段钻孔压水，水通过碾压混凝土孔壁周围的裂隙向碾压混凝土内渗透，最终渗透的水量会趋于一个稳定值。根据压水水头、试段长度和稳定渗水量，可以判定碾压混凝土透水性的强弱。

碾压混凝土为大仓面分层碾压施工，施工中会形成很多层面和缝面，层面和缝面通常会形成碾压混凝土的薄弱面，碾压混凝土施工时对层面或缝面的处理尤为重要，特别是对冷缝的处理。薄弱面不仅影响碾压混凝土强度还会影响碾压混凝土的透水性能，之所以选择在碾压混凝土中进行压水试验，主要是检测碾压混凝土层面或缝面的处理效果。

10.4.2　碾压试验块压水检测成果

光照水电站碾压混凝土试验块压水检测成果见表 10.4.1。

表 10.4.1　　　　　　　　　光照水电站碾压试验块压水检测成果

试验日期	试验块	钻孔编号	试 验 段				试段透水率 q/Lu	平均透水率 q/Lu
			试段编号	深度/m		试段长度/m		
				起	止			
2005-12-10	RⅣ C$_{90}$25W12F150 （二级配）	B-14	B-14-1	0.7	1.0	0.3	0.06	0.06
			B-14-2	1.0	1.3	0.3	0.05	
			B-14-3	1.3	1.6	0.3	0.07	
			B-14-4	1.6	1.9	0.3	0.05	
			B-14-5	1.9	2.2	0.3	0.07	
			B-14-6	2.2	2.5	0.3	0.06	
2005-12-13	RⅢ C$_{90}$15W6F50 （三级配）	E-9	E-9-1	0.6	0.9	0.3	0.04	0.04
			E-9-2	0.9	1.2	0.3	0.04	
			E-9-3	1.2	1.5	0.3	0.04	
			E-9-4	1.5	1.8	0.3	0.04	
			E-9-5	1.8	2.1	0.3	0.04	

试验日期	试验块	钻孔编号	试 验 段				试段透水率 q/Lu	平均透水率 q/Lu
			试段编号	深度/m		试段长度/m		
				起	止			
2005-12-13	RⅡ C₉₀20W6F100 (三级配)	D-10	D-10-1	0.7	1.0	0.3	0.10	0.06
			D-10-2	1.0	1.3	0.3	0.10	
			D-10-3	1.3	1.6	0.3	0.08	
			D-10-4	1.6	1.9	0.3	0.04	
			D-10-5	1.9	2.2	0.3	0.00	
2005-12-12	RⅠ C₉₀25W8F100 (三级配)	C-9	C-9-1	0.7	1.0	0.3	0.05	0.04
			C-9-2	1.0	1.3	0.3	0.10	
			C-9-3	1.3	1.6	0.3	0.04	
			C-9-4	1.6	1.9	0.3	0.04	
			C-9-5	1.9	2.2	0.3	0.00	

从光照水电站碾压混凝土试验块压水试验检测成果分析，透水率较低，碾压混凝土层面或缝面结合较好，说明采用层面或缝面处理的措施合理，满足设计要求。

10.5 碾压混凝土芯样性能试验

碾压混凝土芯样试验检测项目：容重、抗压强度、抗拉强度、抗压弹模、抗拉弹模、抗剪断强度、极限拉伸值、抗渗等级和抗冻等级。

10.5.1 光照水电站芯样性能试验统计分析

1. 光照水电站大坝碾压混凝土芯样性能试验成果

光照水电站大坝碾压混凝土芯样性能试验成果统计见表 10.5.1～表 10.5.4。

表 10.5.1　　　　　光照水电站碾压混凝土芯样抗压强度统计表　　　　　单位：MPa

项目	C₉₀25W12F150 二级配碾压混凝土	C₉₀25W8F100 三级配碾压混凝土	C₉₀20W10F100 二级配碾压混凝土	C₉₀20W6F100 三级配碾压混凝土	C₉₀15W6F50 三级配碾压混凝土
平均值	27.8	29.7	29.2	23.3	22.0
最大值	41.0	33.3	41.2	36.7	34.8
最小值	18.9	26.2	23.3	16.4	16.9
统计块数	24.0	14.0	12.0	26.0	17.0

从碾压混凝土芯样的抗压强度统计结果分析，90d 以上龄期的碾压混凝土芯样抗压强

度均达到设计要求。

表 10.5.2　　　　　　　光照水电站碾压混凝土芯样抗拉强度、极限拉伸值统计表

项目	C₉₀25W12F150 二级配碾压混凝土		C₉₀25W8F100 三级配碾压混凝土		C₉₀20W10F100 二级配碾压混凝土		C₉₀20W6F100 三级配碾压混凝土		C₉₀15W6F50 三级配碾压混凝土	
	抗拉强度 /MPa	极限拉伸值 /10^{-4}	抗拉强度 /MPa	极限拉伸值 /10^{-4}	抗拉强度 /MPa	极限拉伸值 /10^{-4}	抗拉强度 /MPa	极限拉伸值 /10^{-4}	抗拉强度 /MPa	极限拉伸值 /10^{-4}
平均值	2.00	0.63	2.36	0.69	1.39	0.57	1.64	0.51	1.15	0.51
最大值	2.71	0.84	3.21	0.91	2.04	0.83	2.11	0.63	1.68	0.64
最小值	1.44	0.51	1.85	0.50	0.95	0.47	1.06	0.42	0.86	0.42
统计块数	21.00	21.00	16.00	16.00	12.00	12.00	26.00	15.00	18.00	18.00

表 10.5.3　　　　　　　光照水电站碾压混凝土芯样抗压弹模统计表　　　　　　单位：GPa

项目	C₉₀25W12F150 二级配碾压混凝土	C₉₀25W8F100 三级配碾压混凝土	C₉₀20W10F100 二级配碾压混凝土	C₉₀20W6F100 三级配碾压混凝土	C₉₀15W6F50 三级配碾压混凝土
平均值	34.3	36.5	32.6	31.3	28.8
最大值	42.8	46.6	42.0	38.8	36.5
最小值	24.6	24.7	26.2	20.4	20.3
统计块数	23.0	14.0	12.0	24.0	18.0

表 10.5.4　　　　　　　光照水电站碾压混凝土芯样容重统计表　　　　　　单位：kg/m³

项目	C₉₀25W12F150 二级配碾压混凝土	C₉₀25W8F100 三级配碾压混凝土	C₉₀20W10F100 二级配碾压混凝土	C₉₀20W6F100 三级配碾压混凝土	C₉₀15W6F50 三级配碾压混凝土
平均值	2405	2498	2479	2500	2539
最大值	2445	2526	2511	2543	2598
最小值	2360	2464	2438	2471	2459

从碾压混凝土芯样的抗拉强度、极限拉伸值的试验结果统计分析，碾压混凝土芯样的抗拉强度约为同种类同强度等级混凝土抗压强度的 8%～12%，大坝外部二级配防渗碾压混凝土的抗拉强度和极限拉伸值比大坝内部三级配碾压混凝土的高。

从碾压混凝土芯样的抗压弹模检测结果统计分析，碾压混凝土芯样的抗压弹模值适中。

从碾压混凝土芯样的容重试验统计结果分析，所检测的各种碾压混凝土芯样容重平均值与现场试验结果接近，除个别碾压混凝土芯样容重未达到设计要求（不小于 2400kg/m³）外，其余均达到设计要求。

2. 碾压混凝土芯样抗渗统计分析

从碾压混凝土芯样的抗渗等级性能试验结果统计看，各种类型不同强度等级的碾压混

凝土芯样本体及层间抗渗在 0.8MPa 水压下持续 24h 后均未出现渗水现象，其渗水高度均不高，大坝外部二级配碾压混凝土的相对渗透系数较小，各级碾压混凝土的层间试件抗渗性能较本体试件稍差，但差别不大，说明碾压混凝土层间结合较好。

3. 碾压混凝土芯样抗剪断强度参数统计分析

（1）从碾压混凝土芯样抗剪断试验结果统计分析，本体和层间的碾压混凝土芯样的抗剪断强度参数（摩擦系数 f'、黏聚力 C'）均满足设计要求。

（2）碾压混凝土本体比碾压混凝土层间的抗剪断强度参数高。

（3）不同种类等级的碾压混凝土相比，$C_{90}25W8F100$ 二级配碾压混凝土的抗剪断参数最高，其后依次为 $C_{90}25W12F150$ 三级配碾压混凝土、$C_{90}20W8F100$ 二级配碾压混凝土、$C_{90}20W6F100$ 三级配碾压混凝土、$C_{90}15W6F50$ 三级配碾压混凝土。

4. 碾压混凝土芯样抗冻等级统计分析

从试验结果分析，$C_{90}25W12F150$ 二级配碾压混凝土芯样均达不到 F150 抗冻等级，大部分仅达到 F100 抗冻等级；$C_{90}20W10F100$ 二级配碾压混凝土大部分达不到 F100 抗冻等级；$C_{90}20W6F100$ 三级配有 1/3 达到 F100 抗冻等级；$C_{90}15W6F50$ 三级配碾压混凝土只有 1/2 芯样达到 F50 抗冻等级。

总体上看碾压混凝土芯样的抗冻等级不高，经分析主要有以下四个方面的原因：

（1）经核查，现场拌和楼引气剂的掺量比室内推荐碾压混凝土配合比的掺量少，导致碾压混凝土中的含气量偏低。

（2）碾压混凝土经过运输、层面摊铺后，碾压混凝土的含气量有一定的损失。

（3）碾压混凝土芯样钻孔取芯和运输、芯样的切割加工会导致碾压混凝土微细裂缝损伤加大，使水更易渗入裂缝中，因而碾压混凝土芯样的抗冻损坏加快，抗冻等级降低。

（4）碾压混凝土经过钻孔取芯，使其表面受损，导致抗冻等级偏低。

5. 小结

通过对光照水电站大坝碾压混凝土钻孔芯样的性能检测和统计分析，可以得出以下结论：

（1）大坝碾压混凝土芯样整体外观较好，整体密实性好。

（2）碾压混凝土的层间结合良好。从碾压混凝土芯样的抗渗等级和抗剪断参数的检测结果统计，碾压混凝土层间与碾压混凝土本体的试验检测结果总体相差不大。

（3）碾压混凝土芯样抗压强度均达到设计要求。

（4）碾压混凝土芯样的抗拉强度为抗压强度的 8%～12%。

（5）碾压混凝土芯样的抗压弹模和抗拉弹模随龄期增长而增大，抗压弹模值稍大于设计要求，这与骨料本身的弹模较高有关。

（6）碾压混凝土芯样的抗冻等级与设计要求有一定差距，这是因为碾压混凝土的含气量偏低的缘故。

光照水电站碾压混凝土钻孔芯样图如图 10.5.1 所示。

10.5.2 大花水水电站碾压混凝土芯样性能试验统计分析

大花水水电站碾压混凝土芯样性能试验成果见表 10.5.5～表 10.5.10。

图 10.5.1　光照水电站碾压混凝土钻孔芯样图

表 10.5.5　　　大花水水电站碾压混凝土（拱坝）芯样抗压强度试验成果

碾压混凝土强度等级	孔号	钻孔高程/m	抗压强度/MPa
$C_{90}20$ 二级配碾压混凝土	1 号孔	740.50～755.00	39.7
	1 号孔		28.9
	3 号孔		36.3
	3 号孔		28.9
	5 号孔		25.1
	5 号孔		24.2
$C_{90}20$ 三级配碾压混凝土	2 号孔	740.50～755.00	29.6
	2 号孔		27.6
	2 号孔		33.6
	6 号孔		35.4
	6 号孔		35.5
	6 号孔		28.7

注　碾压混凝土芯样高径比为 2∶1。抗压强度已折算成 150mm 立方体抗压强度。

表 10.5.6　　　大花水水电站碾压混凝土（拱坝）芯样劈拉强度试验成果

碾压混凝土强度等级	孔号	钻孔高程/m	劈拉强度/MPa	容重/(kg·m^{-3})
$C_{90}20$ 二级配碾压混凝土	3 号孔	740.50～755.00	2.35	2506
	3 号孔		2.45	2464
	3 号孔		2.51	2496
	3 号孔		2.66	2515
	5 号孔		2.35	2468
	5 号孔		2.40	2478

碾压混凝土强度等级	孔号	钻孔高程/m	劈拉强度/MPa	容重/(kg·m⁻³)
C₉₀20 三级配碾压混凝土	2号孔	740.50~755.00	4.9	2480
	2号孔		4.3	2503
	2号孔		3.6	2469
	2号孔		3.8	2514
	2号孔		2.9	2466
	2号孔		2.6	2484

注 碾压混凝土芯样高径比为1∶1。

表 10.5.7　　　　大花水水电站碾压混凝土（拱坝）芯样抗压弹模试验成果

碾压混凝土强度等级	孔号	钻孔高程/m	抗压弹模/GPa
C₉₀20 二级配碾压混凝土	1号孔	740.50~755.00	22.6
	1号孔		30.8
	3号孔		30.4
	3号孔		25.5
	5号孔		29.7
	5号孔		36.0
C₉₀20 三级配碾压混凝土	2号孔	740.50~755.00	30.1
	9号孔		36.9
	13号孔		42.5
	11号孔		30.3
	10号孔		36.2
	15号孔		40.9

注 碾压混凝土芯样高径比为2∶1。

表 10.5.8　　　　大花水水电站碾压混凝土（拱坝）芯样抗渗试验成果

碾压混凝土强度等级	孔号	钻孔高程/m	抗渗等级	渗水高度/cm
C₉₀20 二级配碾压混凝土	1号孔	740.50~755.00	>W8	3.5
	1号孔		>W8	2.8
	3号孔		>W8	1.8
	3号孔		>W8	3.6
	5号孔		>W8	4.2
	5号孔		>W8	3.9
C₉₀20 三级配碾压混凝土	2号孔	740.50~755.00	>W8	4.2
	2号孔		>W8	3.9
	2号孔		>W8	3.5
	6号孔		>W8	3.4
	6号孔		>W8	4.2
	6号孔		>W8	2.5

表 10.5.9　　　　　大花水水电站碾压混凝土（重力墩）芯样性能试验成果

碾压混凝土 强度等级	孔号	钻孔高程 /m	抗压强度 /MPa	抗压弹模 /GPa	劈拉强度 /MPa	容重 /(kg·m⁻³)
C₉₀20 二级配 碾压混凝土	7 号孔	810.00～811.00	36.2	44.6	2.84	2510
	7 号孔		32.1	35.9	2.42	2488
	9 号孔		28.6	31.8	2.21	2468
	9 号孔		34.3	37.2	2.32	2476
	10 号孔		32.1	35.9	2.46	2496
	10 号孔		29.6	33.8	2.06	2462
	平均值		32.2	36.5	2.39	2483
	最大值		36.2	44.6	2.84	2510
	最小值		28.6	31.8	2.06	2462
C₉₀20 三级配 碾压混凝土	4 号孔	810.00～811.00	22.7	38.3	2.13	2502
	5 号孔		34.8	42.9	3.02	2473
	5 号孔		30.6	35.5	2.45	2486
	6 号孔		33.2	36.1	2.64	2480
	11 号孔		30.7	38.2	2.33	2510
	11 号孔		28.6	33.2	2.26	2476
	平均值		30.1	37.4	2.47	2488
	最大值		34.8	42.9	3.02	2510
	最小值		22.7	33.2	2.13	2473

注　碾压混凝土抗压强度和抗压弹模芯样高径比为 2：1。

表 10.5.10　　　　　大花水水电站碾压混凝土芯样抗剪断试验成果

取样部位	孔号	钻孔高程/m	层缝抗剪强度 C'/MPa	层缝抗剪断系数 f'
C₉₀20 拱坝二级配 碾压混凝土	3 号孔	740.50～755.00	1.45	1.34
	3 号孔			
	5 号孔			
C₉₀20 拱坝三级配 碾压混凝土	2 号孔		1.27	1.16
	2 号孔			
	4 号孔			
C₉₀20 重力墩二级配 碾压混凝土	12 号孔	810.00～811.00	1.54	1.39
	9 号孔			
	13 号孔			
C₉₀20 重力墩三级配 碾压混凝土	2 号孔		1.31	1.12
	11 号孔			
	14 号孔			

通过对大花水水电站拱坝及重力墩碾压混凝土试验块钻孔芯样的抗压强度、抗压弹模、劈拉强度、抗渗等级、抗剪断性能试验及原材料的试验检测成果，得出以下结论：

（1）试验用贵州水泥厂和贵阳水泥厂生产的 P.O 42.5 水泥均满足《硅酸盐水泥、普通硅酸盐水泥》（GB 175—1999）的要求。

（2）试验用凯里火电厂生产的粉煤灰满足《水工混凝土掺用粉煤灰技术规范》（DL/T 5055—1996）中Ⅰ级粉煤灰的要求。

（3）试验用 QH－R20 缓凝高效减水剂和 DH₉ 引气剂均满足《混凝土外加剂》（GB 8076—1997）中一等品的要求。

（4）碾压混凝土拱坝及重力墩本次现场钻芯取样采用不同的钻具取芯，重力墩芯样直径为 220mm，拱坝芯样直径为 150mm，由于重力墩取芯施工单位水平一般，导致碾压混凝土芯样表面不光滑平整，但从芯样层间结合面看，层间结合面较好，碾压试验达到预期效果。而拱坝坝体取芯请了专业的施工单位，从现场取芯看，芯样表面光滑平整，单芯长度最长达 8.2m，碾压混凝土密实，层间结合完整，碾压混凝土施工质量较好，品质优良。

（5）从取芯芯样的抗压强度、劈拉强度、抗压弹模、抗渗等级、抗剪断的试验检测成果看，各项性能指标均满足设计要求，坝体碾压混凝土施工质量较好，达到预期效果。

10.5.3　石垭子水电站碾压混凝土芯样性能试验统计分析

石垭子水电站大坝 C₉₀20W8F100 二级配碾压混凝土芯样试验检测进行了抗压强度 4 组，抗拉强度 2 组，极限拉伸值 2 组，抗压弹模 2 组，抗渗等级 1 组，抗冻等级 1 组，容重 4 组，抗剪断性能试验 2 组。

大坝 C₉₀15W6F50 三级配碾压混凝土芯样试验检测进行了抗压强度 5 组，抗拉强度 2 组，极限拉伸值 2 组，抗压弹模 2 组，抗渗等级 1 组，抗冻等级 1 组，容重 5 组，抗剪断性能试验 2 组。

石垭子水电站碾压混凝土芯样性能试验成果见表 10.5.11～表 10.5.24。

表 10.5.11　　石垭子水电站 C₉₀20 二级配碾压混凝土芯样抗压强度试验结果

坝段号	段次编号	芯样底面高程/m	试验龄期/d	容重/(kg·m⁻³)	高径比	芯样轴心抗压强度/MPa	换算系数	折算成150mm立方体抗压强度/MPa
8号坝段	1 2/2	455.8	28～90	2464	2:1	15.0	0.775	19.4
	2 1/5	455.0		2474	2:1	19.1	0.775	24.6
		454.5		2459	2:1	16.4	0.775	21.2
	2 2/5	453.8	90	2460	2:1	26.6	0.821	32.4
		453.3		2468	2:1	23.4	0.821	28.5
		452.8		2446	2:1	19.8	0.775	25.5
		452.4		2460	2:1	29.7	0.821	36.2
		451.9		2454	2:1	20.5	0.821	25.0

续表

坝段号	段次编号	芯样底面高程 /m	试验龄期 /d	容重 /(kg·m⁻³)	高径比	芯样轴心抗压强度 /MPa	换算系数	折算成150mm立方体抗压强度 /MPa
8 号坝段	2 $\frac{3}{5}$	447.9	180	2450	2:1	18.8	0.775	24.3
	4 $\frac{1}{3}$	440.1		2476	2:1	23.2	0.821	28.3
		439.5		2490	2:1	32.7	0.821	39.8
		439.1		2455	2:1	24.6	0.821	30.0
				2463	平均值	23.1		28.6
				2490	最大值	32.7		39.8
				2446	最小值	15.0		19.4

表 10.5.12　石垭子水电站 $C_{90}20$ 二级配碾压混凝土芯样抗拉强度和极限拉伸值试验

坝段号	段次编号	芯样底面高程 /m	试验龄期 /d	高径比	抗拉强度 /MPa	极限拉伸值 /10⁻⁴
8 号坝段	2 $\frac{3}{5}$	451.0	90	2:1	1.14	0.60
		450.6	90	2:1	1.25	0.70
		449.8	90	2:1	1.02	0.58
		449.3	90	2:1	1.20	0.68
		448.9	90	2:1	1.31	0.73
		447.1	90	2:1	1.40	0.78
				平均值	1.22	0.68
				最大值	1.40	0.78
				最小值	1.02	0.58

表 10.5.13　石垭子水电站 $C_{90}20$ 二级配碾压混凝土芯样抗压弹模试验结果

坝段号	段次编号	芯样底面高程 /m	试验龄期 /d	高径比	抗压弹模 /GPa
8 号坝段	2 $\frac{3}{5}$	451.5	90	2:1	30.5
	3 $\frac{1}{1}$	444.3	90	2:1	28.1
		443.8	90	2:1	29.8
		442.8	90	2:1	40.6
	4 $\frac{1}{3}$	441.3	90	2:1	35.8
		440.5	90	2:1	32.9
				平均值	33.0
				最大值	40.6
				最小值	28.1

表 10.5.14　石垭子水电站 $C_{90}20W8$ 二级配碾压混凝土芯样抗渗等级试验结果

坝段号	段次编号	芯样底面高程	试验龄期 /d	0.9MPa 下渗水高度 /cm	评定
8 号坝段	$1\frac{1}{2}$	456.2	90	9.8	满足 W8 抗渗等级要求
		446.35	90	10.5	
	$1\frac{2}{2}$	455.6	90	6.6	
	$2\frac{3}{5}$	450.4	90	9.5	
	$2\frac{5}{5}$	445.4	90	7.4	
		445.55	90	4.2	

表 10.5.15　石垭子水电站 $C_{90}20F100$ 二级配碾压混凝土芯样抗冻等级试验结果

坝段号	段次编号	芯样底面高程/m	试验龄期/d	抗冻等级
8 号坝段	$2\frac{3}{5}$	448.3	90	F50
	$2\frac{4}{5}$	445.7	90	F75
	$2\frac{5}{5}$	445.0	90	F75

表 10.5.16　石垭子水电站 $C_{90}20$ 二级配碾压混凝土芯样抗剪断试验结果（层间）

坝段号	段次编号	芯样底面高程 /m	试验龄期 /d	抗剪断峰值强度参数		备注
				f'	C'/MPa	
8 号坝段	$2\frac{3}{5}$	450.1	90	1.31	1.78	
		447.7				
		446.8				
	$2\frac{4}{5}$	446.3				
		446.0				

表 10.5.17　石垭子水电站 $C_{90}20$ 二级配碾压混凝土芯样抗剪断试验结果（层间）

坝段号	段次编号	芯样底面高程 /m	试验龄期 /d	抗剪断峰值强度参数		备注
				f'	C'/MPa	
8 号坝段	$3\frac{1}{1}$	444.1	90	1.32	1.74	
		443.8				
		443.2				
		442.4				
		442.1				

表 10.5.18　石垭子水电站 $C_{90}15$ 三级配碾压混凝土芯样抗压强度试验结果

坝段号	段次编号	芯样底面高程/m	试验龄期/d	容重/(kg·m⁻³)	高径比	芯样轴心抗压强度/MPa	换算系数	折算成150mm立方体抗压强度/MPa
7 号坝段	$1\frac{1}{4}$	456.0	28～90	2480	2:1	15.9	0.775	20.5
	$1\frac{2}{4}$	455.6		2504	2:1	13.1	0.775	16.9
	$1\frac{4}{4}$	453.8		2469	2:1	14.2	0.775	18.3
	$1\frac{3}{4}$	454.7	90	2512	2:1	18.6	0.775	24.0
		454.3		2488	2:1	22.0	0.821	26.8
	$2\frac{1}{1}$	452.9		2490	2:1	19.4	0.775	25.0
		448.5		2528	2:1	18.1	0.775	23.4
		448.1		2504	2:1	16.6	0.775	21.4
		447.7		2507	2:1	17.9	0.775	23.1
	$7\frac{1}{2}$	431.65	180	2508	2:1	22.4	0.821	27.3
		431.25		2480	2:1	24.4	0.821	29.7
		430.6		2473	2:1	24.6	0.821	30.0
		429.8		2508	2:1	24.3	0.821	29.6
		429.3		2486	2:1	21.6	0.821	26.3
		428.3		2498	2:1	19.2	0.775	24.8
				2496	平均值	19.5		24.5
				2528	最大值	24.6		30.0
				2469	最小值	13.1		16.9

表 10.5.19　石垭子水电站 $C_{90}20$ 三级配碾压混凝土芯样抗拉强度和极限拉伸值试验结果

坝段号	段次编号	芯样底面高程/m	试验龄期/d	高径比	抗拉强度/MPa	极限拉伸值/10^{-4}
7 号坝段	$2\frac{1}{1}$	451.7	90	2:1	1.14	0.63
		451.3	90	2:1	1.04	0.65
		450.8	90	2:1	1.08	0.52
	$2\frac{1}{1}$	444.8	180	2:1	1.14	0.53
		444.3	180	2:1	0.91	0.46
		443.9	180	2:1	1.03	0.56
				平均值	1.06	0.56
				最大值	1.14	0.65
				最小值	0.91	0.46

表 10.5.20　　　石垭子水电站 $C_{90}15$ 配碾压混凝土芯样抗压弹模试验结果

坝段号	段次编号	芯样底面高程/m	试验龄期/d	高径比	抗压弹模/GPa
7 号坝段	$2\frac{1}{1}$	452.2	90	2:1	27.0
		450.1		2:1	34.7
		447.3		2:1	30.7
	$3\frac{1}{8}$	442.1	180	2:1	39.2
	$3\frac{2}{8}$	441.0		2:1	38.1
		441.4		2:1	36.9
				平均值	34.4
				最大值	39.2
				最小值	27.0

表 10.5.21　　石垭子水电站 $C_{90}15W6$ 三级配碾压混凝土芯样抗渗等级试验结果

坝段号	段次编号	芯样底面高程/m	试验龄期/d	0.7MPa 下渗水高度/cm	评定
7 号坝段	$1\frac{3}{4}$	455.35	90	8.5	满足 W6 抗渗等级要求
		455.2	90	11.5	
	$1\frac{4}{4}$	453.55	90	7.6	
		453.4	90	6.5	
	$2\frac{1}{1}$	452.7	90	7.4	
		450.6	90	8.2	

表 10.5.22　　石垭子水电站 $C_{90}15$ F50 三级配碾压混凝土芯样抗冻等级试验结果

坝段号	段次编号	芯样底面高程/m	试验龄期/d	抗冻等级
7 号坝段	$3\frac{3}{8}$	440.4	90	F25
		440.4	90	F50
	$3\frac{4}{8}$	439.55	90	F50

表 10.5.23　石垭子水电站 $C_{90}15$ 三级配碾压混凝土芯样抗剪断试验结果（层间）

坝段号	段次编号	芯样底面高程/m	试验龄期/d	抗剪断峰值强度参数 f'	抗剪断峰值强度参数 C'/MPa	备注
7 号坝段	$2\frac{1}{1}$	447.0	90	1.22	1.70	
		446.7				
		446.4				
		445.7				
		445.4				

表 10.5.24　石垭子水电站 $C_{90}15$ 三级配碾压混凝土芯样抗剪断试验结果（层间）

坝段号	段次编号	芯样底面高程 /m	试验龄期 /d	抗剪断峰值强度参数		备注
				f'	C'/MPa	
7 号坝段	$3\frac{5}{8}$	439.2	90	1.25	1.72	
	$3\frac{6}{8}$	438.9				
	$3\frac{7}{8}$	438.6				
	$3\frac{8}{8}$	438.3				
	$4\frac{1}{6}$	438.0				

通过对石垭子水电站大坝 $C_{90}20W8F100$ 二级配、$C_{90}15W6F50$ 三级配碾压混凝土钻孔芯样的外观描述、容重、抗压强度、抗拉强度、极限拉伸值、抗压弹模、抗渗等级、抗冻等级、抗剪断强度的试验及结果统计分析，得出以下结论。

（1）从大坝 $C_{90}20W8F100$ 二级配和 $C_{90}15W6F50$ 三级配碾压混凝土芯样的外观看，大部分碾压混凝土整体密实性较好，芯样表面较为光滑，骨料分布均匀，层间胶结较好；个别芯样存在小气泡、小空洞和骨料分离的现象。依据《水工碾压混凝土施工规范》（DL/T 5112—2000）"8.4 质量控制和评定"，碾压混凝土芯样级别属于良好。

（2）$C_{90}20W8F100$ 二级配、$C_{90}15W6F50$ 三级配碾压混凝土芯样的抗压强度达到设计要求。

（3）$C_{90}20W8F100$ 二级配、$C_{90}15W6F50$ 三级配碾压混凝土芯样的抗压弹模值均不高。

（4）$C_{90}20W8F100$ 二级配、$C_{90}15W6F50$ 三级配碾压混凝土芯样的极限拉伸值测值相比常规室内试验结果略低，主要是芯样的浆体量较室内试件要少，测值符合碾压混凝土芯样的一般规律，试验检测结果属正常。而三级配碾压混凝土的极限拉伸值比二级配要低，主要是因为三级配碾压混凝土的浆体量比二级配的少。

（5）$C_{90}20W8F100$ 二级配的抗渗等级满足 W8 的设计要求；$C_{90}15W6F50$ 三级配碾压混凝土芯样的抗渗等级满足 W6 的设计要求。

（6）$C_{90}20W8F100$ 二级配的抗冻等级略低于 F100 设计等级，主要是由于①现场仓面碾压混凝土经过运输、层面摊铺碾压后，碾压混凝土的含气量损失大；②碾压混凝土芯样钻孔取芯、运输、对芯样的切割加工使碾压混凝土微细裂缝损伤加大，一定程度上增大了碾压混凝土芯样的微细裂缝扩展，碾压混凝土芯样毛细孔隙加大，使冰冻水更容易渗入裂缝中，因而芯样碾压混凝土抗冻损坏加快，抗冻等级降低。

国内其他工程的碾压混凝土芯样也存在抗冻等级偏低的情况。$C_{90}15W6F50$ 三级配碾压混凝土芯样的抗冻等级满足 F50 设计要求。

（7）$C_{90}20W8F100$ 二级配、$C_{90}15W6F50$ 三级配碾压混凝土芯样的层面抗剪断强度参数均满足设计要求。

（8）$C_{90}20W8F100$ 二级配、$C_{90}15W6F50$ 三级配碾压混凝土芯样的容重满足设计要求。

10.5.4 武都水库芯样性能试验统计分析

武都水库大坝碾压混凝土共检测 $C_{180}15$ 和 $C_{180}20$ 抗压强度、抗压弹模、极限拉伸值、抗渗等级、抗冻等级、容重各 6 组，共计 12 组。

1. 碾压混凝土芯样抗压强度统计分析

（1）$C_{180}20$ 二级配碾压混凝土抗压强度结果统计分析。6～7 号坝段、13～15 号坝段、19～21 号坝段 $C_{180}20$ 共取样按实际龄期芯样抗压强度共 6 组，折算成 150mm 立方体后碾压混凝土芯样的抗压强度最小值为 21.3MPa，最大值 34.8MPa，平均值 28.6MPa。碾压混凝土芯样抗压强度满足设计要求。

（2）$C_{180}15$ 三级配碾压混凝土抗压强度结果统计分析。6～7 号坝段、13～15 号坝段、19～21 号坝段共取样 $C_{180}15$ 按实际龄期芯样抗压强度共 6 组，折算成 150mm 立方体后碾压混凝土芯样的抗压强度最小值为 20.3MPa，最大值 32.8MPa，平均值 25.2MPa。碾压混凝土芯样抗压强度满足设计要求。

从以上各个坝段的 $C_{180}20$ 二级配和 $C_{180}15$ 三级配碾压混凝土芯样的抗压强度统计结果表明，按实际龄期（100～220d）碾压混凝土芯样抗压强度均达到设计要求。

2. 碾压混凝土芯样抗压弹模统计分析

（1）$C_{180}20$ 二级配碾压混凝土抗压弹模结果统计分析。$C_{180}20$ 二级配碾压混凝土芯样抗压弹模共 6 组，试验检测结果：最小值为 28.7GPa，最大值 49.8GPa，平均值 42.0GPa。

（2）$C_{180}15$ 三级配碾压混凝土抗压弹模结果统计分析。$C_{180}15$ 三级配碾压混凝土芯样抗压弹模共 6 组，试验检测结果：最小值为 33.1GPa，最大值 47.3GPa，平均值 42.2GPa。

从 $C_{180}20$ 二级配和 $C_{180}15$ 三级配碾压混凝土芯样的抗压弹模检测结果统计表明，$C_{180}20$ 二级配和 $C_{180}15$ 三级配碾压混凝土的芯样抗压弹模值略高，分析主要是由于碾压混凝土骨料本身为灰岩、骨料的抗压弹模偏大、芯样的浆体量少的原因，所测结果属正常。

3. 碾压混凝土芯样极限拉伸值统计分析

（1）$C_{180}20$ 二级配碾压混凝土极限拉伸值结果统计分析。$C_{180}20$ 二级配碾压混凝土芯样极限拉伸值共 6 组，试验检测结果：最小值为 48×10^{-6}，最大值为 75×10^{-6}，平均值为 60×10^{-6}。

（2）$C_{180}15$ 三级配碾压混凝土极限拉伸值结果统计分析。$C_{180}15$ 三级配碾压混凝土芯样极限拉伸值共 6 组，试验检测结果：最小值为 40×10^{-6}，最大值为 77×10^{-6}，平均值为 53×10^{-6}。

从碾压混凝土芯样的极限拉伸值的试验检测统计结果分析，按实际龄期 $C_{180}20$ 二级配和 $C_{180}15$ 三级配碾压混凝土的芯样极限拉伸值相比室内试验测值略低，但符合目前碾压混凝土芯样测值的一般规律，所测结果属正常。

4. 碾压混凝土芯样抗渗性能统计分析

（1）$C_{180}20W8$ 二级配碾压混凝土抗渗性能统计分析。$C_{180}20W8$ 二级配碾压混凝土芯样抗渗试件共 6 组，试验检测结果：各组抗渗等级均满足 W8 的设计要求，碾压混凝土芯样的渗水高度均不高。

（2）$C_{180}15W4$ 三级配碾压混凝土抗渗性能结果统计分析。$C_{180}15W4$ 三级配碾压混凝土芯样抗渗试件共 6 组，试验检测结果：各组抗渗等级达到 W6 的设计要求，碾压混凝土芯样的渗水高度均不高。

从 $C_{180}20W8$ 二级配和 $C_{180}15W4$ 三级配碾压混凝土的抗渗等级试验检测结果统计分析，碾压混凝土芯样的抗渗等级均满足设计要求。

5. 碾压混凝土芯样抗冻性能统计分析

（1）$C_{180}20F50$ 二级配碾压混凝土抗冻性能结果统计分析。$C_{180}20F50$ 二级配碾压混凝土芯样抗冻试件共 6 组，试验检测结果：各组抗冻等级均满足 F50 的设计要求，碾压混凝土芯样的动弹损失和质量损失率均不高。

（2）$C_{180}15F50$ 三级配碾压混凝土抗冻等级结果统计分析。$C_{180}15F50$ 三级配碾压混凝土芯样抗冻试件共 6 组，试验检测结果：各组抗冻等级均满足 F50 的设计要求，碾压混凝土芯样的动弹损失和质量损失率均不高。

从 $C_{180}20F50$ 二级配和 $C_{180}15F50$ 三级配碾压混凝土的抗冻等级试验检测结果统计分析，碾压混凝土芯样的抗冻等级均满足 F50 设计要求。

6. 碾压混凝土芯样容重统计分析

碾压混凝土芯样的容重试验测试：采用加工成规则形状的圆柱体进行测量其尺寸、称重后计算获得。并按不同碾压混凝土种类、等级进行分类统计分析。本次试验检测碾压混凝土芯样容重 12 组，其中 $C_{180}20W8F50$ 二级配碾压混凝土试验检测共 6 组，最小值为 2480kg/m³，最大值为 2547kg/m³，平均值为 2510kg/m³，；$C_{180}15W6F50$ 三级配碾压混凝土试验检测共 6 组，最小值为 2471kg/m³，最大值为 2542kg/m³，平均值为 2505kg/m³。

7. 碾压混凝土伺服抗剪断性能统计分析

通过对 $C_{180}15$ 三级配和 $C_{180}20$ 二级配碾压混凝土两种碾压混凝土，两种缝面（冷缝、热缝），13～15 号、19～21 号、6～7 号三个不同坝段，高程 558.00～569.00m、高程 560.00～581.50m、高程 617.00～627.00m 三个不同高程段，共 20 组实际龄期的伺服抗剪断试验成果统计分析得出：$C_{180}15$ 三级配碾压混凝土和 $C_{180}20$ 二级配碾压混凝土及各坝段的缝面抗剪断峰值强度参数（f'、C'）平均值和单组值均满足设计要求（设计值为 $f' = 1.00$，$C' = 1.15MPa$）。

8. 小结

通过对武都水库大坝碾压混凝土钻孔芯样的容重、抗压强度、抗压弹模、极限拉伸值、抗渗等级、抗冻等级、伺服抗剪断性能试验检测及统计分析，得出以下结论：

（1）从碾压混凝土芯样的外观来看，大部分碾压混凝土的整体密实性较好，碾压混凝土芯样表面较为光滑，骨料分布均匀，有少部分碾压混凝土表面存在小气泡，个别存在较大空洞的现象。依据《水工碾压混凝土施工规范》（DL/T 5112—2000）"8.4 质量控制和评定"，碾压混凝土芯样级别属于良好。

（2）按实际龄期的碾压混凝土芯样抗压强度均满足设计要求。

（3）按实际龄期的碾压混凝土芯样的抗压弹模值略大，这与碾压混凝土骨料为灰岩、骨料的弹模偏高、芯样的浆体量偏少有关，所测结果属正常。

（4）按实际龄期的碾压混凝土芯样的极限拉伸值测值相比室内试验结果略低，但符合碾压混凝土芯样的一般规律，所测结果属正常。

（5）按实际龄期的碾压混凝土芯样的抗渗等级均满足设计要求，碾压混凝土芯样的渗水高度不高，抗渗性能较好。

（6）按实际龄期的碾压混凝土芯样的抗冻等级均满足设计要求，碾压混凝土芯样的动弹损失和质量损失率均不大，抗冻性能较好。

（7）按实际龄期的碾压混凝土伺服抗剪断强度参数均满足设计要求。

（8）碾压混凝土芯样的容重均满足设计要求。

10.5.5 金安桥水电站碾压混凝土芯样性能试验统计分析

金安桥水电站分别对大坝 $C_{90}20W8F100$ 二级配碾压混凝土（$\phi150mm$）芯样、$C_{90}20W6F100$ 三级配碾压混凝土芯样（$\phi200mm$）、$C_{90}15W6F100$ 三级配碾压混凝土芯样（$\phi200mm$）进行了试验检测，试验检测项目：碾压混凝土芯样的外观描述、容重、抗压强度、抗压弹模、抗拉强度、极限拉伸值、抗渗等级、抗冻等级、抗剪断强度（本体、层间）。

大坝碾压混凝土芯样现场取芯共三次，第一次取样时间 2008 年 11 月 29 日，第二次取样时间 2009 年 2 月 19 日，第三次取样时间 2009 年 6 月 17 日，分别在金安桥水电站对钻取的碾压混凝土芯样进行了取样包装并运回中国水电顾问集团贵阳院工程科研院开展试验检测工作。

取回的碾压混凝土芯样中，$C_{90}20W8F100$ 二级配 $\phi150mm$ 芯样分为 1 - Ⅱ - 01、11 - Ⅱ - 01、13 - Ⅱ - 01、14 - Ⅱ - 01、17 - Ⅱ - 01 坝段，$C_{90}20W8F100$ 二级配 $\phi150mm$ 碾压混凝土芯样总长 60m。

$C_{90}20W6F100$ 三级配 $\phi200mm$ 芯样分为 5 - Ⅲ - 01、7 - Ⅲ - 01、8 - Ⅲ - 01、9 - Ⅲ - 01、10 - Ⅲ - 01、11 - Ⅲ - 01、13 - Ⅲ - 01、14 - Ⅲ - 01、15 - Ⅲ - 01、16 - Ⅲ - 01、17 - Ⅲ - 01、18 - Ⅲ - 01 坝段，$C_{90}20W6F100$ 三级配 $\phi200mm$ 碾压混凝土芯样总长 260m。

1. 碾压混凝土芯样外观描述

碾压混凝土芯样外观整体较好，碾压混凝土芯样表面大部分较为光滑致密，骨料分布较为均匀，结构较为密实，胶结良好。个别碾压混凝土芯样存在较小的气泡和空洞（3～5mm）。依据《水工碾压混凝土施工规范》（DL/T 5112—2000）"8.4 质量控制和评定"，碾压混凝土芯样级别属于良好。

2. 碾压混凝土芯样抗压强度统计分析

根据《水工碾压混凝土施工规范》（DL/T 5112—2000）附录 A 中的说明，$\phi150mm$ 芯样换算成 150mm 立方体的抗压强度时需除以相应的换算系数，其中强度等级 10～20MPa 时换算系数为 0.775，强度等级 20～30MPa 时换算系数为 0.821。折算后各等级、各级配碾压混凝土均满足设计强度等级要求。

$C_{90}20$ 二级配碾压混凝土芯样（20 组）折算成 150mm 立方体后的抗压强度平均值为 27.9MPa，最大值 47.1MPa，最小值为 18.6MPa。

$C_{90}20$ 三级配碾压混凝土组芯样（40 组）折算成 150mm 立方体后的抗压强度平均值为 24.1MPa，最大值 38.6MPa，最小值为 17.2MPa。

$C_{90}20$ 三级配碾压混凝土芯样（20 组）折算成 150mm 立方体后的抗压强度平均值为 25.6MPa，最大值 36.4MPa，最小值为 17.5MPa。

3. 碾压混凝土芯样抗拉强度和极限拉伸值统计分析

$C_{90}20$ 二级配碾压混凝土芯样抗拉强度和极限拉伸值分别共 8 组，试验检测结果：平均值为 1.12MPa，最大值为 1.52MPa，最小值为 0.92MPa；极限拉伸值平均值为 0.70×10^{-4}，最大值为 0.85×10^{-4}，最小值为 0.53×10^{-4}，碾压混凝土芯样拉断后，经观察发现部分碾压混凝土芯样里面存在着水痕迹的现象。

$C_{90}20$ 三级配碾压混凝土芯样抗拉强度的平均值为 1.00MPa，最大值为 1.42MPa，最小值为 0.70MPa；极限拉伸值的平均值为 0.58×10^{-4}，最大值为 0.77×10^{-4}，最小值为 0.47×10^{-4}。

$C_{90}15$ 三级配碾压混凝土芯样抗拉强度的平均值为 0.96MPa，最大值为 1.34MPa，最小值为 0.68MPa；极限拉伸值的平均值为 0.56×10^{-4}，最大值为 0.70×10^{-4}，最小值为 0.47×10^{-4}。

$C_{90}20$ 三级配碾压混凝土芯样的抗拉强度和极限拉伸值比 $C_{90}20$ 二级配碾压混凝土芯样的低，比一般室内小试件（8 字模）的试验结果也低，碾压混凝土芯样的极限拉伸值约相当于常规室内试验测值的 70%～80%。经分析，主要有以下几个原因：

（1）室内试件一般为 8 字模或长方体试模制成，碾压混凝土芯样为 $\phi200$mm 的圆柱体，采用环氧树脂将芯样与拉板黏结，因此碾压混凝土芯样和室内试件本体存在一定的差别。碾压混凝土芯样的试验方法和室内试件的试验方法有区别。

（2）室内碾压混凝土极限拉伸值的测定是先湿筛掉 40mm 以上的粗骨料，而碾压混凝土芯样为原级配碾压混凝土（二级配骨料最大粒径为 40mm，三级配最大粒径 80mm），没有湿筛掉大骨料，因此室内试件的浆体量要比碾压混凝土芯样多，而浆体量的多少是影响极限拉伸值的一个重要因素。

（3）碾压混凝土芯样试件中存在碾压混凝土的分层结合面，而室内碾压混凝土小试件不存在分层结合面的问题。

（4）碾压混凝土芯样的钻芯、搬运、切割加工中对碾压混凝土芯样有一定损伤，而室内试件无此影响因素。

经分析，本次芯样的抗拉度和极限拉伸值试验结果真实反映了碾压混凝土芯样的结果，符合碾压混凝土芯样的一般规律。

4. 碾压混凝土芯样抗压弹模统计分析

各等级和各级配碾压混凝土芯样的抗压弹模值均不高。

$C_{90}20$ 二级配碾压混凝土芯样的抗压弹模平均值为 30.9GPa，最大值为 36.0GPa，最小值为 26.4GPa。

$C_{90}20$ 三级配碾压混凝土芯样的抗压弹模平均值为 29.5GPa，最大值为 42.4GPa，最小值为 24.6GPa。

$C_{90}15$ 三级配碾压混凝土芯样的抗压弹模平均值为 30.8GPa，最大值为 37.5GPa，最小值为 24.7GPa。

5. 碾压混凝土芯样抗渗等级统计分析

$C_{90}20$ 二级配碾压混凝土芯样（共 4 组）抗渗等级均满足 W8 设计要求，但劈开碾压混凝土芯样后其渗水高度略高，6 个试件中有 1～2 个试件全透水。

$C_{90}20$ 三级配碾压混凝土芯样（共 7 组）可达到 W8 抗渗等级要求。

$C_{90}15$ 三级配碾压混凝土芯样（共 3 组）抗渗等级均满足 W6 设计要求。

6. 碾压混凝土芯样抗冻等级统计分析

$C_{90}20$ 二级配碾压混凝土芯样抗冻等级（共 2 组）略低于设计 F100 要求，$C_{90}20$ 三级配碾压混凝土芯样抗冻等级（共 2 组）略低于设计 F100 要求，$C_{90}15$ 三级配碾压混凝土芯样抗冻等级（共 2 组）略低于设计 F100 要求。经分析认为主要是以下几个方面的原因：

（1）现场碾压仓面碾压混凝土经过运输、层面摊铺碾压后，碾压混凝土的含气量损失大是影响抗冻性能的主要因素。

（2）碾压混凝土芯样钻孔取芯、运输、对芯样的切割加工会混凝土微细裂缝损伤加大，一定程度上部分增大了碾压混凝土芯样的微细裂缝扩展，碾压混凝土芯样毛细孔隙加大，使冰冻水更容易渗入裂缝中，因而碾压混凝土芯样抗冻损坏加快，抗冻等级降低。

（3）三级配碾压混凝土，室内试件是湿筛掉 40mm 的大石后成型的，而碾压混凝土芯样是原级配碾压混凝土（最大粒径 80mm），因此室内试件的浆体量比芯样的浆体量多，其抗冻能力优于芯样。

7. 碾压混凝土芯样容重统计分析

$C_{90}20$ 二级配碾压混凝土芯样（共 20 组）的容重平均值为 2555kg/m³，最大值为 2613kg/m³，最小值为 2442kg/m³。

$C_{90}20$ 三级配碾压混凝土芯样（共 40 组）的容重平均值为 2641kg/m³，最大值为 2729kg/m³，最小值为 2573kg/m³。

$C_{90}15$ 三级配碾压混凝土芯样（共 20 组）的容重平均值为 2630kg/m³，最大值为 2718kg/m³，最小值为 2522kg/m³。

本次碾压混凝土芯样的容重较大，主要是碾压混凝土骨料为密度较大玄武岩所致。

8. 碾压混凝土 芯样抗剪断性能统计分析

$C_{90}20$ 二级配碾压混凝土芯样碾压混凝土本体抗剪强度较高，14 - Ⅱ - 01 坝段的 1 组抗剪断峰值强度参数为：$f'=1.32$、$C'=1.83$MPa。碾压混凝土层间的抗剪强度相比碾压混凝土本体略低，3 组层间的抗剪断强度参数平均值为：$f'=1.26$、$C'=1.77$MPa。

$C_{90}20$ 三级配碾压混凝土芯样碾压混凝土本体抗剪强度较高，抗剪断峰值强度参数为：$f'=1.30$、$C'=1.80$MPa，碾压混凝土层面的抗剪断强度参数强度相对碾压混凝土本体略低，3 组层间的抗剪断强度参数的平均值为 $f'=1.23$、$C'=1.62$MPa。

$C_{90}15$ 三级配碾压混凝土芯样 13 - Ⅲ - 01 坝段的 1 组抗剪断峰值强度参数为：$f'=$

1.32、$C'=1.83$MPa。3 组层间抗剪断参数的平均值为：$f'=1.13$、$C'=1.47$MPa。

10.6　碾压混凝土原位抗剪断试验

10.6.1　抗剪断研究目的和意义

碾压混凝土高重力坝的层面抗剪断特性指标是大坝结构设计和稳定计算必不可少的基础数据，该特性指标若能有效提高，将为大坝结构优化设计提供最坚实的基础。

与常态混凝土相比，碾压混凝土可实现快速、大仓面碾压施工，具有节约水泥、简化温控、施工快捷、工期短、造价低等优点，是混凝土筑坝技术的一项革新，在技术经济上具有显著的效益。但由于碾压混凝土为干贫混凝土，并且是大仓面分层碾压，连续上升方法施工，因此碾压混凝土会存在众多的层面，这些层面的结合特性受到材料性质、施工机械性能、施工现场气候条件和施工管理水平等诸多因素的制约与影响，在层间结合面上产生一些结合性差的薄弱面，对大坝的工作性态和大坝的抗滑稳定产生不良影响。碾压混凝土层面抗剪断特性主要与混凝土强度等级和层面处理工况有关，层面处理工况主要指影响层面胶结强度的环境条件及施工条件等因素，如施工过程中的层面间隔时间，施工时的温度、湿度、风速、降雨和太阳辐射等环境条件，层面处理方式（刷毛、冲毛、冲洗及铺浆等），混凝土入仓、卸料和铺料时产生的骨料分离，施工层面上的污染和汽车反复碾压等。碾压混凝土层面胶结强度常用抗剪断强度指标来衡量，结合光照水电站现场碾压和室内层面抗剪断试验成果，分析总结碾压混凝土不同层面工况与抗剪断强度的影响关系，以便为同类型工程设计和施工积累工程经验，对分析大坝的层间抗滑稳定和指导工程施工有重要意义。

光照水电站碾压混凝土重力坝最大坝高 200.50m，层间抗滑稳定问题是关键问题。大坝碾压混凝土层面结合的好坏，将直接影响到坝体的安全运行。为了解和掌握碾压混凝土重力坝层间结合面在不同层面间隔时间和不同处理方式等复杂状况下的抗剪断强度特性参数，为设计提供层面结合状况实际的参数值，为大坝稳定分析提供依据，因此进行现场抗剪断试验和室内抗剪断试验是必要的。

自 20 世纪 80 年代以来，我国已建成 100m 级的碾压混凝土坝 20 多座，许多工程进行了室内、现场的碾压混凝土层面结合抗剪断性能试验，对影响层面结合的一些问题进行了许多研究，取得了一些很有价值的成果。但工作尚未取得突破性进展，特别是在有弱面存在，在一定外力作用下，层面开裂，挡水面在坝高增加的条件下，层面结合将发生什么样的变化，尚不清楚。因此，由于层面抗剪断参数在高碾压混凝土重力坝的断面设计中起着关键的抗滑稳定作用，特别需要研究提高层面黏结强度的措施，需要研究这些措施对抗剪断强度参数影响的程度，及其混凝土存在水压力作用下，所产生的不利影响的程度都需要进行研究。

10.6.2　层面胶结机理

碾压混凝土对于沿层剪断的试件，其断裂面往往比较光滑、擦痕明显、断裂面上的起伏差小；而对断裂发生在碾压混凝土本体上的试件，其断裂面上通常是凹凸不平、起伏差大。对试验成果整理，通常用层面上的库仑抗剪断强度公式：

$$\tau = \sigma f' + C'$$

式中　　σ——作用在试件上的正压力，MPa；

　　　　τ——层面上的平均剪应力，MPa；

　　　　f'——层面内摩擦系数，数值为 $\tan\varphi$，其中 φ 为内摩擦角；

　　　　C'——层面黏聚力，MPa。

上述成果整理方法，实际上是将断裂面看成是一种无起伏差的光滑面，这与实际情况有一点差异。混凝土依靠胶凝材料的胶结作用将砂石骨料胶结成一整体。有研究资料表明，混凝土的宏观力学行为在很大程度上受骨料和水泥石间的界面物理力学特性所控制，该界面为混凝土的薄弱环节，混凝土的断裂往往沿该界面发生。因此实际的混凝土断裂面为一有高差起伏的粗糙面，层面抗剪断强度指标 C' 和 f' 主要与下述因素有关：①水泥砂浆结石与骨料间的胶结强度，包括水泥砂浆结石与骨料间的黏聚力及内摩擦角；②水泥砂浆结石本身的强度；③岩石骨料本身的抗剪断强度指标；④试件剪断时层间上、下层碾压混凝土骨料间的咬合程度；⑤剪切过程中所施加的正应力水平分力的大小，直接决定着剪断是沿水泥砂浆结石与骨料间的结合面剪断还是部分骨料剪断。

10.6.3　层面结合强度的影响因素

已有研究成果表明，从碾压混凝土胶凝材料总量、水胶比、粉煤灰掺量、层间间隔时间、垫层拌和物采用的材料和性质、层面处理方式、施工过程的环境因素和施工条件等方面，综合分析对碾压混凝土层面胶结强度的影响因素主要有：

（1）对于含层面的碾压混凝土，在层面上摊铺胶凝材料灰浆，砂浆或小骨料混凝土等垫层拌和物的处理方式，均能有效地提高层面胶结强度。层面上先作刷毛、冲毛处理的，胶结强度较不作刷毛处理的高。

（2）在层面上摊铺胶凝材料灰浆，砂浆或小骨料混凝土等垫层拌和物的处理方式中，摊铺胶凝材料灰浆或砂浆的效果稍好于铺小骨料垫层混凝土。胶凝材料灰浆和砂浆之间，哪一种垫层拌和物对层面胶结强度有利，需要针对具体情况进行分析。层面间隔时间较短时，采用胶凝材料灰浆的处理方式较为有利；层面间隔时间较长，层面处凹凸不平时摊铺砂浆较好。

（3）在碾压混凝土配合比设计中，增加胶凝材料用量，可有效提高碾压混凝土的层面胶结强度。对低胶凝材料碾压混凝土，若层间间隔时间超过初凝时间，且层面又未做处理的情况，室内外试验的层面胶结强度均很低。对高胶凝材料用量情况，层面胶结强度较高，并且施工质量的离散性影响也较小。将层面间隔时间控制在初凝范围内，或层间间隔时间超过初凝时间，但对层面摊铺垫层拌和物进行处理，可使层面胶结强度满足高坝设计要求。

（4）影响碾压混凝土层面允许间隔时间（即初凝时间）的因素较多，其中主要因素有水泥的品种和用量、粉煤灰掺量、水胶比和环境温度、大气相对湿度、养护条件以及碾压混凝土中掺用的外加剂等。掺用缓凝减水作用为主的复合外加剂，可以有效地延长碾压混凝土的初凝时间（即层面允许间隔时间）。此外，水胶比增大时，层面允许间隔时间也增长。层面允许间隔时间随环境温度的升高，相对湿度的降低而缩短。

（5）碾压混凝土施工过程中的温度、降雨、相对湿度、风速及太阳辐射等环境条件因素，对其层面结合质量有重要影响。这些环境条件因素主要是通过影响碾压混凝土的初凝时间及层面上摊铺胶凝材料灰浆、砂浆或小骨料混凝土等垫层拌和物的水胶比，从而影响层面的胶结强度。

（6）层面上摊铺的胶凝材料灰浆（或砂浆）的配合比，是层面结合强度的重要影响因素。含层面碾压混凝土的抗剪断峰值强度，随垫层材料灰浆（砂浆）中水胶比的减小、胶凝材料用量的增大、粉煤灰掺量的降低而增大。

（7）层面上的养护条件，上层混凝土碾压、汽车轮碾、层面上骨料分离、仓面污染等因素都可能影响层面结合质量。在碾压混凝土的连续施工中，上层混凝土碾压对层面结合质量的可能影响，注意集中在新铺筑层下层的层面上。随浇筑龄期增长，碾压混凝土层面抗剪断强度增大。

10.6.4　研究方案

根据光照水电站施工现场温度高、太阳辐射强烈等特点，利用碾压混凝土中间碾压试验的试验块，设计不同情况下对现场试验的碾压混凝土层面进行现场原位试验，测定其抗剪断强度及其残余强度，混凝土的养护、试件的加工成型、测试均在现场条件下完成。通过研究解决以下问题：

（1）检测校核坝体混凝土设计配合比的合理性。

（2）为制定碾压施工的实施细则提供依据。

（3）检测碾压混凝土层面抵抗剪切的性能，提供校核坝体抗剪稳定参数。

（4）检验所选用的碾压机械的适用性及其性能的可靠性。

（5）确定达到设计标准的经济合理的施工碾压参数（如施工铺层厚度、碾压遍数、施工层面允许间隔时间、VC 值等）和层间结合技术及碾压层面处理措施。

（6）确定碾压施工质量控制检测方法。

10.6.5　碾压混凝土原位抗剪断试验

1. 光照水电站现场碾压混凝土试验块抗剪断试验

（1）试件制作、测试。每组试验制作 4～5 个试块，试件规格尺寸为 500mm×500mm×分层厚度。试件采用混凝土路面切割机切割成型，试件加工和测试按《水利水电工程岩石试验规程》（SL 264—2001）和《水工混凝土试验规程》（DL 5150—2001）的有关规定进行。采用平推方案，剪切方向与碾压方向成正交，试验最大正应力为 2.5MPa。

（2）碾压混凝土设计等级及层面工况。碾压混凝土设计强度等级为 4 种：$C_{90}25W12F150$（二级配）、$C_{90}25W8F100$（三级配）、$C_{90}20W6F100$（三级配）、$C_{90}15W6F50$（三级配）。

层面处理工况为 5 种：间隔 6h、不处理；间隔 6h、铺砂浆；间隔 12h、铺砂浆；间隔 48h、冲毛、铺砂浆；间隔 72h（常态与碾压结合面）、冲毛、铺砂浆。

（3）试验成果统计。根据不同工况组合共安排布置了 40 组试验，具体试验成果见表10.6.1 和表 10.6.2，试件加工及剪断后的破坏情况，如图 10.6.1 和图 10.6.2 所示。

表10.6.1　　　　　　光照水电站碾压混凝土层面现场原位抗剪断强度试验成果

设计强度等级	试验编号	试验组数/组	层面抗剪断强度参数综合值	
			摩擦系数 f'	黏聚力 C'/MPa
C₉₀25W12F150 （二级配）	$\tau\text{IV}-1\sim\tau\text{IV}-4$	12	1.180～1.360	1.060～1.670
C₉₀25W8F100 （三级配）	$\tau\text{I}-1\sim\tau\text{I}-4$	11	1.220～1.420	1.070～1.410
C₉₀20W6F100 （三级配）	$\tau\text{II}-1\sim\tau\text{II}-3$	9	1.170～1.410	1.190～1.970
C₉₀15W6F50 （三级配）	$\tau\text{III}-1\sim\tau\text{III}-3$	8	1.000～1.260	0.700～1.260

表10.6.2　　　　　　光照水电站碾压混凝土层面现场原位抗剪断破坏面统计

设计强度等级	试验编号	试件数量/块	剪切破坏面数量/块		
			接触面	混凝土	其他
C₉₀25W12F150 （二级配）	$\tau\text{IV}-1\sim\tau\text{IV}-4$	53	41	0	12
C₉₀25W8F100 （三级配）	$\tau\text{I}-1\sim\tau\text{I}-4$	41	9	17	15
C₉₀20W6F100 （三级配）	$\tau\text{II}-1\sim\tau\text{II}-3$	43	13	19	11
C₉₀15W6F50 （三级配）	$\tau\text{III}-1\sim\tau\text{III}-3$	33	20	5	8
合计（块）/比例/%		170	83/48.8	41/24.1	46/27.1

2. 金安桥水电站施工期坝体碾压混凝土抗剪断试验

（1）碾压混凝土抗剪断试件制作、测试。每组试验制作 5 个试体，试件规格尺寸为 500mm×500mm×分层厚度。试件采用混凝土路面切割机切割成型，试件加工和测试按《水电水利工程岩石试验规程》（DL/T 5368—2007）和《水工混凝土试验规程》（SL 352—2006）的有关规定进行。采用平推方案，剪切方向与碾压方向成正交，试验最大正应力为 3.0MPa。

（2）试验检测工作量。坝体碾压混凝土现场原位抗剪断试验按要求共布置 6 组试验，分两个时段进行，第一阶段试验时间 2008 年 12 月 1—17 日，试验组数为 3 组，试验位置为 11 号坝段坝后高程 1320m 平台，设计等级为 C₉₀20W6F100 三级配碾压混凝土；第二阶段试验时间 2009 年 2 月 11—26 日，试验组数为 3 组，试验位置为 1 号坝段坝后高程 1422.5m 平台，设计等级为 C₉₀15W6F100 三级配碾压混凝土。试验内容及工作量见表 10.6.3。

图 10.6.1　光照水电站碾压混凝土原位抗剪断试件加工图

图 10.6.2　光照水电站碾压混凝土原位剪断后的破坏面图

表 10.6.3　　金安桥水电站坝体碾压混凝土现场原位抗剪断试验内容及工作量

试验日期	试验部位	设计混凝土等级	层（缝）面形式	层面处理措施	试验组数
2008 年 12 月 1—17 日	11 号坝段坝后 高程 1320m 平台	C₉₀20W6F100 （三级配）	热缝	不处理	3
2009 年 2 月 11—26 日	1 号坝段 高程 1422.5m 平台	C₉₀15W6F100 （三级配）	热缝	不处理	3

（3）试验结果。现场原位抗剪断试验结果见表 10.6.4、表 10.6.5。

表 10.6.4　　金安桥水电站 C_{90}20W6F100（三级配）现场原位抗剪断试验成果

试验部位	抗剪断峰值强度参数							
11 号坝段坝后 高程 1320m 平台	综合值		第一组（τⅠ）		第二组（τⅡ）		第三组（τⅢ）	
	f'	C'/MPa	f'	C'/MPa	f'	C'/MPa	f'	C'/MPa
	1.28	1.63	1.28	1.65	1.32	1.51	1.24	1.73
龄期/d	仓面高程/m		开仓时间		收仓时间		试验日期/（年-月-日）	
302	1315.00～1318.70		08.2.8PM 9∶30		08.2.19PM 9∶30		2008-12-16— 2008-12-17	
混凝土设计强度等级及缝面工况	C₉₀20W6F100（三级配）　　热缝							
浇筑条件	天气：小雨　　气温：13℃　　相对湿度：62%　　风速：2.0m/s							

表 10.6.5　　金安桥水电站 C_{90}15W6F100（三级配）原位抗剪断试验成果

试验部位	抗剪断峰值强度参数							
1 号坝段 高程 1422.5m 平台	综合值		第四组（τⅣ）		第五组（τⅤ）		第六组（τⅥ）	
	f'	C'/MPa	f'	C'/MPa	f'	C'/MPa	f'	C'/MPa
	1.20	1.79	1.20	1.87	1.20	1.71	1.21	1.78
龄期/d	仓面高程/m		开仓时间		收仓时间		试验日期	
106	1420.00～1422.5		2008.11.08		2008.11.10		09.2.22～09.2.24	
混凝土设计强度等级及缝面工况	C₉₀15W6F100（三级配）　　热缝							
浇筑条件	天气：晴　　气温：16.2℃　　相对湿度：77%　　风速：1.3m/s							

10.6.6　碾压混凝土抗剪断试验成果综合评价

（1）在同样碾压参数和层面工况下，碾压混凝土层面抗剪断参数随碾压混凝土设计强度等级提高而升高。

（2）同样设计强度等级的碾压混凝土其三级配和二级配层面抗剪断参数差异不大。

（3）从抗剪断剪切破坏面统计分析，碾压混凝土层面（接触面）是个弱面，多数剪切破坏面沿层面破坏。

（4）同样设计强度等级的碾压混凝土，不处理的层面工况间隔时间不超过 20h 的其层面抗剪断参数相差不大；间隔时间超过 20h 后其抗剪断参数明显降低。间隔 20h 铺砂浆或净浆的层面抗剪断参数值较高。

10.7　碾压混凝土初期钻孔试验

10.7.1　初期钻孔目的

为了检测碾压混凝土分层碾压后，什么时候可以进行钻孔，一是保证可以采取到完整的芯样，对芯样外观进行描述，并对力学性能进行测试，初步判断碾压混凝土本身的质量和层间结合状况；二是为帷幕灌浆的最短成孔时间提供依据。光照水电站现场工艺性碾压试验开展了初期钻孔试验，结合该试验将碾压混凝土初期钻孔试验情况做简单归结。

本次固结灌浆造孔碾压试验的全称是固结灌浆钻孔成孔及外加剂碾压混凝土试验，试验的目的是为检验大坝在碾压混凝土碾压后，最短的时间内可以成孔，以便固结灌浆造孔。

10.7.2　试验布置

现场碾压混凝土试验块宽 4m、长 6m、厚 3m，分 10 层碾压浇筑，分层碾压浇筑厚度为 30cm，碾压混凝土设计强度等级为 $C_{90}25W6F100$（三级配），试验的时间 2005 年 11 月 17 日上午 11：30 第一车碾压混凝土入仓推铺碾压，至晚上 20：00 最后一车碾压混凝土碾压结束，分 9 次碾压结束，本次现场碾压混凝土试验历时 9.5h。在碾压混凝土碾压填筑过程中，试验检测中心对碾压混凝土进行了性能检测，检测内容有：VC 值，碾压混凝土温度、含气量、振实容重及凝结时间。并现场取样，在室内成型养护开展对碾压混凝土力学性能进行测试。

10.7.3　试验检测

碾压混凝土原材料检测、$C_{90}25W6F100$（三级配）碾压混凝土性能及成型试验力学指标。试验检测成果见表 10.7.1～表 10.7.5。

表 10.7.1　　　　　　　　　光照水电站碾压混凝土性能试验检测成果

碾压混凝土强度等级	取样层数	天气	气温/℃	取样时间（时：分）	测试时间（时：分）	VC 值/s	混凝土温度/℃	含气量/%	振实容重/(kg·m⁻³)
	2		15.0	11：53	12：05	9	18	3.5	2467
	4		15.5	13：50	14：01	7	19		
$C_{90}25W6F100$三级配	6	阴	16.0	15：13	14：04	8			2488
	7		16.0	15：50	16：11	8			
	8		14.0	18：30	18：42	8	18	3.5	2471

表 10.7.2　　　　　　　贵州畅达 P.O 42.5 水泥的物理力学性能试验检测成果

水泥品种	细度/%	标准稠度/%	凝结时间/min		抗折强度/MPa		抗压强度/MPa		安定性(沸煮法)	取样日期(取样地点)
			初凝	终凝	3d	28d	3d	28d		
贵州畅达 P.O 42.5	1.4	27.2	206	385	6.9		37.5		合格	2005-11-13 (右岸拌和楼罐车)
GB175—1999 P.O 42.5 水泥	≤10	—	≥ 45	≤ 6000	≥ 3.5	≥ 6.5	≥ 16	≥ 42.5	合格	

表 10.7.3　　　　　　　　　安顺电厂粉煤灰性能试验检测成果

粉煤灰品种	细度/% (45μm)	需水量比/%	烧失量/%	SO₃/%	含水率/%	相对密度	检测结果	取样日期(取样地点)
安顺电厂 Ⅱ级粉煤灰	10.6	96.7	5.98	—	0.2	2.44	Ⅱ级	2005-08-17 (右岸拌和楼粉煤灰库)
DL/T 5055—1996 Ⅰ级粉煤灰	≤12	≤95	≤5.0	≤3.0	≤1.0	—	—	
DL/T 5055—1996 Ⅱ级粉煤灰	≤20	≤105	≤8.0	≤3.0	≤1.0	—	—	

表 10.7.4　　　光照水电站右岸小河砂石系统人工碾压砂颗粒级配试验检测成果

试验次数	项目/%	筛孔尺寸/mm							细度模数	石粉含量/%
		>5	2.5	1.25	0.63	0.315	0.16	<0.16		
1	分计筛余	2.20	104.28	92.38	114.95	89.8	42.73	53.76		
	累计筛余									
2	分计筛余	2.06	103.25	90.27	116.85	90.9	41.63	54.66		
	累计筛余									
3	分计筛余	0.50	80.71	89.43	115.28	96.86	46.18	71.02		
	累计筛余									
4	分计筛余	0.90	86.60	89.45	114.72	93.95	44.90	69.05		
	累计筛余									
细度模数 4 次平均					2.62					
石粉含量 4 次平均/%					13.87					
取样日期		2005-11-19			取样地点		右岸小河砂石系统			

表 10.7.5　　　　　　　光照水电站碾压混凝土抗压强度试验检测成果

碾压混凝土龄期/d	3	4	5	6	7	8
抗压强度/MPa	12.8	16.2	18.0	18.4	18.1	17.5

10.7.4　初期钻孔结论

光照水电站碾压混凝土初期钻孔（3d）成孔情况如图 10.7.1 所示，通过碾压混凝土初期钻孔成型的试件外观描述，试件上的空洞较多，主要是由于砂子中的石粉含量偏低、VC 值大、泛浆不好的缘故。碾压混凝土现场碾压施工完毕后，$C_{90}25W6F100$（三级配）碾压混凝土在光照水电站的气候环境下，3d 抗压强度达到 12.28MPa，能满足现场初期成孔的条件。

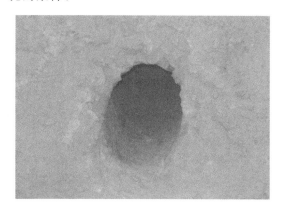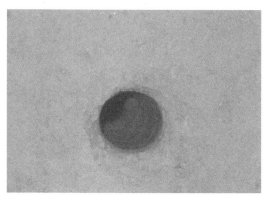

图 10.7.1　光照水电站碾压混凝土初期钻孔（3d）成孔图

10.8　小结

通过对上述贵阳院承担的勘测设计项目和其他设计院承担的勘测设计项目的碾压混凝土生产性试验、现场压水试验、钻孔芯样性能试验、原位抗剪断试验及初期钻孔试验等试样检测的对比统计分析，可得出以下结论：

（1）验证了碾压混凝土设计配合比合理性，为碾压混凝土工程建设积累了丰富的试验检测技术，为后续类似工程的建设提供工程借鉴。

（2）现场工艺性试验验证了坝体碾压混凝土施工工艺的合理性及满足各种碾压混凝土填筑强度所需施工机械质量、数量的合理配置参数。

（3）通过现场原位抗剪断试验，进一步论证了碾压混凝土配合比及施工工艺的合理性。

（4）通过后期质量试验检测，不仅论证了设计碾压混凝土配合比和施工工艺的合理性，同时也体现了中国水电顾问集团贵阳院设计、科研试验检测技术的先进性。

参 考 文 献

［1］ DL/T 5108—1999 混凝土重力坝设计规范．北京：中国电力出版社，2000．

［2］ DL/T 5346—2006 混凝土拱坝设计规范．北京：中国电力出版社，2007．

［3］ 索丽生，刘宁．水工设计手册．2版．第5卷．混凝土坝．北京：中国水利水电出版社，2011．

［4］ 全国 RCCD 筑坝技术交流会议论文集．贵阳：中国水力发电工程学会，2004．

［5］ 第五届碾压混凝土坝国际研讨会论文集．贵阳：中国大坝委员会，2007．

［6］ 陈能平，龙起煌，雷声军，等．北盘江光照水电站技施设计报告［R］．中国水电顾问集团贵阳勘测设计研究院，2009．

［7］ 光照200m级高碾压混凝土重力坝筑坝技术研究总报告［R］．中国水电顾问集团贵阳勘测设计研究院，2009．

［8］ 龙起煌，陈渝．索风营狭窄河谷 RCC 重力坝筑坝技术研究［R］．中国水电顾问集团贵阳勘测设计研究院，2008．

［9］ 卢红，郑治，龙起煌，黄琼．"X"宽尾墩＋台阶坝面联合消能技术研究成果报告［R］．中国水电顾问集团贵阳勘测设计研究院，2007．

［10］ 龙起煌，范福平．勇于开拓创新 铸就丰收硕果——贵阳院碾压混凝土筑坝技术及成果综述［J］．贵州水力发电，2012（2）．

［11］ 龙起煌．光照水电站泄洪消能方式研究与选择［J］．贵州水力发电，2008（5）．

［12］ 陈能平，龙起煌．北盘江光照水电站200m级碾压混凝土重力坝筑坝特点与创新［J］．水力发电，2013（8）．

［13］ 龙起煌，王树兰，雷声军．索风营碾压混凝土重力坝设计［J］．贵州水力发电，2004（3）．

［14］ 李瓒，陈兴华，郑建波，王光纶．混凝土拱坝设计［M］．北京：中国电力出版社，2000．

［15］ 朱伯芳，高季章，陈祖煜，厉易生．拱坝设计与研究［M］．北京：中国水利水电出版社，2002．

［16］ 朱伯芳．关于拱坝接缝灌浆时间的探讨［J］．水力发电学报，2003（3）．

［17］ 张小刚，宋玉普，吴智敏．碾压混凝土穿透型和边缘型诱导缝等效强度的试验研究［J］．混凝土，2004（6）．

［18］ 许有飞，何江达，梁照江，王开云．沙牌碾压混凝土拱坝坝体分缝形式的结构特性研究［J］．贵州水力发电，2004（10）．

［19］ 大花水碾压混凝土拱坝物理模型试验研究［R］．武汉大学，2007．

［20］ 田宇，黄淑萍．改善高拱坝陡坡坝段应力集中的结构分缝形式研究［J］．水利水电技术，2007（6）．

［21］ 厉易生，杨波，张国新．消除混凝土坝坝踵拉应力集中的一种结构措施——设置坝踵块［R］．水力发电，2008（6）．

［22］ 蒋林华，林毓梅．层面处理对碾压混凝土结合性能的影响［J］．河海大学学报，1992（3）．

［23］ 宋拥军，肖亮达．改善碾压混凝土坝层间结合性能的主要措施［J］．湖北水力发电，2008（1）．

［24］ 唐幼平．龙首水电站碾压混凝土层间结合浅析［J］．青海水力发电，2002（2）．

［25］ 杨家修，崔进，张世杰．龙首水电站碾压混凝土拱坝结构设计［J］．水力发电，2001（10）．

［26］ 周献文．普定水电站碾压混凝土拱坝及防渗研究［J］．水力发电学报，1998（4）．

［27］ 王迎春．碾压混凝土层面结合特性和质量标准研究［D］．浙江大学，2007．

［28］ 刘赓堡．世界第一座全碾压混凝土坝美国柳溪坝在漏水［J］．人民长江，1983（5）．

[29] 游家骧. 改善碾压混凝土坝的层间结合 [J]. 云南水力发电, 1987 (2).

[30] 张仲卿. 碾压混凝土拱坝沿层面破坏机理研究 [J]. 水利学报, 2003 (2).

[31] 彭军, 宋玉普, 赵国藩. 碾压混凝土多轴抗剪试验研究及破坏准则 [J]. 大连大学学报, 1996 (4).

[32] 王怀亮, 宋玉普. 多轴应力条件下碾压混凝土层面抗剪强度试验研究 [J]. 水利学报, 2011 (9).

[33] 高家训, 何金荣, 苗嘉生, 陈世其. 普定碾压混凝土拱坝材料特性研究 [J]. 水力发电, 1995 (10).

[34] 陈宗卿, 庞声宽. 普定碾压混凝土拱坝筑坝新技术研究 [J]. 水利学报, 1998 (3).

[35] 王传杰, 汪志福. 普定碾压混凝土拱坝原型观测与分析反馈 [J]. 贵州水力发电, 1995 (3).

[36] 陈观福, 周建平, 赵全胜. 蔺河口碾压混凝土拱坝水平层间缝的综合处理 [R]. 中国水力发电工程学会研讨会, 2008.

[37] 陈海坤. 洗马河二级赛珠水电站碾压混凝土大坝设计 [J]. 贵州水力发电, 2010 (5).

[38] 毛世勇, 毕国柱. 高寒地区碾压混凝土拱坝施工技术 [J]. 湖北水力发电, 2008 (1).

[39] 刘晓黎, 闫小淇, 何金荣, 曾正宾. 龙首水电站碾压混凝土拱坝材料特性研究 [J]. 水力发电, 2001 (10).

[40] 苏勇, 刘晓黎. 高寒地区碾压混凝土筑坝技术在龙首水电站的应用 [J]. 水力发电, 2001 (10).

[41] 谭建军, 曾正宾, 王建琦. 大花水水电站碾压混凝土配合比试验研究 [J]. 贵州水力发电, 2007 (2).

[42] 钟登华. 高混凝土坝施工仿真与实时控制. 北京: 中国水利水电出版社, 2008.

[43] 王火利. 浅谈我国碾压混凝土坝的发展成就与前景 [J]. 江西水利科技, 2005 (3).

[44] 李苓, 田育功. 金安桥水电站玄武岩骨料碾压混凝土特性研究 [J]. 水利水电技术, 2009 (5).

[45] 甄永严. 粉煤灰在水工混凝土中的应用 [M]. 北京: 水利电力出版社, 1992.

[46] 石义生, 聂强, 陈磊. 全玄武岩骨料碾压混凝土抗裂性能的影响因素分析 [J]. 粉煤灰综合利用, 2012 (1).

[47] 杨忠义. 沙牌水电站拱坝碾压混凝土基质-骨料界面特性及微观机理研究 [J]. 水电站设计, 2013 (12).

[48] 方坤河, 刘六晏. 碾压混凝土的热学特性研究 [J]. 湖北水力发电, 1995 (2).

[49] 刘秉宜. 混凝土技术 [M]. 北京: 人民交通出版社, 1988.

[50] 库海鹏. 碾压混凝土的研究现状与发展趋势 [J]. 山西建筑, 2012 (2).

[51] 方坤河. 碾压混凝土材料、结构与性能 [M]. 武汉: 武汉大学出版社, 2004 (2).

[52] 曾正宾, 张细和, 杨金娣, 谭建军. 低热高性能水工混凝土的应用研究 [C] //大坝技术及长效性能研究进展, 2011.

[53] 张细和, 郑治. 过烧 CaO 在水工混凝土中膨胀机理研究 [J]. 贵州水力发电, 2012 (3).

[54] 何金荣. 碾压混凝土筑坝材料技术的发展 [J]. 水力发电, 2008 (7).

[55] 曾正宾, 何金荣, 田小岩. 高寒地区高抗冻耐久性碾压混凝土的研究与应用 [C] //中国水利, 2007 (21).

[56] 杨金娣, 张细和, 李勇. 玄武岩骨料碾压混凝土配合比研究 [C] //第五届碾压混凝土坝国际研讨会论文集 (上册). 2007.